## Das Buch

Jahrtausendelang wurde die Zeit mit Sonnenuhren und Wasseruhren gemessen, wurde von Sonnenaufgang bis Sonnenuntergang gearbeitet. Im christlichen Abendland wurde der Tag bis ins Hochmittelalter nur nach dem liturgischen Läuten der Kirchen- und Klosterglocken eingeteilt. Als im 14. Jahrhundert die mechanische Schlagwerk-Uhr erfunden war, die den Tag in vierundzwanzig Stunden einteilte und als überall gehörter Zeitgeber das ganze Leben zu rhythmisieren begann, hatte sich eine Revolution vollzogen. Ratssitzungen, Märkte, Gottesdienste, Folterungen, Arbeitszeiten, Produktionsfristen, Postverkehr, Stundenlöhne, Schulstunden – das ganze Leben konnte auf neuartige Weise zeitlich abgestimmt werden. Die Gesellschaft wurde durch die Schlüsselmaschine Uhr in den Gleichtakt gebracht, der unsere Existenz bis heute bestimmt: als zuverlässiges Maß, aber auch als Diktat und als Disziplinierung des öffentlichen wie des privaten Lebens. Gerhard Dohrn-van Rossum hat die Geschichte dieses Prozesses anschaulich, materialreich und spannend aufgezeichnet.

## Der Autor

Gerhard Dohrn-van Rossum, geboren 1947, studierte Geschichte und Philosophie in Berlin und Heidelberg. Die vorliegende Studie basiert auf seiner Habilitation an der Universität Bielefeld. Nach Gastdozenturen in Chicago und Zürich lehrt er gegenwärtig Mittelalterliche Geschichte an der TU-Chemnitz.

# Gerhard Dohrn-van Rossum:
# Die Geschichte der Stunde
# Uhren und moderne Zeitordnungen

dtv

Deutscher Taschenbuch Verlag

Dezember 1995
Deutscher Taschenbuch Verlag GmbH & Co. KG,
München

ISBN 3-446-16046-9
Umschlaggestaltung: Dieter Brumshagen
unter Verwendung einer Miniatur aus der französischen
Übersetzung des ›Horologium Sapientiae‹ (um 1549) von
Heinrich Seuse (Bibliothèque royale Albert 1er, Brüssel)
Gesamtherstellung: C. H. Beck'sche Buchdruckerei,
Nördlingen
Printed in Germany · ISBN 3-423-04673-2

Für Klaus Dohrn

# Inhalt

## 7

## Uhrzeitsignal, Stadtglocke und städtisches Signalensemble

185



## 8

## Zeitordnung. Die Einführung der modernen Stundenrechnung

202



## 9

## Arbeitszeit und Stundenlohn

266

# 1
# Einleitung

## Die mechanische Uhr und der Wandel des Zeitbewußtseins

Um das Jahr 1410, am Beginn der europäischen Moderne, schlüpft ein bis heute anonymer Autor in die Rolle eines englischen Predigermönchs und beschreibt aus der Sicht seiner Gegenwart Neuerungen im Umgang mit der Zeit. Bei der Erklärung des ersten Gebots wendet er sich gegen die Künste der Astrologen und erläutert, Gott habe das Firmament erschaffen aus Licht und aus Zeit, wie aus einer Uhr, die nicht fehlgehe. Licht und Zeit, der gestirnte Himmel, sollten den Menschen dienen und nicht die Menschen ihnen. Vom Firmament als großer Uhr kommt er zu den damals neuen Schlaguhren und erklärt, daß ebensowenig wie die Gestirne die irdischen Kreaturen, die Uhren in größeren und kleineren Städten die Menschen regieren. Vielmehr regierten sich in den Städten die Menschen mit Hilfe der Uhren selbst.[1] Hinsichtlich des Umgangs mit der Zeit, aber auch der Art der verwendeten Zeitmesser unterscheidet der Prediger das klösterliche und das städtische Leben als Bereiche sozial geordneter Alltagszeit und grenzt stillschweigend das Leben auf dem Lande aus.

An unauffälliger Stelle hat ein Zeitgenosse damit einen Vorgang umrissen, der nach seiner Entdeckung vor kaum hundert Jahren heute zur Schulbuchweisheit geworden ist. Im 19. Jahrhundert ist die Arbeitszeit zu einem zentralen Thema innerhalb der politische Bewegungen und Parteien spaltenden »sozialen Frage« geworden. Die Kämpfe um den Normalarbeitstag und die sich ausbreitende Auffassung der Arbeitszeit als knappem und mithin effektiv einzusetzendem Produktionsfaktor machten viele alte Gerechtigkeits-, Verteilungs- und Geldprobleme zu Zeitproblemen. Eisenbahnverkehr und Telegraphie hatten die Ungleichzeitigkeiten der städtischen, regionalen und nationalen Tageszeiten auf die politischen Tagesordnungen gesetzt. Die Himmelsbewegungen wurden als absolutes Bezugssystem wissenschaftlicher und technischer Zeitmessung zum Problem, nachdem die Astronomen mit immer besseren Uhren immer neue Unregelmäßigkeiten entdeckt hatten. Alte Interessen an der Chronologie, der Wissenschaft von der Zeitrechnung und Zeitmessung, waren im

Gefolge der Debatten um die nationalen und internationalen Zeitkonventionen neu erwacht. Zugleich wurden vielerlei nicht meßbare, eher subjektive Zeiterfahrungen zum Thema: die intellektuellen Erfahrungen der Aufklärung, die politischen Umwälzungen seit der Französischen Revolution und die von der Industriellen Revolution bewirkten technischen Umwälzungen erzeugten bei den Zeitgenossen das Gefühl, in einer Epoche schnelleren und sich stetig beschleunigenden historischen Wandels zu leben.[2] Ganz verschiedenartige Erfahrungen mit Fabrik- und Büroarbeit, mit beschleunigtem Nachrichtenverkehr und dem Leben in den großen Städten wurden als Erfahrung von »Schnellebigkeit«, »Zeitknappheit« und »Zeitdruck« begriffen. Die zeitliche Struktur des Alltags in der modernen Industriegesellschaft erscheint seitdem als in hohem Maße von zeitlichen Zwängen beherrscht. Der Blick auf die eigene Geschichte und der Blick auf fremde Kulturen ließen die neueren Entwicklungen als fortlaufende Verluste individueller Zeitverfügungsmöglichkeiten, als Entfremdung von naturalen und humanen Zeitrhythmen erscheinen. Historiker der europäischen Geschichte entdeckten den fundamentalen Wandel des Zeitbewußtseins im Übergang von der Agrar- zur Industriegesellschaft seit dem Mittelalter. Ethnologen, Soziologen und Politologen entdeckten fremdes Zeitbewußtsein und fremde Zeitauffassungen als zwar faszinierende, aber für die Modernisierung der Gesellschaften im Übergang schwerwiegende Probleme. Jenseitsglaube, Geschichtsauffassung, Zukunftserwartungen, Planung, Zeitbegriffe, Zeitmessung, Zeitkontrolle und Zeitdisziplin sind daher – und mit vollem Recht – zu bedeutenden Themen historischer und anthropologischer Forschungen geworden.

Entwicklung und Geschichte der mechanischen Uhren sind für alle diese Erörterungen von größter Bedeutung. Die Uhr war und ist nicht nur Voraussetzung und Mittel des zunächst typisch europäischen, dann allgemein industriegesellschaftlichen Umgangs mit der Alltagszeit; sie ist auch das Symbol für den Vorgang der europäischen Modernisierung bzw. für die Beschreibung der Erfahrung von Mentalitätsdifferenzen zwischen der alteuropäischen und der modernen Welt, zwischen den europäischen, nordamerikanischen und japanischen Gesellschaften und der sog. Dritten Welt. Umgang mit der Alltagszeit, Uhrenbesitz und Uhrenbenutzung sind Indikatoren von Modernität. Die Geschichte der Uhren als technisches Mittel der Zeitmessung und als Symbol des Wandels von Zeitbewußtsein verschränkt eine Reihe unterscheidbarer, aber doch eng verbundener Themen. Technikgeschichte und Bewußtseins- bzw. Mentalitätsgeschichte geraten hier in eine Gemengelage, die man gelegentlich trennen muß, um sie vernünftig zu verbinden.

Zeiterfahrung, Zeitauffassung und Zeitbewußtsein sind sehr weite Begriffe, unter denen ein breites Spektrum teils zusammenhängender, teils zu unterscheidender Sachverhalte behandelt wird. Die Formen der Wahrnehmung von geschichtlichem Wandel als kreisförmiger Bewegung, als Aufstieg und Niedergang, als unendlichem Fortschritt, als beschleunigt oder verzögert, beinhalten jeweils verschiedene Vorstellungen von der Beziehung von Vergangenheit, Gegenwart und Zukunft. Schon in Augustinus' Unterscheidung der »drei Zeiten« werden diese nicht als äußerlicher Ablauf, sondern als Zustände des eigenen gegenwärtigen Bewußtseins beschrieben: »Denn es sind diese Zeiten als eine Art Dreiheit in der Seele... und zwar ist da Gegenwart von Vergangenem, nämlich Erinnerung; Gegenwart von Gegenwärtigem, nämlich Augenschein; Gegenwart von Künftigem, nämlich Erwartung.«[3] Die in verschiedenen Gesellschaften gängigen Formen der Gliederung von Erinnerung und Erwartung sind selbst – und das gilt insbesondere für das späte Mittelalter – in hohem Maße geschichtlichem Wandel unterworfen und von religiösen und philosophischen Überzeugungen geprägt. Weltalterlehren, die biblische Zeitgliederung – sie hieß in der frühen Neuzeit »Ökonomie der Zeit« –, Herrscherchronologien, die Jahresrechnung seit Christi Geburt und von da an rückwärts, die Jahrhundertrechnung, moderne Epochenteilungen wie Antike oder Aufklärung strukturieren geschichtliche Erinnerung. Im Spätmittelalter und in der Renaissance läßt sich außerdem die Durchsetzung eines verbindlichen Kalenders mit einheitlichem Jahresanfang und die Ausbreitung der Tagesdatierung nach durchgezählten Monatstagen verfolgen. In gewissem Umfang gaben religiöse Naherwartungen, Prophetie und Utopien der Zukunft zeitliche Struktur. Für den einzelnen ermöglichte die Aufzeichnung des Geburtsdatums die Einbindung seiner Lebenszeit in die historische Chronologie. Senecas seit der Renaissance vielgelesene Schrift *Von der Kürze des Lebens* machte Erörterungen über die eigene Zeit als kostbarem Besitz, mit dem man haushälterisch und sparsam umgehen müsse, populär, und unter seinem Einfluß führte Petrarca die Rede vom »unschätzbaren Wert der Zeit« in die Literatur ein. Sichtbares Indiz für die kontinuierlich zunehmende Prominenz des Themenkomplexes ist das Auftauchen der personifizierten Zeit auch in der bildenden Kunst.[4]

# Schlüsselmaschine des Industriezeitalters oder Instrument des Klassenkampfes: Die mechanische Uhr und die Geschichtsschreibung der Technik und des modernen Kapitalismus

Die Geschichte der mechanischen Uhr ist Pflichtthema jeder Geschichte der Erfindungen oder der Technik. Technikgeschichte ist eine jüngere Disziplin, Erfindungen und Erfinder sind dagegen seit jeher Gegenstand eines besonderen literarischen Genres. Die Tradition beginnt mit den sog. Heurematologien, die seit dem 5. Jahrhundert v. Chr. abhandeln, was die Götter den Menschen erst allmählich enthüllt haben. Das berühmteste Beispiel in der lateinischen Literatur ist das Ende des 7. Buchs der *Naturgeschichte* des älteren Plinius, wo über 200 Erfindungen auf 143 Erfinder aufgeteilt werden. Für das europäische Mittelalter waren die *Etymologien* des Isidor von Sevilla wichtigste Quelle und Anknüpfungspunkt zahlreicher Texte, die mit verschiedenen Argumenten Belege für die intellektuellen Fortschritte der Menschheit zusammenstellten.[5] Diese klassische Thematik wird seit dem Spätmittelalter in auffälliger Weise modifiziert. Das Interesse an Neuerungen (»instrumenta nova, artes novae, novitates«) nimmt merklich zu, und die handwerklich-technischen Künste (»artes mechanicae«) bilden dabei einen Interessenschwerpunkt von wachsender Bedeutung. Das buchstäblich tägliche Auftauchen neuer Erfindungen wird als ein Dauerprozeß beschrieben und begrüßt.[6]

Spätestens seit Beginn des 15. Jahrhunderts entwickelt die Beschäftigung mit den Erfindungen eine historische Perspektive: Erfindungen jüngeren Ursprungs, die technischen Leistungen der eigenen Epoche, werden herausgehoben und die bedeutendsten von ihnen in Gruppen zusammengefaßt. Zunächst ohne eigenen Begriff wird ein modernes Verständnis von Technik sichtbar. In seiner frühen Entwicklung läßt sich dieser Vorgang nur ikonographisch an den allegorischen Personifikationen der Temperantia, einer der vier spätmittelalterlichen Kardinaltugenden, fassen.[7] Die wohl älteste Darstellung einer Sanduhr, einer technischen Neuerung des 14. Jahrhunderts, findet sich bei der Figur der Temperantia auf dem Fresko *Buongoverno* im Palazzo Pubblico in Siena. Das Fresko ist 1337 entstanden; dieser Abschnitt gehört zu einer 1355 restaurierten Fläche, und Lorenzettis Autorschaft ist nicht mehr zu beweisen.[8] In der Reihe der dem guten Regiment zugeordneten Tugenden trägt die Figur der Temperantia eine Sanduhr. Ältere Temperantia-Personifikationen tragen, entsprechend der Übersetzung von »temperamentum« als Maß/richtige Mischung/Mäßigung, von der das Wort für Zeit (»tempus«) oft hergeleitet

1. Allegorie der Temperantia im Fresko *Buongoverno* des Ambrogio Lorenzetti, Siena, Palazzo Pubblico

2. Ausschnitt aus dem Freskenzyklus des Tomaso da Modena im Kapitelsaal von San Nicolò (1352), Treviso

wurde, einen großen und einen kleinen Mischkrug. Auf der Sieneser Darstellung ist das Mischgefäß durch ein Meßgefäß, die Sanduhr, ersetzt. Etwa gleichzeitig hat Tomaso da Modena in einem Freskenzyklus für den Kapitelsaal des Dominikanerklosters in Treviso vierzig bedeutende Angehörige des Ordens dargestellt. Die signierte und 1352 datierte Arbeit zeigt in dem dem Kardinal Wilhelm von England zugeordneten Feld eine Sanduhr in einem Bücherbord neben dem Schreib-

3. Allegorie der Temperantia in einer Handschrift (15. Jh.) der Sächsischen Landesbibliothek in Dresden

tisch. Die Sanduhr ist keineswegs ein beiläufiges Requisit, denn auf einem anderen Feld bietet Tomaso die früheste Darstellung einer anderen um 1300 begegnenden und damals aufregenden Neuerung: der Brille. In illuminierten Handschriften der um 1400 entstandenen *Épître d'Othéa* der Christine de Pisan wird die »Attrempance« als eine weibliche Figur dargestellt, die regulierend in das Räderwerk einer Uhr eingreift. Mehrere Beispiele zeigen sie als ikonographisch eng verwandt mit der personifizierten »Weisheit« in den illuminierten Manuskripten des *Horologium sapientiae*. In dieser Zeit entsteht, vermutlich aufgrund einer bis heute nicht aufgefundenen Textvorlage, ein neues, die technischen Innovationen noch stärker akzentuierendes ikonographisches Programm für die Darstellung der Temperantia. Die frühesten Miniaturen stammen aus der Mitte des 15. Jahrhunderts, geläufig bleibt das Programm bis ins 16. Jahrhundert. Danach trägt oder ist die Figur der Temperantia umgeben von einer Gruppe technischer Attribute, die allesamt zu den Erfindungen der jüngeren Vergangenheit gezählt, jedenfalls aber der eigenen, nachantiken Epoche zugerechnet wurden. Die Temperantia trägt ein Zaumzeug im Mund, eine Uhr auf dem Kopf, Sporen (hier moderne Rädchensporen) an den Schuhen und eine Brille in der Hand. Vor ihren Füßen befindet sich eine drehbare Turmwindmühle.[9] Sporen und Zaumzeug waren in Europa vor der Jahrtausendwende bekannt, Turmwindmühle, Brille und Schlaguhr waren Neuerungen des 12., 13. und 14. Jahrhunderts. Temperantia als personifiziertes Ideal vernünftiger Selbstbeherrschung, versehen mit modernen Attributen des technischen Umgangs mit der natürlichen Umwelt, veranschaulicht die damalige neue Wertschätzung aller technischen Bemühungen.[10]

Technischer Wandel bzw. durch Technik bewirkter sozialer Wandel ist den Zeitgenossen im 15. Jahrhundert schwerlich schon in den Blick gekommen. Allerdings gibt es Indizien dafür, daß verschiedene technische Entwicklungen als veränderungsmächtiger, zusammenhängender Vorgang gesehen worden sind. Um 1450 beendet Giovanni Tortelli, ein gelehrter Humanist, sein großes Werk *De orthographia dictionum e Graecis tractarum*.[11] Es gehört zu der damals in Humanistenkreisen geführten Diskussion über die Frage, ob und wieweit der lateinische und der griechische Wortbestand der antiken Autoren sich noch für die Beschreibung moderner technischer Neuheiten eigne. Nach einer ausführlicheren Vorlage seines Kollegen Lorenzo Valla behandelt Tortelli solche Neuheiten in einem Exkurs zum Artikel »horologium«.[12] Tortelli interessiert nicht das absolute Alter einzelner Neuerungen wie der Schlaguhr, er unterscheidet lediglich zwischen antiken und nachantiken Techniken. Außer Uhren nennt er Glocken, Portulan-Karten, Kompaß, Fock-Segel, Kanonen, Steigbügel, Wassermühle, Cembalo, Orgel, Baumwolle, Brille u. a. m. In späteren Erfinderlisten werden dann typische Vierer- und Dreier-Gruppen (z. B. Kompaß, Kanone, Uhr, Buchdruck) gebildet, wenn die menschliche Erfindergabe oder die zunehmende technische Kompetenz der Menschheit gepriesen werden.[13] Diese gruppenweise angeordneten Errungenschaften der eigenen Epoche waren nicht nur literarische Klischees, sondern, wie man z. B. bei Luther verfolgen kann, Themen damaliger Tischgespräche.[14] Bis zum Ende des 18. Jahrhunderts behielt die Uhr darin ihren prominenten Platz. Immer wenn von technischen Fortschritten allgemein und häufig wenn von der Beweislage für die Überlegenheit der »Moderne« oder der Überlegenheit der Europäer die Rede war, tauchte auch sie in der Liste der Beispiele auf.

Während der Industrialisierung verliert die mechanische Uhr gegenüber der Flut neuer aufregender Erfindungen an publizistischer Prominenz. Dafür treten die Bedeutung von ökonomisch rationellem Zeiteinsatz und die neuen Formen der Zeitdisziplin in den Vordergrund des öffentlichen Interesses. Die Mechanisierung der Produktion, die industrielle Arbeitsverfassung, die Beschleunigung von Transport und Kommunikation und die Verstädterung schärfen die Wahrnehmung für die ökonomischen Implikationen von Zeitorganisation und Arbeitszeit ebenso wie für die offenbar unwiderruflichen Entfremdungen von teils als natürlich, teils als historisch (i. S. einer besseren alten Zeit) empfundenen Verhaltens- und Bewußtseinsformen. Bei den Klassikern der historischen Soziologie und Ökonomie finden sich eindrucksvolle Beschreibungen, und hier läßt sich auch die Entstehung der modernen Vorstellungen vom historischen Wandel des Zeitbewußtseins in Europa verfolgen.

Karl Marx bezeichnet die Uhr als den ersten, zu praktischen Zwecken angewandten Automaten, an dem die ganze Theorie der Produktion gleichmäßiger Bewegung entwickelt worden sei.[15] Er versucht überdies einen theoretischen Zugriff auf das Problem der Arbeitszeit und des Normalarbeitstages, wenn er den Arbeitstag in eine entfremdete Zeit der Mehrwertproduktion für den kapitalistischen Unternehmer und in eine Zeit der notwendigen Reproduktion der Arbeitskraft spaltet. »Ökonomie der Zeit, darein löst sich schließlich alle Ökonomie auf.« Zeit ist für Marx Arbeitszeit, und die utopisch in den Blick genommene Kontrolle des Produktionsprozesses hat den doppelten Aspekt der Befreiung von den Zwängen der Arbeitszeit und der aktiven Einflußnahme auf die historische Zeit: »Wirkliche Ersparung – Ökonomie = Ersparung von Arbeitszeit = Entwicklung von Produktivkraft.«[16]

Zusammen mit Friedrich Engels schildert Marx die konfliktreiche Durchsetzung der industriellen Zeitdisziplin vor allem am Beispiel Englands. Die durch Maschineneinsatz erzwungene Stetigkeit und Gleichförmigkeit der Arbeit und die durch die marktunterlegene Position der Arbeiter mögliche übermäßige Ausdehnung der Arbeitszeit erscheinen als typische Konsequenzen des Fabriksystems. Messung und Kontrolle der Arbeitszeit wird hier als zentrales Thema der sozialen Auseinandersetzungen dokumentiert. In zahlreichen Beispielen der zeitgenössischen Fabrikberichterstattung wird dabei zum erstenmal auf die Fabrikuhr und ihr Signal, die Fabrikglocke, als Mittel und Symbol industrieller Herrschaft über Menschen und deren Ausbeutung hingewiesen.[17] Die Entfremdung der Arbeiter von der Chance auf autonome Zeitverfügung war damit als charakteristisches Merkmal des modernen Kapitalismus entdeckt worden. Durch den Vergleich mit den relativ weniger harten Bedingungen der Fronarbeit rückt Marx das Arbeitszeitproblem in eine historisch folgenreiche Perspektive. Noch deutlicher entsteht bei Engels ein Bild von vorindustriellen Arbeitsrhythmen, das nicht frei von Idylle ist:

> Sie (die Arbeiter) brauchten sich nicht zu überarbeiten, sie machten nicht mehr als sie Lust hatten, und verdienten doch, was sie brauchten, sie hatten Muße für gesunde Arbeit in ihrem Garten oder Felde, eine Arbeit, die ihnen selbst schon Erholung war, und konnten außerdem noch an den Erholungen und Spielen ihrer Nachbarn teilnehmen; etc.[18]

Im Hinblick auf das Problem des Zeitbewußtseins, waren diese Darstellungen historiographisch folgenreich nicht nur, weil sie auf einen epochalen Wandel hinwiesen, sondern auch, weil sie die vorindustriellen Formen des Umgangs mit der eigenen Zeit als innerhalb der Grenzen naturgegebener Vorbedingungen und individueller Wahrnehmung der ökonomischen Situation als relativ unregelmäßig, naturnah und spontan, vor allem aber als weitgehend selbstbestimmt erscheinen ließen. Erst in allerjüngster Zeit wird gegen das damals entstandene Klischee von der für die alteuropäische Welt typischen »Indifferenz gegenüber der Zeit« Einspruch erhoben.[19]

Bei Max Weber erscheinen Disziplin und Methodik als wesentliche Elemente der Entwicklung rationaler Formen der Arbeitsorganisation. Diese Entwicklung beschreibt er als einen Teilprozeß des umfassenden Rationalisierungsvorgangs, der ebenso wie rationale Wissenschaft, rationale Technik und rationale Verwaltung den okzidentalen Kapitalismus ermöglicht hat. Er behandelt jedoch nicht die zeitorganisatorischen und zeitdisziplinären Aspekte moderner Organisationsformen, sondern fragt nach der Herkunft der Einstellungen und Verhaltensweisen, dem »Ethos« bzw. der »Gesinnung«, die die Rationalisierung und indirekt auch die Fabrik als Organisationsform ermöglicht haben. Im Kloster sieht er das Modell des rational verwalteten agrarischen und gewerblichen Betriebs und in der Gestalt des Mönchs das außerökonomisch motivierte Vorbild des rational lebenden Menschen mit methodischer Zeiteinteilung. Das Berufsethos des Puritanismus ist mit seiner ständigen Mahnung, Zeit einzuteilen, Zeit zu sparen und schließlich Zeit wie Geld zu bewerten, für Weber eine innerweltliche Version der asketischen Ideale des Mönchtums, die für den Erfolg des frühneuzeitlichen Wirtschaftsbürgertums mitentscheidend gewesen ist.[20] Trotz der breiten Kontroverse und vieler Reformulierungsversuche hat Webers »Protestantismusthese« das Zeitbewußtsein als hochrangigen Gegenstand der Mentalitätsgeschichte etabliert.

Auch in Werner Sombarts Geschichte des modernen Kapitalismus taucht das Kloster als Pflanzschule der rationalen Lebensführung auf. Sombart verortet die für die Herausbildung des Typus des Bourgeois entscheidende Verbindung von rationaler Lebens- und systematischer Wirtschaftsführung historisch bei den italienischen Händlern und Kaufleuten des 14. und 15. Jahrhunderts, weil sie als Gruppe Träger »eines allgemeinen Geistes der Rationalisierung und der Mechanisierung« im Frühkapitalismus gewesen seien. Ihre wichtigste Errungenschaft sei die Einführung der die Vielfalt der Güter und Leistungen abstrakt quantifizierenden doppelten Buchführung. Eine Voraussetzung dafür war die Förderung der Rechenkunst; eine Folge waren die Anfänge der Statistik. Die Feldmeßkunst in den italienischen Stadtrepubliken und die öffentliche Zeitmessung sind für Sombart zusätzliche Anzeichen für die »mannigfaltige Verursachung des modernen Wesens«.[21]

Sombart konnte sich für seine Ausführungen über die »öffentliche Zeitmessung« als Teilaspekt der von den oberitalienischen Stadtrepubliken ausgehenden Modernisierungsschübe auf eine für unsere Fragestellungen klassische Arbeit berufen, auf *Die mittelalterlichen Horen und die modernen Stunden* von Gustav Bilfinger. Dieser hatte als Gymnasiallehrer in Stuttgart nach einer Reihe von Studien über die Tagesteilung, die Stundenrechnung und die Zeitmesser der antiken Völker im Jahre 1892 nicht ohne beabsichtigten Zusammenhang mit der bevorstehenden Einführung der Mitteleuropäischen Zeit seinen »Beitrag zur Kulturgeschichte«, so der Untertitel, veröffentlicht. Seine ursprünglich nur als Beiträge zur historischen Hilfswissenschaft der Chronologie geplanten Untersuchungen von Tausenden von Tageszeitangaben der antiken und mittelalterlichen Literatur sind nicht nur bis heute vorbildlich. Sie haben, weil sie gleichzeitig die Techniken der Zeitmessung und den sozialen Kontext von Zeitangaben in den Blick genommen haben, auch entscheidende Vorarbeiten für die Fragen nach dem Wandel des Zeitbewußtseins geleistet.

Einflußreicher für die modernen Vorstellungen vom Wandel des Zeitbewußtseins im Mittelalter wurde Lewis Mumfords Kulturgeschichte der Technik, die als Parallelunternehmen zu Sombarts Geschichte des Kapitalismus konzipiert worden war. In *Technics and Civilization* erklärt Mumford, nicht die Dampfmaschine, sondern die Uhr sei die Schlüsselmaschine des Industriezeitalters.[22] In jeder Phase seiner Entwicklung sei die Uhr das herausragende und fortgeschrittenste Gerät und zugleich das typische Symbol für die Maschine schlechthin. Die ersten sieben Jahrhunderte des Maschinenzeitalters sind nach Mumford durch umfassenden Wandel des Zeit- und des Raumbewußtseins gekennzeichnet. Er stellt die neue, durch die Uhr herbeigeführte mechanische Zeit und Zeitauffassung einer – verlorenen – organischen Zeit als Sequenz menschlicher Elementarerfahrungen und menschenbewirkter Ereignisse gegenüber. Der Übergang zu abstrakten, gemessenen Stunden und Minuten ist für Mumford in einem umfassenderen Sinne als für Marx ein Prozeß der Entfremdung von der Natur. Andererseits ermöglicht Zeitmessung auch Zeitberechnung und Zeitrationierung, und dadurch sei Ewigkeit als heilszeitliche Referenz menschlichen Handelns zurückgedrängt worden. Der Glaube an eine Welt mathematisch meßbarer Größen befördere die Applikation quantitativer Methoden in den Naturwissenschaften. Einen Ursprung dieser mechanischen Zeitauffassung sieht er in der »eisernen Disziplin« der klösterlichen Routine, die den menschlichen Unternehmungen einen kollektiven, maschinenartigen Rhythmus verliehen habe. Ordnung und Regulierung zeitlicher Sequenzen seien in den Klöstern zur zweiten Natur geworden, und eine technische Vorrichtung zum regelmäßigen Schlagen der Stunden sei das fast unvermeidliche Resultat klösterlicher Zeitordnungsbedürfnisse gewesen. Mumfords unglückliche Verknüpfung moderner Maschinenmetaphorik bei der Schilderung des monastischen Alltags mit den Aussagen über den langfristigen Wandel des Zeitbewußtseins hat wiederum die Mittelalterforschung beeinflußt.

Lange bevor sie in Deutschland Resonanz fanden, hat die moderne französische Sozialgeschichte Bilfingers und Sombarts Anregungen aufgegriffen. Bei der Besprechung von P. Ushers Arbeit über die Geschichte der technischen Erfindungen bezeichnet Marc Bloch 1931 die Fortschritte der Zeitmessung als eine der tiefgreifendsten Revolutionen im intellektuellen und praktischen Leben unserer Gesellschaften und als eines der Hauptereignisse der spätmittelalterlichen Geschichte.[23] Kurz darauf verschiebt Bloch Bilfingers »Notwendigkeiten des städtischen Lebens« um einen Akzent, wenn er die Errichtung der öffentlichen Uhren als das Werk der städtischen Bourgeoisien bezeichnet. Dabei bezeichnet er das innovationsfördernde Spannungsverhältnis zwischen sozialen Bedürfnissen und wissenschaftlich-technischer Kreativität als ebenso schwierig wie interessant und fordert weitere Untersuchungen.[24]

In seiner 1949 erschienenen Arbeit über die im internationalen Waren- und Geldhandel tätigen italienischen Großhändler verortet Yves Renouard den bisher eher langfristig verstandenen Wandel des Zeitbewußtseins bei einer relativ kurzlebigen historischen Sozialformation und bezeichnet die Modernisierung der Zeitrechnung als Manifestation des durch diese Händlerschicht zu Beginn des 14. Jahrhunderts getragenen Mentalitätswandels.[25] Unter dem Druck praktischer Notwendigkeiten des Verkehrs auf den internationalen Messen und Märkten und der Erfordernisse ihrer Buchführung seien die Händler zu einem einheitlichen Jahresbeginn für die Bilanzen übergegangen. Die traditionelle Stundenrechnung habe die Händler zwar nicht gestört, aber für ihr von Logik, Rationalität und nicht mehr kirchlich beherrschtem Kulturverständnis geprägtes Milieu sei die junge Erfindung der Schlaguhr von großer Attraktivität gewesen. Die Errichtung öffentlicher Uhren habe daher den Bürgersinn der an der Macht befindlichen merkantilen Klassen befriedigt. Zugleich sei abstrakte Zeit der Referenzpunkt des Denkens und Handelns dieser Gruppe geworden. Renouard bezieht schließlich Mumfords Ausführungen über die Ablösung der organischen Zeit und über den Glauben an den autonomen Gegenstandsbereich der Wissenschaften auf das kulturelle Milieu der italienischen Händler, so als ob dergleichen dort tatsächlich auszumachen wäre.

Obwohl er sich der unentrinnbaren Probleme der Typisierung kollektiver Zeitvorstellungen sehr bewußt ist, geht Jacques Le Goff einen Schritt weiter. Er schildert den Wandel des Zeitbewußtseins im Spätmittelalter, der alltagspraktische wie theologische Aspekte hat, als einen wesentlich von den Händlern getragenen Prozeß und prägt dafür 1960 die suggestive Parole vom Übergang der »Zeit der Kirche« zur »Zeit der Händler«. Der Konflikt zwischen diesen beiden Zeitauffassungen ist nach ihm eines der wichtigsten Ereignisse der Mentalitätsgeschichte dieser Jahrhunderte, in denen sich unter dem Veränderungsdruck ökonomischer Strukturen und Verhaltensweisen die Ideologie der Moderne herausbildet. Nach Jacques Le Goff haben die Organisation der Handelsnetze, die Warenspekulation, die Vervielfältigung der Geldsorten und die Erweiterung der Wechselgeschäfte einer genauer gemessenen Zeit bedurft. Kommerzielle Dokumente wie Rechnungsbücher, Reisebeschreibungen, Kaufmannshandbücher und Wechselbriefe machten die Bedeutung gemessener Zeit für erfolgreiche Geschäfte zusätzlich deutlich. Wie schon bei Sombart steht die Zeitmessung hier symbolisch für ein Bündel von Modernisierungs- und Rationalisierungsvorgängen. Bei Gelegenheit der Genehmigung einer Werkglocke für die Regelung der Arbeitszeit in Aire-sur-la-Lys (1355) heißt es dann: »Die städtische Uhr ist ein Instrument der ökonomischen, politischen und sozialen Herrschaft der Händler und Kaufleute, die in der Gemeinde den Ton angeben.«[26]

Aus den Arbeiten Renouards und Le Goffs, die sich als Anregungen zu intensiveren Recherchen verstanden, sind heute eindeutige – und in ihrer Eindeutigkeit falsche – hand- und schulbuchfähige Formeln über den Wandel des Zeitbewußtseins geworden. Zeitmeßtechnik und Wandel des Geschichtsbewußtseins gehen eine unlösbare Verbindung in der Formulierung ein: »Tatsache ist, daß Zeitgefühl und Jenseitsvorstellungen sich wandeln, daß in den Städten anstelle der zyklischen Zeit der Kirche, die lineare, kostbare des Kaufmanns tritt.«[27] Nach einem auch im Westen vielbeachteten sowjetischen Beitrag hat die Entwicklung der Produktivkräfte die Zeit zu einem wesentlichen Faktor gemacht, und das Erscheinen mechanischer Uhren war mithin ein »völlig gesetzmäßiges Resultat und gleichzeitig die Quelle einer Wandlung der Zeitorientierung«.[28] Fast 100 Jahre nach dem Erscheinen der Arbeit Gustav Bilfingers ist aus der verwickelten Rezeption seiner Resultate innerhalb der Geschichtsschreibung des Kapitalismus vielfach ein retrospektiv verständlicher, aber gegen das »Veto der Quellen« nicht mehr sicherer mediävistischer Forschungsstand geworden.[29] Philippe Wolffs 1963 in der Zeitschrift *Annales* veröffentlichter Aufruf, die Sozialgeschichte der Zeitmessung durch ein kollektives Forschungsunternehmen voranzutreiben, ist ohne Resonanz geblieben.[30] Das ist im Hinblick auf den Rang, den die neueren Epochendarstellungen diesem Thema einräumen, auffällig, und das um so mehr, als die Voraussetzungen durchaus günstig sind.

Mit der freundlichen Aufforderung einer großen Fernsehanstalt, für ein Projekt die »Zeit der Kirche« und die »Zeit der Kaufleute« durch Texte und Bilder für ein größeres Publikum anschaulich aufzubereiten, begann meine Beschäftigung mit diesen Themen. Diese schöne Aufgabe begann in Jacques Le Goffs Fußnoten, stellte sich aber als überraschend schwierig heraus, und glückliche Funde in den Archiven von Valenciennes und Orvieto zeigten, daß es so nicht gewesen sein konnte. Der Versuch, ein riesiges Puzzle von Nachrichten aus etwa 1000 europäischen Städten zusammenzusetzen, bleibt seinen Fragestellungen verpflichtet. Er nimmt Bilfingers Verfahren, die Geschichte der Uhren im Zusammenhang ihres sozialen Gebrauchs zu untersuchen, auf und versucht auf diesem Weg weiterzukommen. Das vielschichtige Problem des Zeitbewußtseinswandels wird damit an einem schmalen, aber wichtigen Ausschnitt beleuchtet.

Zwei grundlegende Abschnitte über antike und mittelalterliche Zeitmessung und Stundenrechnung referieren unseren Kenntnisstand. Dies auch, um verbreiteten Verzerrungen bei der Erörterung europäischer Modernisierungsvorgänge entgegenzuwirken. Es ist m. E. nicht sinnvoll, den Übergang vom Mittelalter zur Moderne ethnologisch als Zivilisierungsvorgang aus dem Zustand der Wildheit oder entwicklungspsychologisch als Reifungsprozeß aus der »Kindheit der Menschheit« zu betrachten. Dabei wird übersehen, daß sich die spätmittelalterlichen Innovations- bzw. Modernisierungsvorgänge in hohem Maße der Überlieferung älterer und gleichzeitiger Stadtkulturen verdanken. Die von zahlreichen und oft sehr verstreuten Beiträgen wachgehaltene Debatte um die Entwicklung der mechanischen Uhr – einem Paradigma der europäischen Herrschaft über die alte Welt – wird weitergehen, eben weil sie das Verhältnis der europäischen zu den anderen Kulturen beispielhaft berührt. Eine Geschichte der öffentlichen Uhren hat es bisher nicht gegeben, obwohl die Uhrengeschichten, die lokale Geschichtsschreibung und in einem nie auszuschöpfenden Umfang die Archive reiches Material dafür bieten.[31] Ebenso wie für die Geschichte der Uhrmacher habe ich hier versucht, einen Anfang zu machen, der sich fortsetzen ließe. Wandlungsvorgänge der städtischen Zeitordnung, Neuerungen beim Umgang mit der Arbeitszeit und bei der Organisation moderner Kommunikationssysteme machen wichtige, aber für uns wegen ihrer Selbstverständlichkeit und Alltäglichkeit kaum mehr wahrnehmbare Modernisierungsschritte sichtbar.

# 2
# Tagesteilung und Zeitmessung in der Antike

Die Uhr bedeutet Handlungen, Unternehmungen, Bewegungen und Inangriffnahme von Geschäften: Alles nämlich, was die Menschen tun, vollbringen sie im Hinblick auf die Stunden. Deshalb ist es übel und verhängnisvoll, ..., wenn eine Uhr zusammenfällt oder zerbricht.

Artemidor von Daldis, Traumbuch III, 66 (2. Jh. n. Chr.)[1]

Die Uhr als Symbol für Geschäfte und Geschäftigkeit – das klingt in unseren Ohren wie eine moderne, wenngleich etwas abgegriffene Traumdeutung. Artemidor behandelt Traumsymbole als prognostische, noch nicht als introspektive Hilfsmittel, und man wird bei seiner Deutung an zukünftige glückliche kommerzielle Unternehmungen wie auch an politische oder forensische Erfolge denken müssen. Das Traumsymbol setzt die allgemeine Geläufigkeit des Uhrengebrauchs mindestens in den Städten voraus. Wie sollte eine Uhr in Träumen erscheinen, wenn das »Leben nach der Uhr« im 2. Jahrhundert n. Chr. nicht schon eine verbreitete Erfahrung war?[2]

Artemidor steht mit dieser Äußerung keineswegs allein. Ein Komödienautor läßt einen Parasiten fordern, daß die Götter denjenigen verderben, der die Sonnenuhr in die Stadt gebracht hat, weil man sich nicht mehr nach dem Hunger, sondern nur noch nach der festgelegten Essenszeit richte. Seneca beklagt die naturfremden Neuerungen, nach denen bei Tageslicht geschlafen und bei Dunkelheit gefeiert wird. Dem Kaiser Domitian sagt man vor seiner Ermordung absichtlich die falsche Stunde, weil er sich vor der fünften besonders fürchtete. Martial witzelte über die strikt nach Stunden geregelten und ausgefüllten Tagesläufe. Andererseits wird in der Spätantike, etwa bei Cassiodor, eine vernünftige Stundenteilung zur Voraussetzung eines tugendhaften »ordo vitae«.[3] Die oft als Abkehr von der ländlichen »simplicitas« bedauerte, nie als Gewinn begrüßte Differenzierung des städtischen Lebens wurde auch als Erfahrung der sozialen Differenzierung der städtischen Tagesläufe formuliert. Sie war eine neue Erfahrung, deren Zusammenhang mit der Einführung der Uhren deutlich gesehen worden ist.

Antike Autoren weisen wiederholt darauf hin, daß die Stundenteilung des Tages und die Verwendung von Zeitmessern nicht von alters her üblich waren, sondern daß beides noch in eine Zeit historischer und datierbarer Erinnerung falle. Herodot berichtet, daß die Griechen die Sonnenuhren und die Zwölfteilung des Tages von den Babyloniern übernommen haben.[4] In der Zeit davor hatte unser Wort für Stunde, »hora«, einen Zeitraum unterschiedlichster Ausdehnung, z. B. eine Jahreszeit bezeichnet. Die Griechen teilten den Tag in drei oder vier Abschnitte, die z. B. »später Vormittag« genannt oder nach Mahlzeiten oder Tätigkeiten bezeichnet wurden. Die Nacht war im bürgerlichen Gebrauch gar nicht, für die Wachen beim Militär in drei oder vier Abschnitte jahreszeitlich wechselnder Dauer geteilt. Ob der Kalendertag am Abend oder dem populären Sprachgebrauch folgend am Morgen begann, ist umstritten. Die Verwendung von Tageszwölfteln, Temporalstunden und die Verwendung von »hora« als Zeitstunde ist erst seit der Zeit Alexanders des Großen nachgewiesen.

Im 7. Buch seiner *Naturgeschichte* entfaltet Plinius d. Ä. eine Art historischer Anthropologie, in der der gegenwärtige Kulturzustand als Resultat einer langen Reihe von Erfindungen erscheint. Dazu gehören auch Übereinkünfte aller Völker, teils stillschweigende wie die Verwendung der ionischen Schrift und die Sitte des Bartscherens, teils aus Überlegung gewonnene wie die Stundenteilung. In den Gesetzen der Zwölf Tafeln (451 v. Chr.) sei nur vom Auf- und Untergang der Sonne die Rede. Erst später seien in Rom auch die Mittagsstunden und die letzte Tagesstunde von Beamten nach dem Sonnenstand ausgerufen worden. Lucius Parpirius Cursor habe dann (292 v. Chr.) die erste Sonnenuhr in Rom aufstellen lassen. Danach habe nach M. Varros Bericht der Konsul Valerius Massala eine Sonnenuhr aus dem eroberten Catania herbeigeschafft (263 v. Chr.), jedoch habe man 99 Jahre lang nicht bemerkt, daß ihre Linien wegen des geographischen Breitenunterschieds nicht mit den Tagesstunden in Rom übereinstimmten. Erst später (164 v. Chr.) sei eine richtig konstruierte Sonnenuhr, und kurz darauf (159 v. Chr.) auch eine öffentliche Wasseruhr unter einem Dach aufgestellt worden. Plinius bemerkt abschließend, daß für das römische Volk der Lichttag bis dahin ungeteilt gewesen sei.[5]

Die Zwölfteilung des Tages war erst durch die Verwendung von Uhren möglich geworden. Diese als soziale Konvention in beiden Kulturkreisen bewußte Teilung war babylonisches Erbe. Dort hatte man eine Teilung des Volltages in zwölf Doppelstunden und eine getrennte Teilung des Tages und der Nacht benutzt. Nach dieser wird der Lichttag von Sonnenaufgang bis Sonnenuntergang und ebenso die Nacht in zwölf jeweils unter sich gleichlange Teile, Stunden, geteilt.[6] Dauer und zeitliche Lage dieser Stunden wechseln mit der Dauer des Lichttags, wobei die »sechste Stunde« immer den Mittagspunkt bezeichnet. Nur zweimal im Jahr, an den Äquinoktien, sind die Tages- und die Nachtstunden gleichlang. Man bezeichnet diese Stunden als Temporalstunden, »horae inequales«. Umgerechnet in die – damals unbekannten – Stundenminuten verhielt sich die längste zur kürzesten Tagesstunde in Oberägypten wie 67:53, in Athen wie 73:47, in Rom wie 76:44, in Süddeutschland wie 80:40, in Nordengland wie 90:30. Daneben blieb in Rom auch die ältere Vierteilung des Tages und die Teilung der Nacht in vier Wachen üblich, weil sie für die meisten praktischen Zwecke ausreichend war. Diese Abschnitte sind in Rom von den Behörden stadtöffentlich signalisiert worden. Auch die Tagesviertel wurden nach ihrer letzten Stunde benannt. Als Zeitpunkt sind die Stundenangaben – mit Ausnahme bei der ersten Stunde, »hora prima« – immer im Sinn der abgelaufenen Stunde (»hora expleta«, »hora completa«) zu verstehen. Kurz: »nona« z. B. konnte als Frist die neunte Stunde des Tages, seltener auch der Nacht, oder den frühen, die siebte, achte und neunte Stunde umgreifenden Nachmittag und als Zeitpunkt das Ende der neunten Stunde bezeichnen. Anstelle der ungebräuchlichen »hora duodecima noctis« bzw. »h. d. diei« bezeichneten »mane« und »vespera«/»suprema« die natürlichen Grenzen des Lichttags. Zusätzlich war als vormorgendlicher Zeitpunkt der Hahnenschrei »gallicantus« geläufig.

Differenzierte Stundenangaben wird man nur bei den Gebildeten erwarten dürfen, aber auch hier war die Notwendigkeit, sie zu verwenden, begrenzt. Ungefähre Tages- und Nachtzeitpunkte ließen sich auch mit Hilfe damals noch weit differenzierterer, an Naturvorgängen orientierter Begriffe hinreichend verständlich beschreiben. Das gilt besonders für die Hell-Dunkel-Übergänge, wie die folgende, noch im Mittelalter sehr geläufige, qualitative Teilung der Nacht beispielhaft zeigt: »occasus solis« (Sonnenuntergang), »crepusculum« (Dämmerung), »vesperum« (Erscheinen des Abendsterns), »conticinium« (Schweigen), »intempestum« (völliges Erliegen aller Tätigkeiten), »gallicinium« (Hahnenschrei), »aurora« (Zurücktreten der Finsternis, Beginn der Morgenröte), »diluculum« (Morgendämmerung), »exortus solis« (Sonnenaufgang).[7]

Gleichlange Stunden (»horae aequinoctiales«, »horae aequales«) waren durchaus bekannt. In Gebrauch waren sie nur im Kontext naturwissenschaftlicher, insbesondere astronomischer und teilweise auch astrologischer Erörterungen.[8] Die Angabe von Stundenbruchteilen war außerhalb der Astronomie selten. Für den alltäglichen Gebrauch reichten Präzisierungen wie »am Anfang«, »gegen Ende« einer Stunde aus. Halbe Stunden waren üblich bei der Zuteilung von Zeit bei Bewässerungsregelungen. Ausnahmsweise wurden auch Stundenbrüche an die Angabe der abgelaufenen Stunden angefügt, z. B. »hora quarta et quadrans«, »hora quarta et triens«.

## Antike Sonnenuhren

Die Beobachtung der Veränderungen des Sonnenschattens ist sicher das älteste Verfahren zur Zeitbestimmung. Dazu eignen sich die Schatten von Gebäudekanten, aber auch der eigene Körperschatten, dessen Länge ausgedrückt in »Fuß« oder »Schuh« in der Antike ein sehr populäres Mittel der Zeitbestimmung gewesen ist. Ein erster Hinweis findet sich in der Komödie *Die Frauenvolksversammlung* (392? v. Chr.) des Aristophanes. Darin wirft eine Bäuerin ihrem Mann vor, nichts weiter zu tun, als seinen Schatten zu beobachten und sich, wenn dieser zehn Schuhe betrage, zum Essen zu verfügen. Auch Verabredungen auf einen 6-, 8-, 10-, 12füßigen Schatten waren in Griechenland üblich.[9] Tafeln, die die Schattenlänge für die Stunden in den verschiedenen Monaten in »pedes« angaben, waren noch im Mittelalter sehr verbreitet.

Sonnenuhren mit Schattenstab und Skalen waren seit dem 3. Jahrtausend v. Chr. in Gebrauch. Sie dienten zunächst wohl nur kalendarischen Zwecken.[10] Die Tagesteilung ist später hinzugekommen. Untersuchungen der in Ägypten gefundenen Exemplare haben ergeben, daß alle Sonnenuhrformen der älteren Zeit ziemlich ungenaue Tageszeitangaben lieferten.[11] Die griechische Astronomie hat dann babylonische Vorbilder zu verschiedenen Typen und Formen entwickelt, von deren Vielfalt Vitruv in *De architectura* (IX, 8, 1) berichtet. Zahlreiche archäologische Zeugnisse bestätigen seine Beschreibungen.[12] Griechische und römische Sonnenuhren trugen das Liniennetz auf vielen meist in Stein gemeißelten Formen (Kugeln, Kugelschnitte, Konus- und Zylinderformen, vertikale und horizontale Flächen). Monumentale Ausführungen mit über 150 m breiten Liniennetzen nutzten ägyptische Beuteobelisken als Schattenwerfer.[13]

Sonnenuhren zierten öffentliche Gebäude, Tempel, Privathäuser und Villen. Sie waren im ganzen römischen Reich verbreitet. Das Wort des Spötters von der mit Sonnenuhren angefüllten Stadt wird z. B. von den Funden in Pompeji bestätigt.[14] Zahlreiche Inschriften zeigen sie als beliebtes Objekt von Stiftungen.

Auch wenn es sich, wie erwähnt, nur langsam herumgesprochen hatte, war das Problem der Konstruktion entsprechend der geographischen Breite spätestens seit dem 3. Jahrhundert v. Chr. gelöst. Seit dieser Zeit zeigen die antiken Sonnenuhren stets die Temporalstunden für einen bestimmten Breitengrad. Orte wurden entsprechend ihrer Lage auf einem Breitengrad einem »Klima« zugerechnet, das sich auch als Verhältnis des längsten zum kürzesten Tag, ausgedrückt in gleichlangen Stunden, angeben ließ. Transportable, für Reisende geeignete Hängesonnenuhren (»horologia viatoria pensilia«) konnten für alle Breitengrade oder für eine Reihe wichtiger Orte eingestellt werden.[15]

Da bei den antiken Sonnenuhren der Weg der Schattenwerferspitze beobachtet wurde, konnten sie auch der Ablesung kalendarischer Indikationen, etwa des Monats oder der Feststellung der Äquinoktientage, an denen die Schattenspitze eine gerade Linie beschreibt, dienen. Möglicherweise blieb dies auch nach dem Aufkommen der Stundenteilung ihre wichtigste Funktion.

## Antike Wasseruhren

Wetter- und tageslichtunabhängige Zeitmessung war in der Antike nur mittels der sogenannten Wasseruhren, der Klepsydren, möglich.[16] Die Bezeichnung Klepsydra (»Wasserdieb«) geht auf eine untypische Form zurück. Im 6. Jahrhundert v. Chr. wurden an gelochten Hohlkörpern mit kleinen, mit dem Daumen verschließbaren Auslaßöffnungen, mittels derer man wie mit einer Pipette Wein, Wasser oder Öl aus großen Gefäßen »heben« konnte, verschiedene Beobachtungen pneumatischer und hydraulischer Erscheinungen gemacht. Die Beobachtung des langsamen Einsinkens eines solchen Körpers in einer Flüssigkeit oder die Möglichkeit, den Auslauf zu verzögern, hat auf die Entdekkung der Klepsydra als Mittel, eine Frist zu bestimmen, geführt.

## Klepsydren – Auslaufuhren

Das älteste und einfachste Mittel solcher Fristbestimmungen waren jedoch nicht die Weinheberformen, sondern die sog. Auslauf-Wasseruhren. Sie hatten keinen eigenen Namen und wurden ebenfalls Klepsydra genannt. Dabei wurde ein einfaches Gefäß mit einer engen Auslauföffnung versehen. Das Ausfließen einer bestimmten Wassermenge diente dann der Fristbestimmung oder die Beobachtung des sinkenden Wasserspiegels einer sehr einfachen Zeitmessung. Solche Gefäße werden im 1. Jahrtausend in Indien und China erwähnt.[17] Nach babylonischen Texten wurden sie durch unterschiedliche Füllmengen den wechselnden Jahreszeiten angepaßt.[18] Nach einer ägyptischen Inschrift (ca. 1550 v. Chr.) und einem beim Ammontempel in Karnak gefundenen Exemplar (ca. 1400 v. Chr.) wurden an den zur Kompensation des nachlassenden Wasserdrucks schrägen Innenflächen des Gefäßes Ska-

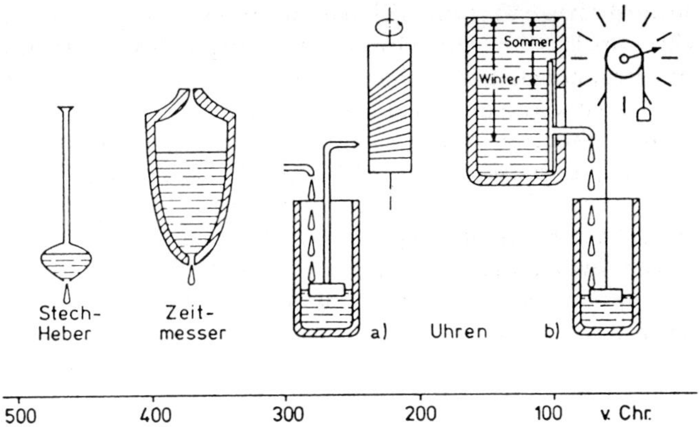


4. Die Entwicklung der Klepsydra vom Stechheber zur Wasseruhr

len angebracht, die die Teilung der Nacht in verschiedenen Monaten ermöglichten.[19] Neuere Versuche haben ergeben, daß, obwohl die physikalische Theorie offenbar unbekannt gewesen ist, die tägliche Fehlanzeige nur etwa eine Viertelstunde betragen hat.[20] Soweit man weiß, wurden diese mit Skalen versehenen Gefäße zur Einteilung der nächtlichen Wachen benutzt.

In Griechenland tauchen die skalierten Gefäße offenbar erst spät auf.[21] Bei den attischen Gerichts- und Ratsgremien kommen seit dem 5. Jahrhundert v. Chr. zunächst einfache Auslaufklepsydren in Gebrauch, und zwar als Mittel der Verteilung und Befristung von Redezeit.[22] Da die Verhandlungen im Regelfall an einem Tag abgewickelt werden mußten, wurde unter Zugrundelegung der ungefähr an einem kurzen Tag (ca. 9 Stunden) aus Krügen ausfließenden Wassermenge die Gesamtredezeit in Strafprozessen zwischen Klägern, Beklagten und Richtern gedrittelt, in Privatsachen auch gefünftelt. Bei Zeugenvernehmungen und der Verlesung von Aktenstücken wurden die Gefäße verschlossen. Aristoteles berichtet dann, daß Redezeiten auch nach dem Streitwert befristet worden seien. Dabei wurde den Parteien nicht ein Teil der Tagesredezeit, sondern eine bestimmte Zahl von Kannen (ca. 3,2 l) zugestanden, deren Auslaufzeit nach modernen Berechnungen jeweils 3–4 Minuten betrug. Die Stundenteilung des Tages war noch nicht üblich, und entsprechend wurde nicht »nach der Zeit«, sondern »nach dem Wasser« geredet, das jeweils nur für eine ganz ungefähr bekannte Frist stand. Auch an den Schulen der Rhetorik übte man mit solchen Auslaufgefäßen. Das römische Rechtswesen hat diese Technik der Befristung von Gerichtsreden in der republikanischen Zeit übernommen, nach Tacitus um der Juristeneloquenz Zügel (»frenum«) anzulegen.[23] Im Mittelalter wird »frenum« das technische Fachwort für die Hemmung der Räderuhr, und das Zaumzeug taucht, wie erwähnt, zu Beginn des 15. Jahrhunderts im ikonographischen Kontext der Allegorie der Tugend »Temperantia« auf. Erst bei Cicero finden sich Stundenangaben für Gerichtsreden, erst bei Plinius d. J. werden sie so konkret, daß man nachträglich die Laufzeit einer römischen Gerichtsklepsydra mit ca. 20 Min. bestimmen kann.[24] In städtischen Gremien wurde die Klepsydra, wie im Spätmittelalter die Sanduhr, zu einem Mittel der Pünktlichkeitskontrolle. Nach einer Inschrift aus Iasos in Kleinasien aus dem 3. Jahrhundert v. Chr. wurde am Ratstag bei Sonnenaufgang eine gut sichtbare Klepsydra gefüllt. Die Mitglieder des Rats, die nach ihrem Auslaufen nicht erschienen waren, verloren ihren Anspruch auf Tagegeld. Wie in Ägypten dienten in der Antike Klepsydren auch zur Bestimmung der Dauer der militärischen Nachtwachen. Cäsar berichtet, er habe die langen Nächte in England »durch das Wasser« bemerkt.[25]

Der Gebrauch der Klepsydren macht deutlich, daß man bei der Bemessung und Verteilung an Bewässerungsanlagen von vagen, nur für konkrete Anwendungssituationen gültigen und nicht verallgemeinerbaren Fristen zu abstrakten Fristen übergegangen ist. Zu diesem Zweck wurden Klepsydren in der ganzen Alten Welt, aber auch in Indien, China und Persien bis in die Neuzeit überall da benutzt, wo Wasser besonders kostbar war.[26] Eine bestimmte Wassermenge entsprach dabei der Auslaufzeit einer Klepsydra oder der Zeit, die ein gelochtes Gefäß zum Einsinken in ein Reservoir benötigte.[27] Diese Einheit wurde zugewiesen, verkauft oder versteigert. Daher konnte die Frist auch den Namen des Gefäßes annehmen. Nachdem im Spätmittelalter in Spanien, wo solche Regelungen häufig aus der muslimischen Zeit tradiert worden waren, vielfach Sanduhren die Klepsydren ersetzt hatten, behielt die zugeteilte halbe Stunde den Namen »Krug« (»jarro«), und dabei ist es auch nach der Verbreitung der mechanischen Uhren teilweise bis heute geblieben.

Im Römischen Recht sind die Techniken der Wasserverteilung durch Befristung vielfach kodifiziert worden.[28] In der Kaiserzeit ist man jedoch dazu übergegangen, die Wasserverteilung auch nach den Stunden des Tages und nicht mehr nach einem Hohlgefäß zu ordnen. Eine Inschrift aus Lamasba in Numidien (3. Jh.) nennt die Grundstücke, die Besitzernamen und die Bewässerungszeit nach ganzen und halben Tagesstunden.[29] Das setzt die Geläufigkeit der Zeitmessung durch Sonnenuhren schon voraus, und für die gerechte Verteilung des Wassers konnte so ein abstrakteres Zeitmaß benutzt werden.

## Klepsydren und wissenschaftliche Messungen

Die Berichte, nach denen Wasseruhren zu wissenschaftlichen Beobachtungen und damit zu Vorformen quantifizierender Methoden der Naturforschung eingesetzt worden sind, führen in das 3. Jahrhundert v. Chr., in die Hochblüte der alexandrinischen Wissenschaft.

Da ist zunächst, völlig isoliert, d. h. weder durch andere Quellen bestätigt noch in der Tradition aufgenommen, der Bericht über den Arzt Herophilos von Alexandria, der eine kurzlaufende Klepsydra zur Feststellung der Pulsfrequenz von Fieberkranken benutzt haben soll. Durch Vergleich mit den für vier verschiedene Altersstufen in der gleichen Frist gezählten Frequenzen von Gesunden habe er so krankhafte Veränderungen ermitteln können.[30] Die antike Medizin, die den Puls eher als »stark«, »schwach«, »regelmäßig« oder »unruhig« beschrieben hat, faßte auch Adjektive wie »schnell«, »langsam«, »jagend« oder »stockend« eher qualitativ und strikt gebunden an die Erfahrung des einzelnen Arztes auf. Erst im 17. Jahrhundert beginnt man den Puls zu zählen (vgl. S. 263).

Breiter überliefert und noch im Mittelalter tradiert sind die den Alexandrinern zugeschriebenen Verfahren, das Verhältnis des Durchmessers von Sonne und Mond zu ihrer Bahn um die Erde zu berechnen. Dazu sollte eine Auslaufwasseruhr beim Erscheinen des Gestirns geöffnet und nach der Horizontpassage der vollen »Planetenscheibe« wieder verschlossen werden. Gleichzeitig sollte ein zweites Gefäß geöffnet und beim erneuten Erscheinen des Gestirns am nächsten Morgen verschlossen werden. Der Vergleich der beiden Wassermengen hat dann angeblich ergeben, daß sich der Durchmesser der Sonnenscheibe zu ihrer Bahn wie 1:600 (für den Mond 1:750) verhält. Im 2. Jahrhundert v. Chr. hält Ptolemaios solche Experimente für nicht erfolgversprechend. Im 2. Jahrhundert n. Chr. erklärt sie der Skeptiker Sextos Empeirikos für unmöglich. Otto Neugebauer bezeichnet solche Messungen als praktisch undurchführbar. Sie seien schon in der Antike als literarische Klischees tradiert.[31]

## Kontinuierliche Zeitindikation und Automatenwerk

In der hellenistischen Zeit ist ein neuer Typ der Wasseruhr entwickelt worden, der von großem Einfluß für die modernen Formen der Verbindung kontinuierlicher Zeitindikation mit astronomischen Indikationen und Spiel- und Signalwerken gewesen ist. Bei den sog. Einlauf-Wasseruhren wird der Wasserdruck dadurch konstant gehalten, daß der Wasserspiegel im Vorrats- bzw. Auslauftank durch eine Überlaufrinne auf stets gleichem Niveau bleibt. Der Wasserspiegel im Einlauftank steigt gleichmäßig, und durch den Schwimmer läßt sich eine Anzeigevorrichtung oder eine Mechanik gleichmäßig bewegen. Die einzige ausführliche Quelle für diese vermutlich hellenistischen Neuentwicklungen und ihre konstruktiven Details ist der nicht konsistente und in der technischen Interpretation stets strittige Bericht Vitruvs über die »Wasseruhren« bzw. »Winteruhren« (*De architectura* IX, 8,2-15). Vitruv benennt als Erfinder den Ktesibios aus Alexandria (3. Jh. v. Chr.), dem auch die Entwicklung einer hydraulischen Orgel und einer zweizylindrigen Feuerspritze zugeschrieben werden.

Vitruv erläutert zunächst das Prinzip: eine sorgfältig kalibrierte Auslauföffnung aus Gold oder Edelstein und ein Schwimmer in Gestalt eines umgestülpten Beckens. In einer ersten Variante, in der eine lineare Bewegung in eine Kreisbewegung überführt wird, treibt eine gezahnte Stange auf dem Schwimmer ein Zahnrad und dies wiederum allerlei Figurenwerke oder akustische Signalvorrichtungen wie fallende Steine oder pneumatische Blasinstrumente. Vitruv nennt diese Vorrichtungen Beiwerk. In einer zweiten Variante trägt der Schwimmer einen Zeiger bzw. eine Zeigerfigur. Zwei Möglichkeiten der Anpassung an die ungleichen Stunden werden erörtert: Veränderung der Auslauföffnung mittels eingeschobener Keile. Dabei ist unklar, ob Vitruv schon konische Ventile gekannt hat.[32] Eine andere Möglichkeit ist die Anbringung einer drehbaren Skalentrommel mit Stundenlinien für die verschiedenen Monate. Bei der dritten Variante, einer astronomischen Uhr, dem *horologium anaphoricum*, die wie die erste eine lineare in eine Kreisbewegung überführt, wird eine biegsame Kette vom Schwimmer über eine Welle zu einem Gegengewicht geführt. Mit der Welle dreht sich hinter einem Drahtnetz mit den Wendekreisen und den Stundenlinien eine Scheibe mit 365 Löchern, in die ein Stift für die Position der Sonne gesteckt werden konnte. Die erste bekannte Fassung eines mechanisch drehbaren Astrolabs, das seit dem Spätmittelalter zur Standardausrüstung der astronomischen Uhren gehörte, wird hier sichtbar. Abschließend schildert Vitruv eine – wohl nicht funktionstüchtige – Regulierungsvorrichtung mit einer gelochten drehbaren Scheibe zwischen den Tanks.

Archäologische Zeugnisse bestätigen, daß Vitruv tatsächlich existierende Uhrwerke beschrieben hat. An der Agora in Athen und dem im nördlichen Attika gelegenen Oropos sind Reste großer öffentlicher Einlauf-Wasseruhren erhalten, die im 3. Jahrhundert v. Chr. in Betrieb gewesen sind. Nach der Größe der Tanks dürfte ihre Laufzeit mehr als einen Tag betragen haben.[33] Auch in dem von Andronikos von Kyros im 1. Jahrhundert v. Chr. errichteten Turm der Winde hat sich ein solches *horologium* befunden. Die acht Seiten des ca. 13 m hohen Turms trugen je eine Sonnenuhr, die Wasseruhr im Inneren hat vermutlich verschiedene astronomische Mechanismen bewegt.[34] Auch das Fragment einer in der Nähe von Salzburg gefundenen Scheibe mit astronomischen Indikationen aus dem 2. Jahrhundert n. Chr. gehörte sehr wahrscheinlich zu einer anaphorischen Uhr, wie sie von Vitruv beschrieben worden ist.[35]

Unser gegenwärtiger Kenntnisstand läßt noch kein Urteil darüber zu, wie weit die antiken Mechaniker bei der Konstruktion der für die Darstellung der Planetenbahnen notwendigen komplizierten Getriebe für solche Uhren gekommen sind. Der einzige bis heute bekannte Hinweis darauf war zwar eine wissenschaftliche Sensation, steht aber einstweilen nach Quellen und Forschungslage völlig isoliert. Der sog. Antikythera-Mechanismus ist im Jahre 1901 aus einem Schiffswrack nahe der Insel Antikythera zwischen dem Peloponnes und Kreta geborgen worden. Es handelt sich um ein 30x15 cm großes und etwa buchstarkes Gerät zur mechanischen Kalkulation und Demonstration kalendarischer Probleme auf drei Zifferblättern. Auf der einen Seite ließen sich innerhalb des griechisch-römischen Kalenders die Position von Sonne und Mond, die Aufgänge heller Sterne und die Äquinoktiendaten einstellen. Auf der anderen Seite wurden innerhalb des metonischen Zyklus 19 Sonnenjahre auf 235 synodische (Mond-) Monate bezogen. Für diesen Mechanismus sind entsprechend der astronomischen Theorie epizyklische, d. h. Kreisbahnen auf einer Kreislinie darstellende Getriebe benutzt worden. D. Price hat dieses im 1. Jahrhundert v. Chr. hergestellte Gerät vorgestellt; Allan G. Bromley hat eine Rekonstruktion vorgeschlagen.[36] Die sich daraus zwangsläufig ergebende Neueinschätzung des Niveaus der antiken Feinmechanik und ihrer Möglichkeiten, kunstvolle Getriebe herzustellen, steht jedoch noch aus. Für unseren Zusammenhang läßt sich festhalten: Auch wenn das einzige bekannte Exemplar einer solchen Mechanik von Hand bewegt worden ist, gibt es keine grundsätzlichen Zweifel an der Möglichkeit, komplizierte astronomische Mechanismen in der Antike durch Wasseruhren anzutreiben.

Dem europäischen Mittelalter wurde die antike Uhrentechnik teils direkt aus der römischen Spätantike, teils indirekt über die byzantinischen und arabischen Mechaniker überliefert. In Konstantinopel waren solche Uhren für die kaiserlichen Palastwachen in Gebrauch. Ihre Verwendung für die Befristung von Gerichtsreden war jedoch nach dem Zeugnis des Johannes Lydos im 6. Jahrhundert nicht mehr üblich. In der Stadt waren mehrere öffentliche Gebäude und Kirchen mit Uhren versehen. Im Einzelfall ist den Texten schwer zu entnehmen, ob es sich um Sonnen- oder Wasseruhren gehandelt hat. Durch die Bezeichnung »Uhr der Stadt« hebt Johannes Lydos den offiziösen Charakter mindestens einer dieser Uhren hervor.[37]

Auch die Entwicklung der großen wasseruhrgetriebenen Automaten ist in der byzantinischen Zeit weitergeführt worden. Prokop berichtet von einer Kunstuhr in Gaza in Palästina (um 530), bei der die Stunden nach der Zählzahl (2 x 1-6) auf einem Gong weit hörbar geschlagen worden sind. Die an einem großen Platz errichtete Uhr setzte ein aufwendiges Spiel von mechanischen Figuren in Bewegung. Im Giebel rollte ein Gorgonenkopf stündlich die Augen. Darunter befand sich eine Reihe mit zwölf Türen, vor der sich eine Heliosfigur bewegte. Stündlich öffnete sich eine Tür, und hervor trat eine Heraklesfigur mit dem Attribut einer seiner zwölf mythischen Arbeiten. Unter den Musik- und Figurenwerken wird ein flügelschlagender Adler hervorgehoben, der die Uhr bekränzte. Nachts wanderte ein Licht hinter der Türenleiste.[38] Im Zeremonienbuch des Kaisers Konstantin VII. Porphyrogennitos (10. Jh.) wird eine große Uhr im kaiserlichen Palast in Konstantinopel und eine Uhr in einem Nebengebäude der Hagia Sophia erwähnt. Von letzterer wird in arabischen Reiseberichten erzählt, daß auch sie stündlich Figurenwerke bewegte. Diese Berichte schreiben ihre Konstruktion dem sonst nicht als Mechaniker bekannten Apollonios von Tyana (1. Jh.) zu.[39]

Wie bei den monumentalen Uhren des europäischen Mittelalters stand bei diesen mechanischen Wunderwerken das Interesse an überraschenden Effekten oder an der Veranschaulichung der Himmelserscheinungen im Vordergrund. Die öffentliche Anzeige der Tageszeit war eher ein Nebeneffekt. Im islamischen Raum sollte sich eine Automatenkunst entwickeln, die allmählich Einfluß auf die Geschichte der Uhr im Hochmittelalter gewann.

# 3
# Die mittelalterlichen Horen

Die Kirche hat die römische Tagesteilung übernommen und die Liturgie der Gebetszeiten entsprechend gestaltet. Grundlage blieb die doppelte Sequenz der jeweils zwölf Temporalstunden. Die Gebetszeiten richteten sich nach den vier Hauptabschnitten des Tages und der Nacht. Diese zeitliche Anordnung der Gebete lag nahe, da im Neuen Testament mit wenigen Ausnahmen nur die dritte, die sechste und die neunte Tagesstunde und der Sonnenauf- und -untergang als Tageszeitangaben benutzt werden. Für die Passionsgeschichte ist das besonders augenfällig: Frühmorgens beraten die Hohen Priester; die Kreuzigung fällt auf die dritte Stunde; von der sechsten bis zur neunten dauert die Finsternis; am Ende der neunten Stunde stirbt Jesus und wird am Ende des Lichttags ins Grab gelegt. Daraus ergaben sich sieben an die Passion erinnernde Gebetszeiten. Als vorgeschriebene Gebetssequenz wurden Matutin, Prim, Terz, Sext, Non, Vesper, Komplet auch als kanonische Stunden (»horae canonicae«) bezeichnet. Die ungefähre zeitliche Lage dieser Gebetsstunden entsprach der Gliederung des Lichttages. Die Matutin lag am Sonnenaufgang, die Komplet fiel etwa mit dem Sonnenuntergang zusammen, die Sext bezeichnete stets den Mittag. Für den bürgerlichen Gebrauch sind nur die Gebetszeiten wichtig geworden, die den Vierteln des Lichttages zugeordnet waren: Prim, Terz, Sext, Non, Vesper. Die Zwölfteilung des Tages wurde im Mittelalter selten gebraucht, aber sie blieb den Gebildeten geläufig und wurde, z. B. im biblischen Gleichnis von den Arbeitern im Weinberg, die um die elfte Stunde gedingt werden und dennoch den vollen Tagelohn erhalten (Matth. 20, 6-12), in der Erinnerung präsent gehalten.

## Horen als Zeitangaben – Verschiebung der Horen

Die Bindung der Gebetszeiten an die römischen Tagesabschnitte bzw. an die Temporalstunden war kanonisch nicht strikt geregelt. Es war zwar üblich, das Gebet an das Ende der dreistündigen Abschnitte Terz, Sext und Non zu legen, aber es war nicht ausdrücklich verboten, es etwas vorzuziehen. Auf die genaue tageszeitliche Lage legte man nur geringen Wert. Dadurch wurde es möglich, daß die »hora quoad tempus« (Zeitstunde) und die »hora quoad officium« (Gebetsstunde) hinsichtlich ihrer zeitlichen Lage auseinanderdrifteten. Der Ausdruck »hora prima vel quasi« (oder »zur Primzeit«, »zur Frühmeßzeit«) bezeichnete die erste Tagesstunde nur ganz ungefähr, denn das Primgebet oder die Frühmesse konnten, ohne daß kanonische Vorschriften verletzt wurden, vor oder nach Sonnenaufgang begonnen oder begangen werden. Die faktische zeitliche Lage wechselte vor allem in den Städten mit den örtlichen Gewohnheiten und mit praktischen Erfordernissen.

Auch bei den Moslems war eine Sequenz täglicher Gebete vorgeschrieben, aber ihre zeitliche Ordnung beruhte nicht auf der Teilung des Tages in ungleiche oder gleiche Stunden. Die Sequenz orientierte sich strikt am Stand der Sonne. In der *Ausführlichen Abhandlung von den Schatten* faßte al-Bîruni im 11. Jahrhundert die undeutlichen und teilweise widersprüchlichen Vorschriften des Korans und der islamischen Schulen und Sekten zusammen.[1] In bewußter Absetzung von anderen Religionen waren den Moslems Gebete zu den Zeitpunkten des Sonnenaufgangs, des Sonnenuntergangs und des Sonnenhöchststandes (Kulmination) verboten. Unmittelbar nach der mittäglichen Kulmination, »wenn der Schatten nach Osten zu wandern beginnt«, lag der Anfang des ersten der fünf vorgeschriebenen Gebetszeiträume. Er endete, wenn der Schatten länger wurde als der schattenwerfende Stab. Das zweite Nachmittagsgebet sollte gehalten werden, »solange die Sonne noch weiß« ist. Der dritte Gebetszeitraum begann nach dem Verschwinden der Sonne unter dem Horizont und dauerte, solange wie das Zwielicht anhielt. Danach begann die Zeit des Nachtgebets, das vor dem Beginn der Dämmerung, »dem Erscheinen des weißen Lichts«, beendet sein mußte. Entsprechend endete der Zeitraum für das Morgengebet mit dem Sonnenaufgang. Nach einigen Traditionen galt jeweils innerhalb der Gebetszeiträume der früheste Zeitpunkt als der beste. Ihm folgte ein zweitbester, ein drittbester, ein noch erlaubter, aber wegen des langen Zuwartens zu mißbilligender vierter und schließlich ein verbotener fünfter, der nicht mehr erlaubte, das Gebet vor dem Beginn der folgenden Gebetszeit abzuschließen. Die an den Moscheen für die Einhaltung der Gebetszeiten verantwortlichen Muezzin mußten also vor allen Dingen den Kulminationspunkt der Sonne und die Schattenlängen beobachten. Diese moslemischen Zeit-Experten haben im Mittelalter nicht nur Sonnenuhren gebraucht und entwickelt, sondern auch Schattentafeln, Astrolabien und Wasseruhren.

Im europäischen Mittelalter blieb die Verbindung der Gebetszeiten

5., 6. Zwei Sonnenuhren zur Anzeige der kanonischen Stunden am Hamelner Münster

mit dem Sonnentag nicht nur loser, die Gebetsstundensequenz, »quoad officium«, verschob sich allmählich gegen die Sequenz der Tagesstunden, »quoad tempus«. Dieses Auseinanderdriften der Gebetszeit und der Tageszeit dauerte zwei bis drei Jahrhunderte und verlief in verschiedenen Regionen ungleich schnell. Über Daten und Ursachen lassen sich nur Vermutungen anstellen, beschreiben lassen sich jedoch die Resultate. Am auffälligsten ist die Verschiebung der Non auf die erste Nachmittagsstunde und dann auf den wahren Mittag. Im englischen Wort »noon« ist diese Verschiebung festgeschrieben. Im bürgerlichen Gebrauch verschwindet die Sext als Zeitangabe dadurch allmählich, als Gebetszeit wird sie unmittelbar vor die Non gerückt. Zugleich rückt die Vesper in den Nachmittag und wird zu einer wichtigen Zeit für Arbeitspausen oder auch das Arbeitsende an Vorfesttagen. Als Gebetszeit rückt sie außerhalb der Klöster allmählich in die dritte Nachmittagsstunde.

An zwei Sonnenuhren des 13. Jahrhunderts am Münster zu Hameln läßt sich die Verschiebung der Horen gegen die Temporalstunden verfolgen. Auf dem Feld der gleichmäßig geteilten Halbkreissegmente ist die vertikale Mittagslinie einmal mit »M« (Meridies) und bei der zweiten, etwas jüngeren Sonnenuhr mit »N« (Non) markiert.

Obwohl sich die Verschiebung im 13. Jahrhundert durchgesetzt haben dürfte, waren auch einfachste Stundenangaben nicht jedermann selbstverständlich und gelegentlich auch kontrovers. Beim Duell des Gerardus von St. Obert gegen Robert von Beaurain vor dem Grafen von Hennegau in Mons im Jahre 1188 erschien Gerardus am verabredeten Tag bewaffnet um die erste Stunde des Tages und wartete, bis zur Non, dem Ende der herkömmlichen Duellfrist, geläutet worden war. Gerardus forderte dann, da der Gegner nicht erschienen war, die Anerkennung seiner Position in der strittigen Rechtssache, weil er zur festgesetzten Zeit und über sie hinaus gewartet habe, »quod usque ad horam et ultra horam expectasset adversarium suum«. Die Berater des Grafen reagierten unsicher. Erst nachdem sie den Sonnenstand betrachtet und die anwesenden Kleriker um Rat gefragt hatten, erklärten sie die Non für verstrichen.[2] Weder das kirchliche Geläut noch der Sonnenstand lieferten also unstreitige Zeitangaben. Noch im 14. Jahrhundert führt die allmähliche Verschiebung der Horen bei der Festlegung von Arbeitszeiten zu Konflikten (vgl. S. 272).

Aussagekräftige Zeugnisse über die Gründe für die Verschiebung der Horen gibt es nicht. G. Bilfinger führt sie zurück auf die Verbreitung der mönchischen Fastenregeln auch beim Weltklerus und den frommen Laien. Nach den Mönchsregeln sollte an den gewöhnlichen Fasttagen die Hauptmahlzeit nach der Non, in der Fastenzeit vor Ostern erst nach der Vesper eingenommen werden. Vor der Sext sollten die Mönche überhaupt nichts essen. Menschliche Schwachheit, d. i. der Hunger, habe nun eine »erlaubte Übung« begünstigt, nach der die Non und entsprechend auch die anderen Horen zeitlich von den Temporalstunden entfernt und in die Nähe der beim gewöhnlichen Volk üblichen Hauptmahlzeit am Vormittag gerückt worden seien.[3] Eine andere Erklärung hat Jacques Le Goff vorgeschlagen: Da die Non das Arbeitsende an den halben Arbeitstagen, z. B. am Samstag, gewesen sei, hätte der von den städtischen Lohnarbeitern bewirkte Druck zur Vorverschiebung dieser Gebetszeit, die ja zugleich ein städtisches Zeitsignal gewesen sei, geführt. Diese Hypothese läßt sich nicht prüfen. Die Quellen zur Non als Ende der Halbtagsarbeit, auf die Le Goff zur Begründung hinweist, stammen aus den Jahren 1286–89 und damit aus einer Zeit, in der die Non in Italien längst an den Mittag gerückt war.[4] Dante, sicher kein Freund neuartiger Gebräuche, sagt im *Convivio* (1308/9) ausdrücklich, daß die Non zu Beginn der siebten Tagesstunde geläutet werden soll. Dem läßt sich hinzufügen, daß selbst innerhalb klösterlicher Gemeinschaften die zeitliche Lage der Horen nicht genau fixiert, sondern ebenso – allerdings mit Erlaubnis – verschiebbar war. Das Kapitel in Chartres erhielt 1253 von Papst Innozenz IV. die Genehmigung, die Nachtoffizien am frühen Morgen statt kurz nach Mitternacht zu feiern, weil der Klosterbezirk keine ausreichende Sicherheit bot.[5] Auch in der Chronik des Frauenkonvents Ste. Catherine-du-Mont bei Rouen wird zum Jahr 1322 berichtet, daß man angefangen habe, wegen der »timores nocturnae« die Matutin am Morgen zu beten.[6]

## Die monastische Zeitordnung

*a) Neuere Mißverständnisse*

Askese, Disziplin und Regelhaftigkeit der mönchischen Lebensform haben seit Max Weber und Lewis Mumford zunehmende Bedeutung für die Geschichtsschreibung der modernen Industriegesellschaft und insbesondere für die Erklärung der für diese Gesellschaft typischen Arbeits- und Lebensformen erhalten. Die Rückverlängerung der Weberschen Thesen über die Entfaltung des okzidentalen Rationalismus hat zu folgenreichen Neuinterpretationen des Lebens nach der Ordensregel geführt. Durch den Blick auf die moderne Mechanisierung und verführt durch eine sich verselbständigende Maschinenmetaphorik hat sich das Bild der mittelalterlichen Klöster bei einigen eher soziologisch orientierten Autoren verändert. Die Klöster sind häufig zu Prototypen moderner Fabriken oder zu »vergeistigten und moralisierten Megamaschinen« (Mumford) geworden. Das mechanistische Bild des Klosters hat dann zu teils schiefen, teils falschen Thesen über die klösterliche Zeitordnung, den Beitrag der Klöster zur Entwicklung des modernen Zeitbewußtseins und über die Geschichte der Uhren geführt.

Max Webers Thesen von der außerökonomisch motivierten rationalen Methodik der Lebensführung und des Wirtschaftsverhaltens der Mönchsorden hat Lewis Mumford »verschärft« und die Benediktiner unter vager Berufung auf Werner Sombart zu den Begründern des modernen Kapitalismus erklärt. Die Benediktiner hätten den menschlichen Unternehmungen den »regelmäßigen, kollektiven Schlag und Rhythmus der Maschine« verliehen. In einer späteren Arbeit erklärt er, die Benediktiner hätten, da sie den Tageslauf auf einer Vierundzwanzig-Stunden-Basis organisierten, eine spätere Phase der Mechanisierung vorweggenommen.[7] Zur Unterstützung dieser Thesen variiert Mumford eine legendäre Anordnung des Papstes Sabinian über das Geläut der Kirchen und macht daraus ein kontinuierliches Horensignal in den Klöstern. Ein Hilfsmittel zum Schlagen der Stunden in regelmäßigen Abständen sei daher notwendiges Produkt dieses Lebens nach der »eisernen Disziplin der Regel« gewesen. Nicht widerspruchsfrei läßt sich damit eine andere Auskunft Mumfords verbinden, nach der sich die mechanische Uhr erst den Zeitordnungsbedürfnissen der

Städte seit dem 13. Jahrhundert verdanke, eine ungenaue, aber in der Tendenz zutreffendere Auskunft.[8] Auch H. E. Hallam erklärt in einer Arbeit über die hochmittelalterliche Feudalgesellschaft den »Geist der Uhr« für »ganz und gar benediktinisch«. Der bedeutsame und neuartige Zug der Benediktinerregel sei die stundenplanähnliche Tageseinteilung. Die benediktinischen Lebensideale hätten es notwendig gemacht, die genaue Zeit zu wissen und den Ablauf der Zeit zu messen. Die mechanische Uhr sei dann aufgetaucht, als die tageszeitlichen Strukturen der klösterlichen Offizien komplizierter geworden seien.[9] Eine eigene Abhandlung widmet Eviatar Zerubavel der benediktinischen Ethik als Ursprung moderner Zeitplanung. Der Tageslauf nach der Regel sei das Modell aller westlichen Zeit- und Stundenpläne, die Benediktinerklöster seien die herausragenden Beispiele für »Uhrwerk-Gemeinschaften«. Auch Zerubavel unterstellt ein regelmäßiges klösterliches Zeitsignal und behauptet, daß der vorgeschriebene Tageslauf die Standardisierung des Zeitwerts (der absoluten Dauer) der Stunde erforderlich gemacht habe. Die durch den historisch älteren Gebrauch der kanonischen Stunden entstehende befremdliche Situation sei nur durch die Einführung der mechanischen Uhr zu ändern gewesen. Zerubavel resümiert mit höchst widersprüchlichen Thesen: Einerseits sieht er, daß die Uhr in Klöstern zunächst nur als Wecker gebraucht worden ist. Logisch und historisch folge daher der Standardisierung zeitlicher Zuordnungen der Offizien und Tätigkeiten die »Verfestigung der Dauer« der für sie vorgesehenen Fristen. Andererseits kehrt er diesen wenigstens plausiblen Zusammenhang um und behauptet, daß die Benediktiner dadurch wesentlichen Anteil an der Entwicklung der westlichen abstrakten Auffassung von Zeit gehabt hätten, weil sie einen Zeitplan erfunden hätten, der vollständig auf einen mechanischen Zeitmesser beruhte bzw. dessen Gebrauch voraussetzte.[10]

Alle drei Autoren unterscheiden nicht zwischen Weckvorrichtungen, mechanischen Uhren und Schlaguhren. Das erklärt einen Teil der Mißverständnisse. Alle drei entwerfen auf dieser Grundlage ein Bild des mönchischen Alltags, das ziemlich weit vom Text der Regel, von den Regelvarianten, von den Kommentaren, der einschlägigen Literatur und auch von der klösterlichen Praxis entfernt ist. Die Bedeutung von Askese, Disziplin und Regelhaftigkeit für die Entfaltung und für die Stabilisierung von Verhaltensformen und Verhaltensnormen, die für die Industriegesellschaft wichtig geworden sind, soll nicht heruntergespielt oder abgestritten werden. Gegen vorschnelle sozialgeschichtliche und zeitsoziologische Verallgemeinerungen ist jedoch an einige altbekannte historische Sachverhalte zu erinnern.

*b) Der klösterliche Tageslauf*

Die Benediktinerregel, keine Neuerfindung, sondern wichtigstes Beispiel der frühen Mönchsregeln und autoritatives Vorbild aller späteren Regeltexte, will eine Anleitung zur Führung eines gemeinschaftlichen gottgeweihten Lebens in Demut und Gehorsam sein. Unter Verzicht auf die Verfolgung von Eigeninteressen, auf persönliches Eigentum und persönliche Zeitverfügung leben die Mönche weitgehend abgeschlossen von der Umwelt unter dem Befehl und der Anleitung eines Abts, um sich stufenweise zu vervollkommnen und auf das Leben im Jenseits vorzubereiten.

Zentrales Element des klösterlichen Alltags ist der Gottesdienst, der gemäß dem Psalmvers »Siebenmal am Tag singe ich dein Lob« (Ps. 118, 164) tagsüber sieben Teile und gemäß dem Vers »Um Mitternacht stehe ich auf, um dir zu lobsingen« (Ps. 118, 62) einen nächtlichen Teil hat (Benediktinerregel, c. 16). Der Tag ist die Grundeinheit der klösterlichen Zeitordnung, wobei zwischen Sonn- und Festtagen, gewöhnlichen Werktagen und Fasttagen unterschieden wird.[11] Die nächstgrößere Einheit ist die Woche, die außer durch die Sonntagsheiligung vor allem durch die liturgische Bestimmung, innerhalb dieser Frist mindestens einmal alle 150 Psalmen zu singen (c. 18), bestimmt ist. Liturgisch ist das Jahr in Sommer und Winter geteilt. Hinsichtlich der vorgeschriebenen Lesungen, der Dauer der Tagesarbeit und der Mahlzeiten und Fastenvorschriften zerfällt das Jahr der Mönche in drei Perioden. Größere Zeiteinheiten erwähnt die Regel nicht.

Der klösterliche Tag ist nahezu lückenlos eingeteilt in Gottesdienste, Meditation, Lesung, Arbeit, Mahlzeiten und Schlafperioden. Die Dauer der Hauptteile des Tages (Gottesdienst / Lesung, Arbeit, Schlaf) beträgt im Jahresdurchschnitt jeweils etwa sieben Stunden.

Die mit der Jahreszeit wechselnde zeitliche Lage und die relative Dauer der einzelnen Tagesteile sind von den Gottesdiensten bestimmt. Die Vigilien sollen nach Mitternacht beginnen und noch in der Nacht abgeschlossen sein. Ihre Liturgie ist im Winter reichhaltiger als im Sommer, d. h. sie dauern im Winter länger. Die Matutin ist vor Tagesanbruch (»incipiente luce«) zu halten. Die Tagoffizien haben ihren Namen und ihre ursprüngliche zeitliche Lage von den römischen ungleichen Stunden (Prim, Terz, Sext, Non). Auf die genaue Übereinstimmung von »hora quoad officium« und »hora quoad tempus« kommt es dabei nicht an. Die Horen sind gegenüber den Temporalstunden auch in den Klöstern in gewissem Umfang verschiebbar. Bei der Regelung der Arbeit an den Sommernachmittagen heißt es z. B., daß die Non früher gehalten werden soll (»agatur Nona temperius mediante octava hora«). Vor der winterlichen Arbeitsperiode am Vormittag wird die Terz verschoben (»hora secunda agatur Tertia«,

c. 48). Die Vesper soll stets so gehalten werden, daß die anschließende Abendmahlzeit noch bei Tageslicht beendigt werden kann. Die Komplet markiert die Grenze zur völligen Dunkelheit.

Bei aller Dichte kommt die Regelung des klösterlichen Tageslaufs mit erstaunlich wenigen Zeitangaben aus. Der Beginn der Offizien wird nicht an einen Zeitpunkt, sondern an ein Signal bzw. eine kurze Sequenz von Signalen (»signa«) gebunden. Die Dauer der Offizien ist nicht durch eine Frist, sondern durch die vorgeschriebenen liturgischen Elemente bestimmt. Die übrigen Elemente des Tages werden zeitlich angeschlossen oder in verbleibende Zwischenräume gelegt. Die Zeitwerte sind Erfahrungswerte, die nicht definiert sind, und das führt zu der Schwierigkeit, daß heutige Rekonstruktionen klösterlicher Tagesläufe nur näherungsweise zutreffen können.[12] Hinsichtlich ihrer Dauer – das wird oft übersehen – sind die meisten Elemente zeitlich intrinsisch bestimmt und sequentiell angeordnet.[13] Die Zeitbestimmungen der Regel – und das gilt auch für die späteren häufig um ein Vielfaches längeren Regeln und verbindlich gewordenen Gebräuche (Consuetudines) – stellen daher nur selten auf abstrakte Zeitpunkte oder Fristen ab.[14] Die meisten Zeitbestimmungen binden den Beginn einer Handlung oder eines Zustands an das Ende der vorhergehenden Handlung. Typische formelhafte Ausdrücke dafür sind: »subiungendum est; quibus dictis; quibus lectis; quam incipit cantor dicere, mox omnes surgant; post hos sequatur; post quibus lectionibus sequantur; parvo intervallo« etc. Von der Offizien- bzw. Horensequenz unabhängige Zeitangaben mit Temporalstunden tauchen im Regeltext nur an zwei Stellen auf, bei der nächtlichen Weckzeit im Winter (c. 8) und bei der Regelung der Arbeitszeiten (c. 48). In allen anderen Fällen lassen sich die Zeitangaben und Offizien nicht trennen, das heißt, daß die jeweils vorgeschriebenen Verrichtungen an die zeitlich nicht genau fixierten Offizien gebunden waren.

Die Regel mahnt ständig zur gemeinsamen und pünktlichen Befolgung ihrer zeitlichen Vorschriften. Aber die implizierte Pünktlichkeitsvorstellung ist von der modernen verschieden. Der Tagesrhythmus wird im Interesse des gemeinsamen Vollzugs elastisch gehandhabt. Ist der Weckzeitpunkt versäumt worden, wird die Liturgie der Vigilien verkürzt (c. 11). Um Zuspätkommenden den Anschluß zu ermöglichen, wird der zweite Psalm der Vigilien sehr langsam und mit Pausen gesungen (c. 43). Unpünktlichkeit wird zwar geahndet,[15] aber die geforderte Pünktlichkeit bezieht sich nicht auf abstrakte Zeitpunkte, sondern auf Zeitpunkte in der Sequenz des kollektiven Verhaltensrhythmus. Das Einrichten der zeitlichen Ordnung für ein Kloster heißt »horas temperare« (c. 41), ein Ausdruck, der für zeitlich strikte Stundenpläne ganz undenkbar ist.

Das Kloster gibt sich so einen eigenen Rhythmus. Zwischen den nachmitternächtlichen Vigilien und dem Sonnenuntergang liegt eine festgelegte Sequenz mit in gewissem Umfang beweglichen Zeitpunkten. Elemente der Sequenz können nicht vertauscht oder ausgelassen werden. Ob aber die Sext anderthalb Stunden oder eine Viertelstunde vor dem Mittagspunkt beginnt, ist gleichgültig. Einzelne Orden und einzelne Klöster hatten hier einigen Organisationsspielraum.

Die klösterliche Zeitordnung sollte sich von allen weltlichen Zeitordnungen unterscheiden, sie sollte Kloster und Außenwelt trennen, und insofern war ein anderes Zeitbewußtsein gleichsam Programm. Auch wenn sich in Einzelheiten von praktischen Notwendigkeiten erzeugte Parallelen zur umgebenden Agrargesellschaft erkennen lassen, die Unterschiede bleiben deutlich genug. Gleichförmigkeit und Redundanz in bezug auf Jahr und Tag und der kollektive Lebensvollzug erzeugten eine besondere Rationalität und erforderten eine besondere Disziplin, die vor allem in der bewußten Vermeidung jeglicher Muße (»otium«) sichtbar wird. Arno Borst sieht hier den Beginn der Rationierung und Rationalisierung der Zeit, aber eben nicht der Zeitmessung und Zeitdisziplin.[16] Die Abwesenheit aller persönlichen Zeitverfügungsmöglichkeiten und die Perspektive auf die lebenslange Unterwerfung unter diese Ordnung haben sicher besondere Zeitbewußtseinsformen erzeugt, die man jedoch kaum mit Maschinenmetaphern beschreiben kann.

Wieweit die klösterliche Zeitordnung auf ihre Umwelt prägend gewirkt hat, ist schwer zu sagen. Sicher geht H. E. Hallam zu weit, wenn er von einer strikten Erziehung der mittelalterlichen Agrargesellschaft durch das Mönchtum spricht. Andererseits ist vorstellbar, daß wichtige praktische Erfahrungen im Umgang mit der Zeit vermittelt worden sind. Auf den Feldern, in den Werkstätten und Skriptorien wurden durch begrenzten, aber sehr regelmäßigen Arbeitszeiteinsatz Resultate erzielt, die, obwohl nur mittelbarer Zweck der monastischen Ordnung, vorbildhaft gewirkt haben dürften.[17]

Die Rede von der »eisernen Disziplin«, vom Maschinen- oder Uhrwerkrhythmus des Klosterlebens führt – auch wenn sie nur metaphorisch gemeint ist – in die Irre, weil sie einen, den natürlichen Rhythmen und menschlichen Lebensvollzügen äußerlichen Taktgeber, eine Maschine oder eine Uhr, nahelegt. Das Leben nach der Regel war jedoch in hohem Maße an natürliche Taktgeber, den Lichttag und die Jahreszeiten, gebunden und war keineswegs von asketischem Widerstand gegen die natürliche Umwelt geprägt.[18] Freilich wechselte das Ausmaß der Anpassung an äußere Zeitanforderungen von Orden zu Orden. Ländliche Arbeit und städtische Seelsorge führten zu jeweils verschiedenartigen Modifikationen der Regel, die sich insgesamt nur durch den vorgezogenen Tagesbeginn einschneidend von anderen Tagesläufen unterschieden.

Die regelentsprechende Gestaltung der monastischen Zeitordnung hängt an zwei kritischen und ohne Hilfen nicht zu ermittelnden Zeitpunkten. Beide sind von Anfang an Gegenstand vielfacher Erörterungen geworden. Der Festzyklus des Kirchenjahres ist an den beweglichen Ostertermin gekoppelt. Dieser wiederum ist an einen astronomischen Zyklus gebunden und ließ sich bis zur kalendarischen Festlegung des Termins für die Gesamtkirche nur durch Beobachtungen und Berechnungen ermitteln.

Der andere nur für die monastische Zeitordnung kritische Punkt ist die Zeit der nächtlichen Vigilien, die möglichst nahe am Mitternachtspunkt liegen sollte, aber doch so, daß die Mönche ausreichend schlafen konnten. Im Sommer mußten die Vigilien so gefeiert werden, daß die Matutin mit der Dämmerung beginnen konnte. Für die Winterperiode schreibt die Benediktsregel vor, daß die Ruhe der Mönche etwas länger als die halbe Nacht dauern und daß man daher nach vernünftiger Überlegung zur achten Stunde der Nacht aufstehen soll.[19] Dieser und nur dieser Zeitpunkt hat den Kommentatoren viel Kopfzerbrechen gemacht. Hat Benedikt den Anfang, den Beginn oder irgendeinen Zeitpunkt während der achten Stunde gemeint? Wie läßt sich die achte Stunde nachts ermitteln? Von den großen gelehrten Kommentaren der Frühmoderne bis heute gilt gerade diese Stelle als dunkel, schwierig und kaum befriedigend auszulegen.[20] Bis zum Ende des Spätmittelalters tauchen vor allem bei der Erläuterung dieser Stelle klösterliche Uhren (»horologia«) auf; später gibt sie Anlaß, die Stundenteilung als historischen Sachverhalt zu reflektieren.

## Horen als Zeitsignal

Schon im Hochmittelalter war die Vielfalt kirchlicher Glockensignale so selbstverständlich geworden, daß man deren Ursprünge historisch weit zurückverlegte. Die Kirchenglocken sollen danach im 5. Jahrhundert in der Stadt Nola in Kampanien erfunden worden sein. Diese Legende war ein leicht zu durchschauendes Wortspiel: »nola« war der Name für eine kleine Glocke, »campana« der für eine größere. Eine andere, teilweise bis heute tradierte Legende schreibt die öffentliche Signalisierung der Horen bzw. der Tageszeit dem Papst Sabinian (604 bis 606) zu.[21] Der soll angeordnet haben, daß die Kirchen die Tagesstunden mit Glocken anzeigen sollten. Diese enorm verbreiteten Geschichten wurden im Mittelalter regelmäßig bei der Behandlung der Kirchenglocken, aber auch bei Gelegenheit neuer Glockeninstalla-

tionen in der städtischen Chronistik weitergegeben.[22] Im 5. und 6. Jahrhundert hatte die Verbreitung der Glocken in Kirchen und Klöstern jedoch gerade erst angefangen. Die zunehmend üppigere Glokkenausstattung ermöglichte in den folgenden Jahrhunderten differenzierte Signale zu den Gebetszeiten in den Klöstern, dann aber auch von städtischen Kirchtürmen. Im Hildemarkkommentar zur Benediktinerregel (9. Jahrhundert) wird schon eine Signalfolge für die Horensequenz im Kloster vorgeschlagen (3-1-1-2-2-2-1-3).[23] Im 13. Jahrhundert findet sich im Offizienkommentar des Guillelmus Duranti eine – offenbar für Kirchen gedachte – Folge, die für die zwölf Tagesstunden abgezählte Schläge vorsieht (1-3-3-3-1 (od. 3)-1).[24] Nun darf man nicht annehmen, die meisten Kirchen hätten so geläutet. Zur Unterscheidung der Gebetszeiten wurde in jedem Ort und in jeder Kirche anders geschlagen, je nach Art und Zahl der vorhandenen Glocken. Dagegen kann man davon ausgehen, daß in den Städten des 13. Jahrhunderts die Horen von vielen verschiedenen Türmen mehr oder weniger regelmäßig und sorgfältig geschlagen worden sind. Zahllose städtische Zeitangaben lassen darüber keinen Zweifel zu. Eine um 1300 kursierende Etymologie macht aus diesem städtischen Phänomen fälschlich einen Bauernspott:
»Glocken werden von den Bauern *campane* genannt, weil sie auf den Feldern (*in campo*) leben und die Stunden nur von diesen Glocken wissen können.«[25]

## Computus

Außerhalb der Literatur zu Regel und Praxis des mönchischen Lebens finden sich Nachrichten über die mittelalterliche Zeitmessung auch in der Computus genannten Literaturgattung. Ein mittelalterlicher Computus ist ein Lehrbuch, das vor allem Verfahren zur astronomisch-kalendarischen Ermittlung des beweglichen Ostertermins angibt. Darüber hinaus wird der Computus rasch zum typischen Ort der Behandlung vielfältiger Fragen der christlichen Zeitrechnung, der für ihre Bearbeitung nötigen Kenntnisse der Astronomie und Mathematik sowie der Entwicklung tabellarischer und mnemotechnischer Hilfsmittel.[26]

Wie alle Kalender ist der kirchliche Festkalender ein Kompromiß, der aus der Nichtübereinstimmung verschiedener astronomischer Zyklen, z. B. des Sonnen- und des Mondjahres, aus deren vermeintlichen und tatsächlichen Unregelmäßigkeiten und aus politischen Festlegungen unterschiedlichen Alters und unterschiedlicher Herkunft resultiert. Jahr und Tag der Kreuzigung waren und sind bis heute umstritten.[27] Die Überlieferung legt die Kreuzigung auf Freitag, den 25. März, nach dem römischen Solarkalender der Tag der Frühjahrsäquinoktien. Nach den Evangelisten folgt der Tag der Auferstehung dem Sabbath des jüdischen Passahfestes. Das Passahfest folgte dem hebräischen Lunarkalender mit seinen gegenüber dem römischen Kalender beweglichen Festen. Es wurde am 14. Tag, dem Vollmondtag des ersten hebräischen Monats (Nisan) gefeiert. Ostern, das Auferstehungsfest, sollte unter keinen Umständen mit dem jüdischen Feiertag zusammenfallen, und die Kirche legte es nach heftigen Auseinandersetzungen auf den Sonntag nach den Frühjahrsäquinoktien. Abweichend vom römischen Kalender folgte die Kirche auf dem Konzil von Nicaea den Beobachtungen der alexandrinischen Astronomen und legte den 21. März als Ostergrenze, vor der das Fest nicht gefeiert werden durfte, fest. Der Durchsetzung eines einheitlichen Termins dienten die päpstlichen Osterbriefe und Ostertafeln. Bis zur Jahrtausendwende finden sich jedoch noch Spuren konkurrierender Daten für die Ostergrenze.[28]

Höchste Autorität und weiteste Verbreitung fanden die computistischen Schriften des angelsächsischen Mönchs Beda Venerabilis *De temporibus* (703) und *De temporum ratione* (725).[29] Obwohl das tatsächliche Frühjahrsäquinoktium sich zu Beginn des 8. Jahrhunderts auf den 17. März verschoben hatte, folgt Beda in der früheren Schrift der westkirchlichen Tradition und gibt den 25. März als Datum der Frühjahrsäquinoktien an. 710 heißt es zunächst in einem vielleicht von Beda selbst verfaßten Brief des irischen Abts Ceolfried und dann auch in Bedas *De temporum ratione*, das Datum sei auf den 21. März zu setzen. Beide Texte machen dafür wiederholt und sehr betont empirische Beobachtungen mit einem Zeitmeßgerät (»inspectione horologica« bzw. »consideratione horologica«) geltend. Dabei könnte es sich um Beobachtungen an den damals in Klöstern geläufigen Sonnenuhren handeln. Höchst unwahrscheinlich ist jedoch, daß diese einfachen Geräte damals schon Beobachtungen in der Größenordnung weniger Minuten ermöglicht haben.[30] Ob beobachtet worden ist oder ob die Berufung auf Beobachtung bestimmte Argumente stärken sollte, ist kaum zu entscheiden.[31] Bedas Autorität war jedenfalls groß genug, daß spätere Computusautoren sie einfach übernahmen. Ohne Vorbehalte, vielmehr unter Berufung auf historische Autorität, sind bei diesen Autoren auch die Beschreibungen der Verfahren, Planetendurchmesser mit Hilfe von Wasseruhren zu ermitteln, übernommen worden.[32]

Ein anderer Gegenstand der Computus-Texte war die Erörterung der größten (z. B. Zeitalter) und der kleinsten Zeiteinheiten, ein Thema, das in der Antike nie in dieser Breite und Ausführlichkeit abgehandelt worden war. Benutzt wurden nebeneinander und in nicht einheitlicher Terminologie mathematisch-astronomische Teilungen, die römischen Brüche und Wiegemaße (moderne Zeitwerte jeweils in Klammern). Bei Ptolemaios war der Volltag entweder in vier Quadranten zu je sechs Stunden oder in 360 chronoi geteilt worden. Danach enthielt die Stunde 15 chronoi (15 Min.). Bei Beda und in der computistischen Tradition wird die Stunde in 4 puncti (15 Min.) oder 10 minuta (6 Min.) oder 15 partes (4 Min.) oder 40 momenta (90 Sec.) geteilt, wobei für die Mondberechnungen die Stunde mit 5 puncti (12 Min.) angegeben wird. Beda hielt das punctum für die kleinste mit einer Sonnenuhr meßbare und das momentum für die kleinste wahrnehmbare Einheit.[33] Solche Teilungen hält er für nicht natürlich, sondern für Verabredungen der Mathematiker (»calculatores«). Er berichtet von einer anderen Teilung, nach der der Zodiakkreis (Volltag) in 12 Zeichen und 12 (Doppel-)Stunden geteilt wurde. Jede Stunde enthielt danach 30 partes (4 Min.) zu je 12 puncti (20 Sec.) zu je 40 momenta (1/2 Sec.) zu je 40 ostenta (ca. eine Hundertstelsekunde). Als Übung der Astrologen (»mathematici«) lehnt Beda diese Teilung ebenso ab wie die Teilung der Stunde in 22.560 Atome.[34] Im Hochmittelalter war außerdem die Teilung der Stunde in 60 ostenta und unter dem Einfluß der islamischen Astronomie auch die Stundenminute bekannt.[35] Die hier noch keineswegs vollständig wiedergegebene Vielfalt kleiner und kleinster Teilungen wurde häufig in einem Text nebeneinander benutzt. Allerdings beschränkte sich der Gebrauch sehr kleiner Zeiteinheiten auf theoretische und auf astronomische Abhandlungen; außerhalb solcher Texte findet sich davon keine Spur. Im Alltag wurden kurze Fristen, etwa die Dauer eines Erdstoßes, meist durch Gebetszeiten ausgedrückt. In einer Konstanzer Chronik heißt es z. B. über ein Erdbeben am 13. August 1295:

»umb mittentag do kam der größt erdbidem ... und weret wohl als lang als ainer ein paternoster und ain ave Maria möcht sprechen.«[36]

Solche Fristen konnten gelegentlich durch zusätzliche Angaben über das Gebetstempo präzisiert werden. Ein Beispiel dafür aus einer Zeit, als moderne Stunden-, nicht aber Minutenangaben längst geläufig waren, findet sich in einem Brief des Florentiners Paolo Rucellai über das Erdbeben in Neapel am 8. Dez. 1456:

»Duro per ispazio quanto diciesi il miserere e bene adagio e piu tosto una e 1/2 volta.«[37]

Beda unterscheidet die Zeitrechnung dreifach (»ratio temporum trimoda«) mit unterschiedlicher Verbindlichkeit: a) Zeitrechnung nach der gottgeschaffenen Natur: dazu gehören das Sonnenjahr mit 365 1/4

Tagen, das Mondjahr mit 354 Tagen und der 19-jährige Mondzyklus; b) Zeitrechnung nach menschlicher Gewohnheit: Beispiel dafür ist der weder dem Sonnenlauf noch dem Mondzyklus entsprechende 30-tägige Monat; c) Zeitrechnung nach autoritärer Entscheidung: nach der Autorität des göttlichen Gesetzes läßt sich die 7-tägige Woche mit der Sabbatheiligung nicht ändern. Nach dieser Autorität sollten auch die landwirtschaftlichen Arbeiten in jedem siebten Jahr ruhen und alle 50 Jahre ein Jubeljahr begangen werden. Menschlicher Autorität entstammen der 4-jährige Olympiadenzyklus, der 15-jährige Indiktionenzyklus (Römerzinszahl), der 8-tägige Rhythmus der Wochenmärkte und schließlich die Teilung des Tages in vier Abschnitte (»quadrantes«).[38] Beda nennt nur Beispiele, aber es wird deutlich, daß die der Gewohnheit oder anerkannter Autorität zugeordneten Zeitgliederungen auf menschlicher Satzung beruhen und daher veränderbar sind. In einem anderen Zusammenhang bezeichnet Nikolaus von Kues in der Mitte des 15. Jahrhunderts die Maßeinheiten der Zeitrechnung wie Jahr, Monat und Stunde als neuartige, nicht etwa schon zur Zeit der Schöpfung vorhandene Hilfsmittel. Nicht anders als Ptolemäus das Astrolab und Orpheus die Lyra hätte die menschliche Vernunftseele diese Instrumente erfunden, um die Gegenstände der sinnlichen Welt zu unterscheiden und zu erkennen.[39] Die Gliederung der Zeit, und ganz besonders die der Tageszeit, war auch nach mittelalterlicher Auffassung nichts schlicht Gegebenes, Unbezweifeltes oder Unveränderliches. Sie wurde vielmehr verstanden als teils von natürlichen Rhythmen, teils von sozialen Konventionen oder »politischen« Entscheidungen bestimmt und historischem Wandel unterworfen.

# 4

# Mittelalterliche Horologia und die Entwicklung der Räderuhr

Es ist gewiß, daß derjenige, welcher zuerst das Mittel erfunden, die Zeit durch die Bewegung gezähnter Räder, welche dadurch gemildert wird, daß die hin und herschlagende Unruhe solcher Wechsels-weise wiederstehet, abzumessen, wenn er uns bekannt wäre, alle unsere Lob-Sprüche verdienete, allein die Geschichte lehren uns hievon nichts gewisses.[1]

Pater Alexandre, der Verfasser eines der ersten modernen uhrentechnischen Handbücher (1738), skizziert nach dem Lob des unbekannten Erfinders, über den die »Geschichte« nichts »Gewisses« lehre, Fragestellung und Untersuchungszeitraum der andauernden Diskussion um die Erfindung der Räderuhr. Seine Problemdefinition »Erfindung eines Widerstands durch eine hin- und herschlagende Unruhe« ist auch heute noch genauso gültig wie der von ihm ins Auge gefaßte Zeitraum: zwischen dem 9. und 14. Jahrhundert. Er bezweifelt, daß der – in C. du Canges Glossar an erster Stelle genannte – Erzbischof Pacificus von Verona der Erfinder gewesen sein könnte, weil es unwahrscheinlich sei, daß sich die »zu der Einrichtung der nächtlichen Verrichtungen gar zu sehr benötigte« Entdeckung nach einem Vierteljahrtausend noch nicht in den Klöstern herumgesprochen habe. Als Beweis führt er die Ordensregeln von Cluny an, nach denen der Sakristan »immer hinausgehen und aus dem Gestirn die Zeit erkennen mußte«. Für den tatsächlichen Erfinder – das liest man gelegentlich auch heute noch – hält der Pater den Gerbert von Aurillac, der sich in Spanien – wo sich islamische und europäisch-christliche Kultur unmittelbar berührten – die »Stern-Deuter-Kunst« und die Mathematik so gründlich angeeignet habe, daß man ihn für einen Zauberer hielt. Die Frage, warum sich auch Gerberts Erfindung nicht schneller in den Klöstern herumgesprochen hat, stellt er nicht. Er springt vielmehr in seinem historischen Überblick ins 14. Jahrhundert zu der berühmten astronomischen Uhr des Abts Richard von Wallingford.

Entwicklung oder Erfindung der mechanischen Uhr sind weit häufiger erörtert worden und dürfen als weit besser erforscht gelten als irgendein anderer technikgeschichtlicher Sachverhalt vor der Industriellen Revolution. Obwohl seit Jahrzehnten Belegstück um Belegstück zusammengetragen wird, ist es bisher nicht gelungen, Ort, Zeit und Umstände dieses technischen Durchbruchs zu ermitteln. Die meisten Uhren- und Technikgeschichten beschränken sich daher darauf, die Erfindung als Geniestreich oder als zivilisationsgeschichtlichen Wendepunkt hervorzuheben, antike oder mittelalterliche Wasseruhren kursorisch zu erwähnen und den Vorgang zutreffend auf die Wende des 13. zum 14. Jahrhundert zu datieren.

Das Auftauchen der mechanischen Uhrwerkhemmung hat keinerlei Niederschlag in zeitgenössischen Berichten gefunden. Kein Eintrag in einer Chronik, kein erzählender Bericht, keine Konstruktionsbeschreibung machen die Erfindung zu einem datier- oder lokalisierbaren Ereignis. Darin unterscheidet sich die Geschichte der Hemmung nicht von der der Turmwindmühlen oder der Kanonen, schon gar nicht von der Geschichte des Kompaß oder des Papiers. Im Vergleich zu diesen Neuerungen sind die Quellen zur Geschichte der Uhren weit zahlreicher, allerdings mit der Schwierigkeit behaftet, daß der Übergang zur mechanischen Uhr keinen sprachlichen Niederschlag gefunden, keinen Wechsel in der Terminologie bewirkt hat. Der mehrdeutige Begriff »horologium« ist einfach beibehalten worden. Das Auftauchen der Hemmung, die man heute für die entscheidende Neuerung oder bahnbrechende Erfindung hält, kommt in der zeitgenössischen Wahrnehmung gar nicht vor. Allenfalls rückblickend wird sie als bedeutsam, aber rätselhaft beschrieben. Das Auftauchen der Schlaguhren dagegen ist sofort registriert und als technisch sensationell und als sozial folgenreich empfunden worden. Erörterungen des Zeitbewußtseinswandels im Mittelalter sollten diesen Sachverhalt eigentlich berücksichtigen.

Klar formulierte Hypothesen zur Erfindung der mechanischen Uhr finden sich selten. Sieht man von schier unzähligen, aber eher beiläufigen Meinungsäußerungen ab, bewegen sich die einigermaßen begründeten Hypothesen in zwei, einander nicht gänzlich ausschließenden Bahnen. Nach der klassischen bei C. du Cange angelegten Meinung, deren Begründungsmöglichkeiten zuletzt J. D. North und ihm folgend auch D. Landes vorgetragen haben, sind die mittelalterlichen Klöster der wahrscheinlichste Ort dieser technischen Entwicklung.[2] Die überwältigende Mehrheit der europäischen Quellen zu den mittelalterlichen »horologia« bezieht sich auf das klösterliche und kirchliche Leben. Bis zur Mitte des 13. Jahrhunderts ist nur in diesem Bereich, der allerdings die damalige Astronomie weitgehend einschließt, von Zeitmessung und Zeitmeßgeräten die Rede. Auch wenn die Ableitung der Erfindung aus den inneren Notwendigkeiten der monastischen Zeitordnung neueren Fehlinterpretationen der Klosterregeln entspringt, liegt es aufgrund der Provenienz der Quellen nahe, die Entwicklung der mechanischen Uhr in den Klöstern zu vermuten.

Damit ist jedoch die Frage, ob es sich um eine europäische Entwicklung oder um eine im Gefolge der Rezeption der antiken Astronomie über den islamischen Raum angeregte technische Entwicklung handelt, noch nicht entschieden. So ist zweifellos z. B. die antike Wasseruhrentechnik von arabischsprachigen Autoren und Mechanikern weiterentwickelt worden. Offen ist, was davon und seit wann in Europa bekannt geworden oder übernommen worden ist.

Neue Impulse erhielt die Diskussion mit dem Erscheinen von Joseph Needhams Geschichte der chinesischen Wissenschaften und der von ihm zusammen mit Wang Ling und Derek J. de Solla Price verfaßten Monographie über die astronomischen Uhren im mittelalterlichen China.[3] Insbesondere Derek Price hat seitdem vielfach darauf hingewiesen, daß das »missing link« der europäischen Uhrengeschichte in einer – vielleicht über den Islam vermittelten – Anregung aus China zu suchen sei. Die Uhrwerkhemmung sei in Europa nicht deshalb entwickelt worden, weil man einen zuverlässigen Zeitmesser gebraucht hätte, sondern weil man nach einem Antrieb für die nach dem Hörensagen bekannten astronomischen Modelle in China gesucht habe. Beide Hypothesen bzw. die aus diesen beiden Hypothesen konstruierbaren Varianten schließen einander nicht aus, weil der entscheidende Entwicklungsschritt, die Entwicklung der Uhrwerkhemmung, nach Ort, Zeit und Umständen unbestimmt bleibt. Sie implizieren jedoch verschiedene historische Verlaufsmodelle: im ersten Fall die Evolution einer einheimischen Technik unter den Anforderungen eines angebbaren Bedarfs, im anderen Fall die Verpflanzung einer technischen Vision, der der angetriebenen astronomischen Modelle, von außen und die allmähliche Vereinfachung der komplizierten Lösungen zu einem gebrauchsfähigen alltäglichen Instrument, der mechanischen Uhr.

Die Beschäftigung mit den außereuropäischen Einflüssen auf die europäische Wissenschafts- und Technikgeschichte hat seit dem Zweiten Weltkrieg zu einer intensiven Neudurchsicht der Quellen geführt. Anregung war das Bestreben, sich von der Fixierung auf ein europazentrisches Geschichtsbild zu lösen, und ein zusätzlicher Anreiz war die Erfahrung, daß technikgeschichtliche chinesische und islamische, im Gegensatz zu europäischen politik- und kirchengeschichtlichen, Quellen weit zahlreicher und aussagekräftiger sind. Daher liegt es nahe, zur Veranschaulichung und Erklärung europäischer Entwicklungen außereuropäische Zeugnisse heranzuziehen. Die Geschichte der Uhren ist dafür das wohl wichtigste Beispiel.

Ein mittelalterliches mechanisches Uhrwerk bestand aus vier Komponenten: Gewichtsantrieb, Übersetzungen aus Zahnrädern und Trieben, Hemmungs- bzw. Reguliervorrichtung und Indikationsmechanismus in Form eines Schlag- und/oder Zeigerwerks. Nur die Hemmungs- und Reguliervorrichtung war eine die mechanischen Uhren auszeichnende Neuerung. Die anderen Elemente haben eine lange Tradition in der Geschichte der hydraulischen Uhren und der astronomischen Instrumente.

Die Waagbalkenhemmung, die um 1400 als Normalform gelten darf, ist ein Mechanismus, durch den der Ablauf einer gewichtsgetriebenen Welle so gebremst und reguliert wird, daß sich deren gleichmäßige Drehung als Zeitnormal, z. B. für eine Äquinoktialstunde, eignet. Ohne eine solche Bremse würde sich die Drehung der Welle ständig beschleunigen. Die Hemmung wird dadurch bewirkt, daß ein auf der Welle festmontiertes oder mittels – in der Skizze ausgelassener – Übersetzungen mit ihr verbundenes Steigrad mit einer ungeraden Zahl sägeförmiger Zähne in eine Spindel mit zwei gegenwinklig angeordneten Lappen eingreift.

Auf der senkrechten Spindel ist ein waagähnlicher Balken montiert. Das Steigrad dreht über einen Lappen Spindel und Waag in eine Richtung, bis der andere Lappen die Bewegung stoppt und die Drehrichtung umkehrt. Die Dauer der Schwingung der trägen Masse von Spindel und Waag läßt sich durch die Verschiebung von Reguliergewichten auf

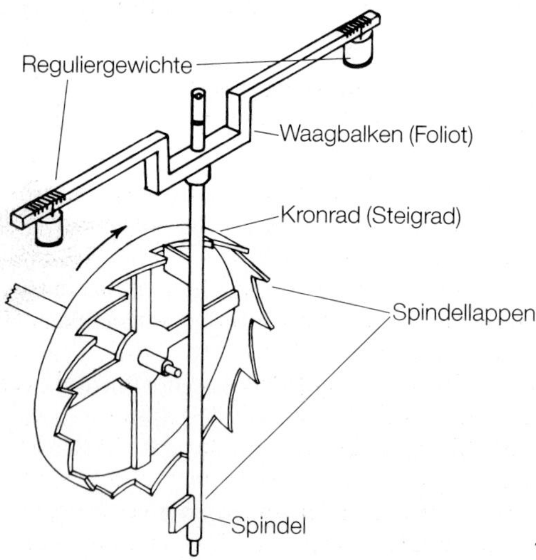


7. Waagbalkenhemmung

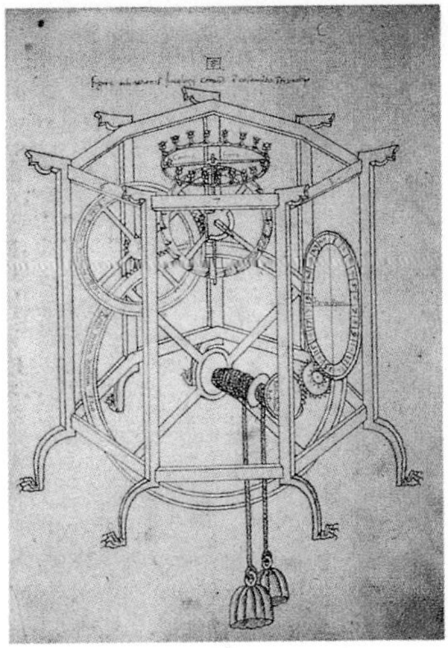

8. Das Astrarium des Giovanni Dondi dall'Orologio, Skizze des Untergestells mit Uhrwerk und Stundenzifferblatt, Handschrift aus der Bibliothek des Eton College, Windsor

dem Waagbalken verändern. Eine zusätzliche Regulierungsmöglichkeit bietet die Veränderung des Zuggewichts. Die hin- und herschwingende, oszillierende Bewegung hat verschiedene bildhafte Namen für die Vorrichtung inspiriert: »Unruhe«, »foliot« (von einem zitternden Blatt, zuerst bei J. Froissart, um 1370), seltener auch »frouwen gemuete«.[4] Der erste Text, der diesen Hemmungstyp ungefähr beschreibt, ist die Gebrauchsanleitung, die der Basler Uhrmacher Heinrich Halder der von ihm 1385 für Luzern gebauten Turmuhr beigegeben hat:

Und so das Frouwen gemuete ze balde gat, des dich dunke, so henke di bli kloetzli vaste hin us an das redelin, und so es ze trege gat, so henke si hin in an das redelin, hie mitte macht du es hindern und fürdern wie du wit.[5]

Eine Variante dieser Hemmung zeigt die ältere Skizze der »gewöhnlichen Uhr« (»horologium comune«), die sich in der Beschreibung des Untergestells der 1365 fertiggestellten planetarischen Uhr (»Astrarium«) des Giovanni Dondi findet. Die hier abgebildete Fassung aus dem 15. Jahrhundert geht auf eine fast identische Skizze in einem italienischen Manuskript aus dem späten 14. Jahrhundert zurück. Dondi setzt die Konstruktion des Uhrwerkantriebs als bekannt und als auf vielfältige Weise möglich voraus und beschreibt sie daher nur flüchtig.[6]

Das Kronrad, das in der Skizze nicht ganz leserlich beschriftet ist, wird im Text als »rota tercia, que dicitur in horologiis communis rota freni, habens dentes ad instar serre [Säge] magne lateraliter« beschrieben. Spindel und Schwungmasse heißen im Text »frenum cum corona«. Anstelle des Waagbalkens zeigt die Skizze ein kronenartig verziertes, horizontal montiertes Rad (»corona freni«). Offenbar läßt sich dieser Hemmungstyp nur durch Veränderung von Gewicht bzw. Gegengewicht regulieren, weil Ausgleichsgewichte an der Schwungmasse nicht zu erkennen sind. Ganz deutlich ist der Sachverhalt nicht, denn anders als die Skizze impliziert der Text zwei Regulierungsmöglichkeiten: Veränderung des Zuggewichts und Anfügung oder Wegnahme von Gewicht an der Hemmung selbst.[7]

In eine noch etwas frühere Zeit, aber auch in eine Fülle nicht ganz lösbarer Schwierigkeiten führt der von J. D. North 1976 veröffentlichte Text über die Konstruktion des »horologium astronomicum« des Richard von Wallingford, Abt der Benediktinerabtei St. Albans in Hertfordshire. Auch dieser Text behandelt vor allem die Theorie der komplizierten Getriebe für die astronomischen Indikationen und erst in zweiter Linie und vieles voraussetzend die Konstruktion des Uhrwerks selbst. Die schwerverständlichen Hinweise auf die Uhrwerkhemmung erscheinen in den Abschnitten über das Schlagwerk der Uhr (»pro sonitu unius timbe« bzw. »pro sonitu unius clok«). Eine eigentümliche Terminologie – soweit man bisher weiß, ohne Vorbilder und ohne Nachwirkungen – erschwert das Verständnis zusätzlich. Die etwa mannshohe Uhr in der Klosterkirche [Abb. 13] hatte vermutlich eine Waagbalkenhemmung mit verschiebbaren Bleigewichten. Jedenfalls fällt an einer Stelle der Ausdruck »quadratura plumborum pro hasta strob«. »Hasta strob« ist offenbar die vertikale Spindel. Sie wird nicht von einem, sondern von zwei Rädern (»rotae strob«) in Schwingung versetzt, deren Zähne bzw. Nippel (»pinnulae«) am Rand radial angeordnet sind. An der Spindel ist anstelle der beiden Lappen ein halbkreisförmiges Gebilde vermutlich mit sichelartig geformten Radien (»semicirculus«) angebracht, dessen Enden abwechselnd in die Zähne eines der beiden Zahnräder eingreifen. Dadurch wird der Ablauf der gemeinsamen Achse beider Räder ruckartig und mit einem Rückschlageffekt gehemmt.[8]

Beweiskräftige Texte oder materielle Überreste gibt es für die Rekonstruktion des Wallingfordschen Hemmungstyps nicht. Eine Vorstellungshilfe liefern jedoch Skizzen Leonardo da Vincis zu Uhrwerkhemmungen, die er vermutlich irgendwo gesehen hat, und zwei spätere italienische Skizzen von Läutvorrichtungen, in denen man auf das 14. Jahrhundert zurückgehende technische Arrangements vermuten kann.[9] Die Verbindung der Wallingfordschen Hemmung mit den weit jüngeren italienischen Skizzen ist plausibel, bleibt aber hypothetisch. Der chronologische Gang nach rückwärts zu den ältesten Quellen für die Hemmung der mechanischen Uhr erbringt den Hinweis, daß Uhrwerkhemmungen und Läutvorrichtungen vielleicht technisch

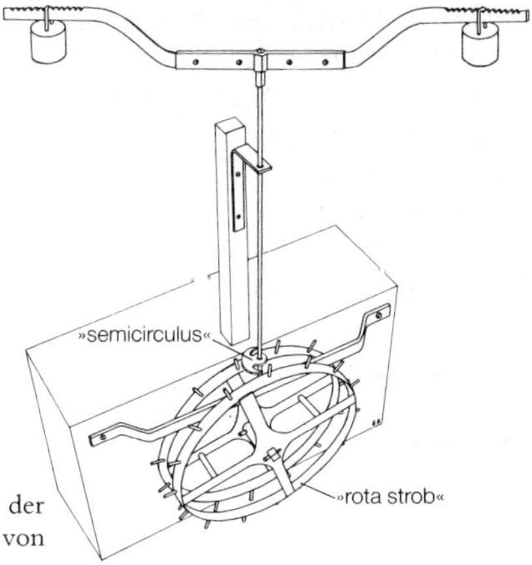


9. Rekonstruktion der Hemmung der astronomischen Uhr des Richard von Wallingford

verwandte Entwicklungen gewesen sind. Er läßt jedoch auch wichtige Fragen offen: War die Uhrwerkhemmung des Richard von Wallingford eine Vorstufe der anderen Hemmungstypen, die, weil nicht so gebrauchstüchtig oder zuverlässig, später verschwunden ist? War sie eine mechanisch überlegene, aber zu schwierig herzustellende oder zu teure Variante? War sie eine zeitlich parallele, unabhängige und folgenlose Sonderentwicklung?

Für die von J. D. North vertretene Ansicht, daß es sich um eine mechanisch überlegene Vorform handelt, spricht nur, daß Leonardo von dieser Uhrwerkhemmung berichtet und sie ausdrücklich so benennt (»tempo d'orologio«). Dagegen steht das Fehlen konkreter Zeugnisse in Text- oder Bildquellen. Für eine Sonderentwicklung spricht, daß nicht nur die Hemmung, sondern auch die hier nicht wiedergegebene Schlagwerkkonstruktion des englischen Abts ohne Parallelen in den übrigen Zeugnissen ist. Vielmehr zeigen die zahlreichen Abbildungen von Gebrauchsuhren, daß um 1500 nur die beiden zuerst erwähnten Hemmungstypen (Palettenspindel mit Waag oder Kronrad) in Gebrauch waren. Die erhaltenen, aber nur mit Vorbehalt ins 15. Jahrhundert zu datierenden Uhren, haben in der Regel eine Waagbalkenhemmung. [Abb. 7]

Obwohl die Notizen und Skizzen zu den astronomischen Uhren des Giovanni Dondi und des Richard von Wallingford die ältesten verläßlichen Zeugnisse für mechanische Uhrwerkhemmungen sind, setzen sie deren Existenz als längst bekannt voraus. Daher läßt sich als vager Terminus ante quem vorerst die Zeit um 1330 festhalten.

## »Uhr«, »mechanische Uhr«, »Räderuhr«

Jede Erörterung der Geschichte der mechanischen Uhr stößt auf das Problem der Bedeutungsbreite des Wortes »Uhr« / »horologium«, das in der älteren Forschung vielfach zu falschen Schlüssen über das Alter der mechanischen Uhren geführt hat. »Uhr« / »horologium« ist im Mittelalter ein Oberbegriff für alle Mittel und Hilfen der Zeitbestimmung, der Zeitanzeige und gelegentlich auch für zeitlich geordnetes Verhalten. Eine Wasseruhr kann unbeschadet ihrer Konstruktion »horologium«, »horologium aquatile« heißen. Das antike Wort »clepsydra« wird für Uhren im Mittelalter nur noch selten verwendet. Auch eine Sonnenuhr war ein »horologium«. Selten wird der Ausdruck spezifiziert (z. B. »horologium solarium«), häufiger dagegen werden Pars-pro-toto-Bezeichnungen benutzt: »gnomon«, »quadrans«, »stilus«. Astronomische Instrumente wie Astrolabien, Quadranten, aber auch einfache Sehrohre werden, da sie auch als Zeitmesser fungieren konnten, »horologia« genannt. »Horologium« heißen auch Tafeln zur Bestimmung der Tageszeit nach der Dauer des Lichttages oder nach der Länge der Schatten. »Horologium« heißen auch Anweisungen zur Zeitbestimmung mittels Schattenlängen oder Sternpositionen in bezug auf bestimmte Gebäudeteile. Bei den östlichen Kirchen heißen die schriftlich fixierten täglichen Gebetssequenzen ebenfalls »horologion«.[10] Seit dem Hochmittelalter werden auch Glocken oder Glockenspiele, sofern sie in irgendeiner Form als Zeitsignale gebraucht worden sind, »horologia« genannt.

Während der Übergang zur mechanischen Uhr sprachlich keinen Niederschlag gefunden hat, ist das Aufkommen und die Verbreitung der stundenschlagenden Uhren als eine aufregende Neuigkeit empfunden worden, und entsprechend gab es für diesen Uhrentyp rasch eine ganze Reihe unterscheidender Bezeichnungen: »horologium pulsatile«, »horologium horas diei et noctis indicans«, »horacudium« u. a. Die Bezeichnungen der Schlaguhren in den nicht-romanischen Nationalsprachen machen das noch deutlicher: »clocke«, »zytglocke«, »urglocke« u. a. m.[11] Der sprachliche Befund legt also nahe, die Entwicklung der mechanischen Uhr von der Entwicklung der schlagenden Uhr sorgfältig zu unterscheiden.

Im modernen Sprachgebrauch haben sich für die gewichtsgetriebene Uhr mit mechanischer Hemmung die Bezeichnungen »mechanische Uhr« und »Räderuhr« eingebürgert. Diese Übung wird im folgenden beibehalten. Beide Bezeichnungen werden durchgängig und in gleicher Bedeutung benutzt. Die Unschärfen beider Bezeichnungen sollten jedoch in Erinnerung bleiben. »Mechanische Uhr« hebt den Gegensatz zu einfachen Auslaufuhren (Wasser- oder Sanduhren), zu

Uhren ohne bewegliche Komponenten (Sonnenuhren) und zu den selten gewordenen Uhren, deren Prinzip das Abbrennen von Substanzen ist (Kerzen-, Öl- und Räucherstäbchenuhren), hervor. Diese Bezeichnung ist jedoch auch unscharf, weil sie die komplizierten Wasseruhren, die durchaus mechanische Komponenten wie Zahngetriebe, Gewichte, Rollen, aber auch aufwendige Automatenwerke hatten und in ihrer Zeit als »arte mechanica composita« galten, ausgrenzt.

Die altertümelnde Bezeichnung »Räderuhr« vermeidet dieses terminologische Problem eher und ist nahe am mittelalterlichen Sprachgebrauch, der vielfach die eisernen Räder hervorhebt. Sie ist jedoch nicht weniger unscharf, weil Räder und Getriebe nicht das spezifische Unterscheidungsmerkmal der um 1300 neu auftauchenden Uhren sind. Künstliche fachsprachliche Begriffsbildungen wie »Gewichtsräderuhr« oder »escapement controlled clock« können solche Unschärfen auch nicht ganz vermeiden und bereiten zusätzliche Verständnisschwierigkeiten. Daher sind die umgangssprachlichen Bezeichnungen »mechanische Uhr« und »Räderuhr« hier beibehalten worden.

»Wasseruhr« ist der Oberbegriff für alle Formen dieses historischen Typs. Die einfachen Varianten werden auch als »Auslaufuhr« oder Klepsydra, die komplizierteren, mit konstant gehaltenem Einlauf oder regelbarem Auslauf, als »Einlauf-« oder als »hydraulische Uhren« bezeichnet.

## Die legendären Erfinder

Der verblaßte Ruhm des Erzbischofs Pacificus von Verona (gest. 844) als Erfinder der mechanischen Uhr wurde vor allem durch seinen in Du Canges lateinischem Glossar zitierten Epitaph an der Kathedrale von Verona befördert. Darauf ist von einem vorher nie gesehenen »horologium nocturnum« die Rede, das nach Du Cange eine Räderuhr gewesen sein soll. In derselben Inschrift wird Pacificus jedoch auch als Erfinder eines zur Uhr gehörigen »argumentum« bezeichnet, dessen Text und die denselben in den mittelalterlichen Handschriften begleitenden Illustrationen im 17. Jahrhundert offenbar nicht mehr bekannt waren. Text und mittelalterliche Illustrationen machen hinreichend deutlich, daß das »horologium nocturnum« ein Beobachtungstubus mit einer kreuzförmigen Peilvorrichtung oder Peilskala gewesen ist. Es sollte sich zur Bestimmung der Nachtstunden in Klöstern, »auch ohne Hahnenschrei«, eignen, aber ebenso wie mittelalterliche Sonnenuhren auch kalendarischen Zwecken dienen.[12]

Eine ähnliche Verwechslung ist aus der oft erwähnten Notiz entstanden, die dem gelehrten Gerbert von Aurillac, Abt von Bobbio, Bischof von Reims, Ravenna und Rom, als Papst Silvester II. (gest. 1003), die Konstruktion einer Uhr zuschreibt, obwohl der Text deutlich hält, daß »horologium« nur eine Funktionsbeschreibung ist.[13] Ob es sich dabei um eine Wasseruhr, verbunden mit einem Peilrohr für den Polarstern, oder um ein Astrolab handelte, ist kaum zu entscheiden.[14] Sofern es als Zeitmesser gebraucht wurde, konnte es auch als »horologium« bezeichnet werden. Gerbert hat eine ganze Reihe astronomischer Lehr- und Beobachtungsgeräte gebaut. Er hat die Klepsydra als Mittel zur Feststellung der Tag- und Nachtgleichen bezeichnet.[15] Nirgends wird jedoch zu seinen Lebzeiten berichtet, er hätte eine Uhr gebaut. Erst viel später (um 1120) wird in der Geschichte der englischen Könige des William von Malmesbury, die nicht als zuverlässig gilt, behauptet, unter den in Reims als Zeugnisse von Gerberts religiös nicht ganz geheurer Gelehrsamkeit erhaltenen Gegenständen befänden sich außer einer hydraulischen Orgel auch ein »horologium arte mechanica compositum«.[16] Die für die mittelalterliche Bedeutungsbreite der Bezeichnung »mechanische Uhr« und auch für die Rezeption der antiken Pneumatik aufschlußreiche Stelle läßt sich schlecht auf Gerbert beziehen, weil sie in keinerlei Beziehung zu den sonst für Gerbert überlieferten Tätigkeiten steht. Auffällig ist allerdings, daß ihm – in einer Notiz unbekannten Alters und unbekannter Herkunft – auch die Konstruktion einer Wasseruhr (»horologium aquatile seu clepsidra figura«) in Ravenna zugeschrieben wird.[17] Auch davon ist zu Gerberts Lebzeiten nirgends die Rede. Gerberts Ruf als Astronom könnte der Grund dafür sein, daß er in späterer Zeit auch als Uhrenerfinder geehrt wurde. Selten nur noch taucht der Name des Benediktinerabts Wilhelm von Hirsau in der Reihe der möglichen Erfinder auf. Bei der von ihm (um 1260) im Kloster St. Emmeran in Regensburg konstruierten und erhaltenen steinernen Sphaera, »horologium naturale ad exemplum coelestis hemisphaeri«, auch »horologium nocturnalis«, handelt es sich ebenfalls um ein astronomisches Beobachtungs- und Lehrgerät ohne mechanische Komponenten.[18]

## »Horologia« in mittelalterlichen Klöstern

Die Benediktinerregel aus dem 6. Jahrhundert legt die Verantwortung für die Einhaltung der klösterlichen Zeitordnung in die Hände des Abts. Er selbst oder ein zuverlässiger Klosterbruder sollen die Zeiten der Gottesdienste »verkünden« (c. 47). Die Regel legt keinen besonderen Wert auf die genaue zeitliche Lage der vorgeschriebenen Elemente des Tageslaufs. Kritisch für die klösterliche Zeitordnung war nur, rechtzeitig zu den nächtlichen Offizien aufzustehen (c. 8).[19]

Die mittelalterlichen Regeltexte, die Kloster- und Kapitelstatuten, die Ordnungen (»consuetudines«) und die Kommentatoren heben stets die besondere Bedeutung gerade dieses Zeitpunkts und die besondere Verantwortung dessen hervor, der mit seiner Ermittlung und Ankündigung für das ganze Kloster betraut war. Zu Beginn des 11. Jahrhunderts betont Petrus Damianus, daß keine Pflichtvergessenheit so sehr zu meiden sei wie die des »significator horarum«, weil sonst die gesamte Zeitordnungssequenz (»ordo horarum succedentium«) durcheinander gerate.[20] Die Ordnung für die Benediktinerklöster in Subiaco (14. Jahrhundert) mahnt zu besonderer Sorgfalt bei der Einhaltung dieser Zeit, weil davon die Gesamtheit der liturgischen Pflichten abhänge.[21]

Die Benediktinerregel selbst erwähnt noch keine Verfahren oder Hilfen für die Ermittlung dieses Zeitpunkts. Die um 520 verfaßte, also noch zeitgenössische Regula Magistri erwähnt ein »horelogium«, das Tag und Nacht fleißig beachtet werden soll. Dabei kann es sich um eine einfache Wasseruhr oder auch um Stern- und Schattentafeln gehandelt haben.[22] Spätere Fassungen und Erläuterungen der Benediktinerregel sehen dann häufig die Verwendung eines »horologium« vor. Dabei fällt sofort auf, daß diese »horologia« nur nachts beim Wecken zu den Nachtoffizien bzw. zur Bestimmung ihres zeitlichen Abstandes zu den ebenfalls noch bei Dunkelheit zu beginnenden Morgenoffizien benutzt werden. Tagsüber ist nirgends von ihrer Benutzung die Rede.[23] Entsprechend ist nur der mit dem Wecken Betraute, meist der Sakristan – in dieser Funktion gelegentlich »horoscopus« genannt –, im Zusammenhang mit ihrer Beaufsichtigung erwähnt.

Ein »horologium« wird aber nicht in allen, nicht einmal in der Mehrheit dieser Texte vorgesehen. Andere Mittel der Zeitbestimmung waren den Mönchen mindestens genauso geläufig. Vielfach erwähnt und literarisch oft besungen war das klassische Wecksignal der alten Agrargesellschaft, der schon in der Bibel bedeutsame Hahnenschrei.[24] Als Windfigur auf den Kirchturmspitzen ist er symbolisch verewigt worden. Als bewegliche Figur gehört er in das Automatenrepertoire der späteren monumentalen Uhren. So ist z. B. eine mechanische Hahnenfigur der einzige erhaltene Überrest der ersten astronomischen Uhr im Straßburger Münster.

Eine andere, in den Klöstern besonders gepflegte Möglichkeit war die Beobachtung des Sternenlaufs. Cassian empfiehlt ihn im 5. Jahrhundert den Wächtern des Klosters. In den Klöstern wurden Himmelsbeobachtungen gesammelt und überliefert. Gregor von Tours verfaßte am Ende des 6. Jahrhunderts die kleine Schrift *Über den Lauf der Sterne*, die nichts weiter bezweckte, als Hilfen zu geben bei der Ermittlung des Zeitpunkts des nächtlichen Gebets. Verfahren der Himmelsbeobach-

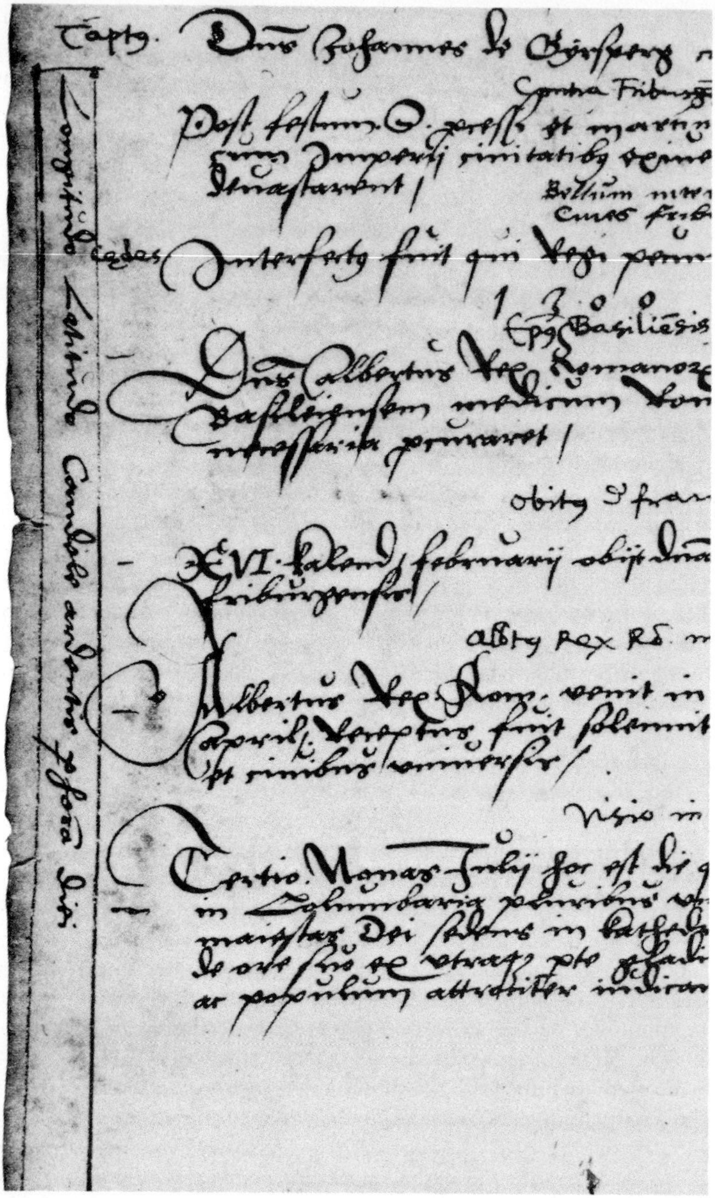

10. Skizze einer Kerze mit einer Stunde Brenndauer am Rande einer Handschrift der *Größeren Kolmarer Annalen*, Württembergische Landesbibliothek, Stuttgart

tung wurden im Lauf der Zeit verfeinert. Für einzelne Klöster wurden spezielle Beobachtungstafeln, die ebenfalls »horologium« genannt wurden, angefertigt. Die Pflege der Astronomie in den mittelalterlichen Klöstern hatte hier einen wichtigen praktischen Zweck und eine einleuchtende theoretische Begründung.[25] Der Hahnenschrei ist kein sehr zuverlässiger Zeitgeber, und Himmelsbeobachtungen sind bei schlechtem Wetter nicht möglich. Deshalb empfiehlt Petrus Damianus, daß sich der »significator horarum« die zum Singen einzelner Psalmen benötigte Zeit merke und sich so, wann immer nötig, selbst als Zeitmesser gebrauche.[26]

Für die ungefähre zeitliche Orientierung während des Tages waren einfachste Sonnenuhren in Gebrauch. Sie werden nur in frühen Regeltexten erwähnt, waren aber, wie zahlreiche erhaltene Stücke zeigen, sehr verbreitet.[27] Der mittelalterliche Typ, ein Halbkreis mit regelmäßig abgeteilten Kreissektoren [Abb. 5 u. 6], ist nur an zwei Tagen im Jahr einigermaßen »genau«. Diese Sonnenuhren werden heute als »mass-dials« oder als »kanoniale Sonnenuhren« bezeichnet.

Das Abbrennen von nach Länge und Gewicht genau bemessenen Kerzen wird in den von der Reformbewegung der Benediktinerabtei Cluny beeinflußten Regeltexten für die Bestimmung der Dauer der Nacht empfohlen.[28] Kerzen waren, wie später die Sanduhren, auch außerhalb der Klöster als einfaches Mittel der Befristung kurzer Zeitabschnitte etwa bei Versteigerungen und Wahlen bis in die Neuzeit in Gebrauch.[29] Maßangaben für solche Kerzen sind erhalten. Kerzenuhren als Mittel, den Volltag in gleiche Abschnitte zu teilen, werden in den Lebensbeschreibungen dreier mittelalterlicher Könige hervorgehoben. Ihr Tageslauf wurde dadurch zu einem der vielen Tugendexempel. Nach einer zeitgenössischen Vita soll König Alfred von England die Kerzenuhren erfunden haben, um seine Tage und seine Nächte je zur Hälfte dem Gebet zu widmen. Dazu habe er sechs gleichschwere Kerzen herstellen und auf jeder zwölf Abschnitte (zu ca. 20 Min.) markieren lassen. Die wegen des schlechten Wetters in einer Laterne geschützten Kerzen seien abends angezündet und alle vier Stunden erneuert worden. Nach William von Malmesbury hat Alfred seine Tage in drei Abschnitte zu je acht Stunden geteilt, je einen für Studium und Gebet, für die Amtsgeschäfte und für die körperliche Erholung.[30]

Diese Vorrichtungen könnten funktioniert haben; auch im islamischen Raum hat sich eine reiche Tradition graduierter Kerzenuhren entfaltet. In Asien waren graduierte Räucherstäbchen bis in die Neuzeit in Gebrauch.[31] Im Mittelalter hat es offenbar eine Erzähltradition über Tageszeitordnungen gegeben, die mit den monastischen Zeitordnungen nichts gemein haben. Nach einer vor 1320 verfaßten Vita hat Ludwig IX. (der Heilige, gest. 1270) Kerzen, die ungefähr drei Fuß lang waren, für die Bestimmung der Dauer seiner Gebete benutzt.[32] Bei der Schilderung des vorbildlich geordneten Tageslaufs Karls V. von Frankreich berichtet Christine de Pisan dann wieder, daß eine 24-Stunden-Kerze für eine dreigliedrige Ordnung des königlichen Tages benutzt worden sei.[33] Mag bei diesen Viten das formale Ideal einer in Zahlen zu fassenden Ordnung ausschlaggebend gewesen sein, für uns ist daran die wegen der eingesetzten Gerätschaften mögliche Teilung in gleichlange Abschnitte oder Stunden bemerkenswert.

Während des frühen Mittelalters war die entwickelte Technik antiker Wasseruhren, wie sie von Vitruv beschrieben worden war, im weströmischen Reich kaum noch bekannt. Aus den wenigen Hinweisen muß man schließen, daß nur noch ganz einfache Formen in Gebrauch waren.

Aus Rom läßt Theoderich dem Burgunderkönig Gundobad im Jahre 507 je eine Sonnen- und eine Wasseruhr übersenden. Dem Begleitschreiben ist zu entnehmen, daß der Empfänger solche Uhren in Rom gesehen hatte und sie nun auch in seiner Heimat haben wollte.[34] Noch zwei Jahrhunderte später erhält der fränkische König Pippin ein »horologium nocturnum« aus Rom.[35] Cassiodor, der als kaiserlicher Beamter die Begleitschreiben Theoderichs ausgefertigt hatte, preist in seinem Lehrbuch für das mönchische Leben (um 540) Sonnenuhr und Wasseruhr (»horologium aquatile«) als höchst nützliche Erfindungen, derer sich die Soldaten Christi bei der Erfüllung ihrer Pflichten bedienen sollten. Mit der Wasseruhr gleiche menschliche Kunstfertigkeit die Unwägbarkeiten der Himmelserscheinungen aus.[36] Offenbar hatten einzelne Klöster nach dem Vorbild der römischen Militärs Auslaufuhren für die Teilung der nächtlichen Wachen eingeführt. Der dem Hildemar zugeschriebene Regelkommentar (9. Jahrhundert) bemerkt zum Problem des nächtlichen Weckens, daß für eine vernünftige Einteilung der Nacht eine Wasseruhr nötig sei. Die ausdrückliche Empfehlung zeigt, daß solche Uhren zwar bekannt, aber keineswegs in allen Klöstern in Gebrauch waren.[37]

Verschiedene Indizien deuten darauf hin, daß sich im 11. Jahrhundert schon ein gewisser technischer Wandel vollzogen hatte. Zunächst fällt im Wortgebrauch der Kommentatoren auf, daß die klassisch-antike Bezeichnung »clepsydra« für Wasseruhren aus den normativen Texten verschwindet. Zuletzt in den älteren Consuetudines von Fleury (um 1000) gebraucht, bleibt »clepsydra« im Hochmittelalter wieder auf seine ursprüngliche Bedeutung »Wein- oder Wasserheber« beschränkt. Nur die Wörterbücher schleppen das Wort »clepsydra« als »Uhr« noch bis ins 15. Jahrhundert weiter. Auch die das Wort »horologium« spezifizierenden Zusätze wie »aquae«, »aquatile« verschwinden aus den Gebrauchstexten.[38]

Obwohl auch die »horologia« der Folgezeit zweifellos Wasseruhren waren, deutet das Verschwinden von »clepsydra« darauf hin, daß die ursprünglich benutzten einfachen Auslaufuhren allmählich durch aufwendigere Konstruktionen ersetzt worden waren.[39] In den Reformstatuten von Cluny (11. Jahrhundert) und in zahlreichen von diesen direkt beeinflußten Texten ist dann von einer Uhr die Rede, die hörbar »fällt«.[40] Für die Einrichtung und Wartung der »horologia« wird außerdem eine Terminologie geläufig, die sich nicht mehr auf die Beobachtung bzw. die Füllung einfacher Auslaufgefäße beziehen läßt. Hieß es in den Consuetudines von Fleury noch »custos clepsidram previdens«, so wird die auf die Uhr bezogene Tätigkeit des Sakristans (secretarius, apocrisarius) in den Cluny-Texten »temperare«, »dirigere« und »ordinare« genannt. »Temperare« bleibt das bei weitem häufigste Wort, daneben werden auch »regere«, »moderare« und »advigilare« geläufig.

Die einzelnen Entwicklungsschritte der jetzt aufwendiger ausgeführten monastischen Wecksignalgeber bleiben im dunkeln. Anregungen zu technischen Experimenten könnte die Lektüre des Vitruv gegeben haben, der in mittelalterlichen Klosterbibliotheken seit dem 8. Jahrhundert nicht selten war, oft zitiert und gelegentlich ausgeschrieben wurde.[41] Vorerst läßt sich nichts darüber ausmachen, ob er nur als Bildungsgut tradiert oder auch als technischer Anreger benutzt worden ist. Mehr als Anregungen zu technischen Experimenten können Vitruvs uhrentechnische Erörterungen wegen ihrer Schwerverständlichkeit nicht geboten haben. Belegen läßt sich dies allerdings ebensowenig wie Einflüsse der aus Byzanz und dem islamischen Raum eingeführten Wasseruhren, einer zweiten Quelle möglicher Anregungen.

Unterstellt man, daß die Chronologie monastischer Kodifikationen wenigstens ungefähre Rückschlüsse auch auf die technische Entwicklung der in den Klöstern benutzten »horologia« zuläßt, dann haben sich im 12. Jahrhundert weitere Entwicklungsschritte vollzogen. Die Quellen aus dem französischen Raum bieten ein kleines sprachliches Indiz dafür, daß die Uhren vielfach zu technischen Ensembles aus mehreren Komponenten geworden waren. Zuerst in französischen belletristischen Texten, dann auch in lateinischen Statuten wird ebenso wie bei der Orgel (»organa«) der Plural (»orloges/horologia«) für ein »horologium« als ein sprachliches Mixtum compositum gebraucht.

Einen wichtigen Hinweis auf eine technische Entwicklung enthält ein Ämterkatalog, der um 1100 in den Klöstern Garsten oder Göttweig niedergeschrieben worden ist. Es handelt sich um eine erweiterte Fassung der im 11. Jahrhundert entstandenen *Consuetudines Fructuarienses-Sanblasianae*, klösterlicher Brauchtexte im Zusammenhang mit der cluniazensischen Reformbewegung. Danach soll der Küster abends nach der Komplet das Horologium so sorgfältig wie möglich stellen. Am Morgen, wenn die Uhr »fällt«, soll er aufstehen und bei klarem Himmel die Zeit an den Sternen kontrollieren. Ist die Aufstehzeit für die Brüder gekommen, soll er die Tür zum Kloster öffnen, Kerzen anzünden und die Uhr einstellen, indem er Wasser aus dem kleineren in das größere Becken (zurück-?)gießt, das Seil und das Blei (wieder-?)hochzieht und anschließend die Glocke schlägt.[42] Offenbar handelte es sich um eine Wasseruhr, bei der ein Schwimmer auf der sinkenden Wasseroberfläche mit einem Gegengewicht aus Blei verbunden war. Das Wecksignal für den Küster war akustisch, aber noch nicht direkt mit der Glocke verbunden. Eine Wasseruhr aus Metall wird auch in der um 1150 in der Gegend um Gent entstandenen Tierfabel *Ysengrimm* erwähnt.[43]

In den zu Beginn des 12. Jahrhunderts entstandenen Fassungen des *Liber usuum* der Zisterzienser und in einer Reihe verwandter Texte, darunter auch die ältesten Prämonstratenserstatuten, begegnet dann eine weiterentwickelte Form des Horologium. Es erzeugt jetzt einen angenehmen Ton, von dem der Sakristan geweckt wird, den aber auch die Brüder hören können. Zusätzlich ließ sich die abgelaufene Nachtzeit erkennen bzw. ablesen.[44] Der Sakristan mußte die Uhr bzw. den Signalmechanismus, der wohl auch willkürlich ausgelöst werden konnte, so einstellen, daß es zu bestimmten Zeiten läutete. Kontext und Wortwahl, »pulsare« und »signum vel horologium«, lassen vermuten, daß das »horologium« schon mit einer Glocke verbunden war. Dafür spricht auch die in den Statuten des Zisterzienserklosters Wettingen (13. Jahrhundert) vorgesehene Stillegung in der Zeit vor Ostern.[45] Außerdem wurde das »horologium« bei feierlichen Anlässen zum Teil des Glockenensembles. Im Benediktinerkloster St. Albans tritt nach den um 1250 erlassenen Bestimmungen der neugewählte Abt unter großem Geläut vor den Altar, »pulsato classico [Glockenname], sonantibus burdones [Glockenname] cum horologio«.[46] Eine mit einer Uhr verbundene Glocke war seit dem 12. Jahrhundert zum festen Bestandteil des sich immer reicher entfaltenden kirchlichen und klösterlichen Glockenensembles geworden.

Schon um 1166 nennt der Offizienkommentar des Johannes Belethus die Uhrglocke in der Reihe der sechs Glockenarten für den kirchlichen Gebrauch. In der nach der Verwendung geordneten Reihe »squilla in refectorio, cymbalum in claustro, nola in choro, nolula vel duplula in horologio, campana in campanili, signa in turribus« nimmt die Uhrglocke der Größe nach einen mittleren Platz ein. Dieser terminologische Vorschlag ist vom zeitgenössischen Sprachgebrauch weit entfernt. Allenfalls bezeichneten »squilla«, »cymbalum« und – bei

Belethus fehlend – »tintinnabulum« kleine Uhrglocken, »campana« dagegen größere. Vor allem aber taucht nirgends »nolula« oder »duplula« im Zusammenhang mit einem »horologium« auf. Dennoch tradiert der rezeptionsgeschichtlich weit einflußreichere Offizienkommentar des Guillelmus Duranti (1284) diese Terminologie.[47]

Normative Texte sind bis zur Mitte des 13. Jahrhunderts fast die einzigen verwertbaren Quellen zum klösterlichen Uhrengebrauch. Sie waren in Tausenden von Klöstern überall in Europa verbreitet. Aber kann man deshalb auch von einer entsprechenden Verbreitung klösterlicher Uhren ausgehen, und das, obwohl sich keinerlei Überreste erhalten haben? Aus der häufigen, aber keineswegs durchgängigen Erwähnung der Uhren in den monastischen Kodifikationen läßt sich hinsichtlich ihrer Verbreitung zweierlei schließen. Wenn die in Ehren gehaltenen, überall kopierten oder imitierten Gründungsstatuten der von Cluny aus reformierten Benediktiner, der Zisterzienser, der Prämonstratenser, der Regularkanoniker und vieler anderer Orden ein »horologium« erwähnen, so sind diese »horologia« in den affiliierten Klöstern entweder selbstverständlich, oder diese Klöster werden sich bemühen, ein solches Gerät zu beschaffen. Die Mutterklöster könnten die Ausbreitung auf diese Weise angeregt haben. Die andere Möglichkeit ist, daß man zwar die ehrwürdigen Texte, nicht überall aber auch die »horologia cadentia« bzw. »sonantia« übernommen hat. Aus den Quellen ergibt sich kein ganz eindeutiges Bild. Zu Hildemars Zeiten (9. Jahrhundert) waren »horologia« sicher nicht üblich. Petrus Damianus (11. Jahrhundert) erwähnt sie nicht. Seit dem Ende des 11. Jahrhunderts häufen sich die Erwähnungen in wichtigen Texten. Allerdings fällt auf, daß z. B. die Consuetudines der Vallombrosaner (vor 1193) bei der Behandlung der Weckzeit im Winter ein »horologium sonans« erwähnen, spätere Redaktionen aber wieder zum Text der Benediktsregel (»iuxta considerationem rationis«) zurückkehren.[48] Ehrfurcht vor dem historischen Text? »Horologium« als nicht mehr zu erwähnende Selbstverständlichkeit? Schlechte Erfahrungen mit der Zuverlässigkeit? Die cluniazensischen Texte nennen die Uhr ganz ausdrücklich nicht als einziges Mittel der nächtlichen Zeitbestimmung. Versagt die Uhr, so heißt es dort, soll der Sakristan Kerzen benutzen oder den Nachthimmel beobachten.[49] Auch noch am Ende des 13. Jahrhunderts erinnert der Dominikaner Humbertus de Romanis, daß zwar jedes Kloster eine Uhr haben solle, der Sakristan aber zur Not auch ohne sie pünktlich wecken müsse.[50]

Ein bemerkenswerter Hinweis findet sich in der Vita des hl. Herrmann Joseph aus Köln, der als körperbehinderter Knabe mit zwölf Jahren in das Prämonstratenserkloster Steinfeld in der Eifel eingetreten und dort Sakristan geworden war. Seine in den Heiligsprechungsakten veröffentlichte Lebensbeschreibung ist nach den erhaltenen Manuskripten zweifellos kurz nach seinem Tod um 1230 verfaßt worden. Dort heißt es, daß Herrmann Joseph eine Uhr (»horologii instrumentum«) zu bauen wußte und häufig von anderen Klöstern, denen solche noch fehlten, um Neukonstruktionen (»nova [horologia] ubi non erant«) oder Renovierungen bzw. Neueinstellungen (»distemperata iterum temperare«) vorhandener Uhren gebeten wurde.[51] Diese Nachricht über den ersten namentlich bekannten Uhrenbauer des Mittelalters zeigt, daß noch am Anfang des 13. Jahrhunderts nicht alle Klöster die in den Regeltexten vorgesehenen technisch anspruchsvolleren Weckvorrichtungen besaßen.

Zur gleichen Zeit werden die Anfänge einer neuen Situation sichtbar. Der Uhrenbesitz wird Pflicht, und ihre Unterhaltung wird schärfer kontrolliert. Der Erzbischof von Sens verpflichtet 1198 den wochendiensthabenden Diener der Kathedrale, bei Androhung einer Geldstrafe, die Uhr genau zu regulieren.[52] Ein Visitationsbericht für das Benediktinerkloster in Redon in der Bretagne vermerkt 1232 positiv, daß eine zuverlässige Uhr vorhanden sei. Das Kathedralkapitel in York erhält wegen nicht pflichtgemäßer Wartung der Uhr einen Tadel (1290/94).[53]

Uhren waren also für Kirchen und Klöster im 13. Jahrhundert zu Gebrauchsgegenständen geworden, deren Unterhaltung zum festen Bestandteil der Ausgaben der Kirchenverwaltung gehörte. Wie Bücher, Reliquien, Weihrauch, Glocken, Gewänder und Kelche gehörten sie zum Kirchenschmuck, zu den »ornamenta«. Das geht zuerst aus einem Brief des Petrus Abaelard an Heloise hervor, in dem er um 1136 Hinweise zu Regel und Ausstattung ihrer kleinen Abtei Paraclet gibt.[54] Weil solcher Schmuck nicht überflüssig, sondern nötig sei, sollte er im Geiste der zisterziensischen Reform möglichst bescheiden ausfallen. Die Uhren werden jedoch nie wie Kelche oder Glocken zu durch besondere Weihen liturgisch ausgezeichneten Gegenständen.[55]

## Zur Konstruktion mittelalterlicher Wasseruhren

Den zahlreichen Erwähnungen klösterlicher Wasseruhren in normativen Texten stehen sehr wenige Auskünfte über Konstruktion und Aussehen dieser Uhren gegenüber. Bisher ist nur ein einziger Text bekannt geworden, der Licht auf Details werfen kann. Er findet sich als Fragment nur in einem Kodex aus dem Benediktinerkloster S. Maria in Ripoll (Katalonien). Der Kodex enthält verschiedene Traktate meist astronomischen Inhalts, die überwiegend Übersetzungen oder Bearbeitungen arabischer Quellen sind, ferner Auszüge aus Beda und einige Gerbert von Aurillac zugeschriebene Texte über das Astrolab. Die Herkunft ist nicht ganz geklärt. Gegenwärtig wird er ins 11. Jahrhundert datiert und einem Skriptorium in Lothringen zugeschrieben.[56] Unbestritten ist jedoch, daß das titellose Textfragment über die Wasseruhr nicht auf arabischen Vorlagen beruht.

Der im Kodex fehlende Anfang enthielt vielleicht die Konstruktionsanweisung für das (Wasser-)Uhrwerk, der erhaltene Schluß behandelt die Läutvorrichtung, die Herstellung der Gewichte, die Einstellung der Uhr und ihre korrekte Plazierung auf dem Boden der Kirche.[57] Im Ms. Ripoll 225 ist eine etwas übermannshohe Konstruktion beschrieben, an der kleine Glocken (»schillae« bzw. »tintinnabula schillarum«) zu einem beliebigen Zeitpunkt und für kurze Dauer kontinuierliches Klingeln erzeugten. Dies geschah mittels einer horizontalen Welle, die über eine an einem Kirchenbalken befestigte Seilrolle mit einem Gewicht gedreht wurde. An den Enden der Welle waren Scheiben mit Stiften montiert, die abwechselnd auf die Glocken schlugen. Der Text läßt viele Fragen offen. Zahl und eventuelle Abstimmung der Glocken bleiben unbestimmt. Unklar sind Gestalt und Anordnung des Gehäuses (»domus orologii«) und des offenbar zusätzlich vorhandenen Uhrkastens (»scrinium«). Erwähnt werden Wassergefäße und die Probleme, die durch Wassermangel, Wasserverschmutzung und ungenügende Ölschmierung verursacht werden können; die Auslaufkonstruktion und ihre Regulierung bleiben jedoch im dunkeln. Vokabular und Stil sind völlig unabhängig von Vitruvs Beschreibungen. Schwierig bleibt die Interpretation und Einordnung dieser Beschreibung auch deshalb, weil jegliche Vergleichsmöglichkeiten mit europäischen mittelalterlichen Texten fehlen.[58] Lediglich die Läutvorrichtung hat eine gewisse Ähnlichkeit mit der Skizze eines Glockenspielwerks, das kürzlich in einem katalanischen Manuskript des 14. Jahrhunderts entdeckt worden ist.[59] Besonders bemerkenswert ist die Erwähnung zweier Einstellscheiben, von denen eine die Teilung des Volltages (»hore diei ac noctis«) in Vierteltage und die andere eine – sonst unbekannte – Teilung in Hundertstel enthält. Bemerkenswert auch, daß bei den Einstellhinweisen die Stunden des Volltages durchgezählt worden sind (VI, XII, XVIII). Der Funktion nach war auch diese Uhr ein wenn auch aufwendiger Wecker. Technisch handelte es sich um ein wasseruhrgesteuertes Schlagwerk mit Rollen und Gewichten. Für ihre Regulierung ist allem Anschein nach eine unkonventionelle und sonst nicht bekannte Form der Stundenteilung angewendet worden.

Für die Entwicklung während des folgenden 12. Jahrhunderts geben die Quellen wenig her. Die Verbreitung großer Wasseruhren wird durch eine Episode in der Chronik des Klosters Bury-St-Edmunds (Suffolk) bestätigt. Dort wird berichtet, daß in einer Winter-

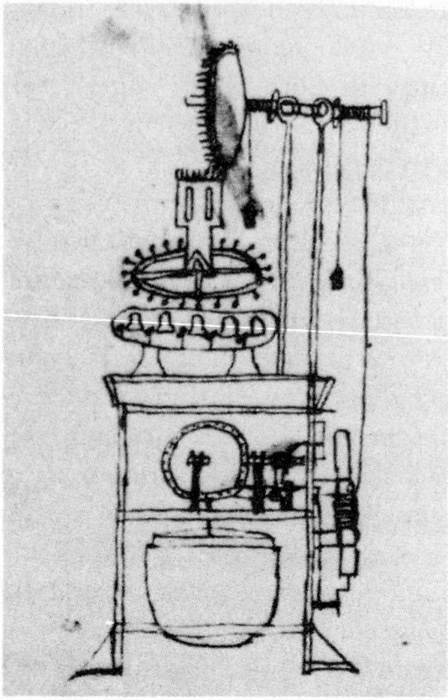

11. Skizze eines wasseruhrgetriebenen Glockenspielwerks auf dem letzten Blatt einer Sammlung verfassungsrechtlicher Texte aus der Zeit König Jaumes II. von Katalonien (1291–1327), Archiv der Krone von Aragon, Barcelona

nacht des Jahres 1198, kurz nachdem die Uhr »gefallen« war, Feuer in der Kirche ausgebrochen sei. In panischer Angst seien die Brüder zusammengelaufen, um die rasenden Flammen zu bekämpfen. Einige hätten das Wasser aus dem Brunnen geholt, andere aus dem offenbar großen Reservoir der Uhr.[60] Die Moral der Geschichte: Der hl. Edmund bestraft die Brüder, wenn sie seine Reliquien in der Kirche nicht sorgfältig bewachen, er hilft ihnen aber auch, indem er sie mit der Uhr weckt und zugleich für Löschwasser sorgt.

Von der oft komplizierten Regulierung mit Hilfe rechnerischer Verfahren berichten auch die Consuetudines des Kanonikerstifts St. Victor in Paris (nach 1140).[61] Darin wird dem Matrikular aufgetragen, die Uhr in der zweiten Jahreshälfte so zu regulieren (»temperare«), daß der der Matutin vorhergehende Teil der Nacht zunächst genauso lang sei wie der ihr folgende. Allmählich soll die Nacht (das heißt, die Schlafzeit) vor der Matutin in den einzelnen Monaten verlängert werden, bis zur Wintersonnenwende die Schlafzeit doppelt so lange dauert wie die Nacht nach der Matutin (d. h., nach ihrem Beginn). Unter der nicht ganz zutreffenden Prämisse einer gleichmäßigen Zu- und Abnahme der Tageslängen wird eine von naturalen Vorgaben unabhängige Faustregel formuliert, die nur die Halben und Drittel der längsten und der kürzesten Nacht als Ausgangsgrößen benutzt.

Noch kompliziertere Regulierungsvorschriften und eine neue Variante der Stundenteilung enthalten Schiefertafeln, die 1894 in den Ruinen der Zisterzienserabtei Villers-la-Ville in Brabant gefunden worden sind. Auf drei von fünf dachpfannenähnlichen Tafeln haben sich vorbereitende Aufzeichnungen für die Wartung einer Wasseruhr gefunden, die vom Spätsommer bis zum Frühjahr 1267/68 vermutlich gleichzeitig mit dem Bau der Uhr im Chor der Klosterkirche entstanden sind.[62] Danach handelt es sich um eine relativ primitive Form einer Wasseruhr, die entsprechend dem Regeltext vor allem als Wecker diente. Das Fallen der Uhr (»cadere«) wird ausdrücklich erwähnt. Um den Einfluß atmosphärischer Schwankungen und des nachlassenden Wasserdrucks zu kompensieren, wurde das Auslaufgefäß zweimal täglich zu verschiedenen Zeiten mit einer bemessenen Wassermenge nachgefüllt. Als Einstellhilfe diente bei schönem Wetter das durch die Chorfenster fallende Sonnenlicht.[63] Als Zeitangaben tauchen nur die 24 Buchstaben des lateinischen Alphabets auf, nie Stunden oder Stundenbruchteile. Nach der Rekonstruktion hatte die Uhr ein Zifferblatt mit einem durch Schwimmer und Rolle getriebenen Zeiger. Das Zifferblatt war in vier römisch numerierte Felder geteilt, deren jedes auf dem Rand 24 Buchstabenfelder trug. Obwohl der abends (gegen 6 Uhr) beginnende Tag in drei Abschnitte zu acht Stunden geteilt war, entsprach eine volle Zeigerdrehung einem Zeitraum von 32 Stunden. Der Zeitwert eines Buchstabenfeldes läßt sich durch Vergleich der auf den Tafeln angegebenen Sonnenaufgänge an bestimmten Festtagen (z. B. »Exaltatio sancte Crucis diescit super N«) und den errechneten Sonnenaufgängen für diese Tage durchschnittlich auf den dritten Teil einer Stunde (20 min.) berechnen. Außer zum Wecken wurde auch zu den einzelnen Offizien geläutet. Außerdem gibt der Text die Dauer einzelner Offizien an, z. B. für die Matutin »in die Sancti Stephani tenent VII litteras« (= 2 h 50 min). Auch die Schlafzeit des Sakristans ist genau vermerkt; z. B. heißt es für die Weihnachtszeit »dormi decem litteras« (= 3 h 20 min).[64]

In Villers sind zwei Verfahren der Tageszeitbeobachtung verbunden worden. Die Verfolgung des durch die vielleicht schon entsprechend konstruierten Fenster der Kirche einfallenden Sonnenlichts entspricht einer hergebrachten Übung. Schon im Reisebericht des Benjamin von Tudela heißt es über die große Moschee in Damaskus, sie habe eine Mauer mit vielen gläsernen Öffnungen entsprechend der Zahl der Tage des Jahres gehabt, und auf einer Skala habe man die Tagesstunden ablesen können.[65] Für kalendarische Informationen wie die Frühjahrsaequinoktien sind auch an europäischen Kathedralen im Mittelalter Fenster entsprechend eingerichtet worden. Im Straßburger Münster z. B. zeigt bei schönem Wetter noch heute ein grüner Lichtstrahl diesen Vorgang während sechs Tagen an. In Villers, aber sicher nicht nur hier, dienten die einfallenden Sonnenstrahlen der täglichen Regulierung der Wasseruhr. Bei ihr verblüfft die sonst ungebräuchliche Teilung des

Tages in Drittel und Drittelstunden. Erstaunlicher ist, daß der mit dem Lichttag variierende Tageslauf der Mönche hier mittels eines Geräts geregelt wurde, das nur gleichlange Zeitabschnitte angeben konnte.

Die Hunderterteilung der Einstellscheibe im Manuskript aus Ripoll und die nach den Schiefertafeln aus Villers rekonstruierte Uhr lassen vermuten, daß die bei Vitruv beschriebenen Formen der Regulierung von Wasseruhren nach den ungleichen Stunden durch Veränderung der Auslauföffnung oder durch veränderliche Zifferblätter unbekannt war oder sich als unpraktisch herausgestellt hatte. Offenbar ist man im Mittelalter daher mindestens bei einigen Uhren dazu übergegangen, den Ablauf der ungleichen Tagesstunden durch Uhren zu regulieren, die zwar nicht nach gleichlangen Stunden, sondern nach artifiziellen gleichen Fristen gesteuert wurden. Wie verbreitet solche Uhrentypen waren, läßt sich nicht sagen, aber andere Hinweise gehen in eine ähnliche Richtung. Am Ende des 13. Jahrhunderts werden die in der Spätantike bekannten Tafeln, die die Tageslänge in Schattenmaßen oder auch nach der wechselnden Zahl gleicher Stunden angaben, wieder gebräuchlicher. Bernhard Ayglerius, Abt von Monte Cassino, benutzt sie bei der Kommentierung des 8. Kapitels der Benediktinerregel über das Aufstehen in den Winternächten.[66]

## Abbildungen mittelalterlicher »Horologia«

Über die äußere Gestalt, die Gehäuse der großen mittelalterlichen Wasseruhren sind wir durch zwei Abbildungen unterrichtet. Um 1235 gibt der pikardische Baumeister Villard de Honnecourt in seinem Skizzenbuch ein »portrait« eines »maizon d'une ierloge«, das er angeblich selbst, d. h. irgendwo im nordfranzösischen Raum, gesehen hat. Das wohl hölzerne gotische Gehäuse mit vier Etagen und einem Giebel läßt keinerlei Rückschlüsse auf die Technik des Uhrwerks, auf Indikationen oder Glockenwerke zu. Daß es sich hier um das »erste Beispiel einer Räderuhr« handelt, wie der Herausgeber des Bauhüttenbuchs meint, bleibt daher reine Spekulation.[67] Vergleichbare gotische Uhrgehäuse finden sich später in den Miniaturen eines Brüssler Suso-Manuskripts [Abb. 24] und in einem englischen Manuskript des späten 15. Jahrhunderts, das den Abt Richard von Wallingford vor seiner astronomischen Uhr zeigt.

Detailreicher, aber schwierig zu interpretieren, ist die einzige europäisch-mittelalterliche Abbildung einer Wasseruhr in einer Miniatur der um 1250 für den französischen Hof hergestellten *Bible moralisée.*[68] Illustriert wird eine Geschichte, die bei 2. Könige 20,11 und bei Jesaja 38,8 überliefert ist. Darin verspricht der Herr Hiskija, dem todkranken

12. Skizze des Gehäuses für eine Uhr im Bauhüttenbuch des Villard von Honnecourt (um 1235), Bibliothèque Nationale, Paris

13. Der Abt Richard von Wallingford vor seiner astronomischen Uhr, Miniatur in einer Handschrift des ausgehenden 15. Jahrhunderts, British Library, London

König von Juda, durch den Propheten Jesaja sein Leben um fünfzehn Jahre zu verlängern. Hiskija verlangt ein Zeichen, und Jesaja kündigt an, daß der Herr den Schatten auf den Stufen des Palastes des Vaters Ahas (Achaz) um zehn Striche zurückgehen lassen wird. So geschieht es. Ob die Tradenten schon die in den meisten älteren Bibelausgaben genannte Sonnenuhr meinten oder ob der lange Schatten nur symbolisch für den Lebensabend steht, ist unsicher.[69] Der Miniaturist setzt an die Stelle des sog. »horologium Achaz« eine Wasseruhr.

Seit C. B. Drover 1954 auf diese Miniatur hingewiesen hat, ist ihre »technische« Interpretation umstritten.[70] L. White jr. weist zunächst auf die Ähnlichkeit des Gehäuses mit der Skizze in Villards Bauhüttenbuch hin und vermutet, daß die Uhr nicht in einer Kirche oder einem Kloster, sondern in einem herrscherlichen Palast gestanden habe. Er deutet das zentrale Element als eine Trommel aus fünfzehn Metallkammern, die untereinander durch kleine, auf dem Bild fälschlich vorne sichtbare, Öffnungen verbunden seien – fünfzehn Kammern deshalb, weil die gleichlange Stunde fünfzehn Bogengraden auf dem Äquinoktienzirkel entspreche, die Trommel habe sich also in einer Stunde einmal gedreht. Der Antrieb sei durch ein Gewicht am links erkennbaren

14. Wasseruhr in der Miniatur einer französischen *Bible moralisée* (um 1250), Bodleian Library, Oxford

Seil erfolgt, die Hemmung durch das langsame Tröpfeln des Wassers von der einen Kammer in die andere. Hinter der Trommel sei koaxial ein Rad mit Zähnen für die Regulierung des Schlagwerks angebracht. Links oben am Gehäuse sei eine Vorform der Windbremse mit turbinenartigen Flügeln zu erkennen. Schließlich weist er auf die Ähnlichkeit der Kammertrommel mit der Illustration der Quecksilberuhr in den etwa gleichzeitigen *Libros del Saber* hin und schließt mit der These, daß dies der erste Hinweis auf einen Gewichtsantrieb, dieser mithin als eine europäische Innovation aufzufassen sei. J. D. North widerspricht und meint, daß die fünfzehn Kammern der Miniatur wahrscheinlich auf die fünfzehn im Bibeltext erwähnten Lebensjahre zu beziehen seien. Das sog. Windbremsenrad sei in Wahrheit ein Sonnensymbol, wie es die übrigen Miniaturen dieser Handschrift öfter zeigten. Schließlich übergehe Whites Interpretation den deutlich sichtbaren tierkopfähnlichen Wasserauslauf unter dem großen Rad. Die Ähnlichkeit mit der alphonsinischen Quecksilberuhr sei ganz äußerlich. Die vermutlich 24 Zähne deuteten darauf hin, daß das Uhrwerk sich nur einmal am Tag gedreht habe. Die Deutungsversuche werden weitergehen; z. B. ließe sich nach der Bedeutung der unten links am gezähnten Rad sichtbaren einzelnen Glocke fragen, die das Glockenspiel im oberen Teil ergänzt. Der Miniaturist war kein Phantast, sondern ein aufmerksamer Beobachter zeitgenössischer Technik. Dennoch sollte man die technische Interpretation einer Miniatur aus der Mitte des 13. Jahrhunderts nicht überdehnen. Ihrem Anspruch und ihrem Verwendungszweck nach war sie keine realistische Abbildung. Festgehalten sei daher zunächst nur, daß die Verbindung von Glockenspielwerken mit großen Wasseruhren um 1250 bekannt war und daß ihre Einrichtung möglicherweise auf der 24-Stunden-Teilung des Tages beruhte.

## Wasseruhren in der islamischen Tradition

Aufstieg und Ausdehnung der islamischen Reiche haben seit dem 7. Jahrhundert zur Entstehung eines Kulturraums geführt, der das Mittelmeer und Vorderasien zwischen Spanien und Afghanistan umfaßte. Der Islam war die einheitstiftende Religion, Arabisch die vorherrschende Wissenschaftssprache. Noch stärker als die hellenistische Epoche war die Blütezeit des Islam (8.-14. Jh.) durch die Rezeption und Assimilation der kulturellen Traditionen des gesamten Einflußbereichs gekennzeichnet.

Auf die Rolle arabischer Autoren bei der Vermittlung der hellenistischen Wissenschaften, insbesondere der Astronomie, braucht nicht erneut hingewiesen zu werden. Hinsichtlich der Theorie und Technik der Zeitmessung ist darüber hinaus nicht nur der Prozeß der theoretischen Aneignung und Weiterentwicklung antiker Wissensbestände, sondern auch die direkte Anknüpfung daran und die Fortbildung der handwerklich-technischen Traditionen der Spätantike, aber auch – und hier stößt die Forschung auf noch größere Schwierigkeiten – der Syrer und der Perser zu berücksichtigen.[71] Weitgehend ungeklärt ist auch der Beitrag arabischer Autoren bei der Vermittlung von Wissenschaft und Technik aus Indien und China nach Europa.[72]

Die direkte Anknüpfung der arabischen Uhrmacher an die byzantinische Mechanik läßt sich leicht verfolgen. Die erste Nachricht von einer eigenständigen arabischen Uhrmacherei ist zugleich ein Beleg für die relative technische Rückständigkeit in Westeuropa. In einem im Mittelalter oft abgeschriebenen Eintrag in Einhards Reichsannalen wird von einem Geschenk des Sultans Harun-al-Rashid an Karl den Großen berichtet. Der östliche Herrscher ließ im Jahre 807 dem westlichen Kaiser ein mechanisches Wunderwerk, »eine Uhr aus Messing, wunderbar durch mechanische Kunst zusammengesetzt«, zukommen. Die verblüffende Ähnlichkeit des Figurenautomatenprogramms mit dem der spätantiken Kunstuhr in Gaza fällt sofort ins Auge.[73] Natürlich sind die Darstellungen des Gorgonenhaupts und der zwölf Arbeiten des Herakles aus der antiken Mythologie verschwunden. Aus einem der zwölf Fenster kommt jetzt zu jeder Stunde ein Reiter. Zugleich wird ein Glöckchen (»cimbalum«) angeschlagen. Abwandlungen und Erweiterungen dieses Figurenprogramms durch u. a. Singvögel, Musikanten, Sklavinnen, Exekutionsszenen finden sich bei vielen großen und kleinen islamischen Uhren der Folgezeit. Fast überall werden die in ein Becken fallenden Kugeln als Stundensignal und eine wandernde oder drehende Schreiber- bzw. Zeigerfigur genannt.

Beschreibung und Konstruktionsanweisungen für solche Uhren sind seit dem 10. Jahrhundert bekannt. Die wichtigsten sind das andalusische Automatenbuch *Buch der Geheimnisse über die Ergebnisse der Gedanken* (11. Jh.) und das *Buch des Wissens von kunstreichen mechanischen Verrichtungen* des al-Jazari (1204/6).[74] Verschiedene arabische Traktate nennen den Archimedes (3. Jh. v. Chr.) ausdrücklich als einen Vorgänger. Eine Arbeit des Archimedes über die Konstruktion von Wasseruhren ist allerdings sonst nicht bekannt. Vielleicht war hier nur ein die griechischen Autoritäten pauschal ehrender Sammelname gemeint. Heute wird vom Pseudo-Archimedes gesprochen.[75] Auch Heron von Alexandria wird zitiert. Hellenistische Theorie und Praxis ist also in beträchtlichem Umfang verarbeitet worden. Unter den von den arabischen Uhrmachern vielleicht neu entwickelten, vielleicht aus Ostasien übernommenen Komponenten ist auf die Verwendung von Wasserschöpfrädern, wobei auch mit Sand als fließendem Medium experimentiert wurde, und die sonst nur in China bekannte Verwendung von Waagen, an denen die Auslaufgefäße befestigt wurden, hinzuweisen. Von astronomischen Simulationen bei diesen Uhren wird auch in europäischen Quellen berichtet. Im Jahre 1232 schenkte der Sultan al-Ashraf von Damaskus dem Kaiser Friedrich II. einen außerordentlich kostbaren »künstlichen Himmel«, an dem der Sternenlauf und die Stunden des Tages und der Nacht abzulesen waren. Ein Bericht nennt diese Vorrichtung »ein wunderbar konstruiertes Zelt, in dem die Bilder der Sonne und des Mondes entsprechend ihren Positionen ihren Lauf vollführen und die Stunden des Tages und der Nacht unfehlbar anzeigen«, ein anderer spricht von einem »goldenen, mit Edelsteinen bestirnten astronomischen Himmel, der einen mechanischen Lauf der Planeten enthält«.[76] Eine in Uhrenbüchern gelegentlich zitierte Textvariante, die den mechanischen Aspekt stärker heraushebt (»ponderibus et rotis incitatae«), findet sich dagegen erst in einer späten Fassung, die schon aus der Zeit der mechanischen Uhren stammt.[77]

Im mittelalterlichen Europa waren solche Automaten aus dem islamischen Kulturkreis nur vom Hörensagen bekannt. Vielfach haben die Berichte eine gewisse Wahrscheinlichkeit, etwa die Geschichte vom stündlich flügelschlagenden und schreienden Pfau in einer Erzählung Scheherazades in der 357. Nacht, oder aber sie sind voller phantastischer Ausschmückungen.[78] Der im 7. Jahrhundert gebaute Palast des persischen Herrschers Chosrau II. hat mit einer Vielzahl wohl überwiegend sagenhafter Automaten das Vorbild für die literarischen Gestaltungen des Grals abgegeben. Im *Titurel*, den man Albrecht von Scharfenberg zuschreibt, wird eine listenreiche Himmelsmechanik des Grals beschrieben, die, von einem verborgenen »orolei« angetrieben, die Bewegung der Sterne in einem künstlichen Gewölbe zeigte und die sieben Tagzeiten (d. h. die Horen) auf goldenen Zimbeln erklingen ließ.[79] Der Autor verbindet hier die märchenhaften orientalischen Automaten mit dem Konzept eines automatischen Horengeläuts, das es nach allem, was wir wissen, nie gegeben hat.

Bei der Durchsicht der Quellen zur islamischen Wasseruhrentradition fallen zwei andere Aspekte auf. Die meisten dieser kostbaren und schwierig zu wartenden Uhrautomaten waren Spielzeug, mit dem man sich an Höfen und in den reichen Häusern ergötzte und Besucher zum Staunen brachte. Gegenüber weit einfacheren Versionen, die ausdrücklich der Ermittlung der Gebetszeiten dienten, war ihre Verbreitung sehr begrenzt.[80] Daneben hat es aber eine Reihe großer öffentlicher Uhren und mithin vielleicht auch eine noch in byzantinische Zeit zurückreichende Tradition öffentlicher Zeitindikation gegeben. Sieht man von der Uhr in Gaza ab, entstammt der älteste Hinweis einem chinesischen Reisebericht über eine goldene Wasseruhr im Stadttor von Antiochia, die noch aus byzantinischer Zeit stammen könnte. Sie hatte die Gestalt einer Waage, von der mit klingendem Ton stündlich eine Kugel fiel. In dem Bericht heißt es dann: »Dies dient der Anzeige der Teile des Tages ohne den geringsten Fehler.«[81] In Damaskus wird vom 10. bis zum 14. Jahrhundert eine öffentliche Uhr an der Großen Moschee erwähnt, die nach Ridwans Zeugnis auch der Indikation der Gebetszeiten diente.[82] Überreste von einer öffentlichen Uhr des 14. Jahrhunderts sind in Fez (Marokko) erhalten.[83] Nach einer griechisch-lateinisch-arabischen Inschrift hat auch der normannische König Roger II. von Sizilien im Jahr 1142 ein Instrument zur Anzeige der Stunden (»opus horologii«) in Palermo errichten lassen.[84]

Merkwürdig sind diese Hinweise auf öffentliche Zeitindikationen auch deshalb, weil die islamischen Herrscher sich nach dem Aufkommen der mechanischen Turmuhren in Europa gegen deren Einführung in ihren Territorien gesträubt haben. Über die Art des Stundensignals sind wir schlecht unterrichtet. Bei den Uhren in Gaza und Damaskus wird hervorgehoben, daß sie für die Stunden des Tages und der Nacht

15. Schauseite einer Wasseruhr des al-Jazari nach einer Handschrift (13. Jh.), Bibliothek des Topkapi Serail, Istanbul

vorgesehen seien. Die Uhr in Gaza schlug mindestens tagsüber zweimal die Zahlensequenz 1-6, in Antiochia soll stündlich ein Signal ausgelöst worden sein. Das Automatentheater der sog. »Palast-Uhr für die ungleichen Stunden« des al-Jazari sollte sich tagsüber zur sechsten, neunten und zwölften und nachts zur sechsten und zwölften Stunde in Bewegung setzen. Das Friedrich II. geschenkte astronomische Modell soll die »Tag- und Nachtstunden« angezeigt haben. Diese Formulierung ist bemerkenswert, weil sie später zum spezifischen Attribut mechanischer Uhren geworden ist. Dagegen ist ein Zusammenhang aller genannten Formen der Indikation mit den muslimischen Gebetszeiten nicht erkennbar.

Darüber hinaus fällt auf, daß die arabischen Uhrentraktate für Wasseruhren und für Kerzenuhren Konstruktionen für die Anzeige der Temporal- und der Äquinoktialstunden beschreiben, ohne daß eine eindeutige Vorliebe für die eine oder andere Variante erkennbar wäre. Äquinoktialstunden sind auch hier Teile des Volltages oder des Lichttages während der Äquinoktien und noch nicht durch kleinere Zeiteinheiten, etwa Minuten, definiert.[85] E. Wiedemann übersetzt zwar die arabischen Bezeichnungen für Temporalstunden (»krumme bzw. zeitliche Stunden«) und für Äquinoktialstunden (»gleichmäßige Stunden«), erläutert jedoch nicht, welche Stundenzählung wann und für welche Zwecke in Gebrauch gewesen ist.

Eine bloß uhrentechnisch bedingte Verwendung gleichlanger Zeitabschnitte, wie sie für die im Ms. Ripoll 225 beschriebene und die aus den Schiefertafeln in Villers-la-Ville rekonstruierte Uhr zu vermuten ist, scheidet hier aus, weil auch einfache Schwimmerskalen in Auslaufgefäßen die doppelte Zählung zeigen.[86] Zu vermuten ist daher, daß im islamischen Bereich, anders als in Westeuropa, während des ganzen Mittelalters beide Formen der Stundenzählung in Gebrauch waren und in Einzelfällen gleichlange Stunden vielleicht auch öffentlich angezeigt worden sind. Dabei muß allerdings offenbleiben, ob und wieweit dieses Nebeneinander zweier Stundenzählungen außerhalb gelehrter Kreise in Gebrauch gewesen ist.

## Astrolab und Zeitmessung

Während wir über das Gewicht islamischer Anregungen auf die Entwicklung der europäischen Wasseruhren nur Vermutungen anstellen können, ist die Schlüsselrolle islamischer Autoren und Konstrukteure bei der Einführung des Astrolabs, der wichtigsten Neuerung für die mittelalterliche Astronomie und Zeitmessung, nach Mitteleuropa besser zu verfolgen und intensiv erforscht.[87]

Das Astrolab, der »Sterngreifer«, ist ein kombiniertes Kalkulations-, Demonstrations- und Beobachtungsinstrument. Seine Konstruktion beruht auf der stereographischen Projektion von Punkten und Linien der gedachten Himmelskugel auf eine Kreisfläche. Eine runde Grundplatte (Mater), meist aus Messing, mit einer Visiervorrichtung auf der Rückseite trägt eine Scheibe (Tympanon) mit eingravierten Koordinaten und Grundkreisen (Horizont, Meridiane) des sichtbaren Sternhimmels unter Berücksichtigung der geographischen Breite des Beobachtungsorts. Ein konzentrisch darüber angebrachtes, drehbares Drahtnetz (Spinne) gibt die Position markanter Sterne. Mittels der Peilvorrichtung und Skalen auf der Rückseite wird die Winkelhöhe eines Sterns bestimmt. Dann wird die Spinne über der Platte mit den Koordinaten gedreht, bis die beobachtete Sternposition mit der entsprechenden Markierung übereinstimmt. Astronomische Kalkulationen verschiedenster Art lassen sich dann für beliebige Zeitpunkte durchführen. Mittels Stundenlinien läßt sich auch die Tageszeit der Beobachtung nach den ungleichen Stunden ablesen bzw. ungleiche in gleiche Stunden umrechnen.

Die stereographische Projektion ist seit dem Hellenismus bekannt; im 2. Jahrhundert n. Chr. benutzt Klaudios Ptolemaios das Adjektiv »astrolabisch«, erklärt die Theorie der Projektoren für die praktische Astronomie und verbindet sie mit einem Zeitmeßgerät, das die Ermittlung der Nachtstunden mit Hilfe von Fixsternpositionen möglich macht. Die Verwendung eines Astrolabzifferblatts zur Simulation astronomischer Konstellationen an einer Wasseruhr war zuvor bei Vitruv beschrieben worden. Astrolabien und die dazugehörigen Gebrauchsanweisungen waren im 6. Jahrhundert in Byzanz und Alexandria bekannt, und von dort breitete sich deren Kenntnis rasch im islamischen Kulturbereich und von da bis nach Indien aus. Erst arabische Autoren preisen Ptolemaios als Erfinder des Astrolabs, das für Horoskope, für die kalendarische Ermittlung des vom Mondstand abhängigen Fastenmonats und für die von der Sonne abhängigen Gebetszeiten benutzt wurde. Das Astrolab wird im Orient zum Attribut von Weisheit und Macht; nach einem arabischen Autor des 9. Jahrhunderts benutzten Gelehrte und Könige nachts Wasseruhren und tagsüber Sonnenuhren und Astrolabien. Die für die Bestimmung der Gebetszeit an den größeren Moscheen bestellten Kalkulatoren (Muwaqqit) haben Astrolabien bis ins 20. Jahrhundert benutzt.[88]

Im Zusammenhang mit der konstruktiven Weiterentwicklung des Astrolabs im islamischen Raum ist auf eine Nebenlinie der Entwicklung hinzuweisen, deren Zusammenhang mit den antiken mechanischen Simulationen noch nicht ganz geklärt, deren Bedeutung für die Geschichte der astronomischen Uhren jedoch offensichtlich ist. Um 1000 berichtet der arabische Konstrukteur al-Bîruni von einem auf der Rückseite der Astrolabscheibe anzubringenden Getriebe mit Zahnrädern, das der Darstellung des Sonnen- und des Mondumlaufs sowie der für den islamischen Kalender wichtigen Mondphase dient. Im

Science Museum in London wird ein Astrolab aufbewahrt, das auf der Rückseite einen ähnlichen, etwas einfacheren »Kalender-Computer« (D. J. Price) mit Zahnrädern aufweist und 1221/22 in Isfahan gebaut worden ist.[89] In der Tradition astronomischer Mechanisierungen, die über den Islam in die hellenistische Zeit zurückreicht, ist damit ein weiteres Element der möglichen Vorgeschichte der mechanischen Uhrwerke nachgewiesen.

Nach Westeuropa gelangte die Kenntnis des Astrolabs durch arabische Autoren und durch die während des ganzen Mittelalters zahlreich importierten Instrumente. Die ältesten erhaltenen Exemplare stammen ausnahmslos aus den östlichen islamischen Reichen. Die arabischen Texte sind dagegen durch in Spanien angefertigte Übersetzungen nach Europa gelangt. Das Astrolab wird darin gelegentlich nach seinem griechischen Ursprung »horologium regis Ptolomei« – der griechische Astronom war zu einem ägyptischen König befördert worden – oder nach der islamischen Herkunft der Texte und Instrumente »horologium secundum Alcoran« genannt. In einem Vorwort zu einem lateinischen Astrolabtraktat des späten 10. Jahrhunderts wird die Astrologie verteidigt und ihre Bedeutung für die zeitlich gewissenhafte Durchführung des Gottesdienstes hervorgehoben. Jeder Kleriker solle die Berechnung, Komputation, vergangener und zukünftiger Zeiten, etwa für den Ostertermin, lernen, und der Stundenwächter (»horoscopus«) brauche für kalendarische Berechnungen und für die Bestimmung der Tageszeit Sonnenuhren (»horologia gnomonis«) und astronomische Geräte. Dem Leser wird empfohlen, auch die Bücher des Ptolemaios und die Uhren des Vitruv zu studieren, soweit die Zensur der Heiligen Kirche dies gestatte. Dieses in mehreren Sammlungen älterer Astrolabtraktate, darunter im Ms. Ripoll 225, überlieferte Vorwort, ist m. W. der einzige ausdrückliche Hinweis auf Vitruvs Uhrenbeschreibungen im Sinne von Bauanleitungen im Mittelalter.[90] Woher kennt der christliche Übersetzer diese Texte?

Im Traktat über den Nutzen des Astrolabs aus dem Schülerkreis des Gerbert von Aurillac wird dieses als Instrument der Astronomie, die man auch Zeitmeßkunst (»horologica disciplina«) nennen könne, bezeichnet. Mit seiner Hilfe ließen sich für jede Breite richtige Sonnenuhren konstruieren, die gleichen und ungleichen Stunden (»horae naturales vel artificiales«) ermitteln. Beides sei für den Gottesdienst, für Übungen und für die Beseitigung falscher Uhren (»pseudohorologia«) wichtig.[91] Die erste brauchbare, und für die Verbreitung des Geräts in Europa bedeutsame Konstruktions- und Gebrauchsanleitung lieferte 1045 der Reichenauer Mönch Hermann der Lahme. Neben anderen Anwendungsmöglichkeiten hat er das Astrolab auch für die Konstruktion tragbarer Sonnenuhren (»horologia viatorum«)

vorgeschlagen. Seine Vita rühmt ihn daher als Instrumentenbauer und als Uhrenkonstrukteur.[92]

Die seit dem Ende des 11. Jahrhunderts zu verfolgende Verbreitung von Astrolabtraktaten zeigt die Bedeutung des Astrolabs als wissenschaftlicher und praktischer Innovation innerhalb der Astronomie. Alle Astrolabtraktate enthalten Abschnitte über die Umrechnung gleicher Stunden in ungleiche und umgekehrt. Zum alltäglichen Zeitmesser ist das Astrolab jedoch nicht geworden. Theologen konnten seine Nähe zur Astrologie nicht übersehen, hielten es für Teufelszeug, vielfach aber auch für ein Zeugnis unziemlicher theoretischer Neugierde. In Klöstern wurde es benutzt, rückte aber nie zur Erwähnung in Regeltexten auf. Thomas von Aquin will es in kirchlichem Gebrauch nicht sehen: »Die Kirche strebt keine Einengung durch raffinierte Zeitkontrolle an. Um zu wissen, wann Essenszeit ist, muß man kein Astrolab benutzen.«[93] Da die Benutzung des Astrolabs nur geringe astronomische Kenntnisse verlangte, waren immer mehr Gebildete imstande, Zeitpunkte bzw. Zeitfristen zu bestimmen oder umzurechnen. Eine Miniatur im Psalterium für eine hochgestellte Dame, die später mit der französischen Königin Bianca von Kastilien gleichgesetzt wurde, zeigt um 1220 einen vornehmen Astrolabbenutzer mit einem Sehrohr. Ein Gehilfe assistiert mit einem Werk mit arabischen Schriftzeichen, vermutlich einer Sterntafel, ein anderer schreibt die Ergebnisse in ein lateinisches Buch.[94] Die nicht häufig dokumentierte Verwendung dieses Zeitmeßgeräts blieb auf astronomisch-physikalische Vorgänge (Finsternisse, Erdbeben u. ä.) beschränkt, und auch da darf das Ausmaß und die erreichbare Genauigkeit empirischer Beobachtungen nicht überschätzt werden.[95] Zu diesen seltenen Fällen gehören zwei Berichte des Walcher, Prior des Benediktinerklosters Great Malvern in Worcestershire. Walcher berichtet von der Beobachtung der Mondfinsternis am 30. Oktober 1091 in Italien und bedauert, daß er kein »horologium« zur Feststellung der exakten Zeit zur Verfügung gehabt habe. Im folgenden Jahr bestimmte er in England die Mondfinsternis vom 18. Oktober mit Hilfe eines Astrolabs.[96] Das Astrolab als frühestes analoges Rechengerät der europäischen Wissenschaftsgeschichte und als neuartiger Zeitmesser wird im 13. Jahrhundert vom Quadranten, der die Zeitbestimmung einfacher machte, aber kaum mehr astronomische Kalkulationen ermöglichte,[97] und seit dem 14. Jahrhundert allmählich von der mechanischen Uhr verdrängt.

16. Miniatur in einem Psalterium für eine vornehme Dame (Anf. d. 13. Jh.), Bibliothèque de l'Arsenal, Paris. Ein Astronom mit einem Sehrohr in der Hand peilt mit der Aldihade des Astrolabs einen Stern an. Ein Gehilfe hält ein Buch mit arabischen Zeichen (Sterntafeln?), ein anderer schreibt die Ergebnisse in ein lateinisches Buch.

## Die »Quecksilberuhr« in den *Libros del Saber de Astronomia* (1276)

Die von König Alphons X. dem Weisen von Kastilien und León an seinem Hof in Toledo versammelten arabischen, jüdischen und christlichen Gelehrten, Ärzte, Astronomen und Techniker haben eine Reihe von Arbeiten hervorgebracht, die von großem Einfluß für verschiedene Zweige der europäischen Wissenschaftsgeschichte gewesen sind. Der König hat nicht nur das astronomische Hauptwerk des Ptolemaios, den *Almagest* neu übersetzen lassen, er hat auch durch die Veröffentlichung der sog. *Alphonsinischen Tafeln* das wirkungsgeschichtlich wichtigste astronomische Tabellenwerk des Spätmittelalters veranlaßt.[98] Dabei ist hier von Interesse, daß diese Tafeln durchweg Sexagesimalteilungen benutzen, nach denen Bogengrade, Tage und Stunden jeweils in Minuten, Sekunden und »terciae« geteilt wurden. Wichtigste Teilung sind die »minutae diei«, die nach einer beigefügten Umrechnungstafel je »2 minutae 30 secundae horarum« entsprachen.[99] Eine gleichlange Stunde entsprach also »24 minutae diei«. Trotz der mehrdeutigen Terminologie wird die Kenntnis der Stundenminuten und Stundensekunden in gelehrten Kreisen durch die rasche und weite Verbreitung der Tafeln befördert worden sein.

Die *Libros del Saber de Astronomia* sind eine 1276 von König Alfons in Auftrag gegebene Sammlung von 16 Traktaten zur Astronomie und verwandten Gebieten, die teils aus dem Arabischen übersetzt, teils nach arabischen Vorlagen neu geschrieben worden sind.[100] Ziel war es, die Schätze der islamischen Wissenschaft zugänglich zu machen. Der vierte Teil dieser Sammlung enthält fünf Bücher mit Darstellungen verschiedener astronomischer Geräte und Uhren. Er läßt sich als eine Art Summe islamischer Uhrmacherei verstehen, die als vorbildhaft und überlegen im christlichen Europa bekanntgemacht werden sollte.

Die Sonnen-, Wasser- und Kerzenuhren behandelnden Teile bleiben trotz mancher interessanter Details – darunter der »Palast der Stunden«, eine Sonnenuhr in Gebäudeform – innerhalb der Tradition arabischer Uhrenkonstruktionen. Lediglich bei der Beschreibung einer Quecksilberuhr, »relogio del argent vivo«, findet sich ein bemerkenswerter Versuch, das Problem des gleichmäßigen Antriebs zu lösen. Für den Entwurf dieser Uhr beruft sich der Bearbeiter, der Rabbi Isaak ibn Sid, auf Prinzipien aus einer (verlorenen) Schrift über das Heben schwerer Lasten des Heron von Alexandria (3. Jh. v. Chr.). Ihr Gehwerk besteht aus einer ringförmigen Hohlkammer mit zwölf abgeteilten, aber untereinander durch kleine Öffnungen verbundenen Segmenten. Die Ringkammern sollen zur Hälfte mit Quecksilber gefüllt und das Rad auf eine Welle montiert werden. Das große Rad wird

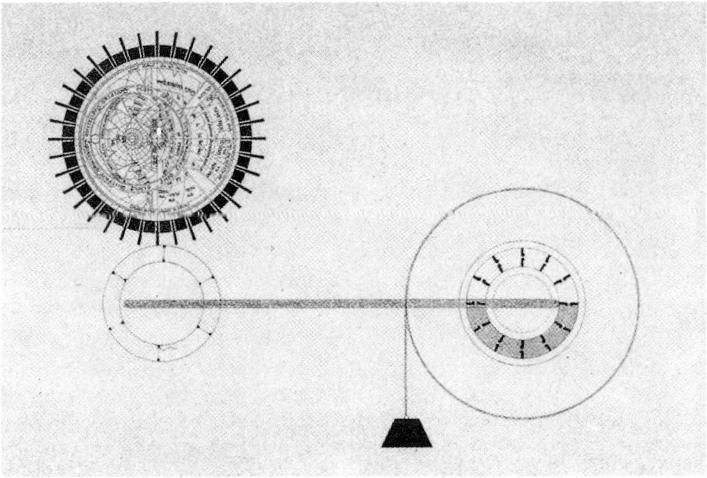

17. Zeichnung der »Quecksilberuhr« in den *Libros del Saber de Astronomia* (1276)

durch ein Gewicht an einer Kette bewegt, wobei der Ablauf durch die Trägheit des schweren, nur langsam zwischen den Kammern fließenden Quecksilbers gehemmt wird. Nach Ansicht des Autors wäre die Aufgabe dann optimal gelöst, wenn sich die Vorrichtung so ausbalancieren ließe, daß sich das große Rad an einem Volltag genau einmal dreht, »so wie der Himmel, nicht mehr, nicht weniger«. Dreht es sich schneller, soll der Ablauf durch einen Laternentrieb entsprechend reduziert werden.

Für die Konstruktion beruft sich der Text auf Erfahrungen mit dem Bau von arabischen Wasser- und Mühlenrädern. Die Verwendung von Quecksilber, dessen Viskosität anders als die des Wassers kaum mit der Umgebungstemperatur schwankt, war von chinesischen, von indischen und islamischen Konstrukteuren erwähnt worden und taucht auch in den mittelalterlichen Projekten für ein Perpetuum mobile auf.[101] Aber trotz der Ähnlichkeit des Kammerrings mit dem zentralen Element der Wasseruhr in der französischen *Bible moralisée* [Abb. 14] ist ganz unwahrscheinlich, daß eine solche Quecksilberuhr jemals gebaut worden ist. Ein moderner Rekonstruktionsversuch hat ergeben, daß auch abgesehen von Material und Korrosionsproblemen ein hinreichend genauer und zuverlässiger Betrieb einer solchen Vorrichtung nicht möglich ist. Es handelt sich also lediglich um einen Vorschlag, wie man sich allmählich der Lösung des Problems kontinuierlicher Antriebe nähern könnte. Er ist offenbar folgenlos geblieben. Der Text ist nur in sehr wenigen Manuskripten überliefert, und nur einmal 1341 in Florenz ins Italienische übersetzt worden.[102] Von der Existenz solcher Vorrichtungen ist im Mittelalter jedoch nichts bekannt. Erst Leonardo erwähnt wieder Quecksilber als fließendes Medium. Das Konzept der »compartemented cylindrical clepsydra« ist dann erst im 16. Jahrhundert wieder aufgegriffen, und bis zum Ende des 18. Jahrhunderts sind Wasseruhren nach diesem Prinzip gebaut worden.[103]

Das Gehwerk der Quecksilberuhr sollte ein »wie von selbst« drehendes Astrolabzifferblatt bewegen, auf dem man den Stand des gestirnten Himmels und die ungleichen Stunden des Tages und der Nacht ablesen konnte. Ein nicht beschriebener Hilfsmechanismus mit 24 Zapfen sollte ein Schlagwerk mit kleinen Glocken auslösen. Es hätte zwangsläufig die gleichlangen Stunden signalisiert, aber eine kontinuierliche Signalfolge war offenbar gar nicht beabsichtigt, denn der Verfasser bemerkt, daß man zu beliebigen Stunden oder zu beliebigen Tagesabschnitten schlagen lassen könne.[104]

Erneut wird ein widersprüchliches Nebeneinander technischer Entwicklungen und technischer Projekte sichtbar.[105] Gleichmäßige Geschwindigkeit des Gehwerks vorausgesetzt, ist die Ablesung der ungleichen Stunden durch entsprechende Gestaltung der Astrolabscheiben oder der Skalen ohne weiteres möglich. Für einen beliebigen Zeitpunkt läßt sich auch ein akustisches Signal auslösen. Die kontinuierliche mechanisch-akustische Indikation der ungleichen Stunden dagegen ist mit den ins Auge gefaßten Gehwerkskonstruktionen kaum möglich.

## Die »Himmlische Waage«

Als die Missionare des Jesuitenordens am Ende des 16. Jahrhunderts mechanische Uhren als Geschenke nach Japan (seit 1551) und China (seit 1584) brachten, wurden die »selbstschlagenden Glocken« dort als überzeugende Beweise für europäische Erfinderkunst und wissenschaftlich-technische Überlegenheit bestaunt. Die Jesuiten haben dies genutzt und in der Folgezeit komplizierte Uhren und ausgebildete Uhrmacher als Mittel der »propagatio fidei per scientias« an asiatischen Höfen eingesetzt.[106]

Das europäische Chinabild, geprägt von Geringschätzung der chinesischen Wissenschaften und der Betrachtung chinesischer Technik als kaum entwicklungsfähig, hat seinen Ursprung in diesen Berichten der Jesuiten; ihre Wirkungen reichen bis in unsere Zeit.[107] Auch von der chinesischen Zeitmeßtechnik, die damals außer angeblich rückständigen Sonnenuhren nur schlecht funktionierende Wasseruhren gekannt haben soll, ist in den Berichten die Rede. Die Jesuiten konnten kaum zu einer anderen Einschätzung gelangen, weil zu dieser Zeit die bedeutende Tradition chinesischer Wasseruhrentechnik praktisch vergessen, d. h. nur in entlegenen Büchern greifbar war.

Joseph Needham hatte 1954 im ersten Band seiner monumentalen Geschichte der chinesischen Wissenschaften die mechanische Uhr noch als die letzte spezifisch europäische Erfindung bezeichnet, die nach China importiert worden ist.[108] Wenige Jahre später hat er diese Einschätzung zurückgezogen, weil die Wiederentdeckung einer ganzen Gruppe von mittelalterlichen Berichten und ihre – zusammen mit Wang Ling und D. J. Price vorgenommene – Auswertung zur völligen Revision der Geschichte der chinesischen Zeitmessung geführt hatte. Seitdem hat die jetzt erkennbare Tradition komplizierter Wasseruhren in China zur erneuten intensiven Durchsicht der islamischen und der europäischen Quellen und nicht weniger intensiven Diskussionen geführt.[109]

Needham und Price glaubten, das fehlende Glied in der Kette einer evolutionären technischen Entwicklung gefunden zu haben, die von den antiken Wasseruhren zu den mechanischen Uhren des europäischen Mittelalters reicht. Für sie ergab sich die Folgerung, daß die mechanische Uhr als Zeitmesser ein teilweise zweckentfremdeter primitiver Abkömmling der Antriebe der großen astronomischen Uhren des mittelalterlichen China, ein »aus dem Himmel der Astronomie gefallener Engel« gewesen sei.[110] Hauptquelle dieser Thesen ist die Beschreibung einer großen astronomischen Uhr, die im Jahre 1092 n. Chr. für den chinesischen Hof fertiggestellt worden war. In einem über 10 m hohen hölzernen Turm war ein ganzes Ensemble von Automaten untergebracht. Bewegt wurden u. a. eine Armillarsphäre, ein Instrument zur Darstellung bestimmter Planetenläufe an einer Kugel aus ringförmigen Bändern, ein Himmelsglobus, eine Trommel mit Figurenprozessionen und Automaten zur optischen und akustischen Indikation von Kalenderdaten und Tageszeiten nach Stunden und Viertelstunden.

Der Antrieb dieser schweren Maschinerie erfolgte über ein ca. 3 m hohes Wasserrad mit 36 Schöpfgefäßen. Die Gefäße waren mit einem kurzen als Gegengewicht dienenden Balken beweglich an den Radspeichen befestigt. Aus einem Tank mit gleichmäßigem Wasserauslauf wurde jeweils ein Gefäß gefüllt, bis es durch sein Gewicht kippte und dabei einen waagartigen Sperrmechanismus löste, der jeweils eine Speiche während eines Füllvorgangs sperrte und den Rückschlag des Rades verhinderte. Das Rad drehte sich dann ein Stück im »Uhrzeigersinn« und wurde wieder arretiert. Das Funktionsprinzip dieser Hemmung, die »Himmlische Waage« genannt wurde, veranschaulicht eine Skizze von D. Penney.[111] Weitere Regulierungsvorrichtungen, etwa am Wasserauslauf, waren nicht nötig.

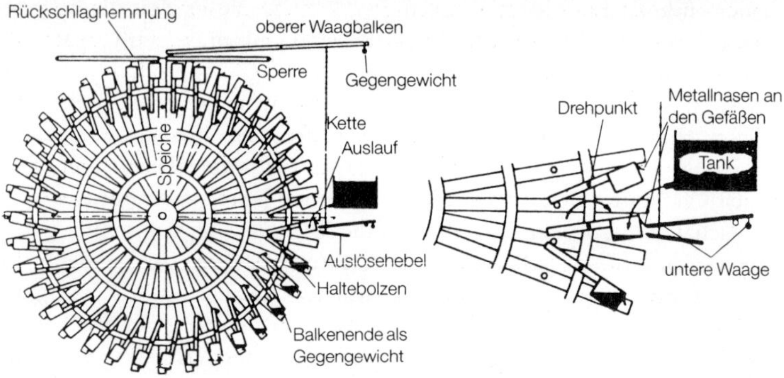


18. Rekonstruktion des Hemmungsmechanismus der »Himmlischen Waage«

In China war schon seit dem 2. Jahrhundert v. Chr. ein doppeltes System gleichlanger »Stunden« in Gebrauch, dessen einziger Nachteil die Unmöglichkeit der gegenseitigen »Verrechnung« war. Der Volltag wurde entweder in hundert »Viertel« (zu je 14 Minuten 24 Sekunden) oder in zwölf gleichlange (Doppel-) Stunden, denen wie beim Zodiakkreis die zwölf Sternzeichen zugeordnet waren, geteilt. Bei Bedarf wurden die Doppelstunden in eine erste und eine zweite Hälfte geteilt. Diese zweite Form könnte von den Babyloniern übernommen worden sein, während man die erste für eine genuin chinesische Form hält. Zusätzlich wurden die Nächte für die Wachen in fünf Abschnitte wechselnder Dauer geteilt.[112] In Japan hat man dagegen die ungleichen Stunden beibehalten. Sie sind erst zum 1. Januar 1873 zusammen mit der Einführung des europäischen Kalenders abgeschafft worden.[113] Die Dauer eines Füll- und Lösevorgangs der großen astronomischen Uhr wird etwa der Dauer eines chinesischen Tagviertels entsprochen haben, so daß sich das Uhrwerk während eines Volltages einhundertmal geräuschvoll in Bewegung setzte.[114]

Diese astronomische Uhr war der Höhepunkt und vermutlich auch der Abschluß einer Jahrhunderte währenden »kollektiven Entwicklungsarbeit« an wasseruhrgetriebenen »Himmelsmaschinen« im chinesischen Kaiserreich bis in die Zeit der Song-Dynastie, deren Herrschaft man mit der europäischen Renaissance verglichen hat. Zu dieser Entwicklung einige Stichworte: Einfache Wasseruhren waren in China wie in Ägypten schon in archaischer Zeit bekannt. Vielleicht sind sie aus dem Zweistromland eingeführt worden. Seit dem 2. Jahrhundert v. Chr. sind Einlaufuhren mit Schwimmern und Skalen in Gebrauch, und seit dem 7. Jahrhundert n. Chr. wird von Ausführungen mit Waagbalken und Gewichten berichtet. Bei kleinen Exemplaren für kurze Fristen wurde auch mit Quecksilber experimentiert. Spätestens seit dieser Zeit wurden öffentliche Zeitsignalvorrichtungen unterhalten.[115] Ein arabischer Reisender berichtet im 9. Jahrhundert von Wasseruhren mit Waagen in städtischen Glockentürmen.[116] Auch in Japan gab es nach chinesischem Vorbild Glockentürme mit Wasseruhren in den großen Städten. In Korea sind im 15. Jahrhundert aufwendige Wasseruhren für astronomisch-kalendarische Beobachtungen gebaut worden.[117]

Die Tradition wasseruhrgetriebener astronomischer Modelle reicht in China bis in die Zeit um Christi Geburt zurück. Needham hält griechische und byzantinische Einflüsse für möglich, nachweisen lassen sie sich jedoch nicht. Der geschilderte Hemmungstyp der »Himmlischen Waage« ist, wie Needham und seine Mitarbeiter plausibel machen können, im 8. Jahrhundert entwickelt worden, und seitdem sind in China eine ganze Reihe großer automatischer Globen und Armillarsphären gebaut worden. Das Wort »Entwicklung« erscheint hier deshalb angebracht, weil sich die beschreibenden Texte aufeinander beziehen, bekannte Konstruktionsmängel erörtert und bei neuen Versuchen verbessert werden etc. Die 1092 fertiggestellte Uhr soll einige Jahrzehnte in Betrieb gewesen sein. In der Folgezeit sind ähnliche, aber zunehmend einfachere Automatenwerke ohne schwierige astronomische Simulationen gebaut worden. Needham und Price interpretieren dies als einen Prozeß des Niedergangs, in dem Wasseruhrwerke immer seltener astronomische Automaten antreiben, in dem Tageszeitmessung und Tageszeitindikation als Schwundstufen einer bedeutenden technischen Tradition übrigbleiben. Das Bild vom »gefallenen Engel« überträgt dieses Niedergangsmodell auf die europäische Geschichte. Needham et al. betonen zwar die politisch-soziale Bedeutung von Astronomie und Kalenderwissenschaft für die chinesischen Kaiserhäuser. Der sozialen Funktion alltäglicher Zeitmesser gehen sie jedoch nicht nach. In dieser Hinsicht bleibt ihre These von der Zeitmessung als abgeleiteter Schwundstufe raffinierter Technologie ungeprüft.

Das große Wasserrad in Verbindung mit der »Himmlischen Waage« war sicher eine zweckentsprechende Vorrichtung, deren Hauptvorteil darin bestand, ein tonnenschweres Gesamtensemble anzutreiben und zu regulieren. Als Resultat einer langen Reihe von Vorversuchen dürfte sie auch zuverlässig gearbeitet haben, solange die nicht selbstverständliche Vorbedingung dauernder und sorgfältiger Wartung erfüllt war. In den Details kann man die Lösung als einen eigenständigen Beitrag zum Hemmungsproblem betrachten, die Hemmung auch als »mechanisch« und die Uhr als »escapement clock« bezeichnen. Allerdings leuchtet nicht ein, warum hier das »missing link« der europäischen Uhrengeschichte gefunden worden sein soll. Das Prinzip der chinesischen Hemmung sind kippende Waagbalken, die eine stop-and-go-Bewegung verstetigen. Das Prinzip der europäischen Hemmung, das die Fliehkraft einer oszillierenden trägen Masse nutzt, hat damit nicht die geringste Ähnlichkeit. Deshalb hat D. Landes die chinesische Entwicklung als »glanzvolle Sackgasse« bezeichnet.[118]

Von der chinesischen Hemmung war in Europa offenbar nichts bekannt. Die schwache äußerliche Ähnlichkeit des Speichenrades mit dem zentralen radförmigen Gebilde in der französischen Miniatur bleibt der einzige schwache Einwand. Die offenkundigen Unvergleichbarkeiten haben J. Needham und D. J. Price zu einer Art Ersatzhypothese geführt. Aufgrund vielleicht über den islamischen Bereich vermittelter Berichte von in China gebauten astronomischen Uhren mit brauchbaren Hemmungen seien europäische Uhrenbauer aus Nachahmungstrieb bei unzureichender technischer Information veranlaßt worden (»stimulus diffusion«), am Hemmungsproblem zu arbeiten, und schließlich zu einer eigenen Lösung gekommen. Diese reizvolle These hat zwei Nachteile: Sie verschiebt die Beweislast in den diffusen und nie ganz aufzuklärenden Bereich interkultureller Austauschprozesse in der Alten Welt. Sie läßt sich nicht beweisen, aber auch nicht widerlegen. J. Needham offeriert ersatzweise farbige, aber nicht hilfreiche Spekulationen. Eine Karawane könnte Berichte mit sich geführt haben, wobei die Nachrichtenqualität natürlich hätte leiden müssen – oder kontrafaktisch: Eine chinesische wissenschaftliche Gesandtschaft hätte den Konstrukteuren in Europa um 1250 »eine Menge Ärger« erspart usw.[119] Darüber hinaus hat Donald Hill sicher recht, daß die Richtungen und die Chronologie möglicher »stimulus diffusions« zwischen dem islamischen, dem indischen und dem chinesischen Bereich auch noch nicht näherungsweise bekannt seien.[120] Der zweite Einwand ist, daß diese These genau das nicht leistet, was sie für den »wissenschaftlichen Universalismus« leisten soll. Sie bindet das scheinbar plötzliche und überraschende Auftauchen einer überlegenen technischen Variante – im übertragenen Sinn: die Erfindung – nicht in das Konzept eines evolutiven Prozesses ein, in dem der wissenschaftlich-technische Fortschritt als Produkt gemeinsamer, vielleicht zeitversetzter, aber doch gleichgerichteter Bemühungen in unterschiedlichen Kulturen erscheint. Unabhängig vom Problem der »stimulus diffusion« gibt es jedoch aussagekräftige Hinweise darauf, daß in Europa am Ende des 13. Jahrhunderts am Problem geeigneter Antriebe und Regulierungen für astronomische Simulationen oder Uhren gearbeitet wurde. Europäische Wasseruhren taugten dafür offenbar nicht. Die Frage ist dann nur, ob die Entwicklung der mechanischen Hemmung wirklich im Bereich der astronomischen Mechanisierungen zu suchen ist.

Die Ära der Wasseruhr geht in Mitteleuropa in der zweiten Hälfte des 13. Jahrhunderts zu Ende. Während im islamischen Raum bis nach Spanien und in China noch während des 14. Jahrhunderts komplizierte Wasseruhren gebaut wurden, sind die Schiefertafeln aus Villers-la-Ville (1266/67) das letzte Zeugnis für eine europäische Klosteruhr, die ganz sicher eine Wasseruhr war. Gelehrte und Ingenieure haben sich allerdings auch weiterhin mit den alten Wasseruhrtexten beschäftigt, von praktischen Ergebnissen ist jedoch nichts bekannt.[121] Die Ersetzung hydraulischer durch mechanische Uhrwerkantriebe, das heißt die durch die mechanische Hemmung bewirkte technische Innovation während dieser Jahrzehnte, hat keine Spuren hinterlassen und läßt sich daher nur ganz ungefähr datieren.

Um 1240 vergleicht der Pariser Bischof Wilhelm von Auvergne natürliche und künstliche Körper hinsichtlich der Selbständigkeit der Teile und ihrer Bewegungen. Als Beispiel für die »arteficia« dienen ihm dabei Wasseruhren mit Gewichten, die von den Astrologen benutzt würden.[122] Auch wenn Astrologie und Astronomie in dieser Zeit noch schwer trennbare Begriffe waren, klösterlicher Uhrengebrauch ist hier sicher nicht gemeint. Der Bischof vergleicht zwar nur in didaktischer Absicht, aber er hält nicht viel von diesen Uhren. Sie liefen nur kurze Zeit und bedürften häufig regulierender und reparierender Eingriffe. Vergleichbare Äußerungen finden sich in geringem zeitlichen Abstand. In einem Brief über den Magneten berichtet der Militäringenieur Peter de Maricourt (Petrus Peregrinus) 1269, daß an vielen Stellen an dem Problem des Perpetuum mobile, einer aus Indien stammenden, im 13. Jahrhundert viel erörterten technischen Vision, gearbeitet würde.[123] Er schlägt als Lösung für dieses Problem vor, einen magnetischen Globus nach Art der Armillarsphären parallel zur Himmelsachse zu montieren. Gelänge es, diesen Globus reibungsfrei zu lagern, würde er sich genau entsprechend der Himmelsdrehung bewegen. Man bräuchte dann keine Uhr mehr, weil man die astronomischen Daten zu jeder beliebigen Stunde ablesen könnte, wie es die Astronomen / Astrologen wünschten.[124]

Lynn Thorndike hat 1941 einen kleinen, für die Geschichte der mechanischen Uhren jedoch höchst bemerkenswerten Text veröffentlicht.[125] Es handelt sich um einen kommentierenden Einschub des Robertus Anglicus in ein Standardlehrbuch für die Astronomievorlesungen an Universitäten, Johannes de Sacroboscos *De Sphera*. Bei der Erörterung der Umständlichkeit der Rechnung mit gleichen und ungleichen Stunden bemerkt Robertus, daß es bisher (1271) keine den Erfordernissen der Astronomie entsprechende Uhr gäbe. Die Uhrmacher versuchten bisher vergeblich ein Rad herzustellen, das sich genau entsprechend dem Äquinoktienzirkel (d. h. der Bewegung des Frühjahrspunktes um die Erde während eines Volltages) drehe. Würden diese Versuche gelingen, hätte man eine richtige und gute Uhr, die für die Bestimmung der gleichlangen Stunden besser geeignet sei als das Astrolab oder andere astronomische Instrumente.

Robertus steuert dann einen eigenen Konstruktionsvorschlag bei: Ein Rad mit möglichst vollkommen gleicher Gewichtsverteilung soll durch ein angehängtes Bleigewicht so gedreht werden, daß es von einem Sonnenaufgang zum anderen genau eine Umdrehung macht. Die Verschiebung dieses Zeitpunkts um täglich ein Grad (d. h. die Differenz der Sternzeit gegenüber der mittleren Sonnenzeit[126]) soll mittels eines Astrolabs reguliert werden. Ausdrücklich wird gesagt, daß es bei den hier zum erstenmal als Gruppe genannten Uhrmachern bzw. Instrumentenkonstrukteuren Versuche gäbe, astronomische Lehr- oder Beobachtungsgeräte mit einem gleichmäßigen Antrieb zu versehen, den Wasseruhren offenbar nicht bieten konnten. Robertus Anglicus steuert wie vorher Petrus de Maricourt einen theoretisch interessanten, aber praktisch unbrauchbaren Vorschlag bei.

Thorndike zufolge ist diese Notiz ein Terminus ante quem non für die Erfindung der mechanischen Uhr. Wäre eine geeignete Reguliervorrichtung bekannt gewesen, hätte Robertus diesen Vorschlag nicht gemacht; die Autoren der *Libros del Saber* hätten sie zweifellos erwähnt. Die Erfindung der mechanischen Uhr stand nach diesen Zeugnissen scheinbar unmittelbar bevor, und Thorndike spricht von der »impending invention«. Es ist jedoch nicht zu übersehen, daß die Advokaten der Astronomen nicht im entferntesten an eine mechanische Hemmung dachten. Sie »träumen« in eine ganz andere Richtung, wenn sie die Möglichkeiten der technischen Realisierung einer perfekten, die Bewegungen des Sternenhimmels simulierenden Drehung erwägen. Peter de Maricourt will die Erdbewegung, den für Europa relativ neuen Magnetstein und eine reibungslose Lagerung nutzen. Dieser an der Idee einer schwimmenden Kompaßnadel orientierte Vorschlag ist nachvollziehbar, eignet sich aber nicht als Antrieb. Robertus Anglicus will einen Gewichtsantrieb vollkommen ausbalancieren; er hätte aber auch ohne Kenntnis der Fall- und Trägheitsgesetze leicht feststellen können, daß sich der Ablauf seiner Rolle zwangsläufig beschleunigen würde. Diese Entwürfe waren utopische Schreibtischtechnik – von den Möglichkeiten und Erfahrungen der europäischen Wasseruhrentechnik genauso weit entfernt wie von den zwei Jahrhunderte zuvor in China praktizierten Lösungen für eine Hemmung. Dennoch könnte Robertus Anglicus mit seiner Äußerung über die vergeblichen Versuche der Uhrmacher bzw. Konstrukteure recht gehabt haben. Sie könnten am Problem der Antriebe für astronomische Simulationen um 1270 experimentiert haben. Solche Simulationen hat es gegeben, auch wenn man wenig darüber weiß. Erinnert sei an das aufwendige Geschenk an Friedrich II. (1236), an die Astrolabien mit Zahnradgetrieben, an die bei Petrus von Maricourt erwähnten Armillarsphären und schließlich an ein aufwendiges planetarisches Getriebe, das, obwohl man nichts über den Antrieb weiß, die gleichlangen Stunden zeigte: Das *Opus quorumdam rotarum mirabilium quibus sciuntur vera loca omnium planetarum et etiam hore dierum ac noctium* ist um 1300 beschrieben worden.[127]

Obwohl der Einfluß der islamischen Wissenschaft auf die europäische Astronomie im 13. Jahrhundert seinen Höhepunkt erreichte, hatte man in Europa bei der Anwendung oder der Übernahme hydraulischer Antriebe für solche Instrumente gezögert oder mit Schwierigkeiten zu kämpfen. Vielleicht waren sie bei veränderten Ansprüchen unzuverlässig. Vielleicht waren die anzutreibenden europäischen Geräte zu kompliziert und zu schwer. Das in diesem Zusammenhang häufiger genannte, allerdings nicht zeitgenössische Argument, hydraulische Antriebe seien wegen der Fröste in den nördlichen Breiten ungeeignet gewesen, besticht durch seine Einfachheit, überzeugt aber nicht. Ist eine etwa dreihundertjährige Wasseruhrentradition in den Klöstern, die diese Uhren gerade in den Winternächten benutzten, mit unbrauchbaren Geräten vorstellbar? Der Grund für das Erlöschen der Tradition hydraulischer Antriebe kann nur in gesteigerten Anforderungen an die Zuverlässigkeit – das wäre die Forderung der Astronomen – oder an die mechanische Leistungsfähigkeit zu suchen sein.

Versucht man den oben genannten Terminus ante quem (ca. 1330) für das Auftauchen der mechanischen Hemmung chronologisch zurückzuschieben, werden die Quellen hinsichtlich technischer Fragen etwas deutlicher, wenn auch nicht deutlich genug für eine datierte Entwicklungsgeschichte der Hemmung.

In einem 1380 angefertigten Inventar Karls V. von Frankreich wird eine Uhr genannt, die Philipp IV. dem Schönen (gest. 1314) gehört haben soll. Ganz aus Silber ohne Eisen gefertigt, habe sie zwei silberne mit Blei gefüllte Gewichte gehabt. Wir glauben eine mechanische Uhr zu erkennen und lernen, daß diese normalerweise aus Eisen gefertigt wurden. Auch die Chronik des Dominikanerklosters S. Eustorgio in Mailand hebt für das Jahr 1306 die Beschaffung einer eisernen Uhr hervor.[128] Größere Mengen Eisen, Metall und Holzkohle erhält auch der Waffenschmied Gilebert de Louvre – er wohnte neben dem Schloß – im Sommer des Jahres 1301 auf Kosten der königlichen Kasse. Damit sollte er eine Uhr (»opus quorundam horologiorum«) bauen, die der König der neuen Abtei in Poissy stiften wollte.[129] Schmiedearbeit (»un pieche de fer as orloges«) wird 1300 auch im Schloßpark von Hesdin bezahlt, wo die Herzöge von Artois eine Art mittelalterlichen Vergnügungspark mit zahlreichen Musikautomaten, regnenden Bäumen und anderen Dingen (»engins d'esbattement«) errichteten, wie man sie bisher nur aus orientalischen Berichten kannte.[130]

Hinweise auf neue technische Entwicklungen finden sich auch in literarischen Quellen. An einer bekannten Stelle des zwischen 1275 und 1280 von Jean de Meung verfaßten Teils des *Roman de la Rose* versucht der Held durch verschiedene Musikinstrumente eine Statue zum Leben zu erwecken; eines davon wird als »orloges« bezeichnet.[131] Der Hinweis auf raffiniert angeordnete Räder dürfte sich auf ein Glockenspiel beziehen; ihre dauerhafte Bewegung läßt sich als Hinweis auf einen mechanischen Antrieb verstehen, allerdings ohne daß dies zwingend aus dem Text hervorginge. Ein im 15. Jahrhundert entstandenes Manuskript des Romans reiht eine der noch ziemlich neuartigen Zimmeruhren in eine Sammlung von Musikinstrumenten ein.

Klassische Belege für das Auftauchen der mechanischen Uhren sind zwei ausgedehnte Metaphern in Dantes *Göttlicher Komödie*, die zwischen 1315 und 1321 abgeschlossen worden ist. Sie gelten in der Uhrenliteratur vielfach als die ersten Beschreibungen mechanischer Uhrwerke.[132] Zunächst eine typische klösterliche Wecksituation, überhöht durch das Motiv der himmlischen Hochzeit. Der große, 1380 vollendete Dante-Kommentar des Benvenuto da Imola gibt der Szene eine weltliche Nuance, indem er sie auch auf das vormorgendliche Studium der Gelehrten bezieht. Dante beschreibt ein Weckwerk, in dem gegenläufige Bewegungen (»tira e urge«) zu erkennen sind. Das Wecksignal (»tin tin«) ist ein onomatopoetisch umschriebener Repetierschlag auf eine kleine Glocke.[133] In der zweiten Stelle wird das Räderwerk (»cerchi«) einer kleinen Uhr (»oriuolo«) beschrieben, wobei es Dante auf die ganz unterschiedlichen Drehgeschwindigkeiten (»il primo... quieto pare, e l'ultimo che voli«) ankommt. Die Verse beschreiben zwar auch ein Uhrwerk, lassen sich jedoch viel besser auf den Ablauf des mit dem Uhrwerk verbundenen mechanischen Schlagwerks beziehen. Unsinnig ist die in modernen Dantekommentaren verbreitete Erklärung, daß das Uhrwerk durch eine Sequenz ineinandergreifender Räder, deren schnellstes durch ein Windflügelrad reguliert wurde, gesteuert worden sei.[134] Dergleichen fand sich in Uhrwerken nie, in Schlagwerken dagegen immer. Szene und Wortwahl machen auch Landes' Interpretation unmöglich, nach der Dante hier erregt und stolz von einer technologischen Sensation berichtet. Andererseits besteht auch kein Grund, Lynn Whites jr. Skepsis zu teilen, und nur, weil zwar von einem Räderwerk, nicht aber von einer Hemmung die Rede ist, anzuzweifeln, daß Dante schon eine mechanische Uhr vor

19. *Roman de la Rose*, Miniatur in einer um 1420 entstandenen Handschrift, Biblioteca de la Universidad, Valencia

Augen hatte.[135] Dante spricht in einer konventionellen Szene von dem zu seiner Zeit sicher schon geläufigen mechanischen Klosterwecker. Daß dieser sich von seinen mittelalterlichen Vorläufern durch ein wichtiges technisches Detail unterschied, ist Dante offensichtlich nicht aufgefallen.

Die ersten Anzeichen für Übernahme der gleichlangen Stunden außerhalb der Astronomie, bzw. für die nachlassende Verbindlichkeit der Horen auch im kirchlichen Bereich fallen ebenfalls in die Anfänge des 14. Jahrhunderts. Dante behandelt die gleichlangen Stunden im *Convivio* kurz, bezeichnet sie aber noch als bei den »astrologi« üblich (III, 6, und IV, 23); auch in einen Zusammenhang mit Uhren bringt er sie noch nicht. Titel und Form des bekanntesten Stundenbuchs des 14. Jahrhunderts zeigen dagegen das allmähliche Einsickern der durch die neue Technik ermöglichten neuen Stundenrechnung. Das *Horologium Sapientiae* des Konstanzer Dominikaners Heinrich Seuse (um 1334) teilt den erbaulichen Stoff in 24 »materiae« und geht im Prolog kurz auf sein Titelwort ein.

Praesens opusculum in visione quadam sub cuiusdam horologii pulcherrimi rosis speciosissimis decorati et cymbalorum bene sonantium et suavem ac caelestem cunctorumque corda sursum moventium varietate perornati figura dignata est ostendere clementia salvatoris.[136]

Der Text ist als Dialog der Sapientia, der göttlichen Weisheit, oder der Temperantia, der Tugend der Mäßigung, mit ihrem Diener, dem Autor, gestaltet. Er hat im 15. Jahrhundert Anlaß zu den bedeutendsten Uhrendarstellungen der mittelalterlichen Miniaturenmalerei gegeben [Abb. 24 und 31]. Auch wenn sich in Seuses Prolog die Lesart »rosis speciosissimis« nicht durch die naheliegende Variante »rotis speciossisimis« ersetzen läßt,[137] stellt sich die Frage, welche Uhren Seuse vor Augen gehabt hat. Mit den von den Astronomen am Ende des 13. Jahrhunderts geforderten haben sie offenkundig nichts gemein.

Seit dem Ende des 13. Jahrhunderts nimmt die Zahl der Quellen zu Uhren und Uhrengebrauch merklich zu, und dies auch dann, wenn man die Ausbreitung der schriftlichen Rechnungslegung berücksichtigt. Überall in Europa werden neue Uhren gebaut oder gekauft. Während dieser Übergangszeit, d.h. der Zeit zwischen den vermuteten Termini post und ante quos mit den Eckdaten ca. 1270 – ca. 1330, läßt sich im Einzelfall kaum sagen, ob es sich noch um eine hydraulische, schon um eine mechanische Uhr oder um die zu einer Uhr gehörige Glocke gehandelt hat.

Vorstellbar wäre ein Aufschwung des Wasseruhrenbaus, in dessen Verlauf die neue Hemmung gefunden und an einigen Stellen substituiert worden ist. Dies ist bisher vielfach mit der Existenz einer Uhrmacherstraße in Köln plausibel gemacht worden. Vorstellbar wäre auch, daß die Entwicklung mechanischer Uhren diesen Aufschwung ermöglicht hat. Daher wurden und werden verschiedene Uhren der Übergangszeit nachträglich zu mechanischen Uhren erklärt. Aber außer den behandelten Hinweisen auf die Verwendung von Eisen und Gewichten und den indirekten metaphorischen Zeugnissen in der Belletristik läßt die große Zahl der übrigen Quellen kein technisch begründetes Pro oder Contra zu, ihr Gebrauchszusammenhang keine Veränderung der Zeitmeßgewohnheiten erkennen.

Anders als im Hochmittelalter, aber genauso wie bei den Kommunen im späteren 14. Jahrhundert wird die Anschaffung einer Uhr in Klosterchroniken verewigt. Ein Beispiel findet sich in den Annalen der Dunstable Priory s.a. 1283: »wir haben eine Uhr gebaut, die auf dem Lettner steht«, ein späteres in der Chronik des Dominikanergründerhauses in Orvieto (1305).[138] Die schiere Größe der Uhr und deren Kosten werden zum Thema. Die Dominikanerinnen des Johannisklosters in Kolmar, deren Priorin Adelheid von Rheinfelden vor dem Schall der Uhr nächtliche Visionen hatte, verzeichnen 1278 den Erwerb einer Uhr, die kaum ihre erste gewesen sein dürfte, »für sechs

Mark«. Sturm und Feuer hatten die Kirche der Augustiner in Barnwell im Jahre 1287 verwüstet, und unter den Schäden, die »nur Gott der Allmächtige ermessen könne«, zählen sie in einem Erinnerungsbuch Bilder, Blei (für die Dächer), die Uhr, Glasfenster und Glocken auf. Im Verzeichnis der Leistungen eines verdienten Priors des Kapitels der Kathedrale in Canterbury wird eine »neue große Uhr in der Kirche« für den beachtlichen Preis von 30 Pfund notiert (1292). Auch die Erinnerung an Stifter oder die Verwendung von Stiftungsmitteln und Legaten für eine Uhr zeigen, daß es sich um teure Anschaffungen handelte. Im Obituar (Totengedenkbuch) von St. Vincent in Mâcon in Burgund (13. Jh.) wird ein Diakon verewigt, weil er seiner Kirche ein »arrologium« geschenkt hatte. Im Augsburger Dom wird 1305 aus Stiftungsmitteln ein gut funktionierendes Uhrwerk (»orologium bonum et bene instructum«) gekauft. Nicht nur der französische König beschenkte die von ihm gegründete Abtei in Poissy. Auch der Papst in Avignon ließ auf seine Kosten für die Kartäuser in Chorges (Provence) eine Uhr bauen (1329).[139] Die Stiftungsurkunde für eine neue Uhr in der Kathedrale von Lincoln (1324) macht deutlich, daß Kirchen und Klöster beim Aufwand für die Uhren wetteiferten. Es wird schlicht darauf verwiesen, daß eine gutgehende Uhr – die Uhr aus dem 13. Jahrhundert war altersschwach geworden – nicht nur nötig sei, sondern daß man gegenüber den meisten anderen Kirchen und Klöstern auch in einen Beschaffungsrückstand geraten sei.[140] Schließlich machen auch die Kosten für die Wartung und Reparatur dieser Uhren den steigenden Aufwand deutlich. Der neue Beruf des Uhrmachers oder Uhrwärters (»orologiarius«) wird seit ca. 1270 faßbar.[141] Der Aufschwung des Uhrenbaus am Ende des 13. Jahrhunderts bleibt auch dann gut erkennbar, wenn man den in der neueren Literatur dafür am häufigsten angeführten Beweis, die Kölner Uhrmacherzunft bzw. Uhrmacherstraße, fallen läßt.

## Eine Kölner Uhrmacherzunft im Jahre 1183?<br>Eine Uhrmacherstraße in Köln im 13. Jahrhundert?

Gewichtige Arbeiten der modernen technik- und uhrengeschichtlichen Literatur berichten von der seit 1183 nachweisbaren Kölner Uhrmacherzunft und / oder von der im 13. Jahrhundert vorhandenen Uhrmachergasse so, als gehörten diese – für die europäische Gewerbegeschichte in mancher Hinsicht sensationellen – Mitteilungen zum gesicherten historischen Wissen.[142] Zinner und White berufen sich auf zwei kleine Schriften von E. Volckmann über Köln als ältesten Sitz der deutschen Uhrmacherei (1918) und über alte deutsche Gewerbegassen

(1921).[143] Von einer Uhrmacherzunft ist bei Volckmann noch nicht die Rede, sondern von Gewerbe, Industrie oder Kunst. Das Mißverständnis entsteht durch die Übersetzung von Gewerbe durch das einen organisierten Verband bezeichnende englische Wort »guild«. Das Mißverständnis ist verblüffend, weil die Zunftgeschichtsschreibung auf den Kopf gestellt würde. Nirgends sind im 13. Jahrhundert in Europa derartig hochspezialisierte Berufe in Zünften organisiert worden. Nirgends sind vor dem 16. Jahrhundert Uhrmacherzünfte bekannt. Vielleicht hat es in Köln Uhrmacher außerhalb von Klöstern gegeben – wir kennen keinen davon. Daß sie zahlreich genug gewesen sind, um sich zu organisieren, ist ganz und gar unwahrscheinlich.

Schwieriger ist die Deutung des Straßennamens. Volckmanns Quelle ist die große Arbeit über die Kölner Topographie von H. Keussen, der einen Bewohner »Urloug« als namengebend vermutet.[144] Eine chronologische Reihung der von Keussen gesammelten alten Namensformen zeigt, daß ein Zusammenhang mit Uhren nur einmal und da vielleicht zufällig bestanden hat: 1170/83 »Urluge« als Besitzername; »platea urlugen« 1230/32; »Urlogesgassen« 1251; (zw. 1297 u. ca. 1450 auch »Urlus-«, »Urloch-«, »Urloigis-«, »Urlis-« u. ä.); »Horlogesgazen« 1266/71; »Ourliges-« 1264; »Orloges-«, »Orliges-« u. ä. 1271–1336; »Oyrle-« 1385, »Oirloich-«, »Ortloess-«, »Ortlich-«, »Ortlinx-«, »Orlieff-« u. ä. 15. Jahrhundert.

Sind Uhren oder Uhrmacher gemeint? Dagegen spricht der Kölner Sprachgebrauch der späteren Zeit, in der es ganz sicher Uhren und Uhrmacher gegeben hat. 1374 wird eine Sonnenuhr oder ein Zifferblatt als »uurtafel« bezeichnet, Uhren hießen »ure« oder »uyre«, Uhrmacher wurden als »u(y)rcklockenmecher« bezeichnet (1395–1418).[145] Dagegen spricht auch, daß der Straßenname im 15. Jahrhundert zunehmend weniger an alte Bezeichnungen für Uhren erinnert. Schließlich ist gegen Volkmann und Zinner zu erinnern, daß nach Keussens Aufzeichnungen diese Straße keinerlei Merkmale typischer Schmiedegassen aufwies. In der Gegend wohnten kaum, in der Straße überhaupt keine Metallhandwerker.[146] K. Maurice hat zu bedenken gegeben, daß die Straße nach einem Haus benannt sein könnte, dessen Kennzeichen eine (Sonnen-?)Uhr war.[147] Dagegen spricht einerseits wiederum der Kölner Sprachgebrauch und andererseits, daß auch dies ein für das mittelalterliche Europa sonst nicht zu belegender Fall wäre. J. Leclerq hat eine nur auf den ersten Blick plausible alternative Erklärung vorgeschlagen.[148] Im Mittelhochdeutschen heißt Uhr »urlei«, »or(o)lei«, »urleige«, »urlei« und »or«. Aber es gibt ein Wort für Krieg, Kampf und alles, was damit zu tun hat: »urliuge«, »urlei«, »orleige«, »urloge«, »orloge«[149], ebenso im Mittelniederländischen »(o)orloge«, »oirloge«, »orlage« und »orlouge«.[150] Könnte es nicht sein, daß in der Kölner Straße Waffen oder Harnische hergestellt worden sind? Gewerbegeschichtlich mag diese Erklärung einleuchten. Köln war ein bedeutendes Zentrum des Metallhandwerks. Sie widerspricht aber ganz eindeutig Keussens Untersuchungen, nach denen die Spinnmühlengasse keine Straße derartiger Gewerbe war.

Von einer Uhrmacherzunft ist im Mittelalter nicht die Rede. Gegen die Straßenbezeichnung spricht der Sprachgebrauch und der gesamteuropäische historische Kontext. Bis eine bessere Erklärung auftaucht, sollte man also die Kölner »Horlogesgazen« (1266/71) für einen Schreib- oder Hörfehler halten und weder die Uhrmacherzunft noch die Uhrmacherstraße weiter anführen. David Landes, der sich mit diesem Problem gar nicht befaßt hat, hat instinktiv eine passende Formulierung gefunden: »after all, why Cologne?«[151]

Deutlich steigender Aufwand bei den Uhren ist nun nicht mehr nur – und das ist in Mitteleuropa neu – in den Kirchen und Klöstern, sondern auch an großen Höfen zu beobachten. Die Grafen von Artois hatten eine Uhr in ihrem Vergnügungspark in Hesdin errichten lassen. Philipp der Schöne, König von Frankreich läßt außer an der Uhr für das Kloster Poissy auch an einer aufwendigen Konstruktion für den eigenen Hof arbeiten.[152] Bei den Uhren dieser Übergangszeit ist der steigende Aufwand durch kostbarere Materialien und aufwendigere Zusatzeinrichtungen entstanden. Bei den Zusatzeinrichtungen hat es sich überwiegend nicht um astronomische Indikationen gleich welcher Art gehandelt. Der Aufwand war an einer anderen Stelle gestiegen.

## Uhrglocken

Schon um 1270 kritisiert Humbertus de Romanis, Visitator des Dominikanerordens, die immer aufwendigeren Ausstattungen klösterlicher Uhrwerke. Er fordert, die Uhren in den Klöstern sollten zuverlässig (»verax et certum«) sein, nicht aber durch Kostbarkeit oder überflüssiges Beiwerk (»curiositates«) auffallen.[153] Was meinte er mit überflüssigem Beiwerk? Nicht auszuschließen ist, daß er aus dem Kloster auch astronomische Sonderausstattungen an den Uhren verbannen wollte. Viel wahrscheinlicher ist dagegen, daß er akustisch-musikalische Spielereien meinte. Bekanntlich hatten die Uhrglocken, der Funktion nach Weckerschellen, schon im 12. Jahrhundert einen eigenen Namen und konnten zu besonderen Gelegenheiten zur Bereicherung des Glockenensembles benutzt werden. Im 13. Jahrhundert hatte man offenbar begonnen, den Wohlklang des in den Statuten vorgesehenen Wecksignals zu vermehren. Das belegen eindeutige Zeugnisse. In dem Musiktraktat des Hieronymus von Moravia (v. 1304) wird wie üblich die Kunst der Glockenabstimmung durch Gewichtsveränderung bzw. das Verhältnis von Glockengewicht und Höhe des Glockentons behandelt. Bei dieser Gelegenheit spricht Hieronymus, wie kurz darauf auch Engelbert von Admont, ausdrücklich von der Fertigkeit, kleine abgestimmte Glocken zur Erzeugung von Musik an Uhren anzubringen.[154]

Der Zusammenhang von Glocken, Uhren und Orgeln wird seit dem 13. Jahrhundert auch als Tätigkeitsbereich von Mechanikern sichtbar. In Exeter verpflichtet der Bischof 1284 den Walther de Ropford, die Glocken, die Orgel und die Uhr der Kathedrale zu warten und falls nötig zu reparieren. Im Park von Hesdin war eine Uhr mit einem Orgelwerk verbunden. Die große Uhr von St. Paul in London baut Walther the Orgoner (1344). Der in den Diensten der Visconti stehende Ingenieur Giovanni degli Organi aus Modena baut 1354 die Turmuhr für Genua. Er hat den ehrenden Beinamen »degli Organi« offenbar geerbt, stammt also von einem angesehenen Orgelbauer ab. Bode von Hardessen gießt 1381 die Uhrglocke für Blankenburg im Harz und verewigt sich darauf als »organista et orlogista«, und in der genuesischen Kolonie Caffa auf der Krim ist 1410 ein Jacobus de Novaria, »magister orologii et organorum«, tätig.[155]

Sequenzen abgestimmter Glocken waren lange in Gebrauch. Das Inventar von Prüm nennt ein Glockenrad vor dem Altar im 9. Jahrhundert. Im Kloster Abingdon (Berkshire) wurde im 10. Jahrhundert ein

20., 21. Initialen »E« zum 81. Psalm in zwei Brevieren Philipp des Guten von Burgund, Bibliothèque Royale, Brüssel

22. Tubal-Kain, ein legendärer Erfinder der Musikinstrumente, an einem mechanischen Glockenrad, Relief an der Fassade des Doms in Orvieto (um 1320)

Glockenrad (»quadam rota tintinnabulis plena«) gebaut und an Festtagen zur Förderung der Andacht in Bewegung gesetzt.[156] Leisten mit abgestimmten Glocken wurden auch als spielbare Musikinstrumente benutzt.[157] Neu ist die Verbindung solcher Glockenräder mit der Uhr. Die Verbindung kann unbeschadet technischer Details in beider Funktion als Weckvorrichtung begründet sein. Ein spätes, aber deutliches Zeugnis gibt dafür die Windesheimer Chronik, nach der ein Konverse, Heinrich von Laer in Westfalen, Sakristan und tüchtiger Mechaniker, ein Rad mit sieben Glocken, Hämmern und eisernen Rädern für das Kloster gebaut und zwischen dem Dormitorium und der Zelle des Kustoden angebracht habe.[158] Glockenräder galten im 15. Jahrhundert als für Klosteruhren typische Instrumente.[159]

Sieht man von einfachen Weckerschellenmechanismen ab, läßt sich die technische Entwicklung an Bildquellen einigermaßen verfolgen; allerdings bleibt so die Datierung dieser Entwicklung notwendig vage. In der Mitte des 13. Jahrhunderts zeigt die Wasseruhr der *Bible moralisée* [Abb. 14] eine Glockenleiste. Ein Glockenrad, das Tubalkain, einer der legendären Erfinder von Musikinstrumenten, auf einem Relief der Domfassade in Orvieto (um 1320) schlägt, wird durch ein Stiftenrad und einen Trieb gedreht.[160] Eine gewisse Mechanisierung ist deutlich, der Antrieb bleibt verborgen. Das gilt auch für eine italienische Miniatur zu *De arte musica* (um 1340). Vielleicht enthält sie, liest man sie von links nach rechts, einen Hinweis auf den technischen Fortschritt der jüngsten Vergangenheit. Im linken Feld sitzt David (oder Pythagoras?) mit Handglocken und Hämmern. Neben einer pneumatischen Orgel schlägt die Figur im rechten Feld auf das offenbar mechanisch gedrehte Glockenrad – eine neue Errungenschaft? – noch mit der Hand.

Daß diese Vorformen der spielbaren Carillons bewunderte Neuheiten waren und am Anfang des 13. Jahrhunderts vielleicht auch Mode geworden sind, bezeugen einerseits Titel und Motto von Heinrich Seuses *Horologium* und andererseits eine Notiz in der Chronik des Bene-

23. *De arte musica* in einer italienischen Sammlung klassischer Texte aus dem Besitz Petrarcas (Anf. d. 14. Jh.), Bibliothèque Nationale, Paris

diktinerinnenklosters in Rouen, nach der dort im Jahre 1321 eine Uhr angebracht worden sei, deren Hymnus *Conditor alme siderum* noch an einem fünf Kilometer entfernten Ort hörbar war.[161]

Die Miniatur des Brüsseler Seuse-Manuskripts zeigt wie in einer Sammlung oder Ausstellung acht verschiedene in der Mitte des 15. Jahrhunderts bekannte Geräte der Zeitmessung und Zeitindikation. Links ein großes Uhrwerk mit Zifferblatt (zweimal 12 Stunden), das über Umlenkbalken eine – wie das volle Blatt erkennen läßt – in einem entfernten Glockenstuhl befindliche Stundenschlagglocke auslöst. Am Sockel sieht man ein Astrolab, das vermutlich zur Regulierung der Uhr benutzt wurde.[162] In der Mitte ein Glockenspielwerk, das wohl nur aus bildräumlichen Gründen neben das Uhrwerk gesetzt worden ist. Man muß sich vorstellen, daß es sich auf dem Uhrwerk befand und von diesem über Hebel und Züge ausgelöst wurde.[163] Wegen dieser Bildanordnung bleibt auch der Gewichtsantrieb verborgen. Am Tisch hängen eine Türmchensonnenuhr und ein vom Astrolab abgeleitetes viertelkreisförmiges Equatorium. Rechts auf dem Tisch stehen die modernsten, erst im 15. Jahrhundert entwickelten Geräte: eine Tischuhr mit absichtlich offenem Gehäuse, in der man Federzug und Schnecke erkennt, und eine moderne Sonnenuhr mit Äquatorring und erdachsparallelem Polstab. Die Glocken des Spielwerks des mittleren Gestells sind fest auf einem Ring montiert. Jeder Glocke ist ein Hammer mit Hebel zugeordnet, der von einem horizontalen Rad mit Stiften oder Zähnen ausgelöst wird. Eine Variante der klösterlichen Weckerschellenmechanismen ist hier als Sequenz angeordnet.

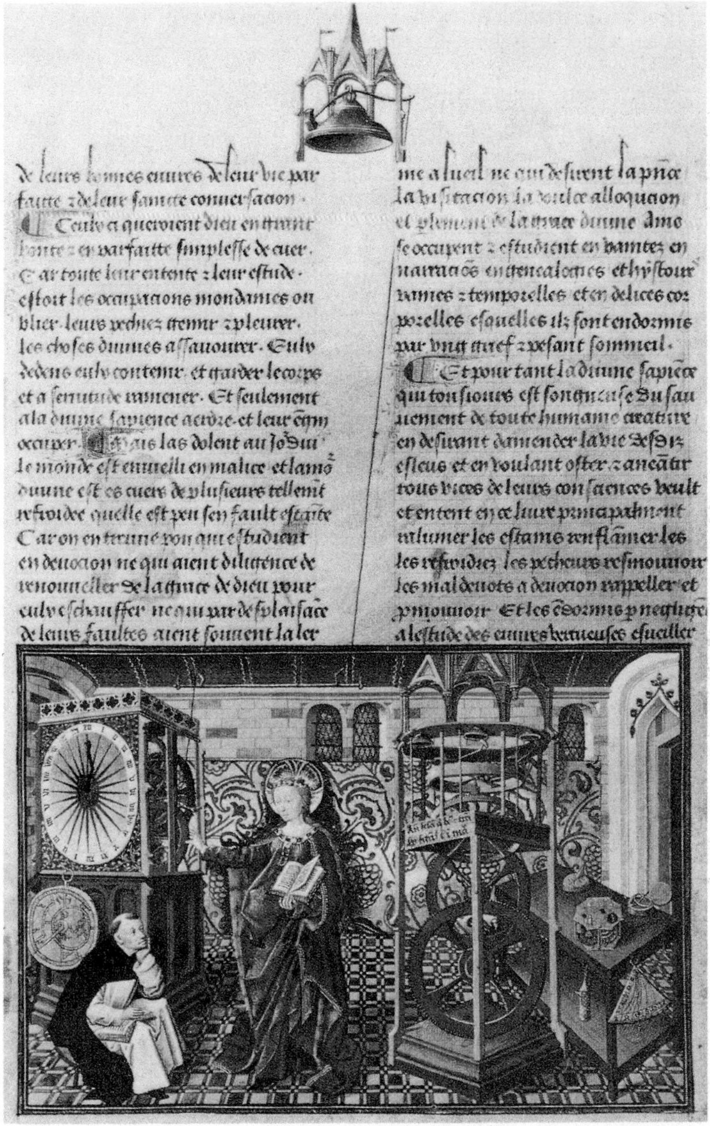

24. Miniatur in der Handschrift einer französischen Übersetzung von Heinrich Seuses *Horologium Sapientiae* (um 1450), Bibliothèque Royale, Brüssel

Was hat nun die Entwicklung aufwendigerer Glockenspielwerke, die – wie aufwendig auch immer – weiterentwickelte Wecker waren, mit der Entwicklung der mechanischen Uhrwerkhemmung zu tun? Wenn Dante den Ton eines Klosterweckers (»tin tin sonando«) beschreibt, hat er ein sehr einfaches Arrangement vor Augen. Wie es etwa ausgesehen haben mag, läßt sich aus den einfachen Klosterweckern und Türmeruhren der Folgezeit erschließen. Die wenigen erhaltenen Stücke lassen sich nicht datieren, und die geläufige Museumsbeschriftung »15. Jahrhundert« ist nichts weiter als eine Verlegenheitslösung.[164] Warum hätten die einfachen Uhren zu Beginn des 14. Jahrhunderts anders aussehen oder anders funktionieren sollen? Hinter dem Gehwerk sitzt eine durch einen Hebel auszulösende Schlagvorrichtung. Eine Rolle mit einem Gewicht bewegt den repetierenden (rasselnden) Hammerschlag auf eine Glocke, der andauert, bis das Gewicht abgelaufen ist. Es fällt auf, daß Gehwerkhemmung und Repetiervorrichtung ein wesentliches Element gemeinsam haben: ein vertikal angeordnetes Kronrad mit sägeartiger Zahnung und eine Spindel mit zwei Paletten, die abwechselnd in die Sägezähne eingreifen. Im Schlagwerk wird die mit einem Hammerhebel versehene Spindel jeweils einen kurzen Weg weit bewegt, gestoppt und zurückgeworfen. In der Hemmung geschieht genau das gleiche, nur wesentlich langsamer, d.h. über einen viel längeren Zeitraum. Zugleich wird der Schwingungsrhythmus durch die durch kleine Gewichte veränderbare Trägheit des Waagbalkens reguliert. Diese Beobachtung hat zuerst J. Drummond Robertson (1931) zu der Vermutung geführt, daß die Uhrwerkhemmung aus älteren Glockenschlagrepetiervorrichtungen entwickelt worden sein könnte. Durch die Entdeckung eines ebenfalls doppelten Hemmungsmechanismus in der Wallingford-Uhr hat J.D. North diese Entwicklung erneut wahrscheinlich gemacht.[165]

Die Entwicklung der mechanischen Uhrwerkhemmung läßt sich damit etwa so beschreiben: In den Klöstern waren seit längerer Zeit Vorrichtungen in Gebrauch, das Wecksignal auf eine, auf mehrere oder auf ein Glockenrad mechanisch zu repetieren. Am Ende des 13. Jahrhunderts hat man – offenbar an mehreren Orten – entdeckt, daß sich solche Vorrichtungen auch als Zeitnormal eigneten, wenn man das Hin- und Herschwingen des Glockenhammerhebels durch Vergrößerung seiner Masse im Verhältnis zum Antriebsgewicht verlangsamte und durch Veränderung der schwingenden Masse regulierbar machte. Diese Entwicklung der Repetiervorrichtung zur Uhrwerkhemmung setzte zahlreiche praktische Versuche voraus, deren Veranlassung jeweils die Arbeit von Mechanikern und Schmieden an den kirchlichen

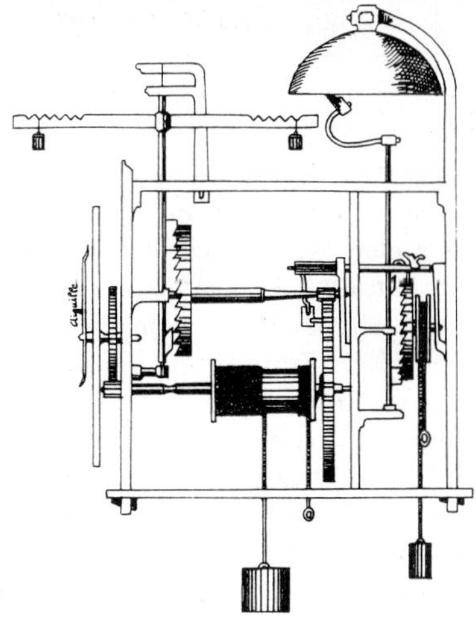

25. Türmeruhr mit Weckerschellenmechanismus

und klösterlichen Glockenwerken gewesen ist. Seit wann solche Versuche unternommen worden sind, läßt sich nicht sagen. Da die Astronomen in ganz anderen Richtungen gesucht und weil die Ergebnisse nicht den von ihnen formulierten Bedürfnissen entsprochen haben, ist der allgemein akzeptierte Terminus post quem (um 1270) problematisch. Andererseits erscheint die Fülle der Neubeschaffungen als hinreichender Grund, den Erfolg dieser Entwicklungsarbeiten in die zweite Hälfte bzw. in das letzte Drittel des 13. Jahrhunderts zu datieren.

Diese Entwicklungsgeschichte bleibt eine Hypothese, die allerdings gegen das »Veto der Quellen« sicher ist. Daß Repetierschlagmechanismen mit Kronrad und Palettenspindel, oder, wie bei der Wallingford-Uhr, mit doppeltem Stiftenrad historisch vor der Uhrwerkhemmung auftauchen, läßt sich nicht beweisen. Alle Belege dafür entstammen einer späteren Zeit. Die Reihenfolge ist jedoch plausibel, weil mechanische Schlagwerke, auch solche großen Gewichts wie das in Ms. Ripoll 225 beschriebene, durchaus zunächst von Wasseruhren ausgelöst worden sein könnten. Die mechanische Uhrwerkhemmung war höchstwahrscheinlich eine unabhängige europäische Entwicklung, weil weder in China noch im islamischen Raum eine vergleichbare Entwicklung zu aufwendigerer Glockentechnik zu beobachten ist.

Außer der technisch unergiebigen Zeichnung des »maizo(n) d'une hierloge« [Abb. 12] findet sich im Skizzenbuch des Villard de Honnecourt auch die Darstellung eines gewichtsgetriebenen Drehgestells für einen Engel, dessen Finger immer auf die Sonne zeigen soll.[166] Der erste Herausgeber des Skizzenbuches, J. B. A. Lassus, hatte (1858) die Vermutung geäußert, daß sich die Engelsfigur während 24 Stunden einmal drehen sollte. Nachdem dann ein Fachmann, C. Frémont, das Drehgestell zum Vorläufer der mechanischen Uhrwerkhemmung erklärt hatte, ist diese Ansicht in technikgeschichtliche Handbücher eingegangen und von da aus vielfach verbreitet worden.[167] Frémont hat sich bemüht zu erklären, wie die Vorrichtung funktioniert haben könnte. Danach sollte das Seil durch Reibung an den hin- und herschwingenden Radspeichen gebremst werden. Durch die beiden Gewichte sei diese »oszillierende Friktionshemmung« reguliert worden. Niemand störte sich daran, daß Villard bzw. die zeitgenössischen Verfasser der Beschriftungen die Vorrichtung gar nicht als Uhr oder auch nur als in regulierter Bewegung befindlich bezeichnet haben. So konnte der Herausgeber der Faksimiles unter Berufung auf das Votum der Fachleute auch in Nachauflagen weiter vom »frühesten Uhrwerk mit Rädern« schreiben und damit auch Kunsthistoriker auf falsche Fährten führen. Nach Whites skeptischen Bemerkungen zum sog. »Engelsuhrwerk«, »ambition rather than achievement«, haben u. a. Needham und Maurice darauf hingewiesen, daß die Vorrichtung keinesfalls, wie von Fremont vermutet, funktionieren konnte und daß es sich allenfalls um eine aus einer gewissen Entfernung bewirkte Drehbewegung handeln könnte.[168] Dennoch erscheinen immer wieder Arbeiten, die diese Entdeckung tradieren. M. Daumas hat sich um die Aufklärung der Mißverständnisse, die z. T. aufgrund fehlerhafter

26. Mechanismus für eine drehbare Engelsfigur, das sogenannte »Engelsuhrwerk«, aus dem Bauhüttenbuch des Villard de Honnecourt (um 1235)

Nachzeichnungen in der ersten Ausgabe entstanden sind, bemüht. Seine praktischen Versuche haben dann ergeben, daß es sich keinesfalls um eine Vorform einer Uhrwerkhemmung handelt. Hinsichtlich des »Engelsuhrwerks« als Vorläufer der Uhrwerkhemmung kann man sich daher der schon 1965 geäußerten Ansicht von P. Mesnage anschließen, daß diese Vorstellung endgültig aus der Technikgeschichte verschwinden sollte.[169]

## Automatenschauspiele

Für die frühen und sicher kruden Uhrwerkhemmungen ist der Ausdruck »Zeitnormal« sicher zu anspruchsvoll, weil sie den Zeitgenossen als Verbesserungen der Zeitmeßtechnik gar nicht aufgefallen sind. Sie erwähnen sie nicht einmal. Konsequenzen für die Zeitauffassung oder den Wandel des Zeitbewußtseins sind an der Wende zum 14. Jahrhundert von daher nicht zu erwarten. Mechanische Uhrwerke boten jetzt aber die Möglichkeit, auch große und schwere Automaten anzutreiben und zuverlässiger, als bisher mit hydraulischen Antrieben möglich, in Betrieb zu halten, und seit Beginn des 14. Jahrhunderts wurden solche Automaten überall in Europa gebaut. Sie trieben Glokkenspiele und wurden zum Sammelpunkt verschiedener Spielwerke, wie sie aus der antiken und islamischen Tradition bekannt waren.[170] In der Kathedrale von Norwich entsteht 1322–25 eine große Uhr mit schwerem (87 Pfd.) Zifferblatt, Glockenspiel und einer Prozession von Mönchsfiguren. Für die gleiche Zeit rühmt die Chronik von Glastonbury einen Abt, der das Kirchengebäude um einige »spektakuläre« Ausstattungen, darunter eine Uhr mit Automaten und Figuren und eine Orgel von wunderbarer Größe, bereichert hatte.[171]

In den Abrechnungen für die Uhr im Hospital von St. Jacques in Paris, wo jedes Jahr Zehntausende von Pilgern auf dem Weg nach Santiago Station machten, ist m. W. zum ersten Mal von der Prozession der Drei Heiligen Könige, die nun an die Stelle des Herakles oder der wilden arabischen Reiter der islamischen Wasseruhrentradition getreten waren, die Rede (1326). Im Jahre 1334 hatte der Goldschmied Mondinus aus Cremona in Venedig für den König von Zypern ein kunstvolles Uhrwerk im Wert von 80 Gulden angefertigt. In der Londoner St. Pauls-Kathedrale wurden ein Zifferblatt und ein Engel gedreht (1344). Die astronomische Uhr in Cambrai zeigte bewegliche Bilder und einen Kalender (1349). Die Chroniken berichten vom Bau der Straßburger Uhr 1352–54 und ihrer Drei-Königs-Prozession. Erhalten ist von dieser ersten Uhr nur ein flügelschlagender mechanischer Hahn, über ihr mittelalterliches Aussehen gibt aber die Beschreibung eines

Nachbaus, der Villinger Münsteruhr (1401), recht genaue Auskunft.[172] Nur wenige Jahre später erhält auch die Stadt Frankenberg in Hessen eine solche Uhr.[173] Heute bezeichnet man diese Uhren als astronomische Monumentaluhren. Damals waren sie in ihrer Mehrheit eher automatische Schauspiele und Glockenwerke. Astronomische Zifferblätter und Kalenderscheiben wurden bewegt, Könige zogen an der Jungfrau Maria vorbei und verneigten sich, Hähne schlugen mit den Flügeln und krähten, bewegliche Skelette mahnten an den Tod. Wie in einem Protokoll des Kathedralkapitels in Chartres aus dem Jahre 1407 klar zum Ausdruck kommt, war es – von bilderstürmerischen Phasen unterbrochen – bis ins 19. Jahrhundert erklärte Absicht dieser Geräte, die Leute in die Kirche zu locken, durch geheimnisvolle Bewegungen in Staunen zu versetzen und so die Autorität der Kirche zu mehren.[174]

Die unvorstellbar langsamen und gleichmäßig bewegten Abbilder des gestirnten Himmels waren sicher nicht ohne Wirkung auf die Zeitvorstellungen ihrer Betrachter. Als Zeitmesser oder als Zeitgeber spielten die »Mechanisierungen des Liturgischen« (K. Maurice) aber keine Rolle. Man schaute bei diesen Geräten nicht »auf die Uhr«.[175]

Die Entwicklung solcher Automatenuhren hat einzelne Astronomen zur Beschäftigung mit den Problemen anspruchsvoller Mechanisierungen geführt. Aber die Leistungen Richards von Wallingford oder Giovanni Dondis bestehen in der Entwicklung besonderer Getriebe zur Darstellung der Planetenpositionen. Der Antrieb hat sie nicht interessiert, weil Uhrwerkantriebe für solche Automaten in didaktisch-demonstrativer Absicht hinreichend, für Beobachtungen dagegen viel zu ungenau waren. Das ändert sich erst am Ende des 15. Jahrhunderts. Ein »Heureka«-Ausruf der Astronomen ist daher verständlicherweise beim Auftauchen der mechanischen Uhren ausgeblieben.

## Stundenschlagende Uhren – eine technische Sensation im 14. Jahrhundert

Eine Mailänder Stadtchronik meldet zum Jahre 1336 die Errichtung einer Uhr auf dem Turm von San Gottardo, die wegen ihrer Art, die Stunden zu schlagen, bewundernswert und für alle Stände von größtem Nutzen sei.

> ... in der Turmspitze sind viele Glocken, und dort ist eine bewundernswerte Uhr, weil sie eine sehr große Glocke (tyntinabulum) ist, die eine Glocke (campana) vierundzwanzigmal schlägt nach der Zahl der vierundzwanzig Stunden des Tages und der Nacht, so, daß sie in der ersten Stunde einen Ton gibt, in der zweiten zwei Schläge, in der dritten drei und in der vierten vier, und so unterscheidet sie die einzelnen Stunden. Das ist für alle Stände äußerst nötig.[176]

Der Chronist Galvano Fiamma steht durchaus im Verdacht, parteiisch zu sein, die Bedeutung des Baues und die Verdienste des Bauherrn zu übertreiben. Als Kaplan und Schreiber im Dienste der Visconti schreibt der Dominikanermönch das Aufblühen Mailands – und eine Vielzahl verschiedener Glocken war dafür um 1300 ein geläufiges Indiz – natürlich den Stadtfürsten, seinen Auftraggebern zu. Seine Herrschereloge soll die Stadt vor allen anderen Städten Italiens auch hinsichtlich solcher Neuigkeiten erstrahlen lassen. Uhren erregten Galvano Fiammas Aufmerksamkeit. In der Chronik seines Klosters hatte er vom Bau einer eisernen Uhr berichtet. Unter den prächtigen Ausstattungen des herrscherlichen Palasts, die er gar nicht alle aufzählen will, hebt er eine weitere Uhr hervor. In die Liste der neuen Erfindungen (»novitates«), die in Mailand unter der Herrschaft der Visconti gemacht worden sind, reiht er außer leistungsfähigen Kriegsschiffen die Verwendung von großen Uhrwerken als Mühlenantriebe ein. Mit Hilfe dieser Wunderwerke mit Rädern und Gewichten könne ein Knabe leicht hintereinander vier Scheffel Getreide zu Mehl bester Qualität vermahlen.[177] Technisch ist Galvano Fiammas Beschreibung der neuen Uhr auf dem Turm von San Gottardo dürftig. Er nennt sie eine große Glocke, die auf eine andere Glocke schlägt. Aber darauf kommt es ihm nicht an. Die Neuigkeit ist nicht das Uhrwerk, sondern die Indikation der Stunden nach der Zählzahl, das Schlagwerk, das die Sequenz der von Abend zu Abend geschlagenen Stunden unterscheidbar macht.

Drei Jahre später findet sich in einer anderen Mailänder Chronik bei einem städtischen Ereignis ersten Ranges ein Hinweis auf die durch die neue Uhr veränderten Formen der Tagesteilung. Danach ist der Auftraggeber der Schlaguhr auf San Gottardo, Azzo Visconti, am 14. August 1339 in der 20. Stunde gestorben[178], d. h. etwa um drei Uhr nachmittags, die erste moderne Stundenangabe in einem stadtbürgerlichen Kontext.

Galvano Fiamma hat nicht übertrieben. Uhren in städtischen Türmen oder städtische Stundensignale hat es zwar auch vorher gegeben. Sie sind jedoch nur in Italien eindeutig nachzuweisen; über die Formen ihrer Stundenindikationen ist nichts bekannt. Es gibt also keinen Grund, den Neuigkeitswert von Galvano Fiammas Bericht zu bezweifeln. Die Nachrichten der Folgezeit bestätigen, daß die Verbreitung einer ganz neuen Technik begonnen hatte. Wenige Jahre später, 1344, berichten Paduaner Chroniken vom Bau einer 24-Stunden-Uhr auf dem Turm des Stadtherrenpalastes mit automatischem Stundenschlag, und zahlreiche weitere Berichte heben immer wieder auf denselben Sachverhalt ab.[179]

Das Auftauchen der schlagenden Uhren war für viele die erste

27. Der Mönch Lazar zeigt dem Großherzog Vasilij Dimitrievich und zwei Gefolgsleuten die Uhr im Kreml, Ostermanovskij-Manuskript (16. Jh.), St. Petersburg

Begegnung mit einer mechanischen Uhr, und insofern haben sie Gehwerk und Schlagwerk kaum unterscheiden können. Aber erst die zusätzliche Erfindung des Schlagwerks hat die Verbreitung der Uhren ermöglicht, und erst diese Erfindung hat die Auffassung der Uhr als faszinierenden Automaten populär gemacht.[180] Das ist noch bei der Beschreibung der ersten Turmuhr in Moskau (1404) deutlich:

Dieser Stundenzeiger heißt Stunden-Messer; zu jeder Stunde schlägt er einen Hammer auf eine Glocke, zählend und messend die Stunden des Tages und der Nacht... Niemand schlägt sie, es ist vielmehr wunderbar und merkwürdig anzusehen, wie etwas sich auf menschliche Weise von selbst bewegt und erklingt durch menschliche Fertigkeit mit großer Erfindungsgabe und Schlauheit.[181]

Auch in Giovanni Tortellis rückblickender Erfinderliste erscheint der Automat, der, scheinbar belebt, Arbeit für den Menschen verrichtet, als die eigentliche Neuerfindung und als sozial bedeutsames Ereignis:

Sed etiam auribus procul & domi manentium nunciat campana (sc. horologii): quae super imposita est numerum distinguente. Unde quodammodo vitam habere videtur: cum sponte sua cietur: & dies ac noctes pro homine opus facit: quo nihil neque utilius neque iucundius dici potest: novum tamen inventum est.[182]

Worum handelt es sich bei dieser zusätzlichen Erfindung? Das Stundenschlagwerk ist, selbst »wenn man weiß, wie es geht«, ein viel komplizierterer Mechanismus als das Gehwerk der Uhr. Es ist – wie die Uhr vielleicht auch – durch Modifikation einer Repetiervorrichtung entstanden, die, anders als die Repetierwerke mit Kronrad und Palettenspindel, auch für den Hammerschlag auf schwere und entfernt montierte Glocken taugte. Da dieser für die spätmittelalterliche Sozial-

und Bewußtseinsgeschichte so folgenreiche Mechanismus so selten erläutert wird, sei er hier knapp geschildert.

Durch Stifte auf einem schnell drehenden Rad (Stiftenrad oder Hebnägelrad) wird in gleichmäßigen Abständen über einen Drahtzug der Glockenhammer kurz betätigt. Die Drehung des Stiftenrads wird übersetzt und durch eine Welle mit Windflügeln verstetigt. Der Läutvorgang wird durch das Heben eines Sperrhebels aus einer Kerbe (Falle) des Anlaufrades (auch Herzfallenrad) ausgelöst. Um die Dauer des Läutvorgangs zu begrenzen bzw. nicht die ganze Seillänge auf dem gewichtgetriebenen Rad ablaufen zu lassen, wird der Sperrhebel bei der Auslösung zugleich aus einer zweiten Kerbe der mitdrehenden Schloßscheibe (auch Schlußscheibe, »rota serandi«) gehoben und so lange hochgehalten, bis er in die nächste Kerbe der Schloßscheibe fallen kann. Die Dauer des Geläuts und damit die Zahl der Schläge richtet sich also nach dem Abstand der Kerben auf dem Umfang der Schloßscheibe. Ein Schlagwerk mit innengekerbter Schloßscheibe erkennt man in der hinteren Hälfte des großen Uhrwerks der Miniatur des Brüsseler Seuse-Manuskripts [Abb. 24]. Durch entsprechende Kerbung der Schloßscheibe läßt sich das Läutprogramm variieren. Beliebige Schlagzahlen lassen sich in beliebiger Reihenfolge auf der »Programmscheibe« einrichten. Es ist daher möglich, daß die Schloßscheibe schon früher für das kirchliche Horengeläut entwickelt worden ist, weil sich das Schloßscheibenschlagwerk auch zu beliebigen Zeitpunkten manuell auslösen läßt.[183] Eine vom Uhrwerk unabhän-

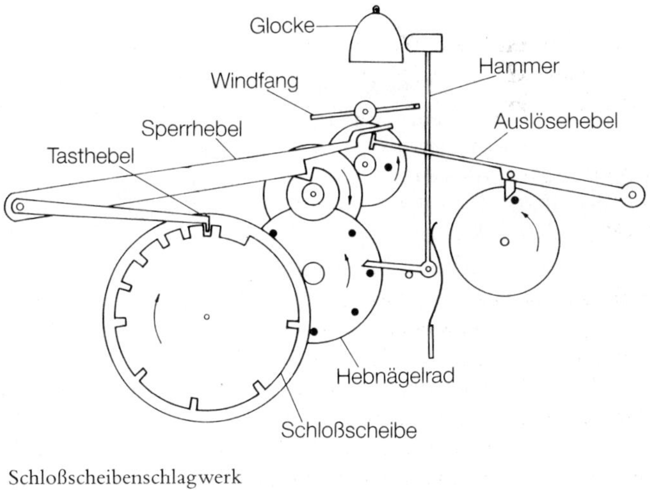


28. Schloßscheibenschlagwerk

gige Entwicklung ist also denkbar. Aber die historische Zurückverlagerung der Schloßscheibe bleibt spekulativ.

Das Schloßscheibenschlagwerk war im Kontext verschiedener Repetierschlagvorrichtungen vermutlich eine neue Erfindung, entstanden aus Versuchen, Signalsequenzen zu befristen oder zu differenzieren.[184] Selbst wenn es aus Versuchen hervorgegangen ist, Schlagfolgen für veränderliche Tagesabschnitte zu automatisieren, technisch realisierbar war dies nur für gleichbleibende Tagesteile oder Stunden. Eine andere Möglichkeit hat es nach mittelalterlicher Auffassung nicht gegeben. Johannes Noviomagus betont in seiner 1537 erschienenen Beda-Ausgabe ausdrücklich den Zusammenhang zwischen dem Gebrauch der gleichlangen Stunden und den Schlaguhren.[185] Technisch wäre ein automatisches Horengeläut möglich, aber sehr umständlich: Man könnte, wie bei japanischen Uhren des 17. Jahrhunderts, zwei Waagbalken vorsehen und sie jeweils morgens und abends auswechseln.[186] Zusätzlich müßte der Gang der Uhr ständig, mindestens aber 14-täglich verändert werden, um in etwa den Veränderungen des Lichttags zu folgen. Dergleichen ist nirgends überliefert. Vermutungen, man hätte im Mittelalter die Horensequenz automatisch geschlagen, tauchen erst in der Neuzeit auf.[187]

Für die Entwicklung der Schlaguhren, wie man die mechanischen Uhren mit automatischem Stundenschlag bezeichnen kann, ist die Mailänder Nachricht ein plausibler Terminus ante quem, auch wenn Seuses Titel vielleicht für ein etwas früheres Datum spricht. Mehrere Gründe sprechen dafür, diese Entwicklung in Italien, vielleicht in einer italienischen Stadt zu vermuten. Dies hatte schon G. Bilfinger aus damals noch wenigen Nachrichten über die Schlaguhren, vor allem aber aus der frühen Verwendung der modernen Stunden in Italien, geschlossen.[188] Die neuen Quellen verstärken diesen Eindruck. Öffentliche Uhren oder öffentliche Stundensignale tauchen seit Beginn des 14. Jahrhunderts in italienischen Städten auf.[189] Eine Ausnahme ist nur das in Valenciennes erwähnte Uhrsignal. Dabei wird es sich um Türmeruhren oder Türmerwecker gehandelt haben, mittels derer einige, kaum aber die ganze Sequenz der Tagesstunden angezeigt worden sind. Alle sicheren Nachrichten über Schlaguhren, in der Regel große Turmuhren, aus der ersten Hälfte des 14. Jahrhunderts, beziehen sich auf italienische Städte.

## Verschiedene Formen der modernen Stundenrechnung

Ließ sich die öffentliche Indikation der Stunden nach der Zählzahl technisch nur bei Verwendung gleichlanger Stunden realisieren, so war damit über die Zählweise noch nicht entschieden, und Vorbilder waren nicht bekannt.[190] Die Horen waren nie nach der Zählzahl geläutet worden. Ehrwürdige Bräuche, an die man hätte anschließen können, gab es also nicht. Die in dieser offenen Situation – die zukünftige Tageszeitordnung stand zur Debatte – ausgetauschten Argumente wären für die Analyse der spätmittelalterlichen Zeitauffassung weit aufschlußreicher als alle technischen Details zusammen. Obwohl solche Erörterungen an verschiedenen Orten stattgefunden haben müssen, wissen wir darüber nichts. Einziges bekanntes Argument war das der Astronomen, die die Vorteile der gleichen Stunden für die Beobachtung der Himmelsphänomene betont hatten.[191] Aber dies wird im Zusammenhang mit der Einführung der Uhren nie erwähnt, und die Astronomen konnten für ihre Zeitbestimmungen Astrolabien benutzen.

Man hat an verschiedenen Orten verschiedene Lösungen gefunden – ein klarer Beweis dafür, daß etwas zu entscheiden war. Die Lösungen knüpften weder an die künstlichen Tagesteilungen, wie sie von der Regulierung einiger Wasseruhren bekannt waren, noch unmittelbar an astronomische Formen an. Alle Lösungen waren vielmehr Versuche, mit dem gewohnten System der ungleichen Stunden nicht ganz zu brechen. Drei Merkmale kennzeichnen das alte System: Trennung des Tages und der Nacht, Zählung in zwei Reihen zu je zwölf Stunden, Verschiebung der Anfangs- und Endpunkte mit dem Tageslicht.

Die drei wichtigsten Formen der modernen Stundenzählung, die etwa seit der Mitte des 14. Jahrhunderts üblich geworden sind, versuchen auf verschiedene Weise an die alten Formen anzuknüpfen.[192] Diese Anknüpfung war formaler Art, die Horen als Gebetssequenz spielen dabei keine Rolle mehr. Insofern war der Übergang zur modernen Stundenrechnung tatsächlich Ausdruck eines breiten Prozesses der Laisierung stadtbürgerlicher Lebensformen.[193]

Nach der vermutlich ältesten italienischen, zuerst von Galvano Fiamma eindeutig bezeugten Form der Zählung werden die 24 Stunden abends beginnend – genauer: eine halbe Stunde nach Sonnenuntergang – bis zum nächsten Abend durchgezählt. Die 24. ist die letzte Tagesstunde. Die Bindung an den Lichttag bleibt nur beim abendlichen Einsatzpunkt der Zählung erhalten. Die abendliche Tagesepoche war im islamischen Raum üblich; wichtiger für ihre Einführung in Europa dürfte aber ihre Übereinstimmung mit der jüdisch-christlichen Festtagsauffassung sein. Deren Prägekraft blieb jedoch begrenzt; der Datumswechsel erfolgte im Regelfall am Morgen, d. h. nächtliche Ereignisse wurden dem Datum des Vortages zugerechnet. Die »italienische Uhr« (auch »Ganze Uhr« oder »Ganzer Zeiger«) fand über Böhmen auch in Schlesien Verbreitung und war zeitweise auch in Polen in Gebrauch. Oft beklagter Nachteil dieser Zählung war, daß die

Schlaguhren in der ersten Jahreshälfte ständig um einen gewissen Betrag vor- und in der zweiten Jahreshälfte zurückgestellt werden mußten. Um dies zu vermeiden, stellte man die Uhren erst dann um, wenn die Veränderung der Tagesdauer einen gewissen Betrag erreicht hatte, und regulierte dann mit Hilfe von Tabellenwerken.[194] Im Tagebuch seiner Italienreise erläutert Goethe amüsiert die Umständlichkeiten bei der Umrechnung dieser Zählweise, die »intrinsisch« mit der Natur des Volkes verbunden sei und nicht durch den »deutschen Zeiger« abgelöst werden solle.[195] Die italienische Stundenzählung war mit vielen Ausnahmen in den geographischen Randzonen in Böhmen und Schlesien bis zum 17. Jahrhundert, in Italien bis zu den Kriegen im Gefolge der Französischen Revolution in Gebrauch. Der schlagwerktechnische Nachteil dieser Zählform war, daß die 300 täglich erforderlichen Schläge zu Materialverschleiß führten und überdies viel Seillänge, d. h. häufiges Aufziehen der Gewichte, nötig machten. Deshalb ist man in Italien mancherorts schon bald dazu übergegangen, mit oder ohne Veränderung der Zählweise Sequenzen von 2x12 oder 4x6 Stunden schlagen zu lassen.[196]

Die »Nürnberger Uhr« (auch »Große Uhr«) knüpfte an die alten Tageslängentafeln an, behielt die Trennung von Tag- und Nachtstunden und die beweglichen Anfänge der beiden Reihen bei und ließ dafür die Zwölfer-Reihen fallen. Nach dieser Zählweise, die seit 1374 für Nürnberg, zwei Jahre später auch für Regensburg belegt ist, hatte im Dezember der Tag 8 und die Nacht 16 Stunden.[197] Bis zum Juni wurde der Tag durchschnittlich alle drei Wochen um eine Stunde verlängert und die Nacht entsprechend verkürzt, nach der Jahresmitte verfuhr man umgekehrt. Dem Vorteil der Anpassung der Stundenzählung an den Lichttag stand der Nachteil gegenüber, ebenfalls immer nur ungefähr korrekte Tafeln benutzen zu müssen. Alle stadtöffentlichen, nach Stunden fixierten Termine, vor allem auch die Arbeitszeiten, mußten dieser laufenden Veränderung Rechnung tragen.[198] Ein zusätzlicher gravierender Nachteil war, daß die Uhr- und Läuttafeln in dem Maße komplizierter wurden, wie man der wechselnden Geschwindigkeit der Zu- und Abnahme des Lichttags Rechnung zu tragen versuchte. Nach der von Astronomen korrigierten Ordnung von 1489 dauerte die Periode der 8-stündigen Tage 52, die der 13-stündigen Tage 17, die der 15-stündigen Tage 22 und die der 16-stündigen Tage 57 Tage. Einige süddeutsche Städte folgten dieser Übung, die am Ende des 18. Jahrhunderts eingeschlafen ist. Die »Große Uhr« konnte sich auch in Nürnberg nie ausschließlich durchsetzen und blieb auf die Städte beschränkt.

Die uns vertraute Form der Stundenzählung hieß in der alten Welt »kleine« oder »halbe Uhr«, aus italienischer Perspektive »orologio oltramontano«. Vom alten System behält sie nur die doppelte Reihe der zwölf Stunden bei. Der Lichttag spielt keine Rolle mehr. Hinsichtlich der naturalen Umgebungsbedingungen ist sie die abstrakteste Teilungsform, allerdings mit der alltagsfremden Halbierung des Tages. Die Mitte der Nacht war vorher nur bei den römischen Juristen als Datumsgrenze üblich. Ludovico Guicciardini weist (1507) im Bericht seiner Reise durch die nordwesteuropäischen Länder auf den vielleicht entscheidenden Vorteil dieser Form der Stundenzählung hin: Sie ist die technisch eleganteste Lösung, weil man die Uhren (theoretisch nie)

29. Auseinandersetzung um die »Basler Uhr«, Staatsarchiv Basel

praktisch nur einmal am Tag ohne irgendwelche Tabellen nur mit Hilfe einer primitiven Sonnenuhr zu stellen brauchte.[199]

Von begrenzter örtlicher Bedeutung war die »Basler Uhr«. Wie von Reisenden häufig verwundert registriert, schlugen die Uhren in Basel mittags »eins« statt »zwölf«. Die Ursprünge dieser Schlagfolge, die erneut die offene Situation zu Beginn des 14. Jahrhunderts beleuchtet, sind undeutlich. Wie die Karikatur zeigt, versuchten am Ende des 18. Jahrhunderts Gelehrte und Kaufleute den Stundenschlag in Basel gegen den Widerstand der Handwerker an europäische Gebräuche anzupassen, aber das Ende dieses Sonderwegs kam in Basel erst mit der Französischen Revolution.[200]

Die heute geläufige Form, von Mitternacht an 24 Stunden durchzuzählen, taucht im Mittelalter ganz vereinzelt bei astronomischen Zeitangaben auf.[201] Vor der Entfaltung der modernen Verkehrssysteme spielt sie praktisch keine Rolle. Wegen der Langsamkeit aller Kommunikation störte das Nebeneinander der verschiedenen Stundenzählungen niemanden; nur Reisende registrierten es verwundert. Die Ungleichzeitigkeit der städtischen Zeitordnungen fand allerdings das Interesse Kaiser Karls V., der sich für sein Reich, in dem »die Sonne nicht unterging«, zwar noch keine Weltzeituhr, für dessen östlichen Teil aber eine Uhr bauen ließ, die »die Stunden nach der flandrischen und nach der italienischen Weise zeigte«.[202]

## »Stundengläser« – Sanduhren und die moderne Stundenrechnung

Gleichzeitig mit den ersten Räderuhren taucht in Europa ein anderer neuer Zeitmesser auf: die Sanduhr. Wegen ihrer Ähnlichkeit mit der antiken Klepsydra galt das hohe Alter der Sanduhr lange Zeit als ausgemacht, und auch heute liest man noch häufig, es habe im Hochmittelalter Sanduhren gegeben.[203]

Weil Sanduhren bis in den Anfang des 19. Jahrhunderts für die Regelung der Schiffswachen und zusammen mit der Logleine für die Ermittlung der Schiffsgeschwindigkeit benutzt worden sind, hat man ihren Ursprung im nautischen Bereich vermutet. Dafür sprechen die frühesten Hinweise auf ihre Verwendung und der Sprachgebrauch im 14. Jahrhundert. Der älteste Hinweis auf den Gebrauch von Sanduhren ist semantisch nicht ganz eindeutig. Francesco Barberinos beschreibt in den *Documenti d'Amore* (v. 1313) den guten Steuermann, der mit Kompaß und Uhr (»arlogio«), ohne eine Stunde zu verlieren, auf Kurs und Geschwindigkeit des Schiffes achtet. Zu Beginn des Hundertjährigen Krieges (1345/46) werden im Hafen von Sluis in Seeland für englische Kriegsschiffe »gläserne Uhren« (»orologii vitrei«) gekauft. Die erste Beschreibung einer Sanduhr in einem Inventar Karls V. von Frankreich (1380) zeigt ebenfalls, daß man damals den Ursprung dieser Zeitmesser der Seefahrt zugeordnet hat.[204] Beweisen läßt sich ihr nautischer Ursprung gegenwärtig jedoch nicht, und es fällt auf, daß Sanduhren erst im 15. Jahrhundert regelmäßig in Schiffsinventaren auftauchen. Dagegen werden sie schon im 14. Jahrhundert für zeitorganisatorische Regelungen ohne jeden Zusammenhang mit nautischen Problemen gebraucht. Trotz äußerst spärlicher Textquellen belegen die eingangs erwähnten frühen Darstellungen eine gewisse Geläufigkeit schon in der ersten Hälfte des 14. Jahrhunderts. Auch daraus folgt, daß – ganz gleich, wo sie entwickelt worden sind – die Sanduhren etwa gleichzeitig mit den Räderuhren Verbreitung fanden. Erst mit der Einführung der gleichlangen Stunden hatte man für Sanduhren, »Stundengläser« bzw. »Sandstunden«, Verwendung.

Sanduhren waren billige, geräuschlose und zuverlässige Begleiter und Konkurrenten der Räderuhren. In zahlreichen Türmerstuben wurden sie für die Gangkontrolle der öffentlichen Uhren benutzt, und in Spanien sind die Stunden zeitweise auch nach Sanduhren geschlagen worden. Als 1387 das große Schlagwerk der alten Turmuhr in Perpignan wieder einmal nicht funktionierte, beauftragte der König seinen Prokurator, zwei Handwerker aufzutreiben, die ihren Beruf auch im Turm ausüben könnten. Sie sollten in zwei Schichten das öffentliche Zeitsignal nach einer Sanduhr auf die große Glocke schlagen. Die Abschrift einer ähnlichen Regelung für die Kathedrale in Perpignan ließ der König beifügen.[205] In der von Ferdinand I. von Kastilien 1414 erlassenen Polizeiordnung für Zaragoza wird das gleiche Verfahren ausführlich beschrieben und kodifiziert.[206]

Sanduhren erscheinen hier als Ersatz- oder Hilfsuhren in der Anfangszeit einer noch unvollkommenen Turmuhrentechnik. Aber ihre Bedeutung war weit größer. Sanduhren haben für die Durchsetzung des sozialen Gebrauchs der neuen Stundenrechnung und für die Erprobung neuer zeitorganisatorischer Techniken weit über das Spätmittelalter hinaus eine den Räderuhren mindestens vergleichbare Rolle gespielt.

Die Erfolgsgeschichte der Räderuhr hat die Gebrauchsgeschichte der Sanduhr weitgehend aus dem Bewußtsein verdrängt. Man kann an ihr aber verfolgen, wie der Umgang mit der Sequenz der gleichlangen Stunden und der Umgang mit abstrakten Fristen auf zwar verbundenen, aber doch unabhängigen Wegen erlernt worden ist.

## Die ersten kleinen Uhren

Die Geh- und Schlagwerktechnik bei den großen Turmuhren hat sich während der kommenden beiden Jahrhunderte offenbar kaum verändert. Verbesserungen und Variationen der Ausführungen, die sich aus zunehmender handwerklicher Erfahrung ergeben haben, wird man jedoch annehmen dürfen. Technisch eng verwandt sind die Haus- und Zimmeruhren, deren Gebrauch spätestens seit Beginn des 15. Jahrhunderts in wohlhabenderen Haushalten üblich wird. Auf Bildern finden sie sich seit dieser Zeit in einiger Zahl als Wanduhren und auf steinernen oder hölzernen Sockeln. Zu den ältesten Zeugnissen gehört eine goldgrundige Miniatur in einer 1406 Marie de Berry gewidmeten französischen Handschrift von Heinrich Seuses *Horloge de Sapience*. Ohne Bedeutung für die Entwicklung der öffentlichen Zeitindikation sind die Fortschritte bei der Konstruktion astronomischer Getriebe geblieben.[207]

Nur terminologisch als Neuerung erkennbar ist eine 1365 für Papst Urban V. in Avignon angekaufte »tragbare Uhr« wie sich auch der französische König 1377 von seinem Hofuhrmacher eine anfertigen ließ.[208] Dabei handelt es sich um transportable Uhren, die in diesen Jahrzehnten offenbar gesuchte Raritäten waren. Der Herzog von Burgund läßt eine solche Uhr im Jahr 1385 vor einer Reise nach Avignon überholen, und aus einer Bestellung des Infanten von Spanien im gleichen Jahr geht hervor, daß sie einen Sockel hatten und daß von ihrem Mechanismus erwartet wurde, daß man mit ihnen reisen und an allen Orten anhalten könne. Der französische König soll 1387–89 auf Reisen einen »Uhrträger« beschäftigt haben.[209]

Etwa ein Jahrhundert nach dem Beginn der Verbreitung der stundenschlagenden, nur ortsfest zu betreibenden und meist öffentlich zugänglichen Uhren wird ein neuer Uhrwerkantrieb entwickelt, der die Konstruktion nicht nur transportabler, sondern wirklich tragbarer Uhren ermöglichte.[210] Die ersten, noch undeutlichen Hinweise führen an die Wende zum 15. Jahrhundert. Eine Biographie des Konstrukteurs der Domkuppel in Florenz, Filippo Brunelleschi (1377–1446), berichtet, der gelernte Goldschmied habe in seiner Jugend Uhren und Wecker gebaut. Dabei habe er auch mit allerlei Zugfedern, »varie e diverse generazione di mole«, experimentiert.[211] Federn werden hier zum erstenmal im Zusammenhang mit Uhrwerkkonstruktionen erwähnt. Gegenüber dem Antrieb mit Gewicht und Seil hat eine gespannte Stahlfeder den Vorteil, daß sie ihre Energie in jeder Lage und auch dann, wenn man sie bewegt, abgibt. Der Nachteil ist, daß die abgegebene Energiemenge sehr ungleich groß ist, d.h. mit zunehmender Entspannung der Feder rasch nachläßt. Für einen möglichst gleich-

30. Hannibal speist in Capua, aus den *Römischen Geschichten* des Jean Mansel, Handschrift des 15. Jhs., Bibliothèque de l'Arsenal, Paris

31. Miniatur in einer der Marie von Berry gewidmeten Handschrift von Heinrich Seuses *Horologium Sapientiae* (um 1406), Bibliothèque Nationale, Paris

mäßigen Uhrwerkantrieb bedurfte es also nicht nur eines – damals noch schwierig herzustellenden – Stahlbandes, sondern auch eines Ausgleichs für die nachlassende Federspannung. Die Lösung war die sog. »Schnecke«, eine konische Rolle mit spiralförmiger Windung zur Aufnahme einer an der Feder befestigten Saite oder Kette.[212] Dabei wird der nachlassende Federzug kontinuierlich größer übersetzt und das Drehmoment gleichmäßiger. Wann und wo die Kombination von Federzug und Schnecke als Uhrwerkantrieb entwickelt worden ist, bleibt trotz zahlreicher wissenschaftlicher Bemühungen im dunkeln. Wiederum stützen Skizzen Leonardo da Vincis die Vermutung, daß die später übliche Lösung Ergebnis vielfältiger Versuche gewesen ist.[213]

Um 1430 war, wie die im Germanischen Nationalmuseum in Nürnberg erhaltene sog. »Burgunder-Uhr« zeigt, die Technik von Federzug und Schnecke ausgereift.[214] Solange dieser Antrieb für Uhren noch eine seltene Neuheit war, ist er in den Texten am Zusatz »ohne Gewichte« zu erkennen. Der französische König z. B. läßt im Jahr 1459 fünf Uhren anfertigen, darunter eine »demi orloge doré de fin or sans contre poix«.[215] Die neuen, durchweg kleineren Uhrwerke wurden für verschiedene Gehäuseformen hergestellt.[216] Neu waren die dosenförmigen Tischuhren, wie sie auch im Brüsseler Seuse-Manuskript [Abb. 24] vorgestellt werden. Mit der neuen Antriebstechnik ließen sich immer kleinere Uhren herstellen, und seit der Mitte des 15. Jahrhunderts wird die Miniaturisierung der Uhren zum modischen Trend. Der Astrologe und Hofuhrmacher des Marchese von Mantua erbietet sich im November 1462, ein »horologieto« zu bauen, das dem des Herzogs von Modena nicht nur ähnlich, sondern sogar besser sei. Für den gleichen Hof werden zwischen 1505 und 1507 mehrfach »horologieti« bzw. »horologini« hergestellt.[217] Vom Hof des Lodovico Sforza »il Moro« wird um 1490 nicht nur berichtet, daß kleine, tragbare Uhren (»horologini piccoli e portativi«) üblich seien, sondern daß man auch kleine schlagende Uhren in Ballkostümen befestigt habe.[218]

Damit ist noch nicht bewiesen, daß die am Körper zu tragenden Uhren in Italien entwickelt worden sind, wohl aber ist ausgeschlossen, daß der berühmte Nürnberger Uhrmacher Peter Henlein um 1510 die Sack- oder Taschenuhr, gelegentlich auch »Nürnberger Ei« genannt, »erfunden« hat. Dies ist zwar lange bekannt, aber da die Legende auch in renommierten Nachschlagewerken und Konversationslexika weiterlebt, ist noch einmal darauf einzugehen.[219] Interessant an dieser zählebigen Geschichte ist, daß sie erst am Ende des 19. Jahrhunderts auftaucht. Für ihre feste Verankerung im öffentlichen Geschichtsbild haben Carl Spindlers Novelle *Der Nürnberger Sophokles*, Walter Harlans Tragödie *Das Nürnberger Ei*, 1939 unter der Regie von Veit Harlan mit Heinrich George in der Hauptrolle verfilmt, und schließlich die 1942 von der Reichspost herausgegebene Briefmarke mit dem Henlein-Standbild gesorgt. Begleitet war diese späte Erfinder-Karriere von wissenschaftlichen Polemiken, deren Resultate aber kaum wahrgenommen worden sind.[220] Ältere Quellen haben demgegenüber Peter Henlein nie ausdrücklich als Erfinder der tragbaren Uhren bezeichnet und auch nicht als Hersteller eiförmiger Uhren.

1511/12 gibt Johannes Cochläus die *Cosmographia Pomponii Melae* heraus und fügt eine eigene *Brevis Germaniae Descriptio* hinzu, wo es in der Beschreibung Nürnbergs heißt:

Täglich erfinden sie (die Nürnberger Handwerker) subtilere Dinge. So stellt Peter Hele, noch ein junger Mann, Werke her, welche selbst die gelehrtesten Mathematiker bewundern; denn aus wenig Eisen fertigt er Uhren mit vielen Rädern, die, wie man sie auch wenden mag, ohne irgendein Gewicht 40 Stunden zeigen und schlagen, selbst wenn sie an der Brust oder im Beutel stecken.

In Johann Neudörfers *Nachrichten von den vornehmsten Künstlern und Werkleuten, so innerhalb hundert Jahren in Nürnberg gelebt haben* heißt es dann 1547:

Dieser (Andreas) Henlein ist fast der ersten einer, so die kleinen Uhrlein in die Bisam Köpf zu machen erfunden.[221]

Die zeitgenössischen Würdigungen heben also hervor, daß Henlein sehr vollkommene und sehr kleine, am Körper tragbare Uhren mit der erstaunlichen Gangdauer von 40 Stunden hergestellt habe. Außerdem sei er einer der ersten Uhrmacher gewesen, die Uhrwerke in sog. Bisamköpfe, kleine als Duft- und Desinfektionsmittel benutzte Moschusbehälter aus Edelmetall, eingebaut haben.

Peter Henlein (geb. um 1485, gest. 1542), 1509 Meister bei den Nürnberger Schlossern, wird in den Stadtrechnungen als Lieferant federzuggetriebener Uhren (»selbgehend arologium«) und auch eines Bisamapfels mit Uhrwerk (»vergulten pysn Appfel... mit einem Oaiologium«) erwähnt. Der Rat hat diese sicher sehr seltenen und sehr begehrten Uhren meist verschenkt. 1541 baut er eine Turmuhr für das Schloß in Lichtenau, und auch als Experte für astronomische Instrumente hat er sich hervorgetan. Nirgends wird dieser offenbar sehr begabte und sehr bekannte Uhrmacher zeitgenössisch als Erfinder namhaft gemacht. Das »Nürnberger Ei« ist ein philologisches Mißverständnis, das auf Johann Fischarts Rabelais-Übersetzung (1571) zurückgeht. Darin ist von dem »Nörnbergischen lebendigen Aeurlein«, einem Diminutiv für das alte Wort »aur« (Uhr), die Rede. Die erst später aufkommenden ovalen Halsuhren haben die Lesung »Eierlein« gefördert. Nürnberg hat sich im 15. Jahrhundert neben Augsburg zu einem bedeutenden Zentrum für die Herstellung feinmechanischer Instrumente entwickelt. Welchen Beitrag Peter Henlein zu

Nürnbergs Ruhm als Uhrmacherstadt geleistet hat, bleibt daher im dunkeln.[222]

Die seit dem 16. Jahrhundert sprunghaft steigende Produktion kleiner Zeitmesser, die »Personalisierung der Zeit« (D. Landes), eröffnet neue, zum Teil geschriebene Kapitel der Technikgeschichte[223], aber auch neue, ungeschriebene Kapitel der Geschichte des Zeitbewußtseins.

# 5

# Vom Prestigeobjekt zum städtischen Zubehör
## Die Verbreitung der öffentlichen Uhren im 14. und 15. Jahrhundert

Nicht eine beliebige Zeitanzeige, sondern die öffentliche Unterscheidung der Stunden nach der Zählzahl mittels eines Automaten hat Galvano Fiamma in seiner Bemerkung über die erste öffentliche Uhr in Mailand als äußerst nützlich für alle Stände bezeichnet. Der Hinweis auf den sozialen Nutzen der öffentlichen Uhren ist insofern bemerkenswert, als er vorweg formuliert, was in den europäischen Städten als Erfahrung in der zweiten Hälfte des 14. Jahrhunderts erst noch zu machen war.

Zu Beginn des 15. Jahrhunderts hatte sich nach zeitgenössischer Einschätzung die Lage völlig verändert. Die öffentliche Uhr war zum städtischen Attribut geworden, das Leben in der Stadt wurde mit dem Leben nach der Uhr identifiziert.

Für die Annahme und Verbreitung dieses neuen Geräts konnte der soziale Gebrauchswert erst auf mittlere und längere Sicht wirksam werden. Erst im Umgang mit den öffentlichen Uhren konnten sich ihre Nützlichkeit und später ihre Unentbehrlichkeit erweisen. Hier geht es zunächst um die Faktoren, die, unabhängig von Gebrauchserfahrungen, einen Umbruch befördert haben, der schon damals als Innovation empfunden wurde. Es geht um die Motive und Interessen der Handelnden und um die Anstöße und Anregungen, die jeweils zur Innovation geführt haben. Im Unterschied zur Erfindung (Invention) bezeichnet Innovation einerseits den datierbaren Vorgang der Einführung einer Neuerung an einem bestimmten Ort und andererseits die Gesamtheit solcher Ereignisse bzw. Vorgänge. Hinsichtlich geographischer Aspekte und hinsichtlich des Ablauftempos wird Innovation im weiteren Sinn auch Diffusion genannt.

Die Einführung der öffentlichen Uhren war nicht nur eine technische, sondern auch eine soziale Innovation. Obwohl am Anfang des 14. Jahrhunderts auch nicht-automatische Schlagwerke in Betrieb genommen und vielfach lange in Gebrauch geblieben sind, setzt die

Verbreitung der öffentlichen Uhren erst nach der Entwicklung gebrauchsfähiger Stundenschlagwerke ein. Diese technische Entwicklung war die Bedingung der Verbreitung der modernen Stundenrechnung als neuer sozialer Praxis aber nur in einem allgemeinen Sinn. Im Regelfall finden sich die Zeugnisse für diese Praxis in einer Stadt erst nach der Installation einer Uhr. Die neue Praxis verbreitet sich aber auch unabhängig von den technischen Voraussetzungen. Viele Städte übernehmen sie vor der neuen Technik, indem sie sich so lange mit einer Türmeruhr und manuell ausgelösten Stundenschlägen behelfen, bis die baulichen, finanziellen oder personellen Voraussetzungen für die Installation einer automatisch schlagenden Turmuhr gegeben waren. In Montpellier z. B. wird erst 1410, also relativ spät für eine Stadt dieser Größenordnung, eine Turmuhr angeschafft, weil sich der seit 1398 nachzuweisende manuelle Stundenschlag als zu unzuverlässig erwiesen hatte. Am Dom in Xanten war eine Stundenglocke spätestens seit 1375 in Betrieb. Erst 1383 wird auch von einer Uhr gesprochen. Außerdem waren die frühen Schlagwerke technisch aufwendiger und störanfälliger als die Uhrwerke. Fielen sie aus, mußte das öffentliche Stundensignal mit anderen Mitteln aufrechterhalten werden. An den oben erwähnten Stundenschlag mit Hilfe von Sanduhren in Barcelona, Perpignan und Zaragoza sei nur erinnert. Solche Verfahren waren jedoch Notlösungen und sehr selten. Im folgenden bleiben daher die besonderen technischen Umstände des Innovationsvorgangs in einzelnen Städten außer Betracht. Wenn zum Beispiel in Eßlingen 1395 in einer Urkundendatierung die »horglock« erwähnt wird, gilt das als ein Fall von Innovation unabhängig von den technischen Mitteln und auch dann, wenn sich dort erst mehrere Generationen später die nächste vergleichbare Zeitangabe findet.[1] Obwohl sich vielfach Rückschläge beim Übergang zur modernen Stundenrechnung beobachten lassen, wird die Innovation bzw. Diffusion öffentlicher Zeitindikation als ein irreversibler Prozeß behandelt.

Die in der Forschung vertretenen Ansichten über die für die Verbreitung der öffentlichen Uhren ausschlaggebenden Faktoren gehen trotz mancher Nuancen sämtlich auf Gustav Bilfingers grundlegende Arbeit zurück. Danach sind die Schlaguhren und die moderne Stundenrechnung zu einem Erfordernis für die immer komplexeren Lebensformen der Stadtbürgerschaft geworden, wobei Bilfinger insbesondere auf die Koordinationsbedürfnisse des städtischen Handels und Gewerbes hinweist. Schlaguhren und moderne Stundenrechnung seien Produkt des aufsteigenden Stadtbürgertums und der von diesem Bürgertum beförderten Verweltlichung der Bildung: »So drängte der ganze Entwicklungsgang des städtischen Lebens mit einer gewissen Naturnotwendigkeit auf die Erfindung der Schlaguhr hin, und aus den

Bedürfnissen des städtischen Lebens ist sie auch wirklich hervorgegangen.«

Zwar ist der soziale Ort der Erfindung nicht genau bekannt. Da die frühen Schlaguhren aber bisher nur im städtischen Raum nachzuweisen sind, bleiben Bilfingers Hypothesen durchaus diskutabel. Auch auf einige den Innovationsvorgang in der ersten Phase begünstigende Faktoren wird bei Bilfinger hingewiesen: »In den Ländern, für die wir die genaue Kenntnis haben (Italien und die Niederlande), findet man in der Regel, daß der Anstoß zur Errichtung der Schlaguhren von Fürsten und reichen städtischen Gemeinden ausgegangen ist.« An die einleitend skizzierten übrigen Hypothesen (vgl. S. 19ff.) sei hier kurz erinnert: Werner Sombart pointiert sie und deutet die Beschaffung öffentlicher Uhren durch »moderne Fürsten und fortschrittliche Stadtverwaltungen« als Anzeichen für den in Italien erreichten Stand merkantiler Rationalität. Auch Marc Bloch stützt sich auf Bilfingers Arbeit, wenn er die öffentlichen Uhren als aus den Mitteln städtischer Bourgeoisien finanziert bezeichnet. In seiner Arbeit über die spätmittelalterlichen Großhändler und Bankiers vor allem in Genua, Mailand und Florenz hebt dann Yves Renouard die moderne Stundenrechnung als Manifestation des durch diese Gruppen getragenen Mentalitätswandel hervor. Christian Bec macht die Kaufleute dann zu Agenten des Bewußtseinswandels: »Die Kaufleute des 14. Jahrhunderts schufen die regelmäßige, laisierte Stunde, die städtische Stunde, die Stunde der Öffnung und Schließung der Läden und Werkstätten, indem sie die ersten kommunalen Uhren bauten.«[2]

Jacques Le Goff hat diese Thesen aufgenommen und den Händlern ein Bedürfnis nach genauer gemessener Zeit zugeschrieben. Das von Bilfinger konstatierte kirchliche Desinteresse an den Schlaguhren hat Sombart – und das wird heute gelegentlich phantasievoll entfaltet – in kirchlichen Widerstand umformuliert.[3] Aus dieser Akzentverschiebung wurde bei Le Goff schließlich die inzwischen gängige Schlagwortopposition der neuen »Zeit der Kaufleute«, die die alte »Zeit der Kirche« abgelöst hätte, geprägt. Zusätzlich hat er auf die Interessen der Kaufleute in ihrer Rolle als städtische Arbeitgeber hingewiesen und die städtischen Uhren als Instrumente ihrer politischen und ökonomischen Herrschaft bezeichnet. Daraus ergab sich dann zwanglos seine Vermutung, daß die Hauptverbreitungsgebiete der öffentlichen Uhren mit den Krisengebieten der städtischen Textilindustrie identisch seien.[4]

Innerstädtische Differenzierung und Koordination, merkantile Interessen, Arbeitgeberinteressen, fürstlicher Luxus und kirchlicher Widerstand – so lassen sich die bisher für die Verbreitung der öffentlichen Uhren als bedeutsam ins Spiel gebrachten Faktoren stichwortartig bezeichnen, wobei zu berücksichtigen ist, daß die Hypothesen für die Autoren jeweils nur Teilargumente umfassenderer Aussagen über den Wandel des Zeitbewußtseins gewesen sind.

Vor der Prüfung dieser Hypothesen an den bekannten und an den neuaufgefundenen Quellen muß zunächst der Untersuchungsgegenstand eingegrenzt werden. Technikgeschichtlich wäre allenfalls der Unterschied von Uhren mit und ohne Schlagwerk von Belang. Beide Werktypen lassen sich größer oder kleiner auslegen. Die Unterscheidung von öffentlichen und nicht-öffentlichen Uhren erweist sich jedoch als wichtig, weil sich der Wandel der Praxis der Tageszeitbestimmung und damit einer der nachvollziehbaren Aspekte des Bewußtseinswandels nur in Verbindung mit der Ausbreitung der öffentlichen Uhren und nicht der mechanischen Uhren überhaupt verfolgen lassen. Diese Unterscheidung, auf deren Notwendigkeit G. Bilfinger deutlich hingewiesen hatte, ist in der wissenschaftlichen und populären Literatur immer wieder übersehen und vernachlässigt worden. Gegen klare Quellenaussagen wird Pierre Pipelarts »horologium regis« zur ersten öffentlichen Uhr in Paris erklärt, die Straßburger Münsteruhr taucht in Listen früher Turmuhren auf. Dondis Astrarium wird zu einer Kirchenuhr.[5] Um das Weiterwälzen solcher Irrtümer zu verhindern, soll den hier benutzten Unterscheidungskriterien eine knappe Mitteilung der Quellen zu den frühesten öffentlichen Uhren folgen.

## Was ist eine öffentliche Uhr?

Der Begriff »öffentliche Uhr« wird schon 1353 von Petrarca als Beschreibung einer Neuerung der eigenen Zeit gebraucht, bleibt aber bis zum Ende des 15. Jahrhunderts sehr selten.[6] Nur diejenigen Uhren sollten als öffentliche bezeichnet werden, die die Sequenz der Stunden des Volltages akustisch oder optisch angezeigt haben. Auf die verwendete Technik – Türmeruhr oder Turmuhr – kommt es dabei nicht an. Unter Öffentlichkeit sollte dabei jede größere Menschenzahl verstanden werden, vor allem Stadtbewohner, aber auch die Angehörigen einer herrscherlichen Residenz oder die Umwohner eines Klosters oder die Angehörigen einer Universität. Nach den Texten sollte eines oder mehrere der folgenden Kriterien erfüllt sein, Gehalt und Kontext der Quellen sollte keines dieser Kriterien ausschließen: zeitgenössische Bezeichnung der Uhr als öffentlich, als Stadtuhr, als »große Uhr« etc.[7]; zeitgenössische Hinweise auf kontinuierliche Zeitindikation, z. B. der »24 Stunden« bzw. der »Stunden des Tages und der Nacht«;[8] öffentlicher Bauauftrag bzw. öffentliche Finanzierung von Bau, Wartung und Reparaturen; öffentlich relevanter Gebrauch des Zeitsignals, z. B. in städtischen Statuten oder Urkundendatierungen[9]; öffentlicher Anbringungsort, hohes Gewicht von Uhrwerk oder Uhrglocke, Reichweite des Zeitsignals.[10]

Lassen sich mit Hilfe dieser Kriterien auch nicht alle Zeugnisse zweifelsfrei interpretieren, so ergibt deren Anwendung doch ein hinreichend konsistentes und gegenüber dem »Veto der Quellen« hinreichend sicheres Bild der frühen Geschichte der öffentlichen Uhren.

## Die ersten öffentlichen Uhren

1307/8 Orvieto: Nach den Riformagioni (Ratsprotokolle und Statuten) dieser Jahre hat der Rat die Erhebung einer Steuer für die Reparatur einer Uhr (*ariologium sive campanile*) auf dem Rathaus und im folgenden Jahr die Anstellung eines Wärters für ihren Betrieb beschlossen. Über die Technik und über den Gebrauch der modernen Stunden ist zu dieser Zeit nichts bekannt. Die zeitlich folgenden, ebenfalls noch sehr frühen Hinweise auf den schwierigen Gebrauch der italienischen Form der Stundenrechnung für die Uhr auf dem Torre Maurizio an der Dombaustelle (1351) machen wahrscheinlich, daß deren Einführung in die Zeit zwischen den beiden Daten fällt.[11]

1309? Modena: Guß einer 900 kg schweren Glocke »mit der die Stunden geschlagen werden«; 1343 wird im Dom eine Uhr aufgestellt.[12]

1317/18?, 1336 Parma: Als Pausensignal für die Lohnarbeiter wird eine kommunale Glocke, »quae pulsatur pro horis«, angeordnet. »Horas pulsare« ist ein alter, auch für das Läuten der kanonischen Stunden gebrauchter Ausdruck. Dennoch sprechen in Modena das Gewicht der Glocke und in Parma der Gebrauchszusammenhang für ein städtisches Zeitsignal. Sicher ist von einer Uhr die Rede, wenn in Parma 1336 angeschafft wird: »eine andere kleine Glocke, die auf dem Stadtturm war, die die Stunden des Tages und der Nacht schlug.«[13]

1322 Ragusa (Dubrovnik): Nach den Riformagioni beschäftigt die Stadt in diesem Jahr einen Uhrwärter. Ragusa war zu dieser Zeit unter direkter Herrschaft der Republik Venedig und bezog während des 14. Jahrhunderts den größten Teil des qualifizierten Personals aus Italien. Die Herkunftsangabe des Uhrwärters ist nicht eindeutig. Vermutlich stammte er aus Reggio Calabria. Eine große Turmuhr läßt die Stadt erst 1389 von einem süditalienischen Meister bauen.[14]

1325/1344 Valenciennes: In der Ordnung der Tuchhalle wird der Verkauf durch ein Uhrsignal, »arloges, erloges, orloge oder orloges«, begrenzt. Bei der Wiederholung dieser Bestimmungen 1344 wird die

Uhr auch in einer topographischen Angabe erwähnt. Da es in diesem Bereich keine Zeugnisse für den Gebrauch der modernen Stunden gibt, könnte es sich auch um ein nach Art der Weckuhren zu einem bestimmten Zeitpunkt ausgelöstes Glockensignal handeln. Es fällt aber auf, daß in den Stadtrechnungen schon 1352 eine Reparatur der Uhr auf dem Beffroi erwähnt wird, und, daß diese Uhr 1363 »große Uhr« genannt wird.[15]

1336 Mailand: Hier sind der öffentliche Ort, der kontinuierliche Stundenschlag und der frühe Gebrauch der modernen Stunden eindeutig belegt. Damit bleibt diese auf Initiative des Azzo Visconti errichtete Uhr die erste sicher bezeugte schlagende Turmuhr.[16]

1344 Padua: Für die Turmuhr auf dem Herrscherpalast der Carrara heben die Chroniken den automatischen Schlag der 24 Tagesstunden hervor. Was sich hinter der auf der Erinnerungsplatte für Jacopo Dondi erwähnten Erfindung (»inventum«) verbirgt, bleibt undeutlich. Sehr frühe moderne Stundenangaben ergänzen das Bild.[17]

1347 Monza: Das für den Dom aus Mailand herbeitransportierte Uhrwerk (»orrelorium«) ist von einem im Dienste der Visconti stehenden Magister Johannes gebaut worden. Dabei handelt es sich vermutlich um den 1352 als herzoglichen Ingenieur in Mailand erwähnten Johannes Mutina de Organis, der 1353/54 in Mailand eine Uhr gebaut hat, die dann in den Turm des Doms in Genua gebracht worden ist.[18]

1349? Vicenza: Nach einem Statut für den städtischen Klerus soll so zur Matutin so geläutet werden, daß sich die Bürger »nach der Uhr« richten können.[19]

1352 Triest: In den Zusätzen zu den städtischen Statuten wird der Bau einer Uhr für den öffentlichen Gebrauch vorgesehen.[20]

1353/54 Genua: Giovanni Visconti hatte Genua 1353 annektiert. Auf seine Veranlassung baut Johannes Mutina die Uhr für den Domturm, die ausdrücklich als die erste Stadtuhr, die »jede einzelne Stunde des Tages und der Nacht schlägt«, bezeichnet wird.[21]

1353 Florenz: Die Uhr auf dem Turm des Palazzo Vecchio ist eine kommunale Unternehmung. Gregorio Dati berichtet um 1400, daß man die Uhrglocke in der ganzen Stadt hören konnte.[22]

1351/53 Windsor Castle: Die Uhr im großen Turm wird in London von einem Uhrmacher aus Italien mit zwei Gehilfen gebaut und auf Wagen nach Windsor gebracht. Der Glockenhammer wiegt 160 Pfund.[23]

1353 Avignon: Der päpstliche Hof hatte seit Beginn des Jahrhunderts mehrere Uhren und beschäftigte seit 1336 einen eigenen Uhrwärter. Im Jahre 1353 wird an einem großen Uhrgehäuse gearbeitet, das bemalt und innen beleuchtet war. Es könnte sich dabei um eine große Uhr innerhalb eines Gebäudes, wie sie bei Villard de Honnecourt skiz-

32. Aus einer illuminierten Handschrift der Chroniken des Jean Froissart, Bibliothèque Nationale, Paris

ziert ist oder um den neuen Bautyp eines gedrungenen Uhrturms handeln, wie er vielleicht einer Darstellung des päpstlichen Palastes in einer Miniatur des 15. Jahrhunderts entspricht.[24] Die Stadt Avignon erhält erst 1374/75 als Stiftung des Papstes eine öffentliche Uhr.

1354? Prag: Für eine öffentliche Uhr mit unbekanntem Standort spricht die Erwähnung eines abendlichen zweiten Uhrschlags in den Statuten eines Kollegiatkapitels, die Erwähnung der Witwe eines Uhrmachers (1359) und eines kaiserlichen Uhrmachers (1361). Die Übernahme der italienischen Form der Stundenzählung in den Ländern der böhmischen Krone begründet die Vermutung, daß auch die Technik aus Italien importiert worden ist.[25]

1356 Bologna: Giovanni da Oléggio aus der Familie der Visconti veranlaßt den Bau einer stundenschlagenden Uhr (»arlogium pro horis pulsandis«) und den Guß der Glocke für den Turm des Stadtpalastes.

Auch diese Uhr wird ausdrücklich als erste Stadtuhr bezeichnet.[26]

1356 Perpignan: Der von König Pedro IV. von Aragon erteilte Bauauftrag für eine Uhr in einem Turm des Schlosses besagt, daß gebaut werden soll: »für den gemeinen Nutzen... eine Uhr (»arelotge«) und eine Glocke (»scimbalum«), aus deren Schlag und Klang die Stunden des Tages und der Nacht einzeln erkennbar sind.« Der König kümmert sich persönlich um die zügige Durchführung der Unternehmung. Das Uhrwerk hat nach den erhaltenen Abrechnungen rund eine Tonne, die Uhrglocke rund drei Tonnen gewogen. Als Konstrukteur wird Antonio Bovelli aus Avignon, zuvor bei den päpstlichen Bauten als Bleidekker beschäftigt, genannt.[27]

1356? Pisa: Seit diesem Jahr mehrere moderne Stundenangaben in der Chronik des Rainieri Sardo.[28]

1358? Venedig: Giovanni de fu Guidotto de Relogiis erhält vorzeitig, nachdem er 12 statt 15 Jahre in der Stadt gewohnt hat, das Bürgerrecht. Der Beiname macht wahrscheinlich, daß entweder er oder sein Vater Verdienste um eine besondere Uhr hatten.[29]

1358 Regensburg: Aus Stiftungsmitteln wird eine städtische Bauaufgabe, die »Besserung der Horen« auf dem Marktturm, bezahlt. Die nicht mehr nachprüfbare Notiz aus den städtischen Kammerrechnungen bezieht sich sicher auf eine Stundenglocke und wahrscheinlich auch auf eine öffentliche Uhr.[30]

1359 Vincennes (Residenz des französischen Königs bei Paris): Die datierte Uhrglocke nennt den späteren König Karl V. von Frankreich als Stifter oder Auftraggeber. Uhr und Stundenschlag werden in der Glockeninschrift ausdrücklich erwähnt: »J. J. ma faicte pour orloge suy ordenee les heures«.[31]

1360 Siena: Die Uhr für den Turm an der Piazza del Campo war offenbar eine kommunale Unternehmung.[32]

In dieser Aufstellung der frühesten öffentlichen Uhren sind die erwähnten Uhren mit Figurenautomaten, Glockenspielen und astronomischen Indikationen nicht berücksichtigt. Diese Uhren verkörpern eine ältere technische Tradition und waren in dieser Zeit weiter verbreitet als die schlagenden Turmuhren.[33] Soweit solche Uhren nicht in Herrscherpalästen, sondern frei zugänglich im Inneren der Kirchen aufgestellt waren, richteten sich ihre Indikationen an eine Öffentlichkeit. Einige dieser Uhren hatten Zifferblätter mit Stundenangaben, lange bevor solche auch an Turmuhren angebracht wurden.[34] Die Spielwerke und Automaten setzten sich regelmäßig, zum Teil wohl auch stündlich in Bewegung. Die Bestimmung der Tageszeit war mit diesen Uhren möglich, aber allenfalls eine Nebenabsicht. Als öffentliche Uhren nach den oben formulierten Kriterien sind sie in dieser Zeit jedoch nicht benutzt worden. Nirgends findet sich eine Zeitangabe, die sich auf diesen Uhrentyp beziehen läßt. Ein Zusammenhang ihrer Verbreitung mit der Verbreitung der modernen Stundenrechnung läßt sich nicht erkennen. Die Wortwahl der Straßburger Chroniken macht deutlich, daß beide Uhrentypen schon damals klar unterschieden worden sind. Die 1354 fertiggestellte Automatenuhr in der Münsterkirche wird dort als »urley mit den drigen künigen«, die erst 1372 installierte Turmuhr aber ihrer Funktion entsprechend als »zit glocke ... die do die stunden sleht« bezeichnet.[35]

Hier geht es nur um die jüngere technische Tradition, die allein für die Praxis der Tageszeitbestimmung von Bedeutung war. In der Zeit danach verbinden sich die beiden Linien; astronomisch-kalendarische Indikationen und Zeitsignale wurden am Ende des 14. Jahrhunderts häufig gekoppelt. Die Uhr im Frankfurter Dom erhielt 1372 ein Zifferblatt im Innern der Kirche und eine Schlagglocke im Turm.[36] Die Miniatur im Brüsseler Seuse-Manuskript [Abb. 24] zeigt, daß ein solches Arrangement technisch einfach war. Für die Zeit nach 1360 wird hier daher angenommen, daß auch da, wo die Quellensprache nicht eindeutig ist, eine Schlagwerkkopplung existiert hat oder das Zeitsignal manuell nach einer anderen Uhr reguliert worden ist. Für diese Fälle wird dann die früheste Erwähnung einer Uhr als Datum der ersten öffentlichen Uhr behandelt. Sofern, wie z. B. in Straßburg, die öffentliche Uhr als zusätzliche oder nachträgliche Einrichtung unterscheidbar ist, wird deren Datum benutzt.

Für die erste Diffusionsphase erbringt ein Blick auf die Liste der öffentlichen Uhren bis zum Jahre 1360 unmittelbar ein erstes Ergebnis und einen wichtigen Hinweis. Die öffentlichen Uhren und die moderne Stundenrechnung haben ihren Ursprung in den italienischen Städten. Petrarca spricht an der angeführten Stelle ausdrücklich von einer in Oberitalien verbreiteten Neuerung. Die vermutlich in Italien entwickelte Technik wird zunächst nur von italienischen Technikern in andere Länder exportiert. Unabhängig von der Existenz einheimischer Uhrmacher werden italienische Turmuhrenbauer in Avignon und Perpignan ebenso tätig wie in England. Böhmen und für eine gewisse Zeit auch Österreich und das Königreich Polen übernehmen die italienische Form der Stundenrechnung. Die Orte der Verbreitung sind große Städte und zu einem bemerkenswerten Teil Residenzen. Über Motive und Anstöße verraten die Quellen zumeist wenig. Einige, für die Diffusion wirksame Faktoren lassen sich jedoch ausmachen.

Hatten um die Mitte des 14. Jahrhunderts vor allem die Visconti, dann aber auch die Carrara, die Este, der König von Aragon und der Papst für die Verbreitung der neuen Technik gesorgt, so fördern in der Folgezeit viele andere Landesherren an ihren Residenzen und in ihren Städten aktiv deren Verbreitung.

Nach dem Schloß in Windsor läßt Edward III. von England 1366–69 seine Residenzen in Queenborough, Sheen und King's Langley ausstatten. Die erste öffentliche Uhr in London wird in der gleichen Zeit im Palast von Westminster gebaut und in den folgenden Jahrzehnten durch den König unterhalten.[37]

Karl V. von Frankreich versorgt außer Vincennes auch seinen Stadtpalast St. Pol in Paris und seine Residenzen Beauté-sur-Marne (1377) und Montargis (1380). Auf seine Veranlassung wird die erste öffentliche Uhr der Stadt Paris, die Horloge du Palais (1370) gebaut. Die Turmuhr der Kathedrale von Sens (1375) unterstützt der König durch die Entsendung eines Glockengießers und des königlichen Uhrmachers Pierre Merlin. Außerdem bewilligt er 500 Livres aus den Abgaben. In Noyon ermöglicht er 1379 durch Bewilligung von 100 Goldfranken die Fertigstellung der Stadtuhr. Die öffentliche Uhr in Avignon, die der Papst für die Stadt bauen läßt, unterstützt der französische König durch die Entsendung seines Hofuhrmachers Pierre de Ste. Béate (1374/75). Unter seinem Nachfolger erhält das Schloß Melun eine Uhr, und Pierre Merlin baut auch die großen Uhren von Angers (1384) und Poitiers (1387). Karl VI. fördert mit Nachdruck den Bau einer großen Uhr nach Pariser Vorbild auf einem Brückenturm in Lyon (1381) und interveniert zugunsten der Bürger in Nîmes, die gegen den Widerstand der Kanoniker die Stadtuhr auf einen Turm der Kathedrale setzen wollen (1399). Karl VII. setzt durch ein Geschenk von 200 Livres für die Uhr in Blois (1452) diese Initiativen fort.[38]

Kaum weniger aktiv sind die französischen Prinzen von Geblüt. Der Herzog Jean de Berry läßt die Uhr der Kathedrale von Bourges 1372 für 500 Goldfrancs bauen und dafür einen Uhrmacher aus dem Reich kommen. Er stattet seine Residenzen La Nonette und Mehun-sur-Yèvre 1378 aus und veranlaßt in Poitiers, der Hauptstadt seiner Apanage, den Bau eines gewaltigen Uhrturms. Von den Kosten übernimmt er selbst 70 Prozent. Die Stadtuhr in Riom wird auf Wunsch des Herzogs installiert (1391), ebenso die in Niort (1396), wo die Erhebung einer besonderen Abgabe bewilligt wird. Ein Geschenk des Herzogs war wahrscheinlich die Uhr von St. Jean-d'Angely (um 1400). In Villefranche-en-Rouergue unterstützt er die Unternehmung durch ein Geschenk von 200 Franc, in Vierzon wird 1428 die Verwendung einer

Aide für die Stadtbefestigungen und die öffentliche Uhr genehmigt.[39] Schon das aus verstreuter Überlieferung gewonnene Bild zeigt den Einfluß der Träger politischer Herrschaft bei der Verbreitung der neuen Technik. Das wirkliche Ausmaß dieser aktiven Modernisierung von oben wird jedoch erst in der sehr dichten Überlieferung aus dem burgundischen Herrschaftsbereich erkennbar. Wie ihre Standesgenossen waren die Burgunderherzöge Sammler kostbarer und komplizierter Uhren. Mehrere festbesoldete Uhrmacher kümmerten sich um diese Sammlungen und warteten auch die Uhren der Residenzen und Stadtschlösser, von denen sich bis zum Beginn des 15. Jahrhunderts mehr als ein Dutzend nachweisen lassen: Rouvres, Montbard, Villaines, Germolles, Brüssel, Brügge, Gent, Arras, Mâle, La Montoire, Hesdin, Locquignol und Le Quesnoy.

Dijon, die Hauptstadt des Herzogtums, erhielt seine öffentliche Uhr durch eine spektakuläre Beuteaktion. Nach dem Sieg über die aufständischen Flandern in der Schlacht von Roosebeeke (1382) läßt Philipp der Kühne die mit Figurenautomaten geschmückte Uhr der Stadt Kortrijk, die der Chronist Froissart als eine der schönsten überhaupt rühmt, demontieren und auf Ochsenkarren nach Dijon bringen. Der Herzog subventioniert den Wiederaufbau auf der Kirche Notre-Dame durch 100 Franc, die Herzogin gibt noch 50 Franc dazu. Zu kleineren Beiträgen werden die Juden der Stadt und italienische Geldverleiher veranlaßt. Der größte Teil der Kosten muß allerdings durch eine Sondersteuer auf die Bürger umgelegt werden.[40]

In den niederländischen Gebieten treten die burgundischen Herzöge bei der Errichtung städtischer Uhren teils aktiv fördernd, teils in ihrer Rolle als Herren der kommunalen Finanzen hervor. Mons im Hennegau hatte damals noch keinen Beffroi. Der Herzog gestattete den Bürgern die Installation der Uhr auf seinem Schloß und übernimmt auch für die Folgezeit die Hälfte der Unterhaltskosten. Der Stadt Lens schenkt die Herzogin 20 Franc für ihre Uhr, Aire-sur-la-Lys erhält 1394 vom Herzog 200 Franc ebenfalls als Geschenk – ein aufschlußreicher Sachverhalt deshalb, weil die 1355 genehmigte Werkglocke von Aire-sur-la-Lys Jacques Le Goff zur Bezeichnung der öffentlichen Uhren als Instrumente der Klassenherrschaft der Kaufleute veranlaßte.[41] Wie die später bekannt gewordene Schenkung zeigt, hat sich die neue »temps du drapiers« hier nur mit kräftiger landesherrlicher Nachhilfe durchsetzen können. Zu diesen Schenkungen kommen steuerpolitische Hilfen. Sluis darf 1396 eine Steuer für den Bau der Stadtuhr erheben, ebenso Tamise im Jahre 1403. Im gleichen Jahr wird der Stadt Termonde der Verkauf von Leibrenten für die Erneuerung einer vorhandenen Uhr gestattet.

Im Herzogtum Burgund darf Beaune 1395 auf Wunsch der Einwohner einen Teil der Salzabgaben verwenden, weil die Uhr nicht nur für die Stadt, sondern auch für die herzoglichen Beamten und Richter von Nutzen sei. Deshalb drängt der Herzog auch auf rasche Fertigstellung. Auch in Chalon-sur-Saône wird mit herzoglicher Erlaubnis auf diese Weise finanziert (1402/7), in Nevers gestattet der Herzog 1399 nur die Benutzung eines seiner Gebäude, die Kosten müssen die Einwohner selbst übernehmen.

Vergleichbare Maßnahmen lassen sich während der ganzen burgundischen Epoche verfolgen. Johann von Burgund gestattet den Einwohnern von Auxerre 1457 die Versetzung der Stadtuhr auf einen Festungsturm. Die letzte Stadt, der die Burgunderherzöge zu einer Uhr verhelfen, war Nivelles. Die Umstände erinnern an die Vorgänge in Dijon und erscheinen als eine Art Revanche für den Raub der Kunstuhr von Kortrijk. Karl der Kühne nimmt 1469 seinen feierlichen Einzug als Herzog von Brabant zum Anlaß, der Stadt eine große Uhr mit Figurenautomaten und Glockenspiel zu schenken.[42]

In Spanien, in Frankreich und in den Niederlanden folgen größere und kleinere Herrschaftsträger vielfach diesen Beispielen. Der spanische König autorisiert Uhr und Glocke in Barcelona (1392) mit der Begründung, Schlaguhren seien erfunden worden, damit die Bürger ehrbarer Städte geordnet leben und Verschlafene und Müßiggänger zu tugendhaften Werken aufgerufen würden.[43] Italienische Fürsten setzen die von den Visconti begonnene, aktive Förderung städtischer Innovation fort. Cansignorio, Stadtherr von Verona, läßt Uhr und Uhrturm in Verona bauen (1371). Pinerolo in Piemont erhält 1379 eine Stadtuhr auf Veranlassung des Grafen Amadeus VI. von Savoyen, der zuvor schon in Chambery diese Anschaffung auf Kosten der Bürger in einem Turm seines Schlosses veranlaßt hatte. Auch die Uhr in Turin geht vermutlich auf seine Initiative zurück. Der Herzog von Toskana, Cosimo Medici, stiftet 1571 in Prato eine Uhr für das Gemeinwohl eines Viertels, weil die Stadtuhr offenbar nicht überall gehört werden konnte.[44]

In vielfältigen Formen waren die Landesherren an der Beschaffung der öffentlichen Uhren in den Städten ihrer Territorien beteiligt. Der autoritäre Charakter herrschaftlicher Innovationsförderung tritt überall da hervor, wo der Herrschaftsträger selbst handelt oder »iussu domine«, ausdrücklich auf sein Geheiß, gehandelt wird. Der mäzenatische Aspekt dieser Förderung zeigt sich da, wo Geschenke oder Subventionen die Beschaffung erst ermöglicht haben. Daß dergleichen Geschenke auch einen politischen Preis hatten, spielt dabei keine Rolle. Entscheidend ist, daß sie Zeitpunkt und evtl. auch Qualität der Beschaffung beeinflussen. Wo die Verwendung von Steuern und Abgaben für die Finanzierung öffentlicher Uhren gestattet wird, bezahlen die Städter oder die Teilnehmer am städtischen Markt mit eigenem

Geld; lediglich die Erhebung und die Umlage ist an herrschaftliche Vorbehaltsrechte geknüpft. Im 16. Jahrhundert wird in Frankreich der Bau und Unterhalt städtischer Uhren von besonderen Bewilligungen unabhängig und dauerhaft in den städtischen Haushalten verankert. Auf dem Ständetag in Blois 1576 werden die Städte ermächtigt, aus den bewilligten Steuern unmittelbar über Beträge für öffentliche Bauten zu verfügen. Ausdrücklich wird der Unterhalt der Uhren als Instandhaltungsaufgabe genannt.[45]

Auffällig auch, daß die Finanzierung der öffentlichen Uhren unter Beteiligung der Landesherren nur in den Niederlanden, in Frankreich und in einigen italienischen Territorien üblich war, nicht aber in den Städten des Römischen Reichs. Herrscherliche Beteiligung an städtischen Investitionen war in Frankreich, in Burgund und in Savoyen also einerseits Ausdruck geringerer kommunaler Autonomie. Dem entsprach andererseits eine engere finanzielle Abhängigkeit und eine engere politische Allianz, die mindestens bei den kleineren Städten günstige Voraussetzungen für von oben bewirkte Innovationen geschaffen hat.

Mit den vom Landesherren bewilligten Steuergeldern werden nicht nur die städtische Uhr, sondern häufig in Verbindung mit ihr auch Befestigungsanlagen, Wach- und Kirchtürme, die Beseitigung von Feuer- und Kriegsschäden, also eine ganze Palette städtischer Infrastrukturinvestitionen finanziert. Mindestens in den burgundischen Städten war es sogar üblich, daß kleine Städte bei solchen Maßnahmen aus der herzoglichen Kasse unterstützt wurden.[46]

Nun war die Beschaffung einer öffentlichen Uhr nicht nur ein nützliches, sondern auch ein prestigeträchtiges Unternehmen, das der Stadt, aber auch dem Stadtherrn Ansehen verschaffte. Auch wenn dies in den Quellentexten nur gelegentlich ausdrücklich gesagt wird, durch die häufigen Erwähnungen der öffentlichen Uhren in den Chroniken der Städte, aber auch der Herrscherhäuser wird es hinreichend deutlich. Selbst wenn ein Teil der Bewilligungen auf Anträge und Gesuche aus den Städten zurückgeht, durch die projektierte Errichtung einer öffentlichen Uhr sind die herrscherlichen Entscheidungen sicher beeinflußt oder beschleunigt worden.

Der Prestigewert solcher Installationen wird an einer besonderen Form landesherrlicher Gestattungen, bei der finanzielle Erwägungen keine Rolle spielen, besonders deutlich. Weil sie von allen gehört werden sollte, wurde die öffentliche Uhr möglichst in einem städtischen Turm installiert. Die Uhrglocke wurde meist bei der Stadtglocke angebracht, sofern das Zeitsignal nicht direkt auf die Stadtglocke geschlagen wurde. Der typische Ort der öffentlichen Uhr war damit von Anfang an ein politisch hochsensibler Bereich. Stadtturm und Stadtglocke waren juristischer und symbolischer Ausdruck kommunaler Autonomie und seit dem 13. Jahrhundert Zentrum des städtischen Signalensembles (vgl. S. 185). Kommunale Rebellionen gegen den Landesherrn – häufig durch Läuten der Stadtglocke eingeleitet – wurden in Frankreich und in den Niederlanden durch Entzug des Rechts auf Turm und Glocke und häufig auch durch Zerstörung dieser Symbole bestraft. Seit der zweiten Hälfte des 14. Jahrhunderts tauchen in den Begründungen für Wiedergestattungen von Türmen und Glocken öffentliche Uhren als ein Argument auf, in dem pragmatische Erwägungen symbolisch hochbedeutsame Vorgänge schützen oder verdekken.

Die Einwohner von Cambrai hatten zu Beginn des 13. Jahrhunderts gegen den bischöflichen Stadtherrn rebelliert. Dieser hatte die Stadt durch Zerstörung des Beffroi und der Stadtglocke bestraft.[47] Praktisch konnten die Bürger nicht mehr zu aufrührerischen Versammlungen läuten, sie waren symbolisch erniedrigt worden. Gegen den Bischof, der ihnen Turm und Glocke vorenthielt, suchten und fanden die Einwohner Hilfe beim Römischen König Wenzel, der ihnen 1395 gestattete, einen Beffroi mit einer Turmuhr zu bauen. Der Widerstand des Bischofs gegen dieses Unternehmen wurde erst am Anfang des 16. Jahrhunderts durch die Erneuerung dieser Gestattung durch Maximilian I. gebrochen. Die Bürger von Béthune in Flandern bitten 1388 den Grafen von Namur um die Erlaubnis, einen neuen, steinernen Beffroi bauen zu dürfen, und versichern dabei, nur die städtischen Glokken und eine schlagende Uhr, wie sie in den anderen hochangesehenen Städten (»bonnes villes«) der Umgebung üblich sei, sollten dort angebracht werden. In Rouen war 1382 nach einem Bürgeraufstand der Beffroi abgerissen und die Glocke der Gemeinde entfernt worden. 1389 beantragen die Bürger die Wiedergestattung von Beffroi und Glocke mit der Begründung, sie wollten dort eine Uhr installieren. Der König gewährt beides, und die Stadtchronik meldet noch im selben Jahr den Baubeginn des Turms für die »grosse orloge de Rouen«. Auch in Agen waren nach einem Aufruhr die Glocken entfernt worden. Bei der Wiedergestattung des Uhrgeläuts durch den französischen König versichern die Konsuln, daß nur zwei Glocken, eine für die Uhr und eine für die Schule, vorhanden wären.[48]

In Verbindung mit Stadtturm und Stadtglocke war die Stadtuhr zu einem politischen Objekt im Verantwortungsbereich des Stadtherrn geworden. Daraus ergaben sich auch unausgesprochene Fürsorgepflichten. Als Papst Pius II. begann Ennea Silvio Piccolomini 1459 das im Besitz seiner Familie befindliche toskanische Dörfchen Carignano in eine moderne Stadt umzubauen. Unter dem Namen Pienza entstand eine nach einheitlichem ästhetischen und urbanistischen Konzept geplante Renaissance-Stadt. Um eine Piazza ließ Pius II. eine Kathedrale, einen Bischofspalast, einen Palast für die Familie Piccolomini und schließlich einen Kommunalpalast mit einem Turm für die städtischen Glocken und die Uhr errichten. Die Uhr wurde in Rom gebaut und nach Pienza gebracht. Der Stadtherr wollte seine Stadt vollständig ausrüsten, und dazu gehörte in der Mitte des 15. Jahrhunderts eine öffentliche Uhr, ein Detail, das der päpstliche Bauherr in seinem Lebensbericht besonders erwahnt.[49]

## Prestigekonkurrenz und urbanes Dekor
## Kommunale Initiativen

So eindrucksvoll der Beitrag großer und kleiner Landesherren zur Verbreitung der öffentlichen Uhren in den europäischen Städten insgesamt gewesen ist, er war selbst in den Regionen, in denen er besonders dicht belegt ist, nicht die Regel. In der ganz überwiegenden Zahl aller Fälle muß man annehmen, daß der Anstoß zur Beschaffung der öffentlichen Uhren von den Kommunen selbst ausgegangen ist. Sieht man die relativ wenigen Texte, die überhaupt Rückschlüsse auf die Art kommunaler Initiativen zulassen, durch, so bestätigt sich eine schon von anderen geäußerte Vermutung: Zwischenstädtische Prestigekonkurrenz war ein Beschaffungsmotiv von großer Bedeutung.[50] Außerdem zeigt sich der erhebliche Beitrag, den mächtige kirchliche Institutionen in Großstädten leisteten, und die nicht minder wichtige Beteiligung der Kirchen durch kooperatives Verhalten fast überall.

Prestigekonkurrenz bedeutet, daß eine Stadt eine öffentliche Uhr deshalb beschafft, weil andere Städte auch schon eine haben. Prestigekonkurrenz bedeutet auch, daß der mit der Uhr getriebene Aufwand den Rang der Stadt gegenüber einer Hauptstadt oder den Nachbarstädten der Region ausdrücken soll. Sicher haben auch die Landesherren untereinander um Prestige konkurriert, wenn sie ihren Städten zu einer mitunter besonders aufwendigen Uhr verhalfen, ausdrücklich angesprochen wird das Konkurrenzmotiv aber nur in den Städten.

Das früheste Zeugnis für diesen ehrgeizigen Wettlauf um eine prestigeträchtige Innovation ist ein durch merkwürdiges sprachliches Pathos auffallender Zusatz in den spröden, Hunderte von Artikeln umfassenden Zusätzen zu den Statuten der Stadt Ivrea in Piemont aus dem Jahre 1368. In fast erregtem Ton rühmt sich die Stadt als vor allen anderen Städten durch das Licht der Tugend ausgezeichnet. Damit sie nun durch das Licht der Erkenntnis und der Ehre gestärkt würde, sollten 100 Goldgulden und falls nötig auch mehr bereitgestellt werden, um die Beschaffung einer schlagenden Uhr, eines »horologium pulsatile«, zu sichern. Dies alles habe schleunigst und ohne jeden Verzug zu geschehen.

Weniger pathetisch, aber in der Sache noch artikulierter, versucht die kleine Stadt Schweidnitz in Schlesien schon 1370 – in diesem Jahr erhält Paris die erste öffentliche Uhr – die weit größere und wohlhabendere Stadt Breslau auszustechen. Vertreter des Stadtrats bestellen bei einem Breslauer Uhrmacher einen »zeiger der do glych sy dem zeyger czu Breclaw adir bessir«. Lucca verpflichtet 1391 den Uhrmacher, die Uhr für den Palazzo Pubblico genauso oder besser zu machen als die Uhr in Pisa. In San Gimignano beschließt der Rat 1410, daß die Stadt eine Uhr wie die anderen besseren Städte der Region erhalten soll. Padua möchte bei der Einrichtung einer neuen Uhr mit aufwendigen Indikationen nicht hinter Treviso zurückstehen, und für alle Städte der Region war die öffentliche Uhr in Venedig das nachzuahmende Vorbild.[51] Der Uhrmacher in Namur verlangt 1393 einen besonders hohen Preis, wenn die Uhr so gut sein soll wie die Uhren in Brüssel und Mons. In Aardenburg wird eine Uhr in Auftrag gegeben, die genauso gut, so schön und so schwer sein soll wie die der Nachbarstadt Sluis (1397).

Obwohl nicht die erste öffentliche Uhr des Königreichs, war in Frankreich die 1370 auf Veranlassung Karls V. in einem Eckturm des Louvre beim Pont au Change gebaute Horloge du Palais lange Zeit prägendes Vorbild. 1381 soll in Lyon an einem Brückenturm an der Saône eine Uhr wie die in Paris gebaut werden, als Beitrag zum Gemeinwohl der Stadt und des umliegenden Gebiets. Als 1392 die Uhr der Kathedrale in Chartres umgebaut wird und ein Schlagwerk angefügt wird, vereinbart das Kapitel, daß die Uhr »comme celle du Palays de Paris« werden solle. Am Anfang des 16. Jahrhunderts wird ein steinerner Pavillon neben der Kathedrale errichtet, der das Uhrwerk beherbergen und außen ein Zifferblatt erhalten sollte. Aus dem Vertrag mit dem Glockengießer geht die andauernde Rivalität mit dem Pariser Vorbild hervor. Er soll die neue Glocke »nach Art der Uhr am Palais in Paris oder besser machen. Der Ton soll genauso schön und harmonisch sein, nach Verhältnis und Menge der Metalle soll die Glocke schwerer sein als die in Paris.«[52]

Keine Stadt will hinter einer anderen zurückstehen. In der Begründung für eine Salzabgabe für die Stadtuhr heißt es 1410 in Montpellier, eine Stadt in Frankreich von einigem Ansehen sei sich eine automatische Schlaguhr einfach schuldig. In Holland war im 16. Jahrhundert die Uhr der Groote Kerk in Den Haag das Maß aller Dinge. In Amsterdam wird 1516 eine ähnliche für den Rathausturm verlangt; die Delfter wollen für ihr Stadhuis eine in jeder Hinsicht bessere (1570).

Auch innerhalb der Regionen lassen sich solche Prestigekämpfe verfolgen. Montélimar läßt 1557 eine aufwendige Uhr mit Figurenautomaten installieren, die so sein soll wie die Stadtuhr in Romans. Daß die Uhr in Romans die städtischen Finanzen fast ruiniert hätte, blieb dabei unberücksichtigt. Selbst innerhalb einzelner Städte werden die Uhren zu Mitteln der Prestigekonkurrenz. In Reggio Emilia verpflichtete sich Bartolo de Comadri 1463, für das Kloster S. Maria delle Grazie eine Uhr zu bauen, die ebenso schön sei wie die Uhr, welche sein Schwager Paolo de Raineriis für die Kirche S. Domenico gebaut hatte.[53]

Dieser »Prestigeurbanismus« (B. Chevalier) wird von den Landesherren noch gefördert. Die Bürger von Rennes in der Bretagne hatten sich spät (1467) entschlossen, einen Uhrturm zu bauen. Dabei war in der Stadt Streit über den bei der Glocke zu treibenden Aufwand entstanden. Der angerufene Herzog entscheidet, daß man die Glocke so groß wie nur irgend möglich anfertigen sollte. Die Dimensionen des ehrgeizigen Projekts führten zu technischen Rückschlägen während der Bauzeit, aber nach einigen Jahren hatte Rennes einen der berühmtesten Uhrtürme und die wohl gewichtigste Uhrglocke Frankreichs.[54]

In begründenden und rechtfertigenden Texten wird vielfach auf das Gemeinwohl und den allgemeinen Nutzen des öffentlichen Zeitsignals verwiesen. Entsprechend wurde stets die gesamte Stadt als Adressat des Zeitsignals behandelt. Die einzige Ausnahme ist die Uhr von Preßburg in der Slowakei, wo 1410 eine Uhr mit drei Zifferblättern gebaut worden sein soll. Zur Ghettoseite hin wurde nach diesem Bericht das Zifferblatt weggelassen, weil die Juden der Stadt sich nicht an den Kosten der Uhr beteiligen wollten. In der kleinen Stadt Coulommiers unweit Paris wird die Uhr nicht nur als praktisch, sondern als eine höchst nützliche Zukunftsinvestition beschrieben.[55] Andererseits ist der Verweis auf das Gemeinwohl eine alte Formel, die öffentliche Investitionen gegenüber möglichen Einreden partikularer Interessen legitimiert und das Recht, die Kosten auf die Allgemeinheit umzulegen, begründet.[56] Dabei ist es gleichgültig, ob diese Investitionen auf Initiative des Landesherrn oder auf das »Drängen der Bürger« zurückgehen. Die alten Formeln wurden seit jeher bei öffentlichen Bauvorhaben aller Art (Wege, Brücken, Befestigungen, Brunnen und Kanäle), aber auch bei der Anstellung städtischer Ärzte oder Lehrer gebraucht. Die öffentliche Uhr war die »urbanistische Investition par excellence« (Ph. Wolff), und da hier praktischer und symbolischer Nutzen zusammenfielen, brauchte in der Regel nicht gespart zu werden.[57]

Kommunale Initiative bedeutet nicht, daß der Anstoß immer von der politischen Gemeinde ausgegangen ist. Häufiger noch als von den Landesherren mit ihren städtischen Residenzen kam die Initiative oder Unterstützung in den Städten von den Kapiteln bedeutender Kathedralen und von großen Klöstern. Darin zeigt sich nicht ein partikulares, vom kommunalen unterscheidbares Interesse, sondern vielmehr die

33. Rathausplatz in Luzern mit der 1408 angebrachten Turmuhr, Diebold Schillings Luzerner Chronik 1513

anhaltende politische und ökonomische Bedeutung dieser kirchlichen Institutionen im städtischen Raum. In England treten fast überall Kathedralkapitel und Klöster an die Stelle der schwach entwickelten kommunalen Institutionen, die im 14. Jahrhundert noch kaum über eigene repräsentative Baulichkeiten verfügten.

Der Einfluß reicher Kapitel und Klöster ist in den größeren französischen Städten noch spürbarer. Noch vor der politischen Gemeinde sorgen sie vielfach für die Installation einer öffentlichen Uhr. Das gilt sicher für Reims, Chartres und Tours, vermutlich auch für Rouen, Autun, Lyon und Troyes. Dazu kommen die Städte, wo die Landesherren nicht die Stadt selbst, sondern die Kathedralen bei solchen Beschaffungen unterstützt haben, etwa in Bourges, Sens und Angers. Auch im deutschen Reich sorgen z. B. in Mainz, in Minden oder in Xanten Bischöfe und Domkapitel für öffentliche Uhren oder unterstützen die Gemeinden bei ihrer Beschaffung.[58] Auch das führte zuweilen zu innerstädtischen Prestigekonkurrenzen. Nach einer Konstanzer Chronik stellen die Domherren 1438 ihr Projekt verärgert ein, weil ihnen der Bischof zuvorgekommen war:

do ward die zitglogg und der zöger ze sant Steffen gemacht von graf Otten von Röteln, der bischoff was. Und hattent die herren ze tum (Domherren) och ainen zöger und och ainen loff oder sper des monets angefangen... das sy vor zorn, umb das in graf Ott den zöger gen sant Steffen satzt, underwegen ließent.[59]

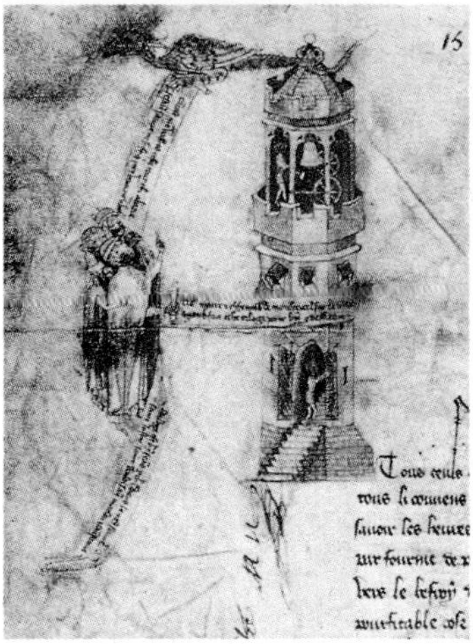

34. Initiale »A« einer Urkunde aus Montreuil-sur-Mer 1377, Archives Nationales, Paris

In großen wie in kleinen Städten kommt die kooperative Haltung der Kirchen durch die Überlassung von Baulichkeiten oder Glocken, nicht selten auch durch die Übernahme eines Teils der Kosten für den Bau oder die Wartung der Uhr, zum Ausdruck. Konflikte über die öffentliche Uhr auf kirchlichen Gebäuden waren ausgesprochen selten und betrafen nie die Uhr selbst oder das Zeitsignal. Vielfach wird die Kooperation in Verträgen und Absprachen, in denen die Rechte und Pflichten von Kirche und politischer Gemeinde abgegrenzt werden, fixiert. Darin wird auf den Nutzen der öffentlichen Uhr auch für das kirchliche Leben verwiesen. Als Hauptinteressent an der Uhr oder als wichtigerer Adressat des Zeitsignals gilt jedoch stets die politische Gemeinde. Das Kirchen- und Landesrecht der folgenden Jahrhunderte hält an dem Grundsatz fest, daß nicht die Kirche, sondern in erster Linie die Gemeinden Nutznießer der öffentlichen Uhren sind.[60]

Ein typisches Beispiel für die Form der Kooperation zwischen Kirche und Gemeinde bei der Installation einer öffentlichen Uhr ist eine Urkunde, in der der Abt des Klosters St. Saulve den Bürgern von Montreuil-sur-Mer im Jahr 1377 gestattet, einen der Türme der Kirche für die Uhr so umzubauen, daß er ohne Störung des Klosterlebens betreten werden kann. Eine weitere Bedingung ist, daß die Uhrglocke nicht zu anderen Zwecken geläutet wird. Die Bürger der kleinen Textilstadt hatten in ihrem Antrag auf den Nutzen der Stundenanzeige für das Gemeinwesen verwiesen, und der Abt akzeptiert dieses Argument. Das Besondere an dieser Urkunde ist der als Vignette gestaltete Anfangsbuchstabe »A« mit der wohl frühesten Darstellung einer öffentlichen Uhr.[61] Über dem Turm mit dem stilisierten Uhrwerk mit

Glocke und Schlagfigur in der oberen Etage schwebt ein vogelartiger Dämon, der auf dem Schriftband droht, den Turm zu stürzen. Im linken Buchstabenbalken erkennt man die Schöffen, die die wohlerbaute Uhr dem Schutz der Heiligen anvertrauen.

Als prestigeförderndes Unternehmen wird die öffentliche Uhr rasch zu einem der Merkmale, die eine Stadt als Stadt auszeichnen, und damit zu einem Bestandteil des urbanen Dekors. Spätestens seit Beginn des 15. Jahrhunderts gehört der Besitz einer öffentlichen Uhr zum städtischen Selbstverständnis – auch dies ein Faktor, der ihre Verbreitung förderte. Die kostbare Ausführung der Stadtuhr mehrt das Ansehen der Stadt und stärkt ihr Selbstbewußtsein.

In einem Verfahren vor dem Pariser Parlament heißt es über die Horloge du Palais, König Karl V. habe sie »zur Verzierung unserer Stadt« errichten lassen. Den Zweck der neuen Rathausuhr beschreibt eine Magdeburger Chronik zum Jahr 1425 so: »der stadt to eren und den borgeren to nutte und bequemichkeit«. »Ehre und Zier« der Stadt vermehren soll auch die ab 1461 errichtete große neue Rathausuhr in Avignon.[62]

Weit deutlicher und häufiger als in den Texten läßt sich das Aufrükken der Uhr in das städtische Dekor an den Bildquellen verfolgen. Seit Beginn des 15. Jahrhunderts finden sich in Miniaturen, auf Altartafeln und Ölbildern Stadtveduten mit realistischen Darstellungen. Zugleich wird es in den größeren Städten üblich, die öffentlichen Uhren mit Zifferblättern zu versehen. Neben die akustische tritt zusätzlich die optische Zeitindikation. Daß es sich um einen von der Verbreitung der öffentlichen Uhren unabhängigen, zeitlich später einsetzenden Vorgang handelt, läßt sich erkennen. In Paris beschwert sich der Wärter der Horloge du Palais im Jahre 1419, daß ihm das angebrachte Zifferblatt zusätzliche Arbeit mache. Für die aus dem Jahr 1360 stammende Uhr in Siena wird erst 1424 ein Zifferblatt, »que mostra le ore del giorno«, angefertigt. In Oudenburg erhält die Uhr aus dem Jahr 1383 um 1402 einen »compass met ere hand wysende de hueren«. Lüneburg hatte seit 1379 eine öffentliche Uhr. 1445 kommt eine »schive am zeygertorne« hinzu.[63]

Miniaturisten und Maler dokumentieren dieses neue Element des Stadtbilds häufig mit erkennbarem Stolz. Zugleich wird es auch zum Attribut der idealen Stadt überhöht. Ikonographische Zeugnisse illustrieren nicht nur, sondern ergänzen oder ersetzen Schriftquellen zu vielen sonst unbekannten topographischen und architektonischen Details. Sie zeigen außerdem den Neuigkeitswert der öffentlichen Uhren und ihren Rang im Stadtbild.

Auf einem Altarbild aus der Avignoneser Schule beherrscht das Zifferblatt der Uhr der Kathedrale in Aix-en-Provence die Darstellung

35. Histoire de St. Mitre, Nikolaus Froment zugeschrieben (Ende des 15. Jhs.), Kathedrale St. Sauveur, Aix-en-Provence

eines städtischen Platzes. Über eine öffentliche Uhr in Aix unterrichtet sonst nur ein sehr knapper und später Textbeleg.[64] Die berühmte Horloge du Palais erscheint auf einer Miniatur des 15. Jahrhunderts, weil das Zifferblatt im Bild vergrößert, hochgesetzt und an eine Breitseite des Turms am alten Louvre verlegt worden ist. Zugleich erscheint das Zifferblatt einer zweiten, nicht identifizierten Uhr (St. Eustache?, St. Paul?).[65]

Noch deutlicher wird die Hervorhebung der Uhr im Stadtbild auf den beiden folgenden Miniaturen, die zu den eher idealisierenden Stadtbildern gehören. Ein Pariser Manuskript der Chroniken des Jean Froissart aus dem 15. Jahrhundert enthält die Darstellung der Hinrichtung des Guillaume des Pommiers und seines Sekretärs in Bordeaux im Jahre 1375. Der Miniaturist nimmt eine konkrete Stadt (Paris?, Bordeaux?) zum Vorbild für die Darstellung einer typischen Stadt. Auf dem Bild eines Kölner Malers wird das Panorama von Köln zum Hintergrund der Vermischung von realen und idealen Elementen. Das die Bildmitte beherrschende übergroße Zifferblatt am Turm von St. Lorenz kann zu einer Uhr gehört haben, für die alle Textzeugnisse verloren gegangen sind. Mehrere der im 15. Jahrhundert beliebten Darstellungen des Martyriums der hl. Ursula und der 11000 Jungfrauen zeigen eine vergleichbare Szenerie.

Realistische wie typisierende Städteansichten finden sich in den Holzschnitten zu Hartmann Schedels Weltchronik. Die Ansicht von Erfurt beruht offenbar auf einer guten Vorlage. Der Künstler benutzt

36. Einzug der Isabella von Bayern in Paris 1398, aus einer illuminierten Handschrift der Chroniken des Jean Froissart (15. Jh.), British Library, London

Zifferblätter aber auch als architektonische Requisiten in phantasierten Städteansichten. Der hier zur Beschreibung von Ferrara gesetzte Holzschnitt findet sich in der Chronik noch bei den Schilderungen von Damaskus, Perugia, Siena, Mantua, Neapel, Verona und Krain in Kärnten.

Wie Türme und Mauern war die öffentliche Uhr zu einem städtischen Attribut und in den Städteansichten seit dem 15. Jahrhundert zu einem dauerhaften Element der Ikonographie der Stadt geworden. Die Oktoberminiatur in dem in den Niederlanden entstandenen *Breviarium Grimani* hebt durch intensive Kolorierung die Uhr im Grau-Blau der städtischen Türme und Mauern hervor. Zugleich wird die Uhr als eines der Merkmale betont, die das städtische Leben von dem des agra-

37. Hinrichtungsszene in einer illuminierten Handschrift der Chroniken des Jean Froissart (15. Jh.), Bibliothèque Nationale, Paris

38. Ankunft und Martyrium der hl. Ursula in Köln (Ausschnitt), Kölner Meister (um 1450–60), Wallraf-Richartz-Museum, Köln

39., 40. Ansicht von Erfurt und eine Phantasiestadt in Hartmann Schedels *Weltchronik* (1497)

41. Oktoberbild im *Breviarium Grimani* (Anf. d. 16. Jhs.), Biblioteca Marciana, Venedig

rischen Umlandes unterscheiden. Die Bildquellen bestätigen die Auskunft des englischen Predigermönchs: »In cities and towns men rule themselves by the clock«.

## Administrative Diffusion – Uhren in den Dörfern – Die öffentliche Uhr als Gegenstand der »Guten Polizei«

Seit dem 15. Jahrhundert wird die Verbreitung der öffentlichen Uhren durch direkten oder indirekten Druck der Landesverwaltungen üblich. Diese dritte Form aktiver Innovationsförderung ergänzt zunächst nur die weiter zu beobachtenden gezielten Förderungsmaßnahmen durch die Landesherren und die prestigemotivierten Beschaffungen der Kommunen. Sie zielt weniger auf die Städte, die inzwischen in der Mehrzahl Uhren beschafft hatten, als auf kleine Orte und Dörfer. Nur in diesen kleinen Orten und Dörfern stößt die Förderungspolitik gelegentlich auf hinhaltende oder widerspenstige Reaktionen der Bewohner. Sie bleiben daher bis ins 19. Jahrhundert Objekte administrativer Nachhilfe und Ermahnung zum Betrieb der Uhren und ihrer Kontrolle.

Die Diffusion durch Administration ähnelt den bisher geschilderten landesherrlichen Maßnahmen in der Wirkung, indem Uhren in Orten installiert werden, die sie ohne diese Förderung nicht oder nicht zu diesem Zeitpunkt beschafft hätten. Die Politik der Verwaltungen unterscheidet sich von der der Landesherren dadurch, daß sie nicht auf einzelne Orte abzielt, sondern die Orte einer Region systematisch erfaßt oder durch allgemeine Vorschriften für eine flächendeckende Verbreitung der Uhren an allen Orten zu sorgen versucht.

Die ersten Spuren finden sich wiederum in Oberitalien, wo die landesherrliche Uhrenbeschaffungspolitik offenbar früh systematische Züge angenommen hatte. Diese Politik betraf zunächst kleine Orte mit Stützpunkt- oder Residenzcharakter. Der Marchese d'Este, Stadtherr von Ferrara, schickt 1422 einen Uhrmacher nach Fossadálbero mit dem Auftrag, mehrere Uhren zu bauen. Aus Castelnovo Bariano erreicht ihn 1436 die Bitte eines Uhrwärters, der bei einer nächtlichen Kontrolle der Uhr im Turm gestürzt war und sich verletzt hatte, um rückständigen Lohn. Im gleichen Jahr läßt der Marchese eine Uhr für sein Schloß in Voghenza bauen. In der einen oder anderen Form sorgen die Gonzaga aus Mantua in der zweiten Hälfte des 15. Jahrhunderts für Uhren in Volta, Goito, Quistello, Bozzolo, Canneto, Marcaria und Isola Dovarese.[66]

Die Verwaltung der Mailänder Herzöge aus der Familie der Sforza unternimmt um 1473 in der Gegend um Novara eine neuartige systematische Uhrenbeschaffungsaktion für kleine und kleinste Orte ohne jeden Zusammenhang mit Stützpunkten oder Residenzen. Im herzoglichen Archiv ist das Fragment einer Liste erhalten, die für diese Gegend alle Orte mit einer Uhr sowie diejenigen, die eine Uhr beschaffen sollen, zusammen mit den Orten, die zur Finanzierung beitragen sollten, verzeichnet.[67] Überträgt man diese Liste auf eine Karte, dann wird deutlich, daß die Unternehmung flächendeckend sein sollte. Die durchschnittliche Entfernung der Uhrenstandorte sollte weniger als 5 km betragen. Die Zeitsignale hätten den Raum um Novara vollständig erfaßt. Aber die Rationalität des Plans hat, wie das Finanzierungskonzept zeigt, Grenzen. Einzelne Orte sollten für Uhren mitbezahlen, die für sie nicht die räumlich nächsten waren, einige für Uhren, die sie keinesfalls hätten hören können. Auch Gemeindegrenzen spielen keine Rolle. Die planvolle Behandlung des Raums wird offenbar von überlieferten Besitz- und Abhängigkeitsverhältnissen durchkreuzt. Leider ist nicht mehr zu ermitteln, ob die vorgesehenen Uhren auch gebaut worden sind und – was noch aufschlußreicher wäre – ob solche administrativen Beschaffungsmaßnahmen häufiger unternommen worden sind.

Wie für die Städte im 14. gilt für die einigermaßen wohlhabenden Dörfer im 15. Jahrhundert, daß sie Uhren auch auf eigene Initiative beschaffen. Solche Beschaffungen dürften um die Mitte des 15. Jahrhunderts begonnen haben. Seit dieser Zeit tauchen Uhren in Kleinstädten und Dörfern auf. Boussoit-sur-Haine im Hennegau finanziert 1445 eine Uhr aus eigenen Mitteln. Quellen aus Gent zeigen, daß Nazareth, Lede, Waarschoot und Evergem Uhrmacher aus dieser Stadt beschäftigten.[68] Über Dichte und Umfang solcher Beschaffungen läßt sich kaum etwas sagen, weil die Nachrichten aufgrund der besonders ungünstigen Quellenlage zu stark verstreut sind. Allerdings gibt es Indizien, daß Italien im 15. und 16. Jahrhundert gegenüber den nordwesteuropäischen Ländern in Rückstand geraten war. Antonio de Beatis, Sekretär des Kardinals Luigi von Aragon, bezeichnet in seinem Reisebericht (1517/18) Deutschland und Flandern als die Gebiete, in denen jede auch noch so kleine Ansammlung von Bauernhäusern über »Quadranten zur Anzeige der Stunden ohne Sonne« verfüge, welche jedoch nicht schlügen. L. Guicciardini wiederholt diese Beobachtung in seiner Beschreibung der Niederlande (1567). Nicht nur Städte, sondern auch Dörfer, Flecken und bessere Häuser verfügten über Uhren. Beide formulieren damit offenbar Erfahrungen, die zumindest in Italien so nicht zu machen waren. Michel de Montaigne hebt in der Schilderung seiner Badereise 1580/81 wiederum die Schweiz als ein Gebiet hervor, in der jede auch noch so kleine Kirche eine prächtige Uhr besitze. Auch er beklagt den unbequemen Mangel an öffentlichen Uhren in weiten Teilen Italiens.[69] Montaignes Eindruck wird durch die Miniaturen in der Luzerner Chronik des Diebold Schilling mehr als bestätigt. Schilling zeigt nicht nur zahlreiche städtische, sondern mehrfach auch dörfliche öffentliche Uhren vor allem im Elsaß und dem Waadtland, Gegenden, die er für besonders wohlhabend hält. Im

42. Das Dorf Brunnstadt im Elsaß, Diebold Schillings Luzerner Chronik 1513

Einzelfall ist der dokumentarische Wert zwar mehr als fraglich.[70] Dennoch belegen solche Darstellungen, daß um 1500 öffentliche Uhren in den nordwesteuropäischen Dörfern nicht mehr ungewöhnlich waren, sondern zum Erscheinungsbild eines wohlhabenden Dorfes gezählt wurden.

Im Kerngebiet des deutschen Reiches läßt sich die Ausbreitung der öffentlichen Uhren in den kleinen Städten und Dörfern erst seit dem 16. Jahrhundert zunächst vereinzelt in den Schadensmeldungen aus dem Bauernkrieg, danach und weit häufiger in den Visitationsabschieden aus den protestantischen Gebieten verfolgen. Nach diesen Berichten wird nicht nur die Pünktlichkeit des Glockenläutens und der Gottesdienste sowie die Dauer der Predigten kontrolliert. Gottesdienst und Schulordnungen setzen vielfach die Existenz von Schlaguhren und Sanduhren voraus. Vorhandensein und Zustand der Uhren wird routinemäßig überprüft. Unzählige Ermahnungen an die Küster und Schulmeister, sich des »seigerstellens« zu befleißigen, und die Regelungen für deren Bezahlung, in den Städten »vom Rat«, in den Dörfern »aus dem Gemeinen Kasten«, machen es unzweifelhaft, daß die allermeisten Dörfer schon im 16. Jahrhundert mindestens eine einfache Schlaguhr hatten.[71]

Kontrollen des dörflichen Uhrenbestandes fanden auch in den katholischen Gebieten statt. Nach dem Dreißigjährigen Krieg verzeichnet z. B. ein Visitationsbericht aus dem Sundgau (1647) Dorf für Dorf den Zustand der Glocken und Uhren in starren Formeln wie »campanae cum horologio perditae« oder »campanae 3 adsunt sed horologium destructum«.[72] Gelegentlich müssen die Dorfbewohner zum Unterhalt der Uhren gezwungen werden. So heißt es z. B. in einem Visitationsabschied in Arzberg (1618):

Zu Arzberg haben sie vor etlichen Jahren einen Seiger, der auf eine Glocke schlägt, machen lassen, dazu sollen die Nichtzer [Bewohner von Nichtewitz] und Kaucklitzer, der Hüfner 1/2 Rtlr., der Gärtner 1 Ortstaler geben, wollen es aber nicht tun. Zuvor haben sie sich entschuldigt, sie könnten ihn nicht hören, jetzt haben sie zugegeben, daß sie ihn wohl hören, wollen aber doch nichts bezahlen: sollen ihre Anlage dazu geben, wo nicht, von der Obrigkeit dazu angehalten werden.[73]

Als Inhaberin auch des Kirchenregiments unterstützt die protestantische Landesherrschaft diese Bestrebungen durch allgemeine landes- und kirchenpolizeiliche Vorschriften. Die 1580 erlassene sächsische Kirchenordnung (für Niedersachsen 1585 übernommen) fordert die Anschaffung einer Uhr, mindestens aber einer Sonnenuhr durch Landesgesetz. Darin wird als unmittelbarer Zweck der Gottesdienst genannt, aber förderliche Wirkungen erwartet man sich auch für die übrige Haushaltung:

§ 39. Und da sie in Dörffern keinen Zeiger haben, soll der Pfarrer die Kirche, besonders aber die Leute so vermöglich, darzu vermahnen, daß sie einen kauffen, auf das nach demselben, zu rechter bestimbter Zeit die Kirchen-Aempter verrichtet, auch sie sonsten sich in der Haußhaltung darnach zu verhalten haben möchten.

Wann aber die Eingepfarrten so arm, daß sie keinen schlagenden Zeiger kauffen können, soll der Pfarrer auf einen Sonnen-Zeiger bedacht seyn, welcher mit geringen Kosten zu erlangen, und biß derselbe verfertiget, die Custodes bey dem Pfarrer erlernen, so ein Compaß bei sich haben, oder ihme selbst kauffen kan, darnach sich der Custos mit dem Geläute zu richten habe.[74]

»Portae, pulsus, pueri« war ein geflügeltes Wort, das in der frühen Neuzeit Kaiser Karl V. in den Mund gelegt worden war. Feste und bewachte Mauern und Tore, ordentliche Schulen und geregelte Glokkenschläge sollen danach für den Kaiser die Merkmale einer wohlverwalteten Stadt gewesen sein. »Pulsus« ist aber auch so ausgelegt worden, daß der Kaiser in jeder Stadt, die er besuchte, zunächst auf das Funktionieren der öffentlichen Uhr geachtet habe. Beide Varianten sind häufig überliefert, obwohl sich der Ursprung dieser Formel nicht mehr ermitteln läßt.[75]

Es ist kein beiläufiges Wortspiel, denn Schulen und öffentliche Uhren waren um 1400 relativ neue und um 1500 typische Merkmale städtischen Lebens. Der Kaiser, ein berühmter Uhrensammler, mag gelegentlich auf das Funktionieren der Stadtuhren geachtet haben, aufschlußreicher ist die symbolische Ineinssetzung von funktionierender Uhr, geordneter Verwaltung und »Guter Polizei«. Erwartungen an und Erfahrungen mit der Uhr werden dabei in einem Bild verdichtet, dessen Spuren sich bis in die frühe Zeit der öffentlichen Uhren verfolgen lassen.

In den Quellen zur Horloge du Palais in Paris heißt es, der französische König habe die Uhr bauen lassen, um den geregelten Betrieb der Behörden und das geordnete Leben der Bürger zu fördern: »ut nostra parlamenti curia et habitantes ipsius ville melius se regerent et regularent«.[76] Das läßt sich ganz praktisch verstehen, aber wie in der eingangs zitierten Äußerung des englischen Predigermönchs hat der reflexive Gebrauch von »regere und regulare« einen ethisch appellativen Beiklang. Über die Erfahrung praktischer Nützlichkeit hinaus wird die Uhr zu einem Bild für geordnetes politisches Leben. Das wird z. B. aus den Ermahnungen deutlich, im Vorfeld herrscherlicher Besuche auf den Gang der öffentlichen Uhren zu achten.[77] Für die Landesherren und die Städte war die Uhr zu einem Zeichen für die Qualität des Regiments geworden. In Lyon wird die Notwendigkeit einer brauchbaren Stadtuhr mit dem Argument begründet, ehrenwerte Bürger, Kaufleute und Fremde bräuchten sie für ein ordentliches Leben (»vivre plus reglement«). Die Uhr zeichne wohlverwaltete (»bien reglez et gouvernez par bonne police«) große und kleine Städte in Frankreich und in anderen Ländern aus.[78]

Im Interesse des Gottesdienst- und Schulwesens hatten die Kirchenordnungen seit dem 16. Jahrhundert die öffentlichen Uhren und ihren Betrieb in die Obhut der Landespolizei gestellt. Die Kameralistik und Polizeiwissenschaft des 18. Jahrhunderts setzte diese Politik fort. Die »Abtheilung der Zeit« dient nach diesen Texten der Mannigfaltigkeit der bürgerlichen Geschäfte, der Ordnung von Arbeit und Erholung (»Zeitverkürzung«), der übereinstimmende Gang der Uhren wird zum Gegenstand der »Stadtpolicey«. Die kameralistischen Texte erwähnen nicht, daß die Erfordernisse des Post- und Verkehrswesens im 18. Jahrhundert längst ein neuartiges staatliches Interesse an den öffentlichen Uhren und ihrem Betrieb geweckt hatten. Sie wiederholen dagegen die alten Argumente, wenn sie auf die praktische und zugleich dekorative Funktion der Uhren abheben. Auch im 18. Jahrhundert gilt die Beschaffung der öffentlichen Uhren in den kleinen Städten und Dörfern als administrativer Nachhilfe von oben bedürftig.

Man siehet... von selbst, daß eine Uhr ein wirkliches Stück von den Notwendigkeiten unseres Lebens geworden ist. Man würde es mithin als einen wesentlichen Policeyfehler ansprechen, wenn man auch in den kleinsten Staedtgen ... sich umsonst nach einer Schlaguhr umsehen müßte. Selbige ist sogar in etwas ansehnlichen Dörfern, ..., ein unentbehrliches Stück, so ihnen sowohl zur Bequemlichkeit als zur Zierde gereichet.[79]

## Der Uhrenboom im 14. Jahrhundert

Die Errichtung einer öffentlichen Uhr in einer Stadt galt von Anfang an als Zeichen für die Aufgeschlossenheit der Stadt gegenüber Neuerungen, für ihre Wohlhabenheit und für die Tatkraft ihrer Verwaltung. Man strapaziert die Quellentexte nicht über Gebühr, wenn man sagt, daß die öffentliche Uhr von Anfang an implizit als Index für urbane Modernisierung behandelt worden ist. Schon ihre häufige Erwähnung in den Städte- und Herrscherchroniken macht dies deutlich. Das gilt nicht nur für die frühen öffentlichen Uhren in den italienischen Städten, sondern auch für kleine Städte, die erst relativ spät beschaffen. Stolz auf die neue Errungenschaft ist z. B. noch in der Stadtchronik von Erkelenz im Rheinland zu spüren: »Im Jahre 1406 ist die erste Uhr für 15 rheinische Gulden gebaut worden.«[80]

Die moderne Stadtgeschichtsschreibung hat diese Perspektive übernommen, teils in beiläufigen Formulierungen wie »schon im Jahre...«, teils ganz explizit durch Qualifizierung des Vorgangs als »früh« oder »spät«. Als eine der ersten bezeichnet N. van Werveke die Uhr der Stadt Luxemburg. Sie sei schon 1390 und damit zu einer Zeit beschafft worden, in der nur sehr wenige auch der größeren Städte sich einer solchen Einrichtung rühmen konnten. A. Rigaudière nennt die Errichtung der Uhr in Saint-Flour (1387) ein »événement capital« für die Städtelandschaft der Auvergne. Für die Städte der Bretagne, für die Daten erst seit dem Anfang des 15. Jahrhunderts vorliegen, konstatiert Leguay ausdrücklich die Verspätung der Region gegenüber dem übrigen Frankreich.[81] Das Problem solcher Aussagen war bisher nicht, daß sie im Einzelfall richtig oder falsch sind, sondern daß es gar keine Maßstäbe für Urteile wie »früh«, »spät«, »schnell« oder »langsam« gab. Die Kumulation der Daten, die auch dadurch möglich geworden ist, daß die zeitgenössische wie die moderne Stadtgeschichtsschreibung den öffentlichen Uhren soviel Aufmerksamkeit geschenkt haben, ist ein Weg, diesem Mangel abzuhelfen. Die statistische Auswertung der ermittelten Daten der Beschaffungen öffentlicher Uhren kann vor allem die temporale Struktur des Diffusionsvorgangs erhellen. Außerdem lassen sich so regionale Besonderheiten, Beschleunigungen oder Verzögerungen ermitteln und wenn möglich erklären.

Für die Zeit zwischen 1300 und 1450 haben sich knapp 500 ortsbezogene Daten mit den ersten Erwähnungen öffentlicher Uhren ermitteln lassen. Dabei wurden die oben vorgeschlagenen Kriterien für die Unterscheidung der öffentlichen Uhren benutzt. Gezählt wurden aber nicht öffentliche Uhren, sondern Städte, wobei jede Stadt unabhängig von der Art und der Zahl ihrer öffentlichen Uhren nur einmal mit dem frühesten Datum auftaucht. Jedes Datum steht für einen von vielen ganz verschiedenartigen Vorgängen. Nur bei einer Minderzahl aller Fälle ist eine eindeutige Zuordnung von Installation der Uhr zu einer Jahreszahl möglich. Dazu gehören vor allem Chroniken, die die Vollendung des Werks melden, Verträge mit Uhrmachern, Schlußabrechnungen und in geringem Umfang datierte Glockeninschriften. Jahrelange Planung und Vorbereitung lassen sich aber ebenso verfolgen wie die Nutzung des schieren Zufalls z. B. im Fall der Stadt Tulln in Niederösterreich. Konrad, der Schreiber dieser kleinen Stadt, war im Jahre 1372 von dem Schmied und Uhrmacher Niclas Swaelbl aus Breslau erschlagen worden. Im Anschluß an die Gerichtsverhandlung muß der Uhrmacher einen Sühneeid, die Urfehde, schwören. Richter und Rat hatten ihm als Buße eine persönliche Romwallfahrt auferlegt. Außerdem soll er für die Pfarrkirche der Stadt eine Uhr mit einem Schlagwerk (»arloy das an sich selber slach«) bauen. Wenn beides bis Michaeli (29. Sept.) des folgenden Jahres geschehen sei, soll Niclas Swaelbl frei sein. Was den Meister überhaupt nach Tulln geführt hatte, wissen wir nicht. Er hat die Uhr offenbar gebaut, denn im nächsten Jahr ist er wieder in Breslau tätig.[82] Die Stadtväter in Tulln haben eine ungewöhnliche Gelegenheit genutzt, sich der Dienste eines Fachmanns zu versichern und ihrer Stadt nur zwei Jahre nach der Weltstadt Paris eine Schlaguhr zu verschaffen. Im nahen Wien ist zu dieser Zeit von einer öffentlichen Uhr noch nicht die Rede.

Über die für manche Innovationstheorien wichtige Zeitspanne zwischen der Verbreitung der Information über eine Neuerung und ihrer Übernahme läßt sich hier in keinem Fall etwas sagen. Die meisten der gezählten Daten sind nur Termini ante quem. Dazu gehören Reparatur- und Erneuerungsnotizen, Wartungskosten in Stadtrechnungen, Uhrwärtergagen und Uhrwärtereide, Erwähnungen der öffentlichen Uhren in Urkundendatierungen und Statuten, moderne Stundenangaben und schließlich die ikonographischen Zeugnisse. Zwischen dem gezählten Datum und dem Installationsdatum können hier u. U. Jahrzehnte liegen. Alle diese Fälle verschieben das chronologische Gesamtbild. Denselben Effekt erzeugen auch die Strukturveränderungen der Gesamtheit möglicherweise einschlägiger Quellenbestände. Von besonderer Bedeutung ist hier die rasch zunehmende Schriftlichkeit kommunaler Verwaltung, insbesondere die Ausbreitung des städtischen Rechnungswesens in der zweiten Hälfte des 14. Jahrhunderts.

Durch für unsere Frage kontingente Umstände entstehen dadurch erhebliche chronologische Verzerrungen. So tauchen z. B. die kleinen Städte Culemborg (1374), Duderstadt (1397), Pegau/Sachsen (1399) und die großen Städte Leiden (1390), Boulogne-sur-Mer (1415/16) und Rotterdam (1426) nicht mit dem Datum ihrer ersten öffentlichen Uhr, sondern mit dem Datum der ältesten erhaltenen Stadtrechnung, in der erwartungsgemäß auch die öffentliche Uhr erwähnt wird, in unseren Listen auf.[83] Das im folgenden entwickelte chronologische Gerüst der Diffusion der öffentlichen Uhren sollte daher eher als vorsichtige Einschätzung betrachtet werden.

## Zeit-räumliche Entwicklung

Für die frühe Zeit bestätigt sich noch einmal das, was aus der Liste der ersten öffentlichen Uhren schon ersichtlich war: Die Diffusion beginnt zwischen 1300 und 1350 mit zunehmendem Tempo in den oberitalienischen Großstädten. Von Italien aus wird die neue Technik zwischen 1350 und 1360 an große europäische Residenzen exportiert.

In der folgenden Zeit (bis etwa 1370) läßt sich die Verbreitung der Technik im deutschen Reich (Augsburg, Nürnberg, München, Frankfurt, Breslau, Zürich), in den Niederlanden (Brüssel, Utrecht, Deventer) und in Frankreich (St. Quentin, Paris) verfolgen. Die landesherrlichen Residenzen haben an Bedeutung verloren. Spätestens in diesem Jahrzehnt hat sich der für die Diffusion der neuen Technik entscheidende Übergang vom herbeigeholten Experten zum eingesessenen Turmuhrenbauer vollzogen. In Zürich baut Konrad von Kloten, Meister Swaelbl baut in Breslau, Schweidnitz, Troppau und Tulln. Aber noch längst nicht jede Großstadt verfügt über einheimische Turmuhrenbauer. Der englische König läßt drei Uhrmacher aus Delft kommen, aus dem deutschen Reich wird ein Experte nach Paris geholt, St. Quentin läßt »maistre Pierre des Olloges« vermutlich aus dem Raum Lille-Valenciennes kommen.[84] Für diese entscheidende Übergangszeit gibt es allerdings zu wenig Hinweise auf die Diffusionswege. Unklar ist vor allem, woher die in Prag, in den großen Reichsstädten und in den Niederlanden arbeitenden Uhrmacher ihre Kenntnisse bezogen haben. Die Quellen aus den Reichsstädten sind zahlenmäßig auffällig, in jedem Einzelfall aber äußerst mager, und aus Köln z. B. fehlen sie ganz. Die »Nürnberger Uhr« als Zwischenform zwischen der italienischen Form der Stundenzählung und der nordwesteuropäischen Form deutet zwar einen Verbreitungsweg »durch das Reichsgebiet« an, beweiskräftige Hinweise gibt es aber dafür nicht. Ebensowenig ist erkennbar, ob und ggf. seit wann sich ein evtl. von Italien unabhängiges Diffusionszentrum in den Niederlanden ausgebildet hat. Obwohl der Rückschlag der Verwaltungsschriftlichkeit während der großen Pestkrise nicht allzuviel an Funden erwarten läßt, könnten sich aus nordwesteuropäischen Archiven noch neue Hinweise ergeben. Wegen ihrer Bedeutung für den Übergang zur einheimischen Produktion verdiente vor allem die Periode zwischen 1350 und 1370 noch gründlichere Studien.

Als auffälligstes Ergebnis der quantitativen Auswertung zeigt sich ein bemerkenswerter Boom zwischen 1371 und 1380. In diesem Jahrzehnt erscheinen fast 80 Städte, das sind etwa 16 Prozent aller Fälle vor 1450, auf den Listen. Das bedeutet, daß im vorhergehenden Jahrzehnt in vielen Städten die entsprechende Kompetenz erworben und der Wunsch nach einer öffentlichen Uhr in konkrete Planung umgesetzt worden sein muß.

In den »frühen« Regionen Italien (um 15 Prozent) und den Niederlanden (über 20 Prozent) ist der Boom nicht weniger ausgeprägt als in den »späteren« wie Frankreich. Im Kerngebiet des Römischen Reiches (um 15 Prozent) erscheint er, teilweise aufgrund der Beschaffungen vor 1371, in der Statistik mit einer leichten Verzögerung. Der Höhepunkt des Booms fällt etwa in das Jahr 1376. Diese dritte, durch zweistellige Zuwachsraten gekennzeichnete Phase der Beschaffungswelle dauert rund drei Jahrzehnte. Der Scheitelpunkt, die Überschreitung der 50 Prozent-Marke, liegt noch vor der Jahrhundertwende. In dieser Zeit decken nicht etwa nur noch die weniger bedeutenden Städte ihren Bedarf. Auch Städte wie Lucca, Montpellier, Aalst, Braunschweig und Luzern beschaffen erst jetzt. Andererseits wird der Anteil kleiner und kleinster Städte auffällig. Am Ende des 14. Jahrhunderts sind mit Santiago de Compostela (1395) und Moskau (1404) die geographischen Grenzen Europas und die von den Europäern unterhaltenen Kolonien des östlichen Mittelmeeres (Caffa / Krim 1375) erreicht.[85]

Diese geographischen Grenzen waren zugleich kulturelle Barrieren. Während des Hochmittelalters hatten sich die Europäer von Berichten über Uhrenautomaten in der islamischen Welt faszinieren lassen. Seit Beginn des 14. Jahrhunderts wurden umgekehrt mechanische Uhren und Automaten aus Europa in den nahen und fernen Orient exportiert. Das erste Zeugnis ist der Beschluß des venezianischen Senats, dem Magister Mondinus den Transfer von 80 Golddukaten für ein kunstvolles »horologium« aus dem Königreich Zypern zu gestatten. Vier Jahre später (1338) findet sich im Gepäck einer venezianischen Kaufleutekompanie neben Münzgold und einer offenbar automatischen Fontäne ein »relogium«, das für den Sultan in Delhi bestimmt war – nach Carlo Cipolla der Beginn des europäischen Technologieexports nach Asien. In der Folgezeit reißt die Tradition solcher Transporte an orientalische Höfe nie ganz ab. Gillebert de Lannoy läßt auf einer diplomatischen Mission eine goldene Uhr in Rhodos zurück, die der englische König dem während dieser Reise verstorbenen türkischen Sultan zukommen lassen wollte. Mohammed II., der Eroberer Konstantinopels, bittet nach dem Friedensvertrag von 1477 die Signoria in Venedig um die Entsendung eines guten Malers, eines Fachmanns für Brillengläser und eines Uhrmachers.[86] Die jährlichen Zahlungen nach dem Waffenstillstandsvertrag der Hohen Pforte mit dem Heiligen Römischen Reich bestanden seit 1577 z. T. aus Übersendungen nach Bestellisten von Uhren in Begleitung ausgebildeter Uhrmacher.[87] In merkwürdigem Kontrast zu diesen erpreßten »Präsenten« bzw. »Verehrungen« für die privaten Sammlungen osmanischer Würdenträger steht die Zurückhaltung bei der Einführung öffentlicher Uhren. Trotz der in dieser Zeit noch in einigen Städten fortlebenden Tradition öffentlicher Zeitindikation mittels Wasseruhren wollte man nach Auskunft des Botschafters Ghislin des Busbecq von öffentlichen Uhren mit europäischer Technik im osmanischen Reich nichts wissen. Europäische Feuerwaffen würden übernommen, nicht jedoch Druckerpressen, weil gedruckte heilige Schriften keine heiligen Schriften mehr seien, und ebensowenig öffentliche Uhren, weil sie die Autorität des Muezzin untergraben würden.[88] Vom Sultan Murad III. (1574–95) wird berichtet, er habe das Vorhaben, Schlaguhren »wie in Venedig« einführen zu lassen, auf Druck der Geistlichen aufgegeben. Nur in den von den Türken eroberten Balkangebieten wird im 16. Jahrhundert von öffentlichen Uhren aus der »Zeit der Ungläubigen« berichtet.[89]

Die dem Boom 1371–1380 folgende Beschaffungswelle dauert etwa bis zum Jahre 1410. Die größeren europäischen Städte haben zu diesem Zeitpunkt öffentliche Uhren installiert. Danach sinken die Zuwachsraten in allen Regionen sehr deutlich auf unter 10 Prozent (jeweils bezogen auf das vorausgehende Jahrzehnt). Die Kurve der kumulierten Beschaffungszahlen weist also die für Diffusionsvorgänge typische S-Form auf. Die Abflachung der Kurve, die nach 1450 noch zunimmt, ist hier jedoch nicht etwa auf eine Art von Bedarfssättigung zurückzuführen. Da, wie oben gesehen, faktisch nach 1450 eine Phase der flächendeckenden Versorgung begonnen hatte, müßten die Zuwachsraten steigen und nicht sinken. Daß sie sinken, wird verursacht durch den sinkenden Neuigkeitswert der öffentlichen Uhren für die zeitgenössische wie für die moderne Stadtgeschichtsschreibung, durch die seit dem Spätmittelalter immer dürftiger werdende Erschließung kommunaler Quellen und schließlich durch die große Zahl kleiner und kleinster Orte, für die es überhaupt keine Schriftquellen mehr gibt. Unter günstigen Voraussetzungen könnten regionale Studien ein ganz anderes Bild ergeben. Unberücksichtigt bleibt hier auch die innerstädtische Diffusion. Um 1450 waren in ganz großen Städten wie Paris, Rouen und Mailand mindestens 4–6, in mittelgroßen wie Lüneburg schon 4 und in kleineren wie Moulins im Bourbonnais immerhin schon zwei öffentliche Uhren in Betrieb.

Die Verbreitung der öffentlichen Uhren läßt sich auch geographisch betrachten:[90] Oberitalien und Nordwesteuropa, diese beiden unvergleichlich hochurbanisierten Regionen weisen für den Gesamtzeitraum erwartungsgemäß die höchste Ausstattungsdichte auf. Böhmen, Schlesien, die großen Reichsstädte, Südfrankreich und das Königreich Aragon werden mit vereinzelten Fällen etwa gleichzeitig erreicht. Am Ende des Jahrhunderts scheint die europäische Städtelandschaft gleichmäßig repräsentiert. Die englischen Besitzungen in Frankreich, die Bretagne und der skandinavische Raum scheinen nachzuhinken. Aber bietet die Karte nicht einfach ein Abbild des städtischen Europa um 1400 mit seinen hoch- und weniger hochurbanisierten Regionen?

Zur Prüfung der Repräsentativität wären Datensätze zum europäischen Städtewesen erforderlich. Von Belang wären Einwohnerzahlen, regionale Städtehierarchien, Klassifikationen nach ökonomischen, administrativen, kulturellen oder kirchlichen Merkmalen. Großräumige und untereinander vergleichbare qualitative Städteklassifikationen, die sich für unsere Zwecke eignen, gibt es jedoch nicht. Zu umstritten ist auch der Stadtbegriff (Rechtsform?, Mauer?, Überwiegen des tertiären Sektors?). Man kann also etwa die Hypothese, daß die funktionale Differenzierung, die Vielfalt verschiedenartiger Funktionen einer Stadt, Tempo und Richtung der Diffusion entscheidend beeinflussen, nicht überprüfen. Die Kumulation von Funktionen ist jedoch auch im Begriff der alteuropäischen Stadt enthalten, und das Ausmaß der Kumulation hängt erfahrungsgemäß von ihrer Größe ab, ohne daß man sich diese Korrelation zu eng vorstellen dürfte.

Die Größenklassifikation der Städte, mit der sich die vergleichende Stadtgeschichtsschreibung seit jeher und neuerdings auch die historische Demographie beschäftigen, ist also ein indirekter Weg, um zu allgemeinen Aussagen über günstige und weniger günstige Innovationsbedingungen zu gelangen.

Um 1400 sind dergleichen Fragen nicht aufgeworfen worden. Man kannte besonders reiche, besonders mächtige Städte oder die wichtigsten Messeorte und Bischofssitze. Landesherren haben ihre Städte damals aber weder gezählt, noch der Größe nach aufgelistet.[91] Über die Anzahl der Städte und Gemeinden kursierten eher phantastische Vorstellungen. Ein Mönch von St. Denis berichtet z. B. 1404 von einem Projekt, die Erhebung der für die Fortführung des Krieges gegen die Engländer erforderlichen Steuern dadurch zu vereinfachen, daß jährlich von jedem Kirchturm Frankreichs, der jeweils für eine Gemeinde oder ein Dorf stand, 20 Ecus d'or erhoben werden sollten. Deren Zahl wurde mit 1 700 000 veranschlagt. Nach Abzug der 700 000 von Abgabenlasten entbundenen, weil vom Krieg besonders betroffenen Gemeinden hätte der von der verbleibenden Million zahlungsfähiger Gemeinden aufzubringende Betrag die Geldbedürfnisse der Krone mehr als gedeckt.[92] Noch Machiavelli kolportiert 1512 solche Ziffern.[93] Die tatsächliche Zahl der Gemeinden des damaligen Königreichs schätzt man heute auf 20 bis 25 000. Schätzungen für ganz Europa gibt es nicht.

Schon die Ermittlung der Einwohnerzahlen für die Städte wirft eine Vielzahl von Problemen auf. Die quantitativ auswertbaren demographischen Quellen erfassen je nach den veranlassenden fiskalischen, militärischen, juristischen oder sozialpolitischen Interessen nur ein Segment der Stadtbevölkerung, das unter Berücksichtigung der stets zahlreichen Abgabenfreistellungen mit einem nur näherungsweise bekannten Faktor multipliziert werden muß. Noch schwieriger ist der Multiplikationsfaktor bei katasterartigen Quellen zu ermitteln, weil die Höhe der Bebauung, die Dichte der Bewohner und das Verhältnis von ummauerten und bewohnten Flächen selten bekannte Größen sind. Im Spätmittelalter liegt zwischen zu vergleichenden Daten für eine Stadt oft mehr als ein Jahrhundert. Die Auswirkungen demographischer Veränderungen können daher häufig nur geschätzt werden. Schließlich ist für die hierarchisierende Klassifikation der Umstand in Rechnung zu stellen, daß z. B. »Großstadt« und »Urbanisierungsgrad« regional relative Begriffe sind. In Ober- und Mittelitalien waren für eine Großstadt 10 000 Einwohner eine untere, in England dagegen eine kaum je erreichte obere Größe. L. Génicot hat 1973 eine Übersicht der europäischen Großstädte um 1300 vorgelegt, die die Angaben der älteren Literatur vergleicht und zusammenfaßt.[94] Die Daten entstammen sehr unterschiedlichen Quellen vom 12. bis zum 15. Jahrhundert. Seine Liste enthält ca. 70 Städte mit mehr als 10 000 Einwohnern. Für den Vergleich sind die spanischen Städte mit den phantastischen, jedoch meist aus Flächenmaßen hochgerechneten Einwohnerzahlen im islamischen Bereich hier ausgelassen und dafür eine kleine Liste der Städte, die im 15. Jahrhundert das Einwohnerkriterium erreicht haben dürften, hinzugefügt worden. Danach hat es in Europa um 1400 rund 100 Großstädte mit über 10 000 Einwohnern gegeben. Der Vergleich beider Datenreihen ergibt überraschenderweise, daß 75 davon mit Daten öffentlicher Uhren noch vor 1400 erfaßt sind. Von den rund 40 Städten mit mehr als 20 000 Einwohnern fehlen nur ganz wenige Daten aus Städten mit für unsere Frage ausgesprochen schlechter Quellenlage (Bordeaux, Toulouse, Marseille, Messina und Rom). Daraus folgt jedoch nicht, daß nur Großstädte Träger des Diffusionsprozesses gewesen sind.

Da großräumige Aufstellungen der europäischen Mittel- und Kleinstädte nicht zur Verfügung stehen, ist für die Bewertung ihrer Rolle im Diffusionsprozeß ein methodisch heikleres Verfahren angewandt worden. Für das Handbuch der deutschen Wirtschafts- und Sozialgeschichte hat H. Ammann eine Karte *Wirtschaft und Verkehr im Spätmittelalter um 1500* entworfen.[95] Der Kartenausschnitt zeigt das Gebiet des Römischen Reiches und einiger angrenzender Gebiete Ostfrankreichs, Oberitaliens, Polens, Ungarns und Skandinaviens. Aufgenommen sind fast 600 Städte nach fünf Größenklassen. Es handelt sich sicher nur teilweise um belegbare quantitative Klassifikationen. Auch die Kenntnisse eines erfahrenen Sozialhistorikers sind hier eingegangen. Der Vergleich der Ammannschen Städtekarte mit unserem Datensatz ergibt, daß sich von fast 600 Städten der Karte rund 140 mit einem Datum für eine öffentliche Uhr vor 1410 versehen lassen. Die Städte mit mehr als 10000 Einwohnern sind damit fast vollständig, die Städte mit 5–10000 Einwohnern. immerhin noch zur Hälfte erfaßt. Erneut zeigt sich, daß unser Datensatz für die größeren Städte erstaunlich repräsentativ ist. Ermittelt man die durchschnittliche Chance der Städtegruppen, in der Datenreihe aufzutauchen, und benutzt das Ergebnis für eine Hochrechnung, lassen sich die Ergebnisse noch differenzieren.

Vernachlässigt man die möglichen Verschiebungen in der Städtelandschaft während des 15. Jahrhunderts und nimmt man für die hypothetische Konstruktion eines nahezu idealen Datensatzes an, daß von den Städten mit 2–5 Tausend Einwohnern nicht nur etwa 18 Prozent, und von den Städten mit 5–10 Tausend Einwohnern nicht rund 53 Prozent, sondern daß alle Gruppen wie die Großstädte mit ca. 90 Prozent erfaßt würden, verringert sich die Bedeutung der großen Städte für die Diffusion der öffentlichen Uhren zwischen 1371 und 1410 beträchtlich. Selbst im Boomjahrzehnt beträgt der Anteil der Großstädte an den Beschaffungen vor 1410 – bezogen auf das von der Karte erfaßte Gebiet – nur rund 3 Prozent gegenüber rund 8 Prozent bei den mittleren und kleinen Städten. Zwischen 1390 und 1400 waren diese längst die eigentlichen Träger des Diffusionsprozesses. Sieht man die Liste »früher Übernehmer« zwischen 1356 und 1377 durch, fallen darin kleine Städte wie Fano an der Adria, Troppau, Brieg und Schweidnitz in Schlesien, Ivrea in Piemont mit Daten schon vor 1370 und Tulln, Görlitz, Stade, Stadthagen, Culemborg und Castres mit Daten in der Boomphase auf. Diese Entwicklung hat schon 1812 der Regensburger Archivar Carl Theodor Gemeiner beschrieben, als er am Beispiel der Stadt Donaustauf darauf hinwies, daß noch im 14. Jahrhundert auch weniger bedeutende Märkte den großen Handelsstädten bei der Beschaffung öffentlicher Uhren gefolgt waren.[96] Ohne den Aussagewert solcher Berechnungen zu überschätzen, läßt sich als zweites wichtiges Ergebnis der quantitativen Auswertung der Daten festhalten: Nach 1370 waren Städte mit 2 bis 10000 Einwohnern nicht weniger innovationsfreudig als die Großstädte, die große Welle der Beschaffungen ist von ihnen wesentlich mitgetragen worden.

Der Mangel an städtevergleichenden Untersuchungen und an vergleichbaren Diffusionsstudien für große Regionen hat zur Folge, daß sich die regionalen Aspekte der Diffusion nur additiv und exemplarisch behandeln lassen.

Für die niederländische Region hat sich gezeigt, daß schon in einer sehr frühen Phase der Diffusion die sehr großen Städte (Utrecht, Deventer, Gent, Brügge, Ypern, Lille, Douai, St. Omer, Arras) auf den Listen erscheinen. Aber auch hier sind kleine Städte (Culemborg, Montreuil-sur-Mer) dicht und mit frühen Daten vertreten.[97] Träger der Diffusion sind hier vor allem die Kommunen, landesherrliche Unterstützung spielt erst nach 1390 eine gewisse Rolle.

Für das französische Königreich im Mittelalter wird die Zahl der Städte, »die diesen Namen verdienen«, auf 220 bis 250 geschätzt. Städtelisten gibt es m. W. jedoch nicht. Dem Problem der Klassifikation und der Hierarchisierung der französischen Städtelandschaften versucht man seit langem mit Hilfe zeitgenössischer Quellen näherzukommen. Dabei sind zwei Wege der Rekonstruktion zeitgenössischer Wahrnehmungen beschritten worden. Die Städte, die zu einem bestimmten Zeitpunkt aus politisch-administrativer Sicht wichtig waren, lassen sich aus den Ladungen von Städtevertretern zu den königlichen Ständeversammlungen zusammenstellen. Nach den Arbeiten von C. H. Taylor sind zwischen 1302 und 1335 insgesamt 570 Städte zu einer, ca. 230 zu mehreren Versammlungen eingeladen worden. Diese Listen haben zwei Nachteile: es sind Produkte einer noch wenig entwickelten Verwaltung. Überkommene Wahrnehmungsmuster, Sorglosigkeit und Begünstigung haben ihre Spuren darin hinterlassen. So haben tradierte Auffassungen von der Bedeutung oder dem Rang einer Stadt zur Aufnahme winziger städtischer Agglomerationen geführt, die sich heute z. T. nicht einmal mehr lokalisieren lassen.[98]

Der zweite Weg führt über ein scheinbar objektives Kriterium für den Grad der Urbanisierung. Seit dem 12. Jahrhundert folgt die Gründung von Konventen der Bettelorden dem Trend der Städteentwicklung.[99] Für die Bettelorden war dabei ausdrücklich die Breite des durch die Predigt erreichbaren Publikums und zugleich die Möglichkeit, einen Konvent auch ökonomisch zu unterhalten, Kriterium für die Niederlassung. Diese Niederlassungsbewegung war geplant, und jeder Gründung ging die sorgfältige Prüfung der Subsistenzchancen vor

Ort voraus. In der Bulle *Quia plerumque* von Papst Clemens IV. (28. Juni 1268) wird ein topographisches Mindestkriterium festgelegt. Der Abstand zwischen den Konventen der verschiedenen Predigerorden sollte mindestens 500 m (300 »cannae« [Ruten]) betragen. Die Rute sollte unabhängig von den örtlichen Gewohnheiten zu 8 Spannen (»palmae«) gerechnet werden. Damit war zum erstenmal ein allgemeinverbindlicher Urbanisierungsindex, der Mindestfläche und ökonomische Leistungsfähigkeit koppelte, formuliert. Für den modernen Historiker ergibt sich dann die relative Bedeutung einer beliebigen Stadt aus der Zahl der Konvente der Dominikaner, Franziskaner, Augustiner und der Karmeliter. Jacques Le Goff hat als Ergebnis einer großen Enquete zu dieser Thematik ein *Inventaire de la France urbaine médiévale* vorgelegt, und in der Zwischenzeit sind ähnlich verfahrende Arbeiten auch für die Städtegeschichte anderer Länder entstanden. Im Vergleich zur Kartenlandschaft der zu Ständeversammlungen eingeladenen Städte bietet die Karte des Frankreich der Bettelordenskonvente den Vorteil, daß sie gegenüber den politischen Konjunkturen neutral ist. Sie hebt die Bedeutung des südlichen und südwestlichen Frankreich hervor und akzentuiert dessen historiographisch vernachlässigte Städteregionen. Darüber hinaus zeigt sie die wachsende Bedeutung der Kleinstädte im Spätmittelalter. Die Liste der Städte mit vier oder mehr Konventen korreliert gut mit L. Génicots Liste der Großstädte. Aber bietet sie wirklich ein objektives Bild? Immerhin fällt auf, daß die »fossile« kleinteilige Diözesanstruktur, die sich im Süden aus der spätrömischen Zeit erhalten hatte, offenbar reproduziert wird und daß wiederum z. T. nicht mehr lokalisierbare Orte als Städte behandelt werden.[100]

Sowohl die Liste der 216 Städte für die Ständeversammlung von Tours 1308 wie die 222 zu verschiedenen Versammlungen im Jahre 1316 geladenen Städte lassen sich mit unseren Daten nicht vergleichen, weil zu viele zu kleine Orte aufgeführt sind. Dagegen enthalten unsere Listen für die 28 Städte, die um 1335 vier oder mehr Konvente hatten, 15 Daten vor 1410, für die 24 Städte mit drei Konventen immerhin noch 11. Ebenso lassen sich jeweils mehr als die Hälfte der zu den Generalständen des 15. Jahrhunderts geladenen Städte mit einem Datum versehen. Das gilt sowohl für die ca. 70 »bonnes villes« im Jahre 1468 wie für die ca. 100 nach Verwaltungsbezirken systematisch ausgesuchten Städte bei der Versammlung in Tours 1484.[101] Die Listenvergleiche zeigen, daß die Städte des französischen Königreichs recht gut, aber regional sehr unterschiedlich repräsentiert sind. Bezogen auf die Grenzen des heutigen Frankreich lassen sich drei Zonen unterscheiden: Für die historischen Landschaften Flandern, Artois und Picardie gilt wie für die Normandie, die Champagne, die Ile-de-France, das Orléanais, das Berry und Burgund, daß sie von der Beschaffungswelle früh und breit erreicht worden sind. Wie erwähnt, waren in diesen Gegenden außer den Kommunen auch reiche Kathedralkapitel Träger der Innovation. Das Poitou und das Anjou fallen durch etwas spätere Daten und durch eher punktuelle Diffusionsvorgänge auf, d. h. dem Datum für eine zentrale Residenzstadt (1384 Angers, 1387 Poitiers, 1396 Niort) folgen erst spät weitere Daten in der Region. Hier ist ein für autoritäre Diffusionsformen typisches Muster zu vermuten und R. Favreaus Beobachtung zu bestätigen, daß z. B. Poitiers ohne die herzogliche Intervention noch viele Jahre auf eine solche »nouveauté« hätte warten müssen.[102] In der Bretagne entfaltet sich das Städtewesen später, und entsprechend »hängen« alle Daten dieser Region deutlich nach.[103] Sieht man von den Sonderfällen, Perpignan als aragonesische Residenz und Avignon mit der Grafschaft Venaissin als päpstliches Territorium, ab, zeigt sich der Süden Frankreichs mit der Guyenne, dem Languedoc und der besonders gut erforschten Provence trotz relativ dichter Dokumentation als eine Region, die spät erreicht wird.[104] Obwohl das Fehlen brauchbarer Daten aus Toulouse, Aix, Arles und Marseille das Bild verzerren könnte, zeigt sich erneut, daß sich im 14. und 15. Jahrhundert das ökonomische und das kulturelle Schwergewicht längst nach Norden verlagert hatte. Die Städte dieser Region spielen, obwohl sie auf allen Listen auftauchen, als innovative Zentren keine Rolle mehr.

Der Turmuhrenbau in Spanien war in der frühen Zeit eine importierte Technik, die von dem hochentwickelten Instrumentenbau am spanischen Hof unabhängig war. Außer Antonio Bovelli, dem italienischen Spezialisten, der aus Avignon nach Perpignan kam, finden sich im 14. Jahrhundert italienische und flämisch-deutsche Turmuhrenbauer in den großen spanischen Städten.[105] Insofern zeigt sich die frühe öffentliche Uhr in Perpignan als ein weiteres Fallbeispiel einer punktuellen, über Jahrzehnte folgenlosen Diffusion.

Die frühe und breite Diffusionsbewegung in Savoyen, in Ober- und Mittelitalien setzt sich während des 15. Jahrhunderts fort. Obwohl Städteverzeichnisse nicht vorliegen, ist deutlich, daß überall auch relativ kleine Städte spätestens seit 1360 an den von kommunalen und landesherrlichen Initiativen getragenen Diffusionsbewegungen teilhatten (Ivrea 1368, Fano 1366). Die oben zitierten Bemerkungen der Reiseschriftsteller über die relative Seltenheit öffentlicher Uhren lassen sich für unseren Untersuchungszeitraum nicht bestätigen. Das bedeutet nicht, daß das ländliche Italien nicht doch seit dem Beginn des 16. Jahrhunderts zurückzufallen beginnt.

Für die vergleichsweise sehr großen Städte Süditaliens konnten nur spärliche Daten ermittelt werden. Von verzögerter Modernisierung kann im Hinblick auf diese Region jedoch keinesfalls gesprochen werden. In Palermo ist 1374 von einer städtischen Uhr die Rede; in Neapel ist die moderne Stundenrechnung seit 1381 in Gebrauch, und 1389 wird ein Uhrmacher aus Lecce im südlichen Apulien nach Ragusa (Dubrovnik) verpflichtet.[106]

Schwierig zu beurteilen ist die Situation im spätmittelalterlichen England. Neben den zahlreichen Hinweisen auf eine einheimische Uhrmachertradition tritt der Import von Turmuhrenbauern aus Italien, Flandern und Deutschland. Er setzt sich bis ins 15. Jahrhundert fort. Das schließt aber nicht aus, daß es auch einen einheimischen Turmuhrenbau gegeben hat. Die Entwicklung innerhalb der Städtelandschaft ist nicht deutlich, weil brauchbare Daten für die nach London bedeutendsten Städte (Norwich, Bristol, Southampton) fehlen.

Skandinavien ist die einzige Region, für die schon damals eine Verspätung bei der Einführung der Uhren, der Stundenteilung, aber auch des Glockengebrauchs ausdrücklich festgestellt worden ist. Der Erzbischof von Uppsala, Olaf Magnus (gest. 1544), führt ihn in seiner Beschreibung der nördlichen Völker auf die ungelehrte Einfachheit vergangener Jahrhunderte zurück. Der im Vergleich zu »alie nationes« späte Übergang zu diesem »usus modernorum« sei auch nicht verwunderlich, denn schließlich sei auch im neuerungssüchtigen antiken Rom die Stundenteilung des Tages erst spät eingeführt worden. Olaf Magnus fügt hinzu, daß der Rückstand zu seiner Zeit aufgeholt sei und überall im Norden gute und genaue Uhren für den öffentlichen wie für den privaten Gebrauch gebaut würden.[107] Wie Plinius stellt der Erzbischof dem ländlichen Leben (»ungelehrt und einfach«) eine historisch spätere städtische Entwicklung gegenüber. Damit deutet er – wohl zutreffend – die verzögerte Verstädterung als Ursache verspäteter Innovation an.

Insgesamt fällt das hohe Tempo der Diffusion der schlagenden Uhren auf. Es war – das deuten die Daten zur Diffusion der Windmühlen wenigstens an – für das Mittelalter nicht ungewöhnlich. Nur die stärker an die Mobilität von Personen gebundene Diffusion des Buchdrucks verlief noch deutlich rascher. Es ist nicht nur das Beispiel einer anderen »Schlüsselmaschine«, der Dampfmaschine, das zeigt, daß in der neueren Geschichte technische Innovationen keineswegs schneller ablaufen als im Mittelalter.

Die abschließende Frage lautet, ob die Vermutungen zutreffen, daß sich schon bei der Beschaffung der Uhren innerstädtische Partikularinteressen gegen Widerstände durchgesetzt haben. Da ist zunächst die oft wiederholte These, daß vor allem die Kaufleute und Händler in den Städten an dieser Innovation interessiert gewesen seien und sie daher aktiv durch Herbeiführung entsprechender Entscheidungen oder durch die Finanzierung der Uhren gefördert hätten. In einer schwächeren Form lautet sie, daß die Verbreitung der öffentlichen Uhren dem rationalistischen Ethos dieser Gruppen entgegengekommen sei. Dazu gehört die parallele These, nach der vor allem das Netz der großen Handelsstädte Tempo und Richtung der Diffusion beeinflußt habe. Aufgrund der bisher gewonnenen Ergebnisse sind alle diese Thesen zu verwerfen. Es ist zwar richtig, daß in der Gruppe der »Innovatoren« einige der bedeutendsten merkantilen Metropolen des damaligen Europa (Mailand, Genua, Florenz, Bologna, Siena) erscheinen und daß solche Städte auch in der Gruppe der »frühen Übernehmer« prominent vertreten sind (z. B. die großen Reichsstädte und die niederländischen Städte). Aber sie teilen diese Rolle mit merkantil weit weniger bedeutenden Städten wie Orvieto, Zürich oder St. Quentin. Vor allem sind nirgends erkennbar merkantile Sonderinteressen wirksam geworden, nirgends wird besonderes finanzielles Engagement der Kaufleute und Händler spürbar. In Mailand und Genua ist es der Stadtherr, der für die Entscheidung sorgt, in Bologna beklagt man sich sogar über die auferlegten Kosten. Das gilt auch für die spätere Zeit der großen Welle der Neubeschaffungen. Kaufleute, Fremde und Marktteilnehmer werden zwar gelegentlich erwähnt, aber nicht häufiger oder seltener als Kleriker, Studenten, Beamte oder Richter. Nirgends treten die Kaufleute als Interessengruppe in Erscheinung, nirgends läßt sich eine besondere Vorreiterrolle der Handelsstädte feststellen. Man kann diese Thesen so weit trivialisieren, daß sie richtig werden: Zwischen den italienischen Stadtfürsten, den Königen von Aragon, England und Frankreich und den Kaufleuten in den Städten gab es über die Errichtung öffentlicher Uhren sicher keinen Streit, die politische Macht lag in den meisten europäischen Städten in den Händen merkantiler Oligarchien. Also haben die Landesherren überwiegend im Interesse der Kaufleute gehandelt, und die Uhren ihrer Residenzen waren symbolischer Ausdruck dieser Interessenallianz. Die städtischen Investitionen dienten vor allem den Interessen der Kaufleute und Händler. Dem läßt sich nicht widersprechen, aber die Folgerung wird banal. Markt und Handel gehören zum Begriff der alteuropäischen Stadt, und das europäische Städtenetz ist der Raum der Diffusion der öffentlichen Uhren. Ähnliche Probleme entstehen mit der ergänzenden These, daß die Geographie der Diffusion der öffentlichen Uhren sich weitgehend mit den Krisenregionen der städtischen Textilindustrie deckt. Dies impliziert die Vermutung, daß die Verschärfung der städtischen Arbeitskonflikte die Kaufleute und Händler als Arbeitgeber zu Interessenten an der Uhr als Mittel verschärfter Arbeitszeitkontrollen, zu Auslösern von Uhrenbeschaffungen gemacht hätten (vgl. S. 276). Für die Geographie der Diffusion spielt das aber keine Rolle. Diese These beruht auf einer perspektivischen Täuschung. Die hochurbanisierten

Regionen der europäischen Städtelandschaft waren identisch mit den Regionen der städtischen Textilindustrie in der Krise – wenn man überhaupt von einer umfassenden Krise am Ende des 14. Jahrhunderts sprechen kann.

Die Einführung der öffentlichen Uhr läßt sich – allerdings unter Berücksichtigung des skizzierten zeitlichen Rahmens – als ein Teilprozeß urbaner Modernisierung begreifen. Modernisierung sei dabei vage als Abkehr von traditionalen Lebensformen und noch unabhängig vom Paradigma industriegesellschaftlicher und demokratischer Entwicklungen verstanden. Die öffentliche Uhr eignet sich als ein Indikator für Modernisierung, aber man kann eine Stadt nicht allein wegen der frühen Beschaffung einer Uhr als »modern« oder »technisch aufgeschlossen« bezeichnen, weil der Zeitpunkt der einzelnen Beschaffungen den geschilderten Einflüssen oder Zufälligkeiten unterliegt. Erst in Verbindung mit anderen technischen und sozialen Innovationen ließe sich der Modernisierungsgrad einer Stadt beurteilen. Dazu gehören Hammerwerke, Mühlen, Wasserversorgungseinrichtungen, Gießereien, aber auch Kirchenorgeln. Dazu gehören auch die Einrichtung von Schulen, die Anstellung von Ärzten, Lehrern, Ingenieuren oder einheitliche Finanzverwaltungen. Andere Innovationen ließen sich anfügen. Erst die Untersuchung komplexer Bündel etwa gleichzeitiger Innovationen würde wirklich handhabbare Indikatoren urbaner Modernität im Spätmittelalter ergeben.

# 6
# Die spätmittelalterlichen Uhrmacher

Bildliche Darstellungen der spätmittelalterlichen Uhrmacherei tauchen erst im zweiten Drittel des 15. Jahrhunderts auf. Sie sind selten geblieben und finden sich fast ausnahmslos in einem einzigen ikonographischen Zusammenhang, den sog. Planetenkinderbildern.[1] Dabei handelt es sich um Darstellungen der Einflüsse, die nach astrologischer Überzeugung einzelne Planeten auf Charakter, Gesundheit und Fähigkeiten der Menschen ausübten. Die Kinder des Merkur etwa galten als poetisch begabt, beredsam, wissensdurstig und Neuem und Fremdem, der Mathematik und Astronomie, auch der Magie und der Wahrsagerei gegenüber aufgeschlossen. Auch das Talent, erworbenes Wissen weiterzugeben, wurde ihnen zugeschrieben. Von den Wissenschaften lagen ihnen besonders Geometrie, Astronomie und praktische Feldmeßkunst.[2] Ihre beruflichen Fähigkeiten sah man bei den »subtili ingegni et ciaschedun'arte bella«, d.h. im künstlerisch-handwerklichen Bereich.[3] Anders als in den aus arabischen Quellen schöpfenden Planetenkindertexten finden sich auf den Planetenkinderbildern seit dem 15. Jahrhundert die Uhrmacher zusammen mit den Orgelbauern, Malern, Bildschnitzern, Kunst- und Waffenschmieden, Lehrern, Autoren, Schreibern und Küchenmeistern. Nach zeitgenössischer Auffassung gehörte die Uhrmacherei also zu den gehobenen spezialisierten Handwerken, die ihr Ansehen der Nähe zur Wissenschaft (»scientia«) einerseits und der Nähe zur Kunstfertigkeit (»ingenium«) andererseits verdankten.

Eine Darstellung lombardischer Herkunft aus einer astrologischen Handschrift in der Bibliothek der Herzöge von Este in Modena betont den handwerklichen Aspekt und zeigt den Uhrmacher mit einem Gesellen in einer offenen Ladenwerkstatt. Den Uhrmacher im Hausbuch aus Schloß Wolfegg in Oberschwaben sieht man als Handwerker mit astronomischen Kenntnissen beim Einrichten seiner Uhr.

Natürlich partizipierten auch die Uhrmacher von der für das Spätmittelalter beobachteten Aufwertung der Artes mechanicae als lebensnotwendigen und nutzbringenden Tätigkeiten.[4] Darüber hinaus ehrt sie die Pariser Naturphilosophie am Ende des 14. Jahrhunderts durch ihre Vergleiche des Kosmos oder der Lebewesen mit kunstreichen Uhr-

43. Uhrmacherwerkstatt, Ausschnitt aus einem Planetenkinderbild (15. Jh.), Biblioteca Estense, Modena

44. Uhrmacher mit Quadrant, Ausschnitt aus einem Planetenkinderbild im *Mittelalterlichen Hausbuch* (um 1480), Schloß Wolfegg

werken und des Schöpfergottes als Uhrmacher.[5] Als entwerfende und herstellende Konstrukteure rückten sie damit neben die in diesen Vergleichen ebenfalls herausgehobenen Architekten.

Durch Hinweise auf als geniale Konstrukteure oder als gesuchte technische Experten zu Prominenz gelangte Uhrmacher lassen sich solche Vergleiche leicht plausibel machen. Als Berufsgruppe lassen sich die Uhrmacher aber so nicht charakterisieren, weil die große Mehrheit von ihnen ein so hohes Ansehen gar nicht genossen hat. Die Rechnungsüberlieferung aller Länder enthält über diese Mehrheit meist nicht viel mehr als die typische karge Notiz: »Hans, dem Schmied, für die Uhr...«.

Offenbar gab es weder den typischen Uhrmacher noch eine durch hinreichend gemeinsame Merkmale charakterisierbare Berufsgruppe oder gar einen Berufsstand. Die technisch-handwerkliche Kompetenz, Uhren zu bauen, war in verschiedenen Berufsgruppen vertreten.

Die Sammlung der uhrengeschichtlichen Quellen bis zum Ende des 15. Jahrhunderts hat über 1200 Namen von Uhrmachern und denjenigen, die an Reparaturen und Instandhaltungen beteiligt waren, ans Licht gebracht. Damit ist das prosopographische Material aller bisherigen nationalen Uhrmacherverzeichnisse, die im übrigen dankbar benutzt worden sind, für den genannten Zeitraum mehr als verdoppelt worden.[6] Soweit sie nicht soziale Eliten zum Gegenstand haben, geraten prosopographische Recherchen leicht in den Verdacht obsessiver Sammelei isolierter, sinnloser Personendaten. Mit der Verzeichnung eines Uhrmachernamens, oft nur eines Vornamens, der nirgends sonst wieder auftaucht, ist tatsächlich wenig gewonnen. Hier ist die Situation für die Uhrmacher auch anders als z. B. für bildende Künstler oder Baumeister. Ihre Erzeugnisse waren schon nach wenigen Generationen buchstäblich »altes Eisen«. Sicher datierbare Uhrwerke aus dem 14. und 15. Jahrhundert sind heute sehr selten und auch kaum im ursprünglichen Zustand erhalten. Mit Hilfe der Personennamen werden daher kaum Zuschreibungen oder Rekonstruktionen technischer Entwicklungen möglich. Dennoch lohnt sich die Erfassung der Namen, weil sie für eine kleine Gruppe von Uhrmachern z. B. Aussagen über deren Wanderungsbewegungen ermöglicht.

Bisherige Äußerungen zu den Anfängen der Uhrmacherei und ihrer Entwicklung in den beiden ersten Jahrhunderten sind eher beiläufig vorgebrachte Hypothesen. Sie konnten und wollten auch nicht mehr sein, da selbst das bekannte Material bisher nirgends zusammengestellt worden ist. Selbstverständlich ist vielfach zu lesen, daß Aufkommen und Ausbreitung der Uhren auch zu einem Aufschwung der Uhrmacherei geführt habe. Daran läßt sich auch nicht zweifeln. Verbunden wird damit die Vermutung, daß sich durch diesen Aufschwung die

Zahl der spezialisierten Handwerker, die komplizierte Maschinen aus Metall anfertigen konnten, rasch vermehrt habe.[7] Diese plausible Hypothese vom Uhrmacher als Prototyp des vielseitigen Technikers oder Feinmechanikers ist aus der Geschichte der frühen Industrialisierung gewonnen und ins Spätmittelalter zurückverlängert worden. Sie stützt sich auf die geläufige Beobachtung, daß in den Anfängen des Maschinenzeitalters besonders Uhrmacher als Erfinder und Konstrukteure neuer Maschinen und Präzisionswerkzeuge hervorgetreten sind.[8]

Die Hypothesen über die Entwicklungsrichtung der mittelalterlichen Uhrmacherei lassen sich vereinfacht zwei Typen zuordnen. Der eine hat die frühen Turmuhren im Blick und schildert die handwerkliche Entwicklung als einen Weg vom Primitiven, Groben und Großen zum Komplizierten, Feinen und Kleinen, als einen Weg zunehmender Präzisierung und Miniaturisierung. Entsprechend wird die handwerkliche Entwicklung als ein Weg von den Grobschmieden zu den Feinmechanikern charakterisiert.[9] Der andere hat die anfängliche Seltenheit und die frühen Nachrichten über komplizierte astronomische Uhren im Blick und meint daher, die Uhrmacherei sei zunächst nur von einer kleinen Expertenelite (Astronomen, Feinmechaniker, Goldschmiede) betrieben worden.[10] Deren Seltenheit und der zunächst geringe Bedarf hätten bei den Uhrenbauern ähnlich wie bei Baumeistern und Kunsthandwerkern zu einer Art nomadischer Existenz geführt.[11] Beide Vermutungen gehen von etwas vagen Einschätzungen der Nachrichten über Art und Verbreitung der frühen Uhren aus. Es zeigt sich, daß keine der beiden Varianten haltbar ist.

## Frühe Uhrmacher

Wenn es zutrifft, daß die Uhrwerkhemmung nicht eine Erfindung, sondern eine Entwicklung als Resultat verschiedener gleichgerichteter Bemühungen war, dann wird man vergeblich nach den Uhrmachern suchen, von denen alle anderen gelernt haben. Da die Uhrwerkhemmung wohl aus klösterlichen und ursprünglich wasseruhrgetriebenen Weck- und Läutvorrichtungen hervorgegangen ist, wird man eine Mehrzahl von Klöstern als Orte dieser Entwicklung vermuten, ohne daß dabei einer der Orden besonders hervorzuheben ist. Für die zusätzliche Erfindung des automatischen Schlagwerks gilt dies allerdings nicht. Sie könnte ebensogut außerhalb des klösterlichen Bereichs entwickelt worden sein. Alle frühen Nachrichten über Uhrmacher lassen sich damit vereinbaren. Der erste namentlich bekannte Uhrmacher des europäischen Mittelalters ist Hermann Josef aus dem Prämonstratenserkloster Steinfeld in der Eifel (um 1200). Seine Vita schildert ihn als einen trotz körperlicher Behinderung zuverlässigen Sakristan und als tüchtigen Mechaniker, der sich um Einrichtung und Reparatur der Uhren in den umliegenden Klöstern verdient gemacht habe. Die Berufsbezeichnung »horologiarius« taucht m. W. zum erstenmal 1269/70 in der Bierrechnung des Zisterzienserklosters Beaulieu (Hampshire) auf und bezeichnet da den offenbar festbesoldeten Uhrwärter. In der Bierrechnung von St. Paul's Cathedral in London erhält 1286 ein auswärtiger »Bartholomeus orologiarius« einen größeren Betrag. Robertus Anglicus sprich 1271 wie von einem wohlbekannten Beruf, wenn er von den »artefices horologiorum« berichtet, die sich an der oben erwähnten Konstruktion einer Uhr für die Astronomen versuchten.[12]

Die dabei auftauchende Frage, ob die neuen Berufsbezeichnungen schon die Existenz eines neuartigen Geräts anzeigen, wie C. F. C. Beeson und D. Landes vermuten, oder ob es sich noch um späte Formen von Wasseruhren handelt, ist nicht zu entscheiden.[13] Sicher zeigt die spezialisierte Berufsbezeichnung, daß es sich um aufwendige und nicht von jedermann zu wartende Konstruktionen handelt. Aber hatte nicht Wilhelm von Auvergne in der Mitte des 13. Jahrhunderts über die »horologia, qui per aquam fiunt et pondera« gesagt, sie bedürften »renovatione frequenter et aptatione instrumentorum suorum«?[14] Wenn schon die Entwicklung der mechanischen Hemmung keinerlei semantische Spuren hinterlassen hat, warum sollten die Hersteller der neuen Räderuhren dann anders bezeichnet werden als die Hersteller der Horologia?

Mit der beginnenden Verbreitung der mechanischen Uhren seit Beginn des 14. Jahrhunderts ändert sich das Bild in auffälliger Weise. Die Kleriker und Mönche, die früher eine Art Monopol gehabt haben mögen, bleiben seitdem eine unauffällige Minderheit. Als Berufsbezeichnung wird »Uhrmacher« nicht nur in die Nationalsprachen übernommen; es wird auch sichtbar, daß der Vielfalt der Geräte mit mechanischen Uhrwerkantrieben (Klosterwecker, Spielwerke und Musikautomaten, astronomische Simulationen, Schlaguhren) auch eine Vielfalt der Qualifikationen ihrer Hersteller entspricht. Für die einzelnen Länder stellt sich die Situation bis zur Mitte des 14. Jahrhunderts folgendermaßen dar:

Der in der Pariser Steuerrolle des Jahres 1292 genannte »Jehan l'aulogier« in der »Grant-Rue-Saint-Benoict« erweckt aus sprachlichen Gründen Zweifel.[15] Es könnte sich um eine verschriebene Form von »alogier« (Herberge geben) handeln, denn in den Rollen der Jahre 1296 und 1297 werden in dieser Straße mehrere »osteliers« und »taverniers« genannt.[16]

Ausweislich der Abrechnungen des königlichen Haushalts arbeitet der – dem Namen nach aus Nordfrankreich stammende – Goldschmied Pierre Pipelart von Mai 1299 bis März 1300 an einem »horologium regis« und erhält dafür 6 Livres tourn. 1308 erhält er wieder einen größeren Betrag für diese Uhr oder für ein neues Vorhaben. Ganz sicher hat es sich um eine aufwendige Uhr für den königlichen Hof oder für eine Kirche gehandelt, aber, wie gesagt, nicht um die erste öffentliche Uhr in Paris. Gilebert de Lupara – nach den Steuerrollen der Jahre 1296 und 1297 ein am Louvre wohnender Armbrustmacher – arbeitet im Sommer 1301 an »opus quorundam horologiorum«, einer schweren Uhr aus Eisen und anderen Metallen, die der König der neuen Abtei Poissy stiften wollte. 1322–36 hat es offenbar einen festangestellten Hofuhrmacher, »varlet de chambre et ollogeur au Louvre«, Girard de Juvigny, gegeben, der in eine Schuldenauseinandersetzung und in den Prozeß gegen den Grafen Robert von Artois verwickelt war.[17]

Die Uhr in der Kathedrale von Sens wird 1319 von Robertus Anglicus aus Paris repariert. Der Nachname deutet nicht unbedingt auf englische Herkunft, sondern war in Paris in diesen Jahren außerordentlich geläufig.[18] In Noyon wird 1333/34 die mit Glocken ausgestattete Uhr der Kathedrale von einem durchreisenden Uhrmacher, »magister orlogiorum«, inspiziert. Unter den Automatenspielen (»engins«) im Schloßpark von Hesdin befand sich eine Uhr (»orloges«), die vermutlich mit einem Musikwerk mit Blasebälgen verbunden war. Die erforderlichen Metallarbeiten führt Henri »le serurier« 1304 aus. In der Kathedrale von Cambrai wird die Uhr 1333 von Bartholomeus »orologiarius« umgesetzt und eingestellt.[19]

Die ersten Uhrmacher am päpstlichen Hof in Avignon stammen auch aus dem nordfranzösisch-flandrischen Raum. Der Meister Nikolaus von Brügge baut 1329 im Auftrag des Papstes eine Uhr für das Kartäuserkloster in Chorges. Seit 1335 ist Jean Bequet aus der Diözese Rouen »magister horologiorum papae«. In Italien sind nur wenige Uhrmachernamen aus der ersten Hälfte des 14. Jahrhunderts überliefert. Noch dürftiger sind die Nachrichten aus dem Römischen Reich. Der erste Name im fraglichen Zeitraum ist Thideman »seyghermaker«, der 1341 Bürger in Stralsund wird. Er dürfte wie sein Bürge Schmied gewesen sein.[20]

Vergleichsweise zahlreiche Uhrmachernamen, darunter auch eine (verwitwete?) Frau, hat G. Fransson in englischen Steuer- und Gerichtsakten ermittelt: Adam le-Orloger (Colchester 1311), Thomas Orloger (Essex 1319/1327), Cecilia le Orloger (1328 Licolnshire), Simon Orloger (1322 Sussex).[21] Es scheint kein Zweifel zu bestehen, daß es sich um Berufsbezeichnungen handelt, und auch Verwechslungen mit einem »orlog/horlok« genannten Schiffstyp scheinen ausgeschlossen.[22] Außer einem 1324 in Lincoln erwähnten Thomas »orologiarius« werden in dieser Zeit Uhrmacher beim Bau der großen astronomischen Uhren in Norwich und in der Abtei St. Albans genannt. In Norwich sind 1323/25 außer dem Uhrmacher Robert die Brüder Laurence und Roger of Stoke als »horologarii« tätig. In der Chronik von St. Albans wird Roger außerdem für die Anfertigung eines Metallkreuzes gerühmt. Beide Brüder sind später (1340/50) Mitarbeiter des Abtes Richard of Wallingford.[23]

Die bis zur Mitte des 14. Jahrhunderts erreichbaren Informationen machen deutlich, daß die Uhrmacherei nicht aus einem bestimmten Metallgewerbe hervorgegangen ist. Schmiede, Waffenschmiede und Goldschmiede haben die Uhrentechnik am Anfang des 14. Jahrhunderts beherrscht und für verschiedene Uhrentypen angewandt. Von einer Expertenelite kann man nur bei den Herstellern astronomischer Instrumente sprechen.

Die Spezialisierung anzeigende und wohl auch werbende Berufsbezeichnung taucht in allen Ländern ungefähr gleichzeitig auf. Daß es sich schon um dauerhafte Spezialisierungen, daß also die als Uhrmacher Bezeichneten auch überwiegend vom Uhrenbau gelebt haben, ist für diese Zeit noch kaum anzunehmen.[24]

## Gelehrte Konstrukteure

Bei den in Geschichten der mechanischen Uhren erwähnten prominentesten Uhrmachernamen des 14. Jahrhunderts handelt es sich strenggenommen gar nicht um Uhrmacher, sondern um gelehrte Konstrukteure astronomischer Instrumente, die auch Uhren bauen konnten. Diese als Uhrmacher zu bezeichnen ist, wie schon Petrarca über Giovanni Dondi bemerkt hat, fast herabsetzend. Das gemeinsame Merkmal dieser – im 14. und 15. Jahrhundert aus höchstens zwei Dutzend Mitgliedern bestehenden – Gruppe ist das Universitätsstudium. Die gelehrten Konstrukteure sind meist als Astronomen bzw. Astrologen tätig, viele davon außerdem als Ärzte im Hofdienst.[25]

Richard of Wallingford (1291/92–1336), 28. Abt des Benediktinerklosters St. Albans (Hertfordshire), war der Sohn eines Grobschmieds, »faber ferrarius«.[26] Ein Gönner finanzierte sein Studium in Oxford. Sein unvollendetes Lebenswerk war der Bau einer komplizierten und aufwendigen astronomischen Uhr in der Kirche seines Klosters [Abb. 13]. Er war kein origineller Theoretiker der Astronomie, sondern befaßte sich mit der Berechnung und Konstruktion von Beobachtungsinstrumenten und mechanischen Kalkulationsgeräten.

45. Der Abt Richard von Wallingford in seiner Werkstatt, Miniatur um 1440, British Library, London

Eine Miniatur des 15. Jahrhunderts zeigt ihn mit einem Reißzirkel an einer Metallplatte arbeitend. Der – später so genannte – *Tractatus horologii astronomici* enthält einige hinsichtlich des Uhrwerks knappe und schwierige, hinsichtlich der Getriebe für die astronomischen Simulationen deutlichere Aufzeichnungen. Er ist vermutlich während der

Konstruktion der Uhr und z. T. von Schülerhand entstanden. Die astronomische Uhr, deren Bau er 1327 begonnen hatte – »magno labore, maiore sumptu, arte maxima« –, war bei seinem Tod noch nicht ganz fertiggestellt. Richards zeitgenössischer Ruhm wird durch einen Bericht anschaulich, nach dem er dem englischen König Edward III. auf Vorhaltungen, er vernachlässige die Instandhaltung des Klosters zugunsten seiner Uhr, geantwortet habe, um den Klosterbau könne sich auch ein Nachfolger kümmern, aber niemand in England sei imstande, ein so kompliziertes Werk zu vollenden. Gegenüber den anderen gelehrten Konstrukteuren war sein Ruhm bis in die jüngste Zeit verblaßt, weil die Manuskripte unbenutzt geblieben waren. Heute gibt es eine ganze Reihe moderner Rekonstruktionen.

Jacopo de Dondi (geb. um 1290) hatte in Padua studiert und war Stadtarzt von Chioggia bei Venedig. Er gilt als Konstrukteur der für den Stadtfürsten Umbertino Carrara 1344 in Padua gebauten öffentlichen Uhr, die möglicherweise mit astronomischen Indikationen versehen war.[27] Vielleicht ist schon durch ihn der Beiname »dall' Orologio«, mit dem im 14. Jahrhundert Uhrmacher ausgezeichnet wurden, in der Familie erblich geworden.[28] Jacopo Dondis Uhr wurde 1390 zerstört und im 15. Jahrhundert von dem Uhrmacher Novello Dondi dall' Orologio durch eine neue ersetzt. Sein berühmter Sohn Giovanni Dondi dall' Orologio (gest. 1388) wurde um 1350 Professor der Medizin in Padua; später lehrte er auch Philosophie, Astronomie und Logik. Für seinen Gönner Gian Galeazzo Visconti baute Giovanni Dondi seit 1365 (Abschluß der Kalkulationen) das Astrarium, das gelegentlich auch als Planetarium bezeichnet wird.[29] 1372 siedelte Dondi nach Pavia über und brachte vermutlich das Astrarium mit, das einen endgültigen Standort in der dortigen herzoglichen Bibliothek erhielt. Das Astrarium war keine Uhr im Sinne eines Beobachtungs- oder Meßinstruments, sondern erklärtermaßen eine Demonstrationshilfe zur Veranschaulichung der Werke der alten Astronomen. Der vermutlich während der Bauzeit begonnene *Tractatus Astrarii* handelt von der Herstellung der Planetengetriebe und der kalendarischen Indikationen; er setzt den Uhrwerkantrieb als längst bekannt voraus (vgl. S. 53). Obwohl der Text Wartungs- und Einstellanleitungen enthält, hat das Werk nach dem Tode des Erbauers kaum mehr richtig funktioniert. Das hat Giovanni Dondis Ruhm nicht verringert. Im Gegenteil: Gerade weil später niemand dafür gefunden werden konnte, das Werk in Gang zu halten oder zu reparieren, galt der Schöpfer dieser im Spätmittelalter als Weltwunder gepriesenen Konstruktion als einzigartiges Genie, dem viele Zeitgenossen, darunter Petrarca und Philippe de Mézières, huldigten. Am Ende des 15. Jahrhunderts begann der Nürnberger Astronom Johannes Müller von Königsberg (Regiomontan), der das Astrarium in Pavia gesehen hatte, einen Nachbau, den er bei Lebzeiten nicht vollendete.[30] Auch Giovanni Fontana hatte um 1420 Medizin in Padua studiert und war Stadtarzt in Udine geworden. Ohne systematisch verfolgte astronomische Interessen hat er sich zeitlebens mit Maschinen, Kriegsgerät und mechanischen Spielwerken, darunter Wasseruhren und hydraulischen Orgeln, in der Tradition der griechischen und arabischen Mechaniker befaßt. In seinen, nur teilweise erhaltenen, Manuskripten finden sich Skizzen mit von ihm »neu« erfundenen Uhrwerken, die mnemotechnische Apparaturen antreiben, und Sanduhren, die automatisch gewendet werden und Zeiger auf Zifferblättern drehen.[31]

Noch zu wenig weiß man über die Astronomen, die die Berechnungen für die astronomischen Uhren des 14. und 15. Jahrhunderts vorgenommen haben. In den Rechnungen für die astronomische Uhr in Cambrai (1348/49) findet sich ein Hinweis, aus dem hervorgehen könnte, daß der Pariser Astronom Jean de Linières zumindest beratend beim Bau dieser Uhr mitgewirkt hat.[32] Ein anderer Pariser Arzt und Astronom Jean Fusoris (1365–1436), Sohn eines Zinngießers aus den Ardennen, verband Gelehrsamkeit und konstruktive Begabung schon mit einem gewissen Geschäftssinn. Außer der päpstlichen Kurie belieferte er den französischen, den burgundischen und den aragonesischen Hof mit astronomischen Instrumenten, Astrolabien, Equatorien und Armillarsphären und mit komplizierten Uhren. Fusoris hat in Paris eine Werkstatt betrieben, in der spezialisierte Instrumentenbauer mit anderen Handwerkern und Gesellen die teuren Geräte herstellten. Sein sozialer Aufstieg manifestiert sich in der Übernahme von Kanonikerstellen in Reims, Paris und Nancy. In erhaltenen Manuskripten beschreibt er nicht nur die Konstruktion dieser Instrumente; zugeschrieben werden ihm auch Zeichnungen und Beschreibungen einer federzuggetriebenen Uhr, die in manchen Details der sog. Burgunderuhr ähnelt. Nachdem er in den Wirren des Hundertjährigen Krieges wegen hochverräterischer Kontakte mit den Engländern aus Paris verbannt worden war, hat er vom März bis November 1424 den Bau der großen astronomischen Uhr in der Kathedrale von Bourges angeleitet und überwacht.[33] Fusoris Aufzeichnungen sind teilweise in den Besitz eines Schülers übergegangen, der ebenfalls Astronom, Astrologe und Arzt war. Henri Arnaut de Zwolle lebte in Dijon und war ein im Dienst der Burgunder vielbeschäftigter und gutverdienender Fachmann, der auch Karten anfertigte und Salinen visitierte. 1447–55 erhält er den gewaltigen Betrag von 1000 Livres für eine von ihm konstruierte Uhr mit planetarischen Indikationen (»vray cours des sept planetes«).[34] Angeblich ist er bei einer von ihm selbst prognostizierten Pestepidemie 1466 gestorben.[35]

An den Residenzen der aragonesischen Könige ist seit der Mitte des 14. Jahrhunderts eine ganze Gruppe von Konstrukteuren astronomischer Instrumente, v. a. Astrolabien, und verschiedener Uhrentypen tätig. Sie waren nicht an Universitäten ausgebildete Gelehrte, sondern gehörten zu der bis ins 14. Jahrhundert in Spanien blühenden jüdischen Wissenschaftskultur. Seit der Mitte des 13. Jahrhunderts hatten Juden im Auftrag der spanischen Krone die wichtigsten Texte der islamischen Wissenschaft z. T. direkt ins Katalanische übersetzt. Obwohl es Christen verboten war, sich von Juden behandeln zu lassen, waren im 14. Jahrhundert über zweihundert Juden als Ärzte, Astronomen/Astrologen, aber auch als Übersetzer und Finanzexperten am königlichen Hof beschäftigt. Mallorca war das Zentrum einer bedeutenden Kartographenschule.[36] Fast alle in Spanien tätigen Uhrmacher der frühen Zeit – allerdings keine Turmuhrenbauer – entstammen dieser jüdischen Expertenelite. Mosse Jacob, Silberschmied aus Perpignan, liefert und wartet zwischen 1345 und 1347 Uhren und Astrolabien im Auftrag des Königs. 1352 fordert der König die Bestrafung der Schuldigen an Übergriffen auf das Haus des Bernat Ferni (»magister dels alarotges«). Schutz erhält auch der Uhrmacher im Hofdienst, Nathan del Barri, bei der Rückkehr in seine Heimatstadt Carcassone (1372). Isaac Nafuci aus Mallorca, der den Hof ebenfalls mit Uhren und Astrolabien beliefert, wird 1360 zum Dank für seine Dienste zum Rabbi der Judengemeinde in Mallorca ernannt, mit der Zusicherung, daß das Amt auch auf seinen Sohn übertragen werde, und dem Vorrecht, gegen Gebühr Tiere zu schächten.[37] Der Hof privilegierte und schützte diese als Fachkräfte geschätzten Juden so lange und so gut es ging. Aber schon vor den großen Verfolgungen des Jahres 1391 verliert sich deren Spur. In der Liste der in diesem Jahr zur Taufe veranlaßten mallorquinischen Juden findet sich ein als Astronom bezeichneter Isaac Nifosi (= Nafuci?), der nach Palästina entkommen sein und dort seinen alten Glauben wieder angenommen haben soll.[38] Auf dieser Liste findet sich auch der Name des Kartographen Yehuda Cresques, der mit der Entstehung des *Katalanischen Atlas* (v. 1381) in Verbindung gebracht wird. Nach dieser Zeit tauchen in Spanien und Südfrankreich keine jüdischen Uhrmachernamen mehr auf.

Auch wenn sich eine akademische Ausbildung bei den Konstrukteuren des ausgehenden 15. Jahrhunderts nicht in jedem Fall nachweisen läßt, stets findet sich die Verbindung von anspruchsvollem theoretischen Wissen und kunsthandwerklich-praktischen Fähigkeiten. Das gilt für Bartolomeo Manfredi in Mantua (gest. 1478), für Guillaume Gilliszoon de Wissekerke (gest. n. 1494), der den Hof des Roi René mit vielerlei Uhren, den Herzog von Mailand mit einem »celestium motuum speculum«, Karl VIII. von Frankreich mit einer »sfera regalis«

beliefert, aber auch für den Pfarrer und Astronom Johannes Stöffler von Justingen (gest. 1531) und die Mitglieder der Florentiner Uhrenkonstrukteursfamilie della Volpaia.[39] Ohne daß sich schon enge Spezialisierungen zeigten, wird hier allmählich der nicht mehr akademische Beruf des Instrumentenbauers in Umrissen sichtbar.[40]

## Die Ingenieure

Nicht theoretische Ausbildung, sondern technisch handwerkliche Vielseitigkeit zeichnet die Mitglieder der Gruppe der Ingenieure aus, die auch Uhrwerke bauen konnten. Die Berufsbezeichnung »ingeniarius/ingeniator« taucht im 12. Jahrhundert auf und bezeichnet den schöpferischen Techniker, der auch »architectus« oder »machinator« genannt werden konnte. Aber auf die Berufsbezeichnung, die vor allem in England und Italien für Baumeister und Konstrukteure von Kriegsgerät – im deutschen Sprachraum hießen sie vielfach Werkmeister – verwendet worden ist, kommt es hier nicht an, sondern allein auf die technische Vielseitigkeit, und hier speziell auf die Fähigkeit, auch Uhren bauen zu können.

In dieser Gruppe finden sich international gesuchte, freiberuflich tätige und hochbezahlte Experten, vielseitige Handwerker in städtischen Diensten, aber auch im engeren Wortsinn bildende Künstler. Die kunstwissenschaftliche Prägung der Vorstellung von der Renaissance hat dazu geführt, daß man die Aufmerksamkeit bisher nahezu ausschließlich auf die Vertreter gerichtet hat, die auf irgendeine Weise in naher Beziehung zum »kulturellen Geschehen« standen.[41] Darüber hinaus fanden natürlich diejenigen Beachtung, die technologische Manuskripte hinterlassen haben. Aber diese Vorläufer der »Renaissance-Genies« sind ganz untypische Vertreter einer »technischen Intelligenz«, deren Geschichte sich aus den vorhandenen Materialien durchaus erarbeiten ließe.

Gelernte Uhrmacher waren diese Ingenieure nur ausnahmsweise; ihre Hauptarbeitsgebiete waren Baugeräte, Kanonen, Kriegsmaschinen, Mühlen aller Art, Wasserbauten, aber auch Musikinstrumente. Die nur selten an konkreten Beispielen zu beantwortende Frage, inwieweit im Typus des Ingenieurs eine wechselseitige Stimulation der Entwicklung bei den verschiedenen technisch-konstruktiven Aufgaben bewirkt hat, wird schon unmittelbar nach dem Auftauchen großer Uhrwerke aktuell.

Die erwähnte Chronik des Galvano Fiamma mit dem ersten sicheren Hinweis auf eine schlagende Turmuhr meldet auch die erste Applikation der Uhrwerktechnik. Als Neuerfindung (»adinventio«) wird

1341 ein Mühlentyp bezeichnet, bei dem durch viele Räder, Gewichte und Gegengewichte, »wie bei den Uhren«, beträchtliche Arbeitsersparnis möglich geworden sei.[42]

Ebenfalls in Mailand wird 1352 den Mönchen von S. Maria dell' Valle gestattet, Wasser aus dem neuen Kanal, dem Naviglio Grande, abzuleiten. Die Mönche bitten um technische Hilfe durch den »magister inzignerius Johannes de Mutina dictus de Organis« (Giovanni degli Organi), uns als Uhrmacher bekannt und wohl aus einer Familie von Orgelbauern stammend.[43]

Das Motiv der arbeitssparenden technischen Erfindung begegnet in der Vita des Florentiner Domarchitekten Brunelleschi wieder. Wie erwähnt, hatte er in seiner Jugend kleine Uhren gebaut und mit Federzugantrieben experimentiert. Der Biograph hebt hervor, daß er von diesen Versuchen bei seiner Arbeit als Bauingenieur, speziell als Konstrukteur von Zug- und Hebemaschinen, profitiert habe. Die Arbeit an den »ingegni multiplicate« sei gewesen: »grandissimo aiuto al potere imaginar diuerse macchine ed da portare e da levare e da tirare.«[44]

An der Dombaustelle in Mailand schlägt 1402 der Uhrmacher Francisco Pessono eine Steinsägemaschine vor, die wie eine Uhr, nur mit Gewichten (»solum per contrapensibus«) betrieben wird. Sie soll mehr leisten als fünf mit derselben Aufgabe beschäftigte Männer. Der Vorschlag wird vorläufig akzeptiert, und die mit 10 fl. veranschlagten Kosten für ein kleines Holzmodell werden, wie bei solchen Projekten üblich, von der Domfabrik vorgestreckt. Noch im September des folgenden Jahres baut Francisco Pessono an dieser Säge und erhält 25 fl. für ein großes Eisenrad. Später, nachdem er die Baustelle verlassen hat, begegnet er in den Quellen zwischen 1418 und 1420 in herzoglichen Diensten in Como als Geschützmeister (»magister a bombardis«). Ein anderer Uhrmacher, Giovanni di Zellini, erhält im Mai 1404 einen Vertrag über die Konstruktion einer Maschine für den Transport und zum Heben von Marmorblöcken, die mit einem Drittel des dafür bisher benötigten Personals auskommen soll. Die Domfabrik bewilligt 50 fl., wälzt aber das Risiko des Mißlingens auf den Konstrukteur ab. Doch offenbar war das Projekt ein Erfolg, denn im November 1404 wird er zum »ingegnere della fabbrica« ernannt. Uhrmacher war auch der an der Domfabrik zwischen 1400 und 1450 tätige Ingenieur Filippo da Modena degli Organi, der wohl zur Familie des oben erwähnten Giovanni degli Organi gehört.[45]

Ingenieure sind als Uhrmacher auch in städtischen Diensten tätig. Das Zifferblatt für S. Giacomo di Rialto in Venedig wird 1422 von einem Ingenieur aus Apulien gebaut; in Verona erhält 1425 ein anonymer Ingenieur das Amt des Uhrwärters, weil er sich bei Wasserbauten bewährt habe.[46]

Weil das Astrarium des Giovanni Dondi wieder einmal nicht funktionierte, hatte der Herzog von Mailand 1456 seinen Gesandten Antonio de Tritio (da Trezzo) gebeten, sich am königlichen Hof um die Entsendung von Meister Guglielmo de Parise, der schon einmal, »al tempo de la bona memoria« geholfen habe, für mindestens vier Monate nach Pavia zu bemühen. Weil nun Michele Savonarola um 1440 auch einen solchen Reparaturfall erwähnt, »de Francia nuper Astrologus et fabricator magnus fama Horologii tanti ductus Papiam venit, plurimisque diebus in rotas congregandas elaboravit«, liegt es anscheinend nahe, diesen Fachmann in Paris zu suchen.[47] Bisher hat man sich vergeblich um die Identifizierung dieses Astronomen bemüht, dabei aber übersehen, daß Guglielmo de Parise zwar aus Paris stammen mag, nicht jedoch zwischen 1440 und 1456 dort auch gelebt haben muß.[48] Der Brief ist zwar an einen König, nicht aber ausdrücklich an den französischen König gerichtet. Schließlich war Antonio de Tritio wohl niemals in Paris, sondern ab 1455 für fünfzehn Jahre Gesandter der Sforza in Neapel.[49] Damit ist wahrscheinlich, daß der Kanonengießer und Uhrmacher Guglielmo de Parise aus Neapel gemeint war, der dann vielleicht über Oberitalien und Ragusa nach Neapel gekommen war. Offen bleibt freilich, ob auch Michele Savonarola diesen Guglielmo meint, wenn er ihn als »Astrologus de Francia« bezeichnet.

Der König von Neapel läßt Geschützgießer aus Oberitalien und Frankreich kommen und bestellt außerdem Kanonen in Katalonien. Der Herzog von Mailand läßt Uhrmacher aus Paris und Neapel kommen. Hier wird ein schmaler Ausschnitt aus den Bewegungen einer internationalen Technikerelite sichtbar, über die man insgesamt noch wenig weiß. Die in der Gruppe der Ingenieure vertretene Kombination von »ars« und »ingenium« war mobilisiert vom Technikerbedarf vor allem der großen Baustellen und von dem im 15. Jahrhundert rapide wachsenden Waffenbedarf der Territorialstaaten; die mechanischen Uhren spielen dabei nur am Rande eine auslösende Rolle. Auffällig ist die neuartige Qualifikationsvielfalt dieser Techniker. Sozial erscheinen sie kaum gebunden, dafür aber in um so engerem Kontakt mit den städtischen und staatlichen öffentlichen Händen, die auf ihre Dienste in wachsendem Maße angewiesen waren.[50]

## Spezialisten und berufsbedingte Migration

Vor dem Pariser Parlament kam im Juli 1452 ein langjähriger Prozeß um die Gage des Wärters der Horloge du Palais am Eckturm des Louvre an der Brücke über die Seine zum Abschluß. Der Inhaber des

Uhrwärteramtes forderte die beim Bau der Uhr 1370 vom König zugesicherten 6 Sous pro Tag. Die Stadt berief sich dagegen auf ihre leeren Kassen und darauf, daß es inzwischen in Paris wie in anderen Städten jeweils mehrere öffentliche Uhren gäbe, deren Unterhalt weit billiger sei. Aus den Prozeßunterlagen läßt sich die Geschichte dieser Uhr recht genau rekonstruieren. Im historischen Teil des Arrêt du Parlement wird ausgeführt, daß der damalige König Karl V. die Uhr für die Stadt, in der es zu dieser Zeit keine Turmuhren gab, habe bauen lassen. Weil sich in Paris kein geeigneter Uhrmacher für dieses Vorhaben finden ließ, habe der König den Henri de Vic aus Deutschland als Experten (»in scientia et industria horologiarie expertissimus«) mit großem Kostenaufwand kommen lassen. Außer der Gage seien dem deutschen Uhrmacher freie Wohnung und Werkstatt im Uhrturm und verschiedene andere Rechte und Privilegien zugesichert worden.[51] In Paris lassen sich seit Beginn des 14. Jahrhunderts eine ganze Reihe von Uhrmachern nachweisen. Aber offenbar beherrschte keiner davon die Technik der schweren Turmuhren. Henri de Vic hat diese Technik aber nicht aus Deutschland nach Frankreich gebracht.[52] Auch im nordfranzösischen und niederländischen Raum gab es längst solche Uhren und entsprechende Uhrmacher. Henri de Vic war offenbar für diesen Prestigeauftrag nur ein besonders geeigneter Spezialist. Diese Spezialisten waren rar, aber nicht so rar, daß man sie unbedingt aus Deutschland hätte holen müssen. Schon wenige Jahre später (1374/75) geht der Amtsnachfolger des Henri de Vic, der königliche Uhrmacher Pierre de Ste. Béate, von Paris nach Avignon, um dort die Stadtuhr im Turm des päpstlichen Palasts zu bauen.[53]

Die Zahl der überörtlich tätigen Spezialisten bzw. der durch den Bau einer öffentlichen Uhr ausgelösten Wanderungsbewegungen ist mit ca. 60 Fällen noch im 14. Jahrhundert und ca. 140 Fällen im 15. Jahrhundert auch quantitativ bedeutsam. Dabei läßt sich zusätzlich eine kleine Gruppe von Spezialisten wie die oben genannten ausmachen, die berufsbedingt überregional tätig geworden sind.

Da sind zunächst die italienischen Uhrmacher, die im zweiten Drittel des 14. Jahrhunderts die Technik der schlagenden Turmuhren exportierten. Die Uhr für das Schloß in Perpignan baut 1356 Antonio Bovelli, der zuvor als Bleidecker am Palast der Kurie in Avignon beschäftigt war. In Windsor Castle ist 1352 ein Italiener (»lumbardus«) an der Uhr tätig.[54] Nach dieser Zeit (ca. 1360) kann man nicht mehr von einem geographischen Zentrum solcher Migrationsvorgänge sprechen.

Bereits 1358 erhalten drei Uhrmacher aus Delft vom englischen König einen Schutzbrief zur ungehinderten Ausübung ihrer Kunst in England. Ragusa holt sich 1389 den Magister Helias aus Lecce in Apulien für den Bau einer großen Turmuhr. In Valencia baut 1378 Johannes Alemanus, in Lerida 1390 Antonio Core aus Bologna.[55] Typisch sind so weite Wanderungen aber nicht. Die weitaus meisten wandernden Uhrmacher bewegen sich in einer relativ kleinen Region mit einem Durchmesser von zwei bis vier Tagesreisen. Der königliche Uhrmacher Pierre Merlin arbeitet in Paris, Sens, Angers und Poitiers (1375 bis 1397). Girardin Petit aus Avignon baut Uhren in l'Isle-sur-la-Sorgue und Sisteron (1397–1410). In Basel, Straßburg und Luzern ist 1373 bis 1419 Heinrich Halder nachzuweisen, Claus Gutsch aus Villingen in Straßburg und Rottweil (1389–1400).[56] Die Herstellung eines großen Uhrwerks war etwa während eines Jahres Anlaß einer großen Fülle von Reisen und Transporten. Vor Baubeginn unternahmen die Vertreter der Städte Informationsreisen, um Uhren zu besichtigen und mit Uhrmachern zu verhandeln. Von Mons nach Cambrai reist 1372 eine Delegation »pour vir et aviser l'orloge de le cloke qui sonne les eures«, und 1379 schickt man erneut nach Valenciennes »pour vir l'orloge, et lassus prendre conseil et avis«. Wichtiger sind die Reisen von Uhrmachern zur Projektberatung, zum Einholen von Know-how oder als Gutachter für die Arbeiten von Kollegen. Jacob zum Kircheneck, »orglockener« in Frankfurt, reist 1372, während er für den Rat eine Uhr baut, nach Köln, um ein »werg der orglocken« anzusehen. Nachdem der Prokurator in Orléans im ca. 200 km entfernten Rouen mit Uhrmachern und Glockengießern verhandelt und sich über deren Preise informiert hatte, erhält Louis Carel aus Montluçon den Auftrag für die Uhr in Orléans. Mit dem Uhrmacher Jehan Menin, der dafür aus Nevers anreist, geht er nach Chartres, um sich dort Uhrwerke anzusehen. Kurz darauf läßt er sein Werkzeug aus Moulins, wo er eine Uhr gebaut hatte, nach Orléans bringen (1452–54).[57] Aus den Quellen dreier Städte läßt sich die Reisetätigkeit dieser beiden auf Großuhren spezialisierten und innerhalb einer nicht allzugroßen Region tätigen Uhrmacher rekonstruieren. Solche Expertenreisen waren noch nicht berufsständisch organisiert, kontrolliert oder vermittelt. Der Information dienten einerseits Korrespondenzen zwischen Städten und andererseits Bestätigungs-, Empfehlungs- und Selbstempfehlungsschreiben für oder von Uhrmachern. Dem Meister Marquardt wird 1385/86 vom Rat in Braunschweig zweimal bestätigt, daß er eine Turmuhr, »eyn gud werk«, für die Katharinenkirche gebaut habe. Werner Hert von Buchen, Stadtschmied und Stadtuhrmacher in Frankfurt, wird vom Rat dieser Stadt 1493 nach Straßburg für den Bau der Domuhr, »uhrwerk mit eym zeiger in der höhe«, empfohlen, weil er schon in Kolmar und Worms gute Uhren gebaut habe. Später wird ihm noch der Bau mehrerer Uhren in Usingen bestätigt. Lazarus Kreger von Bare aus Straßburg arbeitete als städtischer Uhrwärter in Frankfurt an

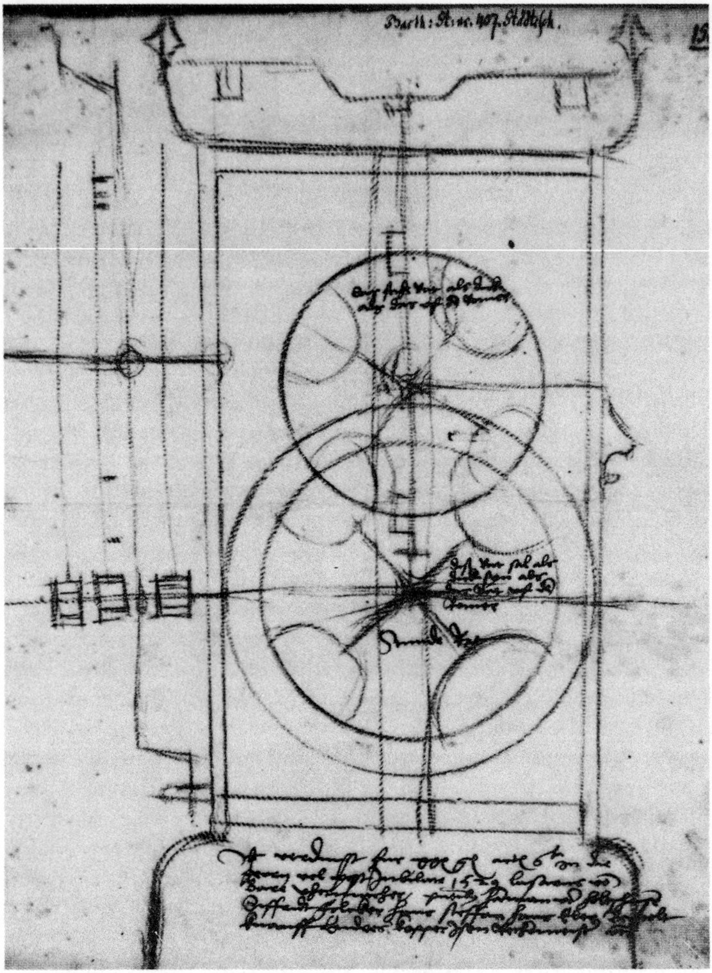

46. Reparaturskizze des Uhrmachers Lazarus Kreger für das Gehwerk der Monumentaluhr im Frankfurter Dom (1529), Stadtarchiv Frankfurt, Beschriftung: »Dis stihi rad als dick als das uf dem romer«. [Dies Stehe-Rad so dick wie das (der Uhr) auf dem Römer]; »Diß rat soll so dick seyn als das rat uff der romer«; »Stunde rat«; »Ist verdurfft fur XXX fl. [vergeben für 30 Gulden] actum 6ten die Georn vel post Jubilate 1529 Lasarus von Bare vhrmacher, pr[aesen]tibus [folgen die Namen der Kommissionsmitglieder]; auf der Rückseite: »Die uhr in der pfar mit zwehen reddern renuviret«.

den Uhren im Dom und im Römer und baute außerdem die Stadtuhr in Andernach.[58]

Das berühmteste Selbstempfehlungsschreiben und zugleich eine wichtige Quelle für die Uhrengeschichte von vier Städten ist der Brief des offenbar alternden Don Gaspare degli Ubaldini an die Republik Siena vom März 1399. Darin heißt es, er habe mehrmals von den Sienesern gehört, daß die Stadt dringend einen Uhrmacher für die Uhr im Torre del Mangia am Campo suche. Er habe eine Uhr am Rialto in Venedig mit stundenschlagenden Figuren und einem Hahn, der dreimal in der Stunde hervorkomme und krähe, und die Stadtuhr von Orvieto mit Indikationen des Sonnen- und Mondlaufs gebaut. Gegenwärtig baue er eine Uhr für Città di Castello. Seine Arbeiten seien überall bekannt. Sein einziges Bestreben sei, einer Stadt wie Siena zu dienen, mit ihren Bürgern zu leben und zu sterben. Dafür wolle er nichts verdienen als die Ehre und den Ruhm. Im Mai wird die Bewerbung akzeptiert. Im August ist die Uhr renoviert, aber der Meister war in der Zwischenzeit gestorben.[59] Bei Don Gaspare handelt es sich um den für diese Gruppe nicht typischen Fall eines freiberuflich wandernden Uhrmachers, der für sich selber wirbt. In vielen anderen Fällen geben die Herkunftsstädte die bei ihnen als Uhrwärter verpflichteten Uhrmacher lediglich für eine gewisse Zeit frei.

Die öffentliche Uhr der Stadt war ein wartungsintensives und anfälliges Gerät. Die extremen Temperaturschwankungen, erhebliche Probleme mit der Schmierung, das Ausschlagen der relativ weichen eisernen Lager und die Abnutzung der Zahnräder machten ständige Ausbesserungen erforderlich. Daher mußten die Städte versuchen, den einmal angereisten Uhrmacher durch Privilegien wie Bürgergeld-, Steuer- und Wachdienstbefreiungen zu binden. Henri de Vics hohe Gage ist ein Beweis für solche Bemühungen. Hinrik von dem Hagen werden 1440 die Gebühren für den Bürgerrechtserwerb in Hannover erlassen; dafür soll er den »zeyger« warten. Leonard Wunderlich wird 1456 gebührenfrei Bürger in Krakau, Hans Graff aus Schliers 1464 in Salzburg, beide, weil sie Stadtuhrmacher werden sollen.[60]

Gegenüber der Fülle berufsbedingter Migrationsvorgänge »hierhin und dorthin« stellt sich natürlich die Frage, ob und gegebenenfalls wo sich richtungsstabile Bewegungen oder regionale und lokale Schwerpunktbildungen erkennen lassen. Ganz allgemein läßt sich diese Frage für das 14. und 15. Jahrhundert verneinen. Abgesehen von den ersten Jahrzehnten des 14. Jahrhunderts, in denen es Uhrmacher an vielen Orten, Turmuhrenmacher aber nur in Italien gab, hat es im Spätmittelalter keine regionalen Schwerpunktbildungen gegeben. Auch die eisenerzeugenden Gegenden oder die auf Eisenverarbeitung spezialisierten Städte waren nicht zugleich Schwerpunkte der Uhrmacherei. Das für Uhren vor allem benutzte Rohmaterial, Eisenstäbe und Eisenschienen, war transportable gängige Handelsware. Trotz vergleichsweise lückenhafter Quellenlage läßt sich sagen, daß Städte, in denen sich Waffenhandwerke konzentrierten, etwa Brescia und Toulouse, aber auch Städte mit Schwerpunkten der feineren Metallbearbeitung, etwa Nürnberg oder Würzburg, im 15. Jahrhundert noch nicht durch eine besondere Häufung von Uhrmachernamen oder als besonders häufig genannte Herkunftsorte auffallen. Lediglich das als Stadt der Papierherstellung bekannte Fabriano in den Marken fällt in Italien als besonders häufig genannter Herkunftsort auf.[61]

Der andere auffällige und zeitlich stabile Migrationsvorgang ist die andauernde Präsenz von Uhrmachern aus dem deutschen Sprachraum in Italien und Frankreich. Außer Henri de Vic waren am Ende des 14. Jahrhunderts andere deutsche Uhrmacher nach Frankreich gegangen, darunter Jean de Wissembourg, der 1377 die Turmuhr in der Kathedrale von Bourges baute. Deutsche Facharbeiter vor allem aus Metallgewerben hat J.-P. Leguay in einiger Anzahl in der Bretagne in der zweiten Hälfte des 15. Jahrhunderts festgestellt. In Nantes wird z. B. Hansse Dezingue Wärter der Stadtuhr.[62] Ebenfalls im 15. Jahrhundert häufen sich die »teotonici«, die Konrads, Herrmans und Manfreds unter den Uhrmachernamen in Oberitalien und in Rom. Aber über die Herkunftsorte und über die speziellen Motive dieser Migrationsbewegung läßt sich kaum etwas sagen. Ein Überangebot von Fachkräften in den Metallhandwerken ist ebensogut denkbar wie ein Qualifikationsvorsprung oder ein Nachfrageboom in den Zielländern.[63]

## Schmiede und Schlosser

Über die zahlenmäßig bei weitem größte Gruppe (über 60 Prozent) unter den spätmittelalterlichen Uhrmachern läßt sich relativ wenig allgemein Charakterisierendes sagen. Sie sind überwiegend städtische Handwerker, nicht besonders arm, nicht besonders reich, ohne besonderes soziales Gewicht in ihrer Umgebung, kurz: qualifizierte Facharbeiter ohne auffällige Merkmale. Sie werden gebraucht, aber sie partizipieren mitnichten an der Prominenz der Astronomen und der Ingenieure. Einige von ihnen sind Gold- oder Silberschmiede, einige bei den Waffenhandwerken. Die meisten gehören den Schmiede- und Schlosserzünften an, die seit alters her eine große Zahl von differenzierten Metallberufen vereinen. Die schriftliche Überlieferung dieser Zünfte ist allerdings meist recht dürftig, und erst im 15. Jahrhundert taucht in den Mitgliederlisten vereinzelt die Bezeichnung Uhrmacher auf (in Florenz seit 1407, in Krakau seit 1410, in Basel seit 1413, in Andernach, in Nürnberg und Augsburg seit der Mitte des 15. Jahrhunderts). Aus diesen vereinzelten Berufsangaben innerhalb der Schmiedezünfte wird man schließen dürfen, daß seit dieser Zeit die Uhrmacherei keine Nebentätigkeit mehr war, sondern ein Beruf, in dem man ein Auskommen finden konnte.[64] Als Berufsgruppe innerhalb einer Schmiedezunft werden die »seyermaker« zuerst bei Gelegenheit einer Statutenerneuerung in Magdeburg 1431 angesprochen, danach in Wien in einer Ordnung aus dem Jahre 1451.[65]

In dieser Zeit dürften auch die Versuche der Schmiede- und Schlosserzünfte beginnen, die Uhrenherstellung auf die Mitglieder zu beschränken. Der erste Hinweis ist m. W. eine Ordnung aus Prato (1451), nach der nur Mitglieder der Schlosserzunft Uhren herstellen durften.[66] Aber diese Vorschriften betreffen den entstehenden Gewerbezweig der Kleinuhrenmacher, der seit dem 16. Jahrhundert in eigenen Zünften organisiert wird.[67] Ob auch die Turmuhrenbauer jemals einem Zunftzwang unterworfen waren, erscheint äußerst fraglich. Die Vielzahl der Aufträge außerhalb des Einflußbereichs städtischer Zünfte macht dies zusätzlich unwahrscheinlich. Außerdem ist zu berücksichtigen, daß sich gerade in der Umgebung großer Höfe viele und gerade die besonders qualifizierten Handwerker dem Zunftzwang entziehen konnten. Die zahlreichen Uhrmacher im Hofdienst haben sicher zu diesen »extrakorporativen Eliten« (P. Sosson) gehört.[68]

Wegen der Dürftigkeit der Quellen ist auch schwer zu entscheiden, ob und seit wann die Gesellen gewandert sind, bzw. wandern mußten. Der einzige Fall, der sich einigermaßen verfolgen läßt, ist wegen der ungewöhnlich weiten Wanderwege sicher nicht typisch. Um 1430 wird Erhard Eisenros (Girard Yzanrose, Ferrose) aus der Diözese Trier im Buch der Schlossergesellen in Basel erwähnt. 1445 nimmt er in Avignon den Menginus Godini aus Troyes als Gesellen an, um ihn in der Schmiede-, Uhrmacher- und Waffenkunst und außerdem in der geheimnisvollen »ars artificialiter scribendi« zu unterweisen. Mit seinem Kompagnon Simon de Troyes hatte er 1439 eine Turmuhr in Alès (Languedoc) gebaut. 1448/51 ist er wieder in diesem Ort.[69] Die meisten Uhrmacher dürften als Schmiedelehrlinge ihre Ausbildung begonnen haben.

Eine auf den Turmuhrenbau beschränkte Sonderform der Ausbildung von Nachwuchs bzw. Nachfolgern war das Anlernen lokaler Schmiede durch einen herbeigeholten Uhrmacher. Eine große Zahl von Uhrmacherverträgen verlangt die Beteiligung Einheimischer beim Bau der Uhr und ihre Unterweisung in Wartung und Reparatur. Auch auf diese Weise ließ sich technische Kompetenz vermitteln und der Stadt erhalten. Die als Stadtuhrwärter angestellten Schmiede und

47. Initiale »I« des »Uhrrichters eid« im Eidbuch der Stadt Augsburg (1583): »Ir werd schwörn ein gelerten eid, zu Gott unnd den heiligen der Statt uhr tags und nachts, mit allem dem das darzu gehört treulich zu richten zubewarn und zubesorgen auch die schlissel zu dem Ratthaus und der uhr treulich zubehalten zuversorgen, mit auf und zueschließen, fleißig, auch getreu und gewär zusein der Statt frummen zuwerben und schaden zuwarnen, Alles getreulich und ungevarlich.«

Schlosser vergrößerten den ständig wachsenden Stand der städtischen Beamten. Zahlreiche Namen kennen wir nur aus städtischen Gehaltslisten und Eidbüchern.

Die spätmittelalterlichen Uhrmacher waren keine nach Ausbildung und Qualifikation homogene Gruppe. Vom gelehrten Astronomen über den vielseitigen technischen Experten bis zum einfachen Schmied, vom artikulierten Verfasser von Bauanleitungen und Gebrauchsanweisungen bis zum Analphabeten reicht das Spektrum der Träger dieser Innovation.[70] Von einem Trend zur Professionalisierung kann am Ende des 15. Jahrhunderts noch keine Rede sein. Die Geschichte der Uhrmacherei in den folgenden Jahrhunderten zeigt, daß sie nur außerhalb berufsständischer Sozialformen innovativ geblieben ist.

# 7

# Uhrzeitsignal, Stadtglocke und städtisches Signalensemble

## Stadtturm und Stadtglocke

Das neue Zeitsignal rückte im städtischen Raum an einen symbolisch und juristisch bedeutsamen Ort und besetzte dort sofort eine prominente Position innerhalb des Signalensembles.

Städtische Uhr und Uhrglocke wurden in aller Regel im Stadtturm, in dem auch die Stadtglocke hing, installiert. Das Schlagwerk der Uhr wurde vielfach mit der Stadtglocke verbunden, entweder um dem Zeitsignal eine möglichst große Reichweite zu verleihen oder um die Kosten für eine gesonderte Glocke einzusparen.[1]

Stadtturm und Stadtglocke gehörten im 14. Jahrhundert ebenso wie Stadtschlüssel, Siegel, Rathaus und Pranger zu den rechtlich erheblichen und symbolisch bedeutsamen städtischen Attributen, die jeweils allein für die Stadt als Ganzes stehen konnten. Überall in Europa waren Stadtturm und Stadtglocke Träger der kommunalen Identität. Im französischen Königreich und in den angrenzenden nordwesteuropäischen Territorien hieß der Stadtturm »Beffroi« und die Stadtglocke »bancloche«. Beide charakterisierten die Stadt als relativ selbständige juristische Person und bedurften daher landesherrlicher Genehmigung.[2] Die Verleihung des Stadtrechts war in diesen Gebieten gleichbedeutend mit der Verleihung des Rechts auf Turm und Glocke. In der von König Philippe Auguste für die Einwohner von Tournai 1188 gegebenen

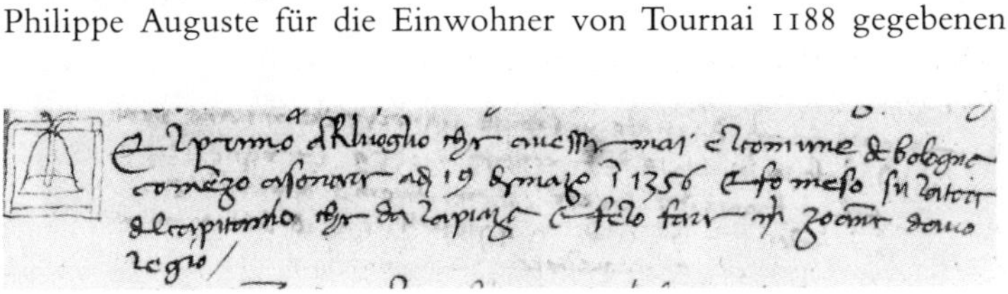

48. Notiz in einer Bologneser Chronik über die Errichtung der ersten öffentlichen Uhr, Biblioteca dell'Archiginnasio, Bologna:
»Die erste Uhr der Stadtgemeinde Bologna begann zu schlagen am 19. Tag des März 1356; sie wurde auf dem Turm des Palazzo Capitanato an der Piazza eingerichtet; der Herr Giovanni da Oléggio ließ sie bauen.«

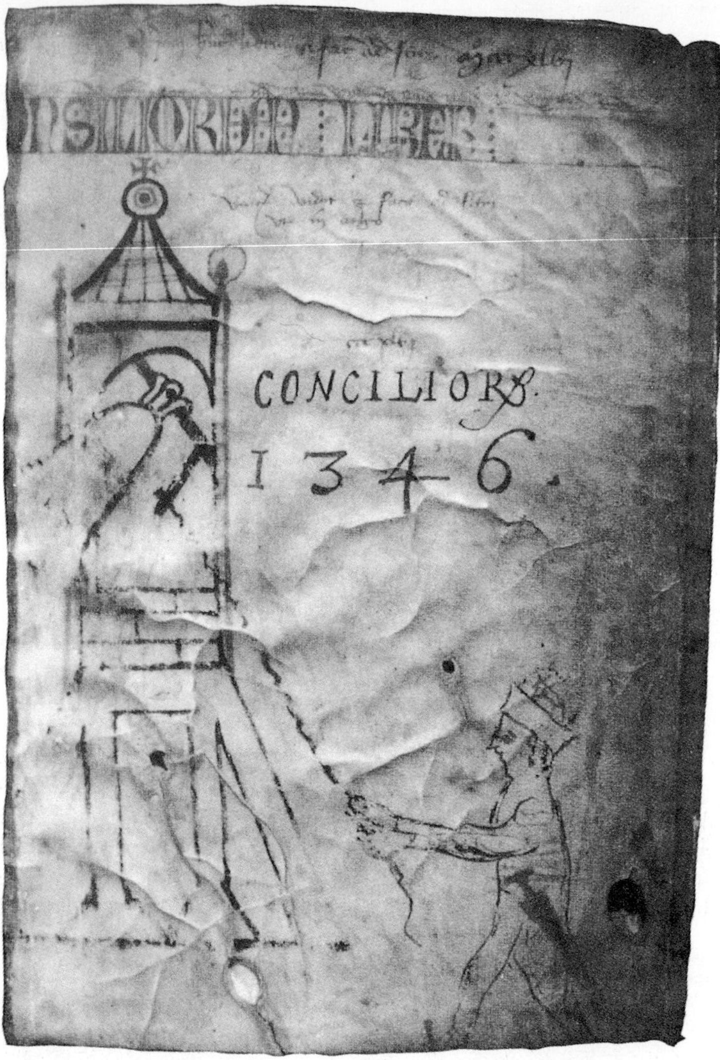


49. *Liber consiliorum*, Sammlung der Turiner Ratserlasse 1346, Historisches Archiv der Stadt Turin

Urkunde heißt es daher, sie dürften »eine Glocke an einem geeigneten Ort unterhalten, um sie nach Gutdünken für die Angelegenheiten der Stadt zu schlagen«.[3]

»Angelegenheiten der Stadt« – das waren vor allem Bürgerversammlungen, sei es zu Rat, sei es zu Gericht zu sitzen. Das Instrument, die Bürger zur Versammlung zu rufen, war zugleich Ausdruck des Rechts, solche Versammlungen abzuhalten. Die vor allem in Italien sehr verbreitete Formel »zum Schlag der Glocke nach gewohnter Weise versammelt« verbürgte die Rechtmäßigkeit und Gültigkeit der Beschlüsse und Verkündigungen.[4] Die in Italien geläufige Bezeichnung städtischer Gremien als »consilium campanae« und die Verzierung städtischer Statutensammlungen mit Glocken und Glöcknern zeigten den Zusammenhang von Signal und signalisierter Sache. Die Stadtglocke warnte außerdem vor Feuer und Kriegsgefahr und rief die Bürger zu den Waffen. Sie umgrenzte akustisch einen Herrschaftsbezirk, und der in vielen Sprachen begegnende Ausdruck »Bannglocke« benennt den Raum, für den der Herrschaftsanspruch galt. Bis in die Neuzeit geläufige Redensarten bewahren die Erinnerung an solche Rechts- und Signalräume. »Unter einer Glocke« bedeutete die Zugehörigkeit zu einer Herrschaft, »unter die Glocke gehen« war während der Industrialisierung eine bildhafte Wendung für die Unterwerfung unter die Herrschaft eines Fabrikbesitzers.[5]

Die Befugnis, die Stadtglocken zu läuten, war in den mittelalterlichen Städten daher äußerst streng geregelt, der unbefugte Gebrauch wurde hart bestraft.[6] In zahllosen einschlägigen städtischen Bestimmungen tritt immer wieder der rechtlich-symbolische Doppelaspekt der städtischen Glocken hervor. Unbefugtes Läuten bedeutete nicht nur »falscher Alarm« und freche Anmaßung. Symbolisch war der Besitz bzw. der Zugang zu den städtischen Glocken ein Zeichen für faktische Herrschaft. In seinem *Chronicon extravagans* formuliert Galvano Fiamma den Zusammenhang zwischen der Möglichkeit, die städtischen Glocken zu läuten, und der faktischen Herrschaft über die Stadt: »Im Palast der Kommune ist ein hoher Turm mit vier Glocken; wer diesen Palast beherrscht und die Glocken nach Belieben läuten kann, der hat leicht die Herrschaft über die ganze Stadt.«[7]

Zum Kult mit der Glocke als Herrschaftszeichen gehörte daher umgekehrt, daß Rebellionen gegen den Stadtherren mit diesen Glokken eingeläutet wurden.

1368 – kom ain groz folk gewappent... und sprach, sie wölten... der stad insigel und die schlüzzel zu der sturmgloggen. (Augsburger Chronik)[8]

Entsprechend richteten sich die Strafmaßnahmen der Stadtherren gegen die Stadttürme und gegen die städtischen Glocken. Der Verlust von Turm und Glocke bedeutete Rechtlosigkeit und politische Entmündigung, auf symbolischer Ebene auch Unfähigkeit zur Rebellion.[9] Strafexekutionen gegen Turm und Glocken konnten auch als sog. »abbildende Strafen«, bei denen Gegenstände Beschuldigte repräsentierten, an die Stelle von Hinrichtungen, Zerstörungen oder Reparationszahlungen treten. Wegen ihres hohen Metallwerts waren Glocken stets begehrte Beutestücke und, weil man sie in Kanonen umgießen konnte, Objekte obrigkeitlichen Metallhungers. Glocken »ins Feld ziehen zu lassen« war noch während der Weltkriege in Deutschland die Umschreibung für umfangreiche Glockenkonfiskationen für die Waffenfabrikation. Wegen ihrer symbolischen Bedeutung waren sie im Kriege aber auch ausgezeichnetes Objekt von Aggression. Die Wegführung der Glocken machte die Einwohner ehr- und wehrlos, unfähig, ihre politische und – vor allem in den religiösen Bürgerkriegen – ihre religiöse Identität zum Ausdruck zu bringen.[10] Als eines der Mittel, innere Kriege zu vermeiden, empfiehlt der Staatstheoretiker Jean Bodin, den Bürgern die Glocken wegzunehmen; die moslemischen Fürsten hätten vor allem aus diesem Grunde verhindert, daß Glocken in ihre Reiche eingeführt würden.[11] L. Fèbvre berichtet, daß noch 1737 ein Intendant im Bourbonnais die Glocken einer Stadt abhängen und nach mittelalterlicher Sitte vom Henker auspeitschen ließ, weil die Einwohner gegen die königlichen Garden geläutet hatten.[12]

Die Neuaufteilung aus Provinzen in Départements in der Anfangsphase der Französischen Revolution führte zu heftigen Auseinandersetzungen zwischen der Verwaltung und den Kleinstädten und Dörfern, weil letztere sich unter tatkräftiger Mithilfe der örtlichen Pfarrer gegen die Entfernung der Symbole des alten Glaubens und der lokalen Selbständigkeit wehrten. Während der Revolutionskriege kam es dann zu umfangreichen Konfiskationen von Glocken zur Beschaffung von Münz- und Kanonenmetall, die zusätzlich als Teil der Kampagne, das Land vom christlichen Glauben z. B. durch Läutverbote (1795/96) zu befreien, legitimiert wurden. Wenigstens teilweise konnten die Glokken jedoch unter Hinweis auf die Bedeutung der Uhr für das Gemeindeleben gerettet werden.

Auch für den innerstädtischen Alltag war der Stadtturm ein in vieler Hinsicht zentraler Ort. Als eines der wenigen massiven steinernen Bauwerke diente der Turm der Gemeinde als Wachturm, Arsenal, Archiv und Gefängnis. Als »Ort der Norm« waren am Stadtturm die verbindlichen Maße (z. B. die eiserne Elle, der steinerne Scheffel) allgemein zugänglich.[13] Später wird der Stadtturm auch zum Nullpunkt des Fernstraßennetzes. Die städtischen Waagen befanden sich meist in seiner Nähe. Jährlich wurden hier die städtischen Statuten neu verlesen.

50. »An die große Glocke hängen«, Holzschnitt aus Thomas Murners *Die Mühle von Schwindelsheim und Gredt Müllerin Jahrzeit*, 1515

Nach Ankündigung durch die Stadtglocken wurden hier auch Todesurteile, Verbannungen, Versteigerungs- und Zinstermine ausgerufen. Noch heute verständliche Redensarten erinnern an Stadtturm und Glocke als Ort und Mittel aller wichtigen Nachrichten: »An die große Glocke laufen« oder »an die große Glocke hängen« bedeutet etwas vor die Allgemeinheit bringen oder ausposaunen, »etwas läuten hören« bzw. »wissen, was die Glocke geschlagen hat«, ist gleichbedeutend mit »Bescheid wissen«.[14]

Baugeschichtlich war der Stadtturm in Nordwesteuropa eine innerstädtische Version des feudalen Wehrturms, des Donjon, wie er sich z. B. in Tournai und Béthune erhalten hat. In Italien waren die kommunalen Campaniles Konkurrenzunternehmen zu den Stadttürmen mächtiger Geschlechter.[15] Man darf sich von ihrem heutigen Anblick nicht täuschen lassen. Die Stadttürme waren nicht riesenhafte gemauerte graue Säulen. Ein erhaltener Plan des Beffroi in Gent zeigt die lebhaft-bunte Dekoration mit Fahnen, Wappen, Wimpeln und Traufenfiguren auf der mit zahlreichen kleinen Türmen verzierten Turmspitze. Der Beffroi in seiner damaligen Gestalt erinnert viel eher an einen geschmückten Baum als an einen düsteren Wehrturm. Längst nicht alle Städte verfügten über einen baulich eigenständigen bürgerlichen Mittelpunkt. In kleineren Städten erfüllte der Kirchturm die Funktion des Stadtturms, in größeren war der zweite Turm der Kathedrale städtischer Beffroi mit Feuerwache, Glocken, Uhr, Gefängnis, städtischen Maßen und städtischem Archiv. Die Münster-Türme von Metz, Straßburg und Freiburg sind die bekanntesten Beispiele für Kirchtürme, die bis ins 19. Jahrhundert von der Bürgergemeinde unterhalten wurden.[16] Die öffentliche Uhr partizipierte an der Würde ihres Aufstellungsorts und wurde, wenn auch in geringerem Maße und ohne den Schutz besonderer Rechtsvorschriften, ebenfalls zum Träger kommunaler Identität. Daß die Uhr die Stadtglocke als prägendes urbanistisches Element allmählich ablöst, kommt auch in den häufigen Namenswechseln von »Beffroi« oder »Stadtturm« zu »Uhrturm«, »Zytturm« und »Torre dell'orologio« zum Ausdruck. Je länger je mehr schwindet die Bedeutung der Stadtglocke gegenüber der Uhr.

## Entwicklung des städtischen Signalensembles

Die öffentliche Uhr war das letzte Element innerhalb der mittelalterlichen städtischen Signalsysteme, deren Entfaltung sich seit dem Hochmittelalter verfolgen läßt. Der Höhepunkt ihrer Entwicklung, bzw. ihrer Ausdifferenzierung, fällt in die erste Hälfte des 14. Jahrhunderts, und es ist die Verbreitung der öffentlichen Uhren, die auf längere Sicht zur Vereinfachung und zur Vereinheitlichung – und, wenn man will, zur Verarmung – dieser komplexen »akustischen Umwelten« mittelalterlicher Städte geführt hat.[17] So wichtig die Stadtglocke für die politische Identität der Kommunen auch war, seit dem Hochmittelalter war der Signalbedarf der Städte ständig gewachsen. Der hohe Rang der Stadtglocke, die ursprünglich wohl nichts weiter als ein praktisches Hilfsmittel war, und die Beschränkung ihres Gebrauchs auf wenige besondere, die ganze Gemeinde betreffende Anlässe machte zusätzlich Signale, vor allem Glockensignale, aber auch Fanfaren, Fahnen und Wimpel nötig. Neue Signale wurden immer dann erforderlich, wenn nicht die ganze Gemeinde, sondern nur eine bestimmte Gruppe angesprochen werden sollte oder wenn die Alltäglichkeit des Vorgangs der Würde der großen Glocke nicht entsprach.

Die Vermehrung der städtischen Signale wiederholte in vieler Hinsicht die Vermehrung der kirchlichen Glockenzeichen. Von den verschiedenen Kirchtürmen der Stadt wurde längst nicht mehr nur zu den Gebets- und Gottesdienstzeiten geläutet. Die immer komplizierter werdenden kirchlichen Läutordnungen verdeutlichen die Tendenz, die immer zahlreicheren Feste des Kirchenjahres nicht nur liturgisch, sondern auch akustisch zu unterscheiden. Das Läuten bei Todesfällen und – gebührenpflichtig – bei Beerdigungen griff immer weiter um sich. Dazu kam das ehrerbietige Läuten bei Anwesenheit geistlicher oder weltlicher Würdenträger, das Läuten bei der Verkündung von Kirchenstrafen und das warnende und beschwörende Läuten bei Unwettern.

Für Stadtkirchen waren drei Glocken bald der Standard, der von Kathedralkirchen häufig weit übertroffen wurde.

In den Städten wurden polizeiliche Vorschriften wohl zunächst an das Kirchengeläut gebunden. Die Prälaten und Grundherren der Normandie segneten vermutlich eine schon ältere Übung ab, als sie auf dem Konzil von Caen 1061 festsetzten, daß die Polizeistunde, die Aufforderung, die Herdfeuer abzudecken und die Häuser nicht mehr zu verlassen, durch die abendliche Gebetsglocke eingeläutet werden sollte.[18] Nach und nach wurde das Öffnen und Schließen der Stadttore, der Aufzug der Wachen, der Beginn und das Ende des Marktes ähnlich geregelt. Für diese und viele andere Zwecke schafften die Städte allmählich eine wachsende Zahl eigener Glocken an. Auch für Städte waren bald drei Glocken (z. B. Große Glocke, Ratsglocke, Torglocke) eine Art Normalausstattung. Dazu kamen, je nach Größe der Stadt, zusätzliche Glocken für die verschiedenen Rats- und Gerichtsgremien, für Zins- und Steuertermine, für einzelne Stadtteile, für den Markt, evtl. gesondert für den Korn- und für den Fischmarkt, eine »Mus-Glocke«, um die Armen zur Verteilung der Almosen zu rufen, Glocken für die Schulen und Universitäten, »Kehrglocken«, um die Hausbesitzer an die vorgeschriebene Reinigung der Straßen zu erinnern, etc. etc.[19] Die letzte große Welle von Glockeneinrichtungen vor den Uhrglocken waren die »Werkglocken« zur Regelung der Arbeitszeit der städtischen Lohnarbeiter. Die »Emanzipation« des städtischen Glockenensembles vom Geläut der Kirchen konnte mehr oder weniger ausgeprägt sein, nirgends wurde es ganz unabhängig. In kleineren Städten übernahmen kirchliche Glocken vielfach zusätzliche polizeiliche Signalfunktionen. Das Läuten zur Frühmesse (Primläuten) war häufig das Zeichen, die Tore zu öffnen, die Marktzeit konnte durch die Meßglocke und das Ende der Arbeitszeit durch das Kompletläuten angezeigt werden. Besonders eng ist die Verbindung von Gebetszeichen und bürgerlichem Zeitsignal beim sog. Ave-Maria-Läuten, das sich im Spätmittelalter in Europa ausbreitete. Die seit der Wende zum 14. Jahrhundert mit einem dreifachen Glockenzeichen geläutete abendliche Gebetsaufforderung, auch Mariengruß oder Salve-Glocke genannt, wurde in vielen Städten zur bürgerlichen Abend- oder Feuerglocke (»ignitegium«). Im Verlauf des 14. Jahrhunderts tritt ein morgendliches und im 15. Jahrhundert noch ein mittägliches Ave-Maria hinzu.[20] Die von den kanonischen Horen abgeleitete Teilung des Tages in Drei-Stunden-Abschnitte wurde durch eine einfache Zweiteilung des bürgerlichen Tages abgelöst. Das in vielen Städten längst gebräuchliche mittägliche Ave-Maria wird dann 1456 von Papst Calixt III. als Gebet gegen die Türkengefahr für die ganze Kirche verbindlich gemacht. In Deutschland heißt es seitdem vielfach Pacem-Läuten. Daß Louis XI. von

Frankreich die »sonnerie du midi« im Königreich angeordnet habe, ist eine alte Legende, aus der man nicht ableiten kann, daß dadurch die Verbreitung der modernen Stundenrechnung gefördert worden sei.[21] Von einer solchen Anordnung ist jedoch im 15. Jahrhundert nirgends die Rede. Das zu dieser Zeit in den französischen Städten längst übliche Midi-Läuten dürfte in den allermeisten Städten seit Jahrzehnten nach der öffentlichen Uhr geregelt worden sein.

Zu großen Städten gehörte um 1300 eine große Glockenkulisse. R. Davidsohn konnte in seiner großen Stadtgeschichte schreiben: »Näherte man sich Florenz etwa am Morgen eines Festtages, so mußte unendliches Geläut von mehr als 80 Glocken dem Wanderer schon in der Weite entgegentönen.«[22] Diese Schätzung dürfte jedoch noch viel zu niedrig liegen.

Die Vermehrung der Glocken führte dazu, daß am Ende des 13. Jahrhunderts deren bloße Anzahl zu einem Index für die Größe und Bedeutung einer Stadt geworden war. Als ein Meilenstein in der Geschichte der Statistik gilt die 1288 verfaßte Stadtbeschreibung *De magnalibus urbis Mediolani* des Bonvesin de la Riva, weil sie durch eine Flut von Zahlen und Maßen Mailands Größe zu beweisen sucht. Bonvesin gibt die Zahl der Einwohner (200000) an, die Länge des Mauerrings, den täglichen Getreide- und Fleischverbrauch, die Zahl der festen Häuser (12500), der Brunnen (6000), der Mühlen (über 900) und ihre Räder (über 3000), der Chirurgen (150), der Ärzte (28) etc. etc. Die Zahl der Kirchen veranschlagt er auf ca. 200, die der Altäre auf 480. Von 120 Kirchtürmen würde mit über 200 Glocken geläutet (c. 2, IX.). Wer diese gewaltige Stadt und ihre Wunder selbst sehen wollte, brauchte nur auf den Stadtturm zu steigen und seine Augen umherschweifen zu lassen.[23]

Machten Zahl und Größe der Glocken, machte das akustische Ensemble die Größe und die Bedeutung der Stadt mehr hörbar als sichtbar, so stand die Verschiedenartigkeit des Geläuts darüber hinaus für politische und ökonomisch-soziale Differenzierung. Im *Libellus de descriptione Papiae* des Opicino de Canistris (um 1320) wird, wie bei Bonvesin, auf die große Zahl der Kirchenglocken in Pavia hingewiesen. Danach hing die größte Glocke, die man über 6000 Schritt (ca. 9 km) hören konnte, in der Kathedrale. Unter den Klosterglocken waren die der Prädikanten und der Karmeliter die größten. Die Zünfte besaßen eine eigene große Glocke, die geläutet wurde, um das Volk zu den Waffen zu rufen. Durch ein bestimmtes Glockenzeichen (»certum sonus campanae«) wurde der Rat der Weisen zusammengerufen, der Rat der Hundert durch ein davon verschiedenes (»alius dissimilis sonus«). Noch ein anderes Zeichen (»diversus sonus«) rief die Gesamtheit der Einwohner zusammen, ein weiteres (»alius sonus«) rief zu Urteilsverkündungen und städtischen Ankündigungen. Der Text erwähnt außer dem Geläut zu Beerdigungen noch das Ave-Maria-Läuten am Abend und am Morgen, die Weinglocke (»campana bibitorum«), eine Schelle (»scilla«) für den abendlichen Torschluß und eine andere Glocke, die am Morgen mit sieben Schlägen anzeigt, daß man die Stadt verlassen darf.[24] Indirekt benutzt der Text das entfaltete akustische Ensemble der Stadt als Indiz für die Vielfalt und die relative Selbständigkeit der städtischen Funktionsbereiche.[25]

Trotz der großen Materialfülle steht eine auch nur typisierende Rekonstruktion des Funktionszusammenhangs der städtischen Signale vor beträchtlichen Schwierigkeiten. Jede Stadt hat eigene Gebräuche entwickelt, und in jeder Stadt wechselte der Name der Glocke häufig mit dem Zeitpunkt, mit dem Adressaten, evtl. auch mit der Dauer des Geläuts. Das gilt nicht nur für die Glocken, die zugleich in kirchlichem und in bürgerlichem Gebrauch waren. Hinzu kommt die aus den Texten kaum mehr zu erschließende Variationsbreite der Signale selbst. Schon an der ruhenden Glocke lassen sich mit einem Hammer ganz verschiedene Töne und Rhythmen anschlagen. Wird die Glocke in ihrer Aufhängung bewegt, ergeben sich weitere Möglichkeiten: umgekehrt aufstellen und fallen lassen, kreisförmiges Durchziehen, Anhalten u. v. m. Schließlich kann man einzelne Signale durch Wechsel der Schlagtechnik ankündigen (»appell«) oder wiederholen. Die Vielfalt der so erzeugten Zeichen wurde nur von denen, die mit ihnen aufgewachsen waren, ohne alle Erläuterungen verstanden. Aus Texten allein lassen sich die akustischen Kulissen jedoch nur unvollständig rekonstruieren. Ich beschränke mich daher auf ein knappes Referat dreier, einigermaßen gut dokumentierter urbaner Glockenensembles.

Die erwähnte »bancloche« in Tournai (1188) diente zunächst dem Zusammenrufen der Einwohner zu Versammlungen, dem Rat und bei Aufgeboten und Urteilsverkündungen. Eine weitere Glocke, »wigneron«, kommt seit 1270 dazu. Sie wird als »wigneron du matin, wigneron du jour, wigneron du soir, tierce (oder) cloque du darain« bezeichnet und diente Rats- und Gerichtsgremien, Zunftversammlungen, den städtischen Torwachen und als Weinglocke. Unter der Bezeichnung »prime«, »nuene« oder »cloche du vespres« taucht ab 1302 ein weiteres Zeichen auf, das den gleichen Zwecken dient. Ob diese Glocke sich auf dem Beffroi oder auf einem Kirchturm befand, ist nicht deutlich. Schließlich wird seit dem Jahre 1300 die »cloke des ouvriers« (»cloche du disner«, »resson«) erwähnt, die nicht nur der Regelung der Arbeitszeiten, sondern auch dem Verkauf auf dem Markt und als Ruf zu den Waffen dient.[26]

Treviso hatte am Ende des 13. Jahrhunderts nur eine große (»campana«) und eine kleine Glocke (»campanella«). Mit dem Hammer (»a martello«) statt mit dem Zugseil geläutet, rief die große Glocke die Männer zwischen 16 und 20 Jahren zu den Waffen. Mit ihr wurde der »consiglio maggiore« einberufen, und bis 1314 diente sie als Ave-Maria-Glocke, die auch das Ende der Arbeit in der Stadt verkündete. Der Beginn der Arbeit wurde mit der »campanella« angezeigt, die als »campanella degli anziani« zur Versammlung der »curia del podesta« rief. Die Bürgerversammlung wurde mit beiden Glocken zugleich einberufen. Mit dem Hammer angeschlagen, rief die kleine Glocke auch die 500 ständig bewaffneten Bürger zusammen. Schließlich läßt die Kommune 1315 eine neue mittelgroße Glocke, »campana magna nuova [bzw.] la marangona«, installieren, die zunächst beim Auf- und Untergang der Sonne die Arbeitszeit in der Stadt regeln sollte, die dann aber auch, weil man sie besser hören konnte, für die Ratsgremien benutzt wurde.[27]

Weit älter als das bürgerliche Geläut in Tournai und Treviso, das sich deutlich erst um 1300 voll entfaltet, sind die städtischen Glocken von S. Marco in Venedig. Über die vier Glocken dieser Kathedrale – nach der Größe: »Marangona, Nona, Mezza-Terza, Trottiera« – sind wir besser unterrichtet, weil sie in den zahlreich erhaltenen Zunft- und Ratsordnungen des 13. und 14. Jahrhunderts häufig erwähnt sind und weil ihr Geläut in den Stadtbeschreibungen des 16. und 17. Jahrhunderts ausführlich geschildert wird. Die Glocken von S. Marco regelten vor allem das städtische Behördenwesen und den Betrieb auf der größten Arbeitsstelle Venedigs, den Werften (Arsenal). Die Zünfte haben es mitbenutzt. Das Geläut war um zwei fixe Tageszeiten, Mitternacht und Mittag, und um zwei bewegliche Zeitpunkte, den Sonnenauf- und -untergang, geordnet. Die neuzeitlichen Quellen ermöglichen die ungefähre Fixierung auch der übrigen Tageszeiten.[28] Die überlieferte Läutdauer kann erst seit dem 14. Jahrhundert – wahrscheinlich durch Sanduhren kontrolliert – festgelegt worden sein. Der Kürze halber sei eine schematische Rekonstruktion der einigermaßen regelmäßigen Signale angefügt, der ein Äquinoktialtag mit genau 12 hellen Tagesstunden zugrunde liegt. Die Uhrzeitangaben sind modern und folgen nicht der damals üblichen italienischen Zählweise.

Zwischen zwei und drei Stunden dauerten allein die regelmäßigen werktäglichen Signale. Dazu kam das Geläut zu den Gottesdiensten, das je nach der Bedeutung des Tages im Kirchenjahr stark variierte. Dazu kam das Geläut, mit dem die Abfahrt und die Rückkehr der Galeeren angezeigt wurde. Besondere Glockenzeichen verkündeten die Wahl, Ankunft oder Tod des Dogen, des Papstes und verschiedener städtischer Würdenträger. Dazu kamen Zeichen für besonders feierliche Ratssitzungen und ein halbstündiges Geläut bei der Verkündung

| Tageszeit | Läutdauer | Glockenzeichen |
| --- | --- | --- |
| ungefähre Uhrzeit | | Botschaft des Signals |
| Dämmerung 6 | | MEZZATERZA, MATUTINA<br>Abzug der Wachen, Öffnung der Kirche (12. Jh.: Arbeitsbeginn der Hutmacher, frühester Arbeitsbeginn der Schmiede am Montag) |
| Sonnenaufg. 7 | 1/4 h | MARANGONA, CAMPANA MAGISTRORUM<br>Arbeiter des Arsenals begeben sich auf den Weg (13. Jh.: Arbeitsbeginn der Schreiner und Zimmerleute; Strafandrohung) |
| 7:30-8 | 1/2 h | MEZZATERZA, CAMPANA LUNGA DE MANE, CAMPANA OFFICIALIUM CAMPANA CONSILII<br>Arbeiter des Arsenals betreten die Werkstätten; Strafandrohung; bei Signalende müssen die Beamten an ihren Arbeitsstätten sein; Kanoniker beginnen die Offizien, bei Signalende beginnt die »missa cantata«; danach gehen die Mitglieder des Maggior Consiglio und der Gerichte in den Palast, wo sie mindestens bis zur Terz bleiben. (13. Jh.: Bei großem Andrang dürfen die Barbiere vorher zur Ader lassen) |
| 9 | | MARANGONA, TERCIA SANCTUM MARCUM<br>Sitzungsbeginn der Gerichte |
| 12 | | NONA<br>Beginn der Mittagspause im Arsenal; zulässiges Arbeitsende bei den Zimmerleuten bei Abzug eines halben Tagelohns |
| 12:30-13 | 1/2 h | TROTTIERA, DOPO NONA, CAMAPANA LUNGA POST PRANDIUM<br>Bei Signalende: Wiederaufnahme der Arbeit im Arsenal und bei den Behörden; Strafandrohung |
| 14 | | NONA<br>Vesperpause |
| Sonnenunterg. 18 | 1/4 h | MARANGONA, CAMPANA MAGISTRORUM DE SERO, AVE MARIA<br>Arbeitsende: Arsenal, Maler, Schmiede, Schuhmacher an Vigilien, Wollschläger, Hutmacher; Goldschmiede dürfen bis zum nächsten Signal der Marangona nicht arbeiten. |
| 19 | | MEZZATERZA<br>Aufzug der Wachen |
| 19:30 | 1/4 h | NONA, TERCIUM TINTINABULUM, TERCIA CAMPANA<br>Schließung der Wachlokale, Verbot aller Böttcherarbeiten bei Feuer und Licht bis zur Matutin, Verbot Waffen zu tragen |
| 20 | 1/2 h | MARANGONA |
| Mitternacht 24 | | MARANGONA<br><br>Wachwechsel |

von Todesurteilen. Nimmt man das Geläut einiger Dutzend städtischer Kirchen hinzu, darunter das für die Regelung der Märkte wichtige von S. Giovanni di Rialto, kann es nur kurze Zeitspannen gegeben haben, in denen überhaupt nicht geläutet wurde. Der Alltag war zeitlich durchgehend von Glockenzeichen strukturiert, wobei kaum ein Tag dem anderen glich. Den Stadtbewohnern wurden nicht nur Aufrufe, Verbote und Gebote angezeigt, sie erhielten auch eine Fülle akustischer Informationen über stadtöffentlich bedeutsame Ereignisse.

Nicht anders als bei modernen Auseinandersetzungen um Sendefrequenzen, führte die zunehmende Zahl der Glocken damals in den Städten zu Streitereien um Läutvorrechte, und die großen Orden mußten die Glockenzahl ihrer Stadtklöster verringern, um Konflikte mit den Pfarrkirchen zu vermeiden. Einzelne Kirchenglocken wurden privilegiert; die Bischofskirchen z. B. erhielten an einigen Orten das Recht, vor allen anderen Kirchen zu läuten.[29] Im stadtbürgerlichen Bereich entstanden faktische Privilegierungen. Für Florenz nennt Dante das Geläut der Benediktinerabtei S. Maria Assunta (»Badia«) am alten Mauerring als dasjenige, nach dem sich die ganze Stadt richte, »dond' ella prende ancora sesta a nona«.[30] Moderne Autoren haben daraus fälschlich auf eine öffentliche Uhr geschlossen.[31] Die Dante-Kommentatoren des 14. Jahrhunderts wissen davon nichts, bestätigen aber, daß die Badia um 1300 eine Art städtischen »Normal-Geläuts« unterhalten habe. Nach Benvenuto da Imola sind in der Badia die Horen »zuverlässiger und ordentlicher« als in anderen Florentiner Kirchen geläutet worden; nach Iacopo della Lana haben sich die Tagelöhner beim Zu- und Abgang von der Arbeit danach gerichtet.[32] Eine Ordnung der Harnischmacher aus dem Jahr 1321 untersagt die Arbeit mit Hammer und Feile vor dem morgendlichen Geläut der Abtei.[33]

Man könnte vermuten, daß das zumindest in großen Städten sehr leistungsfähige und differenzierte Signalsystem am Anfang des 14. Jahrhunderts mit dem Höhepunkt seiner Entfaltung auch die Grenzen seiner Entwicklungsmöglichkeiten erreicht hatte. Nach Anlässen, Zeitpunkten und Adressaten differenzierte Glockenzeichen lassen sich nicht unendlich vermehren, und vielleicht war die Schwelle zum Signalchaos in einigen Orten bereits überschritten. Vermutlich hat man in manchen Städten auch über Wege nachgedacht, die Fülle der Signale zu verringern, das Signalwesen zu vereinfachen bzw. einzelne Signale deutlicher unterscheidbar zu machen. Dabei hat man einerseits versucht, die Signaldauer durch Verbindung mit erfahrungshaltigen Wegmaßen zu präzisieren. In Bologna sollte die große Stadtglocke bei Tagesbeginn so lange mit dem Läuthammer angeschlagen werden, wie ein Fußgänger für eine Meile braucht. Aber solche Weg-Zeit-Angaben haben sich nicht bewährt. Wenige Jahre später wird die Läutvorschrift in den Bologneser Statuten geändert: Das morgendliche Signal soll mit fünfzehn leichten und fünf kräftigeren Schlägen gegeben werden.[34] Auch in den Statuten von Piacenza unter der kurzen Herrschaft des Galeazzo I. Visconti, dem Vater des Stifters der Mailänder Uhr, findet sich zu Beginn des 14. Jahrhunderts ein Abschnitt über die Tageszeitsignale der Stadtglocke, in dem gezählte Glockenzeichen den Lichttag gliedern: Bei Tagesanbruch und zur ersten Nachtstunde soll der Podestà je einmal läuten lassen; um die Prim, nach der Non und zur Komplet ertönen jeweils drei Folgen von zwanzig leichten Schlägen.[35] Der bürgerliche Tag ist noch der Lichttag, die Tageszeiten werden noch in der hergebrachten Weise bezeichnet, die Schlagsequenz folgt jedoch einem von Anlässen und Adressaten unabhängigen Zahlenschema.

Alle regelmäßigen Glockensignale waren für die Städter auch Zeitsignale, nach denen sich alle oder einzelne Gruppen richten mußten oder konnten. Die Signalzeitpunkte wurden nach Tageslicht oder Sonnenstand reguliert. Möglich, aber sicher sehr selten war auch eine Regulierung der Glocken durch astronomische Beobachtungen und Hilfsmittel, z. B. durch Astrolabien. Vielleicht sind die wenigen nächtlichen Signale auch mit Hilfe von Weckern, wie sie in den Klöstern üblich waren, ausgelöst worden. Darüber weiß man nichts.

Die durch Beobachtung natürlicher Phänomene erreichte Signalgenauigkeit war für den städtischen Alltag zweifellos ausreichend. Da die Glockensignale selbst eine gewisse Zeit dauerten, ließen sie bei Bedarf weitere Präzisierungen zu. In fast allen Vorschriften war im Zweifelsfall das Ende des Signals gemeint. In Evreux durften nach einer Ordnung des Jahres 1385 z. B. die Verhandlungen der Wiederverkäufer von Geflügel mit den Anbietern nicht vor dem völligen Verstummen des Glockenschlags beginnen: »A heure de grant messe toute sonnée à la grant église et que le son de la cloche soit de tout apaisié et arresté.«[36]

Das Ende der Messe in der Kirche und der Beginn des städtischen Großhandels bezeichnen auch die Grenzen des zeitlichen Koordinationsbedarfs. Da es zwar auf die zeitliche Reihenfolge von Gottesdiensten und Markt-, Rats- und Gerichtszeiten, nicht aber auf deren präzise zeitliche Lage ankam, zeigen sich Konflikte zwischen verschiedenen Signalgebern durchweg nicht als Konflikte um Präzision, sondern als Konflikte um Status- und Rangfragen.

Für ein zusätzliches Glockensignal, das überdies aus technischen Gründen nur eine lediglich den Gebildeten bekannte Stundensequenz schlagen konnte, bestand in den Städten am Anfang des 14. Jahrhunderts sicher kein Bedarf. Die Umstellungsschwierigkeiten waren weit größer als die – theoretisch vielleicht attraktive – Anpassung an den Usus der Astronomen. Bedarf konnte sich erst entwickeln, nachdem man erkannt hatte, daß das neue Gerät Möglichkeiten bot, die vorhandene Signalvielfalt teils besser zu regulieren, teils zu reduzieren. Die Reduzierung der Signalvielfalt läßt sich weit schlechter verfolgen als ihre Vermehrung. Erkennbar ist aber, daß, abgesehen von einer kurzen Konjunktur der Werkglocken am Ende des 14. Jahrhunderts, kaum noch neue Glocken oder Glockennamen auftauchen. Seit wann eine bestimmte Glocke nach einer Uhr schlägt, läßt sich kaum mehr ermitteln, weil der Glockenname oder die Signalbezeichnung sich dadurch nicht oder nicht sofort verändern. Das Einschlafen bestimmter Läutgebräuche während der folgenden Jahrhunderte findet in den überlieferten Texten so gut wie keinen Niederschlag.

In welchem Ausmaß vor allem in kleinen Städten und Dörfern Glokkensignale, gleich welcher Art, schon zu Zeitsignalen geworden waren, wird erneut aus den nachreformatorischen Visitationsabschieden und Kirchenordnungen deutlich. Die ursprüngliche Absicht, den größten Teil des kirchlichen Geläuts als abergläubisch und als für den Heilszweck gleichgültig schlicht abzutun, erwies sich bald als undurchführbar. Die von den Reformatoren anfangs behauptete Gleichgültigkeit der wahren Christen gegenüber Zeit und Stunden des Gottesdienstes zeigte sich als weltfremde Illusion.[37] Die Unsicherheit in der Handhabung zeremonieller Fragen führte bereits nach wenigen Jahren zu einer wahren Regelungsflut. In den zahllosen einschlägigen Texten zeigt sich, daß viele altvertraute Glockensignale zu praktisch unentbehrlichen Zeitsignalen geworden waren. Es blieb nichts anderes übrig, als sie soweit wie möglich der magischen Komponenten zu entkleiden und dem Volk die Umdeutung zu erklären. Die Kompromißlinien zeichnen sich in der Anweisung für die Visitatoren im Kurfürstentum Sachsen (1528) schon ab:

> Viel pfarherr zanken sich auch mit den pfarrleuten umb unnötige und kindische sachen, als von pacem (i. e. Ave-Maria) leuten und dergleichen. An solchen sachen sollen billich die pfarherr, als die vernunftigen, umb friedens willen, den leuten weichen, und sie unterrichten, wo solchs leuten unrecht gebraucht, das es nu fort wol gebraucht würde, ... (Wetterläuten darf als Gebetsermahnung beibehalten werden) ... So ist das pacem leuten an viel orten dazu geordent, das die leute wissen welch zeit es am morgen ist, auch zu welcher zeit sie des abends vom felde zu haus gehen sollen.

Auch nach der Kirchenordnung für Wolfenbüttel (1564) soll das Signal umgedeutet werden:

> Man helt im bapsthumb morgends, mittags und abends einen sonderlichen glockenschlag, dardurch das volk vermahnet solle werden, die jungfrau Marien anzuruffen. Weil aber die hochgelobte jungfrau Maria solche ehre, die Gott allein gebüret, nicht haben wil und auch wider gottes wort ist, soll davon

das volk unterrichtet werden. Es kan aber der glockenschlag an ihm selber, ... behalten werden, underscheid der morgends, mittags und abendstunde dem volk damit anzuzeigen, und dadurch das volk erinnert und vermanet werde, das sie ... für gemeinen frieden und gut regiment bitten sollen.[38]

In Coburg soll das morgendliche Ave-Maria und das abendliche Salve-Läuten mit »3 Pulsen« unterlassen werden, »damit man uns nicht für päpstlich achte«. Das Signal wird jedoch gereinigt. Wenn die bürgerliche Obrigkeit es wünscht, soll am Morgen zum Zeichen des Arbeitsbeginns und am Abend zum Torschluß je ein »Puls« geläutet werden.[39] In der calvinistischen Oberpfalz wird nach einem Vollzugsbericht zu einem Mandat über die Beseitigung der Überreste des »antichristlichen Papsttums« auf dem Lande das Läuten der bürgerlichen Feuerglocke eingestellt, damit nicht der Anschein entstehe, daß noch Ave-Maria geläutet würde.[40]

Das Problem der Umdeutung hergebrachter Glockensignale in schlichte Zeitsignale bleibt auch in den späteren Bemühungen sichtbar, die Zahl der Feiertage zu vermindern. Noch in einer Nürnberger Bekanntmachung über die Abschaffung von Feiertagen vom 1. April 1805 wird das Glockenzeichen zu den Betstunden und zur Vesper seines ursprünglich liturgischen Charakters entkleidet und durch Vereinfachung zum Zeitsignal stilisiert:

Zugleich soll ... das bisherige Läuten zur Betstunde, sowohl als zur Vesper ... als ein langdauerndes – und für die von den Schlagthürmen entfernt Wohnenden – bequemes Zeichen der Tageszeit beybehalten und nur verkürzet werden.[41]

## Uhrzeitsignal und »Uhrstunden«

Durch das neue Zeitsignal wurden langfristig alle regelmäßigen Zeichen auf spezielle Glocken für bestimmte Adressaten durch ein abstraktes Signal ersetzt, das deren hergebrachte Signalfunktionen vollständig übernehmen konnte.[42] Man mußte nur zuhören, mitzählen und wissen, was zu welcher Stunde zu tun oder zu lassen war. Für die erste Zeit ist allerdings anzunehmen, daß die Ansätze zur Rationalisierung zunächst den Signalwirrwarr vergrößerten. Anfängliche Schwierigkeiten lassen sich überall verfolgen. Das Signal sollte – davon ist sehr häufig die Rede – in der ganzen Stadt vernommen werden. Die Anbringung einer hinreichend großen bzw. hellen Glocke an einem zentralen Ort war eine Möglichkeit, dies zu bewerkstelligen. Eine andere war die Vervielfachung des Stundenschlags an mehreren Orten. Die Vereinheitlichung des städtischen Raumes hinsichtlich des Uhrzeitsignals läßt sich häufig unmittelbar an der Topographie der städtischen Uhren verfolgen. Lüneburgs erste öffentliche Uhr entstand im 14. Jahrhundert am zentralen Rathausturm. Im 15. Jahrhundert erhielten die vier etwas peripher gelegenen Pfarrkirchen je eine Uhr. Im 16. Jahrhundert erhält auch das am Rande der Stadt, an der Flußanlegestelle gelegene Kaufhaus eine eigene Uhr.[43]

Die Substitution der vielfältigen Signale durch ein abstraktes Signal konnte einfach – und für uns unauffällig – durch Regelung der alten Glockensignale durch die neuen Uhren erfolgen. Die städtischen Uhren wurden jedoch meist auf verschiedene Weise innerhalb des Signalensembles privilegiert. Sitzungszeiten des Rats, die Marktzeiten oder auch die Arbeitszeiten ließen sich statt an ein Glockenzeichen an das Uhrzeitsignal binden. Das ist – wie zu zeigen sein wird – vielfach, und oft vermutlich in demonstrativer Absicht, geschehen. Eine andere Möglichkeit bestand darin, die städtische Uhr als für Konfliktfälle maßgeblich herauszustellen. Ein Beispiel dafür ist der 1531 in Mons zwischen der Abtei Ste. Waudru, der Gemeindekirche St. Germain und der Stadt erzielte Signalkompromiß: Die Abtei läßt sich die Genehmigung eines Turms mit Geläut bei St. Germain abhandeln. Neben den Geldforderungen setzt die Abtei auch peinlich genaue Regelungen des neuen städtischen Geläuts durch. Ste. Waudru darf die auf acht begrenzte Zahl der Glocken von St. Germain überwachen. St. Germain darf u. a. die Morgenmesse um 7 Uhr und zweimal im Jahr die Non um 12 Uhr läuten. Stets muß der Vorrang des Geläuts von Ste. Waudru gewahrt bleiben, und durch das Geläut von St. Germain dürfen die Predigten im Kloster nicht gestört werden. In einem Zusatz zum Kompromiß (1535) wird festgehalten, daß zu den Messen in St. Germain jeweils nur mit drei Schlägen ohne alle Nuancen geläutet werden darf und daß in allen Streitfällen das Geläut der Uhr der Stadt Mons maßgeblich sein soll.[44]

Gab es mehrere Uhren in einer Stadt, dann ließ sich die Stadtuhr als städtisches Zeitnormal nur dadurch privilegieren, daß entweder ihr Signal oder das der anderen zur »falschen Zeit« ausgelöst wurden. In Luzern hat die Stadtuhr bis heute ein Vorrecht aus »alter Zeit«: Sie geht eine Minute vor.[45] Marpergers *Horolographia* (1723) liefert die ebenso simple wie zwingende Erklärung. Die städtischen Uhren müssen nacheinander schlagen, »damit sie nicht, wenn sie alle zugleich schlagen sollten, diejenige, die darnach hören, durch die vielen Schläge confus machten«.[46] Die nur theoretisch mögliche Gleichzeitigkeit der neuen Zeitsignale stieß auch praktisch auf die Grenzen der alten Signaltechnik, d. h. der Glockenschläge, die ihre Zeit brauchten.

Der durch die Uhr herbeigeführte neue, abstraktere Rhythmus des städtischen Lebens erwies sich auch aus anderen Gründen als etwas

»lebensfremd«. Die vierundzwanzig Stunden des Volltages konnten die alte Trennung zwischen Lichttag und Nacht nicht einfach beiseite schieben. Die Chroniken der Städte verkünden zwar stolz die Einrichtung einer Uhr, die die »Stunden des Tages und der Nacht schlägt«, und in manchen Städten wurde das Zifferblatt der Stadtuhr auch nachts durch Fackeln oder Laternen beleuchtet. An anderen Orten aber wurde das kontinuierliche Zeitsignal offenbar nicht nur als nutzlose Störung, sondern auch als Entweihung der Nacht empfunden und schlicht abgestellt.

Eine Eßlinger Chronik berichtet von den Maßnahmen, die im Jahre 1519 gegen die Belagerung der Stadt durch den Herzog Ullrich von Württemberg getroffen wurden. Nachdem die Leute des Herzogs geprahlt hatten, sie wollten die Stadt »bis zur Morgensuppe nehmen«, zog man in Eßlingen alarmiert abends um sechs »die Uhren auf und schlug und läutete die ganze Nacht«.[47] Für Romans in der Dauphiné ist überliefert, daß man erst im Jahre 1625 begonnen habe, die Stadtuhr auch in der Nacht schlagen zu lassen.[48] Am Ende des 17. Jahrhunderts vermittelte Herzog Ernst August dem Flecken Arnum, »welcher viel Jahr lang mit besonders großer Begierd gewartet«, eine renovierte Turmuhr aus der Marktkirche in Hannover mit der Empfehlung, sie wenigstens tagsüber, »von acht Uhrn bis acht Uhrn«, in Betrieb zu halten.[49] Die moderne Stundenteilung blieb also mancherorts auf den Lichttag beschränkt, der abstrakte Volltag konnte sich gegen die alte Trennung von Tag und Nacht vorerst nur schwer durchsetzen.

# 8

# Zeitordnung
# Die Einführung der modernen Stundenrechnung

## Eine legendäre Ordonnance König Karls V. von Frankreich

Mit einer Geschichte, die sehr schön an das Ende des Mittelalters und an den Beginn der Moderne zu passen scheint, illustriert die neuere uhrengeschichtliche Literatur den Übergang von den kanonischen Horen zur modernen Stundenrechnung. Danach geht der neue Stundenschlag mindestens in einem Fall auf einen landesherrlichen Eingriff zurück. König Karl V. von Frankreich habe nicht nur schlagende Uhren in seinen Residenzen Vincennes und St. Pol und schließlich auch die öffentliche Uhr am Louvre errichten lassen. Er habe danach auch eine Ordonnance veranlaßt, nach der die Kirchen in Paris ihr Geläut hinfort nach Uhren oder – in anderen Varianten – nach der Uhr am königlichen Palast, der Horloge du Palais, regulieren sollten. Daß diese Geschichte so attraktiv werden konnte, ist durchaus verständlich. Der schwer faßbare und nur diffus erkennbare Vorgang des Übergangs zur modernen Stundenrechnung wird darin zu einem Ereignis mit einem Akteur verdichtet. Ist das Ereignis einmal in der Welt, beflügelt es die Phantasie der Historiker. Nach Carlo Cipolla ist diese Ordonnance ergangen, weil der König befürchtete, daß seine Uhr nicht in der ganzen Stadt gehört werden könnte. P. Usher und J. Gimpel sehen in ihr einen fortschrittlichen Beitrag zu Laisierung und Modernisierung auf den Kirchtürmen, »den ersten entscheidenden Schritt, die liturgischen Gewohnheiten der Kirche zu verdrängen«. David Landes erkennt darin die Behauptung königlicher Vorrechte. Jacques Le Goff und Krzysztof Pomian heben hervor, daß die neue, rationalisierte Zeit »so auch zur Zeit des Staates geworden ist. Der königliche Leser des Aristoteles hat die rationalisierte Zeit domestiziert.«[1] Der frühmoderne weltliche Staat macht mit traditionalen kirchlichen Praktiken Schluß und setzt sich symbolisch und praktisch an die Spitze der Bewegung zur Rationalisierung der Zeit.

Ohne Zweifel ist diese Geschichte dazu angetan, den Übergang zu modernen Formen der Zeitrechnung und damit indirekt des Zeitbewußtseinswandels zu veranschaulichen. Aber hat dieses sinnträchtige Ereignis auch wirklich stattgefunden?

Zunächst fällt auf, daß keiner unserer Gewährsleute die Ordonnance in den größtenteils bekannten staatlichen und stadtpolizeilichen Gesetzen je gesehen hat. Christine de Pisan widmet in ihrer 1404 verfaßten Biographie Karls V. dem genau geregelten und mithin tugendhaften Tageslauf des Königs viele Seiten und vergißt nicht hervorzuheben, daß der König für die Gliederung seines Tages in Arbeit und Gebet Kerzen als Zeitmesser benutzt habe, weil damals Uhren noch nicht so verbreitet gewesen seien.[2] Hätte sie sich bei der Aufzählung seiner Verdienste eine solche Maßnahme entgehen lassen? Aber weder bei ihr noch bei anderen Biographen des Königs findet sich eine Spur davon. Der m. W. letzte Autor, der überhaupt eine Quelle für diese Geschichte nennt, ist Albert Franklin (1888). Er war in den zeitgenössischen Pariser Quellen immerhin so belesen, daß ihm die offensichtliche Nichtbefolgung der Ordonnance aufgefallen ist. Er bemerkt, daß die herkömmlichen Tageszeitangaben noch Jahrhunderte in Gebrauch blieben, und erklärt dies damit, daß dieser »weise Brauch« in den Wirren nach dem Tod Karls V. schlicht in Vergessenheit geraten sei.[3]

Die von Franklin genannte Quelle ist eine Übersetzung des Offizienkommentars *Rationale divinorum officiorum* des Guillelmus Duranti (Ende des 13. Jh.). Der Übersetzer Jean Golein hat im Auftrag des Königs sowohl Texte des Aristoteles wie auch liturgische Klassiker ins Französische übersetzt. Der Offizienkommentar, dessen Übersetzung 1372 abgeschlossen wurde, behandelt die verschiedenen Arten und Namen der Kirchenglocken, zu denen auch Uhrglocken gehören, und gibt auch musterartige Schlagsequenzen. Jean Golein erweitert den Text durch aktualisierende Kommentare, und darin finden sich auch die – zutreffenden – Nachrichten über die öffentlichen Uhren Karls V. in Paris. Ein Blick in die Manuskripte des 14. Jahrhunderts zeigt jedoch, daß auch verschiedene Mißverständnisse in die Zusätze geraten sind.[4] Er enthält frühe Nachrichten über Vorgänge, die sich aus anderen, unabhängigen Quellen auch belegen lassen: die Anbringung dreier Schlaguhren in Vincennes, St. Pol und am königlichen Palais; er berichtet auch über die Herbeiholung teurer, auswärtiger Experten. Daß es sich um die Einführung echter Neuerungen handelt, wird teils ausdrücklich gesagt (»premier à Paris«), teils in der noch unsicheren Terminologie für öffentliche Uhren (»cloches atrempées«) erkennbar. Problematisch ist die Interpretation des Glockenschlags: »par poins à manière d'arloges«. Daraus lesen einige Autoren, daß mindestens die Horloge du Palais auch Stundenviertel geschlagen habe. Das ist nicht völlig auszuschließen, aber für diese so prominente Uhr nirgends unabhängig belegt. »Punctum« ist nach alten Stundenteilungen der vierte Teil von »hora«, das aber zu Zeiten, in denen »hora« noch nicht gleichlange Stunde bedeutete. Nach dem Aufkommen der modernen Stunden bleibt das Viertel eine wichtige Teilung, und großstädtische Uhrwerke der späteren Zeit schlugen auch vielfach Viertelstunden, die aber, soweit ich sehe, nicht mehr »puncta« genannt wurden.[5] Der Verdacht, daß der Autor und einige der Kopisten zwar mit der alten Literatur, nicht aber mit der modernen Stundenrechnung vertraut waren, wird zur Gewißheit, wenn über den angeblich vom König angeordneten Stundenschlag berichtet wird. Ein Schlag sei zur Prim erfolgt, zwei (oder drei) zur Terz etc. Diese Schlagsequenz haben Jean Golein und die Schreiber der Manuskripte nicht in Paris am Ende des 14. Jahrhunderts gehört, sondern in der Vorlage des Duranti als eine mögliche Schlagfolge für die kanonischen Stunden gelesen. Die Varianten in den Manuskripten zeigen, daß solche Sequenzen nicht verbindlich und keinesfalls mehr üblich waren. Gleichzeitige Pariser Zeitangaben lassen keinen Zweifel daran, daß in der Stadt die Stunden von vornherein von Mitternacht zu Mitternacht durchgezählt worden sind (»neuf, onze, douze heures de l'orloge du palais«). Gegen eine königliche Ordonnance über den Stundenschlag der Kirchenglocken spricht außerdem, daß sie in der europäischen Städtelandschaft ohne Parallele wäre. Zumindest in Frankreich war die Horloge du Palais ein so prägendes und so oft kopiertes Vorbild, daß man die Übernahme einer solchen Anordnung sicher erwarten dürfte. Offen ist auch die Frage, ob der König überhaupt Rechtsbefugnisse über die Pariser Kirchenglocken und ihr Geläut gehabt hat oder hätte geltend machen können.[6]

Der Schlag der Glocken nach der Uhr und der Gebrauch der modernen Stundenrechnung ist nirgends angeordnet worden. Der städtische Stundenschlag tritt zunächst wie eine zusätzlich angebotene Möglichkeit der Tageszeitbestimmung auf. Er setzt sich teils rasch, teils zögernd in verschiedenen Bereichen des städtischen Lebens durch. Verbindlich wird er nur im Zusammenhang mit der Fixierung von Regelungen konkreter Probleme. Überhaupt stabilisiert er sich nur da, wo er sich als nützlich erweist.

## Chronisten und Notare

Nicht nur als technische Errungenschaften melden zeitgenössische Chroniken die Errichtung der ersten öffentlichen Uhren. Der Nachricht »die öffentliche Uhr begann zu schlagen« folgt oft rasch der praktische Gebrauch des neuen Signals. Geburt und Tod hochgestellter Persönlichkeiten, Ankunft und Abgang wichtiger Botschaften, Unwetter, Kriegsereignisse und Hinrichtungen werden von den Chronisten mit modernen Stundenangaben versehen. Seit dem Ende des 13. Jahrhunderts läßt sich die im Hochmittelalter noch seltene Nennung der Tageszeit häufiger verfolgen. Seit dem Auftauchen der öffentlichen Uhren im 14. Jahrhundert nimmt die Zahl solcher Angaben deutlich zu. Hergebrachte Formen der Tageszeitangaben (z. B. »bei Sonnenaufgang«, »zu Vesperzeit«) werden ergänzt, nicht aber abgelöst von modernen Formen (z. B. »4 or nach mitternacht«). Die Präzisierungen der Tageszeit lassen die Berichte authentischer erscheinen und dramatisieren durch Auflistung dichter Ereignisketten.

Vor allem an italienischen Beispielen ist der zeitlich enge Zusammenhang zwischen dem Auftauchen öffentlicher Uhren an bestimmten Orten und der Benutzung moderner Stundenangaben in der lokalen Chronistik beobachtet worden. Dieser Zusammenhang ist auffällig; allerdings ist auch zu berücksichtigen, daß viele Chroniken nach kurzer Zeit, gelegentlich nach wenigen Seiten, wieder hergebrachte Zeitangaben verwenden oder solche Angaben über weite Strecken ganz unterlassen. Daraus folgt, daß viele Chronisten dem neuen Gerät anfangs demonstrativ ihre Reverenz erweisen, daß aber weder Interesse noch Bedarf an kontinuierlichen und konsistenten Tageszeitdatierungen bestand.

Moderne Stundenangaben sind – sieht man von astronomischen und astrologischen Berechnungen ab – ohne öffentlichen Uhrengebrauch praktisch unmöglich. Eine moderne Stundenangabe ist daher ein hinreichendes Indiz für die Existenz einer Uhr an einem bestimmten Ort. Es gilt aber nicht umgekehrt, daß das Fehlen moderner Stundenangaben ein Indiz für die Abwesenheit mechanischer Uhren allgemein und öffentlicher Uhren im besonderen ist. G. Bilfinger hat an den Zeitangaben in den Chroniken des Jean Froissart, die fast das ganze 14. Jahrhundert behandeln, das Auftauchen der neuen Stundenangaben verfolgt: Der zuerst veröffentlichte Teil behandelt Ereignisse bis zum Jahr 1377 und enthält nur traditionelle Tageszeitangaben. Der zweite Teil schildert Vorgänge in Flandern und in Paris zwischen den Jahren 1377 und 1386. Hier tauchen zuerst bei Ereignissen des Jahres 1379/80 und dann häufiger moderne Stundenangaben auf.[7] Froissart ändert also seinen Datierungsstil recht genau im Zeitraum der beschriebenen Beschaffungswelle und bestätigt damit unsere statistischen Beobachtungen. Beim Bericht über Vorgänge in Spanien und Portugal (1382–86), über die sich Froissart Kenntnisse am Hof des Grafen von Foix verschafft hatte, tauchen moderne Stundenangaben nur für den Hof von Foix selbst auf. Daraus folgert Bilfinger, daß zu dieser Zeit in Spanien noch keine oder nur sehr wenige Schlaguhren existiert hätten. Nun zeigen die seitdem veröffentlichten Quellen, daß diese Folgerung falsch ist, daß der Graf von Foix sich sogar Uhren und

51. Jean Froissart in seiner Schreibstube, Miniatur aus dem sog. *Breslauer Froissart* (um 1470), Staatsbibliothek Preußischer Kulturbesitz, Berlin

Instrumente aus dem Königreich Aragon hat kommen lassen. Auch an diesem Beispiel wird deutlich, daß die zeitgenössische Chronistik punktuell rasch auf die Innovation reagiert, daß diese Reaktionen aber auffällig vereinzelt sind und nicht stabil bleiben, d. h. wieder verschwinden. Sie haben weder im 14. noch im 15. Jahrhundert zu dauerhaften Änderungen der Datierungsgebräuche in den Chroniken geführt.

1395, »an dem núnzehenden tag dez manotz, den man nemmet in latin september, zu der stund do diu orglogg slug fúnf stund nach mittem tag«. Mit diesen modernen, aber offenbar noch ungewohnten Angaben zu Kalendertag und Tageszeit erfüllt Ulrich von Petershausen, Stadtschreiber und Notar in Eßlingen, die strengen Datierungsanforderungen für ein von ihm ausgefertigtes Notariatsinstrument. Die Datierung enthält den ältesten erhaltenen Hinweis auf eine öffentliche Uhr in Eßlingen. »Fünf Uhr nachmittags« war offenbar noch keine gewohnte Stundenangabe. Der ausdrückliche Verweis auf die »orglogg« soll Verwechslungen mit »hora quinta«, die auch als ungleiche Stunde verstanden werden könnte, ausschließen.[8] Verwechslungen ausschließen soll auch eine notarielle Beurkundung aus Köln, die datiert ist: 2. März 1424, »etwa um die neunte Stunde am Morgen nach dem Schlag der Uhr des Kölner Doms«.[9] Die kanonische Non, ursprünglich eine Nachmittagsstunde, hätte im Spätmittelalter allenfalls den Mittagspunkt bezeichnen können. Die Angabe »neunte Morgenstunde« hätte also ausgereicht, um die Stundenangabe als Uhrzeit hinreichend zu kennzeichnen. Der Kleriker und Notar Johann von Frelenberg braucht zu Beginn des 15. Jahrhunderts auch nicht mehr auf die Existenz einer Uhr im Dom hinzuweisen. Er will vielmehr einerseits jede Verwechslung mit einem anderen Uhrzeitsignal, etwa dem des Kölner Rathauses, ausschließen, und andererseits macht er, vermutlich unbewußt, deutlich, daß der Dom bzw. der Dombezirk mit seinen Glocken nicht nur das rechtliche, sondern auch das zeitliche Referenzsystem seiner Beurkundungen ist. Das der Uhrzeitangabe angehängte »ungefähr« (»vel quasi«) zeigt, daß es dem Notar jedenfalls nicht nur auf zeitliche Präzisierung angekommen ist.

Die formell streng geregelten Datierungen der Notariatsinstrumente und alle anderen nach notariellem Vorbild gestalteten Urkundendatierungen sind ein ergiebiges Untersuchungsfeld für die Frage nach Richtung, Tempo und Tiefe der Verbreitung der modernen Stundenrechnung über längere Zeiträume. Notariatsinstrumente (»instrumenta publica«) sind von einem autorisierten Notar (»notarius publicus« / »tabellio«) ausgestellte Beurkundungen von Rechtsakten. Die Erfüllung bestimmter rechtlicher und formaler Erfordernisse begründete die Beweiskraft der Instrumente »aus sich selbst heraus und gegen jedermann«. Gleichgültig, ob Zeugen noch lebten, ob Siegel zerbrochen waren, ob Einreden Dritter erhoben wurden – bis zum Beweis des Gegenteils blieb der notariell beglaubigte Rechtsakt für geistliche und weltliche Gerichte gültig. Notariatsinstrumente wurden daher im Spätmittelalter vollgültige und verbreitete Beweismittel, die die authentischen Siegelurkunden mehr und mehr verdrängten.[10]

Als Amt und als Form der Beurkundung ist das öffentliche Notariat ein Institut römisch-rechtlichen Ursprungs, das im 11. und 12. Jahrhundert wiederaufgegriffen und weiterentwickelt worden ist. Durch die gelehrte geistliche Gerichtsbarkeit, aber auch durch die Jura-Studenten an den italienischen Universitäten fand es seit dem 13. Jahrhundert in Europa Verbreitung und wurde so ein wichtiges Medium für die Rezeption des römischen Rechts in Mittel- und Nordeuropa.[11] Seit dem 13. Jahrhundert finden sich Notare und Notariatsinstrumente in fast allen europäischen Städten. Von großer Bedeutung war es vor allem in der Zone des »geschriebenen Rechts«, d. h. außer in Italien auch in Spanien, in Südfrankreich, in Böhmen und Schlesien, in der West-Schweiz, in Tirol und in den oberdeutschen Städten. Vor allem in diesen Regionen sind viele Tausende notarieller Urkunden und Protokolle erhalten.[12]

Zu den für die Anerkennung der Gültigkeit erforderlichen Formalien des Notariatsinstruments gehörten außer der Invokationsformel

(Anrufung Gottes), dem vollen Zeugennamen, der Unterschrift des Notars, seinem unverwechselbaren Zeichen (Signet), der genauen Ortsangabe die ausführliche mehrteilige Datierung. Sie konnte am Anfang des Instruments (im Protokoll) oder am Ende (im Eschatokoll) des Instruments erfolgen. Um sie fälschungssicherer zu machen, sollte sie in Buchstaben und nicht in Zahlzeichen gegeben werden. Zur Datierung gehörte natürlich die Angabe des Jahres. In der römischrechtlichen Tradition war die Nennung der Regierungsjahre des Kaisers und der Konsuln und die Indiktion (Zyklus der römischen Steuerjahre) verlangt. Schon im 12. Jahrhundert waren die römischen Kaiserjahre durch die Angabe des Jahres seit Christi Geburt (Inkarnationsjahr) verdrängt, allerdings ergänzt durch die Angabe der Pontifikatsjahre des jeweiligen Papstes. Zur Jahresangabe tritt im Spätmittelalter häufiger das Regierungsjahr des Kaisers, das im 15. Jahrhundert die Pontifikatsjahre ablöst. Neben den Monatsnamen gehörte das Tagesdatum, das häufig doppelt, nach dem christlichen Festkalender und nach der fortlaufenden Tageszählung angegeben wurde. Letztere hatte im 15. Jahrhundert die Tageszählung nach dem römischen Kalender (Kalenden, Nonen, Iden) weitgehend verdrängt. Einzelne Notare gaben zusätzlich den Wochentag an.

Seit dem Beginn des 13. Jahrhunderts findet sich zunächst nur in italienischen notariellen Datierungen ein neues, der römisch-rechtlichen Tradition fremdes Element: die zusätzliche Angabe der Tageszeit.[13] Sie wird nach den ungleichen Stunden (»hora sexta, h. nona«), nach den kanonischen Offizien und Gottesdiensten (»hora primarum, hora in qua missa ... celebrabatur«) oder nach dem entsprechenden Geläut (»pulsante ad vesperas«) angegeben. Neben den kirchlichen Zeiten werden aber auch naturale und bürgerliche Formen der Tagesteilung (»hora crepusculi, hora prandii, umb mittag zyte«) benutzt. An der Kurie in Rom und Avignon waren daneben Tageszeitangaben nach dem Behördenrhythmus in Gebrauch.[14] Dergleichen Angaben präzisieren die Zeit eines bestimmten Rechtsaktes (»actum«); sie betreffen nicht die Ausfertigung der Urkunde selbst (»datum«). Die dabei gebrauchten Formeln (»inter terciam et nonam«, »hora tercia vel quasi«, »circa hora terciam«, »umb mittag zyte oder noch doby«) zeigen, daß nicht ein Zeitpunkt präzisiert wird, sondern eine kurze Frist in zeitlicher Nähe zu einem Signal. Für noch präzisere Angaben bestand weder Bedarf, noch gab es praktikable technische Möglichkeiten. Schon um die Mitte des 13. Jahrhunderts wurden Tageszeitangaben in notariellen Datierungen mindestens als üblich empfunden. Im Podestà-Spiegel des Orfinus Laudensis werden von den Obrigkeiten entsprechende chronologische Kompetenzen für die Abfassung von »acta« und »pacta« erwartet.[15]

Der italienische Ursprung dieser neuen zusätzlichen Elemente der Datierungen ist unstrittig, fraglich ist lediglich ihre Herkunft.[16] Man hat sie auf Gebräuche der päpstlichen Notare zurückgeführt.[17] Das ist nicht ganz auszuschließen. Nach unseren Beobachtungen gerade an den frühen Zeugnissen erscheinen sie jedoch viel eher als eine Neuerung städtischer Notare, über deren Veranlassung sich nur Vermutungen anstellen lassen.

Ob und seit wann die Angabe der Tagesstunde vorgeschrieben war, wird auch aus den Autoren der »Artes notariae« nicht ganz deutlich. Salatiel (um 1250) erwähnt sie noch nicht. Baldus de Ubaldis erklärt sie in der zweiten Hälfte des 14. Jahrhunderts als für die Gültigkeit des Instruments nicht ausschlaggebend.[18] Für Sonderfälle, etwa für die nur unter besonderen Umständen gestatteten Beurkundungen zur Nachtzeit, wird sie jedoch empfohlen, weil bei den Juristen die mitternächtliche Tagesepoche üblich war. Die Reichsnotariatsordnung (1512) nennt zwar unter den Formelerfordernissen »Jahrzahl unseres Heyls, Roemisch Zinßzahl, ..., der Name des obersten Fürsten; darnach Monat, Tag, Stund«.[19] Dem folgen auch einige Notariatsformelbücher. Andere wiederum erklären sie zwar für nicht prinzipiell von Belang, empfehlen sie jedoch zur Vermeidung möglicher Konflikte um Reihenfolge bzw. zeitliche Präzedenz rechtserheblicher Vorgänge.[20] Der vorsichtige und sorgfältige Notar sollte sie benutzen. Auch die Sequenz der Zeitangaben in der Akte des erwähnten Kölner Notars zeigt, daß dieser sich gegen zeitliche Präzedenzkonflikte sichern wollte, wenn er die Reihenfolge der Appellationsschreiben nach Tagen und Stunden auflistet. Allerdings ist höchst selten überliefert, daß tageszeitliche Präzedenz tatsächlich zu juristischen Konflikten geführt hat.[21]

Die Akten des bischöflichen Konsistoriums in Prag gehören zu den wenigen veröffentlichten großen Beständen notarieller Beurkundungen des Spätmittelalters. Die Edition enthält für den Zeitraum zwischen 1373 und 1406 weit über 5000 datierte Stücke. Die Durchsicht der Tageszeitangaben ergibt: Zwischen 1373 und 1381 wird die Tageszeit, meist »hora quasi tercia«, sehr regelmäßig angegeben. Die erste zweifelsfrei moderne Stundenangabe in italienisch-böhmischer Form taucht 1381 ausdrücklich als eine Uhrzeitangabe auf, »hora quasi XX orlogii«. In den folgenden Jahren werden alle Tageszeitangaben hingegen wieder seltener. Vereinzelte Uhrzeitangaben finden sich 1383, 1386, 1396. In den Jahren 1406/7 fallen rund ein Dutzend moderne Zeitangaben in etwa 1800 Stücken auf.[22] Tageszeitangaben waren also für die Notare und Schreiber offenbar nur phasenweise bedeutsam; ihr Gebrauch hing vielleicht auch von persönlichen Vorlieben und Gewohnheiten ab. Außerdem zeigt sich, wie langsam und vereinzelt der Gebrauch der modernen Stundenrechnung auch noch nach Jahrzehnten blieb. Schließlich fällt auf, daß Uhrzeitangaben jeweils in den Zeiten auftauchen, in denen das öffentliche Zeitsignal in Prag Stadtgespräch gewesen sein mußte. Genau aus dem Jahre 1381 stammt die erste Nachricht von einer Uhr am Altstädter Rathaus, und in den Jahren vor 1410 hat Nikolaus von Kaaden die Rathausuhr renoviert und umgebaut.[23]

Eine ausgewählte Reihe von Genueser Notarsprotokollen aus der Zeit zwischen 1400 und 1440 zeigt, ohne daß ein Zusammenhang mit den öffentlichen Uhren in Genua erkennbar wäre, ebenfalls, wie zögernd und punktuell die neue Stundenrechnung rezipiert wurde. Seit 1416 wird sie vereinzelt verwendet, aber dieselben Notare benutzen alte und neue Stundenzählung nebeneinander. Immerhin erfahren wir in einem Fall, daß Uhren auch auf den Schiffen der im April 1453 vor den Osmanen fliehenden Verteidiger Konstantinopels benutzt worden sind.[24] In schlesischen Notariatsurkunden tauchen moderne Zeitangaben erst spät – um 1400 – auf und bleiben während des 15. Jahrhunderts sehr vereinzelt, in vielen anderen Urkunden- und Aktenreihen finden sie sich gar nicht.[25] Die Möglichkeiten, bedeutsame Sachverhalte präziser zu datieren, wurden nur ausnahmsweise, die Möglichkeit, ein abstrakteres tageszeitliches Referenzsystem zu etablieren, überhaupt nicht genutzt. Beides ging mindestens in den ersten beiden Jahrhunderten der öffentlichen Uhren über die Bedürfnisse und Interessen der Chronisten und Notare weit hinaus.

»Assisi im Jahre 1525, am 15. Januar, morgens in der Dämmerung, zur 14. Stunde in der Kirche nach dem Signal der Glocken, die bei Tagesbeginn geläutet werden...«:[26] Diese Zeitangabe aus dem Beginn des 16. Jahrhunderts zeigt deutlich, daß abstrakte Stundenangaben nur eine Möglichkeit darstellten, die neben, aber nicht an die Stelle der Beobachtung natürlicher Zeitabläufe und der Orientierung am stadtbürgerlich-kirchlichen Geläut getreten war.

## »Zeit der Kaufleute«?

Wie wir gesehen haben, waren bei der Beschaffung öffentlicher Uhren die Kaufleute und Händler als eine von der politischen Kommune unterscheidbare Gruppe nicht hervorgetreten. Außerdem haben die im 14. Jahrhundert herausragenden merkantilen Zentren für das statistische Gesamtbild des Diffusionsverlaufs keine herausragende Rolle gespielt. Zunächst unberührt davon bleiben Jacques Le Goffs Thesen, daß die Entwicklung der Handelsnetze und die Ausweitung des Geldwesens besser gemessene Zeit erforderlich gemacht habe und daß die kaufmännischen Dokumente im engeren Sinne – Rechnungen, Reiseberichte, Kaufmannshandbücher und Wechselbriefe – die genaue Zeitmessung immer wichtiger gemacht hätten. Nun ist die Bedeutung zeitlicher Faktoren bei Handel und Wandel, bei Zins und Kredit, bei Lagerung und Transport, bei Spekulation und Versicherung so offenkundig, daß man sich auf den Hinweis beschränken könnte, daß »gemessene Zeit« ein leicht mißverständlicher Ausdruck ist, weil diese heute stets als technisch gemessene, d. h. als »Uhrzeit« verstanden wird. Dennoch bleibt die Frage offen, ob die Kaufleute bzw. die kaufmännische Praxis die neuen Zeitmeßgeräte und / oder ihr Produkt, die neue Stundenrechnung, in besonderer Weise für ihre Zwecke genutzt haben. Es sei daran erinnert, daß Jacques Le Goff seine Überlegungen nicht als ein Resultat verstanden wissen, sondern damit vielmehr zu eingehenderen Studien auffordern wollte.[27]

Kaufmännische Aufzeichnungen und speziell die sog. Kaufmannshandbücher sind in den letzten Jahrzehnten von den Wissenschaften keineswegs vernachlässigt worden. Für Vittore Branca als Herausgeber wichtiger Texte der von den »mercanti scrittori« hinterlassenen Gattung der »ricordi« scheinen sich Le Goffs Hypothesen bewährt zu haben, wenn er in einem Vorwort feststellt, daß sich diese »Kinder des Merkur« durch die stundenweise Registrierung ihrer kaufmännischen Aktivitäten an die Zeitmessung gewöhnt und dieser neuen, gemessenen Zeit zum Durchbruch verholfen hätten.[28] Bei der Lektüre der Texte fällt dann allerdings auf, daß sich in den von Kaufleuten, Händlern und Unternehmern verfaßten Texten an vielen Stellen und relativ früh moderne Zeitangaben finden, daß aber der Gebrauch der »gemessenen Zeit« nirgends auch nur das Geringste mit ihrer merkantilen Praxis zu tun hat. Ein anderes frühes Zeugnis dieser Gattung sind die Aufzeichnungen des Nürnberger Patriziers Ulman Stromer. In dem zwischen 1360 und 1407 verfaßten Bericht über seine Vorfahren und seine Familie sind, beginnend mit dem Jahre 1374, die Zeitpunkte der Geburten seiner Kinder und Enkel nach der Nürnberger Form der Stundenrechnung verzeichnet, die hier übrigens zum erstenmal belegt ist.[29] Der politisch einflußreiche Florentiner Textilkaufmann Giovanni di Pagolo Morelli notiert in seinen zwischen 1393 und 1411 abgefaßten »ricordi« seit dem Jahr 1365 Geburten in seiner Familie mit der Tageszeit in moderner Form. Gelegentlich nennt er zusätzlich das Geläut städtischer Kirchen (z. B. 1377 Nov. 27. »e fu il mercoledi notte, vegniente il giovedi, a ore otto e mezzo, presso alla squilla di Santa Croce«) oder gibt die Tageszeit sowohl in moderner Form wie auch nach den kanonischen Horen an (z. B. 1404 Jul. 20. »sonate di poco le sedici ore, ciò fu al tocco di nona, nacque... un fanciullo maschio«).[30] Nicht anders hält es sein Zeitgenosse und Mitbürger Lapo di Niccolini de' Sirigatti. In seinen »ricordanze« (1397–1427), einer Art Gegenstück zu den eigentlichen Geschäftsbüchern, verzeichnet er außer seinen wichtigsten kaufmännischen Verträgen auch Geburten, Hochzeiten, Todesfälle und Testamente in seiner Familie. Beginnend mit dem Jahr 1386 gibt es Tageszeitangaben in moderner Form vor allem bei Geburten, gelegentlich bei Todesfällen und in einem Fall bei einer Hochzeit.[31] In den eigentlichen Geschäftsbüchern finden sich, soweit aus veröffentlichten Texten ersichtlich, überhaupt keine Zeitangaben nach der »gemessenen Zeit«.

In den privaten Aufzeichnungen handeln die Kaufleute nach einer Maxime, die Leon Battista Alberti wenig später zur Norm erhebt. In dem Traktat *Über das Hauswesen* (1434) handelt er vom haushälterischen Umgang mit der Zeit, von der Technik, vielen Aufgaben eine bestimmte Zeit zuzuweisen, von der abendlichen Rechenschaft über die Zeitverwendung und von der Pflicht eines jeden Hausvaters, familiäre Ereignisse gewissenhaft zu registrieren:

> ..., daß die Stunde, der Tag, der Monat und das Jahr und auch der Ort aufgezeichnet werde und in den Denkwürdigkeiten und geheimen Büchern des Hauses festgehalten, sogleich nachdem das Kind geboren ist, und daß diese Aufzeichnung unter den Kostbarkeiten aufbewahrt werde. Und dies aus vielen Gründen: von anderen abgesehen, zeigt es, wie groß die Sorgfalt des Vaters in allen Dingen ist, denn wenn es schon als ordentlich gilt, den Tag aufzuschreiben und die Makler zu erwähnen, aus dessen Händen du einen Esel gekauft hast, wird es weniger lobenswert sein, des Tages zu gedenken, an dem du Vater geworden bist oder deinen Kindern ein Bruder geboren wird? Dazu kommt, daß viele Fälle eintreten können, in denen es nötig ist, das zu wissen.[32]

Alberti bleibt bei den Gründen für dergleichen Aufzeichnungen offenbar bewußt undeutlich (»viele Gründe«, »viele Fälle«). Was er meint, ist dennoch klar: Die private Chronistik mit Stundenangaben ist moralisch wertvoll, darüber hinaus aber, z. B. in Erbauseinandersetzungen, auch juristisch erforderlich.

Daneben finden sich am Ende des 14. Jahrhunderts moderne Zeitangaben auch in persönlicheren und eher autobiographischen Aufzeichnungen der Kaufleute. In der riesigen Korrespondenz des Francesco di Marco Datini, eines Fernhandelskaufmanns aus Prato bei Florenz, finden sich Briefe an seine Frau, die er gelegentlich mit »in Eile« (»in fretta«) unterschreibt; er stellt sich selbst als einen von Terminen gehetzten Mann dar, z. B. »heute abend, in der dreiundzwanzigsten Stunde wurde ich zu den Collegi gerufen«. Seine Mitarbeiter läßt er wissen, daß er seit Jahren nicht mehr als vier Stunden geschlafen habe, und gelegentlich gelingen ihm wirklich moderne Formulierungen für das Gefühl beständigen Zeitdrucks: »Mir fehlt die Zeit, es ist die einundzwanzigste Stunde, und ich habe weder gegessen noch getrunken.«[33]

52. Astrologe mit Astrolab und Schlaguhr, aus den *Chants royaux sur la conception* (1519–28), Bibliothèque Nationale, Paris

Mit dem Beginn des 15. Jahrhunderts tauchen bei den Zeitangaben einiger Kaufleute neue Elemente auf, die Alberti vielleicht auch gemeint hat, aber nicht ausdrücklich erwähnen wollte. Bonaccorso Pitti, ebenfalls einer der großen Florentiner Kaufleute, schreibt seine »ricordi« seit dem Jahr 1412. Moderne Stundenangaben finden sich bei historisch-chronistischen Bemerkungen für die Zeit nach 1378, bei familiären Ereignissen seit 1408, und dabei werden die Tageszeitangaben mit astrologisch relevanten Präzisierungen versehen.[34] Zu Beginn des 16. Jahrhunderts heißt es dann in den Tagebüchern des Augsburger Bürgers Lucas Rem ganz ähnlich:

> Berchthold, mein Son, ward geporn Montag 11 Jenner 1529, nachmittags 1/4 ur nach zwayen... Was der nui mond 1 tag darvor 9 ur 2 minuten gwest im widder ... er starb adi 14 October 1530 aubends um 9 Ur. Was den tag darvor des mons lest quartiert 2 stond 44 minuten nachmittag, im Leo 12, die Sonn im Scorpion.[35]

Rems Aufzeichnungen über Geburten und Schicksale in der Familie enthalten neben Angaben der stadtbürgerlichen Uhrzeit sehr präzise astronomische Zeitangaben. Das sog. Mondalter und der Stand der Planeten zum Kreis der Sternzeichen waren damals allerdings keine durch Messung oder Beobachtung gewonnenen Daten, sondern kalkulierte und in ihrer Genauigkeit fingierte Zeitangaben. Das wachsende Interesse an der Astrologie hat zwar das Interesse an Uhren mit astronomischen Indikationen stimuliert, aber diese Interessen waren weder typisch für noch beschränkt auf Kaufleute oder Stadtbürger.

Die »Zeit der Kaufleute«, soweit darunter eine durch Uhren »gemessene Zeit« verstanden wird, hat sich als ein Mißverständnis der neueren historischen Literatur erwiesen. Damit ist aber das Problem der »Zeit der Kaufleute« als eines formelhaften Ausdrucks für ein besonderes Bewußtsein von den temporalen Aspekten der Waren- und Kapitalbewegungen keineswegs erledigt. Auch unabhängig von der Geschichte der »gemessenen Zeit« bleibt zu fragen, ob und wie die temporalen Aspekte kaufmännischer Tätigkeit und kaufmännischer Rationalität im Spätmittelalter bewußt geworden sind und ob es daher nicht wahrscheinlich ist, daß in der Gruppe der am meisten Betroffenen »Zeit« in besonderer Weise zum Thema geworden ist. Ansätze dazu haben F. C. Lane mit der Untersuchung der »Fahrpläne« der venezianischen Galeeren und den damit verbundenen Spekulationsgeschäften und U. Tucci mit seiner Behandlung kaufmännisch-spekulativer Modellrechnungen mit Ernteterminen, Vorratsbeständen, Transportchancen und lokalen Preisen und Zinsen geliefert.[36] Trotz zahlreicher Hinweise auf einschlägige Quellen sind diese Aspekte der »Zeit der Kaufleute« noch zu wenig untersucht.[37] Von den Kaufleuten als Teilnehmern am städtischen Markt, als Unternehmern und als Arbeitgebern wird noch die Rede sein.

Die Gegenüberstellung der Schlagworte »Zeit der Kirche« – »Zeit der Händler« verleiht der Geschichtsschreibung zum Spätmittelalter eine anschauliche und verführerische Dramatik. Hat man vorwärtstreibende, modernisierende Faktoren identifiziert, dann läßt sich deren Beitrag zum Rationalisierungsprozeß um so besser hervorheben, wenn sich auch Kräfte des Widerstands und der Beharrung namhaft machen lassen. Die Vermutung, daß sich Kirchen und Klöster der Errichtung öffentlicher Schlaguhren und damit der Übernahme einer technischen Innovation widersetzt hätten, ist oben als unrichtig zurückgewiesen worden. Als geistliche Institutionen haben sie sich zwar kaum initiativ, häufig aber kooperativ gegenüber solchen Bauvorhaben verhalten. Wie steht es nun mit dem Desinteresse der Kirchen und Klöster an der sozialen Innovation?[38] Haben sie gezögert, oder haben sie sich dem Fortschritt entgegengestellt?

Es ist richtig, daß Kirchen und Klöster nach den Erfordernissen ihres inneren Betriebs keine zwingenden Gründe zur Übernahme von Schlaguhren und moderner Stundenrechnung hatten. Es ist aber falsch, daß sie sich erst »spät« zur Innovation haben entschließen können. Wie ist dieses Mißverständnis entstanden? Bilfinger hatte aus J. Martènes Kommentar zur Benedikt-Regel übernommen, daß z. B. die Zisterzienser die mittelalterlichen Horen bis zum Jahr 1429 beibehalten hätten.[39] Die Beschlüsse des Generalkapitels des Ordens im Jahre 1429 enthalten solche Anordnungen jedoch nicht. Aufgrund von Klagen über verspätetes Läuten und Aufstehen zu den Morgenoffizien in vielen Klöstern wird vielmehr angeordnet, daß in Zukunft an Werktagen in der zweiten Tagesstunde nach Mitternacht, an Festtagen in der ersten Stunde zu den Morgenoffizien geläutet werden soll.[40] Die Beschlüsse präzisieren lediglich den ewig strittigen Beginn der nächtlichen Offizien mit Hilfe moderner Stunden, die natürlich den Gebrauch mechanischer Uhren voraussetzen. Dieser Beschluß war nur einer von vielen vergleichbaren Präzisierungsvorgängen und keineswegs ein früher oder gar der erste seiner Art.

Liturgische Gebrauchstexte des 14. und 15. Jahrhunderts sind wegen ihres Abstands zu den klassischen Regelwerken des Mittelalters nur selten veröffentlicht worden. Aber schon eine kleine Reihe willkürlicher Beispiele gibt ein hinsichtlich der historischen Entwicklung und ihres geographischen Rahmens klares Bild. Die Statuten des Kloster-Kollegs St. Martial in Avignon, das Mönche und Studenten beherbergte, setzen 1379 den Beginn der Offizien nach moderner Stundenzählung fest. Die im 14. Jahrhundert redigierte Läutordnung des Mailänder Doms ordnet das Meß-, das Ave-Maria- und Vespergeläut nach modernen Stunden. Mindestens für die Vesperglocke war das in Bamberg schon vor 1380 geschehen. Die Gottesdienstordnung für den Dom in Kolmar (1404) ist nicht nur nach der Domuhr geregelt, sie ordnet Details sogar nach halben und Viertelstunden. Auch innerhalb der Klöster und unabhängig von der städtischen Umwelt findet die Neuerung rasch Eingang. Die vor 1404 redigierten Statuten der Abbey of St. Mary in York ordnen den klösterlichen Tageslauf, und nicht etwa nur den Weckzeitpunkt ausdrücklich nach Uhrstunden.[41]

Kirchen und Klöster haben also, nicht anders als weltliche Institutionen, die neue Technik, sobald sie zur Verfügung stand, ohne Zögern eingeführt und praktisch gebraucht. Es könnte sogar sein, daß Kirchen zumindest an einigen Orten eine Art Vorreiterrolle gespielt und ihre städtische Umwelt mit Zeitsignalen versorgt haben, solange diese noch nicht über eine Uhr verfügte.[42]

Nachdem die mechanische Hemmung eine vermutlich in Zusammenhang mit mechanischen Glockenwerken entwickelte Neuerung gewesen war und nachdem astronomische Großuhren und Glockenspiele in der ersten Hälfte des 14. Jahrhunderts vor allem für Kirchen und Klöster gebaut worden waren, warum sollten kirchliche Institutionen jetzt gegen die Schlaguhren und die neue Stundenrechnung opponieren oder deren Einführung behindern?

## Wandel der städtischen Zeitordnung

Der Wandel des Zeitbewußtseins, der durch die Einführung der Uhren in den europäischen Städten seit dem Ende des 14. Jahrhunderts bewirkt wurde, war ein komplexer Prozeß. Er läßt sich an vielerlei zunächst unauffälligen und nur im Rückblick als zusammenhängend erkennbaren Details verfolgen. Der weitgehend anonym verlaufende Wandel der Zeitordnung ist den Zeitgenossen, soweit wir sehen, nur sehr selten als solcher bewußt geworden. Eines der raren Beispiele dafür ist die oben zitierte Feststellung des englischen Predigermönchs am Anfang des 15. Jahrhunderts, daß sich in den Städten die Menschen nach der Uhr selbst regierten.[43]

Wie es zur Herrschaft der Städter über sich selbst mittels der Uhren gekommen ist, läßt sich an Veränderungen des alltäglichen Verhaltens kaum unmittelbar verfolgen. Lediglich Neuerungen in der Alltagssprache verraten die Allgegenwart der Uhr im städtischen Raum spätestens seit der Wende zum 15. Jahrhundert. Eine kleine Sprachlehre für Engländer auf dem Weg nach Frankreich gibt z. B. einen Musterdialog für höfliche Fragen wie »Was hat die Uhr geschlagen? / Wie spät ist es? etc.«.[44]

Weshalb aber zu Beginn des 15. Jahrhunderts von der Herrschaft durch die Uhr die Rede sein konnte, läßt sich indes nicht an zufälligen Sprachzeugnissen, sondern nur an Veränderungen der städtischen Zeitordnung selbst verfolgen. Der Begriff »Zeitordnung« soll hier nicht wie im 17. und 18. Jahrhundert irgendeine Chronologie bezeichnen,[45] sondern die Gesamtheit zeitstrukturierender Regeln und hier speziell die Zeitstruktur des städtischen Alltags.

Bei dem folgenden Versuch, solche Zeitordnungen typisierend zu rekonstruieren, wird nur zwischen Werk- und Feiertagen unterschieden. Außer Betracht bleibt die zeitliche Gliederung der Woche, d. h. z. B.: Alle Vorschriften, die nur an zwei Wochentagen galten, werden wie alltägliche Vorschriften behandelt. Auch der lokal stark variierende Festkalender und der Rhythmus der Märkte und Messen bleiben hier ebenso wie alle anderen saisonalen Gliederungen unberücksichtigt.

Quellen sind vor allem für das 14. Jahrhundert die in großer Zahl überlieferten städtischen Statuten jeglicher Art. Die häufigen Neukodifikationen und Redaktionen ermöglichen die Verfolgung zeitorganisatorischer Innovationen über lange Zeiträume. Die Statutenüberlieferung läßt sich seit dem 15. Jahrhundert durch die nicht minder große Zahl der Schulordnungen, Kirchenordnungen, Landespolizeiordnungen und Landesgesetze ergänzen. Hinsichtlich der zeitorganisatorischen Fragen unterscheiden sich diese späteren Quellengruppen von städtischen Ordnungen nur durch den jeweils größeren oder kleineren Geltungsbereich.

An der relativ reichen Kölner Überlieferung seien beispielhaft Chronologie und Sachbereiche des Vordringens neuer Regelungstypen während etwa eines Menschenalters veranschaulicht.[46]

Die moderne Stundenrechnung begegnet uns in Köln zuerst 1374 als eine Befristung. Eine Arbeitsordnung für Tagelöhner und Werkleute setzt den Beginn und das Ende des Arbeitstages durch das erste Glokkenzeichen zur Prim und das letzte zur Komplet »bei den vier orden«. Die Pause soll jedoch dauern »eynre uren lanck ind nyet langer«.[47] Nach 1371, aber vor 1397 wird das Arbeitsende der Gürtelmacher auf 10 Uhr abends festgelegt. Die Treffen der Herren des Schöffenschreins sollen seit 1385 mittags um 1 Uhr beginnen, etwas später wird die Sitzungszeit des Schöffengerichts auf 11 Uhr festgesetzt. Bis 1375 hatten sich beide Termine noch nach den Gottesdiensten in der Marspfortenkapelle, der Lorenzkirche und des Mariengradenstifts gerichtet. Der Sitzungsbeginn des Schöffengerichts richtete sich im Sommer sogar nach einer der im Mittelalter häufigen, aber im alltäglichen Gebrauch nur sehr selten dokumentierten Sonnenuhren, »ee die sonne kome in dat loch vanme steyne«.[48] Ebenfalls 1385 regelt eine Ratsverordnung den Verkauf der Rheinsalmen auf dem Fischmarkt. Der Verkauf darf

53. Sonnenuhr am Haus des Kupferschmieds, Diebold Schillings Luzerner Chronik 1513

im Sommer morgens nicht vor 6, im Winter nicht vor 8 Uhr beginnen, Großhändler dürfen nur freitags ab 10 Uhr bedient werden. Fremde, die mit freiem Geleit in die Stadt kommen, sollen seit 1391 abends nicht mehr nach 9 Uhr (im Winter nach 8) auf der Straße sein. Die gleichen Zeiten gelten seit 1398 auch für Bewaffnete. Allgemeine Polizeistundenregelungen seit 1398 schreiben vor, daß nach 11 Uhr »kein Pfaffe, kein Student, kein Laie, keine Frau und kein Mann« mehr auf der Straße sein sollte.

Nach dem erfolgreichen Aufstand der Kaufmannsgaffeln und Zünfte werden die Arbeitszeiten für die verschiedenen Handwerke in vielen Amtsbriefen des Jahres 1397 neu festgelegt. Die neuen – meist ohne Begründungen – eingeführten Zeitbestimmungen sind durchweg restriktiv, d.h. sie legen aus Konkurrenz- und Qualitätsschutzgründen die jeweils maximal zulässigen Arbeitszeiten fest. Dazu kommen Beschränkungen für laute und feuergefährliche Tätigkeiten. Die Weber von Sartuch (Barchent/Halbleinen), die Harnisch- und die Taschenmacher dürfen nicht vor 5 Uhr morgens anfangen und äußerstenfalls bis 9 Uhr am Abend arbeiten. Die Kupferschläger und Nadelmacher müssen um 8 Uhr aufhören. Den Schreinern (Kistenmachern) ist die Arbeit von 4 bis 8 Uhr gestattet, den Filzhutmachern von 4 bis 10 Uhr. Die kürzeste zulässige Arbeitszeit gilt für die Schmiede. Sie dürfen zwar um 8 Uhr anfangen, müssen aber schon um 5 Uhr die Arbeit einstellen. Die Arbeitszeit der Gürtelmacher wird neu geregelt. Beginn und Ende der Arbeitszeit sollen vom »lichten, schönen Tag« bestimmt werden. Nur im Winter darf bei Kerzenlicht bis 9 Uhr gearbeitet werden. Im 15. Jahrhundert wird der Arbeitsbeginn dann auf 6 Uhr festgelegt. An Samstagen und an den Vorabenden hoher Feiertage mußten die Gürtelmacher um 4 Uhr aufhören, die Nadelmacher und Schmiede im Winter um 4, im Sommer um 6 bzw. 7 Uhr. Schneider, die an Vorfestabenden nach 8 Uhr arbeiteten, mußten eine Buße von einem Pfund Wachs bezahlen.

Allerdings ist nicht die Gesamtheit der Kölner Arbeitsordnungen in diesen Jahren auf Uhrzeiten umgestellt worden. Die Amtsbriefe der Garnmacherinnen und der Kannengießer begrenzen deren Arbeitszeit durch die Dommesse am Morgen und die Nachtglocke am Abend. Eine Formulierung im Amtsbrief der Nadelmacher (»vur doimmetten of vur vuoif uren«) zeigt aber, daß diese Messe gegen 5 Uhr morgens gefeiert wurde. In der gleichen Zeit wird das Begießen von Färberwaid zum Blaufärben an bestimmten Tagen vor 10 Uhr vormittags verboten. Kauf und Verkauf auf dem Waidmarkt war erst gestattet, nachdem man »have zo unsern vrauwen broederen 9 uren geslagen«. Für den Dachreiter der Karmeliterkirche war 1380 eine Uhrglocke beschafft worden. Nach ähnlichen Bestimmungen aus der ersten Hälfte des 14. Jahrhunderts fing der Waidmarkt nach der Prim-Messe in dieser Kirche an. Im Jahr 1401 wird dann die Ausgabe der Berechtigungen zum Weinzapfen auf 12 Uhr terminiert. Seit 1406 müssen die abendlichen Trink- und Spielgelage um 11 Uhr beendet sein. Kurz darauf wird der Beginn des Kohlenmarktes auf 7 Uhr festgesetzt, und der Ausruf der Weinzapfer erhält ebenfalls feste Termine.

Außer Polizeistundenregelungen treten die städtischen Rats- und Gerichtsgremien, die Märkte und Verkaufsstellen und die Arbeitszeitregelungen als Schwerpunkte in den Vordergrund. In der zunehmenden Zahl tageszeitlicher Festlegungen während der folgenden Jahrzehnte ändert sich an diesen Schwerpunkten nichts.

Zum Verständnis des Weiteren hier eine technische Vorbemerkung: Zeitorganisatorisch lassen sich Uhren in sozialen Zeitordnungen als Hilfsmittel der Präzisierung und/oder verbesserter Koordination einsetzen. Als Zeitmeßgeräte können sie außerdem verschiedenen Kontrollzwecken dienen. Präzisierung wird erreicht, wenn man bestimmte, zuvor gar nicht oder nur vage bestimmte Termine auf einer Zeitachse, in unserem Fall: dem 24-Stunden-Tag, möglichst genau festlegt. Präzisierung wird aber auch durch Festlegung von Höchst- oder Mindestfristen für bestimmte Vorgänge erreicht. Diese Befristungen setzen zwar abstrakte, stets gleichlange Zeiten, nicht aber notwendig auch deren Fixierung auf der Tageszeitachse voraus. Bei kontinuierlichem Uhrenbetrieb lassen sich Stundenfristen zwar auch durch zwei Uhrzeitangaben setzen; das typische Befristungsmittel waren jedoch Sanduhren.

Seit dem 14. Jahrhundert werden in europäischen Städten Ordnungen für Rats- und Gerichtsgremien erlassen, aus denen man zahlreiche Hinweise darauf entnehmen kann, daß Kompetenzerweiterung und Aufgabenvermehrung nicht nur die städtische Autonomie und das stadtbürgerliche Selbstbewußtsein stärkten. Aus den neuen Rechten und den neuen finanziellen Möglichkeiten waren auch vielfältige Pflichten erwachsen. Angestrebte und aufgezwungene Aufgaben im Bereich des Städte- und Festungsbaus, der Ver- und Entsorgung, der Bewaffnung und des Gesundheitsschutzes, der Schulen und Universitäten machten den rapiden Ausbau städtischer Verwaltungen auch in relativ kleinen Städten notwendig. Dieser Ausbau ließ sich teilweise mit Hilfe professioneller Kräfte, d. h. durch Einstellung von Juristen und Schreibern, bewältigen. Zu großen und entscheidenden Teilen forderte er die Stadtbürger selber. Insbesondere die wichtigen Rats-, Zunft- und Gerichtsgremien waren aufgrund ihrer politischen Verfassung auf die Mitarbeit von Laien aus dem städtischen Bürgertum angewiesen. Die Kaufleute und die Handwerker haben diese Ehrenämter zweifellos in den Gründungsphasen angestrebt. Die neuen Kompetenzen waren häufig gerade erst und z. T. blutig gegen alte Herrschaftseliten erkämpft worden. Im 14. Jahrhundert sind solche Prozesse in vielen Städten noch gar nicht abgeschlossen. In der gleichen Zeit zeigt sich aber in anderen Städten, daß die überwiegend mit Laien besetzten Gremien auch zu einer Belastung geworden waren, dies vor allem deshalb, weil sie das Zeitbudget, aber auch die Disziplinbereitschaft von Leuten überforderten, die ihren Lebensunterhalt unabhängig von ihrer Gremientätigkeit verdienen mußten.[49]

Die Zusammenführung von Streitparteien und Richtern an einem Gerichtsort setzt selbstverständlich einen Gerichtstermin voraus. Daß solche Termine auch Öffentlichkeit der Verhandlung und damit Legitimität des Urteils sicherten, bedarf keiner neuen Erörterung. Vielfach forderte alter Rechtsbrauch, daß Verhandlung und Entscheidung in einer Instanz den Zeitraum eines Lichttags nicht überschreiten durften. Gerichtstage waren aber in den spätmittelalterlichen Städten nicht mehr außergewöhnliche Tage. Die Boten mit den Ladungen kamen immer häufiger vor die Häuser der Beisitzer und Schöffen, um sie an ihre beschworene Präsenzpflicht zu erinnern. In den Ratsgremien wuchs die Zahl der »laufenden« Entscheidungen. Boten und Gesandte waren anzuhören, Antworten zu beraten, Briefe auszufertigen, städtische Beamte einzustellen, Umlagen und deren Verteilung zu beschließen, Beschwerden anzuhören. Der Verwaltungsapparat selbst und insbesondere die Rechnungsführung waren zu kontrollieren. »Ratschlagen« kostete immer mehr Zeit.

Um nun einerseits wachsende Mengen von Beratungs- und Entscheidungsvorgängen zu bewältigen und um andererseits die Öffentlichkeit und die Zugänglichkeit städtischer Gremien und Behörden zu sichern, wurden deren Sitzungszeiten verstetigt. Sie sollten unabhängig vom Arbeitsanfall regelmäßig an bestimmten Wochentagen zusammentreffen. Die Tageszeiten wurden so festgelegt, daß nicht der ganze Lichttag, sondern genau umrissene Teile zu Sitzungszeiten wurden. Der Keur-Brief, die Satzung der Châtellenie in Brügge aus den letzten Jahren des 12. Jahrhunderts, zeigt die Herkunft solcher Terminierungen aus dem Gerichtswesen. Die Plädoyers sollten bis Mittag, die Einsprüche längstens bis zur Vesper gehalten werden.[50]

In Paris bestimmt eine Ordonnance des Parlaments von 1320 das Zusammentreten der Kleriker, Laien und Notare nach dem Geläut der königlichen Kapelle zur ersten Messe. Bis zu deren Mittagsgeläut durfte die Sitzung nur zu unabweisbaren körperlichen Notwendigkeiten verlassen werden.[51]

In Ivrea soll der Podestà an jedem Gerichtstag von der Messe bis zur Terz und von der Non bis zur Vesper Sitzung halten (1329).[52] Um 1330 werden in Piacenza die Richter gemahnt, sich an die gewohnten Stunden zu halten, und die Tore des Podestà-Palastes sollen täglich geöffnet bleiben vom Morgen bzw. der »Stunde der Glocken« bis zur Terz und von der Non bis zur Vesper.[53]

Das Gericht der Bruderschaft der Waidhändler in Köln sitzt an Gerichtstagen von der Messe bei St. Georg bis zur Messe bei St. Jakob. Das Schultheißengericht in Zürich wird 1324 zwischen Frühmesse, Ratsglocke und ein Hochamt terminiert, allerdings nur, soweit der Arbeitsanfall dies erfordert: »(Gerichtsbeginn) so man under Wassekilchen (Wasserkirche) gesungen hat als aber so man dem rate gelútet hat an alle geverde, und sol das gericht weren mit namen untz man fronmesse (im Münster) gesungen hat, ist als man vil ze richten hat.« In einer Neufassung dieser Ordnung (1332) wird der Sitzungsbeginn nur noch durch die Ratsglocke signalisiert; das Ende fällt weiter mit dem Hochamt oder aber mit der stadtbürgerlichen Zeit des Mittagessens zusammen: »untz das man fronmesse gesungen hat oder untz das man in Zürich gemeinlich enbissen will.«[54]

In Hunderten vergleichbarer Festlegungen von Sitzungszeiten tauchen am Ende des 14. Jahrhunderts vereinzelt, im 15. Jahrhundert immer häufiger Uhrzeitangaben auf. In der Neufassung der Gerichtsordnung, die Hugues Aubriot, Prévôt de Paris 1367–86, für das Châtelet erlassen hat, wird nach Klagen über den unordentlichen Geschäftsgang und die Verzögerung von Prozessen festgelegt, daß die »auditeurs« zu erscheinen hätten »à neuf heures de l'orloge du palais ou environ«. Die Fälle seien kurz und bündig abzuwickeln. Während des

Winters müssen sie an ihren Plätzen bleiben bis 12 Uhr, im Sommer sollen sie um 8 Uhr Platz nehmen und bis 11 Uhr bleiben. Außerdem wird die »audience du greffe« in Zukunft ausgerufen »zur elften Uhrstunde und nicht später«.[55] Auch die Sitzungszeiten eines Gerichtsgremiums in Metz werden 1393 je nach der Jahreszeit auf 7, 8 oder 9 »houre dou reloge« terminiert.[56] In beiden Fällen soll offenkundig die erst vor wenigen Jahren beschaffte Uhr demonstrativ als neues temporales Referenzsystem hervorgehoben werden. Mindestens im ersten Fall erscheint auch der Präzisierungsfortschritt beachtlich. Ein bis zwei Menschenalter früher hatte es in einem Reglement für das Châtelet noch geheißen, daß die Advokaten zu kommen hätten »nach Sonnenaufgang, bzw. danach den Zeitraum einer kurzen Messe nicht überschreitend« (1327).[57]

Präzisierungen hergebrachter naturaler und erfahrungshaltiger Zeitangaben durch Uhrzeiten lassen sich von da an über mehrere Jahrhunderte verfolgen. Die Reformation des »Cammer-Gerichts zu Cölln an der Spree« bestimmt im Jahre 1540, daß die »zu früher Tage-Zeit« einbestellten Parteien künftig im Sommer um 6, im Winter um 7 Uhr zu erscheinen hätten. Eine Bestellung »zu rechter Tage-Zeit« sei als »um 12 Uhr« zu verstehen. Ähnliche Ordnungen aus den Jahren 1621 und 1658 erneuern diese Uhrzeitpräzisierungen, verlegen die Zeiten aber entsprechend einer allgemein zu beobachtenden Entwicklung später in den Tag: auf 8 Uhr früh und 2 Uhr nachmittags.[58]

Was im Rückblick als eine langfristige Entwicklung zu größerer zeitlicher Präzision erscheint, war im Horizont zeitgenössischer Erfahrung vor allem eine Vielzahl von Abstraktionsschritten. Abstrahiert wurde dabei vom naturalen Referenzsystem, dem Lichttag und/oder stark erfahrungsabhängigen Zeitmaßen, hier z. B. der Dauer einer kurzen Messe.

Solche Abstraktionen von naturalen oder sozialen Bezugsrahmen eröffnen langfristig Perspektiven für neue Formen der Zeitorganisation. Sie ermöglichen Entkopplungen historisch eng verbundener temporaler Sequenzen. Durch Uhrzeitangaben werden z. B. Gremienzeiten potentiell aus dem dichten Verbund anderer städtischer Termine und ihrer Signale gelöst. Wenn ein Ratsgremium zu einer bestimmten Uhrzeit zusammentrat, bedeutete dies zwar noch nicht uno actu, daß der gemeinsame vorangehende Gottesdienstbesuch der Ratsmitglieder schon entfallen wäre. Die Form der zeitlichen Festlegung schloß aber die Möglichkeit ein, Ratszeit und Gottesdienstzeit unabhängig voneinander festzulegen oder im Bedarfsfall gegeneinander zu verschieben. Wenn z. B. die Konsuln in Tournai 1397 beschließen, künftig im Sommer von 7 Uhr morgens an zu sitzen, damit »die guten Leute schneller abgefertigt werden können«, dann verändern sie aufgabenbedingt ihre Sitzungszeiten, ohne daß notwendigerweise auch Gottesdienstzeiten hätten verändert werden müssen.[59] Uhrzeiten haben es daher möglich gemacht, Gottesdienstbesuch und Ratssitzung auch faktisch zu entkoppeln. Wann und wie oft diese Möglichkeit im Spätmittelalter auch wahrgenommen worden ist, ist dabei nicht entscheidend.

Eine von allen äußeren Zeitvorgaben auch der Uhrzeit, aber auch von allen intrinsischen, aufgabenbezogenen Vorgaben gelöste und daher abstrakte Befristung von Gremienzeiten findet sich in den Satzungsbüchern der Stadt Nürnberg. Für eine Fünferkommission, die den Rat während des Städtekrieges von minder wichtigen Aufgaben entlasten sollte, wurde 1388/89 die tägliche Sitzungszeit ohne tageszeitliche Bestimmungen auf zweimal zwei Stunden festgelegt: »Die fuenf sullen sitzen ueber jar all tag zw(o) or vor tisch und zw(o) or nach tisch auzgenommen zw(o) or am suntag vor tisch; und wenn rat ist vor tisch, so beduerffen sie niht sitzen vor tisch, aber nach tisch sullen sie die zw(o) or sitzen.« Die beeidete Mindestsitzungszeit von vier »or« pro Tag mußten die Ratsherren einhalten ganz gleich, ob sie entsprechend zu tun hatten oder nicht. Mittels einer Sanduhr mußten sie die Einhaltung ihrer Pflicht auch selbst kontrollieren.

Wenn die fuenf allzusamen komen sein, so soll er [der vorsitzende »Frager«] ein orglaz umbkeren und suellen die fuenf alz lang sitzen untz daz zw[o] or durchgehn, sie haben zu schiken oder niht.[60]

Die äußere Ordnung der Gremienzeiten war nur eines der Probleme der städtischen Verwaltungen. Ein anderes war sachgerechte Nutzung der Sitzungszeiten. Dabei erwies sich vielfach die Gremiendisziplin der Laienmitglieder als Dauerproblem. Mangelnde Präsenz war der Grund einer neuen Ordnung der Gerichte in Augsburg.

Dieweil ain erbar rat diser stat Augsburg jetzo ain zeit her befunden hat, daß aus mannichfaltigem abwesen der oder- und andern richter und urtheiler an disem stattgericht alhie mercklich mengel und verhinderung der abfertigung rechtlicher teglich sich zugetragen haben und eingerissen sein, ... (1519).[61]

Außer Ausbleiben und Unpünktlichkeit lassen sich in den zahlreichen Klagen auch Lärmen und Dazwischenreden, verbale und körperliche Injurien als verbreitete Probleme ausmachen. Während die älteren Ordnungen dies nur durch karge Disziplinvorschriften verdeutlichen, finden sich in den von der pädagogischen Rhetorik der Reformation geprägten Ordnungen des 16. Jahrhunderts recht ausführliche Begründungen für disziplinarische Verschärfungen. Dafür drei Beispiele: Über die Spannung zwischen Amt und Broterwerb heißt es im Vorwort zur Überlinger Ratsordnung (1551):

Nachdem die leuf darnach geschaffen und ... auch offenbar am tag liegt, das die gescheft meiner herrn ains ersamen raths nit ab-, sondern vilmer zuenemen, derhalb man bisher teglichs zuesamen komen müessen, wölchs sich die herrn räth oftermals erclagt und angezaigt, das inen solchs auß villerlai ursachen, und sonderlich, das ir kainer in seinen aigen sachen und haußhaltungen ichzit fruchtbarlichs fürnemen oder denselben, wie die notturft erforderte, begegnen.[62]

Über die z. T. daraus resultierenden Zustände in den Gremien berichtet das Vorwort zur Ratsordnung von Schlettstadt im Elsaß (1561):

Nachdem herrn meister, constöffler, ratsfründt und zunfftmeistere allhie zu Schletstat jetztundt ein zeit her etwaß hinlessig und seümig zu rhat gegangen, etlich ohne erlaubnus eins regierenden herren ungehorsam uspliben, etlich für sich selbs uß geringen ursachen urlaub genommen und uff die gewonliche rhatstag und zeit andere geschefft angenommen, also das es mehrmaln darzu khomen, das der rhat kaum halber bey einander gewesen, oder wann man etwan bey einander gewesen, yeder seins gfallens widerumb uffgstanden und hinweg gangen: alles der stat obligenden geschefften zu verhinderung, etc.[63]

Obwohl solche Klagen überall zu hören waren, mahnt der Konstanzer Bußprediger Konrad Zwick in einem Brief an seinen Rat zur Besserung, weil nach seiner Auffassung die Zustände in seiner Heimatstadt besonders betrüblich seien (1541):

... wie ist doch in all unserm regiment, so gar kain fürderung / bey andern oberkeiten do man vil schwer wichtig statt und land sachen usszurichten hatt, halt man weniger und nit so lang rat, und den ratsherren blibt vil zit überig / wir habent gegen anderen nichts dann ain bettel zu versehen / haben doch alle tag rat, lang rät, alle tag verordnungen, vilen rats herren stat des gantzen tags kain zit bevor, und ist kain ruw noch rast, und werden doch der armen statt obligend sachen und ehafftinen für und für versumpt und uffgeschoben, ... Hinwider ob den geringen und mersthails klain fügen dingen verzerend wir alle zit, stund und tag, und diss ist der rechten plagen aine, wann got unser muh und arbeit unfruchtbar und unerschießlich macht, also das wir die costlich unwiderbringlich zit, mit unserm selbst aignen und der statt nachtail verzeren müssent.[64]

Wenigstens einen Teil dieser Probleme versuchte man auf zweierlei Weise zu steuern: durch Diäten und Entschädigungen für die Gremienmitglieder und durch Verschärfung der Gremiendisziplin. Zur Gremiendisziplin gehört Anwesenheit und Pünktlichkeit, und hier war der Ansatzpunkt, beides durch Androhung von Diätenkürzungen zu sichern.

Schon aus den hochmittelalterlichen Klöstern waren Praktiken der Pünktlichkeitssicherung und der differenzierten Bestrafung von Unpünktlichkeit bekannt: die dreimalige Wiederholung des Rufsignals und die Bestrafung nach der Zahl der versäumten Gebete oder Psalmen. Beide Mittel tauchen auch in den städtischen Statuten auf. Seit dem Ende des 14. Jahrhunderts werden darüber hinaus aber auch neue zeitorganisatorische Techniken ausprobiert, von denen einige bis zum Ende des 18. Jahrhunderts in Gebrauch blieben.

In den fünfzehn Fassungen der Sitzungsordnungen für den Konstanzer Rat zwischen 1376 und 1434 werden die Strafandrohungen für Zuspätkommende teils an das mehrfach wiederholte Glockensignal, teils an den Sitzungsverlauf gebunden. Im einen Fall wurden Geldstrafen fällig, wenn ein Ratsmitglied beim dritten Glockenzeichen nicht erschienen war; im anderen Fall erhöhte sich die Geldstrafe mit jedem versäumten Tagesordnungspunkt (»frag«).[65] Beide Verfahren sind u. a. auch in den älteren Ordnungen für Würzburg, Köln und Nürnberg zu finden. Nach einem Zusatz zur Ratsordnung von 1434 hat man zu Beginn des 15. Jahrhunderts zunächst versucht, die Strafen von den »Fragen« zu lösen und statt dessen nach versäumten Stunden zu bestrafen. Von der Höchststrafe für gänzliches Fernbleiben waren nach der »ersten zytstund« ein Drittel und nach der »ander stund« zwei Drittel fällig.[66] Einen ähnlichen Versuch hat es in Köln gegeben. Die Ordnung des Hochgerichts von 1435 legt den Sitzungsbeginn im Sommer auf 8 Uhr fest. Den Schöffen, die nach 8 Uhr, aber noch vor dem 9-Uhr-Schlag kommen, sollte das halbe Präsenzgeld abgezogen werden. Kein Geld sollten diejenigen erhalten, die sich vor 9 Uhr oder vor dem Urteilsspruch vom Gericht entfernen.[67]

Solche Regelungen, die nicht nur den Sitzungsbeginn, sondern auch den Sitzungsverlauf bzw. die Zeitstrafen an die Schläge der Uhr banden, haben sich offenbar als nicht praktisch erwiesen und sind wieder außer Übung gekommen. In Straßburg, aber auch in anderen Städten, hatte man zwischen dem ersten und dem zweiten Rufzeichen so viel Zeit verstreichen lassen, daß jeder von seiner Wohnung in der Stadt in den Rat gelangen konnte. Diese alte, erfahrungshaltige und in ihrer Dauer von der Stadtgröße abhängige Frist wurde im 15. Jahrhundert auf eine halbe Stunde festgesetzt. Danach sollte die Sitzung beginnen, und für Zuspätkommende wurden Strafen fällig. Um die Frist genau einhalten zu können, erhielten die Turmwächter ein »zitglasz«, »uf daz sie wissen, wann ein halb stunde vegangen sii«.[68]

In Braunschweig waren sowohl die Katharinen- wie die Martinskirche mit schlagenden Turmuhren ausgestattet worden. Diesem Umstand wurde 1408 bei der Reform der Ratsverfassung dadurch Rechnung getragen, daß die Versäumnisstrafen nach dem zuletzt schlagenden »Seiger« fällig wurden.[69]

In der gleichen Zeit wird eine zeitorganisatorische Lösung gefunden, die an der Präzisierung des Sitzungsbeginns mittels Uhrschlags oder Ratsglocke festhält, das Problem der Pünktlichkeitskontrolle aber technisch unabhängig regelt. In Köln z. B. sollten seit 1450 die Sitzungen der Amtsleute des Bürgermeisters im Sommer um 8, im Winter um 9 Uhr anfangen. Nach dem Uhrschlag wurde von den Ratsdienern »ein gelass mit dem sande, dat eyn vierdel uyren louffen sall« aufgestellt. Wer nach dem Auslaufen der Sanduhr erschien, verlor einen Teil seines Sitzungsgeldes. Diese Art der Regelung wird später auch für andere städtische Gremien in Köln übernommen.[70] Für Nördlingen ist sie seit 1429, später auch für Wolfach, Thorn, Riga, Tübingen, Asperg und Kaufbeuren belegt.[71] In einer entsprechenden Regelung in der Ratsordnung von Isny (1482) wird der noch lose Zusammenhang von Zeitpunkt und Frist besonders deutlich:

... wenn man das wihwaßer im spital zur spätten meß geben hat, so sol Michel die vierdentail stundt uf setzen und welicher komt, so es ußgange ist, ...[72]

Zu Beginn des 16. Jahrhunderts werden ähnliche Regelungen für vielerlei Gremien in zahlreichen Städten erlassen, erneuert oder eingeschärft. Eine Neufassung der Konstanzer Ratsordnung (1537) zeigt, daß die abstrakte Befristung auch Rückwirkungen auf die Dauer der einzelnen Tagesordnungspunkte hatte. Die Strafe wurde fällig, nachdem das »vierteil stündli ußgeloffen und ain frag im rat harumb ist.« Nach zwei versäumten Fragen, deren Behandlung jeweils eine Viertelstunde dauern sollte, verdoppelte sich die Strafe. Kurz darauf (1543) wird eine anders kalibrierte Sanduhr (»achthenthail der stund«) benutzt, und zugleich versucht man wieder, nach versäumten Zeitstunden zu bestrafen. Allerdings durfte ohne gewichtige Gründe auch die Gesamtsitzungsdauer, während derer die Ratsherren hinter verschlossenen Türen anwesend sein mußten, nicht über eine bestimmte Uhrzeit (»so es zehne schlacht«) ausgedehnt werden. Am Ende des 16. Jahrhunderts wird dann wieder eine Viertelstunde gewartet und die Dauer des Ratsglockenzeichens ebenfalls auf eine Viertelstunde festgesetzt.[73] Ähnlich verfährt man in Überlingen (1551), allerdings unter Beibehaltung der vorausgehenden Messe.[74] Besonders gründlich organisierte man in Schlettstadt (1561). Das Ratsglockenzeichen sollte eine halbe Stunde dauern. Danach stellten Bedienstete zwei Sanduhren auf. Nach Ablauf der ersten und einem besonderen Schellenzeichen begann die Anwesenheitskontrolle nach Listen. Mitglieder, die nach Beginn des Listenaufrufs, aber noch vor Ablauf der zweiten Sanduhr erschienen, gingen straffrei aus, verloren aber ihre Diäten.[75] In Bruchsal wurden 1588 neben den Sanduhren noch Kerzen bestimmter Länge abgebrannt.[76]

Solche überperfekten Regelungen haben sich aber auf längere Sicht nicht durchgesetzt. In den meisten Städten blieb es bei der Uhrzeitterminierung der Sitzungen und der Verwendung eines Viertelstundenglases für die Befristung der zeitlichen Toleranz für den eigentlichen Sitzungsbeginn. Diese heute als »akademisches Viertel« bekannte Frist ist offenbar in städtischen Gremien aufgekommen. Ihre Bezeichnung dürfte sie erhalten haben, weil sie bei universitären Gremien- und Vorlesungszeiten länger ausdrücklich beibehalten worden ist. In den städtischen Ordnungen verliert das Termin- und Pünktlichkeitsproblem seit dem 17. Jahrhundert an Bedeutung. Im Spätmittelalter noch problematische Disziplinstandards waren hier allmählich zur Gewohnheit geworden. Um so häufiger begegnen die geschilderten Zeitkontrolltechniken jetzt dagegen in den Dorfordnungen vom 16. bis zum 18. Jahrhundert.[77] In den meisten Fällen wurde auch hier die Sanduhr vorgeschrieben. Daneben tauchen in den Dorfordnungen auch Regelungen mit weniger abstrakten Befristungen auf. In Schönbrunn im Hochstift Bamberg zeigten sich die Nachbarn nach dem Läuten zur »Gemein« »etwas verzöglich«. Die Ordnung aus dem Jahr 1741 bestimmt daher, daß die Versäumnisstrafe fällig wird, nachdem der Bürgermeister sich zu einem Baum an der Mühle begeben, einen Zweig abgerissen und zum Gemeindeplatz zurückgebracht hat.[78] In solchen Ordnungen wird nicht eine abstrakte Frist, sondern ein empirisches und nur für einen konkreten Ort gültiges Zeitmaß benutzt. Der moderne Kontrollzweck wird hier durch Wiederaufnahme von in den Städten längst vergessenen Befristungstechniken erreicht.

## Marktzeit

Zu den im 14. Jahrhundert noch seltenen Hinweisen auf den praktischen Nutzen öffentlicher Uhren in den Städten gehört eine kurze Passage in einer noch vor 1380 entstandenen literarischen Allegorie einer Klostergründung.[79] Der anonyme Autor von *The Abbey of the Holy Ghost* nennt außer dem Beginn der Arbeitszeit auch den Beginn der Präsentation der Waren auf dem Markt im Zusammenhang mit dem Gebrauch der öffentlichen Uhren. In einem der frühesten Hinweise auf öffentlichen Uhrengebrauch begrenzte in Valenciennes (1325/1344) eine »li orloges« genannte und unmittelbar an der Tuchhalle befindliche Einrichtung die Zeit des Tuchverkaufs am Mittag. Nach dem Bericht des Felix Fabri wurde in Ulm eine schlagende Uhr im Haus des Pächters der Steuern für die Barchent-Weber unterhalten, noch bevor die Stadt Ulm über eine solche verfügte.[80] Welche Bedeutung hatten nun zeitorganisatorische Regelungen für das Marktgeschehen, und inwiefern sind die öffentlichen Uhren dabei wichtig geworden?

Als organisierte Zusammenführung von Verkäufern und Käufern

war der Markt im Mittelalter nirgends ein abstrakter Begriff, sondern stets eine an konkrete Orte und bestimmte Zeiten gebundene Veranstaltung unter gewissen Rechtsregeln. Der Arbeitsmarkt war, wenn auch nicht unter dieser Bezeichnung, der Ort in der Stadt, an dem vor Sonnenaufgang die Tage- und Wochenlöhner angeheuert wurden. Der Kornmarkt war der Ort, an dem allein zu bestimmten Zeiten Getreide gehandelt werden durfte etc.

Die Konzentration des marktartigen Verkehrs an bestimmte Orte und bestimmte Zeiten entspricht altem Herkommen. Die Gründe für diese Verdichtungen waren vielfältig. Durch Sicherung des Marktfriedens wurde den Marktteilnehmern Freies Geleit und u. a. Schutz vor Pfändungen zugestanden; dies war selbstverständlich nur befristet möglich. Die Begrenzung der Marktzeit auf den Lichttag diente der Sicherheit der Teilnehmer, garantierte Öffentlichkeit bzw. allgemeine Zugänglichkeit und ermöglichte die Durchführung von Qualitäts- und Preiskontrollen ebenso wie die Erhebung von Steuern und Abgaben. Tausende von marktpolizeilichen Verordnungen seit dem 12. Jahrhundert zeigen, daß alle diese Zwecke unter anderen Mitteln auch durch tageszeitliche Begrenzung der städtischen Märkte verfolgt wurden. Die Marktzeit begann mit Sonnenaufgang oder dem Primgeläut und endete meist um die Mittagszeit. Vom 13. bis zum 18., in Einzelfällen auch bis zum 19. Jahrhundert, wurde die Marktzeit auch durch besondere Markt- oder Kornglocken akustisch angezeigt. Dazu kamen in vielen Fällen optische Signale wie Marktfahnen oder besenartige Zeichen, »Marktwische«, die während der zulässigen Marktzeit aufgehängt wurden.[81]

Die am Ende des 14. Jahrhunderts vielfach zu beobachtende Präzisierung der Marktzeiten durch Uhrzeitangaben beeinflußt das Marktgeschehen nicht unmittelbar. Ein gewisser Präzisierungsbedarf scheint allerdings da bestanden zu haben, wo Beschau und Verkauf von Textilien zeitlich gekoppelt werden sollten. Dem frühen Beispiel aus Valenciennes lassen sich zahlreiche ähnliche anfügen. Die Bemerkung in *The Abbey of the Holy Ghost* läßt sich in den Quellen vielfach bestätigen.[82]

Außer den Festlegungen von Beginn und Ende der Marktzeiten findet sich in den marktpolizeilichen Vorschriften der europäischen Städte seit dem 13. Jahrhundert aber auch noch eine auffällige Gruppe zeitlicher Untergliederungen des Marktgeschehens, die Antworten auf spezielle Regelungsprobleme gewesen sind. Der städtische Markt sollte Produzenten – Bauern und Handwerker – und Konsumenten – überwiegend Stadtbürger – möglichst unmittelbar zusammenführen. Gekauft werden sollte öffentlich und möglichst aus erster Hand. Die Erzeuger sollten auf den Lebensmittelmärkten einen gerechten Preis erzielen, und der Bedarf der städtischen Verbraucher sollte vorrangig gesichert werden. Auf den Märkten mit handwerklichen Erzeugnissen sollten der innerzünftische Wettbewerb geregelt und die städtischen Handwerker vor auswärtiger Konkurrenz möglichst geschützt werden. Schon im Hochmittelalter entsprach dieses Marktmodell aber kaum noch den Marktrealitäten. Die Versorgung der bevölkerungsreichen Städte aus einem immer großflächigeren Umland förderte überall den Zwischenhandel, der den kleinen Produzenten den Weg in die Stadt ersparte. Zusätzlich veränderte die wachsende Bedeutung des Handels mit Fertigprodukten, vor allem mit Textilien, vielfach die Funktion der städtischen Märkte. Aus Versorgungsmärkten wurden Handelsmärkte.

Der städtische Markt war zu einem komplexen Gebilde geworden, auf dem die Interessen zunehmend unterschiedlicher Marktteilnehmer ausgeglichen werden mußten. Aus der Sicht der jeweiligen Inhaber der Markthoheit waren diese Interessen aber auch unterschiedlich berechtigt. Der daraus entstehenden Regelungsprobleme versuchten sie durch eine Vielzahl zeitorganisatorischer Maßnahmen Herr zu werden.

Zwischenhandel gab es unter vielen Namen überall. »Vorkäufer« hießen diejenigen, die versuchten, Waren vorweg, d. h. vor der Stadt oder vor Marktbeginn an sich zu bringen. »Unterkäufer« kauften nur, um wieder zu verkaufen, oder waren als Makler auf fremde Rechnung tätig. Die Krämer (Höker, Grempler) schließlich verkauften Kleinstmengen und übriggebliebene Waren außerhalb des Marktes oder der Marktzeit. Alle drei Gruppen von Zwischenhändlern galten als eine dem eigentlichen Marktzweck fremde Erscheinung, die in Verdacht stand, die Versorgung zu gefährden und die Preise hochzutreiben.[83] Zahlreiche marktpolizeiliche Maßnahmen sollten dem Zwischenhandel möglichst enge Grenzen ziehen oder ihn ganz unterbinden: Verbot des Vorkaufs außerhalb der Stadt, Ausschluß der Zwischenhändler vom Markt, Verbot aller Nebenabreden und Ungültigmachung der daraus resultierenden Käufe usw. Die positive preisausgleichende Funktion des Zwischenhandels wurde nirgends ausdrücklich anerkannt. Nur indirekt, z. B. durch Einrichtung von Kornhäusern oder durch Einstellung städtischer Makler, reagierten die städtischen Verwaltungen auf diese unvermeidliche Erscheinung.[84] Der Erfolg der ganzen Palette restriktiver Maßnahmen läßt sich kaum beurteilen. Ob man Kaufabsprachen überhaupt verhindern konnte, erscheint jedoch sehr zweifelhaft.

In der Fülle der Maßnahmen gegen den Zwischenhandel auf den städtischen Märkten fällt eine Gruppe durch enorme Verbreitung und Langlebigkeit auf. Die städtischen Behörden waren offenbar überzeugt, daß sich durch eine zeitliche Binnengliederung des Marktgeschehens sowohl das Problem des Zwischenhandels wie auch generell das der unterschiedlich berechtigten Marktparteien angehen ließe. Die zeitliche Binnengliederung des Marktes wurde in der Regel so organisiert, daß von Marktbeginn bis zu einem bestimmten Zeitpunkt (Glockensignal, Abnehmen der Marktfahne, Uhrschlag) nur Stadtbürger und Einkäufer städtischer Herrschaften für den eigenen Bedarf kaufen durften. Nach diesem Zeitpunkt konnten alle kaufen oder Käufe verabreden. Solche in großer Zahl erlassenen Vorkaufsbestimmungen unterscheiden sich meist nur durch die den bevorrechtigten Käufern zugestandene längere oder kürzere Kaufzeit. In ihrer Mehrzahl richten sie sich gegen die Vorkäufer von Geflügel, Eiern, Käse, Wildpret und Obst. Aber auch andere Warengruppen, der Vorkauf oder der Kleinhandel allgemein, waren betroffen. Als eine zeitlich bewußt strukturierte Veranstaltung wird der Markt in einer Miniatur in einem um 1500 entstandenen *Codex picturatus* mit den Krakauer Zunft- und Gewerbeordnungen anschaulich. Vielleicht absichtslos, aber doch einleuchtend wird eine öffentliche Uhr bei der Darstellung einer »Kram«-Bude ins Bild gebracht.

Die zeitliche Spaltung des Marktes, als Organisationsmittel schon im 13. Jahrhundert verbreitet, ließ sich mit Hilfe des Uhrzeitsignals auch weiter differenzieren. Eine Dresdner Getreidemarktordnung (1570) sah vor, daß im Sommer vor 8 Uhr nur bürgerliche Konsumenten kaufen durften, danach bis 10 Uhr auch die Meister des Bäckerhandwerks, und danach erst die sog. Platzbäcker.[85] In der Begründung macht die Ordnung die Bäcker für überhöhte Preise verantwortlich. Getreidegroßhändler, Krämer und Kleinkaufleute durften meist erst nach 12 Uhr auf dem Markt erscheinen. Auch die Zugangsmöglichkeiten fremder Verkäufer und Käufer ließen sich durch Zeitbeschränkungen begrenzen. So durften z. B. in Frankfurt Juden nicht vor 9 Uhr auf dem Ochsenmarkt erscheinen, damit sie nicht die besten Tiere wegkauften (1595).[86]

Diesen Zeitbeschränkungen lag die Vorstellung zugrunde, daß bei Güterknappheit die eigenen Bürger vorrangig versorgt werden sollten. In Notzeiten wurden diese Vorschriften daher so gefaßt, daß Zwischenhändler ganz vom Marktkauf ausgeschlossen wurden.[87] Dazu kam die sicher nur teilweise realistische Hoffnung, die Preise regulieren zu können. Durch faktischen Marktzwang während einer begrenzten Frist – niemand durfte seinen Stand, Bank oder Laden vor Beginn der freien Marktzeit öffnen – versuchte man mögliche Hochpreisangebote oder Warenspekulationen während der Marktzeit auszuschließen. Außerdem ließen sich Zeitbeschränkungen auch zur Qualitätssicherung anwenden. Fischverkäufer z. B. wurden überall durch besonders knappe Verkaufsfristen zu raschem Warenumschlag gezwungen.[88]

54. Krambude in Balthasar Behems *Codex picturatus* (um 1500), Biblioteka Jagiellonska, Krakau

Gelegentlich versuchte man den Fischverkauf sogar zusätzlich dadurch zu beschleunigen, daß man den Fischern verbot, sich während ihrer Marktzeit hinzusetzen.

Nur ganz selten verzichteten Städte im Interesse der aktiven Förderung des Handels ausdrücklich auf jegliche Form zeitorganisatorischer Marktregulierung.[89] Wie ihre weite Verbreitung in allen europäischen Ländern zeigt, waren zeitliche Gliederungen der städtischen Märkte die Mittel, die im Hinblick auf die angestrebten Ziele allein als handhabbar und erfolgversprechend angesehen wurden. Die Zuweisung ungleicher Marktchancen für verschiedene Verkäufergruppen und die bevorzugte Versorgung der Städter bzw. eine zugunsten der Städter gespaltene Preisbildung hätten sich vielleicht besser durch Personen-, Mengen- und Preiskontrollen erreichen lassen. Aber im Hinblick auf die Unmöglichkeit, solche Kontrollen wirksam durchführen zu können, waren zeitliche Gliederungen zwar nicht optimale, aber in den Augen der Zeitgenossen hinreichend brauchbare und gerechte Steuerungsmittel.

Inwieweit die durch solche Maßnahmen angestrebten Ziele auch erreicht worden sind, läßt sich kaum feststellen. Dazu müßte man z. B.

wissen, ob die Bauern in Krisenzeiten nicht doch außerhalb des Marktes verkauft haben oder ob die von Städtern und die von den Händlern gezahlten Preise tatsächlich differiert haben. Bis ins 19. Jahrhundert hat man jedenfalls keine besseren Regelungsmöglichkeiten gesehen. Erst dann hat man auf solche Regelungen allmählich verzichtet und auf die Mechanismen freier Preisbildung vertraut.

Wann und wie in einzelnen Städten die spätmittelalterlichen Regelungen außer Übung gekommen oder abgeschafft worden sind, läßt sich nur für wenige Städte beantworten. In Köln sind die Vorkaufsregelungen in zahlreichen Ratserlassen des 16., 17. und 18. Jahrhunderts immer neu formuliert, neu publiziert oder bestätigt worden. Noch 1816 durften genau wie im 15. Jahrhundert die Vorkäufer nicht vor 10 Uhr auf dem Markt erscheinen.[90] Die preußischen Polizeiordnungen des 18. Jahrhunderts übernehmen ähnliche Regelungen und machen sie zu Landesgesetzen.[91] Die »Wochen-Markt-Ordnung« für die größeren Städte des Herzogtums Kleve (1773) z. B. schreibt die Dreiteilung in »Consumenten« bis 10 Uhr, Bäcker und Brauer bis 11 Uhr, Höker und Kaufleute nach 11 Uhr fest.[92]

In Wien gab es Vorkaufsverbote seit dem Jahre 1504. Seit der Österreichischen Polizeiordnung von 1542 mußte auf den Jahr- und Wochenmärkten ein »Fändl« für zwei Stunden aufgesteckt werden, während derer nur die Bürger die für ihren häuslichen Bedarf benötigten Mengen einkaufen durften. Die Wiener Marktordnungen der folgenden Jahrhunderte erneuern diese Vorschriften mehrfach, z. T. ausdrücklich in Zeiten der »Theuerung«. Im 18. Jahrhundert kommt es auf dem Wiener Markt zu Auseinandersetzungen mit den Kleinkaufleuten und Krämern, weil den Bauern gestattet worden war, sowohl eigene als auch gekaufte geputzte Gänse und Enten teils bis 10 Uhr, später auch bis 1 Uhr zu verkaufen. In der Folgezeit werden die zeitlichen Beschränkungen für Produzenten weiter gelockert, die Zwischenhändler bleiben aber an bestimmte Uhrzeiten gebunden. Eine Verordnung Kaiser Josephs II. hebt 1787 alle Kaufprivilegien des »Publikums« auf. Aber dieser Liberalisierungsversuch bleibt zunächst erfolglos. Die Marktordnung von 1791 differenziert wieder zwischen dem Publikum, den Gewerbsleuten, die erst um 10 Uhr kaufen dürfen, und den Kleinverkäufern, die nicht vor 11 Uhr auf den Marktplätzen erscheinen durften.[93]

Zur ungeschriebenen Geschichte der innerstädtischen Durchsetzung des Wirtschaftsliberalismus abschließend nur zwei Hinweise: In Winterthur läutete die Marktglocke für die Zwischenhändler von 1481 bis 1839. In Herzberg in Sachsen hat man an alten Vorkaufsregelungen, nach denen die Bürger von 9 bis 10 Uhr kaufen durften, bis 1869 festgehalten.[94] Erst danach begann dort die Marktfreiheit mit dem Marktbeginn.

Die etwa seit Mitte des 15. Jahrhunderts in den Ordnungen städtischer Schulen auftauchenden Uhrzeitregelungen begrenzen zunächst die Dauer des täglichen Unterrichts und legen die Arbeitszeit der Lehrer fest. Außerdem binden sie die Schulzeit an andere Elemente der städtischen Zeitordnung. War die Unterrichtsdauer erst einmal nach Stunden begrenzt, dann ließen sich auch deren Teile in gleiche Abschnitte gliedern. Die Vorläufer der heute geläufigen Schulstundenpläne tauchen am Ende des 15. Jahrhunderts auf. Ihre Entwicklung läßt sich dann vor allem an der Flut nachreformatorischer Schulordnungen für höhere und niedere Bürgerschulen verfolgen.

Obwohl die Geschichte der humanistischen und reformatorischen Pädagogik, ihrer Lehrinhalte und ihrer Schulreformen häufig geschildert worden ist, hat man sich mit dem damals neuartigen Phänomen der Stundenpläne nur ganz am Rande beschäftigt. Ihre Allgegenwart und ihre Selbstverständlichkeit lassen leicht übersehen, daß die Zeitgliederung mit modernen Mitteln den Unterricht seit dem 15. Jahrhundert nicht nur formal verändert hat.

Als Übergang von einem Typus »ordo legendi« zu einem Typus »ordo docendi« hat Josef Dolch die rund drei Jahrhunderte währende Ablösung der mittelalterlichen Lehrpläne nach den Artes liberales (Trivium, Quadrivium) beschrieben.[95] Das alte, Universitäts- und Schulbetrieb prägende Lehrplangefüge war durch die gestufte Ordnung eines Kanons »durchzunehmender«, d.h. zu lesender lateinischer Autoren strukturiert. Die Reihenfolge der Texte war durch ihren Rang in der akzeptierten Hierarchie des Wissens vorgegeben, und der Schüler sollte sich lesend und lernend jeweils höhere Grade erwerben. Rissig wurde das alte Gefüge der Lehrplaninhalte durch die Vermehrung der Wissensbestände und insbesondere durch die Rezeption der griechischen Klassiker. Auch wenn das Konzept befristeter Studienzeiten noch weitgehend fehlte, erzeugte die Vermehrung der zu lesenden Bücher doch unübersehbar Zeitdruck. Enzyklopädien, Indices und vielfältige mnemotechnische Hilfen waren Reaktionen auf das Problem, wachsende Wissensbestände schneller und besser abrufen zu können.[96]

Zeitdruck ist bei den humanistischen Autoren seit dem ausgehenden 14. Jahrhundert zu einem Dauerthema geworden. Gerade im Kontext von Erziehung, Lernen und Studieren häufen sich bei Petrus Paulus Vergerius, Battista Guarino und Leon Battista Alberti Mahnungen und Ratschläge, mit der eigenen Zeit, verstanden als Tageszeit wie Lebenszeit, hauszuhalten, Zeitverschwendung zu vermeiden und über die Zeitverwendung ständig Rechenschaft abzulegen.[97] Sachlich ging es nicht nur um Interesse und Neugier an neuen Texten, sondern auch um die Ausbildung rhetorischer und literarischer Fähigkeiten und um die Pflege von Musik und Leibesübungen. Nach den Vorschlägen dieser Autoren war dem Zeitdruck nur durch Ordnung, Methode und Planung zu begegnen.[98] Ausbildung und Selbstbildung hatten die Zeitknappheit zu einem prominenten Thema gemacht. An Anspielungen auf die Flüchtigkeit der Lebenszeit fehlt es zwar nicht, aber die konkreten Probleme waren zeitorganisatorischer Art. Die vorgeschlagenen Lösungen laufen vielfach auf stundenplanähnliche Arrangements hinaus: die Stunden der Arbeit und der Lektüre sorgfältig einzuteilen, zeitliche Zwischenräume zu meiden bzw. zu nutzen, Autoren oder Themen bestimmte Stunden zuzuweisen und sich über deren Einhaltung Rechenschaft zu geben.

In diesem Milieu tauchen die Sanduhren als Mittel zur Befristung und zur Selbstkontrolle auf. Petrus Paulus Vergerius empfiehlt in seinem um 1404 entstandenen Traktat *De ingenuis moribus*, öffentlich und sichtbar in den Bibliotheken Geräte anzubringen, »mit denen man die Stunden und die Zeiten mißt, damit wir gleichsam die Zeit selbst fließen und dahinschwinden sehen können«. Die Wortwahl verrät, daß es sich nur um Sanduhren handeln kann.[99]

Den Fluß der Zeit anzuschauen, war sicher auch eine allgemeine Mahnung. Das Zeitmeßgerät war aber vor allem eine Organisationshilfe. Vergerius schlägt nicht vor, das Studium eines Autors kapitelweise oder abschnittweise einzuteilen, sondern einem Autor oder einem Thema eine bestimmte Frist zu widmen. Gleiche Fristen sind gegenüber der Vielfalt der Inhalte, ihrer unterschiedlichen Bedeutung oder ihrer unterschiedlichen Schwierigkeit neutral. Befristete »Studien- oder Unterrichtseinheiten« erlauben eine gegenüber den Inhalten abstraktere und freiere Organisation des Studiums unter der Bedingung knapper Zeit. Die hinzukommenden didaktischen Techniken, von denen hier nicht gehandelt werden soll, erhalten durch Befristung Zeitrahmen und Kontrollmöglichkeiten.

Es scheint, als sei die Technik der abstrakten Befristung der Unterrichtszeit in den jüdischen Schulen des Mittelalters, deren Lehrplanentwicklung gänzlich anders verlief, mindestens gleichzeitig, vielleicht aber auch schon früher in Gebrauch gewesen. Das m. W. älteste Zeugnis dafür ist die Darstellung einer Unterrichtsszene mit einer Sanduhr in einem 1395 in Coburg entstandenen Pentateuch.[100] Die Forschungen zur Geschichte des jüdischen Schulwesens betonen nicht nur den im Vergleich zu christlichen Gemeinden viel engeren Zusammenhang von Bethaus und Lehrhaus und die überragende Bedeutung des Kinderunterrichts in den jüdischen Gemeinden. Sie heben auch die Fülle und die Strenge der im weiten Sinn zeitdisziplinarischen Vorschriften

55. Unterrichtsszene in einem 1395 in Coburg geschriebenen Pentateuch, British Library, London

hervor. »Bestimmt eine Zeit für den Unterricht, gebet euren Schülern eine bestimmte Zeit für das Kommen und Weggehen«: Damit wurde eine Zeit beschrieben, die nach einem talmudischen Ausspruch selbst dann nicht gestört werden durfte, »wenn der Bau des Tempels in Jerusalem in Frage stünde«.[101] Ebenso genau waren die Abfolge der nach Altersklassen unterschiedenen Lehrgegenstände, die Techniken des Vortrags und der Wiederholung und die Zahl der Lehrer pro Schüler geregelt. Die in der Miniatur über dem Schüler angebrachte Sanduhr ist daher nicht zufälliges oder dekoratives Bildelement, sondern eine Darstellung moderner Formen der Durchführung sehr alter Vorschriften. Diesen Befund bestätigen die Schriftquellen seit Beginn des

15. Jahrhunderts. In den Sammlungen von Responsen, d. h. schriftlichen Gutachten anerkannter religiöser Autoritäten, sind Zeitmesser seit dieser Zeit vorgeschriebene Hilfsmittel in der Schule. Jacob Levy (Rabbi in Mainz, gest. 1427), sein Schüler Jacob Weil (Rabbi in Nürnberg, 15. Jh.) und Israel Bruna (Regensburg, ca. 1450) machen die Beschaffung von Sanduhren und Räderuhren für die Bestimmung der Unterrichtszeit zur Pflicht.[102] Diese Tradition läßt sich noch am Ende des 17. Jahrhunderts verfolgen, und späte Regelungen zeigen, daß durch abstrakte Befristung nicht nur die Sequenz des Unterrichts selber kontrolliert, sondern auch die Bezahlung der Lehrer berechnet wurde. In den Schulvorschriften der Gemeinde Nikolsburg in Mähren (1676) heißt es: »Kein Kinder (Lehrer) darf knellen (lehren) on Sanduhr.« Da das tägliche Unterrichtspensum, die Zahl der Schüler und die Zahl der von einem Lehrer höchstens zu absolvierenden Stunden feststanden, ließ sich eine, auch die Schwierigkeitsgrade berücksichtigende, Besoldung dadurch errechnen, daß »die Knaben, die Alef-Bet-Ordnung lernen, für eine halbe Stunde zählen, die den Pentateuch lernen, für eine dreiviertel Stunde, die den Talmud lernen, für eine. Die, die neben Talmud auch Commentar Tossafot nehmen, zählen fünfviertel Stunden«.[103]

Das nach der Reformation energisch geförderte Schulwesen griff die pädagogischen Konzepte der Humanisten vielfach auf.[104] Aber die Ziele waren höher gesteckt: Möglichst alle sollten erreicht werden, denn ohne ein gewisses Maß an Lesefähigkeit und Bildung war die Freiheit eines Christenmenschen nicht zu erreichen. Theologisch war dieser Aufbruch auch von dem Wunsch beflügelt, das »Haus Gottes« auf dieser Welt – dazu gehörten Kirche, Staat, Familie und Schule – mit Blick auf das Weltende, auf die als knapper werdend empfundene irdische Zeit möglichst weitgehend in »Ordnung« zu bringen. Das Bündnis mit den Landesherren sollte die Reformation ideologisch und politisch sichern, und die Rekrutierung bzw. Ausbildung geeigneter Priester, Lehrer und Amtsträger wurde als Teil dieser Absicherung verstanden. Neben der gewaltigen Aufgabe, den neuen Schulen in den Städten und Dörfern finanzielle Grundlagen zu verschaffen, ging es den Reformatoren auch um die Erweiterung der Lehrinhalte. Religion, Musik, Mathematik, etwas Geschichte und die alten Sprachen wurden zu Unterrichtsfächern der höheren Bürgerschulen. »Fach« bedeutet dabei, daß – langfristig – weniger bestimmte Bücher durchgenommen als vielmehr bestimmte Gebiete behandelt wurden, zu denen man Bücher heranzog. Übernommen und fortentwickelt – und das gilt auch für die Schulreform der Gegenreformation – wurden auch die Organisationstechniken.

Dazu gehörte die Trennung der Schüler in Alters- und Leistungs-

56. Titelblatt zu Martin Luthers *An die Ratsherrn aller Städte deutschen Landes, daß sie Christliche Schulen errichten und halten sollen*, Wittenberg 1524

57. Titelblatt zu Ulrich Zwinglis *Lehrbüchlein wie man Knaben christlich unterweisen und erziehen soll*, Zürich 1523

gruppen, aber auch die Gliederung des Unterrichts im Stundenrhythmus.[105] Sie ist schon in der Ulmer Schulordnung vom Ende des 15. Jahrhunderts deutlich entwickelt und wird sogar als »alter Gewohnheit« entsprechend bezeichnet:

So bald die glock vj geschlecht, so gat der schulmeister in die schul, singt mit den schulern das veni sancte. Dar uff so liset er das (Schüler-)register vnd facht dann an zu exercieren in grammatica... (nachmittags) so die glock xij schlecht, gat der magister selb in die schul vnd list biß eins schlahet einen poeten... da mügent all schüler uff mercken glich als ietzund am morgen uon sechsen vntz sibnen in grammatica.[106]

Auch die Nürnberger Ordnung von 1505 verteilt den Stoff stundenweise.[107] In seiner 1524 erschienenen Schrift an die Ratsherren aller deutschen Städte forderte Luther, daß Knaben und Mädchen jeden Tag mindestens ein bis zwei Stunden zur Schule gehen sollen.[108] Entsprechend dem *Leerbiechlein wie man Knaben Christlich unterweysen und erziehen soll* des Reformators Ulrich Zwingli wird in Zürich 1523 die Schule mit täglich je einer Stunde Hebräisch, Griechisch und Lateinisch eingerichtet.[109]

Nach den Titelillustrationen der Erstdrucke beider Schriften wurde nicht nur von Uhrschlag zu Uhrschlag unterrichtet, sondern – und bis ins 18. Jahrhundert immer häufiger – nach dem Ablauf einer Sanduhr. Vergleichbare Darstellungen zeigen, daß dieses Zeitmaß auch für die Unterrichtung im Hause gelten sollte. Auch die Bilder beweisen, daß abstrakte Fristen und nicht mehr Bücher oder Kapitel die Unterrichtszeit gliederten.

Diese Fristen, d. h. Stunden, wurden die Arbeitsnorm für die Lehrer, auch wenn ihre Bezahlung nicht in einem so direkten Zusammenhang mit der Stundenzahl stand wie in den jüdischen Schulen.[110] Befristung machte die verschiedenen Fächer zu äußerlich gleichartigen Planungsgrößen. Unterschiedliche Anforderungen ließen sich gleichwohl berücksichtigen, etwa durch geschickte Anordnung anstrengender und weniger anstrengender Fächer. Auch Rangunterschiede wurden nicht aufgehoben. Sie mußten lediglich in Zeitunterschiede übersetzt werden: Je wichtiger ein Fach war, desto mehr Wochenstunden wurden ihm zugewiesen. Schließlich ließ sich der Zeitrahmen von einer Stunde in didaktischer Rücksicht weiter untergliedern. Nach der Nordhausener Schulordnung (1583) z. B. sollte jeweils die erste halbe Stunde zum Lesen und Exponieren der Lektion, die dritte Viertelstunde zum Repertieren und die letzte Viertelstunde für eine neue Aufgabe verwendet werden.[111] Damit sind sicher nicht alle Auswirkungen abstrakter Befristung auf Inhalt und Stil des Unterrichts beschrieben. Sicher ist aber, daß sie sich als taugliches Mittel der gleichzeitigen Verfolgung ganz unterschiedlicher Zwecke erwiesen hat.

Im 16. Jahrhundert, das man wegen der großen Zahl solcher – wegen des Fehlens ausgebildeter Lehrer häufig sehr detaillierter – Texte auch das »Jahrhundert der Schulordnungen« genannt hat, werden die formalen Aspekte alter Schulpläne weiterentwickelt.[112] Diese Formalisierung bedeutete Lösung von bestimmten Büchern, bestimmten Lehrern und örtlichen Besonderheiten. Dadurch ließen sich diese abstrakteren Pläne auch territorial verbindlich machen. Das Nebeneinander von Schlaguhr und Sanduhr als Organisationsmittel setzt sich, wie z. B. Ausstattungsvorschriften für Schulräume zeigen, unverändert fort.[113] Auch insofern bleiben Zeitfragen in den frühneuzeitlichen Schulordnungen als Thema bedeutsam. Das moderne Wort »Stundenplan« taucht m. W. bis zum Ende des 18. Jahrhunderts noch nicht auf, dafür aber das in der Kapitelüberschrift benutzte Wort »Zeit-Ordnung«.[114]

Hinsichtlich der Lehre weniger einschneidend war der Übergang zur modernen Stundenrechnung für den Unterricht an den spätmittelalterlichen Universitäten. Da niedere und höhere Bürgerschulen meist Neugründungen, mindestens aber grundlegende Neugestaltungen waren, stand der Übernahme relativ moderner Organisationsformen wenig im Wege. Vergleichbar grundlegende Veränderungen hat es weder bei den Lehrinhalten noch beim Unterrichtsbetrieb der Universitäten gegeben. Zeitorganisatorische Fragen wurden zwar in den Universitätsstatuten nicht weniger eingehend behandelt als in den Schulordnungen. Aber die universitären Zeitordnungen hatten eine große Zahl alter Elemente mit hoher Verbindlichkeit und waren wesentlich komplizierter. Die Lehrpläne der verschiedenen Fakultäten blieben an bestimmte Bücher gebundene »ordines legendi«. Der Lehrvortrag hatte in der Regel ein intrinsisches, d. h. vom jeweiligen Stoff abhängiges Zeitmaß. Die Bücher waren in »Punkte« geteilt, die das Maß für einzelne Vorlesungen abgaben. Das Vorankommen ließ sich von den Pedellen kontrollieren; Zeitüberschreitungen wurden durch Honorarkürzungen bestraft.[115]

Das Zeitmaß der täglichen Vorlesungen ist aus zwei Gründen schwer anzugeben. Die drei oder vier täglichen Vorlesungstermine unterschieden sich nach dem Rang der Texte, den berechtigten Lehrenden und nach der Dauer.[116] Die Morgenvorlesung (»lectio de mane, l. in Primis, l. in aurora, l. in ortu solis«) wurde von Doktoren und Magistern gehalten und hieß daher auch »hora doctoralis«. Sie begann im Winter noch in der Dunkelheit und mußte ohne Kerzenlicht auswendig gehalten werden. In Paris wird sie 1386 als nicht so »große Stunde« bezeichnet, die deshalb den überanstrengten Doktoren vorbehalten sei.[117] Auf diesen Termin fielen die »lectiones ordinariae« über die wichtigeren Bücher. Auf die beiden anderen, meist nach Terz und Non benannten Vormittagstermine, und einen Nachmittagstermin (»lectio in vesperas«, »hora vesperorum«) fielen die »lectiones extraordinariae« und die »lectiones cursoriae«. Mit je drei Terminen für die Magister und die Bakkalaurii hatte die medizinische Fakultät einen anderen Zeitplan als die juristische. Disputationen, Repetitionen und Universitätspredigten unterbrachen diesen Rhythmus in unregelmäßigen Abständen. Hinzu kamen die in den Universitätskalendern aufgelisteten Kirchenfeste und Festakte, die wiederum an den einzelnen Fakultäten unterschiedlich begangen wurden.[118]

Im 14. und 15. Jahrhundert verfügten die Universitäten noch kaum über eigene zentrale Baulichkeiten, und die Vorlesungsräume lagen meist in einem Stadtviertel verteilt.[119] Entsprechend komplex und nachträglich schwer verständlich sind die Signalsysteme und Zeitangaben. Einige Universitäten verfügten über eigene Glocken, für die gesonderte Gebühren erhoben wurden, andere richteten sich nach den Zeitsignalen zentraler Kirchen. Daneben werden auch die Glocken und Gottesdienste kleinerer Kirchen und Kapellen in den Zeitangaben genannt.[120] Aus den Statuten lassen sich daher kaum hinreichende Stundenpläne rekonstruieren.

Trotz dieser meist ungünstigen äußerlichen Voraussetzungen stellten auch die Universitäten ihren Betrieb rasch auf die Uhrzeit um (Prag 1384, Wien 1385, Ferrara 1391, Padua 1395). Dadurch wurden Universitäten in den Städten zeitlich vereint, noch bevor sie eigene Bauten erhielten. Teilweise beschafften sie eigene Uhren, wie z. B. das Merton College in Oxford (1387).[121] Teilweise orientierten sie sich an vorhandenen öffentlichen Zeitsignalen, wie z. B. in Pavia, wo seit 1408 die städtischen Turmwächter alle Signale »causa studii papiensis« zu geben hatten. In Pavia zeigt sich auch, daß die Umstellung auf Uhrzeiten ein irreversibler Prozeß war, der Abhängigkeiten schuf: Im Jahr 1465 beschwerten sich die Rektoren der Juristen- und der Artistenfakultät, daß die für die Stadt maßgebliche Uhr auf dem herzoglichen Schloß die Stunden so unordentlich schlage, daß »unsicher sei, zu welchen Stunden die Doktoren läsen und zu welchen Stunden die Schüler hörten«. Der Herzog versprach Abhilfe durch Einstellung eines geeigneten Uhrwärters, »damit Doktoren und Schüler wüßten, was sie hinsichtlich des Unterrichts wie anderer öffentlicher Aufgaben zu tun hätten«.[122]

Es lag am Festhalten an den überlieferten ungleichen Vorlesungszeiten, daß man die neuen Organisationsmöglichkeiten nicht weitgehender nutzen konnte. Das wird z. B. an den Statuten der Universität Avignon (1441) deutlich, in denen der Beginn der Vorlesungszeiten nur vage nach den Horen, ihre Dauer aber genauer, als mit Hilfe einer öffentlichen Uhr möglich, angegeben wird: Die im Winter vor, im Sommer nach dem Primgeläut beginnende »hora doctoralis« sollte 1½ Stunden dauern, die »horae tertiorum et vesperorum« jeweils 1¼ und die »hora none« eine Stunde. Die Zeiten galten jeweils ausschließlich der Signalzeit (»sine tractu«).[123] Um diese Zeitvorschriften einzuhalten, sind – wie nicht unmittelbar aus Texten, sondern aus Abbildungen hervorgeht – auch in den Hörsälen Sanduhren benutzt worden. Das wohl früheste Beispiel ist eine Miniatur aus der um 1500 entstandenen Statutenhandschrift einer universitären Neugründung. In der Hausordnung des Freiburger Collegium Sapientiae, einer Art studentischer Burse, heißt es über die nichtöffentliche Disputation: »Damit die Kenntnis hochberühmter Künste nicht in Stumpfsinn und Trägheit verdirbt, ordnen wir an: Da die Disputation die Feile des Verstandes ist, durch die aller Unwissenheit Rost abgerieben wird, soll jede Woche, entweder am Sonntag oder Donnerstag, abends nach dem Nachtmahl etwa eine volle Stunde lang eine Disputation in den freien Künsten stattfinden.«[124]

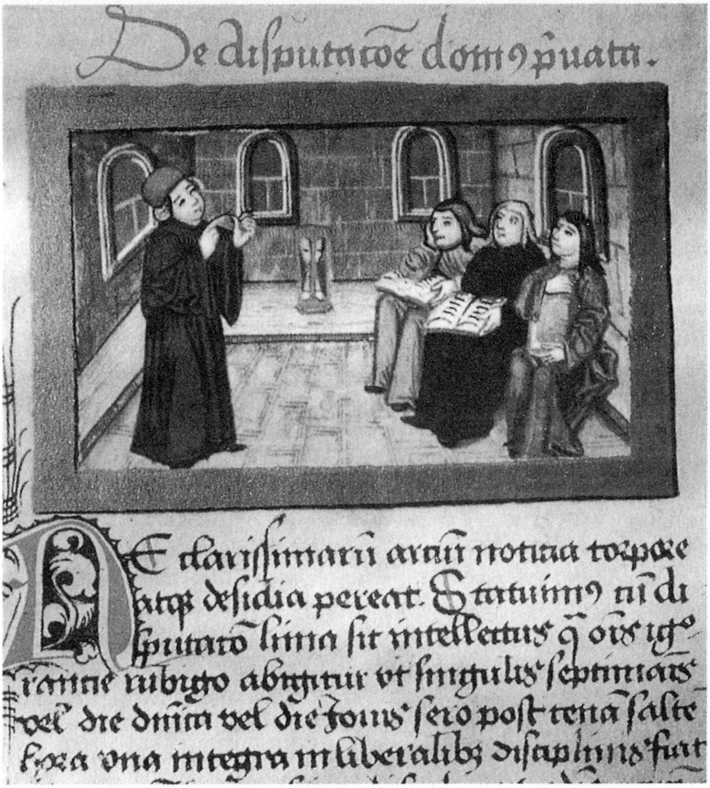

58. Disputationsszene aus der Statutenhandschrift des Freiburger Collegium Sapientiae (um 1500), Universitätsbibliothek, Freiburg

## Predigtzeit

Zwischen dem 16. und 18. Jahrhundert sind in Hunderten von Kirchenordnungen, zunächst nur in protestantischen, dann auch in katholischen, nicht nur die Zeiten der fest- und werktäglichen Gottesdienste, sondern auch die der Taufen, Hochzeiten, Beerdigungen und der Schul- und Katechismusstunden genau und detailfreudig geregelt worden. Soweit die Kirchenordnungen zugleich landesherrliche Polizeiordnungen waren, enthielten sie darüber hinaus noch eine Fülle zeitlicher Regelungen des städtischen Lebens, etwa über den Torschluß, die Öffnungszeiten der Wirtshäuser u. a. m.

Nach Art und Umfang war diese pädagogisch-liturgisch-sozialpolitische Regelungsoffensive von den ursprünglichen Absichten der Reformatoren weit entfernt. Diese hatten zunächst geglaubt, durch Abschaffung aller äußerlichen, »päpstlichen« und »abergläubischen« Zeremonien und Gebräuche eine unsichtbare Kirche zu fördern. Im Hinblick auf den Heilszweck hielten sie alle »äußerliche Ordnung« für gleichgültig. Aber die wider Erwarten rasche Ausbreitung der Reformation brachte eine Reihe von Problemen mit sich und erzeugte einen ungeahnten Regelungsbedarf. Es gab bei weitem nicht genug reformierte Prediger, und viele reformwillige Gemeinden und Priester wußten nicht, wie sie Gottesdienst halten und was sie predigen sollten. Durch die Politisierung des Konfessionskonflikts entstand zusätzlicher Bedarf an neuen Ordnungen, denn nach der Übernahme des Kirchenregiments durch die Landesherren verlangten diese Kirchenordnungen für die Durchführung der Reformation in ihren Territorien. Abgrenzungs- und Kontrollprobleme wurden zusätzlich von den verschiedenen radikalen Reformationsbewegungen aufgeworfen. Betont widerwillig und zögernd – »die weyl allenthalben gedrungen wird auff deutsche Messen und Gottis dienst und gros klagen und ergernis gehet uber die mancherley weyse der newen messen, das eyn iglicher eyn eygens macht« – geht Luther an die Entwürfe für die Liturgie und die Ordnung der Gottesdienste.[125] Dabei betont er immer wieder die »christliche Freiheit« hinsichtlich aller äußerlichen Ordnung der Religionsausübung. Die im Interesse der Ausbreitung und Sicherung der Reformation ergangene Flut von Kirchenordnungen – Schulordnungen waren oft darin enthalten – läßt sich auch als ein umfassender Versuch verstehen, die christliche Botschaft zum erstenmal wirklich überall und bei allen durch Predigt und Lehre zu verbreiten. Die Vergangenheit erschien den Reformatoren als ein gewaltiges Chaos von Unwissenheit, Verblendung und Unordnung. Zugleich barg die Betonung der »christlichen Freiheit« aber auch die ständige Gefahr der Verselbständigung reformatorischer Ideen bei einzelnen Lehrern, aber auch in einzelnen Gemeinden. Das Ideal von Ordnung schlechthin entwickelte eine gewisse Eigendynamik. Insgesamt wurde weit mehr und weit gründlicher geregelt, als sich in der Realität regeln ließ. Neue Regelungsbereiche oder neue Regelungstechniken tauchen in dieser Zeit jedoch nicht auf. Neu war nur die Dichte und Reichweite der Ordnungen.

Gegenstand der Kirchenordnungen war einerseits der umfangreiche Komplex der finanziellen Absicherung des Unterhalts der Kirchengebäude, der Schulen, Almosenkassen, Pfarrer, Küster und Lehrer. Der zweite große Bereich waren Liturgie, Festkalender und die Tageszeiten der Gottesdienste – dies alles verbunden mit ausführlichen Begründungen, Erklärungen und Ermahnungen. Dadurch gerieten die Ordnungen zum Teil so lang, daß Kurzfassungen für Ratsherren angefertigt werden mußten, »damit destweniger zeit darin zu gebracht und nit ander auch notwendige geschefte dardurch verhindert werden«.[126] Obwohl lokale Besonderheiten durchaus berücksichtigt wurden, bewirkte die Neuordnung auch hinsichtlich der zeitlichen Regelungen doch ein großes Maß an Einheitlichkeit.

Daß Christen bei Andacht und Gebet an bestimmte Tage und Stunden nicht gebunden seien, wurde in Anlehnung an die ursprünglichen Konzeptionen zwar immer wieder betont, praktisch erhielten jedoch alle gottesdienstlichen Handlungen eine »gewisse Zeit und Stunde«. Die Zahl der Gottesdienste wurde drastisch vermindert, die verbleibenden aber durchweg nach dem Schlag der Uhr geregelt. Das richtete sich gegen die katholischen »Winkelmessen« ohne Zuhörer, die nur aufgrund von Stiftungen und meist ohne Publikum abgehalten wurden. Die Reformatoren wollten weniger Gottesdiensten durch genaue zeitliche Fixierung ein Höchstmaß an Aufmerksamkeit und Teilnahme verschaffen. Äußerliche Ordnung, keine Gewissensfrage und auch nicht heilsnotwendig, wohl aber dem Gemeinwohl förderlich, war auch Bestandteil der »Erziehung durch Kirche« in Genf unter dem Reformator Johann Calvin. Er forderte für alle gottesdienstlichen Handlungen »bestimmte Stunden« und ließ die Werktagsmessen auf eine Stunde befristen. Das Abbild des spartanisch – »ohne alles läppisches Gepränge und Haschen nach menschlichem Ruhm« – möblierten Tempels zeigt ihn in »ursprünglicher Schlichtheit«, aber mit dem modernen Befristungsinstrument, der Kanzelsanduhr.[127] Die katholischen Kirchenordnungen übernehmen die Zeitordnungs- und Befristungstechniken mit geringer Verzögerung.[128]

Teils im Zusammenhang mit Besoldungsfragen für Küster und Schulmeister, teils bei den Gottesdienstzeitregelungen spielt die Sorge um Erhaltung und Pflege der Uhren in vielen Kirchenordnungen und Visitationsberichten eine große Rolle. In der Fülle der Regelungen über die tageszeitliche Lage einzelner Gottesdienste fallen zahlreiche Befristungen der Predigtzeit auf, weil sie von den Anfängen der Reformation bis zum Ende des 18. Jahrhunderts in kaum einer Ordnung fehlen, danach aber fast völlig in Vergessenheit geraten. Sie fallen auch deshalb auf, weil die Dauer der Predigt zusätzlich und unabhängig von der Uhrzeitregelung der Gottesdienste begrenzt wurde. Sonntagspredigten wurden in der Regel auf eine Stunde, Werktagspredigten auf eine dreiviertel Stunde und andere Predigten auch auf eine halbe Stunde befristet. Dafür wurden Sanduhren vielfach vorgeschrieben oder empfohlen.

»Umb der Kinder willen«, deren Neugier, Aufmerksamkeit und

59. Predigt im reformierten Tempel, genannt »das Paradies«, zu Lyon (1564), Bibliothèque Publique et Universitaire, Genf

Verstand nicht überfordert werden sollte, hat sich Luther häufig über zu lange Predigten beklagt. Er forderte einfache und verständliche Predigten und empfahl eine Stunde als ein vernünftiges Maß. Als »Dictum Lutheri« ist in den *Tischreden* überliefert: »lange predigen ist kein kunst, aber recht und wol predigen, lehren, hoc opus, hic labor est.«[129]

Diesen vor allem didaktischen Zwecken der Predigtbefristung werden in den Kirchenordnungen der folgenden Zeit noch eine ganze Reihe zusätzlicher Zwecke beigesellt. Sie lassen sich teilweise noch auf Anregungen der Reformatoren zurückführen, waren teilweise auch neu, offenbaren aber insgesamt die zu langen Predigten als ein Dauerproblem. Eine willkürliche Beispielreihe aus regionalen Kirchenordnungen möge die Vielfalt der Zwecke der Predigtbefristungen veranschaulichen:

Begrenzung der Vesperpredigt auf eine halbe Stunde, auch um dem Hausvater und dem Gesinde die Zeit der häuslichen Arbeit nicht zu stehlen. (Königsberg 1568)[130]

Predigtbefristung, damit die Zuhörer nicht überschüttet, die Schwangeren nicht beschwert, die schlecht Gekleideten nicht frieren und die Armen ihr Essen richten können. (Thorn 1560/70)[131]

»Damit die rats- und amtspersonen auf ihre gewisse stunden zu rat kommen und der arme handwerksmann nit über die zeit von seiner arbeit abgehalten, auch alle zuhörer in die kirchen zu kommen und des segens zu erwarten, desto lustiger werden.« (Regensburg 1572/88)[132]

Befristung der Predigt mit der Mahnung »keine ungewissen Historien oder Exempeln anzuziehen«. (Kurfürstentum Mainz 1656)[133]

Frage in der Visitationsinstruktion, ob der Pfarrer »zu lange predige, sonderlich in der Woche, ob er unnötige Streitpunkte oder Kontroversien der Widersacher allzu weitläufig anführe, ob er sich in ungekannten Sprachen, Lateinisch, Griechisch, Hebräisch und dergl. lang aufhalte den Einfältigen zum Hindernis?« (Kursachsen 1671)[134]

Predigtbefristung, weil den Zuhörern sonst die nötige Aufmerksamkeit und schuldige Andacht abgeht; insbesondere die Predigt nicht durch unnötige Wiederholungen und sogenannte Tautologien zu verlängern. (Brandenburg-Preußen 1714)[135]

Zusätzliche Geldstrafe für die Prediger, die »solche Verordnung auf der Kanzel anzapfen und sich darüber beschweren«. (Brandenburg-Preußen 1717)[136]

Predigtbefristung mit Mahnung, sich von allen Schlechtigkeiten, Märchen und schmähsüchtigen Kontroversien zu enthalten und statt dessen eine kleine und wohlgesetzte Oration vorzutragen. (Fürstbischof von Mainz an die Ordensoberen insbesondere der Kapuziner, Nov. 1789)[137]

An dieser kleinen Reihe von Begründungen fällt die Verschiebung der Aufmerksamkeit von den Rücksichten auf das innere und äußere Befinden der Zuhörer auf den – ebenfalls im Interesse der Zuhörer – zu beschränkenden polemischen und bildungsseligen Überschwang der Prediger auf. Auffällig auch, daß sich alle Befristungen ebenso wie alle Nachfragen bzw. Klagen der Pfarrkinder auf zu lange Predigten beziehen.[138] Der umgekehrte Fall, die Festlegung von Mindestfristen, wird nur für die von den Päpsten für die Juden angeordneten obligatorischen Bekehrungspredigten berichtet. Dazu eine Schilderung aus dem Rom der Barockzeit:

Judenpredigten (arten zu Komödien aus), zu welchem Unwesen die Juden um so vielmehr bewegt werden, weil der Mönch in seiner Predigt oft gar so schlechte Beweisgründe anführte, und nur an der äußerlichen Rinde und Schale sich aufhält, und oft auch nur mit spitzigen und schimpflichen Worten die Juden schmähet und durchhechelt, darüber diese zum Lachen und anderen Unwesen gereizet werden; wann nun das Stundenglas ausgelaufen, setzt sich der Mönch wieder in seine Karosse und fährt davon.[139]

Die Befristung der Predigten auf ein abstraktes Zeitmaß macht zunächst einmal alle Predigten ohne Rücksicht auf Anlaß, Inhalt und Bedeutung gleich. Sie begrenzt Redeschwung, Ehrgeiz und Eitelkeit der Prediger und zwingt sie, ihren Vortrag sorgfältig auszuarbeiten, wozu außerdem auch andere Hilfen gegeben wurden. Dadurch sollte das Niveau der Predigten gehoben und der Aufnahmefähigkeit der Zuhörer angepaßt werden. Zugleich läßt sich das Risiko vermindern, daß Schwarmgeister den Boden der rechten Lehre verlassen oder kontroverse Themen zu weitläufig abgehandelt werden.[140] Diese Ziele hätten sich zwar, wenngleich unter erheblichem Aufwand, auch durch Kontrollen der Predigtinhalte erreichen lassen. Abstrakte Befristungen vereinfachten jedoch Entscheidungen, weil man sich über so oder so zu bewertende Inhalte nicht streiten mußte – sich aber gleichwohl streiten konnte. Befristung war insofern ein im Hinblick auf die genannten Zwecke zwar kein optimales Kontrollmittel: Bei schlechten oder gar häretischen Predigten ließ sich durch Befristung allenfalls Schaden begrenzen, nicht aber verhindern. Befristung ermöglichte aber praktikable Kontrollen, erleichterte Entscheidungen und ließ sich als Kontrollmittel kaum willkürlich handhaben. Da sich die Einhaltung der vorgeschriebenen Frist auch durch die Zuhörer leicht kontrollieren ließ, stärkte sie deren Stellung gegenüber dem Prediger. Bei den Visitationen gehörte daher die Dauer der Predigt zu den Artikeln, »darauf die Eingepfarrten in Abwesenheit des Pfarrers zu befragen« waren.[141] Ob das Stundenglas an der Kanzel abgelaufen war, konnten die Hörer sicher leichter beantworten als die Frage nach theologischen Abweichungen.

Die abstrakten Befristungen ermöglichten ebenso wie Uhrzeitregelungen außerdem die Verfolgung einer Reihe von Nebenzwecken, vor allem die Rücksicht auf andersartige Zeitanforderungen oder die körperliche Schwachheit der Hörer. Als Mindestzeiten hätten sie auch zu einer Art Arbeitsnorm der Prediger getaugt, aber davon wird nirgends berichtet. Im Gegenteil: Die Prediger fühlten sich von den Kanzelsanduhren eingeengt, und die Theologen und Predigtlehrer unterstützten sie darin. Sie führen einerseits an, daß das durch ihre Vermittlung hörbare Wort Gottes überhaupt keinen äußerlichen Beschränkungen unterliegen dürfe.[142] Nach dem Petruswort »Ich habe eine oder anderthalb Stunden gearbeitet, aber nichts gefangen« stand für sie andererseits »die Quantität des gepredigten Wortes... oft in engem Zusammenhang mit seinem Erfolg«.[143] Sie beschwerten sich über ihr Publikum, das Opern und Komödien über viele Stunden anzuhören bereit sei, sich aber schon über Predigten von einer Stunde beklage. Letzteres sei Zeichen »eines unverantwortlichen Eckels an Gottes Wort«.[144] Es half nichts. In Preußen wurde die Befristung der Predigt durch königliche Verordnungen eingeschärft, und es wurde denjenigen sogar Strafe angedroht, die diese Maßnahmen auf der Kanzel kritisierten (»anzapften«).

Die Befristung der Predigt, ihr rechtes Zeitmaß, wird daher im 17. und 18. Jahrhundert zum Thema theologischer und akademischer Abhandlungen, die das Für und Wider nach vielen Seiten beleuchten.[145] Für die die Befristungen legitimierenden Argumentationen ergaben sich dabei zwei Schwierigkeiten mit der Geschichte. Es war nicht ganz unbekannt, daß man an die antike Tradition der Befristung von Gerichtsreden mit Hilfe eines ähnlichen Instruments anknüpfte. Aber man kannte – weil es keine gab – die Zeitmaße nicht und mußte daher den entscheidenden Unterschied zwischen antiker und moderner Befristungstechnik übersehen.[146] Neu an der modernen Form war die objektive und präzise Frist, ein definierter Teil des Volltages, und ein sehr viel genauer eichbares Gerät. Erst dadurch ließen sich solche Regelungstechniken verallgemeinern und auch unabhängig von bestimmten Geräten festlegen. Die Suche nach einschlägigen legitimierenden Hinweisen bei den Kirchenvätern führte auf eine weitere, von den Autoren nicht erkannte, Schwierigkeit. Diese sprachen zwar im Zusammenhang mit der Predigt von »hora«, aber in der alten Bedeutung von »Zeitraum«, »Grenze« und allenfalls (ungleicher) »Tagesstunde«.[147] Aber die erst im Spätmittelalter in Gebrauch gekommene gleichlange Stunde war im 16. und 17. Jahrhundert schon so selbstverständlich geworden, daß man sich der Neuartigkeit dieses Mittels der Zeitorganisation nicht mehr erinnerte. Obwohl bei den Kirchenvätern gelegentlich von knapper Zeit, »angustia« oder »brevitas temporis«, die Rede ist, wird die Dauer der Predigt erst im ausgehenden Mittelalter zum Problem, weil die Tradition theologisch und rhetorisch durchgearbeiteter Predigten außerhalb der katholischen Messe entstanden ist. Ein Traditionsstrang waren die lateinischen Predigten für ein Klerikerpublikum, die an fast allen mittelalterlichen Universitäten zu den vorgeschriebenen Übungen gehörten. Ein anderer waren die volkssprachlichen Buß-, Bekehrungs- und Fastenpredigten der Mönche der Predigerorden. Gerade von ihnen wird im 14. und 15. Jahrhundert vielfach berichtet, daß sie über viele Stunden das Volk in Bann geschlagen hätten.[148] Die Sorge der Reformatoren, daß zu lange Predigten das Volk von der Arbeit abhalten könnten, richtete sich mithin gegen solche Massenpredigten.

Die abstrakte Frist und die Sanduhr als Befristungsmittel könnten von den Universitäten oder Schulen des 15. Jahrhunderts übernommen worden sein. Die »Artes praedicandi« des 14. Jahrhunderts kennen beides noch nicht. Roberts von Basevorns *Forma praedicandi* (1322) definiert Predigt als Überredung Vieler in begrenzter Zeit, stellt die Schwierigkeit der genauen Bestimmung eines genauen zeitlichen Maßes für die Predigt fest, gibt dann aber wenigstens orientierende Hinweise. Als vielerorts übliche Höchst- bzw. Mindestdauer wird die Frist einer feierlichen Messe mit Gesang bzw. einer einfachen Messe ohne Gesang bezeichnet. Der Predigermönch Thomas de Waley empfiehlt dann in der Mitte des 14. Jahrhunderts als Mittel gegen Weitschweifigkeit, einen Vertrauten um ein Zeichen zu bitten. Das könnte

z. B. darin bestehen, daß der Vortragende am Gewand gezupft würde.[149] Aber ein von subjektiver Schätzung freies Zeitmaß der Predigt war offenbar unbekannt. Der Gebrauch einer Sanduhr scheint zuerst ikonographisch, wiederum in der Statutenhandschrift des Freiburger Collegium Sapientae belegt. Geläufig erscheint die Technik erst zu Beginn des 16. Jahrhunderts, als Johann Ulrich Surgant empfahl, dem Vorbild bedeutender Prediger zu folgen und als Mittel gegen Weitschweifigkeit eine Uhr mit auf die Kanzel zu nehmen.[150] Die reformatorischen Kirchenordnungen machen diese Befristungstechnik für die Kirchenpredigt verbindlich und sorgen für ihre allgemeine Verbreitung. Die katholische Seite knüpfte noch lange an die alten Empfehlungen an. Die Provinzialsynode von Cambrai (1586) rät noch zur vorsichtigen, nicht störenden Ermahnung durch einen Kollegen.[151] Aber nicht viel später verbreiten sich die modernen Befristungstechniken auch auf den Kanzeln der katholischen Gemeinden.[152]

Ein reformatorischer Einblattdruck mit einem Text von Hans Sachs spielt mit dieser Angleichung: Der *Inhalt zweierley predig* (1529) zeigt die Sprecher »Gottes des Herrn« und des »Papstes« nach allen Äußerlichkeiten und nach Zuhörerschaft in krasser Verschiedenartigkeit. Dem protestantischen Prediger lauscht sein Publikum intensiv zuhörend und mitlesend; dem katholischen dagegen sitzen Rosenkränze drehend üppig gewandete, teilnahmslose Kirchenbesucher gegenüber. Hinsichtlich der Frist aber, in der sie um die Seelen der Gläubigen werben dürfen, herrscht durch Verwendung derselben Zeitmeßtechnik Chancengleichheit.

Aus der antiken Überlieferung bekannte Redezeitbefristungen wurden seit dem Spätmittelalter durch die neuen technischen Mittel zu

60. Hans Sachs *Inhalt zweierlei Predigt*; Holzschnitt von Georg Pencz, Nürnberg 1529; Albertina, Wien

modernen Organisationstechniken. Zum Ideal der Beredsamkeit gehörte seitdem auch der maßvolle Umgang mit der Zeit, und die zeitgenössische Ikonographie der Eloquenz verbindet heiter den Papagei als Zeichen für die kunstreiche Beherrschung der Sprache mit der Uhr als Zeichen für das rechte Maß.[153]

Mechanische Uhren, vor allem aber Sanduhren finden Eingang in Klosterzellen und Gelehrtenstuben. Auf eines der ältesten Zeugnisse, das 1352 datierte Fresko mit der Sanduhr in der Zelle des schreibenden Dominikanermönchs, ist hingewiesen worden. Für die Auffassung von intellektueller Lebensgestaltung, von den äußeren und inneren Umständen gelehrter Tätigkeit, aber auch für die tatsächliche Einrichtung von Studierstuben und ihrer bildlichen Darstellung ist dann Francesco Petrarca zum prägenden Vorbild geworden. Vor allem in seinem 1366 abgeschlossenen Traktat *De vita solitaria* entwirft er das Bild eines betenden, meditierenden und schreibenden Intellektuellentyps, der gerade durch gelehrte Tätigkeit den raschen Ablauf der Zeit, die »Flucht der Tage«, aufhalten und die knapp bemessene Lebensfrist durch erinnerungswürdige Hervorbringungen aufhalten kann.[154] Symbole für Zeit und Vergänglichkeit sind seither zu dauerhaften Requisiten in den Räumen intellektueller Existenzen geworden. Reale und abgebildete Räume wurden seither – das zeigen auch viele Inventare – mit Sanduhren, Sonnenuhren, mechanischen Uhren und astronomischen Geräten verschiedenster Art ausgestattet.[155] Ikonographisch klassische Orte sind die Darstellungen der gelehrten Kirchenväter Hieronymus und Augustinus, aber auch ganz allgemein werden diese Requisiten für die Darstellungen des Gelehrten seit dem 16. Jahrhundert typisch. Die Bilder von Studierstuben mit einer Sanduhr lassen sich seit dem späten 15. Jahrhundet kaum noch zählen.[156]

Diese Zeitmesser sollen an Zeitlichkeit und Vergänglichkeit allgemein und insbesondere an die Befristung der Lebenszeit erinnern. Insofern gehören sie auch in die frühe Geschichte der sog. Vanitas-Darstellungen. Aber als »pädagogische Instrumente« und als »Werkzeuge des Geistes« stehen sie auch für asketische Selbstdisziplin und für die vernünftige Disposition der gelehrten Arbeit. Zu beachten ist jedoch, daß es sich auch nach damaliger Auffassung um moderne Hilfs- und Anschauungsmittel handelt. Das wird indirekt auch aus Petrarcas Vorstellungen von intellektueller Beschäftigung deutlich, wenn er schreibt, daß der Zurückgezogene seine Zeit mit dem Lob Gottes, den freien Studien und der Erinnerung an neue und alte Erfindungen verbringt.[157]

Einen Zusammenhang der Studio-Darstellungen und ihrer Requisiten mit »Einreden gegen die von Wucher und Handelskapital gesetzten Zeitnormen« und einer »feudal-restaurativen Opposition gegen den

61. Der hl. Augustinus in seinem Studio, Fresko von Sandro Botticelli (um 1480), Ognissanti, Florenz

bürgerlichen Zeitbegriff« vermag ich nicht zu sehen.[158] Die Studier- und Askesetechniken bedienten sich vielmehr moderner technischer Mittel und gehören daher in den Bereich moderner Zeitnormen und Zeitorganisationstechniken. Nur erinnert sei an die bekannten Beispiele moderner Askeseformen mit Einteilungen nach Stunden, halben und Viertelstunden, mit täglicher Rechenschaftslegung und Überprüfung der Fortschritte nach Wochen- und Stundenplänen in den Tagebüchern und »Geistlichen Übungen« des Ignatius von Loyola (gest. 1556).[159] Soweit man von neuen Zeitauffassungen und Zeitnormen sprechen kann – ob man sie nun »bürgerlich« nennt oder nicht –, die Sanduhr gegenüber der Räderuhr als Ausdruck alter Zeitvorstellungen oder Zeitnormen ins Spiel zu bringen, ist schlicht anachronistisch. Beide Uhrentypen waren vielmehr Mittel, die zugleich und nebeneinander Neuerungen auf diesem Gebiet ermöglicht haben.

## Präzisierung, Befristung, Koordination

Der Wandel der städtischen Zeitordnung, der synchron mit der Ausbreitung der öffentlichen Uhren im späten 14. Jahrhundert einsetzte, war nicht Resultat politischer Entscheidungen. Es lassen sich weder förderliche oder beschleunigende noch hemmende Instanzen oder Interessen ausmachen. Der Wandel der Zeitordnung war vielmehr ein weitgehend anonymer Vorgang, der mit vielen kleinen Schritten in verschiedenen und voneinander unabhängigen städtischen Lebensbereichen einsetzt. Zeitordnung läßt sich also als Prozeß der Modernisierung und Verdichtung zeitorganisatorischer Regelungen verstehen. Als Zustandsbeschreibung ist städtische Zeitordnung nur ein nachträgliches heuristisches Konstrukt. Innerhalb des fiktiven Zusammenhangs aller stadtöffentlichen zeitlichen Regelungen läßt sich dann die einheitstiftende Wirkung der öffentlichen Uhr als Zentrum eines modernen zeitlichen Referenzsystems und die Entwicklung gleichartiger zeitorganisatorischer Techniken verfolgen. Im engeren Sinn kann man von einer Zeitordnung als Zustand in den Teilbereichen sprechen, in denen beides von vornherein und systematisch zur Anwendung kommt, also etwa bei den Schulstundenplänen.

Anonymität des Wandels der Zeitordnung bedeutet, daß der Komplex zeitorganisatorischer Innovationen als solcher nicht in den Blick der Zeitgenossen geraten ist. Zeitfragen in einem sehr weiten Sinn sind während des Wandlungsprozesses thematisch geworden, aber die Umsetzung von vielerlei einzelnen Organisationsproblemen in Zeitprobleme, die hinreichende bzw. zweckentsprechende Lösungen ermöglichten, geschah meist unbemerkt. Anonymität bedeutet nicht, daß überhaupt keine Veränderungen, z. B. Unterschiede zwischen Stadt und Land, wahrgenommen worden sind. Auch die Hervorhebungen der städtischen Uhr in Abbildungen wie in Datierungsformen lassen sich als symbolische Verarbeitungen dieses Wandels verstehen.

Verfolgt man die Verbreitung der neuen Uhren und den Gebrauch der neuen Stunden gleichzeitig, dann wird sichtbar, daß die Neuerungen zwei verschiedene, wenngleich nicht unabhängige Formen angenommen haben: Regelungen mittels kontinuierlicher Stundenindikation und Regelungen, die unabhängig von der Zeitanzeige nur abstrakte Fristen benutzen. Da seit der Verbreitung minutenzeigender Uhren im 19. Jahrhundert Terminierungen und Befristungen zu beliebigen Einsatzzeitpunkten mit nur einem Zeitmeßgerät durchgeführt werden, gerät leicht aus dem Blickfeld, daß man bis zum Ende des 18. Jahrhunderts für zwei Regelungstypen auch zwei Geräte benutzte: Uhr und Sanduhr.

Die eine Seite der Neuerung bestand in der Präzisierung hergebrachter Zeitangaben durch Uhrzeiten. Uhrzeitangaben waren stets Schritte zunehmender Abstraktion vom temporalen Bezugssystem des Lichttags einerseits und vom städtischen Geläut alten Typs andererseits, das von Tageslicht und Horengliederung abhing. Dabei ist auf die Relativität des Begriffs Präzisierung zu achten, der mit modernen Genauigkeitsvorstellungen nicht belastet werden darf. Durch die primitive Technik der Turmuhren waren den Veränderungen der Qualität der Zeiterfahrung bis zum Ende des 15. Jahrhunderts Grenzen gesetzt. Bis dahin ging es um nichts weiter als um die kontinuierliche Indikation gleichlanger und durchgezählter Stunden. Wenn daher von »bestimmter Zeit« oder »bestimmter Stunde« die Rede ist, konnte das bedeuten: Verläßlichkeit des Zeitsignals unabhängig von Tageslicht und Wetter; Fixierung eines Termins auf der abstrakten und stets gleichen Zeitachse des Volltages; Terminierung von Sachverhalten, die vorher gar nicht, zeitlich vage oder in einer nicht zeitbezogenen Form geregelt waren.

Die andere Seite der Neuerung waren die abstrakten Befristungen mit Hilfe der preiswerten, geräuschlosen und relativ genauen Sanduhren. Die geläufigsten Kalibrierungen waren eine Stunde oder eine Viertelstunde. Aber auch andere Stundenbruchteile oder mehrstündige Laufzeiten wurden benutzt. Auf der Zeitachse der Tagesstunden waren die Sanduhrfristen »Gleitzeiten« mit vielfältigen praktischen Vorteilen. Der Fristbeginn ließ sich dem zu befristenden Vorgang anpassen. Sitzungsanfänge, Redezeiten, Arbeitspausen, Produktionsvorgänge, aber auch Kochzeiten konnten unabhängig vom Uhrschlag begonnen und dennoch genau befristet und auch unterbrochen werden.

Die für die Verbreitung abstrakter Fristen entscheidenden Vorteile waren: Übertragbarkeit bzw. Verallgemeinerungsfähigkeit, weil die Zeitmaße anders als bei Sonnen-, Wasser- oder Kerzenuhren von konkreten Geräten unabhängig waren; leichte und von jedermann durchführbare Kontrollen und damit gerechte und konfliktfeste Sanktionsmöglichkeiten; Neutralität hinsichtlich des Organisationsziels und damit die Möglichkeit, gleichzeitig sehr unterschiedliche Ziele verfolgen zu können.

Das neue Potential organisatorischer Möglichkeiten, soweit es bis zum Ende des 18. Jahrhunderts das städtische Leben bestimmt, ist während eines Zeitraums von zwei Generationen bis etwa 1450 entwickelt, ausprobiert und eingeführt worden.

Den Veränderungen in Lebensbereichen, die durch den frühen Einsatzzeitpunkt und/oder durch die besondere Intensität zeitorganisatorischer Neuerungen auffallen, lassen sich Beobachtungen aus anderen Bereichen leicht anfügen. Zahlreiche Torschluß- und Polizeistundenregelungen übersetzen hergebrachte tageslichtbezogene Vorschriften in Uhrzeitregelungen, ohne daß jedoch die denkbare Lösung vom Tageslicht erwogen worden wäre. Im 18. Jahrhundert wird zwar eine ganze Reihe von Torschlußregelungen mit häufig sehr sorgfältig differenzierenden Uhrzeitvorschriften erneuert, weil man die Gebühr, das »Sperr-Geld«, für die Öffnung der Tore außerhalb dieser Zeiten als Einnahmemöglichkeit für die städtischen Kassen entdeckt hatte.[160] Aber erst Siedlungsentwicklung und Industrialisierung im 19. Jahrhundert machten dann rasch alle Torschlußregelungen obsolet. Die Stadt als Raum unter einem Zeitsignal und der Lichttag als einheitlicher Zeitrahmen für das stadtöffentliche Leben hatten am Anfang des 19. Jahrhunderts aufgehört zu existieren.

Auf vielerlei Weise ist die Verteilung knapper Güter durch die Zuteilung von Zeit geordnet worden, ohne daß sich der Regelungstyp von den geschilderten Marktzeitregelungen unterschieden hätte. Verwiesen sei nur auf die Zeitzuteilung bei der Nutzung fließender Gewässer für Müller, Flößer und Gerber, die mit neuen Mitteln antike und islamische Wasserverteilungsgebräuche aufnimmt.[161]

Die städtische Öffentlichkeit sperrte zu bestimmten Zeiten einen Teil ihrer Mitglieder vom Zugang zum städtischen Raum aus. Das betrifft die Beschränkungen für Juden während bestimmter Feiertage oder bestimmter Gottesdienstzeiten.[162] Dazu gehören auch Zeitbeschränkungen für erlaubtes Betteln, wobei sich mittels Uhrzeitregelungen z. B. einheimische registrierte Bettler vor fremden privilegieren ließen.[163]

Anschauliche Beispiele für die Umsetzung schwieriger materieller Kontrollprobleme in einfache Zeitkontrollprobleme liefern auch die städtischen und landesherrlichen Festordnungen für Taufen und Hochzeiten. Darin versuchten die Obrigkeiten aus sozialpolitischen, moralischen und fiskalischen Gründen, materiellem Aufwand und sittlichem Fehlverhalten der Bürger oder Untertanen Grenzen zu setzen. Begrenzt wurden die Gesamtkosten, die Zahl der Gäste, der Wert der Geschenke und die Zahl der Gerichte bei Tisch und das Verhalten bei Umtrünken und Tänzen. Diese Regelungen waren meist sehr detailliert, aber ihre Befolgung ließ sich kaum wirksam kontrollieren. Zusätzlich zu den Übersetzungen der schon lange üblichen Weinglokkenvorschriften in moderne Polizeistunden tauchen nun seit dem 15. Jahrhundert weitere Zeitvorschriften auf, die die Termine der Zeremonien und die Uhrzeit oder die Höchstdauer von Mahlzeiten und Tänzen genau festlegen.[164] Statt die Gäste zu zählen oder ihnen in Becher und auf Teller zu schauen, wurde einfach die zeitliche Lage und die Dauer der Veranstaltungsteile festgelegt. Eine im Hinblick auf die Kontrollziele nur begrenzt wirksame Maßnahme erweist sich wegen der Kontrollmöglichkeiten als nahezu optimal. Allerdings scheint es mindestens im 16. Jahrhundert zu den Hochzeitsbräuchen gehört zu haben, den Küster zu bestechen, die Turmuhr zu verstellen.[165]

## Befristung der Folter

Als Übersetzung materieller Kontrollprobleme in Verfahren der Zeitkontrolle erweist sich auch die vom 16. bis zum 18. Jahrhundert in gelehrten juristischen Abhandlungen vielerörterte Befristung der Grade der Folter. Seit dem 13. Jahrhundert wird der Akkusationsprozeß, bei dem es um die durch Zeugen, Eide oder Gottesurteil beweisbare Klage des Geschädigten ging, durch den Inquisitionsprozeß, bei dem es um die Erforschung des Tatbestandes, um die Ermittlung der materiellen Wahrheit ging, abgelöst. Sofern nur Indizien vorlagen, kam dem Geständnis des Angeklagten daher ständig wachsende Bedeutung zu. Folter als Mittel, ein Geständnis zu erhalten, fand seit dem 13. Jahrhundert in Mitteleuropa, weniger in England, immer weitere Verbreitung.[166] Zunächst ohne System wurde sie im 14. und 15. Jahrhundert mit dem Inquisitionsprozeß ausgebaut. Papst Innozenz IV. genehmigte 1252 ihre Anwendung im Inquisitionsprozeß, und mit den Inquisitionsverfahren wurde die zunächst regellose und willkürliche Folterpraxis in geschriebene Formen gebracht. Unter dem Einfluß des römischen Rechts und italienischer Juristen wurde ein Regelsystem entwickelt, nachdem u. a. nur bei Verbrechen auf denen die sog. »peinlichen«, die Leibes- oder Todesstrafen standen und nur bei Vorliegen starker Indizien oder aufgrund von Augenzeugen, die einen dringenden Verdacht begründen, gefoltert werden durfte. In Deutschland versuchte zunächst die Bambergische Halsgerichtsordnung (1508) und dann, und weit einflußreicher, die unter Kaiser Karl V. ergangene Ordnung des Kriminalverfahrens (*Constitutio Criminalis Carolina,* 1532) traditionelle Forderungen nach Mäßigung in handhabbare Prozeduren umzusetzen. Das Gesetzbuch änderte die lokale Praxis nicht sofort, es galt vielmehr subsidiär, d. h. es kam nach und nach dort zur Geltung, wo andere Vorschriften fehlten bzw. reformiert oder angepaßt wurden. Nach Paragraph 58 der *Carolina* soll »die peinlich frag nach gelegenheyt des argkwons der person, vil, offt oder wenig, hart oder linder nach ermessung eyns guten vernünfftigen Richters fürgenommen werden«. Die Richter sollten also – so alle späteren Kommentatoren – die Schwere des Verbrechens, die Gewichtigkeit der Indizien und die körperliche Verfassung des Delinquenten bei der Anordnung der Tortur berücksichtigen. Keine leichte Aufgabe, denn einerseits durfte ohne Vorliegen neuer Indizien nicht zweimal gefoltert werden, andererseits machten sich Richter bei zu exzessiver Anwendung der Tortur selbst strafbar. Ein Weg, Mäßigung zu erzwingen, Mißbräuchen zu steuern und beides kontrollierbar zu halten, war die qualitative Regelung der Folter nach Graden, bei denen die Kommentatoren meist zwischen drei und fünf unterscheiden. Im ersten Grad, der »territio«, wurden den Angeklagten die Folter angedroht und dann die Räumlichkeiten und Instrumente der Tortur gezeigt. Im zweiten Grad sollten sie die Schmerzen fühlen, etwa dadurch, daß man sie kurz an den rücklings gebundenen Händen am Seil in die Höhe zog. Im dritten und vierten Grad wurden diese Prozeduren verschärft durch Schlagen an das Seil, durch angehängte Gewichte, durch Anwendung von Feuer und kaltem Wasser. Solche Verschärfungen waren nur bei Verdacht auf außerordentliche Verbrechen wie heimtückischen Mord, Raub von Kirchengut, Tötung von kirchlichen Würdenträgern und weltlichen Fürsten, Anzettelung von Aufstand und schließlich bei Häresie zulässig. Man wollte ein Geständnis haben; die Angeklagten sollten nach Möglichkeit körperlich nicht dauerhaft geschädigt werden, denn schließlich sollten sie ihr Geständnis nach der Folter bei klarem Bewußtsein wiederholen, um dann erst verurteilt und ihrer Strafe zugeführt zu werden. Der zweite seit dem Beginn des 16. Jahrhunderts intensiv diskutierte Weg zur Mäßigung war die quantitative Regelung der Folter nach der Zeit. Ihre vermutlich italienischen Ursprünge sind nicht ganz deutlich. Paulus Grillandus schlägt als Zeitmaß für das kurze Aufziehen im zweiten Grad ein Paternoster, ein Ave-Maria oder ein Miserere vor, im dritten sollte für die Dauer von zwei Miserere oder etwas mehr und im vierten für ein Drittel, ein Viertel, die Hälfte oder für zwei Drittel einer Stunde bzw. für eine ganze Stunde aufgezogen werden.[167] Auftrieb erhielt das neue Verfahren der Befristung durch eine Bulle des Papstes Paul III. (1548), in der er den Aufsehern der römischen Gefängnisse verbot, im Regelfall länger als eine Stunde zu foltern. Pietro Follerio, der neapolitanische Statuten kommentiert, beruft sich auf Baldus de Ubaldis (gest. 1400), wenn er für die Einhaltung dieser Fristen den Gebrauch einer Sanduhr (»ampollecta«) empfiehlt. In den Schriften der Rechtsgelehrten läßt sich dann die allmähliche Verfeinerung des Verfahrens verfolgen. Hortensio Cavalcani verlangt die Aufstellung der Sanduhr (»horologium pulverinum«) vor den Augen der Richter, um Qualität und Quantität der Tortur zu kontrollieren; vor den Augen, aber nicht in Sichtweite der Delinquenten, die nach Tranquillo Ambrosini zu fragen angefangen hatten, »He! Wie lange läuft die Uhr noch?« Der hochfürstlich würzburgische Kanzleiregistrator Johann Valentin Kirchgeßner will 1706 die Folter ebenfalls auf eine Stunde pro Tag beschränkt und diese Frist mit der Sanduhr »accurat observiert« sehen, empfiehlt aber unter Berufung auf Autoritäten immerhin, die Richter nötiger Erfahrung halber wenigstens eine Viertelstunde selbst in der Folter hängen zu lassen. Die Nachteile objektiver Zeitkontrollen sprachen sich allmählich herum. Man beklagte z. B., daß sich die Diebe am liebsten in Sachsen, wo man sich nach der Zeit richte, foltern lassen würden. Konsequent bestimmt die

62. Folterszene von Alessandro Magnasco (1710), Städelsches Kunstinstitut, Frankfurt a. M.

kurzlebige *Constitutio Criminalis Theresiana* (1769–87), das Durchhalten böser Stunden dadurch unmöglich zu machen, daß man dem Angeklagten die vorgesehene Folterprozedur und damit ihre Dauer nicht zuvor bekannt gibt. Bei »starken Leuten« allerdings und bei »verstockten, zum Läugnen angewöhnten Juden« könne auch über mehrere Tage gefoltert werden.[168] Diejenigen jedoch, die am meisten gefoltert wurden, waren durch die Verfahren zur Mäßigung durch Befristung am wenigsten geschützt. Hexerei galt eben als ein außerordentliches Verbrechen, bei dem die Tortur alle gesetzten Maße überschreiten durfte. Protokolle der Hexenverfahren zeigen überall, daß die gelehrten Kommentare hinsichtlich der Grade wie hinsichtlich der Zeit der Folter ihr Papier nicht wert waren. Aufzeichnungen der Notare über regelwidrige Grausamkeiten und stunden- und tagelange Foltereien muß man nicht lange suchen.[169] Nach dem Abflauen des Hexenwahns läßt die Grausamkeit keineswegs überall nach. In den Niederlanden, in deren spanischen Teilen die *Carolina* nicht galt, sind im 18. Jahrhundert mehrere hundert Opfer in extrem langen Sitzungen zu Tode gefoltert worden, wobei in den letzten Jahrzehnten die Notare die Protokolle der Qualen mit Minutenangaben versehen haben. Andererseits haben Delinquenten auch 24 Stunden in der Tortur überstanden und damit ihren Kopf gerettet.[170] Das Thema der Befristung der Folter, wie die Folterpraxis selbst, werden im späten 18. Jahrhundert durch das Vordringen des Konzepts der freien richterlichen Beweiswürdigung und teilweise auch aufgrund der humanitären Kritik der Aufklärer an der Folter obsolet.

Noch ins 15. Jahrhundert fallen auch die ersten Berichte, daß bei Turnieren und Schützenwettbewerben Uhrenpünktlichkeit nicht nur beim Erscheinen der Teilnehmer verlangt wurde. Auch einzelnen Durchgängen der Wettbewerbe wurde mittels Sanduhren ein neues, objektives Zeitmaß gegeben. Dies erzählt z. B. Olivier de la Marche in seinem Bericht über das Turnierspiel anläßlich der Hochzeit der Margarete von York mit Karl dem Kühnen von Burgund in Brügge im Jahre 1468. Der Sport als Kampf um Geschwindigkeit, als Jagd nach Zeitrekorden beginnt dann viel später bei den Pferderennen in England, wo im 17. Jahrhundert Laufzeiten nach Minuten und Minutenbruchteilen registriert worden sind. Von Stoppuhren und nach halben Sekunden genommenen Zeiten hören wir wiederum aus England seit der Mitte des 18. Jahrhunderts. Erst der technologische Sprung im Präzisionsuhrenbau machte seitdem Rekordlisten zu ewigen Verzeichnissen scheinbar unbegrenzter Beschleunigungen.[171]

Zeitordnungen besonderer Art sind auch die im 16. und 17. Jahrhundert zahlreich erlassenen Hof- und Kanzleiordnungen. Als Initiativen, ein »Haus« umfassend in »Ordnung« zu bringen, sind sie den Kirchen- und Landespolizeiordnungen durchaus vergleichbar, und teilweise überschneiden sich auch die Regelungsmaterien. Sie unterscheiden sich von dem hier städtische Zeitordnung genannten Sachverhalt vor allem dadurch, daß sie nicht allmählich in vielen Teilbereichen entstanden sind, sondern Hof und Kanzlei nach einem einheitlichen Entwurf organisieren. Sie ähneln darin den Schulordnungen, gehen aber hinsichtlich der Tagesläufe der Hausgenossen und Beschäftigten meist weit gründlicher vor. Als Ämterverzeichnisse regeln Hof- und Kanzleiordnungen nicht nur, was wer zu tun, sondern auch wann jedermann zu arbeiten, zu essen oder schlicht anwesend zu sein hat.[172]

Während des ersten Jahrhunderts der Verbreitung der öffentlichen Uhren lassen sich die meisten modernen Zeitregelungen im städtischen Raum den Typen »Terminierung« und »Befristung« zuordnen. Auch da, wo moderne Terminierungen lediglich alte tageszeitliche Regelungen präzisieren, ohne daß eine sachliche Notwendigkeit zu mehr Präzision erkennbar wäre, verändert sich unmerklich der Status der Regelungen. Altehrwürdige, teils naturale, teils auf Glocken bezogene Festlegungen erscheinen in der Form der Uhrzeiten als soziale Setzungen. Der Fortschritt an Präzision ist auch ein Fortschritt an Veränderbarkeit und Konfliktfähigkeit. Überall da, wo Uhrzeitregelungen als Resultate von Konflikten um zeitliche Festlegungen auftauchen, erzeugen sie eindeutige, der Willkür partikularer Interessen weitgehend entzogene und auch revidierbare Organisationsformen.[173]

Verbesserte Möglichkeiten der Revision stießen aber da auf Grenzen, wo Zeitregelungen des Typus »Koordination« auftauchen, wo sie Teile komplexer Termingefüge geworden waren. Die durch Uhrzeitregelungen im Prinzip möglichen unendlich komplexen Zeitordnungen des 19. und 20. Jahrhunderts sind zwar noch weit entfernt, und von einem »Lawineneffekt zeitlicher Festlegungen« (N. Luhmann) kann noch keine Rede sein. Aber Vorgänge zeitlicher Koordination, die zu nicht mehr ohne weiteres revidierbaren Zeitbindungen geführt haben, lassen sich vor allem im kirchlichen und schulischen Bereich in Ansätzen durchaus erkennen. Vielfältige indirekte Auswirkungen auf die städtische Zeitordnung hatten z. B. alle die Vorschriften, die die Zeit des Hauptgottesdienstes dadurch auszeichneten, daß in der ganzen Stadt während dieser Zeit vieles untersagt war: Verkauf, Spiel, Wirtshausbesuch und später auch Spazierengehen und Kutschenfahren. Dazu kamen die Aufforderungen, möglichst keine Gremiensitzungen in diese Zeit zu legen und keine Frondienste abzufordern. War für die Zeit des sonntäglichen Hauptgottesdienstes auch die Schließung der Stadttore angeordnet, dann waren alle individuellen Zeitverfügungsmöglichkeiten für eine Weile ausgesetzt. In den größeren Städten machte die Vielzahl der Gottesdienste in den verschiedenen Kirchen sorgfältige zeitliche Abstimmungen erforderlich. Es ging teilweise um recht alte Probleme. Die Gemeindepfarrkirchen mußten sich der Gottesdienstzeitkonkurrenz vor allem von seiten der Predigerordenskirchen erwehren. Zugehörigkeits- und Rangfragen vermischten sich mit Rangeleien um Einnahmen und Spenden. Zeitliche Ordnung bedeutete damit auch Ausgleich finanzieller Interessen. Ein anderes Dauerthema, das auch in den protestantischen Kirchenordnungen eine große Rolle spielt, ist die Zeit der Werktagsgottesdienste, die so gelegt werden sollten, daß die Arbeitszeit der Städter nicht beeinträchtigt würde.[174] Soweit nach der Reformation Kirchenräume von beiden Konfessionen genutzt werden mußten, wurden zusätzliche Festlegungen erforderlich. Auch hier kam es durchaus vor, daß sich die Konfessionsparteien gegenseitig Manipulation an der Uhr vorwarfen.[175]

Neu waren – und dabei gehen die protestantischen Ordnungen den katholischen nur zeitlich voran – die Terminierungen von Taufen, Hochzeiten und Beerdigungen, womit zwei unterschiedliche Ziele verfolgt wurden. Der Sittlichkeit wegen sollte, wie bei den Fest- und Luxusordnungen, dafür gesorgt werden, daß die Pfarrkinder nüchtern zu diesen Zeremonien erschienen und mit Tauf- und Beerdigungsbegehren die übrige Gottesdienstordnung nicht störten. Außerdem mußten diese Termine mit den Schulzeiten abgestimmt werden. Da war einmal die häufige berufliche Personalunion in den kleineren Städten. Pfarrer, Kantor und Küster waren auch Lehrer an den städtischen Schulen; Lehrer und Küster waren auch Stadtschreiber und vielfach auch noch mit der Wartung der öffentlichen Uhr betraut. »Dem Schulmeister 20 gr. vom seiger stellen« – solche Notizen finden sich in dichter Reihe z. B. in Visitationsberichten seit den ersten Jahren der Reformation. Bis ans Ende des 19. Jahrhunderts wird über diese beschwerliche und wenig angesehene Zusatzbeschäftigung geklagt.[176] Zeitlich koordiniert werden mußte Gottesdienst- und Schulzeit auch deshalb, weil die Schüler den für Hauptgottesdienste und Beerdigungen unentbehrlichen Kirchenchor stellten. »Damit am Unterricht nichts versäumt werde«, dringen die Kirchenordnungen ständig auf den pünktlichen Schluß der Gottesdienste und auf einheitliche Beerdigungstermine am frühen Nachmittag.

Trotz solcher Beispiele bleiben die explizit koordinierenden zeitlichen Regelungen in den spätmittelalterlichen und frühneuzeitlichen Städten relativ selten. Die durch Uhren im Prinzip mögliche unendliche Differenzierung der Zeitordnungen »nach innen« ist nur in Ansätzen realisiert worden.

Uhren erweitern aber auch räumlich den Geltungsbereich einer Zeitordnung über die von der akustischen oder optischen Zeitindikation umgrenzte Zone hinaus: Sie ermöglichten die Koordination zeitlicher Festlegungen unabhängig vom Zeitsignal. Davon ist so gut wie gar nichts realisiert worden. Alle geschilderten kleinen Abstraktionsschritte und zeitorganisatorischen Neuerungen verbleiben buchstäblich »unter dem Glockenturm«. Erst im 18. Jahrhundert wird spürbar, daß Koordinationsmöglichkeiten auch über die Grenzen der »städtischen Monaden« hinaus ins Bewußtsein traten. In seiner *Historie der Kirchenceremonien* erörtert Christian Gerber 1772 z. B. die mögliche Lösung der Zeitordnung vom gewohnten System der städtischen Zeitsignale:

Die weit entfernet sind, als auf Dörfern, ...., können doch die Glocken nicht hören, zumal wenn der Wind den Schall auf die andere Seite treibet: müssen also sich nach der Uhr und Stunde richten, wie sie wissen, daß der Gottesdienst anzugehen pflegt.[177]

Die Befolgung einer Uhrzeitregelung außerhalb der Reichweite eines bestimmten öffentlichen Zeitsignals wird erst im Zeitalter der Eisenbahn, das zugleich ein Zeitalter des privaten Uhrenbesitzes war, zum Bestandteil alltäglichen Verhaltens. Bis in die Anfänge des 19. Jahrhunderts blieb das Leben nach der Uhr zugleich ein Leben unter den städtischen Glocken.

## Zeitmessung und »scientia experimentalis«

Der Übergang zur kontinuierlichen Indikation der gleichlangen Stunden war ein Übergang zu einem gegenüber dem Lichttag abstrakteren, noch nicht völlig von ihm gelösten zeitlichen Bezugssystem. Die gleichlange Stunde als Frist war ein Schritt in Richtung auf abstrakte, meßbare und insofern objektivere Zeitmaße. Hinzuweisen ist freilich auch auf die im Spätmittelalter noch nicht überschrittenen Grenzen dieser Neuerungen. Die »Zeit der Städte« war noch nicht die abstrakte oder mathematische Zeit der Wissenschaften.

Mißverständnisse in der Geschichtsschreibung entstehen dann, wenn man sich nicht klarmacht, daß die Uhrstunde bis zum Ende des 16. Jahrhunderts der vierundzwanzigste Teil des Volltages bzw. der zwölfte Teil des Tages oder der Nacht an den beiden Äquinoktien war. Diese Stunde wurde im Alltag halbiert, gedrittelt oder geviertelt, evtl. auch gezwölftelt, nicht jedoch durch sechzig geteilt oder als Frist von 60 Minuten verstanden.[178]

In den großen wissenschaftsgeschichtlichen Synthesen von Lewis Mumford bis Alistair C. Crombie wird unter Berufung auf Lynn Thorndike beständig wiederholt, daß schon um 1345 die Teilung der

Stunde in 60 Minuten und der Minute in 60 Sekunden als abstrakter Rahmen für Denken und Handeln üblich geworden sei.[179] Mindestens bis zum Ende des 16. Jahrhunderts kann jedoch vom gewöhnlichen Gebrauch von Minuten oder gar Sekunden keine Rede sein. Minuten- und Sekundenangaben finden sich nur – und nur so sind auch Thorndikes Belege zu verstehen – in theoretischen Erörterungen und bei astronomischen oder astrologischen Zeitangaben. Sie waren uralte theoretische, nicht aber meßbare Zeiteinheiten. Am Ende des 15. Jahrhunderts könnte es Minuten zeigende Uhren gegeben haben, verläßliche Nachrichten gibt es darüber aber nicht.

Ginge es nur um den alltäglichen Sprachgebrauch im Spätmittelalter, dann wäre diese Richtigstellung von bloß spezialistischem Interesse. Aber aus dergleichen kleinen Mißverständnissen werden ideen- oder bewußtseinsgeschichtliche Fehlurteile erheblicher Tragweite. Die gängige These, wie sie Crombie in Anlehnung an Mumford in *Von Augustinus bis Galilei. Die Emanzipation der Naturwissenschaft* formuliert, lautet: »Mit der Erfindung der mechanischen Uhr (Ende des 13. Jahrhunderts), bei der der Zeiger die Zeit in Raumeinheiten auf dem Zifferblatt übersetzte, trat endgültig an die Stelle der organischen, wachsenden, nicht umkehrbaren Zeit, wie sie jeder erlebt, die abstrakte mathematische Zeit der Einheiten auf einer Skala, die der Welt der Wissenschaften angehört.«[180]

Diese These hat für viele Erörterungen des Zeitbewußtseinswandels typische Probleme, weil sie teleologisch stark verkürzt und Zeiterleben und Zeitbegriff der Wissenschaften, in moderner Terminologie: subjektives Zeitempfinden und »objektive«, physikalische Zeitbegriffe auf einer Ebene behandelt. Außerdem entsteht der Eindruck, daß lineare – hier unglücklich »organisch« genannte – Zeitauffassungen durch okkasionelle abgelöst worden seien. In einer neueren, eher populären Synthese erklärt dann z. B. auch Daniel C. Boorstin in der *Welt der Entdecker*, daß nach der Erfindung der mechanischen Uhrwerkhemmung die Zeit nicht mehr »im Fluß« gewesen, sondern zu einer »Akkumulation diskreter Augenblicke« geworden sei.[181] Die tikkende Uhr macht solche Überlegungen zwar bildhaft plausibel. Von den damaligen bewußtseinsgeschichtlichen Entwicklungen bleiben sie dennoch weit entfernt.

In einem Beitrag zum Problem der Quantifizierung in der mittelalterlichen Physik hat Crombie seine Thesen präzisiert und modifiziert: Seit dem Hochmittelalter wurden quantifizierende Ansätze einerseits angeregt durch den biblischen Satz, daß Gott alles nach Maß, Zahl und Gewicht geordnet habe (Weisheit 11, 20)[182] – und andererseits durch das der Platonischen Philosophie entlehnte Konzept, daß Gott als Demiurg das Universum mathematisch bzw. geometrisch rational erschaffen habe und daß dieses mithin nach mathematischen bzw. geometrischen Regeln verstehbar sei.[183] Daraus ergeben sich nach Crombie für die moderne Fragestellung zwei verschiedene Untersuchungsebenen: die der quantitativen Theorien und Modelle und die der quantifizierenden Prozeduren mit Maßeinheiten und Skalen, d. h. die Ebene des Zählens, Messens und Wiegens.

Für die mittelalterliche Physik stand die theoretische Erklärung der Welt und die Umsetzung qualitativer Beschreibungen in quantitative Beziehungen im Vordergrund. Auf der Ebene der Theorien aber interessierten Maße, Zahlen und Gewichte nur als Relationen wie größer-kleiner, langsamer-schneller, harmonisch-disharmonisch oder proportional-nicht proportional. Aus dieser Perspektive ist die rasche Aufnahme der mechanischen Uhr in das Arsenal von Metaphern und Modellen der Naturwissenschaftler und Theologen zu verstehen. Aus dem Demiurgen-Gott wurde der Uhrmacher-Gott, und aus der »machina mundi« wurde das uhrwerkartige Universum und der gestirnte Himmel zur idealen Uhr. Die Uhr steht in diesen Texten für determinierte Ordnung, für anstoßfreie gleichmäßige Bewegung, für die harmonische Koordination scheinbar gegenläufiger oder für die Proportion ungleich schneller Bewegungen, für ein kunstreiches Handwerkserzeugnis und allgemein für eine subtile Maschine.[184] Darüber hinaus dienten Uhren als Antriebe von Himmelsmodellen zur Veranschaulichung astronomischer Theorien. Als idealer Zeitmesser diente die Uhr im 14. Jahrhundert den spätscholastischen Erörterungen des Zeitbegriffs als Beispiel, nie aber spielte sie eine Rolle als Meßinstrument. Dafür taugten die frühen Uhren einfach nicht. Messungen oder experimentelle Überprüfungen von theoretischen Aussagen waren für die an den Universitäten betriebenen Wissenschaften von geringem Interesse.

Weitgehend ohne Zusammenhang mit Theorien wurde nur da gemessen, wo sich unmittelbar praktische Erfordernisse zeigten, etwa in der Astronomie bei Kalenderberechnungen, bei der Navigation, bei der Landvermessung und im Bergbau. Nach Crombie waren es also nicht die Universitäten, sondern praktische Erfordernisse, die die Quantifizierung von Raum und Zeit in der Erfahrungswelt gefördert haben. Diese insgesamt plausible und von späteren Untersuchungen[185] verstärkte Hypothese hat nur den kleinen Schönheitsfehler, daß sie sich hinsichtlich der Quantifizierung der Zeit wiederum auf die legendäre Ordonnance Karls V. stützt.[186] Schon durch ihre geringe Anzahl belegen die Quellen zum Uhrengebrauch und zu abstrakten Zeitmaßen Crombies These von der geringen Bedeutung praktischer Zeitmessung in den spätmittelalterlichen Wissenschaften. Nur in einem einzigen Fall wird in der Mitte des 15. Jahrhunderts von einem Versuch berichtet, zu einer mittels einer Uhr bestimmten Tagesstunde Wasserproben an zwei verschiedenen Thermalquellen zu entnehmen.[187] Vom Ende des Jahrhunderts gibt es einen Bericht über die Benutzung einer mechanischen Uhr für zeitlich begrenzte astronomische Beobachtungen.[188] Vorschläge, mechanische Uhren für die Längengradbestimmung auf See zu benutzen, stammen erst aus dem 16. Jahrhundert.[189] Gelöst wird dieses Problem aber erst im 18. Jahrhundert. Auch auf der Ebene der wissenschaftlichen Konzepte spielen Uhren und gleichlange Stunden in den Naturwissenschaften des 15. Jahrhunderts noch keine Rolle. Das sei an einem Beispiel erläutert.

In der Mitte des 15. Jahrhunderts greifen Mediziner die Anregungen griechischer Ärzte aus der Antike auf, die nach der herrschenden galenischen Lehre qualitativen Pulsbeschreibungen durch quantitative zu ergänzen, d. h. den Puls auch zu zählen. Auch in der klassischen Pulslehre kannte man temporale Kategorien wie »schnell« oder »kurz«. Dies waren aber nur subjektive und empirische Kategorien wie »nach der Erfahrung schneller als normal«, oder sie drückten Relationen aus wie »schnelle Bewegung« gegenüber »kurzer Pause«. Um 1450 schlägt Michele Savonarola, Professor der Medizin in Padua und Ferrara, in einem Pulstraktat vor, den Unterschied zwischen dem Puls eines Gesunden und dem eines Kranken als Unterschied der Pulsfrequenz zu bestimmen. Nun kannte er aber offenbar für die Frequenz kein geeignetes Zeitmaß und empfiehlt daher, sich von Musikern im dirigierenden Taktgeben unterweisen zu lassen. Das sei in acht Stunden (!) durchaus zu lernen.[190] Die Mensuralmusik kannte zu dieser Zeit aber noch kein absolutes Zeitmaß, sondern benutzte ein durch Einüben vermitteltes proportional aufgebautes System von Tempograden. Immerhin schien es dem Arzt als ein hinreichend »objektives« Zeitmaß für die Bestimmung der Pulsfrequenz. Zur gleichen Zeit schlägt auch Nikolaus von Kues die Zählung des Pulses und der Atemzüge von Gesunden und Kranken in diagnostischer und prognostischer Absicht vor. Nach den antiken Anregungen sollte dafür eine Klepsydra benutzt werden. Für die Dauer von jeweils hundert Atemzügen oder Pulsen (nicht Pulsschlägen!) sollte der enge Auslauf einer Klepsydra geöffnet und das Wasser in einem Becken gesammelt werden. Der Puls wird zwar gezählt, aber nicht pro Zeiteinheit, sondern bis zu einer willkürlichen Zahl. Die Meßgröße ist kein Zeitmaß, sondern ein Hohlmaß bzw. ein Gewicht, denn der Kusaner schlägt vor, die ausgelaufenen Wassermengen durch Wiegen zu vergleichen.[191] Ebenfalls mit Waage und Wasseruhr sollen das Gewicht der Luft durch Fallversuche, die Tiefe unbekannter Gewässer durch die Steigzeit von Schwimmkörpern, Schiffsgeschwindigkeiten, Laufgeschwindigkeiten von Menschen und Tieren und astronomische Daten wie das Verhältnis von

Bahnlänge und Durchmesser von Planeten (vgl. S. 31) bestimmt werden.[192] Die vom Kusaner projektierte »experimentalis scientia« soll das menschliche Wissen durch einzelne, laufend protokollierte Versuchsschritte des Messens und Vergleichens erweitern. Aber die vorgeschlagenen Versuche verlassen den Rahmen der Schreibtischexperimente der antiken und islamischen Textüberlieferung nicht. Z. B. steht das Verfahren, unbekannte Wassertiefen zu messen, das auch bei Leon Battista Alberti und Giovanni Fontana vorgeschlagen wird, schon im Ms. Ripoll 225 aus dem 11. Jahrhundert und ebenso in anderen Astrolabtraktaten. Die Praxisferne der Experimente zeigt sich auch daran, daß die in der Antike, aber auch in China geläufigen Probleme der Auslaufkalibrierung einfacher Wasseruhren offenbar vergessen worden waren. Übersehen ist auch, daß solche Messungen allenfalls in konkreten Situationen durchführbar waren und sich gerade nicht für Dokumentationen eigneten. Für unsere Fragen aber noch wichtiger: Es kommen nur Relationen und Proportionen, nicht aber die durch mechanische Uhren oder Sanduhren möglichen abstrakten und mithin langfristig dokumentierbaren Zeitmaße in den Blick. Obwohl Uhren und moderne Stunden den genannten Autoren durchweg bekannt sind, kommen sie in ihren wissenschaftlichen Erörterungen nicht vor. Lediglich Giovanni Fontana scheint sich mit der Weiterentwicklung beider Uhrentypen und auch mit der Konstruktion einer für solche Messungen notwendigen Stoppuhr befaßt zu haben.[193] Ob tatsächlich im 15. Jahrhundert Zeitmessungen an physikalischen Phänomenen durchgeführt worden sind, scheint aber auch hier sehr zweifelhaft.

Verfolgt man die Geschichte der Pulsmessung weiter, dann wird deutlich, auf welchen umständlichen und langwierigen Wegen die moderne Zeitmessung in die wissenschaftliche Theorie und Praxis Eingang gefunden hat. Am Ende des 15. Jahrhunderts beginnen die Musiktheoretiker nach einem verbindlichen Zeitmaß für Noten zu suchen und schlagen zunächst den Puls und dann, seit etwa 1530, auch mechanische Uhren vor.[194] Girolamo Cardano benutzt den Puls 1570 für astronomische Zeitmessungen und setzt die Bahnlänge des Mondes während einer Stunde zu der zwischen zwei Pulsschlägen zurückgelegten Strecke in Beziehung. Dabei legt er den ziemlich genauen Wert von 4000 Schlägen pro Stunde zugrunde.[195] 1583 prüft Galilei die Gleichmäßigkeit der Ausschläge eines Fadenpendels zunächst am Puls. Erst später kommt er zu dem umgekehrten Konzept, mit Hilfe von Pendelschwingungen die Schnelligkeit des Pulses festzustellen.[196] Auch Kepler erläutert noch 1604 ein astronomisches Zeitbestimmungsproblem an der Dauer eines Pulses. Erst 1618 berichtet er von genauen Pulsmessungen an Gesunden und Kranken, an Alten und Jungen.[197] Erst seit dieser Zeit werden Pulsmessungen pro Zeiteinheit üblich und seit dem Aufkommen minutenzeigender Uhren in der ärztlichen Praxis angewandt.

Der kurze Blick auf diesen Ausschnitt der Wissenschaftsgeschichte zeigt, daß Beschränkungen technischer Art, aber auch massive konzeptuelle Gründe dazu geführt haben, daß die hier behandelte Innovation im Bereich der Wissenschaften ganz anders als im Bereich des stadtöffentlichen Alltags mit großer Verzögerung Eingang gefunden hat. Thesen, die die Entwicklung der physikalischen Zeitbegriffe in einen unmittelbaren Zusammenhang mit der Verbreitung der mechanischen Uhren im Spätmittelalter bringen, sind daher nicht haltbar. Auf dieses späte »Heraustreten« des Begriffs der »physikalischen Zeit« hat Norbert Elias ebenfalls hingewiesen.[198] Erst seit der sog. »Wissenschaftlichen Revolution« in der Mitte des 17. Jahrhunderts kann von experimentell quantifizierenden wissenschaftlichen Prozeduren und von Auffassungen der Zeit als einem skalierten Kontinuum diskreter Augenblicke die Rede sein.[199]

# 9
# Arbeitszeit und Stundenlohn

Die Arbeitszeit gehört zu den großen Themen der sozialen Auseinandersetzungen seit Beginn der Industrialisierung. Dabei ging es zunächst um die Dauer des Arbeitstages, die zu Beginn des Maschinenzeitalters vielerorts unter dem Gebot der »Ökonomie der Zeit« unmenschlich ausgedehnt worden war und erst nach harten Auseinandersetzungen am Ende des 19. Jahrhunderts allmählich zum »Normalarbeitstag« reduziert werden konnte. Das mit den Manufakturen und Fabriken entstandene neue Konzept von der »Ökonomie der Zeit« betraf aber nicht in erster Linie die Dauer der Arbeitszeit, sondern vor allem deren Stetigkeit und Intensität, also die Vorbedingungen ihrer ökonomisch effektiven Verwendung. Unter den Stichworten »Sozialdisziplinierung« und »Verlust individueller Zeitverfügung« sind diese Aspekte in den letzten Jahrzehnten breit behandelt worden. Weitgehender Konsens hat sich darüber gebildet, daß die Arbeit in den Fabriken die an ungleichmäßigen Arbeitsanfall und ungleichmäßige Arbeitsbelastung gewöhnte ländliche Bevölkerung vor ganz neue Anforderungen gestellt habe. Dies auch deshalb, weil diese Bevölkerung über den Geldlohn allein nicht zu kontinuierlicher Erwerbsarbeit über die subjektiv bemessenen Erfordernisse des Lebensunterhalts hinaus zu motivieren gewesen sei. Erst im Verlaufe mehrerer Generationen sei durch Zwang und dann auch durch internalisierte Leistungsnormen die Anpassung an die neuen, stärker geregelten und intensiver fordernden Arbeitsrhythmen gelungen. Diese jüngere europäische Entwicklung ist unversehens zum Modellfall für den Weg von der Agrar- zur Industriegesellschaft schlechthin geworden, und die sie begleitenden Probleme erscheinen als die typischen Probleme auch der Länder, die den Übergang zu unserem Typ der Industriegesellschaft noch vor sich haben. Das Konzept ist so plausibel, daß Einsprüche – sei es gegen die Sicht der modernen europäischen Geschichte, sei es gegen die Interpretation der Probleme der »Welt im Übergang« – nur selten hörbar werden.[1] Nachdem N. McKendrick, S. Pollard und K. Thomas die fabrikindustrielle Disziplinierung auch und vor allem als Disziplinierung im alltäglichen Umgang mit der Zeit beschrieben hatten, warf E. P. Thompson dann in einem berühmten Aufsatz die Frage auf, inwieweit der Industrialisierung vorhergehende Wandlungen von Zeitwahrnehmung und Zeitauffassung die Anpassung an die neuen Anforderungen so vorbereitet hatten, daß diese trotz aller anfänglichen Widerstände zur »zweiten Natur« der westeuropäischen Bevölkerung werden konnten.[2] Seine Antwort war, daß sich die Umwertung der Zeit zur Ware einer Vernunftehe zwischen puritanischen und industriekapitalistischen Werthaltungen verdanke. Der Schlüssel für die Erörterung des Wandels der Zeitauffassung war auch für Thompson der soziale Gebrauch der Zeitmessung. Jacques Le Goffs Arbeit über die »Zeit der Kirche« und die »Zeit der Kaufleute«, in der die städtischen Uhren als »ferne Vorboten des Taylorismus« bezeichnet werden, hat diese Perspektiven zurück ins Spätmittelalter verlängert.[3] Das Problem der Arbeitszeit hat Le Goff dann noch einmal aufgegriffen und die Durchsetzung der modernen Zeitmessung als Anpassung an eine veränderte ökonomische Situation, genauer: an veränderte Rahmenbedingungen für die städtische Lohnarbeit, beschrieben.[4]

## Verkaufte Zeit: Der Arbeitstag

Arbeitszeit war für die große Mehrheit der Arbeitenden im Mittelalter nicht begrenzt oder bemessen, sondern entweder durch die Anforderungen der bäuerlichen Wirtschaft oder durch Gewohnheit und Autorität bestimmt. Innerhalb der durch das Herkommen gesetzten Grenzen bestimmten Arbeitsrhythmus und Arbeitsintensität des Gutsherrn, des Meisters oder des Hausherren unmittelbar die Dauer und Intensität der Arbeit aller Untergebenen. Arbeiten außer Haus wurden meist als Lohn- und Werkaufträge (»ad tascam«), manchmal mit einer Lieferfrist, nicht aber mit Arbeitszeitvorschriften vergeben. Kodifizierte Arbeitszeitregelungen finden sich daher nur bei den organisierten Zünften und für die zunächst kleine Gruppe der Lohnarbeiter, die in aller Regel tageweise beschäftigt wurden. Die dafür übliche Bezeichnung »dieta« war aus einem Wegemaß hervorgegangen und bezeichnete im 14. Jahrhundert außer der Tagereise ein ländliches Tagwerk, allgemein ein Tagespensum oder den Tagelohn.

Der Verkauf der »eigenen Zeit« als einer von anderen zu nutzenden Frist galt im Gegensatz zum Verkauf der »allen gehörenden Zeit« z. B. in Erwartung eines Zinsgewinns im Mittelalter als theologisch unbedenklich.[5] Die zu verkaufende oder aufgrund eines unfreien Status abzuleistende Arbeitszeit konnte in Jahren, Wochen, Tagen oder halben Tagen bestehen. Im Hinblick auf die Intensität oder das Ergebnis der Arbeit galt Arbeit für Tagelohn bis ins 18. Jahrhundert als »unbemessen«.[6]

Im Tagelohn vergebene Arbeit ist eine schwer zu kalkulierende Größe. Das liegt teilweise an der für die Abschätzung von Durchschnittseinkommen wichtigen, aber kaum zu verallgemeinernden Zahl der jährlichen Arbeitstage. Unter der – fiktiven, weil selten gegebenen – Voraussetzung kontinuierlicher Beschäftigung gehen die meisten Untersuchungen von etwa 260 jährlichen Arbeitstagen aus. Im Durchschnitt ergibt das eine 5-Tage-Woche, wobei noch zu berücksichtigen ist, daß die Feiertage und die halben Feiertage sehr ungleichmäßig über das Jahr verteilt waren.[7] Einschlägige Statuten in großer Anzahl belegen eindeutig, daß spätestens seit dem 13. Jahrhundert das Problem der Tagesarbeitszeit in vielen Städten zu Konflikten geführt hatte. Dabei lassen sich zwei Konflikttypen und zwei typische Regelungsformen unterscheiden. Da gab es erst einmal die Konflikte unter Zunftgenossen, bei denen es um die Sicherung gleich langer Arbeitszeiten und mithin gleicher Einkommenschancen ging. Die daraus hervorgehenden Arbeitszeitregelungen gehören in das Arsenal der zünftischen Maßnahmen zur Konkurrenzminderung, zu denen z. B. auch Maß- und Qualitätskontrollen und die Beschränkungen der Gesellenzahl oder der Webstühle gehören. Dazu gehören auch Vorschriften über die Zeit, die mindestens für die Herstellung einer Einheit eines bestimmten Produkts aufzuwenden war, oder über die Menge, die während einer bestimmten Frist höchstens hergestellt werden durfte. Viel häufiger waren aber Konflikte und Regelungen im Zusammenhang mit der Arbeitszeit von Zeitlohnempfängern. Da häufig am Samstag abgerechnet wurde, waren sie faktisch Wochenlöhner. Da sich die Tarife aber in der Regel auf den Arbeitstag beziehen, bezeichnet man sie sinnvoll als Tagelöhner. Diese Arbeitszeitregelungen waren meist mit Maximallohnfestsetzungen verbunden, die kaum konflikt- oder verhandlungsfähig waren.

Der Arbeitstag war dagegen eine in engen Grenzen vergleichsweise elastische Größe. Gegenstand von Auseinandersetzungen waren die Dauer der Pausen und das Arbeitsende. War vorgeschrieben, daß die Arbeit mit dem Lichttag endete, dann ließ sich darüber streiten, ob z. B. der Rückweg von Baustellen oder stadtnahen Weinbergen noch im Hellen zulässig bzw. altem Herkommen entsprechend sei. In vielen Städten fiel das Arbeitsende mit einem Geläut zusammen, das gewohnheitsrechtlich mehr oder weniger lange vor Sonnenuntergang ertönte. Versuche, das Arbeitsende in den Spätnachmittag zu schieben, waren nicht Versuche, an die »Arbeitszeit« eine »Freizeit« anzuhängen – diese moderne Unterscheidung war damals nach Wort und Sache unbekannt[8] –, sondern Zeit für eigene Arbeiten zu gewinnen, und insofern waren vor allem für Tagelöhner Zeitfragen damals eindeutig auch Geldfragen.

Über den Anteil der Tagelöhner am Arbeitsmarkt gehen die Meinungen auseinander. Der größte Teil der Arbeit wurde als Werkauftrag oder im Stücklohn vergeben. Tagelöhner waren eine – im Spätmittelalter allerdings deutlich zunehmende – kleine Minderheit. Trotz krisenhafter Entwicklung für die Lohnarbeit –, vor allem in den Jahren 1336–43, 1349–60, 1415–30[9] –, sprechen viele Autoren von einem Goldenen Zeitalter der Lohnarbeit, bewirkt durch den Arbeitskräftemangel, der auf die Pestkrisen folgte.[10] Gegen die in der Tendenz wenigstens nominell steigenden Löhne richtet sich eine Flut von nationalen, regionalen und lokalen Maximallohnfestsetzungen. Sie lassen sich seit dem 13. Jahrhundert verfolgen, treten in den Jahrzehnten nach der großen Pest immer häufiger auf, und sehr viele enthalten Arbeitszeitbestimmungen.[11]

Für die betroffenen Tagelöhner ist die Tendenz eindeutig: Die von verschiedenen Obrigkeiten erlassenen Arbeitsordnungen verfolgen eine restriktive bzw. restaurative Politik. Durchweg wird der volle Lichttag als das immer schon gültige Maß der täglichen Arbeit angeordnet und durch neue Kontrollen und neue Strafen eingeschärft.[12] Das entsprach den Machtverhältnissen, weil die städtischen Arbeitgeber überall auch das Stadtregiment bestimmten und jederzeit entsprechende Entscheidungen bei den Landesherren bestätigen lassen konnten.

Verfolgt man aber die organisationstechnischen Details, dann stößt man auf gerade durch die Einbeziehung uhrengemessener Zeiten angebahnte Neuerungen, die auf lange Sicht die Arbeitszeit zu einer verhandlungsfähigen Größe machten. Die Neufestsetzung der Arbeitszeiten mit Hilfe von Uhren verbreitete sich deshalb so rasch, weil die Vagheit der alten Zeitangaben und die Grenzen der Leistungsfähigkeit der alten Signalsysteme schon länger als Probleme erkannt waren. Daher – auch dies hat Jacques Le Goff richtig gesehen – wurde seit dem 13. Jahrhundert nach neuen Lösungen für dieses Problem gesucht.

Da fast die ganze Arbeit kollektiv und in räumlich engen Gemeinschaften verrichtet wurde, war der Lichttag als Maß der täglichen Arbeitszeit eine hinreichend genau umschriebene Größe. Allerdings finden sich in Arbeitszeitordnungen seit dem 13. Jahrhundert auch präzisierende Zeitangaben, die die naturalen Angaben für die Zeiten diffusen Lichts durch Erfahrungswerte ergänzen. Danach sollten z. B. die Walker in Paris im Winter mit der Arbeit beginnen, »sobald man einen Menschen auf der Straße im Tageslicht erkennen kann«.[13] Die Weißgerber sollten nach einem Statut aus dem Jahr 1324 die Möglichkeit, zwei verschiedene Münzen auseinanderzuhalten, als Kriterium für ausreichendes Licht zur Arbeit benutzen.[14] Nach der Hamburger Schmiedeordnung endete 1375 die Arbeitszeit im Herbst, wenn »de sunne to golde geyt«, im Winter, wenn »syck dach unde nacht schedet«.[15]

In den Städten richtete sich die Arbeitszeit teils nach dem Tageslicht, teils nach dem Horengeläut verschiedener Kirchen, teils nach stadtbürgerlichen Zeitsignalen, z. B. der Wein- oder Feuerglocke. Ein Blick auf die Sammlungen älterer Arbeitszeitordnungen zeigt, daß sich auch die Arbeitszeitsignale zumindest in den sehr großen Städten im Laufe der Zeit zu recht komplizierten Signalensembles entwickelt hatten. Dabei waren offenbar Probleme sowohl mit der Reichweite wie mit der Unterscheidung der Signale entstanden. Die Arbeitszeitbestimmungen für rund 100 Zünfte in dem 1268 vom Pariser Präfekten Etienne Boileau veranlaßten *Livre des Métiers* kennen z. B. drei Arten von Glokkenzeichen: Horengeläut von Kirchen in Stadtteilen, in denen bestimmte Gewerbe ansässig sind, für wechselnde Arbeitsorte das Geläut »wo immer es gerade zu hören ist« und das Geläut von Notre Dame besonders für den Arbeitsschluß an den Vorabenden hoher Feiertage.[16]

Kalkulationen, in denen Arbeitsvorhaben nach ihrer vermutlichen Dauer oder den zu erwartenden Kosten als Summe von »Tagwerken« berechnet wurden, waren kompliziert, aber nicht unmöglich. Es gab Erfahrungswerte, wie groß das an einem Tage zu pflügende Feld oder wie lang das an einem Tag zu webende Stück Tuch war. Am Ende des 13. Jahrhunderts veranschlagt der englische Gutsverwalter Walter of Henley das Arbeitsjahr auf »44 weeks woorkable«.[17] Die Grenzen des Arbeitstages wurden von der Dauer des Lichttages bestimmt, d. h. die Arbeit begann in aller Regel mit Sonnenaufgang und endete mit Sonnenuntergang. Das ist weder spezifisch mittelalterlich noch spezifisch städtisch. Der Arbeitstag war also im Winter kürzer als im Sommer, und entsprechend schwankten die Löhne. Für ihre Festsetzung wurde das Jahr in zwei, vier oder sechs Perioden geteilt. Der Winterlohn war im Durchschnitt um ein Viertel bis ein Drittel geringer als der Sommerlohn. Die saisonal und mit den lokalen Festtagsgewohnheiten stark schwankende Arbeitsintensität ließ sich fallweise erhöhen, indem man etwa allgemein die verbotene Arbeit am Abend oder in der Nacht gestattete.[18] Typisch ist die Aufhebung des Nachtarbeitsverbots vor Märkten und Messen oder für die Erledigung von Aufträgen hochgestellter Persönlichkeiten. Auch Bauvorhaben hochrangiger Auftraggeber oder technisch heikle Unternehmungen, z. B. im grundwassergefährdeten Tiefbau, rechtfertigten die Aufhebung des Nachtarbeitsverbots und sogar die Arbeit an Feiertagen.

In welchem Umfang die Fülle der kirchlichen Zeitsignale in den Arbeitszeitordnungen des 13. und 14. Jahrhunderts zu effektiven Zeitregelungen geführt hat, läßt sich kaum sagen. An einem berühmten Beispiel, den Arbeitszeitkonflikten in den Weinbergen bei Sens und Auxerre in Burgund, zeigt sich jedoch, daß das Geläut der kanonischen Horen immer weniger zu konfliktfesten Arbeitszeitregelungen taugte.[19]

Zu Beginn des Jahres 1383 erwirken Adel, Klerus und Bürger von Sens eine königliche Ordonnance, die die Arbeitszeit der Tagelöhner in den Weinbergen um die Stadt neu regelt. Sie hatten geklagt, daß die Arbeiter zu hohe Löhne forderten und für diese Löhne auch nicht die gewohnte Zeit bis Sonnenuntergang arbeiteten, sondern schon zwischen Mittag und Non, jedenfalls aber lange vor Sonnenuntergang die Weinberge verließen. Außerdem schonten sie sich, um nach der Arbeitszeit in eigenen Weingärten zu arbeiten. Die königliche Ordonnance setzt dem ein Ende und bestimmt, daß Männer und Frauen vor Sonnenaufgang auf dem Platz, auf dem die Tagelöhner angeheuert werden, zu erscheinen und anschließend in den Weinbergen kontinuierlich und loyal bis Sonnenuntergang mit vernünftigen (»raisonables«) Pausen zu arbeiten hätten. Zugleich wird ein Maximallohn festgesetzt. Gegen diese Anordnung gab es offenbar Widerstand, denn zwei arme Winzer appellierten an das Pariser Parlament, weil der königliche Beamte in der Stadt sie, nachdem sie sich versammelt hätten, um ihre hergebrachten Arbeitsstunden zu verteidigen, mit empfindlichen Strafen belegt hätte. Unter Berufung auf vergleichbare Entscheidungen wird der Appell zurückgewiesen, aber, weil sie bloß »unwissende Leute« waren, wird ihnen der Rekurs nach Zahlung einer Strafe ohne weitere sonstige Folgen verziehen.

In fast identischen Formen wiederholt sich der Konflikt zehn Jahre später im rund zwei Tagereisen entfernten Auxerre. Die Weine dieser Gegend waren kostbarer, und in guten Zeiten war das verkürzte Tagwerk hier offenbar zur tolerierten Gewohnheit geworden. Die Lage der Weinbergbesitzer hatte sich jedoch seit 1359 durch kriegsbedingte Verwüstungen verschlechtert, und diese versuchten, die alte, lange Arbeitszeit wieder einzufordern. Zunächst erhalten sie 1392 eine königliche Ordonnance für Auxerre und die anderen Weinbauorte der Region, die eine fast wörtliche Kopie der im Jahr 1383 für Sens ergangenen ist. Daraufhin flammen in der Stadt Auseinandersetzungen auf, in deren Folge Arbeiter festgenommen werden, die sich nicht an die neuen Regelungen halten wollen. Eine neue Beschwerde der stadtbürgerlichen Besitzer beim Parlament führt zur Suspendierung der anhängigen Streitsachen. Zwei Abgeordnete hören in der Stadt beide Seiten an. Die Darlegung der Besitzer sind in einer zweiten, nicht überarbeiteten Fassung erhalten. Die Entscheidung ist dieselbe wie in Sens – Arbeit während des vollen Lichttags – und nicht weiter bemerkenswert. Auffällig ist jedoch die Mühe, die beide angehörten Parteien damit haben, das umstrittene Arbeitsende zu definieren.

Die Lohnarbeiter wenden ein: Die Ordonnance ist ungerecht, weil die Gewohnheit des Arbeitsendes am Nachmittag älter ist, als daß sich irgend jemand des Gegenteils erinnern könne. Der Boden dieser Gegend ist besonders schwer und der Abgang zur Non war in Auxerre wie auch in anderen Gegenden schon immer üblich. Dies um so mehr, als die Non in Auxerre gegenwärtig später als in früheren Zeiten, d.h. zwischen der vierten und der fünften Nachmittagsstunde anstatt um die dritte Stunde, geläutet wird. Die allgemein vor 1300 abgeschlossene Verschiebung der Non war in Auxerre anscheinend noch nicht geläufig, und die Arbeiter drücken dies mit Hilfe eines neuen Referenzsystems, der auch in Auxerre längst eingebürgerten Uhrzeit, aus. Offen bleibt daher nur, woher sie wußten, daß die Non in der Vergangenheit viel früher geläutet wurde.

Die besitzenden Bürger jammern über schlechte Erträge und hohe Kosten. Sie bestreiten die Gewohnheit des verkürzten Arbeitstages und beklagen die Wirkungslosigkeit der königlichen Ordonnance. »Fett, frech und obstinat wie Pharao« hätten die Arbeiter weiter gemacht wie bisher und überdies den Kommissar als »blutigen Schurken« und die Bürger als »Geizhälse« beschimpft. Die Arbeiter hätten versucht, eine Revolte nach Art der Bauernaufstände und der Steuerrevolte in Paris (1372) anzuzetteln – ein sehr schwerwiegender Vorwurf, weil beide blutigen Ereignisse noch in frischer Erinnerung waren.[20]

Nach dem Text des Arrêt zeichnen die Bürger ein klares Bild der zielstrebigen Arbeitszeitverkürzung, die sich die Arbeiter herausgenommen hatten. Zunächst hätten sie bis zum Ende des Nongeläuts gearbeitet. Dann seien sie zu Beginn des Geläuts gegangen. Gegenwärtig hörten sie mit der Arbeit schon beim »cliquet« genannten Vorsignal des Geläuts auf.[21] Wenn jedoch nach Gutdünken der Arbeiter das Nongeläut zu spät käme, entschieden diese über das Arbeitsende frei nach dem Sonnenstand. Insgesamt arbeiteten sie kaum mehr als einen halben Tag. Die historische Argumentation der beschwerdeführenden Bürger hat Schönheitsfehler. Ausweislich des Beschwerdeentwurfs waren sie sich gar nicht einig, wann die Arbeiter tatsächlich nachmittags die Arbeit niederlegten: es heißt: »zwei Stunden«, »zweieinhalb Stunden«, »dreieinhalb Stunden« z.T. mit dem Zusatz »ungefähr« und schließlich lange (»grant espace de temps«) vor Sonnenuntergang. Unter Konfliktbedingungen erweist sich das hergebrachte tageszeitliche Referenzsystem als unzureichend. In Sens und Auxerre wurde die formale Seite des Konflikts jedoch noch nicht ganz ausgetragen, weil der König das Arbeitsende wieder an den Sonnenuntergang band.

Nach dem Hundertjährigen Krieg flammt der Konflikt in Auxerre noch einmal auf. Erneut wird das Pariser Parlament eingeschaltet. Seine Entscheidung verändert für die Arbeiter nichts Grundsätzliches. Sie sichert sie nur gegen Einreden wie die oben geschilderten und bindet die Arbeitszeit an die städtische Uhrzeit. Nach einem Arrêt aus dem Jahr 1447 soll im Sommer bei einer dreistündigen Pause bis zum letzten Schlag des Siebenuhrgeläuts gearbeitet werden.[22]

## Die Werkglocken

Nicht nur die wachsende Flut der Arbeitszeitordnungen, auch die Ausbreitung eines neuen städtischen Zeitsignals seit dem 13. Jahrhundert zeigt die große Bedeutung der Regelung der Dauer der täglichen Arbeit. Mit Hilfe sog. Werkglocken wurde die Tagesarbeitszeit faktisch und symbolisch von der innerstädtischen Zeitordnung gelöst und signaltechnisch abgetrennt. Verfolgt man die Geschichte der Werkglocken ins 14. Jahrhundert, wird auch deutlich, daß die Arbeitszeitprobleme eine Art Präzisierungsbedarf erzeugt hatten, der dann die Verbreitung der Uhren ersichtlich gefördert hat.

Wo zuerst der Arbeitszeit ein eigenes Signal zugeordnet wurde, ist nicht ganz klar. Der erwähnte Podestà-Spiegel des Orfinus Laudensis erweckt den Eindruck, daß eine »campana laboris« für die städtischen Gewerbe (»artes«) schon in der Mitte des 13. Jahrhunderts in Oberitalien üblich war.[23] Belegt sind solche Glocken, die hier nach einem Zimmermannsbeil häufig »Marangona« hießen, außer für Venedig und Florenz auch für Ferrara (1287, »Marangona«), Novara (1295, »campana paraticorum«), Padua (1308, »Marangona« für die »laboratores ad precium«), Verona (1314/15, »Marangona«), Parma (1317/18, für die »laboratores manuales et diurni et muratores et magistri manariae«) und Treviso (1314/15, »Marangona« für die »laborantes de quacumque arte sive opere«).[24]

Unter vielen Namen werden zur gleichen Zeit Werkglocken auch in der nordwesteuropäischen Textilregion erwähnt. Eine »cloque des teliers« findet sich um 1250 in Douai.[25] Im 14. Jahrhundert wird in Therouanne dem Bischof das auf ein 1261 ergangenes Arrêt des Pariser Parlaments zurückgehendes Recht auf das Läuten der »campana operariorum« entzogen.[26] 1269 gibt es in Brügge eine »weversclocke«. In Provins in der Champagne hatten die Textilarbeiter rebelliert, nachdem der Bürgermeister das Glockenzeichen für das Arbeitsende in den

Abend verschoben hatte. Weil der Aufruhr, bei dem der Bürgermeister getötet wurde, mit der Stadtglocke eingeläutet worden war, wurde diese bei einer Strafexpedition gegen die Stadt zerstört. Im Amnestieerlaß des Jahres 1281 gestattet Edward I., König von England und Graf der Champagne, das Geläut der neuen Glocke ausdrücklich auch für die Arbeitsstunden der Tagelöhner.[27] Für viele andere Städte der Region sind solche Glocken zu Beginn des 14. Jahrhunderts nachzuweisen[28], und nach damaligen Sprachführern erscheinen sie als überall geläufig. Aus den Glockennamen und den Adressatenkreisen geht recht eindeutig hervor, daß die Verbreitung von Werkglocken in engem Zusammenhang mit der wachsenden Bedeutung der Lohnarbeit gesehen werden muß. Zugleich symbolisieren sie aber auch die politische Bedeutung und die finanziellen Möglichkeiten der als städtische Arbeitgeber dominierenden Zünfte. Die »Arte della lana« war in Florenz nicht nur Träger der Domfabrik, sie hat auch die größte Glocke im Campanile des Doms bezahlt. Diese wird in Arbeitszeitordnungen schlicht als »campana dicte artis« bezeichnet.[29] Werkglocken wurden häufig so wichtig genommen wie Stadtglocken. Sie werden als Attribut einer »bonne ville« bezeichnet[30], und die Strafbestimmungen für mißbräuchliches Läuten der Werkglocken waren oft nicht weniger scharf als die für die Stadtglocken.[31] Wie die Stadtglocken markieren die Werkglocken einen Herrschaftsbezirk. In Brügge werden die Weber 1284 als »unter ihre Glocke gehörig« bezeichnet; sie mußten für das Signal auch selbst bezahlen.[32] Zunftfremde, z. B. die Beginen, aber nicht ohne weiteres andere Zünfte, wurden ihrem Arbeitszeitsignal unterworfen.[33] Auch das Ritual der Strafexekution wird übernommen. Nach einer Rebellion werden in Brügge im Jahre 1380 die Weber durch Entfernung der Glocke »auf ewig« und durch die Unterwerfung unter die Arbeitszeit der übrigen Gewerbe gedemütigt.[34]

In den nordwesteuropäischen Städten läßt sich nach der großen Pest eine Jahrzehnte anhaltende Welle von Neubeschaffungen, Neugestattungen, Neuanordnungen von Werkglocken beobachten. Am bekanntesten ist die Werkglockengestattung für Aire-sur-la-Lys 1355, weil es darin heißt, daß die Stadt vom Textilgewerbe beherrscht werde und eine Glocke brauche, damit die Arbeiter, aber auch die städtischen Gremien sich nach »bestimmten Stunden« richten könnten.[35] Daraus läßt sich aber nicht entnehmen, daß diese Form der Arbeitszeitregelung für Städte typisch gewesen sei, die stark von den Textilgewerben abhängig waren.[36] Sie finden sich auch außerhalb der Textilregionen, z. B. in Riga für Landarbeiter, z. B. für die Weinbergarbeiter um Würzburg (»Heckerglocke«) oder für die ländlichen Lohnarbeiter in Sisteron in der Provence.[37]

Eine große Zahl von Werkglocken regelte die Arbeitszeit auf den großen Baustellen: 1354 London, Tower, »to ring the hours for the workmen«; 1356/57 Windsor Castle, »campana pro operarii«; 1365 Moor End (Residenz), »to ›excittand‹ the masons, carpenters and other workmen to hasten their work«; 1370 York Minster, »campana in logio cementariorum«; 1365 Florenz, Dom, »campana per operarios«; 1390 Mailand, Dom, »campanile fabricae«; 1396 Pavia, Certosa, »campanella posita super laboreriis«.[38] Die Arbeitszeitprobleme waren hier nicht geringer als an Webstühlen oder in Weinbergen.

## Präzisierung

In den Quellen seit Beginn des 14. Jahrhunderts ist, wenn Werkglokken zur Sprache kommen, häufig auch von wünschenswerten »bestimmten Stunden« die Rede. Sieht man von der Entkopplung eines besonderen Zeitsignals für die Lohnarbeiter einmal ab – was haben nun die Werkglocken bei der zeitorganisatorischen Neugestaltung der Arbeitszeiten verändert?

Beschreibungen oder Ordnungen des Geläuts der Werkglocken sind weit seltener als Nachrichten über ihre Installation. Aber den wenigen Nachrichten läßt sich leicht entnehmen, daß genau dies ein nicht leicht zu lösendes Problem war. Eine berühmte Intervention der französischen Krone in das städtische Arbeitsrecht war die Gestattung einer neuen Werkglocke in Amiens im Jahre 1335.[39] Auf Initiative der Leinenweber, der Tuchwalker, der Wollenwirker und der Tuchscherer hatten die Zünfte in Amiens die Einschärfung älterer Arbeitszeitregelungen gefordert, weil diese wirkungslos geworden waren. Der Grund war nach Meinung der Zunftvertreter, daß die Schöffen die entsprechenden Strafen nicht verhängt und eingetrieben hätten. Die Schöffen dagegen waren der Meinung, daß die Arbeiter deshalb nach Belieben hätten kommen und gehen können, weil die alten Ordnungen nur ungenügend festsetzten, daß die Arbeiter gezwungen seien, zu bestimmten Stunden zu kommen, zu unterbrechen und zu gehen. Der König gestattet die Installation einer neuen Glocke, die sich von den vorhandenen Glocken im Beffroi unterscheiden soll. Sie soll viermal täglich, morgens, abends, vor und nach der Essenspause geläutet werden. Für die Details der Signalregelung und die Festsetzung der Übertretungsstrafen soll sich die Stadt um vergleichbare Ordnungen in Abbéville, Douai, Montreuil-sur-Mer und St. Omer bemühen. Entsprechende Anfragen in diesen Städten bleiben offenbar ohne befriedigende Antworten, und daher setzen die Schöffen unter dem Schutz der königlichen Vorweggenehmigung selbst eine entsprechende Ordnung auf.[40]

Für die Signalsequenz benutzen sie zweierlei Weg-Zeitmaße, von denen eines heute kaum zu rekonstruieren, damals aber sicher üblich war. Das andere Weg-Zeitmaß war ortsbezogen, es war nur in Amiens verständlich. Die Werkglocke sollte im Sommer vom Sonnenaufgang an für den Zeitraum von einer Meile (»une lieue de terre«) läuten. Die Pause sollte »2 lieues« dauern, wobei das Rückrufsignal lange genug ertönen sollte, damit man von einem beliebigen Punkt der Stadt zur Arbeitsstelle zurückkehren könnte. Das Arbeitsschlußsignal sollte um die Vesperzeit so gegeben werden, daß man danach noch »une lieue de soleil« gehen könnte. Im Winter war die Arbeitszeit durch das Tageslicht begrenzt und das Pausenintervall auf »une bonne demie lieue«.

Hinsichtlich konkreter Situationen ist die Definition bzw. Übersetzung von Weg-Maßen zu Beginn des 14. Jahrhunderts nicht weniger schwierig als die von Zeitmaßen. Der Herausgeber der Texte aus Amiens schätzt, m. E. plausibel, die Weg-Zeit für den Gang durch die Stadt auf eine Viertelstunde. Aber wie lang war eine »lieue de terre« in Amiens im Jahre 1335? Die in England übliche gallische »leuca« entsprach einer Meile von ca. 2400 Metern. Geoffrey Chaucer gibt dafür am Ende des Jahrhunderts 20 moderne Minuten, »three Mileway maken an howre«.[41] Die französische »leuca« gilt als doppelt so lang wie ein »mileway« und wird mit ca. 4000 Meter angegeben. Der Herausgeber schätzt sie auf 45 moderne Minuten. Die sommerliche Arbeitspause hätte demnach 90 Minuten, vielleicht aber auch nur 40 Minuten, gedauert. Vergleichbare Zeitangaben sind selten und geben ebenfalls wenig Aufschluß. An der Kathedralbaustelle in York war 1352 die Dauer der sommerlichen Frühstückspause auf den Zeitraum einer halben Meile (»spacium dimidiae leucae«) festgesetzt. In der Neufassung dieser Ordnung von 1370 werden die Pausen u. a. als ganze oder halbe »mileways« angegeben, der Arbeitsschluß im Sommer »a mileway byfore ye sone sette«.[42] Dergleichen erfahrungshaltige Zeitangaben waren wohl zweckentsprechend und insofern genau genug. Konflikte wie die in Sens und Auxerre hätten sie aber kaum verhindern können. Es überrascht daher nicht, daß im Verlauf der allgemeinen Entwicklung zu größerer Präzision bei den Arbeitszeiten die Möglichkeiten der neuen Uhren rasch und an vielen Orten aufgegriffen worden sind.

Neue Verfahren der Arbeitszeitbestimmung tauchen zuerst 1358 in Valenciennes auf. Nach der letzten Position der Schlußabrechnung für die neue Werkglocke dieser damals bedeutenden Textilstadt im Hennegau hat der Schmied Jehan Biaulieu einen erheblichen Betrag erhalten für den Kauf von »uns orloges« für den Beffroi, auf dem die neue Glocke installiert wurde.[43] Die Gemeinde hatte die Uhr bestellt, um die vier Signale der Glocke zu regeln. Es dürfte sich um eine mechanische Uhr, wohl ohne Schlagwerk, gehandelt haben. Später wird sie in den Rechnungen zur Unterscheidung von der großen Stadtuhr als »les petis arloges« in der Wächterkammer bezeichnet. Wie die zeitliche Regelung der vier Signale erfolgte, ist nicht bekannt. Um eine Neuerung dürfte es sich aber nicht gehandelt haben, denn die Stadt schickte einen Boten ins nahe Tournai, um von dort eine Ordnung für die Werkglocke zu holen. Die Arbeitszeit in Tournai und Valenciennes wurde so nach Beginn, Ende und Pause mit Hilfe einer Uhr geregelt. Allerdings zeigt eine Arbeitszeitordnung aus Tournai, daß die Signale 1365 noch nicht als Uhrzeiten bezeichnet worden sind.[44]

In der Folgezeit breitet sich der Gebrauch von Uhren und Sanduhren in Städten und auf Baustellen rasch weiter aus. An der Dombaustelle in Orvieto ist seit 1365 ein »temperator« für das »arlogium« beschäftigt.[45] Für die Steinbrüche in Candoglia, wo Marmor für den Dom in Mailand gebrochen wird, tauchen 1392 zwei Halbstunden-Uhren vermutlich für die Pausenzeitkontrolle in den Rechnungen auf. 1418 wird dort eine mechanische Uhr beschafft.[46] In Hamburg wird 1375 das Arbeitsende der Schmiede im Sommer begrenzt bis zu der Zeit, »dat de klocke vyve schlagen heft«; in den übrigen Jahreszeiten bleibt es bei den erwähnten Angaben nach dem natürlichen Lichttag. In Frankfurt tauchen 1377 Uhrzeitangaben in verschiedenen Arbeitsordnungen auf. In Paris wird 1384 die Arbeitszeit der Tuchscherer neu geregelt: Die im Tagelohn beschäftigten Gesellen beginnen ihre Arbeit im Winter um 12 Uhr nachts. Die Arbeit dauert, unterbrochen von zwei einstündigen und einer halbstündigen Pause, bis zum Sonnenaufgang. Im Sommer dauert die Arbeit von Sonnenaufgang bis zum Sonnenuntergang. Die Hauptpause beginnt eine Stunde nach Mittag und dauert an den »langen Tagen« zwei, an den »normalen Tagen« eine Stunde. Die bei den Meistern wohnenden Gesellen sind von diesen Regelungen allerdings ausgenommen. Moderne Stunden tauchen in Köln 1377 auf, wenn bestimmt wird, daß die Pause der Tagelöhner höchstens »eyne uren lank« dauern dürfe.[47]

Pausenbefristungen wurden meist mittels Sanduhren vorgenommen. In einer Ordnung für die Kalfaterer auf den Werften vor Genua aus der ersten Hälfte des 15. Jahrhunderts hat die Pausendauer den Namen des dafür benutzten Zeitmessers erhalten. Für die bei Ausbesserungsarbeiten Beschäftigten dauert die Mittagspause eine »Uhr« lang (»unum horologium« = 1/2 h), die Vesperpause eine Viertelstunde bzw. »eine halbe Uhr« (»medium horologium«). Bei Schiffsneubauten darf die Mittagspause eine volle Stunde (»una hora integra«) und die Vesper eine halbe Stunde (»unum horologium sive mediam horam«) dauern.[48]

Die Geschichte der 1390, also ziemlich spät beschafften städtischen

Uhr in Beauvais zeigt noch einmal die geringe Konfliktfestigkeit der hergebrachten Zeitangaben, die damals ins Auge gefaßten Lösungsmöglichkeiten für solche Konflikte und die Bedeutung der öffentlichen Uhren als moderne Organisationshilfen. Quelle ist, wie für die Konflikte in Sens und Auxerre, ein Pariser Parlamentsurteil, das die von den Streitparteien vorgebrachten Argumente im Vorspann referiert.[49]

Zwischen der mächtigen Weberzunft auf der einen und den Zünften der Wollscherer und der Wollschläger auf der anderen Seite war es zu großen Konflikten gekommen, die sich über Jahrzehnte angestaut hatten. Hauptproblem war die nicht mehr funktionierende Arbeitsteilung zwischen den drei Zünften. Die Weber waren dazu übergegangen, die Zulieferleistungen, die früher die beiden anderen Zünfte erbracht hatten, im eigenen Haus erledigen zu lassen. Außerdem hatten sie, weil sie ihr Handwerk für schwieriger als die beiden anderen erachteten, durch längere Lehrzeiten und durch höhere Aufnahmegebühren ihre Zunft mehr und mehr abgeschottet. Die Gesellen und Lehrlinge der anderen beiden Zünfte konnten nicht mehr wechseln, immer mehr angelernte Kräfte wurden arbeitslos. Dazu kam ein Streit über die hergebrachten unterschiedlichen Arbeitszeiten.

Die Wollscherer und Wollschläger führen dazu aus, daß ihre Gewerbe von altersher je eine selbständige Zunft mit eigenen Satzungen gebildet hätten. Die körperliche Belastung der Wollschläger sei viel größer als die der Weber. Ein Weber könne mit einem Gehilfen ohne weiteres einen vollen Tag (»dies integer«) von Sonnenaufgang bis Sonnenuntergang arbeiten. Wenn er seine Gesundheit erhalten wollte, könne ein Wollschläger hingegen nur ein kürzeres Tagwerk erbringen. Unter Berufung auf »antiqua statuta«, die mindestens 50 Jahre, aber auch noch älter, jedenfalls aber weit älter, als daß irgend jemand sich des Gegenteils erinnern könne, stellen die Wollschläger die alten Arbeitszeitregelungen aus ihrer Sicht dar.

Die Differenzierung habe schon auf dem Markt der Tagelöhner zu beginnen. Bei Sonnenaufgang hätten sich zunächst die Weber auf dem Markt einzufinden und ihre Leute zu dingen. Erst dann (»platea textorum finita«) kämen die Wollschläger und danach die Wollscherer auf den Markt. Danach hätten die Wollschläger etwa zur Zeit des Sakraments der Hochmesse in St. Pierre eine Frühstückspause von kurzer Dauer (»per modicum spacium temporis«). Die Hauptessenspause beginne für sie »um die Non« und dauere bis zum Schlag der Non bei St. Pierre. Im Winter sei das so kurz, daß die Glocke ertöne, bevor man mit dem Essen fertig sei. Gegen alle Gewohnheit kämen die Weber spät, nämlich erst zur Frühmesse zur Arbeit und seien von einigen auch dazu verleitet worden, ebensolange Pausen wie die anderen beiden Zünfte zu machen.

Die Weber bestreiten die Sonderregelungen für die anderen Zünfte und beschuldigen diese, die erste Pause auf eine volle Stunde (»una hora«) auszudehnen und alle Pausen und außerdem die Zeit am frühen Morgen und z. T. sogar die Nacht dazu zu benutzen, gegen die Zunftregeln minderwertige Produkte herzustellen. Sie behaupten auch, alle hätten bei Sonnenaufgang mit der Arbeit anzufangen und zur Primzeit eine kurze Pause zu machen. Die Dauer der Mittagspause sei in Beauvais wie in den anderen Städten, Arras, Hesdin, St. Omer, im Sommer auf eine »leuca terre«, im Winter auf eine halbe festgesetzt. Die Weber schlagen »zum offenkundigen Nutzen der ganzen Stadt« vor, daß ebenso wie in den anderen Textilstädten der Picardie eine Werkglocke mit einer entsprechenden Miet- und Arbeitszeit-Ordnung installiert werde. Außer dem gleichzeitigen Tagelöhnermarkt sollte die Pausenregelung wie geschildert beibehalten werden.

Der Parlamentsentscheid spiegelt die gewöhnliche restriktive Politik und folgt dem Vorschlag der Weber in der Sache. Dabei schreibt er aber die Einrichtung eines modernen Kontrollinstruments, einer verläßlichen Uhr, vor und transformiert auch gleich die dadurch möglichen eindeutigeren Zeitbestimmungen.[50] Der Tagelöhnermarkt soll für alle zugleich stattfinden, aber für die verschiedenen Zünfte sollen verschiedene Standplätze verabredet werden. Er soll im Sommer zwischen »der fünften und der sechsten Stunde« stattfinden, damit die Arbeit um 6 Uhr beginnen kann. Die erste Pause soll im Sommer eine, die zweite 1 1/2 Stunden dauern. Im Winter sollen die Arbeitszeit von 5 bis 7 Uhr und die Pausen eine halbe bzw. eine ganze Stunde dauern.

Die von Paris aus angeordnete Modernisierung der städtischen Arbeitszeitordnung in Beauvais zeichnet sich hinsichtlich der Zeitangaben, die eine Werkglocke eigentlich überflüssig machten, durch besondere Konsequenz aus. In anderen Städten wird die städtische Uhr erst allmählich zum Normalzeitgeber für die Ordnungen der Arbeitszeit. Wenn in der Ordnung der Pariser Tuchscherer 1415 die »orloge du palais«, in der Walkerordnung für Orléans (1406), der Schmiede in Troyes (1412) oder der Steinmetze in Regensburg (1440) jeweils die städtische Uhr auftaucht,[51] dann stehen diese Zeitangaben meist vereinzelt in einer Mehrheit von Zeitangaben alten Typs. Häufig wird nur das Arbeitsende im Sommer oder die Dauer einer Pause an eine Uhr gebunden, nicht aber zugleich auch die übrigen Zeitbestimmungen, etwa der Arbeitsbeginn bei Sonnenaufgang. Die zeitorganisatorische Emanzipation der Arbeitszeit vom Lichttag hatte im ersten Jahrhundert der neuen Uhren noch gut erkennbare Grenzen. Gelegentlich ist auch noch Mißtrauen gegen die Funktionstüchtigkeit der Geräte spürbar, etwa wenn bestimmte Zeiten auf zweierlei Weise angegeben werden. In Ulm z. B. wird 1420 das Arbeitsende für die Drescher zugleich kanonisch und modern festgesetzt: Sie sollen arbeiten »untz das die glogg driu schlüg oder man Vesper lüte«. In Rouen hatten die Kanoniker der Kathedrale den Maurern eine Uhr geliehen, damit sich diese mit ihren Arbeitszeiten danach richten konnten. In der Mitte des 15. Jahrhunderts wird dann die Pause für die Maurer nach der städtischen Uhr geregelt. Aber für den Fall, daß die Stadtuhr ausfiele, wird bestimmt, daß die Pause so lange dauern solle wie die große Messe in der Kathedrale.[52]

Ob sie nun durch eine Werkglocke mit uhrengeregelten »bestimmten Stunden«, unmittelbar durch die städtische Hauptuhr oder mit Hilfe von Sanduhren gegliedert wurde, die Dauer der Tagesarbeit hat sich durch diese Neuerungen zunächst nicht verändert.[53] Neu war, daß die Arbeitszeiten nach für die verschiedenen betroffenen Gruppen durchschaubaren Verfahren signalisiert wurden und kontrolliert werden konnten. Erst ganz allmählich und sehr vereinzelt zeigt sich, daß mit Hilfe der Uhren Arbeitszeiten ohne großen regelungstechnischen Aufwand verkürzt werden konnten. Für die Tagelöhner in den Weinbergen um Valencia war im 14. Jahrhundert statuiert worden, daß kein Arbeiter die Hänge vor dem abendlichen Glockenschlag der Kathedrale verlassen durfte. Im 16. Jahrhundert wird der Lichttag »de sol a sol« als Normalarbeitstag eingeschärft. Für besonders schwere Arbeiten wird die Arbeitszeit jedoch vom alten Signal entkoppelt und mit Hilfe des Uhrsignals in zwei Schritten verkürzt. Für Graben und Hakken schreibt das Landarbeiterstatut 1537 die Zeit von 7 bis 5 Uhr vor, und diese Zeit wird 1555 auf 8 bis 5 Uhr verkürzt.[54]

Auch hinsichtlich der Arbeitszeit hat die abstrakte Uhrzeit Möglichkeiten eröffnet, über die Arbeitszeit zu verhandeln und sie konfliktfest zu regeln oder neu zu regeln. Daß dies eine wesentliche Voraussetzung für alle Reformen der Arbeitszeitorganisation war, ist damals durchaus gesehen worden. Das zweite Buch von Thomas Morus' Bericht über die glückliche Insel »Utopia« ist am Anfang des 16. Jahrhunderts vermutlich in Antwerpen, einer der geschäftigsten Handelsstädte des spätmittelalterlichen Europa, entstanden. Darin heißt es, daß die Utopier den Tag und die Nacht in 24 gleich lange und durchgezählte Stunden teilten und nur sechs davon der Arbeit widmeten. Dies sei möglich, weil die gesellschaftlich notwendige Arbeit bei Heranziehung aller Müßiggänger in weit kürzerer Zeit als bisher erledigt werden könne.[55] Morus, der englische Jurist und spätere Lordkanzler, verbindet seine Kritik am unbemessenen Arbeitstag mit deutlichen Hinweisen auf die damals noch nicht selbstverständliche Voraussetzung für die Neuorganisation der Arbeit: die moderne Stundenrechnung.

Schon während des Hochmittelalters hat es im Bergbau unter Tage besondere Formen des Normalarbeitstages gegeben. Die hinsichtlich der Arbeitszeitregelungen dürftigen Quellen zeigen, daß die bergmännische Arbeitszeit seit langem unabhängig vom Lichttag und unabhängig vom städtischen Glockenensemble organisiert war. Ob im Bergbau die ungleichen Stunden bzw. die kanonischen Horen überhaupt je für Arbeitszeitregelungen benutzt worden sind, erscheint ebenfalls zweifelhaft. Die älteste bekannte bergmännische Arbeitszeitregelung, das »Jus regale montanorum«, ist ein von König Wenzel II. veranlaßter Versuch, das böhmisch-mährische Bergrecht zu vereinheitlichen. Als Redakteur der kurz vor 1300 erfolgten Kodifikation wird ein Magister Goczius aus Orvieto genannt. Dieses Bergrecht galt auch für die bedeutenden Bergbaustädte Iglau und Kuttenberg und heißt daher auch »Kuttenberger Bergordnung«. Am Ende des 14. Jahrhunderts ist es von Johann von Geilnhausen verdeutscht worden. Der Abschnitt über die bergmännischen Schichten legt eine abstrakte Tagesteilung allerdings ohne Uhren zugrunde. »Hora«, die bergmännische Schicht, ist in diesem Text sowohl ein Tagviertel wie eine (gleichlange?) Stunde: »[Vom Stundenrufer]... soll man wissen, das alle stunden [des Tages und der Nacht bei den Bergwerken]... in vier stunden geteilt sullen sein. ... Un den anefank ... sol der kundiger ausrufen...«[56]

Die Interpretation dieser Ordnung ist schwierig, weil unklar bleibt, mit welcher Zeitmeßtechnik der Arbeitstag der Bergleute geteilt worden ist. In der deutschen Fassung heißt es dann weiter, diese Schichtzeiten seien für die Fixierung von Beschauterminen zu »stete[r] stunde« ungeeignet, weil sie »mit zunemen und abnemen des tages unsteticlich sich wandeln«, und entsprechend wird der Beschautermin dann durch Gottesdienstzeiten bestimmt.[57]

Die nächste Ordnung mit verwertbaren Auskünften über Schichtzeiten, die Bergordnung des Landrichters Johann von Üsenberg im Breisgau (1372), setzt die moderne Stundenrechnung schon als selbstverständlich voraus. Danach sollen die Hüttenleute und Arbeiter im Berg, in der Erzmühle und in der Schmelzhütte

> zu(e)m tag acht stunden wercken, vier stund vor mittag und vier stund noch mittag, diss ist die ercht berggeschicht alles ungefarlichen.[58]

Bergmännische Schichten sind dann auf dreimal acht oder viermal sechs Stunden festgelegt worden. Dabei haben die einbezogenen Einfahrzeiten, die Verbote, zwei Schichten hintereinander zu fahren, und die Frage, ob man in der »frien zeit« außerhalb der Arbeitszeit noch auf eigene Rechnung schürfen dürfe, stets Konfliktanlässe geliefert, andererseits aber auch das Problem eines bemessenen Normalarbeitstages zu Bewußtsein gebracht.[59] Auch an der Geschichte der Regelungen der Arbeitszeit »unter Tage« läßt sich die wachsende Bedeutung moderner Zeitmeßtechnik verfolgen. Seit dem Spätmittelalter werden im Bergbau die Verfahren der Zeitindikation und der Zeitkontrolle verbessert. Die erste große Darstellung des Berg- und Hüttenwesens durch den Chemnitzer Stadtarzt Georg Agricola (1556) berichtet von den vielfach üblichen besonderen Werkglocken für Schichtzeiten, deren Signale durch Geklapper mit den Werkzeugen in die Schächte weiter gegeben, »ausgeklopft« wurden, aber auch von herunterbrennenden Unschlittlampen als elementaren Zeitgebern.[60] Soweit die Bergleute versuchten, die Zeitindikation durch Uhren unter ihre Kontrolle zu bringen, wurden ihnen häufig deren Kosten auferlegt.[61] Gelegentlich versuchte man, die Unvollkommenheiten der mechanischen Technik durch große Sanduhren auszugleichen. So wird in Altenberg im Erzgebirge ein »sandtseyger zu neun stunden« beschafft, weil die Schlaguhr nicht richtig funktionierte.[62] Auch vom Bergbau ist also ein erheblicher zeitorganisatorischer Modernisierungsschub ausgegangen.

## Zeitmessung und Produktion

Arbeitszeit- und Pausenregelungen machten überall da keinen Sinn, wo Rhythmus und Dauer unmittelbar von Arbeitsaufgaben oder Produktionsverfahren bestimmt wurden. Beim Schmelzen von Erzen, beim Gießen von Glocken und Geschützen und an Glasöfen diktierten langwierige Herstellungsvorgänge das Maß der Arbeit ohne Rücksicht auf Tage und Nächte, auf Sonn- oder Feiertage. Aber auch in diesen Bereichen lassen sich Veränderungen durch die neuen Verfahren der Zeitmessung beobachten. Da sind zunächst die – im Spätmittelalter noch sehr seltenen – schriftlich weitergegebenen Herstellungsanleitungen und Rezepturen. Zeitangaben tauchen naturgemäß da auf, wo bestimmte Produktionsergebnisse nicht unmittelbar sinnfällig wurden, sondern erfahrungsgemäß erst nach bestimmten Mindest- oder Höchstzeiten eintraten. Die berühmte *Diversarum Artium Schedula* des Theophilus Presbyter, eine Sammlung kunsthandwerklicher Anweisungen aus dem Anfang des 12. Jahrhunderts, gibt einige wenige Tageszeit- und Stundenangaben. »Zwei bis drei Stunden« soll z. B. Gold für Buchillustrationen in der Mühle zerkleinert werden, Asche und Sand bei der Glasherstellung einen Tag und eine Nacht geschmolzen werden. Aus bestimmten Mischungen läßt sich durch Schmelzen bis zur Terz oder Non gelbes oder purpurrotes Glas gewinnen. Handwerkliche Erfahrungen werden beschrieben und weitergegeben unter

63. Arbeit in einer Pulvermühle, Illustration in einer Handschrift des *Feuerwerkbuchs* (um 1450), Royal Armouries, HM Tower of London

Benutzung des vagen Referenzsystems der kanonischen Stunden. Nur an einer Stelle wird wohl eher geschätzt als gemessen, wenn es heißt, daß beim Abkühlen eines Emailleüberzugs »eine halbe Stunde« gewartet werden soll.[63] Erst seit Beginn des 15. Jahrhunderts begegnen solche Beschreibungen häufiger in den Schriften der Büchsen- und Sprengmeister. Moderne Stundenangaben bei Rezepturen enthält die Bearbeitung des sog. Feuerwerkbuchs des Marcus Graecus durch den Meister Achilles Thabor, hinter dem sich vermutlich der Schriftsteller Johannes Hartlieb (gest. 1468) verbirgt. Das *Feuerwerkbuch* vom Anfang des 15. Jahrhunderts, eine berühmte und vielkopierte Zusammenfassung der artilleristisch-pyrotechnischen Kenntnisse, gibt dann nicht nur Rezepturen, wie man z. B. ein starkes Schießpulver aus Schwefel, Salpeter und Salmiak macht, indem man die Mischung eine halbe Stunde über dem Feuer rührt, sondern auch Anweisungen, wie die Länge von Zündschnüren mit dem Glockenschlag abgemessen

64. Zeitzünder in *Newe vuerfarne treffenliche vortheile zu allerhand Kriegsübungen im veld und bevestungen durch Veitt Wolffen von Senfftenberg aus Österreich Itzo der von Dantzig Czeugmeistern fürgegeben Anno 1568*, Sächsische Landesbibliothek, Dresden: »Item in stetten Schlössern vnd flecken, die man nach langer Belagerung auffgeben muss, da kan man mit solchen verborgnen eingegrabnen feurwercken den feind wol ein lezi lassen, das im innerhalb 2 oder 3 tagen solche eroberung saur genug würde, nemlich ein grosse gewaltige feurkugel oder etlich an mer orten in den Camern vnd gemachen, hin vnd wider auch in den stallungen in die erden vergraben einlegen, vnd ein lauffends vrlin darzu gehefftet mit einem feurschloss alles ordentlich angerichtet, wie man wol kan. Vnd etliche solliche verborgne feurwerck kan man verhinderen so lang man will, vnd auff souil stunden richten, wie es einem gefellig. Vnd fürwar, so ist mit solchem vrteil oder stündlin vil wunders wer im nachgedenket ausszurichten vnd mit den gespannten feurslossen, man kan es nicht alles erzellen.«

65. Rhythmus und Befristung der Arbeit in einer Buchdruckerei, Kupferstich des Abraham von Weerdt, 1666

werden könne.[64] Der Tower in London besitzt eine Handschrift des *Feuerwerkbuchs* mit der Darstellung einer Pulvermühle, bei der nicht ganz deutlich wird, ob der Illustrator mit der Sanduhr auf die für die feine Körnung des Pulvers benötigte Stampfzeit oder auf Arbeitsschichten der Mühlenarbeiter anspielt. Für die moderne Zeitmessung hatten die Büchsenmeister auch andere Verwendungen, etwa wenn sie von Weckuhren berichten, die zu bestimmten Zeitpunkten ein Feuer oder einen Schuß auslösten oder sich an die Konstruktion von Zeitzündern, »feurschloss auff stunden und tag gerichtet wie man will«, machten.[65] Technischen Anleitungen des 16. Jahrhunderts wie Piccolpassos *Arte del Vasaio* und Biringuccios *Pirotechnia* sind dann voll von Anweisungen, in denen oft alte Erfahrungswerte in moderne Zeitangaben übersetzt werden. Bei Befristungen von Arbeitsgängen und Arbeitsschichten läßt sich, weil wir über die Herstellungsverfahren – z. B. bei den Arbeiten an der Druckerpresse – einfach nicht genug wissen, nicht immer entscheiden, ob Arbeitszeit kontrolliert, ein Arbeitstakt gesteuert oder produktionsbedingte Fristen eingehalten werden sollten.[66]

## Zeitkontrolle und Stundenlohn

Rechnerisch ließe sich der Stundenlohn eines mittelalterlichen Tagelöhners selbst dann bestimmen, wenn die dabei zugrunde gelegte Lohn- und Arbeitszeitordnung keine oder nur sehr wenige moderne Stundenangaben enthielte. Mit Hilfe von Tafeln für die Zeit der Sonnenauf- und -untergänge in den verschiedenen geographischen Breiten, von Festtagskalendern für bestimmte Orte und von Unterlagen über die Liturgie und mithin die ungefähre Dauer der Gottesdienste ließe sich zunächst die Dauer des Arbeitstages in Stunden und mit Hilfe einer Lohntafel für die betreffende Jahreszeit dann auch der Stundenlohn bestimmen. Nachdem man den Einfluß von Geldwertschwankungen und von nichtgeldlichen Lohnanteilen eliminiert hat, bliebe ein rechnerischer Stundenlohn, der für vergleichende Lebenshaltungs- oder Konjunkturuntersuchungen brauchbar wäre. Ebenso wie historische Kalorienberechnungen setzen solche Untersuchungen eine Reihe komplizierter und mit abstrakten Maßeinheiten operierender Überlegungen voraus, die im Spätmittelalter nur in Ansätzen vorstellbar sind. Die moderne Stundenrechnung ist eine der Voraussetzungen für solche Konzepte, und die im Spätmittelalter einsetzende Präzisierung von »hora« als vager Frist zur modernen Stunde hat auch auf dem Gebiet der Zeit-Geld-Beziehungen zu Abstraktionsfortschritten geführt, denen man bisher keine Beachtung geschenkt hat.

Um in Zeit-Geld-Beziehungen für Kalkulationszwecke die Größe

»Zeit« zu stabilisieren, bedarf es eines Zeitmaßes wie Jahr, Woche, Tag, Stunde oder Minute. Die in diesem Zusammenhang erreichten Fortschritte betreffen auch den durch die neue Zeitmeßtechnik ermöglichten Übergang vom Tag zur Stunde bzw. zur Präzisierung des Arbeitstages als einer Summe gleichlanger Stunden.

Daß der helle Tag zwölf Stunden hat, war auch im Hochmittelalter geläufig. Sieht man von den durch die wechselnde Dauer des Lichttages bewirkten Umständlichkeiten ab, stand einer entsprechenden Teilung des Tagelohns also nichts im Wege. Der Weinbergarbeiter, der nach dem biblischen Gleichnis in der elften Tagesstunde zur Arbeit erscheint und dennoch den vollen Tagelohn erhält (Matth. 20, 6–12), hat mittelalterliche Kommentatoren nicht sonderlich beschäftigt. Vereinzelt wird am Anfang des 14. Jahrhunderts das Weinberggleichnis als Beispiel für die Nachteile des Zeitlohns gegenüber dem Stücklohn herangezogen, aber Erörterungen gerechter Teilungen des Tagelohns oder entsprechend berechneter Lohnanteile findet man bei den Theologen nicht.[67] Dabei waren Teilungen des Arbeitstages und Teilungen des Tageslohnes durchaus alltäglich. Samstags und an Vorfesttagen wurde kürzer gearbeitet und zumeist nur der halbe Lohn gezahlt. Abzüge von Dritteln und Vierteln, am Ende des 15. Jahrhunderts sogar von Sechsteln und Zwölfteln, waren z. B. auf Baustellen als Schlechtwetterabzüge üblich.[68] Aber nicht einmal die Zwölfteilung führte unmittelbar auf den Einfall, ein abstraktes Zeitmaß wie die moderne Stunde zu bezahlen oder abzurechnen. Seit der Mitte des 14. Jahrhunderts zeigt sich aber, daß die gewohnten Tages- und Tagelohnteilungen nicht mehr ausreichten. Neue Formen der Tagesteilung und neue Lohnformen tauchen im Textil- und in noch größerem Umfang im Baugewerbe auf.

In den Rechnungsbüchern eines großen Florentiner Wolltuchunternehmens aus den Jahren 1355–70 hat Bruno Dini eine ganze Reihe von auffälligen, die Tageszeit differenzierenden Zeitmaßen gefunden. Dabei geht es durchweg um die – später so genannten – »Überstunden« von Zeitlohnarbeitern.[69] In der winterlichen Periode kannte man hier die »notte«, seltener auch »veglia«, für die abendliche Arbeit bis Mitternacht. Beide wurden sommers wie winters mit einem halben Tagelohn bezahlt. Fast ein Viertel des Tagelohns brachte die sommerliche Arbeit am Abend, »lunata« oder »sera«. Selbst für die vormorgendliche Arbeit kennen die Lohnlisten Fristen, allerdings ohne eigenen Namen. Ist z. B. »sera« schon am Ende des 13. Jahrhunderts die Bezeichnung für ein Tagesviertel oder den entsprechenden Lohn, so sind die ebenfalls abgerechneten und als »ore« bezeichneten Tagesviertel völlig neu.[70] Diese Hinweise auf derart differenzierte Tagesteilungen stehen allerdings ganz vereinzelt, und sie tauchen in der Buchführung eines Unternehmens auf, in dem offenbar sommers wie winters ungewöhnlich lang gearbeitet worden ist. Ob man diese »ore di straordinario« (B. Dini) schon als moderne Stunden verstehen kann oder ob es sich noch um Differenzierungen innerhalb der alten Zeitrechnung und mithin bei »ore« lediglich um vage Erfahrungswerte handelt, ist hier noch nicht zu entscheiden.[71]

Noch ein anderes neues, aber ebenfalls nicht langlebiges Zeitmaß taucht in der Mitte des 14. Jahrhunderts auf. Der erwählte Aufseher an der Dombaustelle in Orvieto hatte 1364/66 nicht nur die Aufgabe, die Uhr der Baustelle zu warten, er hatte auch die abgeleisteten Arbeitszeiten zu registrieren. Sie werden »doctae magistrorum et operariorum« genannt.[72] »Docta/dotta« ist vorher einmal bei Lohnabzügen in Abrechnungen für öffentliche Bauten in Siena belegt (1341).[73] In späteren Statuten der Domfabrik in Orvieto aus dem Jahre 1421 taucht der Begriff noch einmal u. a. im Ausdruck »doctae pro horis« auf. Nach den großen Sprachwörterbüchern ist »dotta« eine kürzere, aber zeitlich nirgends bestimmte Frist.[74] Nach unseren Quellen könnte »dotta« für eine Art Arbeitsschicht, vielleicht für eine noch vage Stunde, oder für den dieser Frist entsprechenden Lohn stehen. Wie lange aber eine solche »dotta« dauerte, wissen wir nicht.

In vielerlei Hinsicht weit moderner ist die 1387 begonnene Dombaustelle in Mailand organisiert.[75] Alte Tagesteilungen werden bei Schlechtwetterabzügen gelegentlich zwar noch benutzt, die moderne Stundenrechnung ist aber bei der Arbeitszeit- und Pausenkontrolle weitgehend geläufig. Für die Steinbrüche in Candoglia tauchen 1392 zwei Halbstunden-Uhren vermutlich für die Pausenzeitkontrolle in den Rechnungen auf. Darüber hinaus wurde die tägliche Arbeitszeit nach Stunden registriert. Eine mechanische Uhr wird im Jahre 1418 für die Steinbrüche beschafft, »um bei den Stunden sicher zu gehen, wann die Meister und die Arbeiter ihr Werk wegen Regen verlassen und wann sie zur Essenspause gehen«. Auch die Baustelle in der Stadt hatte eine eigene Uhr mit Glocke und seit 1433 auch mit Zifferblatt.[76] Aber die neue Stundenrechnung wurde in dieser Zeit nicht nur schon für – noch vereinzelte – stundenweise Abrechnungen von Arbeitszeiten benutzt, sondern auch für moderne Kostenkalkulationen. Ein Mann mit zwei Eseln soll im Jahre 1392 Eisenteile und Lebensmittel aus dem Tal zu den Steinbrüchen bringen, damit die Meister und Arbeiter keinen Vorwand hätten, sich von den Arbeitsstellen zu entfernen. In der Begründung wird der dadurch für die Domfabrik entstehende Verlust nach Arbeitsstunden berechnet. In einem anderen Fall wird 1411 die schriftliche Registrierung der täglichen Arbeitsstunden u. a. mit der Notwendigkeit begründet, die Stückkosten für einzelne Marmorblöcke zu ermitteln.[77] Mit diesen Ansätzen, ein abstraktes

Arbeitsmaß als Kostenfaktor zu kalkulieren, sind die Grenzen der im 14. Jahrhundert und – soweit ich sehe – auch im 15. Jahrhundert möglichen rechnerischen Abstraktion erreicht. Ohne daß jetzt schon alle erhaltenen Quellen zugänglich wären, läßt sich auch sagen, daß solche Berechnungen außerordentlich selten waren. Lediglich für die stundenweise Bezahlung finden sich um 1400 auch außerhalb Mailands verstreute Hinweise.[78] In dem oben erwähnten Parlamentsentscheid für die Zünfte in Beauvais (1390) wird z. B. festgesetzt, daß sich die Wollschläger nicht unbedingt im Tagelohn (»ad dietam«), sondern auch nach der Produktmenge (»ad libram et pondus lanarum«) oder stundenweise (»ad certum numerum horarum«) verdingen könnten. Auch in der Walkerordnung von Orléans (1406) ist die stundenweise Verdingung »a heure« neben der »a terme« als Möglichkeit vorgesehen.[79]

Die weitere Entwicklung dieser neuen Form des Zeitlohns verlief in indirekten Bahnen. Es war nicht so, daß immer häufiger Tagelöhne entsprechend den gleichen Stunden in gleiche Teile geteilt worden wären. Stundenlöhne sind viel öfter aus Überstundenbezahlungen oder Abzügen für versäumte Stunden hervorgegangen. Verfolgen läßt sich diese Entwicklung vor allem auf den Baustellen seit der Mitte des 15. Jahrhunderts.

An der Dombaustelle in Orvieto war nicht nur der Betrieb der Baustellenuhr, sondern auch die Registrierung der versäumten Stunden (»horae obmissae«) in den Statuten der Domfabrik geregelt.[80] In Nürnberg war eine vergleichsweise komplizierte Form der modernen Stundenrechnung in Gebrauch, und deshalb enthalten die Aufzeichnungen der Stadtbaumeister Lutz Steinlinger (1452) und Endres Tucher (1464–1465) gründliche Aufstellungen über die Arbeitszeit der bei der Stadt beschäftigten Arbeiter in den verschiedenen Jahreszeiten.[81] Endres Tucher berichtet außerdem von einer Regelung, nach der den Lohntüten (»peutelein«), die den Arbeitern samstags auszuhändigen waren, bestimmte Beträge für versäumte Stunden entnommen oder für zusätzlich gearbeitete Stunden hinzugefügt wurden. Diese Beträge entsprachen etwa einem Zehntel des jeweiligen Tagelohns, und sie werden hier – m. W. zum erstenmal – »stundgelt« genannt.[82] In den Rechnungen für den Chorbau der St. Lorenzkirche (1445–49, 1462–67) findet sich von diesen Lohnformen noch kaum eine Spur.[83] In den Rechnungen für die 1481 beginnenden Arbeiten an den Türmen der Lorenzkirche werden dann sowohl Überstundenbezahlungen für durchgearbeitete Pausen (»under iren stunden«) als auch Überstundenarbeit zu festen Tarifen (»je von ainer stund 2 d.«) erwähnt.[84] Hier geht es eindeutig um Stundenlöhne, weil ihre Höhe im Gegensatz zu den Tagelöhnen nicht mehr mit der Jahreszeit schwankt.

Schärfer und genauer geregelt erscheint das System der Pausenkontrollen und strafweisen Lohnabzüge für versäumte Arbeitszeiten in den Ordnungen für Calais (1474). Die Stadt war der englische Brükkenkopf in Frankreich, und die Arbeiter befanden sich in einem quasimilitärischen Unterordnungsverhältnis. Die Arbeitszeit an »the king's works« war zeitlich auch deshalb sehr genau geregelt, weil Hafen- und Befestigungsarbeiten wegen der Gezeiten schnell erledigt werden mußten. Bei gezeitenabhängigen Arbeiten während des Tages oder der Nacht entfielen z. B. alle Rechte auf Pausen. Normale Arbeitszeiten waren teils nach dem Tageslicht, teils nach der öffentlichen Uhr geregelt, und bei den Strafen für Verspätungen für Aufseher und Handwerker wurde nach Stunden und halben Stunden differenziert.[85] Auch in den Baurechnungen für königliche Residenzen, Kirchen und Colleges zeigen sich die Löhne für Überstunden, die vor allem bezahlte Pausen (»hour times and drinking times«) waren, als Vorläufer der Stundenlöhne. Auch sie wurden – das war in England nicht anders als in Frankreich oder Polen – ganz überwiegend mittels Sanduhren befristet.[86]

Der im 15. Jahrhundert entwickelte Stundenlohn war – und das gilt noch mehr für die entsprechenden Kostenrechnungen – im Spätmittelalter eine seltene Ausnahmeerscheinung. Nur strafweise Abzüge für Fehlstunden finden sich häufig. Mindestens bis zum Ende des 18. Jahrhunderts blieb der Tagelohn die für Zeitlohnarbeiter normale Lohnform. In Paris z. B. war der Stundenlohn nach Wort und Sache bis zum Beginn des 18. Jahrhunderts unbekannt.[87] Auch auf diesem Gebiet sind damals lediglich Möglichkeiten entwickelt worden, deren Zeit noch lange nicht gekommen war.

## Normaluhr und Fabrikuhr

Die Bindung der Arbeitszeiten an den Stundenschlag der städtischen Normaluhr, aber auch die Befristung von Arbeiten durch ein kaum zu manipulierendes Instrument, die Sanduhr, minderten den Freiheitsspielraum der Betroffenen, aber sie waren auch ein Schutz gegen die hinter der Vagheit der alten Zeitangaben immerhin denkbaren Willkür. Die Arbeitgeber hatten sich mit beiden Geräten selbst gebunden. Das gilt wenigstens, solange die städtischen Uhren öffentlicher Kontrolle nicht entzogen waren.

Die Kontrolle der Uhren wird zunächst und vereinzelt auf dem Lande, dann häufig und massiv in den Fabriken zu einem Problem, dessen praktische Bedeutung vielleicht gering, dessen erhebliche psychologische Auswirkungen jedoch bis in die Gegenwart zu verfolgen sind. Voraussetzungen dafür sind einerseits die sprunghaft zunehmende Ganggenauigkeit der Uhren nach der Mitte des 17. Jahrhunderts und andererseits der breite private Uhrenbesitz im 17. Jahrhundert im Bürgertum und seit dem 18. Jahrhundert auch bei den Mittel- und Unterschichten. Die Monopolstellung der kommunalen öffentlichen Uhr blieb nur auf dem Lande, und auch da nicht überall, erhalten. Da fast alle Termine und Fristen inzwischen umgestellt waren, wurde weniger das Haben als das Verfügen über eine Uhr zu einer wichtigen Frage.

Soweit sie zeitlich, d. h. in Tagen festgelegt waren, galt für die Frondienste auf dem Land noch im 18. Jahrhundert, was eingangs über die städtischen Tagelöhner gesagt worden ist. Die tägliche Arbeitsfron der ländlichen Untertanen war ungemessene Arbeit, deren Umfang nur vom Billigkeitsprinzip und den manchmal vorgeschriebenen Pausen von zwei, im Winter einer Stunde begrenzt wurde. Die Fronbauern konnten jedoch die Einhaltung ihrer Pausen nicht mehr kontrollieren oder einfordern, wenn der Gutsherr die Uhr verstellen oder die Sonnenuhr abreißen ließ, wie dies von Wormlage in der Niederlausitz für das Jahr 1724 berichtet wird.[88] Der ausbeuterischen Willkür der schon aus den Volkssagen bekannten Zwingherren, die Uhren fälschten,[89] ließ sich allerdings seit dem 18. Jahrhundert in gewissem Umfang durch private Zeitmesser entgegenwirken. Gelegentlich hat auch der Staat die geplagten Untertanen dabei unterstützt. Das von der Domänenkammer Strelitz für das Amt Stargard in Pommern 1724 erlassene *Reglement der Hoff-Dienste* versuchte, der Ausnutzung der Bauern durch die Pächter einen Riegel vorzuschieben. Verschiedene Leistungen werden möglichst genau beschrieben, die sommerliche Arbeitszeit und die Pausen nach der Uhrzeit mit der Bemerkung versehen: »dabey denen Unterthanen freigelassen wird, ein richtiges Stunde-Glas mit auf das Feld zu nehmen und sich danach zu richten«.[90] Das gleiche technische Mittel benutzten die ländlichen Heimarbeiter, die – mit einem Euphemismus – über ihre Arbeitszeit selbst verfügten. Die ältere Darstellung bringt den in Webstuben zweifellos vielgebrauchten, aber sicher nicht mehr »clepsydra« genannten Zeitmesser in emblematische Verbindung mit dem Verrinnen der Lebenszeit.

Mit dem Übergang zur industriellen Produktion seit dem Ende des 18. Jahrhunderts rücken die Kämpfe um die Zeitordnungen der Fabriken in die öffentliche Aufmerksamkeit. Die Fabrikordnungen verbinden obrigkeitlich-patriarchalische Elemente städtischer wie häuslicher Zeitordnungen mit neuen zeitökonomischen Zielsetzungen. Der Haß auf die Fabrikglocke und die Erfahrung, daß Fabrikherren Uhren »fälschen«, lassen sich von der frühen Fabrikberichterstattung, die Marx und Engels ausführlich referiert haben, bis in die Erinnerungen der Arbeiter unseres Jahrhunderts verfolgen.[91] Schon in den Anfängen der

66. Wollkämmer mit Sanduhr in *The Book of English Trades*, London 1818

67. Weber mit Sanduhr in Johann Mannichs *Sacra Emblemata*, Nürnberg 1624

sozialkritischen Belletristik werden die neuen Zeitordnungen – die agrargesellschaftlichen Verhältnisse waren zur Idylle geworden – drastisch geschildert.

... auch hier hatte die Lerche ihr Abendlied getrillert: nur daß Niemand Zeit gehabt hatte, darauf zu merken!

Erst als die große heisere Fabrikuhr rasselte, als die Thüren der ungeheuren Arbeitssäle aufsprangen in knarrenden Angeln und die Aufseher, durch Wolken von Staub und Qualm und Schweiß hindurch, mit rauher Stimme den Schluß der Arbeitsstunden verkündigten: da erst begann auch hier der Feierabend.

(Robert Prutz, *Das Engelchen*, Roman 1851)[92]

Zeitmessung und Zeitindikation erscheinen hier als in großem Umfang mißbrauchtes Vorrecht, gegen das man sich nur allmählich und mühsam zu wehren lernte. Nach älteren englischen und schweizerischen Fabrikgesetzen mußten die Fabrikuhren nach der öffentlichen Uhr gestellt werden. Gelegentlich haben Fabrikunternehmer den Arbeitern verboten, private Uhren mit in die Fabriken zu nehmen. Noch aus dem Jahre 1907 wird berichtet, daß apulische Landarbeiter ihr Geld zusammengelegt hatten, um eine Uhr zur Gegenkontrolle der vorgeschriebenen Arbeitszeiten zu kaufen.[93] Der Doppelcharakter der

Uhr, als Instrument anachronistischer Herrschaft und zugleich als Mittel zu deren Überwindung, zeigt sich im – in einer Marxschen Fußnote enthaltenen – Bericht über einen Konflikt in einer Dampfstuhlweberei in Wiltshire im Jahre 1863. Der Tuchfabrikant hatte dort die Arbeitszeit von einem »Zeitwächter« mit einem Horn anblasen lassen. Die Arbeiter weigerten sich nach einem Streik, die Arbeit wieder aufzunehmen, bevor nicht eine Uhr beschafft und ein neuer Straftarif eingeführt würde.[94] Als Instrument und Symbol der Tyrannei industrieller Arbeitsformen wird die Uhr andererseits von den Arbeitern gelegentlich physisch attackiert.[95]

Im Hinblick auf äußere Aspekte der Arbeitszeitorganisation übernimmt die Fabrik des 19. Jahrhunderts praktische und symbolische Elemente der Arbeitszeitorganisation der spätmittelalterlichen Stadt, allerdings mit dem Unterschied, daß die Uhrzeit im Bewußtsein der Betroffenen überwiegend zu herrschaftsbestimmter entfremdeter Zeit geworden war. Bis in die Gegenwart spiegelt auch die Architektur der Fabriken, zunächst mit kleinen Uhrtürmen nach Art der mittelalterlichen Predigerklöster auf dem Dachfirst, dann mit massiven freistehenden Glocken- und Uhrtürmen, das neue Arbeitsethos wider.[96]

## Vorboten des Taylorismus

Gravierende Veränderungen zeichnen sich noch im 18. Jahrhundert bei der Präzision und – durch sie ermöglicht – der Verkleinerung der Recheneinheiten bei der Bezahlung der Arbeitszeit bzw. bei den Strafen für versäumte Zeiten ab. In der noch vor 1700 entstandenen Ordnung (»Law Book«) für die »Crowley Ironworks«, der damals größten europäischen Eisenhütte, findet sich eine detaillierte Zeitregelung von nahezu pathologischer, kaum realisierbarer Perfektion. Die Arbeitszeit der »office workers« sollte vom Büro eines »Monitors« überwacht und nach Stunden und Minuten schriftlich, und zwar in ausgeschriebenen Zahlen, auf einem »time paper« registriert werden. In diesem Büro befand sich eine besondere Uhr, »minute dial«, die allein maßgeblich sein sollte. Diese Normaluhrfunktion war dadurch unterstrichen, daß nur der Monitor die Werkglocke betätigen durfte. Das Betriebsgelände war entsprechend der Vielzahl der Einzeltätigkeiten ausgedehnt, und nicht alle Tätigkeiten der »office workers« konnten von einem Büro aus überwacht werden. Diese sollten daher – auch das ist ganz neu – Protokolle über ihre Wege und Aufträge führen, wobei die nicht zum Nutzen des Werks verbrachte Zeit (»loitering hours«) von ihnen selbst notiert werden sollte. Die im Büro protokollierte Zeit (»Monitors Neat Time«) und die auswärts verbrachte Zeit ohne Pau-

68. Manufaktur von Rasiermessern nach englischer Art, Stahlstich (1783)

sen (»Corrected Extra Time«) sollten dann addiert und nach Stunden und Minuten bezahlt werden.[97]

Hinsichtlich der Zeitkontrollen geht diese minuziöse Ordnung weit über das im 18. Jahrhundert Übliche hinaus. In einzelnen, vermutlich nicht typischen, aber wegen der neuartigen Erfahrung hochgradiger Arbeitsteilung viel geschilderten »Musterbetrieben« sind beträchtliche Anstrengungen bei der Arbeitszeitkontrolle auch mit Hilfe von »Kontrolluhren« unternommen worden, einer Einrichtung, die anfangs der Überwachung städtischer Nachtwächter diente. In den Porzellanfabriken des englischen Unternehmers Josiah Wedgwood, die die Arbeiter nach der Einführung der Fabrikglocke »Bell-Works« nannten, wurden primitive Formen der Stechuhrkarten benutzt. Am Ende des Jahrhunderts wurde dort ein Mann eingestellt, der versprechen mußte, sich bei der Beobachtung der Arbeitsvorgänge mit Hilfe einer Stoppuhr keinesfalls erwischen zu lassen.[98]

*L'Art de l'Épinglier*, die von M. Perronet 1762 bearbeitete Beschreibung der Herstellung von Stecknadeln beschreibt nicht nur die hochgradig zerlegten Arbeitsschritte, sondern gibt auch deren Zeiten an.[99] Noch modernere Verfahren der Zeitaufnahme finden sich in der *Architectura Hydraulica* des französischen Festungsingenieurs Bernard Forest de Belidor, wo bei der Zeit- und Kostenberechnung für das Einrammen von Pfählen für Molen und Hafenmauern eine erstaunlich subtile Form der Zeitaufnahme benutzt wurde.[100] Für den Betrieb der Ramme berechnet Belidor die für das Aufziehen und Fallenlassen des Rammbocks benötigte Zeit in Abhängigkeit von den verschiedenen Erdschichten und unter Berücksichtigung von Korrekturen, wenn der Pfahl aus dem Lot gerät. Dann veranschlagt er die wegen Müdigkeit nachlassende Leistung der Arbeiter, indem er für 20 Arbeitsstunden real 18 Stunden, 32 Minuten und 24 Sekunden ansetzt. Wegen der hohen Schöpfkosten schlägt er vor, Tag und Nacht arbeiten zu lassen. Beim Kontrakt mit dem Bauunternehmer sei dann jeder eingerammte Pfahl, inklusive zufälliger Unkosten, mit 6 Livres, 10 Sols, 8 Deniers zu veranschlagen. Es folgen weitere Vorschläge, die Ramme zeitsparend einzusetzen, »inmaßen bey Wasserbauten alles hierauf abzielen muß«. Diese Regelung war weniger ökonomisch motiviert, als von den natürlichen Gegebenheiten erzwungen. Die Gezeiten sorgten für Zeitdruck. Das Ergebnis war sehr modern und gehört, weil der Faktor Ermüdung miteinbezogen wurde, tatsächlich in die Vorgeschichte des Taylorismus und der Rationalisierungsbewegung. Am Ende des 18. Jahrhunderts hatte man nicht nur die auf den Arbeitsstellen verbrachten Zeiten, sondern auch die Leistungsmöglichkeiten zu berechnen begonnen. Im Kölner Stadtarchiv findet sich eine Aufstellung in französischer Sprache aus den letzten Jahren des 18. Jahrhunderts, in der die Arbeitsleistungen von Menschen, Pferden und einfachen Maschinen nach Metern und Kilogramm pro Sekunde aufgelistet sind.[101]

In den Manufakturen und Fabriken des frühen 19. Jahrhunderts waren es vielfach naturale Umstände – z. B. ungleichmäßiger Betrieb der wasserkraftgetriebenen Maschinen – wie wirtschaftliche Probleme – z. B. ungleichmäßiger Arbeitsanfall –, die die Verstetigung und Intensivierung der Arbeit behinderten. Die Dampfmaschine und günstige ökonomische Umstände ermöglichten dann den rasanten industriellen Aufstieg und zugleich die neuen Formen fabrikindustrieller Arbeitszeiten, die den Unterschied von Tag und Nacht, von Sommer und Winter für einen kleinen Teil der Arbeiterschaft zum Verschwinden brachten. Seit dieser Zeit ist die Arbeitszeit in doppelter Hinsicht eines der beherrschenden Themen der Wirtschafts- und Sozialpolitik. Für Arbeitgeber stand die rationelle Nutzung der Arbeitszeit, die »Ökonomie der Zeit«, im Vordergrund, ihre äußere Kontrolle blieb aber ein großes Thema mit hoher symbolischer Bedeutung. Wenn Alfred Krupp die »Innehaltung der Zeit und Regulierung der Uhr« in seinen Betrieben anmahnt, weil »jede verlorene Minute jetzt 100 Sgr. Lohn ohne Leistung« kostet, ist ihm die »grauenhafte Differenz der Uhren« symbolischer Ausdruck für drohende Unordnung. Um dem zu wehren, läßt er einen zentralen Chronometer in der Villa Hügel installieren.

> Es muß niemals eine Differenz von einer Minute geduldet werden; erst dann bin ich befriedigt und beruhigt, erst dann haben wir eine Fabrikordnung.[102]

Auch die Arbeiter entdecken das Thema Arbeitszeit und machen den

69. Anzeige aus dem ersten Jahrgang der *PRITEG-Nachrichten*, Firmenzeitschrift der Fuld & Co. Telephon- und Telegraphenwerke, 1923

Arbeitstag im 19. Jahrhundert zum politischen Kampfobjekt. Der viel beschriebene Weg zur Verkürzung der Arbeitszeit führte, unter wechselnden politischen Konstellationen und in verschiedenen Ländern ungleichmäßig schnell, zum Normalarbeitstag und entsprechend zur Freizeit als bemessener und umstrittener Größe.[103] Mit den neuen Aspekten, Urlaub und Verkürzung der Lebensarbeitszeit, ist die Arbeitszeit bis in die Gegenwart ein prominentes Thema geblieben, und die Diskussionen um die Gleitzeit halten die Bedeutung der gemessenen Zeit bewußt.

# 10

# Koordination und Beschleunigung: Zeitmessung und das Verkehrs- und Nachrichtenwesen bis zu den »Weltzeit«- Konventionen

Die Begriffe »Universalzeit« und »Weltzeit« sind am Ende des 19. Jahrhunderts im Zusammenhang mit den Diskussionen und Konventionen zur Vereinheitlichung und Koordination aller lokalen und regionalen Gewohnheiten der Tageszeitbestimmung üblich geworden. Nachdem sich im Spätmittelalter und in der frühen Neuzeit einheitliche Verfahren der Jahreschronologie und der Datierung schon weitgehend durchgesetzt hatten, zeigte sich seit dem Ende des 18. Jahrhunderts, daß Beschleunigung und Verdichtung des Verkehrs- und Nachrichtenwesens auch die Synchronisierung der Orts- und Regionalzeiten erforderlich machen würde. Bis dahin waren die Ortszeiten bzw. die jeweiligen »bürgerlichen Zeiten«, wie sie im 19. Jahrhundert nach ihrem stadtbürgerlichen Ursprung genannt wurden, Zeiten unverbundener »urbaner Monaden« geblieben.

Waren durch mechanische Uhren und Sanduhren seit dem Spätmittelalter Tageszeiten und abstrakte Fristen untereinander vergleichbar, so waren sie durch die Universalzeitkonventionen am Ende des 19. Jahrhunderts auch hinsichtlich ihrer zeitlichen Lage aufeinander beziehbar geworden. Die internationale Meridiankonferenz 1884 leitete das endgültige Verschwinden der »urbanen Monaden« ein.

Auch im Mittelalter war nicht nur der Zusammenhang von geographischer Breite und Tageslänge, sondern auch der Unterschied der Ortszeiten bekannt. Mindestens den Gebildeten war also geläufig, daß der sommerliche Lichttag in England viel länger war als in Italien, und daß die Sonne in Paris später aufgeht als in Regensburg. Bei astronomischen Beobachtungen wurden diese Unterschiede berücksichtigt, für das praktische Leben war die Kenntnis solcher Zeitversetzungen wegen der geringen Nachrichten- und Transportgeschwindigkeiten jedoch bedeutungslos.

Auf den ersten Blick wird nur eine Epochenschwelle sichtbar: die Entwicklung der Eisenbahn- und Telegraphentechnik. In der Zeit davor setzten Gelände, Wetter, die Leistungsmöglichkeit und Ermüdung von Tieren und Menschen allen Verkehrsgeschwindigkeiten unverrückbare natürliche Grenzen. Steigern ließen sich diese Geschwindigkeiten bis zu einem gewissen Maß nur durch die schon in den antiken Hochkulturen bekannte »postmäßige« Beförderung.

»Postmäßig« nennt man eine Transporttechnik, die den natürlichen Faktor Ermüdung durch Botenstafetten, durch »Unterlegen« von Pferden, d. h. Pferdewechsel, und durch die Unterhaltung von Wechselstationen bzw. Relais, d. h. Posten, ausschaltet.[1] Dadurch ließen sich die für Tier und Mensch jeweils erreichbaren, kurzfristigen Höchstleistungen zu durchschnittlichen, kontinuierlich beibehaltenen Geschwindigkeiten für Transporte auch über weite Strecken machen.

Über ganz erstaunliche Distanzen und Geschwindigkeiten berichten antike Autoren bei der Übermittlung von Signalen und Nachrichten durch Ketten von Feuer-, Rauch- und Rufzeichen. Sosehr neuere Forschungen viele Legenden über die antike Nachrichtentechnik demontiert haben, so bleibt doch unbestritten, daß spätestens seit dem 5. Jahrhundert v. Chr. effektive Signalstafetten für staatliche und militärische Zwecke bekannt waren und eingesetzt worden sind. Unter diesen Berichten verdienen hier Projekte antiker Autoren Interesse, die die zeitgenössische Technik der Zeitmessung für den Übergang von der Übermittlung einzelner Signale zur Übermittlung von Nachrichten nutzen wollten oder sollten. Von Aineas, »dem Taktiker«, einem griechischen Militärschriftsteller des 4. vorchristlichen Jahrhunderts überliefert Polybios den Vorschlag, zwei gleichgroße, geeichte Auslaufgefäße mit einem Schwimmer und einem Stab mit Feldern zu versehen, denen einzelne Nachrichten (Reitereinfall, bewaffnetes Fußvolk etc.) zugeordnet werden könnten (X,44). Nach einem Feuerzeichen als Startsignal sollten beide »Wasseruhren« geöffnet werden. Erreicht das Nachrichtenfeld auf dem herabsinkenden Stab beim »Sender« den Rand des Gefäßes, stoppt ein zweites Feuerzeichen die »Übertragung«, und der »Empfänger« kann die Nachricht an seinem Stab ablesen. Im 2. Jahrhundert schreibt der in Rom lebende Anwalt Polyainos in einer Sammlung von Kriegslisten den Karthagern die Entwicklung eines verbesserten »Uhrentelegraphen« zu (VI, 16). Auf Zifferblattfeldern zweier Klepsydren des vitruvianischen Typs (vgl. S. 31 f.) sollte eingetragen werden, welche Art von Nachschub aus Afrika nach Sizilien geschafft werden sollte. Nach einem Ankündigungssignal könnte zum Zeitpunkt des zweiten Feuerzeichens die Nachricht an den Klepsydren, die nach Sonnenuntergang in Betrieb genommen werden müßten, abgelesen werden. Ein ähnliches Verfahren mit zwei synchronen Wasseruhren soll Leon, »der Mathematiker«, im 9. Jahrhundert Kaiser Theophilos vorgeschlagen haben, eine Nachrichtenverbindung von der kilikischen Pforte, wo man Angriffe der Sarazenen befürchten mußte, nach Konstantinopel einzurichten. Alle diese aus vielerlei Gründen undurchführbaren Projekte sind im 19. Jahrhundert zu Vorläufern der optischen Telegraphie gemacht worden und haben zur vielfach heute noch andauernden Überschätzung der antiken Signaltechnik geführt.[2]

In der alteuropäischen Welt sind keine neuen Übermittlungs- und Transporttechniken entwickelt worden. In seinem Handbuch der Postkurse erklärt Ottavio Codogno um 1600, daß im Hinblick auf die Beförderungsgeschwindigkeit das zeitgenössische Kurierwesen dem der römischen Kaiserzeit unterlegen sei.[3] Rechnet man die Einzelnachrichten gegeneinander auf, so war die Post tatsächlich nicht schneller geworden. Während der römischen Republik und ebenso während der Französischen Revolution ließ sich ein Brief äußerstenfalls in 10 Tagen von Rom nach Paris befördern. Der Unterschied bestand darin, daß bis zum Beginn der Neuzeit solche schnellen Nachrichtenverbindungen jeweils nur für kurze Zeiträume unter großem ökonomischen und politisch-administrativen Aufwand für privilegierte Benutzer unterhalten worden sind. Während der Französischen Revolution dagegen konnte jeder, der Porto bezahlte, diese Verbindungen benutzen und überdies darauf rechnen, daß Laufzeiten eingehalten wurden und auch Anschlußverbindungen zu anderen Orten gewährleistet waren. Früher ungewöhnliche Übermittlungsgeschwindigkeiten waren durch das frühmoderne Postwesen zur Regel geworden.

Die Geschichte der Nachrichten- und Transportgeschwindigkeiten und auch des Postwesens in den einzelnen Ländern ist gut erforscht, und wir können uns hier auf die Frage konzentrieren, welche Rolle die neuen Techniken der Zeitmessung bei der allmählichen Koordination und der Beschleunigung der Nachrichten- und Verkehrsverbindungen gespielt haben. Dabei soll die gewissermaßen »schleichende« Evolution von Beschleunigungsvorgängen innerhalb der an naturale Bedingungen gebundenen Verkehrssysteme deutlicher werden. Ausgangspunkt ist die Beobachtung, daß sich die zeitorganisatorischen Mittel der Beschleunigung einem »literarischen« Rezeptionsvorgang zu verdanken scheinen und daß die ersten bekannten praktischen Anwendungen der neuen Zeitmeßtechnik wiederum in Mailand der Visconti zu beobachten sind.

## Berichte über das asiatische Postwesen

Das Wort »Posten« für Stationen eines regelmäßig betriebenen Nachrichtensystems wird im europäischen Mittelalter zuerst in Marco

Polos um 1298 verfaßten Bericht über seine Reise nach Asien benutzt. Der berühmte Reisende erzählt, daß der Groß-Khan die Straßen des Landes von Peking aus mit Stationen für den Pferdewechsel seiner Boten und Gesandten versehen habe. Die Abstände dieser Posten betrügen je nach Geländebeschaffenheit 25 bis 40 Meilen. Dazwischen seien alle drei Meilen kleine Weiler eingerichtet, an denen sich die Boten zu Fuß ablösten.

Die Fußpost ist folgenderweise eingerichtet: Jeder Läufer trägt einen Gürtel voller Glöckchen, damit man ihn beim Rennen schon von weitem hört. ... Im nächsten Weiler hört man ihn kommen, ein neuer Läufer macht sich bereit. Sobald jener eintrifft, übernimmt der zweite die Post, und vom Schreiber erhält er dazu einen Zettel. ... Ich kann euch sagen, diese Eilboten melden dem Khan zehn Tagereisen entfernte Neuigkeiten innerhalb eines Tages und einer Nacht. ... Demnach hätte man in zehn Tagen Berichte aus einem Ort der hundert Tagereisen weit weg ist. ... Die [berittenen] Eilboten legen zweihundert bis zweihundertfünfzig Meilen am Tag zurück.[4]

Die Post gehörte ebenso wie das Papiergeld zu den Standardthemen in den mittelalterlichen Reiseberichten über Asien. Die mongolischen Herrscher hatten im 13. Jahrhundert ein Postsystem mit Pferderelais und Eilbotenstafetten nach altpersischen Vorbildern eingerichtet und nach der Unterwerfung Chinas das ähnlich aufgebaute chinesische Postwesen neu organisiert.[5] Diese Posten, zu militärischen und administrativen Zwecken angelegt und entsprechend militärisch und bürokratisch organisiert, erregten bei den Reisenden aus dem Abendland Bewunderung. Außer von den regelmäßig und unabhängig von Siedlungen postierten Relais zeigen sich die Reiseberichte vor allem von den Geschwindigkeiten verblüfft. Nach Marco Polo legten die chinesischen Eilboten eine Strecke von zehn normalen Tagereisen innerhalb eines natürlichen Tages zurück. Im Bericht Odorichs von Pordenone (ca. 1325) ist von 30 Tagereisen die Rede, eine Zahl, die einige Manuskripte nach unten auf drei korrigieren.[6] Der Dominikaner Johannes von Cara berichtet (ca. 1330), daß Nachrichten aus einer Entfernung von drei Monatsreisen binnen 15 Tagen übermittelt würden[7], und die vielgelesenen, aber durchweg aus zweiter Hand kompilierten *Mandevilles Travels* (1356) geben in der französischen Urfassung wieder ein Verhältnis von eins zu drei.[8] Solche relativen Zahlen lassen sich kaum kommentieren. Schwierigkeiten bereiten daher auch in Marco Polos Bericht, der im ganzen als glaubwürdig gilt, die Angaben über die Tagesleistungen der berittenen Eilboten. Legt man die – unter allen damals gebräuchlichen Meilen vergleichsweise kurze – venezianische Meile (1 miglio = ca. 1,7 km) zugrunde, dann ergibt sich eine Tagesleistung von 340 bis 425 km. Auch das liegt noch weit über den von Gazan, dem mongolischen Herrscher im Iran (1295–1304), angeordneten Geschwindigkeiten der Posten. Danach sollten die Abstände zwischen den Poststationen drei Parasangen (16,5 km) betragen. Die staatlichen Boten sollten binnen 24 Stunden 30 bis 40 Parasangen (165 bis 220 km), die Eilboten sogar 60 Parasangen (330 km) zurücklegen.[9]

Nach persischen und – vermittelt – nach ägyptischen Vorbildern war in der römischen Kaiserzeit ein weiträumig organisiertes, ausschließlich staatlichen Zwecken dienendes Postsystem (»Cursus publicus«) mit Relaisstationen und Stafettenreitern aufgebaut worden. Ebenso wie bei den asiatischen Posten ist jedoch fraglich, ob es über längere Zeiträume kontinuierlich betrieben worden ist. Die Tageshöchstleistungen werden hier mit 165 bis 220, die Durchschnittsleistungen mit 80 km angegeben.[10] Mit der politischen Struktur war in der Spätantike jedoch auch der Cursus publicus zerfallen. Ursache dafür waren die hohen Kosten bzw. die Probleme der Requirierung von Pferden, Wagen, Quartieren und Hilfsleistungen bei der Bevölkerung. Unter den mameluckischen Herrschern sind – nach mongolischem Vorbild – diese Postsysteme seit dem 13. Jahrhundert in Ägypten und Syrien wiedererrichtet worden. Pferdestafetten, aber auch eine wohlorganisierte Brieftaubenpost verbanden die strategisch wichtigen Linien von Kairo nach Damaskus, das in vier Tagen erreicht werden konnte, nach Beirut, Aleppo, Tripolis und Baalbek.[11]

Im europäischen Mittelalter gab es politisch-administrative Großstrukturen, die solche Postsysteme hätten unterhalten können, nicht mehr. Die aus Asien berichteten Nachrichtengeschwindigkeiten mußten daher Erstaunen hervorrufen. Obwohl die Haltung von Wechselpferden und die Leistung von Botendiensten als Bestandteil von Grundlehen überliefert sind, hat es im Früh- und Hochmittelalter kein staatlich organisiertes Post- und Botenwesen mehr gegeben. Die päpstliche Kurie und große Landesherren, wie zum Beispiel die aragonesischen Könige, unterhielten eigene Boten oder bedienten sich fallweise reisender Kleriker und Kaufleute. Auch Städte, Klöster und Universitäten beschäftigten Boten – überwiegend zu Fuß –, die teilweise in Botenanstalten organisiert waren.[12] Die Stadt Straßburg unterhielt z. B. eine bedeutende Anstalt mit Dutzenden gleichzeitig fest angestellter Boten. Nach den Botenordnungen von 1443 und 1484 wurden sie nach einem festen Tarif für jede zurückgelegte Meile bezahlt. Wenn sie Tag und Nacht laufen, reiten oder fahren mußten, waren besondere Zuschläge fällig.[13]

Regelmäßige Boten sind seit dem 13. Jahrhundert auch von italienischen Handelshäusern unterhalten worden. Der Verkehr mit den Bevollmächtigten der Kaufleute, den Faktoren, an den Messestandorten in der Champagne und mit den Niederlassungen in Frankreich, Flandern, England und Spanien führte zu dauerhaft organisierten

Nachrichtenverbindungen mit Sammelbrieftransporten auf festgelegten Routen und mit auf die Messetermine abgestimmten Abgangszeiten. In den Bestimmungen über die »cursores« der Statuten der Tuchmacherzunft in Florenz (vor 1301) werden die Kuriere unter Eid verpflichtet, Hin- und Rückreise innerhalb fester Fristen, ohne Umwege und ohne Unterbrechungen durchzuführen.[14] Das Institut der Messekuriere ist in der zweiten Hälfte des 14. Jahrhunderts verschwunden. Von Kaufleuten unterhaltene Briefdienste lassen sich jedoch auch in der Folgezeit nachweisen. Routen und Laufzeiten innerhalb dieses Netzes, das Europa mit dem mittelmeerischen Raum verband, hat F. Melis aus den weit über 100000 Briefen des Datini-Archivs in Prato rekonstruiert.[15] Melis weist nicht nur auf die außerordentliche Brieffrequenz, sondern auch auf offenbar feste Abgangszeiten für einzelne Routen hin. In Florenz ist danach um 1400 mindestens jeden Samstag Post nach Genua, Mailand, Pisa und Rom abgefertigt worden.

## Nachrichten- und Transportgeschwindigkeiten

Inzwischen haben zahlreiche Untersuchungen über die Geschwindigkeit der Übermittlung von Nachrichten und der Transporte von Personen und Gütern innerhalb Alteuropas erstaunlich stabile Durchschnittswerte einerseits und extreme Variationen, selbst bei gut vergleichbaren Transporten oder Übermittlungen, andererseits erbracht.[16] Eine Tagereise wird mit durchschnittlich 30, äußerstenfalls 50 km veranschlagt. Durchschnittswerte wurden vielfach unterschritten, hohe Werte ließen sich kaum an mehreren aufeinanderfolgenden Tagen erreichen. Auch auf identischen Routen sorgten die Jahreszeiten, die Witterung und der stark wechselnde Straßenzustand für außerordentlich schwankende Reisezeiten.

Das gewöhnliche Nachrichtentransportmittel war der Bote zu Fuß, dessen Tagesleistung normale Reisegeschwindigkeiten kaum überschritten haben dürfte. Aber bei der Beförderung von Nachrichten, Briefen und leichten Gütern ließen sich weit höhere Geschwindigkeiten erreichen. Dabei ist zwischen sensationellen Ausnahmeleistungen, normierten Geschwindigkeiten und aus vielen Daten gewonnenen Durchschnittswerten zu unterscheiden. Ein geübter Reiter konnte an einem Tag 70 bis 150 km zurücklegen, ein Tempo, das sich über mehrere Tage nur bei kontinuierlichem Pferde- und Kurierwechsel durchhalten ließ. Dazu bedurfte es organisatorischer Voraussetzungen, Pferdestationen, Herbergen und beträchtlicher finanzieller Mittel. Kurierstafetten sind daher nur selten und dann meist für begrenzte Zeiträume eingerichtet worden. So legte z. B. König Alfons von Neapel im Jahre 1444 Stafettenlinien mit zum Teil täglichen Verbindungen nach Kalabrien, nach Cosenza und nach Atri.[17]

An Beispielen für außerordentliche Kuriergeschwindigkeiten mit und ohne Pferdewechsel fehlt es seit der Antike nicht. Um eine die Würzburger Domprobstei betreffende Botschaft von Nürnberg nach Venedig zu schicken, versprach Herzog Albrecht von Sachsen im Jahr 1494 dem Nürnberger Bürger Jakob Krause 84 rheinische Gulden – ein doppelter Arbeiterjahreslohn bzw. eine kleine Rente – unter der Bedingung, daß er die Strecke in vier Tagen zurücklegen würde. Für jede zusätzliche Stunde sollten zwei Gulden abgezogen werden. Aus Jakob Krauses Quittung geht hervor, daß er von Nürnberg am Freitag abend, den 14. Februar, »vmb dreyundzweintzig hor als es zu Venedig schlecht«, losgezogen und in der Nacht von Dienstag auf Mittwoch, »on ein Vierteil zehen hor in die nacht«, in Venedig angekommen ist.[18] Für die überzogenen 10¾ Stunden wurde der Lohn daher um 21½ Gulden gekürzt. Das Beispiel – ausgewählt wegen der offenbar geläufigen Umrechnung von Venezianer und Nürnberger Zeit in den recht genauen Stundenangaben – zeigt, daß Schnelligkeit einen hohen Preis hatte. Jakob Krauses Ritt war aber keine Rekordjagd, und der Lohn entsprach den Tarifen. In den Papieren der Augsburger Firma Paumgärtner findet sich 1490 eine Aufstellung der Kosten für Eilboten. Der »gemaine lon« für die Strecke von Venedig nach Nürnberg betrug für die Normal-Laufzeit von sechs Tagen 25 Gulden; er stieg bis zu 80 Gulden für eine Laufzeit von vier Tagen.[19]

Die Laufzeit eines normalen Briefs von Pisa in die Champagne betrug im 13. Jahrhundert 20 bis 22 Tage. Nach F. Melis' Auswertung der Datini-Briefe liefen diese auf der vergleichbaren Strecke von Florenz nach Paris um 1400 durchschnittlich 21, bestenfalls zehn Tage. Denselben Wert gibt der Abschnitt über die Brieflaufzeiten in der *Practica della mercatura* (um 1450) des Giovanni Antonio di Uzzano aus Florenz.[20]

Schnelle (in Klammern) und durchschnittliche Brieflaufzeiten in Tagen auf häufiger genannten Routen:

| | Datinibriefe | *Practica* |
|---|---|---|
| Florenz – Rom | (2) 5 | 5–6 |
| Florenz – Mailand | (2) 6 | 10–12 |
| Florenz – Paris | (10) 21 | 20–22 |
| Rom – Paris | (13) 26 | |
| Rom – Brügge | (20) 31 | |
| Paris – Brüssel / Brügge | (2) 4 | |

Der Abschnitt über die Laufzeiten (»Termini di Chorrieri di andare da luogo a luogo«) in der *Practica* und die empirisch erhobenen Zeiten gleichen den normierten recht genau, natürlich abgesehen von der bei Giovanni Antonio extrem langen Zeit für die Strecke von Florenz nach Mailand. In der Mitte des 15. Jahrhunderts funktionierte also der allgemeine Nachrichtenverkehr gegenüber dem 13. Jahrhundert nicht schneller, sehr wahrscheinlich aber weit regelmäßiger und zuverlässiger.

## Stundenpässe

Für die Abwicklung normaler Waren- und Geldgeschäfte genügten den Kaufleuten kalkulierbare, auf etwa ein paar Tage pünktliche Verbindungen. Geschäftsusancen und rechtliche Rahmenbedingungen trugen der Leistungsfähigkeit der Verkehrsmittel Rechnung. Offenbarer Bedarf nach größerer Beschleunigung der Transport- und Nachrichtenverbindungen gab es vor allem bei der merkantilen Spekulation und im militärischen Bereich. Nachrichten über Erntemengen, Erntepreise, über Schiffsladungen und Schiffbrüche waren bei den Händlern so begehrt und – im übertragenen Sinn – so hoch gehandelt wie Nachrichten über Aktionen von Gegnern bei den militärischen Befehlshabern, für die außerdem ein schnelleres Deplacement von Truppen einen Feldzug entscheiden konnte.[21] In beiden Fällen bestand vehementes Interesse an möglichst schneller und exklusiver Übermittlung. Spekulativ bedeutsame Nachrichten verloren in dem Maß an Wert, wie sie vielen zugänglich wurden, und Bewegungen, die ein militärischer Gegner kannte oder mitvollziehen konnte, wurden nutzlos.

Übermittlungsgeschwindigkeit konnte etwa bei Todesfällen, Herrscherproklamationen oder Kriegserklärungen zu einem politisch oder militärisch relevanten Faktor werden. Die Nachricht von der Wahl des Borgiapapstes Alexander VI. am 11. August 1492 hatte sich in Florenz nach knapp zwölf Stunden herumgesprochen, erreichte eine venezianische Gesandtschaft in Schwaben jedoch erst nach neun Tagen.[22] Es sind gerade solche Nachrichten, für die »sensationelle« Geschwindigkeiten berichtet werden. Weit seltener hört man von entscheidenden Verspätungen, von politischen Konsequenzen der Laufzeitdifferenz von Gerücht und autorisierter Nachricht oder über Auswirkungen von Übermittlungsgeschwindigkeiten, die weit unter den normalen Erwartungen lagen.[23]

Am Ende des 14. Jahrhunderts versuchte man nun, die Standardlaufzeiten von Nachrichten durch Tarifgestaltung abzusichern oder sogar zu beschleunigen. Die Verwalter der Mailänder Domfabrik einigten sich 1390 mit ihrem Boten, daß er zehn Fiorini erhalten solle, wenn er die Briefe in acht Tagen nach Rom brächte. Braucht er neun Tage, erhält er nur noch neun, braucht er zehn Tage, nur noch acht Fiorini.[24] F. Melis erwähnt einen Botenvertrag aus dem Jahre 1394, in dem nicht nur die Überschreitung der Laufzeit durch Honorarabzüge bestraft, sondern ihre Unterschreitung auch durch Prämien honoriert wird.[25] Bis zum Ende des 14. Jahrhunderts bleibt es jedoch dabei, Laufzeiten nur in Tagen zu bemessen.[26]

Mit Hilfe von Uhren ist man Ende des 14. Jahrhunderts zu kleineren Zeiteinheiten übergegangen. Neue Methoden der Zeitkontrolle tauchen zuerst im militärisch-staatlichen Bereich auf und werden seit dem Ende des 15. Jahrhunderts in den entstehenden europäischen Postsystemen auf Dauer gestellt.

Marco Polos Reisebericht war ein großer literarischer Erfolg. Der ursprünglich altfranzösischen Fassung folgten bald lateinische und toskanische Übersetzungen, in denen der Text teils gekürzt, teils gereinigt, teils aber auch um erläuternde Zusätze erweitert worden ist. Die erste Druckfassung, der die meisten älteren Übersetzungen folgen, hat Gian Battista Ramusio 1559 in Venedig herausgegeben. Sie folgt vermutlich einem heute verschollenen lateinischen Manuskript, in dem der oben zitierte Text um einen aufschlußreichen Passus erweitert worden ist. Danach habe bei den chinesischen Poststationen ein Beamter Tag und Stunde der Ankunft und des Abgangs der Boten registriert.[27]

Die übrigen zeitgenössischen Berichte von Asienreisenden enthalten keine vergleichbaren Hinweise. Zeitkontrollen waren jedoch in den asiatischen Reichen durchaus üblich. Im Iran wurden Kurierpässe mit einem Zeichen für rechtzeitiges und für verspätetes Eintreffen markiert.[28] Auch in China wurden die Pässe mit den Ankunfts- und Abgangszeiten versehen, und dabei wurde nach den chinesischen Stunden (ungleichlange Doppelstunden) notiert. Welche Zeitmeßgeräte zur Anwendung gekommen sind, ist jedoch undeutlich.[29] Diese Bescheinigungen dienten der Kontrolle der Boten, die drei Stationen pro Tag zurücklegen sollten. Sie sollten aber auch verhindern, daß die Boten die Pferde zuschanden ritten. Ob Nachrichten darüber noch nach Europa gedrungen sind, ob sie vielleicht noch auf Marco Polo selbst zurückgehen oder ob sie erst im 14. Jahrhundert dazugesetzt worden sind, läßt sich nicht entscheiden. Bemerkenswert ist jedoch, daß sie zu einer Zeit die Runde machen, in der vergleichbare Kontrolltechniken an zwei verschiedenen Stellen in Europa üblich wurden.[30]

Unter den etwa 30000 erhaltenen Stücken des Briefarchivs des Deutschen Ordens finden sich ungefähr 1800 »Eilbriefe«, d. h. meist an den Hochmeister an seinem jeweiligen Aufenthaltsort gerichtete Briefe mit formelhaften Eilvermerken. Etwa 1500 dieser »Eilbriefe« tragen zusätzlich sog. Praesentata-Vermerke, d. h. mit Stundenangaben versehene, listenartige Notizen über die Absende- und die Durchlauforte.[31]

1420 Apr. 5., Dem Erwürdigen Homeister mit aller Erwirdigkeit tag und nacht ane alles sumen went sunderliche grosse macht lieth doran. Gegangen von Konigsberg am freitag vor Ostern hora IX vor mittage. Gegangen von Brandinburg am selbigen tage hora XII zu mittage. Gegangen von der Balga am selbigen hora sexta...[32]

Dabei sind durchweg Schlaguhren benutzt worden:

1409 Aug. 6., Gegangen ... als der zeyger IX slug vor mittage. – Gegangen von Papau, als der zeygir I sluge noch mittage. – Gegangen von Grudenz, als der zeiger V slug noch mittage an dem selben tage. – [etc.].[33]

Angaben wie »als der zeyger V wolde slan« oder »czwusschen IIII und V noch mittage« zeigen die Grenzen präziserer Zeitangaben. Auffällig auch, daß die Praesentata-Vermerke mit Stundenangaben erst auf dem Ordensgebiet beginnen, daß sie also außerhalb dieses Bereichs noch nicht üblich waren.[34] Die Komtureien, Vogteien und Pflegeämter waren zu einem System von Relaisstationen für das Nachrichtenwesen des Ordens verbunden, dessen Anfänge vermutlich in die Jahre um 1400 – aus dieser Zeit stammen die ersten Nachrichten von einer Turmuhr am Hauptsitz des Ordens, der Marienburg – fallen dürften. Aber auch die anderen Ordenshäuser – Konvente, militärische Stützpunkte und Mittelpunkte von Grundherrschaften – waren schon am Anfang des 15. Jahrhunderts in großem Umfang mit mechanischen Uhren und Turmuhren ausgestattet. Tausende von Einzelnotizen zeigen überdies, daß die Ausstattung schon sehr dicht war. Nicht nur die große Zahl der Stundenvermerke auf Briefen, auch die Zeitangaben in Akten der Ständetage aus dem Bereich der Ordensherrschaft bestätigen diesen Eindruck. Zifferblätter beherrschen auch die Ortsansichten der ehemaligen Ordensniederlassungen in Christoph Hartknochs *Altes und Neues Preußen* (1648).[35]

Bei der Verbreitung der modernen Zeitmessung hat der Deutsche Orden zwar nicht eine Vorreiter-Rolle schon zu Beginn des 14. Jahrhunderts gespielt.[36] Er hat jedoch im 15. Jahrhundert die neue Zeitmeßtechnik rasch für seine unbestritten moderne Verwaltungsorganisation zu nutzen gewußt.

Bei den Laufzeiten auf den am häufigsten frequentierten Eilbriefrouten im Ordensland fallen einerseits die in Einzelfällen erstaunlich hohen Übermittlungsgeschwindigkeiten und andererseits deren extreme Variation auf. Für die ca. 20 km lange Strecke von Königsberg nach Brandenburg sind zwischen einer und 14 Stunden benötigt worden. Zweck der Praesentata-Vermerke mit Stundenangaben war offenbar,

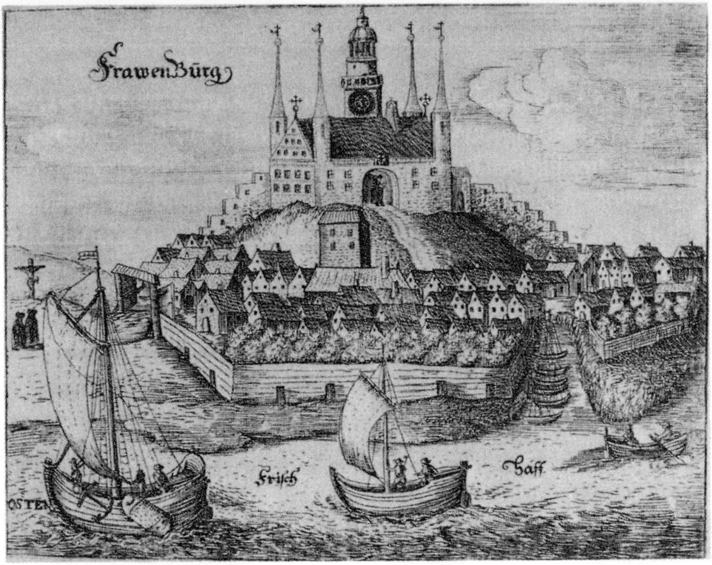


70. Ansicht von Frauenburg aus Christian Hartknochs *Alt- und Neues Preußen*, 1648

die Boten kontrollieren und die Ursachen von Verzögerungen erkennen zu können. Indirekt sind dabei zweifellos auch Beschleunigungseffekte erzielt worden. Dieses Nachrichtensystem überspannte ein riesiges Gebiet. Über Königsberg und Memel wurde das Baltikum erreicht. Von Thorn aus gingen Boten nach Polen, Ungarn, Schlesien, Österreich und Böhmen. Die Ordensniederlassungen dienten als Pferde- und Botenrelais und erhielten dafür Zuschüsse aus der Ordenskasse. Obwohl ausschließlich den militärischen und administrativen Zwecken des Deutschen Ordens dienend – Kaufmannsbriefe wurden in derselben Region wesentlich langsamer befördert[37] –, weist dieses Nachrichtensystem trotz der sehr ungleichmäßigen Laufzeiten typische Züge moderner Postbeförderungstechnik auf. Ob sich der Orden bei der systematischen Einrichtung dauerhafter Stafettenlinien von asiatischen Vorbildern hat anregen lassen, bleibt eine spekulative Frage. Für die Technik der Laufzeitkontrolle gab es jedoch auch oberitalienische Vorbilder.

Im Mailand der Visconti sind am Ende des 14. Jahrhunderts »poste« genannte Stafettenlinien wenigstens in Zeiten militärischer Spannungen unterhalten worden, und auch hier tauchen Formalien der später so genannten »Stundenpässe« auf. Aus dem Städtchen Trezzo sull'

Adda unterrichtet Barnabò Visconti am 4. Juni 1373 den Lodovico Gonzaga in Mantua, daß sich sein Feind, der mit dem Papst und dem Herzog von Savoyen verbündete Signore von Ferrara, in Richtung Bologna bewege. Auf der Rückseite trägt der Brief den Abgangsvermerk eines von Brescia aus reitenden Boten mit einer modernen Stundenangabe. Wenig später (1387/89) tauchen dann auch fortlaufende Vermerke mit den Abgangszeiten für einzelne Stationen und Hinweise auf relaisartig organisierte Kurierketten auf. Jüngere Belege zeigen dann die für Stundenpässe so typische Verbindung der Forderung nach blitzartiger Beförderung, gleichsam »im Fluge«, mit der Androhung gräßlicher Strafen. Auf einer Depesche des Filippo Maria Visconti vom 27. November 1427 heißt es z. B.: »Bei Strafe von tausend Galgen soll durch unseren Boten tag und nacht befördert werden, nicht schnell, sondern blitzartig, schnell, schnell, schnell, schnell, schnell, schnell, schnell; aufgegeben in Mailand in der zweiundzwanzigsten Stunde.«[38] Seit Beginn des 15. Jahrhunderts werden in Italien Stafettenkurse nach diesem Vorbild, das den Gebrauch moderner Uhren selbstverständlich voraussetzt, eingerichtet. Eine Postordnung des Ottoboni Terzi, Herr von Reggio Emilia, Parma und Piacenza, aus dem Jahre 1408 verbindet moderne Kontrollen der Brieflaufzeit mit Vorschriften über die Normalgeschwindigkeit des Botenverkehrs. Seine Beamten sollen darauf achten, daß die berittenen Boten sommers fünf und winters vier Meilen in der Stunde reiten, die Fußboten jeweils eine Meile weniger. Jede Meile weniger soll mit einem Stockhieb bestraft werden.[39]

Mit Stafetten »postierter« Boten und Pferde war um 1400 die natürliche Grenze der Beschleunigung von Nachrichten wenigstens für gewisse Zeiträume erreicht bzw. wiedererreicht. Die frühen Stundenpässe, gewissermaßen Vorformen der Poststempel, waren für diese Übermittlungstechnik kein unentbehrliches, wohl aber ein wirksames und vergleichsweise sehr modernes Kontrollmittel. Zugleich veränderte die moderne Stundenrechnung die Wahrnehmung von Wegstrekken und Entfernungen allgemein. In der Korrespondenz der Herzöge von Mailand wird die postalische Entfernung Rom-Neapel mit 30 Stunden, die von Rom nach Mailand mit achtzig und einer halben Stunde angegeben.[40] Nicht mehr der Tag, sondern die Stunde war zum Maß der Reisegeschwindigkeit geworden.

Schon um 1400 waren alle Organisationsmittel zur Beschleunigung der Postbeförderung, die bis zum Anfang des 19. Jahrhunderts verfügbar waren, ausgeschöpft. Aber erst die am Ende des 15. Jahrhunderts entstehenden Postanstalten verbanden Transportform und Zeitkontrolle in dauerhaften und weiträumigen Organisationen.

Um den Anspruch auf das erbliche Postmeisteramt im Deutschen Reich zu legitimieren, hat die Familie Taxis stets für sich reklamiert, sie habe in der Zeit Kaiser Friedrichs III. durch Posten und Kuriere das Mittel erfunden, den Nachrichtendienst für die Fürsten mit der erforderlichen Schnelligkeit zu versehen.[41] Die von Taxis seien »erste erfinder und erhebere dieses poßtwerckhs« und hätten daher Anspruch auf das Reichslehen.[42] Im briefseligen Jahrhundert der Aufklärung wird die Erfindung der Post dann in eine Reihe mit der Entdeckung Amerikas gestellt.[43] Nun waren die typischen Merkmale des Postbetriebs keine revolutionären Neuerungen; neu an der Taxis'schen Post waren, auch wenn dies gelegentlich bestritten wird, lediglich die Form des delegierten Staatsbetriebs und seine allmähliche Internationalisierung.[44]

Anlaß und Voraussetzung für die Entwicklung eines stabilen Postsystems schuf der Aufstieg der Habsburger zu einer europäischen Macht. Maximilian I., 1486 zum römischen König gewählt, war durch Heirat Erbe der hochentwickelten niederländischen Teile des burgundischen Reiches geworden. 1489 übernahm er auch die Regierungsgeschäfte im Herzogtum Tirol, das er 1496 erbte. Durch seinen Sohn Philipp den Schönen wurde dann das spanische Königreich mit dem Haus Habsburg verbunden. Um die Nachrichtenverbindungen zwischen den weit auseinanderliegenden Teilen dieses Reiches zu sichern, verpflichtete Maximilian Mitglieder der aus Oberitalien stammenden Familie Taxis, die vorher in venezianischen und päpstlichen Kurierdiensten tätig waren.

Ein halbes Jahrtausend alt sind die ersten Zeugnisse des neuen, internationalen Postwesens. Zum Jahr 1490 berichten Memminger Chroniken über die Gründung. Unter dem Begriff »Post« tritt die Verbindung fast aller bekannten Organisationsmittel der Nachrichtenbeförderung zum frühmodernen Postwesen klar hervor: Poststationen in regelmäßigen Abständen, Pferde- und Botenwechsel, festgelegte Laufzeiten, Beschleunigung durch kontinuierlichen Transport und – implizit – der staatliche Organisationsrahmen. Es ist diese Kombination, die als bedeutsame Neuerung erscheint.

> In diesem Jahr fiengen an die Posten bestellet zu werden auß Befelch Maximiliani I. deß Römischen Königs, von Österreich biß in die Niderland, in Frankreich und biß nacher Rom. Es lag allweg 5 Meil [38 km] wegs ein Post von der andern... (und must alweg ein Pot des anderen warten und so bald der ander zu ihm ritt, so bließ er ein hörnlin, das hört ein bott der in der herberg lag und must gleich auff sein)... einer mußte alle Stund ein Meil, das ist zwei Stund weit, reiten, oder es wart ihm am Lohn abgezogen, und musten sie reiten Tag und Nacht. Also kam offt in 5 Tagen ein Brieff von hier biß nacher Rom.[45]

Die Ähnlichkeit mit Marco Polos Schilderung ist verblüffend, aber sicher zufällig. Obwohl teilweise auf zeitgenössische Nachrichten zurückgehend, setzt die Chronik die Brieflaufzeit nach Rom sicher zu kurz an. Die Abstände zwischen den Posten und die Geschwindigkeit von einer Meile in der Stunde – wobei eine geographische Meile mit zwei Wegstunden angesetzt ist – entsprechen dagegen ungefähr dem aus Stundenpässen zu ermittelnden Beförderungsbetrieb.

Auch für Frankreich wird berichtet, daß am Ende des 15. Jahrhunderts einzelne Stafettenkurierlinien für den königlichen Nachrichtenverkehr eingerichtet worden seien. Aber das Edikt Ludwigs XI. (19. Juni 1464), nach dem die Hauptstraße des Königreichs in Abständen von 4 lieues mit Stationen für Stafettenkuriere versehen werden und die Briefpakete mit Tag und Stunde des Durchlaufs signiert werden sollten, ist vermutlich eine Fälschung des 17. Jahrhunderts.[46]

Nach den seit 1494 erhaltenen Stundenpässen der Taxis-Post, damals »lista de posta« bzw. »Post-Zedl« genannt, haben die Postrouten unter Maximilian zunächst Innsbruck mit Mailand, Wien, Augsburg, Worms, Mecheln und Brüssel verbunden.[47] Die Textgestaltung folgt eng den Mailänder Vorbildern. Als Beispiel sei ein Stundenpaß für eine Sendung angeführt, die vom 7. bis 11. Februar von Mailand über das Wormser Joch (Bormio) an den König, dessen Aufenthaltsort dem Mailänder Postmeister nicht bekannt ist, gelaufen ist: Außen: »Lista. Per postas Cito Cito Cito Cito. Expeditum.« Daneben wieder ein gezeichneter Galgen. Die formelhafte Galgendrohung bleibt bei der Taxis-Post bis in die Mitte des 16. Jahrhunderts in Gebrauch, wobei sie allmählich zu einem Symbol stilisiert wird: XOX.[48]

1495 Mailand Freitag den 6. [7.], Februar, in der achten Stunde [= 1 Uhr nachts] Kuriere der Posten bis Bormio und weiter, bis wo sich der allergnädigste römische König aufhält! Überbringt dieses Felleisen [»bolgieta»] schnell, schnell, schnell, schnell, fliegend bei Tag und Nacht, ohne irgendwelche Zeit zu verlieren, weil es Sachen von der größten Wichtigkeit sind ... indem ihr diesen zettel von Post zu Post unterschreibt.[49]

Darauf folgen die einzelnen Durchgangsstationen mit den Durchgangszeiten – bis zum Bergpaß nach italienischer und dann nach mitteleuropäischer Stundenzählung. Bei den frühen Beispielen fällt auf, daß die Angaben über den Botenwechsel auf italienischer Seite stets von einem hohen lokalen Beamten, dem Prokurator oder dem Referendarius, gezeichnet sind. Die Beurkundung der Durchlaufzeiten durch politische Organe weist hier noch auf den ursprünglich staatlichen Charakter der Organisation von Stafettenlinien.

Wie bei den asiatischen Posten und den Kurieren im Ordensland waren die Routen nicht Verbindungen zwischen Städten, weil diese nicht auf dem kürzesten Wege lagen und weil sie mit ihren umständlichen Torschlußregelungen den Betrieb aufgehalten und verteuert hätten. Der Konflikt zwischen den zeitlichen Erfordernissen postmäßiger Beförderung und der noch weitgehend am Lichttag orientierten städtischen Zeitordnung blieb für die Taxis-Post ein Dauerthema. Die Routen verbanden vielmehr die Verwaltungssitze des Hofs mit dem jeweiligen Aufenthalt des Hoflagers und mußten daher vielfach neu »gelegt« werden. Die Städte, die von der kaiserlichen Post über Abzweigrouten erreicht wurden, betrieben ihre Botenanstalten weiter in eigener Regie.

Die Auswertung überlieferter Stundenpässe bestätigt die Angaben der Memminger Chronik. Die Abstände zwischen den Stationen betrugen 4 bis 5 (geogr.) Meilen und die durchschnittliche Beförderungsgeschwindigkeit nicht ganz eine Meile in der Stunde, d. h. 120 bis 180 km pro Tag.[50] Nach einem am 31. März 1506 von Franz von Taxis ausgefertigten Stundenpaß lief ein Briefpaket von Mecheln nach Innsbruck in 5½ Tagen. Für 103 Meilen (764 km) wurden 132 Stunden benötigt. Auf einem Teil der Strecke wurde mit der Sendung auch privates Postgut befördert, das einem städtischen Empfänger gesondert zugestellt wurde.

Izt Eyn peckle in dyssen sack, gehortt geyn augsburg anthonye velser in syn hannt und du fyndst Eyn bryffle darbey und XII plapart [Halbgroschen] darin, darmytt wellest Eyn potten von stond an gayn augsburg schycken.[51]

Um sich gegenüber der stets prekären Finanzierung durch den Kaiser abzusichern, hatte sich die quasi-staatliche Taxis-Post gegenüber privaten Kunden, die sie gegen Gebühr nutzen konnten, geöffnet.

Im Januar 1505 schließt Philipp I. der Schöne, König von Spanien und Erzherzog von Österreich, mit dem 1501 zum Hauptpostmeister ernannten Franz von Taxis einen Vertrag, nach dem dieser Postlinien von Brüssel zum spanisch-niederländischen Aufenthaltsort des Statthalters, zum König in Deutschland, zum französischen Hof und zum Hoflager des Königs in Aragon, Kastilien und Granada einzurichten hat.[52] Gegen jährlich 12000 Livres soll Franz von Taxis auf eigene Kosten berittene Posten unterhalten und die amtliche Korrespondenz ohne weiteres Entgelt befördern. In Kriegszeiten muß er für die schnellstmögliche Verlegung gefährdeter Routen und die Verbindung zum Kommandanten im Felde durch Posten im Abstand von 4 Meilen sorgen. Auch die Beförderungszeiten werden im Vertrag festgelegt: von Brüssel nach Innsbruck 5½ Tage im Sommer (im Winter 6½), nach Paris 44 (54) Stunden, nach Granada 15 (18) Tage. In einem neuen Vertrag läßt Karl I. von Spanien – seit 1519 Kaiser Karl V. – die Routen u. a. nach Rom und Neapel erweitern. Rom sollte von Brüssel aus in

$10^1/_2$ (12) Tagen erreicht, die Route Brüssel-Paris auf 36 (40) Stunden verkürzt werden.[53] Auch wenn sich diese Laufzeiten nicht immer auf Dauer stellen ließen, zeigt sich doch, daß die stabile Organisation der Taxis-Post die Beförderungszeiten von Briefen und Nachrichten gegenüber den italienischen Kaufmannsbriefen etwa halbierte.[54]

Die Einhaltung der vertraglich zugesicherten Laufzeiten bei den sog. Extraposten wurde in allen europäischen Postanstalten durch Stundenzettel, die seit dieser Zeit teils üblich, teils vorgeschrieben waren, kontrolliert.[55]

Obwohl die Postlinien der Taxis nach den Verträgen nur für königliche Briefe und Geschäfte unterhalten oder in Betrieb genommen werden sollten, war die Beförderung privaten Postguts nicht ausdrücklich ausgeschlossen. Damit war den Taxis ein profitables Monopol sicher, das in der Folgezeit jedoch durch zahlreiche Privilegien und Patente mühsam gegen die Konkurrenz älterer lokaler Boten- und Posteinrichtungen geschützt werden mußte.

## »Postreformation« – Die Koordination der Routen

Die Entstehung eines weite Räume verbindenden Postwesens im Deutschen Reich unter Leitung der Familie Taxis war von der weiträumigen politischen Struktur der Habsburgischen Herrschaft begünstigt worden. Zwangsläufig war das Postwesen aber auch von dessen politischen Krisen betroffen. Die Spaltung der Habsburger in eine spanisch-niederländische und eine österreichisch-böhmische Linie, das Erstarken der Territorialherrschaften innerhalb des Reichs im Verlauf des Konfessionskonflikts, der Aufstand der Niederlande und der spanische Staatsbankrott: All das gefährdete die finanziellen und administrativen Vorhalteleistungen als Bedingungen des Postbetriebs und brachte die verschiedenen Zweige der Familie Taxis in vielfältige Loyalitätskonflikte und in finanzielle Schwierigkeiten. Vor allem die protestantischen Reichsstände mißtrauten einem niederländischen Generalpostmeister. Konkurrierende Posteinrichtungen, vor allem städtische, blühten wieder auf. Um 1570 war das Reichspostwesen weitgehend zusammengebrochen. Am Ende des Jahrhunderts wird dann die sogenannte »Postreformation« ins Werk gesetzt.[56]

Nach der Stabilisierung der Verhältnisse in den katholischen Provinzen der Niederlande wird Leonard von Taxis 1595 zum Generaloberpostmeister im Deutschen Reich ernannt, und nach der Abwicklung der Schuldenfragen beginnt die Neuorganisation der Postkurse. Die private Briefbeförderung sollte jetzt die Beförderung der amtlichen Korrespondenz und den Unterhalt der Stafettenkurse finanzieren. Das

Interesse der Kaufleute an zuverlässigen Verbindungen rückt als Motiv erkennbar neben das staatlich-administrative Interesse an schnellen Verbindungen. Der erste Schritt ist die Ausschaltung des »Nebenbotenwesens«. Rudolf II. erhebt 1597 das Postwesen zu einem kaiserlichen Reichsregal und stellt dessen unbefugte Ausübung unter Strafe. »Postweise«, d. h. mit in Abständen »unterlegten« Pferden und wechselnden Boten, durfte nur noch die Taxis'sche Reichspost Briefe befördern. Städtische Boten bleiben unter der Bedingung zugelassen, daß sie Sendungen »ohne ainige abwechßlung« der Boten befördern.[57]

Durch zahlreiche Abkommen wurden dann die europäischen Postrouten zu einem Routennetz verbunden. Pünktliche Beförderung, d. h. vor allem die Einhaltung fester Laufzeiten, war jetzt nicht mehr nur für die Sicherung einer Mindestgeschwindigkeit, sondern auch für das Ineinandergreifen der Kurse, für ihre Koordination wichtig geworden. So verdeutlicht der Kölner Postmeister Jakob Henot als Generalbevollmächtigter der Taxis-Post dem Kaiser in einem Bericht (8. Mai 1596) die Bedeutung der pünktlichen Abfertigung der Post von Prag nach Augsburg, indem er darauf hinweist, daß die kaiserliche Post in Augsburg eine Woche lang stilläge, wenn die Hauptlinie von Augsburg nach Speyer, Köln und den Niederlanden einerseits und nach Innsbruck und Italien andererseits nicht auf die Stunde rechtzeitig in Augsburg erreicht würde.[58]

Hans Fugger hatte als kaiserlicher Kommissar für die Postreform an Leonard von Taxis geschrieben: »an der bestendigkeit ist es alles gelegen, darauff auch die handelsleut besondere Achtung haben.« Nach dieser Maxime versuchen die Beauftragten des kaiserlichen Generalpostmeisters das Routensystem zu organisieren. Beispiele dafür sind die Abkommen, die Jakob Henot im Frühjahr 1598 in Oberitalien abschließt. Zunächst vereinbart er mit dem Postmeister des Herzogs von Mantua, daß dieser durch Kuriere die Strecke von Mantua nach Triest binnen 24 Stunden bedienen sollte, wobei ein besonderes Register über die Stunden der An- und Abgänge geführt werden mußte. Am selben Tag schließt Henot mit dem venezianischen Postmeister in Verona ein Abkommen, nachdem die in Verona zusammenlaufende Post samstags in Volargne an den Postkurs von Mantua nach Triest zu bringen war. Die von Norden kommende Post sollte, damit den Kaufleuten und Händlern besser gedient sei, mittels eines Expreßkuriers in vier Stunden von Volargne nach Verona gebracht werden.[59] Wenige Tage später vereinbart Henot mit dem königlich-spanischen Generalpostmeister im Herzogtum Mailand, daß die Post aus Rom, Genua, Florenz und der Lombardei freitags in der Mittagsstunde in Mantua sein und die von Norden kommende Post durch Expreßkuriere »con cavalcata espressa« den oberitalienischen Adressaten zugestellt werden sollte.[60] Zahlreiche ähnliche Postverträge und Postordnungen stellen das unsorgfältige Ausfüllen der Stundenpässe oder Verspätungen auf einzelnen Routenabschnitten unter Strafe.

Der Ausbau des Postnetzes und die Einhaltung bestimmter Beförderungsgeschwindigkeiten diente zwar unmittelbar der Beschleunigung dringlicher Nachrichten oder der Briefbeförderung für bestimmte Absender oder Adressaten.[61] Sie war auch zu einem Mittel der Koordination der Postrouten geworden, und das System dieser Routen diente nach dem Wortlaut der Quellen jetzt überwiegend dem kaufmännischen Nachrichtenverkehr.

## Präzisierung im 18. Jahrhundert

Nach dem Dreißigjährigen Krieg sind unter Inanspruchnahme eines juristisch umstrittenen landesherrlichen Postregals zielstrebig Landesposten vor allem in den protestantischen Ländern aufgebaut worden. Dies geschah teils aus Mißtrauen gegen die kaiserliche Post, teils im Hinblick auf die offenkundige Einträglichkeit solcher Anstalten. Die landesherrlichen Posten unterschieden sich von der kaiserlichen Post durch ihre Rechtsform als reine Staatsanstalten, durch die ihre Territorien dichter erschließenden Routennetze und durch die Verbindung von Brief-, Personen- und Kleingütertransport. Organisation und Technik der Beförderung änderten sich nicht.

Postgesetze und Postverordnungen des 18. Jahrhunderts lassen allerdings den Versuch erkennen, mit den vorhandenen Möglichkeiten das Beförderungstempo zu verstetigen und die Koordination der Routen präziser zu gestalten. Pünktlichkeitsforderungen kommen in den ständigen Mahnungen an die Postillone und Posthalter zum Ausdruck, die Stunden »praecise zu halten« und die jetzt als Formulare gedruckten »Stunden-Zettel« bzw. »Stunden-Pässe« »zu Beschleunigung der Posten« genau und ohne alle »Parteilichkeit« zu führen. Die Durchsetzung dieser Normen war nicht einfach, denn Postillone sollten nicht nur nüchtern, sondern auch schreibkundig sein. Die vorgeschriebene Geschwindigkeit für Ordinari-Postreiter des regelmäßigen Dienstes wie für Stafettenkuriere der Extraposten war mindestens eine Meile pro Stunde, Post- und Vorspannwagen sollten die Meile je nach Jahreszeit und Wegebeschaffenheit in 5/4 bis zwei Stunden zurücklegen, eine Norm, die den Wunsch nach Pünktlichkeit mit dem nach Schonung der Pferde verband.[62]

Beschleunigungsreserven gab es offenbar bei den Expeditions- und Umspannzeiten. Sie wurden daher strikt befristet. Die Fahrpost durfte höchstens eine halbe Stunde, die reitende Post nur eine Viertelstunde aufgehalten werden. Hieß es in der sächsischen Postordnung 1713 noch, daß die Stafetten »sonder einige Minuten Verlust«, allerhöchstens aber in einer Viertelstunde abgefertigt werden müßten, wird diese Zeit in Preußen in der zweiten Jahrhunderthälfte in kleinen Orten auf fünf Minuten festgesetzt.[63] Auch durch herrschaftliche Angelegenheiten sollte der planmäßige Postlauf möglichst wenig gestört werden. Der sächsische Kurfürst läßt daher 1693 ein Patent ausfertigen, nach dem die Posten von Dresden aus in Angelegenheiten des Landesherren allenfalls eine Stunde warten sollten, damit nicht »der ordentliche Lauf deren Posten, indem die andern, welche auf solche passen, auch lange und über die Zeit warten müssen, zum Nachteil der Correspondenz gehemmet wird«. Die sächsische Postordnung (1713) nimmt, »damit die Connexionen mit anderen Posten nicht zerrissen, und der ganze Cursus turbiret« würde, diese Vorschrift auf und schreibt für Behördenzwecke besondere Stafetten vor, die die Post einholen sollten.[64] Schließlich wurden die Kontroll- und Strafvorschriften verschärft und zeitlich enger gefaßt. Nach der kursächsischen Ordnung wird jede bei der Expedition der Stafetten versäumte Viertelstunde mit einem halben Gulden bestraft. Die 1732 erneuerte preußische Postordnung sieht bei der fahrenden Post für jede verspätete halbe Stunde, bei der reitenden Post für jede verspätete Viertelstunde einen Reichstaler als Strafe vor.[65]

Die im 18. Jahrhundert keineswegs selbstverständliche Voraussetzung solcher Präzisierungen war jedoch eine zuverlässige öffentliche Zeitindikation. Die preußischen Ordnungen (1710/1712) lassen den ungleichen Gang der Uhren nicht mehr als Entschuldigung für Versäumnisse der Posten gelten und fordern von den Postmeistern, bei den Obrigkeiten und Magistraten darauf zu dringen, daß die öffentlichen Uhren nach der Sonne gestellt werden. Steuerräte und Kommissare der Kurmark werden 1719 aufgefordert, bei den Magistraten der ihrer Inspektion unterstehenden Städte auf die richtige Stellung der Uhren »als ein nöthiges zur guthen Policey gehöriges Stück« zu drängen.[66]

Aus diesen normativen Texten entsteht ein zweifellos realitätsfernes Bild der Posten, wie sie funktionieren sollten, aber nie funktioniert haben. Sie sollten daher eher als Konzepte für systematisch organisierte Verkehrs- und Nachrichtenverbindungen verstanden werden, an denen – verfolgt man sie über einen längeren Zeitraum – die wachsende Bedeutung von Zeitmeß- und Zeitkontrolltechniken sichtbar werden.

## »Transportrevolution« – Beschleunigung und Verdichtung des Verkehrs

Ein Teilbereich merkantilistischer Politik zur Schaffung nationaler Märkte mit möglichst freier Binnenzirkulation war der Ausbau der Fernstraßen und Kanalsysteme. Ziel war es, das jeweilige Staatsgebiet möglichst vollständig zu erschließen und den Binnenverkehr von den Hemmnissen der städtischen wie der feudalen Wirtschaftsverkehrsformen zu befreien. Ergebnis des Ausbaus der nationalen Verkehrssysteme war im Jahrhundert vor dem Zeitalter der Eisenbahn die sogenannte Transportrevolution, Vorbedingung und später Teilprozeß der Industriellen Revolution.[67]

Die Auswirkungen des Ausbaus der Land- und Wasserwege zeigten sich in England rasch, in Frankreich – wie Arthur Young verwundert, aber wohl zutreffend feststellte – langsamer.[68] Die Ausdehnung der Reichweiten des rentablen Transports von schweren Gütern und die Steigerung des Volumens in allen Verkehrssparten einschließlich der Briefbeförderung waren die augenfälligsten Veränderungen. Die neuen Postsysteme waren Voraussetzungen auch der Briefkultur im Aufklärungszeitalter. Intensität von Korrespondenz hängt mit der Frequenz von Beförderungen eng zusammen.[69] Durch verbesserte und normierte Straßenbautechniken, durch möglichst geradlinige Trassenführung und durch neue Kutschenkonstruktionen ließ sich auf den Fernstraßen des 18. Jahrhunderts der fahrende Verkehr allmählich auf die Geschwindigkeit der reitenden Boten und Kuriere früherer Zeiten bringen. Fahrplanmäßig erreichte die Eilkutsche (»diligence«) von Paris nach Brüssel 1775 ziemlich genau die Geschwindigkeit der alten Eilposten (zwei Tage). Neue Straßen und Chausseen schlossen zudem vorher nur schlecht erreichbare und damit zeitlich weit entfernte Städte etwa in Mittelfrankreich oder in Wales an das Routennetz an. Auf solchen Routen sind vergleichsweise beachtliche Beschleunigungen erzielt worden. Dagegen veränderte sich das allgemeine Tempo der Nachrichtenübermittlung zwischen 1500 und 1775 kaum. Nach den von F. Braudel veröffentlichten Karten, auf denen Nachrichtenlaufzeiten durch isochrone Linien dargestellt sind, ergibt sich z. B. für die Strecke Paris-Venedig über den ganzen Zeitraum ein mittlerer Wert von zwei Wochen.[70]

Zwischen 1830 und 1850, in der Zeit, in der die ersten Eisenbahnstrecken und Dampfschiffahrtsrouten eingerichtet wurden, erreichten die konventionellen Straßentransportarten nach Volumen und Geschwindigkeit ihren Leistungshöhepunkt. Die kumulierten Wirkungen strafferer Organisation, besserer Straßen und besserer Wagen führten beim Brief- und Personenverkehr zur Verdopplung der Durchschnittsgeschwindigkeit auf ca. 10 km/h. Die 1821 eingeführten preußischen Schnellposten für den Brief- und den Personenverkehr sollten auf chaussierten Straßen eine Meile in 35 Minuten (13 km/h), der weiterbestehende »Courier- und Stafettendienst« in 30 Minuten (15 km/h) zurücklegen. In Frankreich stieg die Durchschnittsgeschwindigkeit der Kutschen vor 1848 auf 9,5 km/h. In einer gedruckten Dienstanweisung werden die englischen »Mail Guards« im Februar 1800 ermahnt, möglichst jede Minute mit den Wagen auf der Straße zu verbringen. Das Post Office hält 1812 auf der Linie London–Brighton fünf Minuten Umspannzeit für die Wagen für ausreichend. Die gleiche Zeit galt für die »Eilwagen« der preußischen Schnellpost.[71] Nach P. Bagwell übertraf in England die Reisegeschwindigkeit der Kutschen seit 1820 die der Reiter.[72]

Diese heute sehr bescheiden wirkende Beschleunigung erschien den Zeitgenossen als beachtlicher Fortschritt und keineswegs als schon alltägliche Selbstverständlichkeit. In der *Monographie der deutschen Postschnecke* verhöhnt Ludwig Börne 1821 den Transportstil der Turn- und Taxis'schen Wagenpost. Nachdem er 46 Stunden auf der Strecke Frankfurt-Stuttgart zugebracht hatte, gibt er eine Statistik (»Stillstandslehre«), nach der sich die alkoholfeuchten Pausen des Postwagens auf insgesamt 15 Stunden belaufen haben. Das Postpersonal ist für Börne ein Abbild des deutschen Bürgers: nicht gefährlich oder böse, sondern nur ruhig und bedächtig, nicht geneigt, etwas Gewagtes zu unternehmen.[73]

Transporte waren ein einträgliches Geschäft, weil die Kosten für die Infrastruktur von den Nutzern kaum mitgetragen werden mußten, und seit der Jahrhundertwende vervielfachen sich die Hinweise darauf, daß rascher und zuverlässiger Transport nicht nur funktionsnotwendige Organisationsaufgaben gewesen sind, sondern daß Pünktlichkeit und Schnelligkeit auch Wertvorstellungen von eigener Dignität geworden waren.

Das Gebot der Pünktlichkeit rückte deren Garanten, die Uhren, ständig in den Mittelpunkt der Aufmerksamkeit. Dabei ging es zunächst um die Frage, welche öffentlichen Uhren für die Posten verbindlich sein sollten. Der preußische Postinspektor F. Chasté weist bei seiner Ankündigung der ersten rheinischen Schnellpost (1821) noch jeweils eine der städtischen Uhren als Normaluhr aus: »Die Abfahrt in Cöln, Coblenz und Düsseldorf geschehe mit dem Glockenschlage der Uhr, und zwar diene in Köln die Domuhr, in Düsseldorf die Uhr an der Franziskanerkirche und in Coblenz die Stadtuhr, die dem Posthause zunächst sich befinde, zur Richtschnur.«[74]

Die neue präzisere Zeit des Verkehrs und der Kult um die kostbaren Minuten waren durch Fortschritte der Präzisionsmeßtechnik ermöglicht worden.[75] An diesen Fortschritten partizipierten die öffentlichen Uhren wenigstens teilweise. Seit der Mitte des 17. Jahrhunderts waren sie allmählich auf Pendelgang umgerüstet und damit in den Genauigkeitsbereich von einigen Minuten pro Tag gebracht worden. Die Entwicklung der Unruhfeder als Zeitnormal für transportable Chronometer und tragbare Uhren machte das Rechnen in Minuten für jedermann zugänglich und ermöglichte den Bau von Uhren, die während eines Monats nur um wenige Sekunden falschgingen. Die Chronometer brachten die öffentlichen Uhren allmählich in Mißkredit, denn mit ihrer Hilfe konnte jeder leicht feststellen, daß die Sonne nur ein mäßig genaues Zeitnormal war. Wegen der Neigung der Erdachse und ihrer elliptischen Bahn schwankt die Dauer des bis dahin ausschließlich bekannten »wahren Ortstags«, d. h. der Zeit zwischen zwei Durchgängen der Sonnenmitte durch die Nord-Süd-Linie eines Orts. Einmal erkannt, wurde dies als störend empfunden, und in den Großstädten (Genf 1780, London 1792, Berlin 1810, Paris 1816) begann man, die öffentlichen Uhren nach der sog. »mittleren Sonnenzeit« zu richten. Die Differenz zwischen »wahrer« und »mittlerer« Sonnenzeit (zw. −14,3 und +16,4 Min.) wurde in Tabellen mit der »Zeitgleichung« publiziert.[76] Damit war der bürgerliche Tag kein Gegenstand unmittelbarer Erfahrung mehr. Um den Übergang zu erleichtern, wurde z. B. in Berlin 1811 von der maßgeblichen Uhr der Akademie die nun überflüssige Sonnenuhr abgenommen.

Was als großstädtische Referenz an den wissenschaftlichen Geist des Zeitalters begonnen hatte, wurde durch die Notwendigkeit des Verkehrs allgemein gemacht. In Preußen z. B. wurde der Übergang zur mittleren Sonnenzeit seit 1825 auf Vorstellungen des General-Post-Amts durch das Innenministerium angeordnet, weil die »Übereinstimmung der öffentlichen Uhren, ... für jeden Verkehr, namentlich für das jetzt so wohlgeordnete Postenwesen unentbehrlich« sei. Zugleich wurden die städtischen Magistrate ermahnt, eine öffentliche Uhr, meist die des Postamts, nach der mittleren Sonnenzeit regulieren zu lassen und damit zur Normaluhr zu machen.[77] Kirchturm- und Rathausuhren waren danach zu richten; sie hatten ihre zentrale zeitordnende Funktion verloren. In verschlossenen »Cours-Uhren« brachten die Postillone der Reit- und Schnellposten, in England die »mail-coaches« die Tageszeit auch an Orte, wo die Wartung einer Normaluhr oder eines »Regulators« zu aufwendig war.[78] Schon vor Beginn des Eisenbahnzeitalters hatte die »Zeit des Verkehrs« die »Zeit der Städte« obsolet gemacht.

Mit der beträchtlichen Tempostеigerung des Kutschenverkehrs in den ersten Jahrzehnten des 19. Jahrhunderts waren die Grenzen der physischen Leistungsfähigkeit der tierischen Kräfte, der Pferde, erreicht. Zeitgenössischen Beobachtern war klar, daß selbst bei optimaler Organisation der Relais und mit den fortgeschrittensten Wagenkonstruktionen Dauerleistungen von zwei Meilen in der Stunde (ca. 15 km/h) nur um den Preis des Raubbaus an den natürlichen Ressourcen möglich waren.[79]

Die im Rückblick sehr moderaten Geschwindigkeiten auf den ersten Eisenbahnlinien bedeuteten damals dagegen schon eine Verdopplung oder Verdreifachung der Geschwindigkeit, die auf der ganzen Streckenlänge zu erreichen war. Bei der Schilderung der neuen Geschwindigkeitserfahrung greifen die ersten Reisenden das alte Bild für höchste Geschwindigkeit, den Vogelflug, auf und bemessen die Wegstrecken nach Wander- oder Reitstunden. »Man setzt sich auf die Eisenbahn und rutscht in 33 bis 35 Minuten nach dem fünf Stunden entfernten Potsdam.« Wie Jacob Burckhardt spricht auch David Friedrich Strauß vom »zauberhaften Fliegen« bei Gelegenheit einer Eisenbahnfahrt von Heidelberg nach Mannheim, die er ebenfalls statt in »fünf Stunden in einer halben« zurücklegt. Die Ludwigseisenbahngesellschaft wirbt 1850 für eine Fahrt von Nürnberg nach Fürth mit dem Versprechen »1 1/2 Stund. in 10 Min.« zurückzulegen.[80]

In der Metaphorik der Reisebeschreibungen der »Eisenbahnzeit«, in der Flut von Zeugnissen für den durch die Eisenbahnen ausgelösten Erfahrungswandel fallen die Identifizierung des historischen Wandels mit dem fortschreitenden »Zeitgeist« und die beharrlichen Topoi »Emanzipation von der Natur«, »Vernichtung von Raum und Zeit« und »Überwindung der Zeit« auf.[81] Emanzipation von der Natur meinte die Befreiung des überwundenen Wegs »von allem Widerstand, Unterschied und Abenteuer«. Die Zeitgenossen registrierten, daß sich natürliche Reisehindernisse der Erfahrung entzogen, weil das maschinelle Ensemble von Vehikel und Weg, von Lokomotive und Schiene, Gebirge durchschnitt und Täler überbrückte. Das aus der Kutschenzeit geläufige Bild vom »Vorbeifliegen der Gegenden« wird verstärkt zum Landschaftspanorama, das vor dem Coupéfenster abrollt.[82] Als Emanzipation von der Natur wurde auch das gleichmäßige, zuverlässige und unermüdliche Funktionieren des Dampfmaschinenantriebs empfunden. Auch wenn man gelegentlich die Reisegeschwindigkeiten als »gegenwärtig noch bescheiden« bezeichnete, wurden sie doch in der Imagination schon grenzenlos beschleunigt.[83]

Die tatsächliche Reisegeschwindigkeit der Eisenbahnen stieg, und die Schienennetze der einzelnen Gesellschaften wuchsen dichter zusammen. Für die Gestaltung ihrer Fahrpläne, die das Reisepublikum an den alltäglichen Umgang mit Minuten gewöhnten, hatten die Gesellschaften jeweils die Ortszeit des Hauptsitzes ihrer Gesellschaft zugrunde gelegt und diese Zeit für den sog. inneren Betriebsdienst verbindlich gemacht.[84] Für den Verkehr mit dem Publikum auf den Bahnhöfen und in den Fahrplänen, dem sog. äußeren Dienst, wurde die jeweilige mittlere Ortszeit zunächst beibehalten. In Süddeutschland galt jedoch auch für den äußeren Dienst die »innere« Eisenbahnzeit, und diese wurde dadurch in vielen Fällen zur Ortszeit. Staatliche Stellen unterstützten diese Synchronisation entfernter Orte mit der Ortszeit des Eisenbahnverwaltungssitzes. Nicht mehr die Post, sondern die Eisenbahn vermittelte die hauptstädtische Tageszeit in die Regionen, und eben dies veranlaßt den zerstreuten Briefträger Bornike zur sprichwörtlich gewordenen Verwechslung: »Es ist die allerhöchste Eisenbahn, die Zeit ist schon vor drei Stunden angekommen.«[85]

In Bayern rechnete man rechts des Rheins nach Münchener, links des Rheins nach Ludwigshafener Zeit, in Württemberg nach Stuttgarter, in Baden nach Karlsruher Zeit. Noch 1874 wurde in Deutschland nach den mittleren Zeiten von Berlin, Köln, Königsberg, Lübeck, Oldenburg, Elmshorn, Gießen, Frankfurt/M., Leipzig, München, Stuttgart usw. gerechnet. In diesem Jahr wurde wenigstens für die norddeutschen Eisenbahnen die Berliner Zeit für den inneren Dienst vorgeschrieben. Eisenbahnen wirkten wie »große Nationaluhren«.[86] In anderen Ländern, vor allem in solchen mit geringer Ost-West-Erstreckung, war der Übergang zur Eisenbahnzeit als landesweite Ortszeit weit rascher und mit weniger Aufhebens vollzogen worden. In Deutschland und Österreich begann die öffentliche Diskussion um eine Vereinheitlichung der Zeitrechnung in den siebziger Jahren. Die Pläne, alle lokalen Zeiten in einer Weltzeit bzw. »standard time« zu synchronisieren, kamen aus Amerika, wo es 1873 71 Eisenbahnzeiten gab. Sandford Fleming, Chefingenieur bei der Canadian Pacific Railway, hatte in mehreren Denkschriften vorgeschlagen, von den 360 Längengraden des Erdumfangs 24 Normalmeridiane im Abstand von 15 Grad, also einer Stunde Zeitdifferenz, auszuwählen. Zu verschiedenen Normalmeridianen gehörige Orte hätten danach jeweils genau eine Stunde Zeitdifferenz, aber gleiche Minuten und Sekunden. Auf einer Serie von Konferenzen wurde für diese Vorschläge geworben, und der Streit ging vor allem darum, ob Greenwich, Jerusalem oder ein fiktiver Ort im Meer von der Ausgangslinie der Meridiane geschnitten werden sollte. Teils rasch, teils zögernd folgten einzelne Länder diesem Konzept, indem sie ihre nationalen Zeiten einer Zeitzone, z. B. der mitteleuropäischen, zuordneten. Das Reichsgesetz

»betreffend die Einführung einer einheitlichen Zeitbestimmung« verordnete zum 1. April 1893: »Die gesetzliche Zeit in Deutschland ist die mittlere Sonnenzeit des fünfzehnten Längengrades östlich von Greenwich.« Frankreich hatte zunächst die Pariser Zeit anstelle der Eisenbahnzeit verbindlich gemacht (1891). Der Anschluß an die Greenwich-Zeit erfolgte erst 1911, allerdings ohne daß dabei das englische Observatorium erwähnt worden wäre: Gesetzliche Zeit in Frankreich und Algerien wurde die mittlere Pariser Zeit abzüglich 9 Minuten und 21 Sekunden (= Greenwich-Zeit). Im Deutschen Reich war die »Zeitreform« nicht unumstritten. Aber die Verteidiger der »guten, alten, liebgewonnenen Ortszeit« hatten gegen ihre Befürworter keine Chance.

Als Anwalt der nationalen Einheitszeit meldete sich im Reichstag auch der Feldmarschall von Moltke zu Wort. Die Einführung einer »Weltzeit«, die die Gelehrten an den Sternwarten forderten, sei zwar nicht nötig. Die Differenz der Eisenbahn- und Ortszeiten sei jedoch eine Ruine aus der Zeit der politischen Zersplitterung, »die aber, nachdem wir ein Reich geworden sind, billig weg zu schaffen wäre«. Nicht allein die Betriebsbedürfnisse der Eisenbahnen erforderten die nationale Einheitszeit, sondern auch eine wichtige Gruppe von Benutzern: »Die vornehmsten Reisenden, meine Herren, sind die Truppen.« Die Arbeitszeitordnungen der Fabriken könnten leicht geändert werden; »Was dann die ländliche Bevölkerung betrifft – ja, meine Herren, der ländliche Arbeiter sieht nicht viel nach der Uhr, er hat zum großen Teil keine; er sieht sich um, ob es schon hell ist, dann weiß er, daß er bald von der Hofglocke zur Arbeit gerufen wird. Wenn die Hofuhr verkehrt geht, was in der Regel der Fall ist (Heiterkeit), ... dann kommt er allerdings eine Viertelstunde zu früh..., allein er wird auch nach derselben Uhr eine Viertelstunde früher entlassen: die Arbeitsdauer bleibt dieselbe.« In seiner letzten Reichstagsrede entwirft Moltke dann ein Bild des bürgerlichen Alltags am Ende des 19. Jahrhunderts, dem Minuten und der übereinstimmende Gang aller Uhren noch ziemlich gleichgültig sind.

Meine Herren, im praktischen Leben wird sehr selten eine Pünktlichkeit, die mit Minuten rechnet, gefordert. Es ist an vielen Orten üblich, daß die Schuluhr zehn Minuten zurückgestellt wird, damit die Kinder da sind, wenn der Lehrer kommt. Selbst die Gerichtsuhr wird vielfach zurückgestellt, damit die Parteien sich versammeln, bevor das Verfahren beginnt. Umgekehrt, in den Dörfern, welche nahe an der Eisenbahn liegen, stellt man in der Regel die Uhr einige Minuten vor, damit die Leute den Zug nicht verpassen. Ja, meine Herren, selbst dies hohe Haus statuirt [sic!] doch eine akademische Viertelstunde, die auch zuweilen etwas länger wird.[87]

Das Bild war nicht mehr realistisch. Nicht nur die Eisenbahnen, auch die Pünktlichkeits- und Koordinationsbedürfnisse der Fabriken, der Schulen und des großstädtischen Nahverkehrs machten Art, Technik und Qualität der öffentlichen Zeitindikation zum Dauerthema. Städtische Zeitindikation, so Professor Förster von der Berliner Sternwarte 1890, die nicht überall Pünktlichkeit auf die Minute garantiere, sei eine geradezu menschenfeindliche Einrichtung.[88] Zentral gesteuerte öffentliche Uhren werden mit Hochdruck installiert. Zu Beginn des 20. Jahrhunderts gewinnt unter dem Einfluß der Eisenbahnkursbücher eine neue Art der Stundenrechnung – Durchzählung ab Mitternacht – langsam an Bedeutung, und die Einführung der Sommerzeit bringt neu zu Bewußtsein, daß das Verhältnis von Lichttag und Tagesstunde auf sozialer Setzung beruht.

Die vom Eisenbahnwesen geförderte Universalzeit – die »Weltzeit« konnte sich auch terminologisch nie recht durchsetzen – war immer noch eine astronomisch bestimmte und insofern naturale Zeit. Zunächst telegraphisch, dann über Funk vermittelt, eröffnete die Synchronie aller Ortszeiten in einer Welt noch funktionierender kleiner Ortszeiten unter Stadtuhren und Hofglocken dem Zeitempfinden neue Horizonte. Aber das beobachtete Weltall eignet sich nicht als Zeitnormal für allerhöchste Genauigkeitsanforderungen, und seit den sechziger Jahren unseres Jahrhunderts wird die Zeit physikalisch bestimmt, nach den 9 192 631 770 Schwingungen, die das Cäsiumatom pro Sekunde ausstrahlt.

# Danksagung

Während der langwierigen Arbeit an den Zeitfragen und am Puzzle der Uhrengeschichte habe ich so viele, oft überraschende Hinweise erhalten, daß allen einzeln zu danken ganz unmöglich geworden ist. Dank schulde ich auch Kollegen, Freunden und meiner Familie für ein großes Maß an Geduld und Loyalität. Reinhart Koselleck hat mit seinen Fragen nach dem Wandel der Zeitstrukturen am Beginn der Moderne entscheidende Anregungen gegeben und die Arbeit über viele Jahre kritisch begleitet. Neithart Bulst und Klaus Schreiner haben mich auf dem Weg ins Mittelalter mit zahlreichen Hilfestellungen begleitet. Philippe Braunstein hat meine Interessen an der Sozialgeschichte der Technik bestärkt und in Paris Wege eröffnet. Ohne die bereitwillige und großzügige Förderung durch das Ministerium für Wissenschaft und Forschung in Düsseldorf wären die weitläufigen Recherchen in Bibliotheken und Archiven nicht möglich gewesen. Bei der Durchsicht der Quellen haben mich Rolf Westheider und Karlheinz Vogt sehr engagiert unterstützt. Karlheinz Vogts Spürsinn und Sprachtalent haben mehr Material ans Licht gebracht, als hier ausgebreitet werden konnte. Das gilt auch für die Hilfen der Archivare mehrerer Länder, die uns auf Spuren geführt haben, die wir allein nicht hätten finden können. Die Mitarbeiter der Universitätsbibliothek in Bielefeld haben freundschaftlich durch die Beschaffung von Tausenden von Titeln kooperiert. Aufenthalte in Paris haben das Maison des Sciences de l'Homme und der Deutsche Akademische Austauschdienst gefördert. Schließlich hat ein Stipendium der Fazit-Stiftung, Frankfurt, ein ruhiges Jahr zur Zusammenfassung der Ergebnisse möglich gemacht. Bevor die Arbeit an der Bielefelder Fakultät für Geschichtswissenschaft und Philosophie als Habilitationsschrift eingereicht werden konnte, waren Rudolf Boch, Lucian Hölscher und Josef Mooser hilfreich, dem Text Form und dem Autor Durchhaltewillen zu geben. Der Weg von der wissenschaftlichen Abhandlung zum Buch war lang und mühsam. Danken möchte ich Michael Krüger, der das Vertrauen in das Projekt nie verloren hat, Eginhard Hora, der das Manuskript in jeder Hinsicht leichter gemacht hat, und den anderen Mitarbeitern des Verlags Carl Hanser, die sich geduldig mit meinen Sonderwünschen befaßt haben. Die Bild-Ausstattung war nur durch die Großzügigkeit der Leihgeber möglich. Auch ihnen herzlichen Dank.

# Abkürzungen

| | |
|---|---|
| AH | Antiquarian Horology and the Proceedings of the Antiquarian Horological Society, Ticehurst 1953 ff. |
| APT | Archiv für Post und Telegraphie, Berlin 1873 ff. |
| AU | Alte Uhren. Zeitmeßgeräte, wissenschaftliche Instrumente und Automaten, München 1977 ff. |
| CCM | Corpus Consuetudinum Monasticarum, Siegburg 1963 ff. |
| CC Cont. Med. | Corpus Christianorum continuatio medievalis, Torhout 1966 ff. |
| MGH | Monumenta Germaniae Historica inde ab a. C. 500 usque a. 1500, Hannover u. a. 1826 ff. |
| Migne PL | Patrologiae cursus completus, series latina, ed. J. P. Migne, Paris 1844 ff. |
| Muratori | Rerum Italicarum scriptores ..., ed. L. A. Muratori, Mailand 1723–51 |
| ORF | Ordonnances des roys de France de la troisième race, Paris 1723–1849, Ndr. Farnborough 1967–68 |
| R.I.S. | Rerum Italicarum scriptores, Nuova edizione hg. v. G. Carducci u. F. Fiorini, Città di Castello-Bologna 1900 ff. |
| Rer. Brit. M. A. script. | Rerum Britannicarum medii aevi scriptores, London 1858–96 |
| SFAU | Schriften des historisch-wissenschaftlichen Fachkreises »Freunde Alter Uhren« in der deutschen Gesellschaft für Chronometrie, Ulm 1960 ff. |
| UB | Urkundenbuch |

# Anmerkungen

## 1. Die mechanische Uhr und der Wandel des Zeitbewußtseins

1 (Anon.), Dives et Pauper, ed. P. Heath Barnum (EETS 275), Oxford 1976, S. 119ff.

2 R. Koselleck, Gibt es eine Beschleunigung in der Geschichte?, Ms. Bielefeld.

3 Augustinus, Bekenntnisse XI, 20, 26, übers. v. J. Bernhart, München 1955, S. 643f.

4 R. Glasser, Die humanistische Wertschätzung der Zeit, in: Die Welt als Geschichte 7, 1941, S. 165–80; E. Stürzl, Der Zeitbegriff in der Elisabethanischen Literatur. The Lackey of Eternity, Wien 1965; vgl. Quinones, Discovery; E. Panofsky, Father Time, in: Studies in Iconology, New York 1939.

5 Plinius d. Ä., Naturalis Historiae VII, 57, 191ff., lat.-dt. ed. R. König/G. Winkler, München 1975, S. 136ff.; zu dieser Literaturgattung: Copenhaver, Historiography of Discovery.

6 L. White jr., Cultural Climates and Technological Advance in the Middle Ages, in: Viator 2, 1971, S. 171–201, hier S. 173, 174.

7 R. Tuve, Notes on Virtues and Vices, in: Warburg Journal 26, 1963, S. 264–303 u. 27, 1964, S. 42–72.

8 Unsicheres Datum: Die Fresken waren 1337/38 fertiggestellt; Lorenzetti ist vermutlich 1348 der Pest zum Opfer gefallen; der fragliche Abschnitt ist vor 1360 nach einem Brand restauriert worden, vgl. C. Brandi, Chiaramenti sul »Buon Governo« die Ambrogio Lorenzetti, in: Bolletino d'Arte 40, 1955, S. 119–123; zur Interpretation: N. Rubinstein, Political Ideas in Sienese Art: The Frescoes by Ambrogio Lorenzetti and Taddeo di Bartolo in the Palazzo Pubblico, in: Warburg Journal 21, 1958, S. 179–207.

9 Die anderen Beispiele: sehr ähnlich: Chantilly, Musée Conde, ms. fr. 491, f° 240v; Paris, BN Ms fr 9186 f° 304; Oxford Bodl. Lib. Ms. Laud Misc. 570, f° 16 (ca. 1450); London, BL Add. Ms. 6797, f° 276r° (mit Uhr und Brille); Rouen, Bibl. mun., Ms. 12, f° 17v° (1454); Examen de conscience, Rouen (1492?), f° 191 v°; P. Breughel, Temperantia (Kupferstich, 1557); mit Uhr und Brille auf zwei 1520 in Brüssel hergestellten Wandteppichen der Reihe »Los Honores«, Segovia, San Ildefonso; zur Interpretation vgl. C. C. Willard, Christine de Pisan's Clock of Temperance, in: L'Esprit Créateur 2, 1962, S. 149–54; R. Tuve (Anm. 7).

10 L. White jr., Iconography.

11 A. G. Keller, A Renaissance Humanist looks at »New« Inventions: The

Article »Horologium« in Giovanni Tortelli's De orthographia, in: Technology and Culture 11, 1970, S. 345–65.

12 Zu den Neuheiten gehören auch Zucker, Talgkerzen, Blasrohr, a.a.O., S. 363.

13 Z.B. Bartolus Lucanus, Oratio metrica ad Innocentium VIII., Rom (E. Silber) 1486, n. H. Diels, Über die von Prokop beschriebene Kunstuhr in Gaza (Text, Übers. u. Komm.), in: Abh. d. kgl. preuß. Ak. d. Wiss., Phil.-hist. Kl. Nr. 7, 1917, S. 1–41, S. 23.

14 Vgl. M. Luther, Tischreden (Weimarer Ausgabe) V, Weimar 1919, S. 23 (Nr. 5241).

15 K. Marx an F. Engels 28. Jan. 1863, in: K. Marx/F. Engels, Werke (MEW), Bd. 30, Berlin 1964, S. 321.

16 H.D. Kittsteiner, Reflections on the Constitution of Historical Time in Karl Marx, in: History and Memory 3, Tel Aviv 1991, S. 56.

17 F. Engels, Die Lage der arbeitenden Klasse in England (MEW), Bd. 2, Berlin 1962, bes. S. 398ff.

18 Engels, a.a.O., S. 238.

19 Vgl. M. Bloch, La société féodale (1939), Paris 1968, S. 117, 118; Einspruch: P. Dubuis, Les paysans médiévaux et le temps. Remarques sur quelques idées reçues, in: Études de lettres. Rev. de la Fac. de Lettres de l'Université de Lausanne 1987/2–3, S. 3–10.

20 M. Weber, Wirtschaftsgeschichte, 2. Aufl. München 1924, S. 311; ders., Die protestantische Ethik und der Geist des Kapitalismus (1904/5), hg. v. J. Winckelmann, 3. Aufl. Hamburg 1973, Kap. »Askese und kapitalistischer Geist«, S. 883–98.

21 W. Sombart, Der moderne Kapitalismus, 2. Aufl., München 1921, Bd. 2, S. 126f. u. Bd. 1, S. 505f.

22 Mumford, Technics, S. 12–18, 470.

23 M. Bloch, Un manuel d'histoire des techniques, in: Annales d'histoire économique et sociale 3, 1931, S. 278f.

24 M. Bloch, L'heure et l'horloge, in: Annales ... 9, 1937, S. 217f.

25 Y. Renouard, Les Hommes d' affaires, nouv. éd., Paris 1968, S. 240ff.

26 J. Le Goff, Temps de l'Église, S. 48, 56.

27 W. Paravicini, in: F. Seibt u. W. Eberhard (Hg.), Europa um 1400. Die Krise des Spätmittelalters, Stuttgart 1984, S. 219.

28 A.J. Gurjevitch, Weltbild, S. 175.

29 Inzwischen auch skeptische Betrachtungen: P. Rück, Die Dynamik mittelalterlicher Zeitmaße und die mechanische Uhr, in: H. Möbius/J.J. Berns (Hg.), Die Mechanik in den Künsten, Marburg 1990, S. 30.

30 Ph. Wolff, Le temps et sa mesure au moyen-âge, in: Annales E.S.C. 17, 1962, S. 1141–45.

31 Die Quellen zur Geschichte der Uhren, der Uhrmacher und der modernen Stundenrechnung bis etwa zum Jahre 1500 sind in einem Quelleninventar gesammelt, das zur Vervielfältigung vorbereitet wird.

1 Nach d. Übers. v. K. Brackertz, Zürich-München 1979, S. 240; vgl. zur antiken Traumdeutung: S. R. F. Price, The Future of Dreams: From Freud to Artemidorus, in: Past and Present 113, 1986, S. 3–37.

2 Zum folgenden Abschnitt vgl. einführend Sontheimer, Tageszeiten, in: RE XXVIII, 1932 col. 2011–23, A. Rehm, Horologium, in: RE VIII, 1913, col. 2416–33, G. Bilfinger, Die Zeitmesser der antiken Völker, Fs / Programm des Eberhard-Ludwigs-Gymnasiums in Stuttgart, 1886; G. Bilfinger, Die antiken Stundenangaben, Stuttgart 1888; H. Diels, Antike Technik, 2. Aufl., Leipzig 1920; W. Kubitschek, Grundriß der antiken Zeitrechnung (Handbuch der Altertumswissenschaft I, 7), München 1928 (trotz vieler wichtiger Hinweise ein chaotischer Text); J. Marquardt, Das Privatleben der Römer, 2. Aufl., Leipzig 1886, Ndr. 1964, S. 250ff. u. S. 788ff. Die genannten Arbeiten enthalten eine Fülle von Belegstellen, die hier nur ganz ausnahmsweise zitiert werden.

3 Gellius, Noctes atticae III, 3, 5, ed. J. C. Rolfe, London (1927), 1984, S. 246f.; Seneca, Epistolae ad Lucilium, 122, lat.-dt. ed. M. Rosenbach (Philosophische Schriften 4), Darmstadt 1984, S. 840ff.; Sueton, De vita caesarum XIII, 16,2, lat.-engl. ed. J. C. Rolfe, London (1914), 1970; Martial, Epigrammata IV, 8, ed. D. R. Shackleton Bailey, Stuttgart 1990, S. 118; Cassiodor bei Gelegenheit der Übersendung zweier Uhren an den Burgunderkönig, Cassiodor Senatoris Variae, ed. T. Mommsen (MGH Auct. Antiqu. XII), Berlin 1894, S. 42; vgl. S. 62.

4 Herodot, Historien II, 109, gr.-dt. ed. J. Feix, München 1963, S. 289.

5 Plinius d. Ä., Nat. Hist. (c. 1, Anm. 5), VII, 212–15, S. 148ff.

6 Zu den babylonischen Doppelstunden vgl. F. Thureau-Dangin, Sketch of the History of the Sexagesimal System, in: Osiris 7, 1939, S. 95–141, bes. S. 111ff.

7 Nach Beda, De temporum ratione, c. VII (Bedae Opera de Temporibus), ed. C. W. Jones, Cambridge Mass. 1943, S. 195; zu den antiken Vorlagen vgl. J. Marquardt, Privatleben (Anm. 2), S. 254.

8 Nach O. Neugebauer u. H. B. Braun van Hoesen, Greek Horoscopes, Philadelphia 1959, S. 169, gibt der größte Teil der Horoskope seit Christi Geburt auch Stundenangaben und zwar abweichend vom astronomischen Gebrauch in Temporalstunden.

9 Aristophanes, Ekklesiazusae vv. 651 / 52, gr.-engl. ed. B. Bickley Rogers, London (1924), 1963, S. 309; die Belege gesammelt bei Bilfinger, Zeitmesser und ders., Stundenangaben (Anm. 2).

10 Grundlegend: J. Drecker, Die Theorie der Sonnenuhren, Berlin 1925.

11 L. Borchardt, Die altägyptische Zeitmessusng, (Die Geschichte der Zeitmessung und der Uhren, Bd. 1, Lfg. B), Berlin-Leipzig 1920, S. 26ff.; R. W. Slowley, Primitive Methods of Measuring Time with Special Reference to Egypt, in: Journ. of Egyptian Archeology 17, 1931, S. 166–78.

12 Die erhaltenen Stücke sind katalogisiert bei: S. L. Gibbs, Greek and Roman Sundials, New Haven-London 1976.

13 Vgl. E. Buchner, Die Sonnenuhr des Augustus, Mainz 1982 (Ndr. aus:

Römische Mitt. 83, 1976, S. 319–365 u. 87, 1980, S. 355–373 nebst Nachw. u. Tafeln).

14 J. Marquardt, Privatleben (Anm. 2), S. 788ff.

15 Klima: z. B. Plinius d. Ä., Nat. Hist. II, 186 (c. 1, Anm. 5), 1974, S. 158; E. Buchner, Antike Reiseuhren, in: Cheiron 1, 1971, S. 457–482 (u. Tafeln); diese und die in Anm. 13 genannte Arbeit Buchners zeichnet sich durch terminologische Klarheit und Systematik aus.

16 Die beste Einführung gibt Turner, Water-Clocks, S. 1–44. Das ältere Belegmaterial ist gesammelt bei: M. P. Schmidt, Kulturhistorische Beiträge zur Kenntnis des griechischen und römischen Altertums, 2. Heft, Die Entstehung der antiken Wasseruhr, Leipzig 1912.

17 Für Indien vgl.: J. F. Fleet, The Ancient Indian Water Clock, in: Journal of the Royal Asiatic Soc. 1915, 213–30; für China vgl. S. 84.

18 O. Neugebauer, Studies in Ancient Astronomy VIII. The Water-Clock in Babylonian Astronomy, in: Isis 37, 1947, S. 37–43.

19 L. Borchardt, Altägyptische Zeitmessung; A. Pogo, Egyptian Water Clocks, in: Isis 25, 1936, S. 403–25.

20 L. v. Mackensen, Neue Erkenntnisse zur ägyptischen Zeitmessung. Die Inbetriebnahme und Berechnung der ältesten erhaltenen Wasseruhr, in: AU 1, 1978, S. 13–18.

21 S. West, Cultural Interchance over a Water-Clock, in: Classical Quarterly 23, 1973, S. 61–64.

22 Vgl. die die Übersicht bei M. P. Schmidt (Anm. 16) ergänzende Darstellung bei Gelegenheit der Präsentation eines archäologischen Belegstücks, in: S. Young, An Athenian Clepsydra, in: Hesperia 8, 1939, S. 274–82.

23 Tacitus, Dialogus 38,2 »veluti frenos eloquentiae«, lat.-engl. ed. W. Peterson/M. Winterbottom, London (1914), 1980, S. 336; die Regelungsdetails bei: Th. Mommsen, Römisches Strafrecht, Leipzig 1899, Ndr. 1955, S. 427–429.

24 Plinius d. J., Epistolae II, 11, 14 »Dixi horas paene quinque. Nam duodecim clepsydris, quas spatiosissimas acceperam, sunt additae quattuor«, ed. R. A. B. Mynors, Oxford 1968, S. 49; vgl. IV, 9, 9, S. 107.

25 Caesar, De Bello Gallico V, 13, 4, lat.-dt. ed. O. Schönberger, Zürich 1990, S. 206.

26 T. F. Glick, Medieval Irrigation Clocks, in: Technology and Culture 10, 1969, S. 424–28.

27 Zu diesem Typ vgl. O. Kurz, European Clocks, S. 2–4.

28 Vgl. einführend E. Weiß, Der Rechtschutz der Römischen Wasserleitungen, in: ZRG Rom. Abt. 45, 1925, S. 87–116.

29 Bilfinger, Stundenangaben (Anm. 2), S. 103–9.

30 Der Bericht bei dem römischen Arzt Markellios (2. Jh. n. Chr.); Text: H. Schöne, in: FS z. 49. Vers. Deutscher Philologen und Schulmänner in Basel, 1907, S. 448–72; hier n. M. P. Schmidt (Anm. 16), Nr. XXXVI.

31 Kleomedes beschreibt das Verfahren mit dem »Hydrologion« als von den Alexandrinern erfunden; unter Verweis auf eine verlorene Schrift des Heron von Alexandria berichten auch Pappus und Proklos von solchen Messungen mit Hilfe von Wasseruhren, vgl. W. Schmidt, Herons von Alexandria,

Druckwerke und Automatentheater, Leipzig 1899, S. 456f. u. 506f.; Ptolemaios, Almagest V, 14, engl. Übers. G.J. Toomer, N.Y. 1984, S. 252; Sextos Empeirikos, »Gegen die Astrologen«, V, 24, 25, 75, ed. G. Bury, London (1949), 1987, S. 332ff., 354f.; O. Neugebauer, A History of Ancient Mathematical Astronomy, Berlin-New York 1975, t. 2, S. 657f.; dem Mittelalter überliefert bei Macrobius, Commentarii in Somnium Scipionis I, 21, 9–22, »duobus igitur vasis aeneis praeparatis, quorum alteri fundus erat in modum clepsydrae foratus«, ed. J. Willis, Leipzig 1970, S. 86ff.; außerdem bei Martianus Capella, De nuptiis VIII, 847, »multiplici enim clepsydrarum appositione monstratum omnia signa [d. Zodiakkreises] paria spatia continere«, vgl. VI, 860, ed. J. Willis, Leipzig 1983, S. 320.

32 Vgl. D.R. Hill, Arabic Water Clocks, S. 8.

33 J.E. Armstrong u. J. McK Camp II, Notes on a Water Clock in the Athenian Agora, in: Hesperia 46, 1977, S. 147–61 (dort auch der Vergleich mit der Uhr in Oropos).

34 J.V. Noble u. D.J. Price, The Water Clock in the Tower of the Winds, in: Amer. Journ. of Archeology 72, 1968, S. 345–55 + Pl. 111–18.

35 Vgl. O. Benndorf u.a., in: Jahresh. d. österreichischen archäol. Instituts 6, 1903, S. 32–49; D.J. Price, in: C. Singer, History of Technology III, Oxford 1957, S. 617f; A. Rehm, Neue Beiträge zur Kenntnis der antiken Wasseruhren, in: Sitzungsber. d. Bayer. Ak. d. Wiss., Phil.-hist.-Kl. Jg. 1917/20 (1921).

36 D.J. Price, Origins of Clockwork, S. 92–94; ders. in: J.T. Fraser, Study of Time II, S. 374–78; ders., Gears from the Greeks; A.G. Bromley, Observations of the Antikythera Mechanism, in: AH 18, 1990, S. 641–652.

37 Johannes Lydus, De magistratibus II, 16 u. III, 35, hg. u. engl. Übers. A.C. Bandy, Philadelphia 1983, S. 109f. und 188f.; die übrigen topographischen Hinweise bei R. Janin, Constantinople Byzantine. Développement urbain et répertoire topographique, 2. ed., Paris 1964.

38 Vgl. c. 1, Anm. 13.

39 J. Marquart, Osteuropäische und ostasiatische Streifzüge, Leipzig 1903, S. 221f.; M. Izzedin, Un prisonnier arabe à Byzance au IXe siècle, in: Rev. des Études Islamiques 15/1, Paris 1941–46, S. 59.

## 3. Die mittelalterlichen Horen

1 E.S. Kennedy (Hg.), The Exhaustive Treatise on Shadows by al Biruni, 2 Bde., Aleppo 1976; E. Wiedemann u. J. Frank, Die Gebetszeiten im Islam (1926/27), in: E. Wiedemann, Aufsätze zur arabischen Wissenschaftsgeschichte, Bd. 2, Hildesheim-New York 1970, S. 757–88.

2 Gisleberti Chronicon Hanoniense, ed. G.H. Pertz (MGH script. rer. Germ. 29), Hannover 1869, S. 188–191; der Hinweis bei M. Bloch, La Société féodale (1939), Paris 1968, S. 117f.

3 Bilfinger, Horen, S. 68ff.; die Resultate Bilfingers werden bestätigt von Lehner, Tagesteilung, passim; M. Fallet-Scheurer, Zeitmessung, S. 254ff.; B. Ejder, Tider och Maltider, Lund 1969.

4 E. M. Casalini, Condizioni economiche a Firenze nel Duecento, in: Studi storici dell'Ordine dei servi di Maria 9, 1959, S. 3f.

5 A. Lecocq, Histoire de cloître de N.-D. de Chartres, Chartres 1867, S. 127ff.

6 A. Chéruel, Normanniae nova Chronica, Caen 1851, S. 31f.

7 L. Mumford, Mythos der Maschine, Wien 1974, S. 302f., hier fällt auch der Ausdruck von der »vergeistigten und moralisierten Megamaschine«.

8 Mumford, Technics (c. 1, Anm. 22).

9 H. E. Hallam, The Medieval Social Picture, in: E. Kamenka u. R. S. Neale, Feudalism, Capitalism and Beyond, London 1975, S. 29–49.

10 E. Zerubavel, Benedictine Ethic u. ders.: Hidden Rhythms. Schedules and Calendars in Social Life, Chicago 1981, S. 31–69.

11 Die Bedeutung des Tages als Grundeinheit wird unterstrichen durch die gleichnishafte Bemerkung, daß der Bruder, der zur zweiten Stunde des Tages ins Kloster eingetreten ist, unabhängig von Alter und Würde dem Rang nach jünger ist als der, der zur ersten Tagesstunde eingetreten ist (BR c. 63).

12 Ausführliche und z. T. schematisierte Darstellungen monastischer Tagesläufe bei: J. Biarne, Le Temps du Moine d'après les premières règles monastiques d'Occident (IVe–VIe siècles), in: Temps Chrétien, S. 99–128; P. Buddenborg, Zur Tagesordnung in der Benediktinerregel, in: Benediktinische Monatsschrift 18, 1936, S. 98; C. Butler, Benedictine Monasticism (1921), Ndr. 1964, S. 275–90; D. Knowles, The Monastic Order in England, Cambridge 1963, S. 714f.; ders.: The Monastic Horarium 970–1120, in: Downside Review 51, 1933, S. 706–26; L. Thomas, La Journée Monastique, Paris 1982; B. H. Rosenwein, Feudal War and Monastic Peace: Cluniac Liturgy as Ritual Aggression, in: Viator 2, 1974, S. 134f.

13 Zutreffend beschrieben durch P. Mesnage, in: M. Daumas (Hg.), Histoire Générale des techniques II, Paris 1962, S. 290: »La succession des offices était réglée suivant la durée du jour et de la nuit et n'imposait pas la mesure d'intervalles réguliers du temps.« Abwegig ist E. Zerubavels Interpretation, »the duration of most daily activities and events was not intrinsic to them«; banal sind die Bemerkungen, daß die Reihenfolge der Offizien »purely artificial« sei und ihre zeitliche Lage auf »social convention alone« beruhe, vgl. ders., Hidden Rhythms (Anm. 10), S. 41. Wie wäre denn eine »natürliche« Offiziensequenz denkbar?

14 Anschauliche Beispiele für intrinsische Zeitbestimmungen bieten die Kartäuser-Consuetudines von Chartreuse (1128): Von Mitte September bis Anfang Februar sollen die Vigilien (= Nokturn) lange genug dauern, um 50 Psalmen ohne Hast zu beten. Von da an bis Ostern werden sie allmählich auf eine Frist verkürzt, die ausreicht, die »matutin sanctae mariae« zu beten. Die Pause nach der Nokturn soll 7 Bußpsalmen lang dauern. Das Intervall zwischen Sext und Non im Winter soll so lang sein wie das zwischen Terz und Sext im Sommer bzw. wie eine »regularis hora« und zwei »sanctae Mariae« etc., Coutumes de Chartreuse, Paris 1984, S. 226ff. Schief geraten ist Landes', Revolution S. 61, Beschreibung der Horen: »As the very names indicate most of these were designated and set in terms of clock hours«, dies obwohl Landes

den Unterschied von Bezeichnung der Hore und Zeitpunkt ihrer Feier sieht, vgl. S. 404, Anm. 22.

15 Zu den Zeitstrafen vgl. O. Zimmermann, Ordensleben und Lebensstandard. Die Cura corporis in den Ordensvorschriften, Münster 1973, S. 446f.

16 Borst, Astrolab, S. 62f.

17 H. E. Hallam (Anm. 9); Zum Verhältnis von Askese und Profit vgl. Schreiner, Ms. S. 39f.

18 Vgl. dagegen erneut E. Zerubavel, Hidden Rhythms (Anm. 10), S. 62: »The Benedictines were clearly the first ones to have established a rigid temporal regularity that was not directly geared in any way to nature.«

19 BR c. 8 »Hiemis tempore ... iuxta considerationem rationis octaba hora noctis surgendum est, ut modice amplius de media nocte pausetur et iam digesti surgant«; ed. R. Hanslik (CSEL 75), 1977, S. 58; H. M. Hanssens, Aux origines de la prière liturgique: Nature et genèse de l'office des Matines (Analecta Gregoriana 57), Rom 1952.

20 »Locus sane intricatus et obscurus«, Benedikt van Haeften, S. Benedictus illustratus sive monasticarum disquisitionum pt. II, Antwerpen 1644, lib. VII, disq. IV, S. 776; »non consentiunt commentatores«, E. Martène (1690), in: Migne PL 66, col. 410; P. Delatte, Commentaire sur la règle de St. Benoit, Paris 1913, Ndr. 1969, zu BR c. 8 u. 47.

21 Zur frühen Geschichte M. Trumpf-Lyritzaki, »Glocke«, in: Reallexikon für Antike und Christentum 11, 1981, S. 164ff.

22 G. Durandus, Rationale divinorum officiorum (1284), I, 4, 8, n. d. Ausg. Nürnberg 1494; für die städtische Chronistik vgl. z. B. Cronica di Giovanni Villani [Florenz], ed. F. Gherardi Dragomanni, t. 2, Florenz 1845, Ndr. 1969, S. 324.

23 M. A. Schroll, Benedictine Monasticism as reflected in the Warnfried-Hildemar Commentaries on the Rule, N. Y. 1941, S. 107ff.

24 Durandus, a.a.O. (Anm. 22).

25 In einem Kommentar zum Dictionarius des Johannes de Garlandia, ed. H. Géraud, Paris sous Philippe-le-Bel, Paris 1837, Ndr. Tübingen 1991, S. 590.

26 Eine brauchbare Darstellung dieser Literaturgattung und ihrer Entwicklung gibt es nicht; einführend ist die Einleitung von C. W. Jones (c. 2, Anm. 7), S. 3–113: J. Flamant, Temps sacre et comput astronomique, in: Le Temps Chrétien, S. 31–44; vgl. auch: L. Thorndike, Computus, in: Speculum 29, 1954, S. 223–38; eine anschauliche Darstellung der Verbindung chronologischer, liturgischer und historischer Fragen bei: A. Borst, Ein Forschungsbericht Hermanns des Lahmen, in: Deutsches Archiv für Erforschung des Mittelalters 40, 1984, S. 379–477, erw. u. rev. als ders., Computus 1990.

27 T. Tally, Liturgical Time in the Ancient Church. The State of Research, in: Studia Liturgica 14/2–4, 1982, S. 34–51.

28 Zur Geschichte des Osterstreits vgl. C. W. Jones (c. 2, Anm. 7).

29 Ed. C. W. Jones (c. 2, Anm. 7), Neuausgabe: C. W. Jones (Hg.) (CCL 123 B), Turnhout 1977.

30 K. Harrison, Easter Cycles and the equinox in the British Isles, in: Anglo-Saxon England 7, 1978, S. 5; anders Borst, Computus, S. 33.

31 J. Wiesenbach, Wilhelm von Hirsau. Astrolab und Astronomie im 11. Jahrhundert, in: Fs Hirsau, St. Peter und Paul 1091–1991, T. 2: Zur Geschichte eines Reformklosters, K. Schreiner (Hg.), Stuttgart 1991, S. 109–56, hier S. 119ff.

32 Vgl. c. 2, Anm. 31; Johannes Scotus, Annotationes ad Martianum, ed. C. M. Lutz, Cambridge Mass. 1939, S. 138f.; Remigius von Auxerre, Kommentar zu Martianus Capella, ed. C. M. Lutz, Leiden 1965, S. 138f., 277.

33 Nach Isidor, Etymologiarum V, 29: »Momentum est minimum atque angustissimum tempus, a motu siderum dictum«., ed. W. M. Lindsay, Oxford 1962.

34 Beda, De temporum ratione, c. 3, »De minutissimis temporum spatiis« (c. 2, Anm. 7).

35 Verstreutes Material zu hochmittelalterlichen Teilungen bei L. Thorndike, History II, S. 419 u. III, 123f., 266f., 290, 298, 318; ein frühes Beispiel für die Verwendung von Stundenminuten in der Chronik des Robert de Monte über die Dauer einer Sonnenfinsternis im Jahre 1181: »spatium unius hore equalis et triginta octo minutorum«, ed. G. H. Pertz (MGH SS VI), 1844, S. 532. Ein späteres Beispiel ist die Beobachtung einer Finsternis in Augsburg, 7. Jan. 1415, »do was ain vinsternus zwischen 7 und 8 stund vor mittag und werot 15 minut«, Chronik des Hektor Mülich, ed. K. Hegel (Chr. dt. Städte 22, Augsburg 3), Leipzig 1892, S. 59.

36 Ph. Ruppert, Die Chroniken der Stadt Konstanz, Konstanz 1891, S. 35, dort weitere ähnliche Beispiele.

37 In G. Rucellai, Zibaldone, ed. A. Perosa, London 1960, S. 58, vgl. S. 56; vgl. den Bericht über dasselbe Erdbeben in der Chronik des Hektor Mülich (Anm. 35), S. 289f.: »gewerot hat als lang bis das man sprechen hat mügen den psalm miserere«.

38 Beda, De temporum ratione, c. 2, S. 182; eine ähnliche Unterscheidung auch bei Roger Bacon im 13. Jh.; vgl. Borst, Computus (Anm. 26), S. 67.

39 Nikolaus von Kues, Philosophisch-theologische Schriften, hg. v. L. Gabriel (lat.-dt.), Bd. III, Wien 1967, S. 324.

## 4. Horologia

1 Dom Alexandre, Ausführliche Abhandlung von den Uhren, Lemgo 1738, Ndr. Osnabrück 1981, S. 16.

2 North, Monasticism; Landes, Revolution, S. 53–66.

3 Vgl. die Literaturnachweise unter Anm. 109.

4 Jean Froissart, Li Orloge Amoureus, ed. A. Scheler, Oeuvres, Poésies t. 1, Brüssel 1870, Ndr. 1977, S. 53ff.

5 Bei J. Spöring, Die Uhr im Zytturn uff Musegk zue Luzern 1385–1535, Luzern 1975, S. 17; der Ausdruck »frouwen gemuete« war nicht ein scherzhafter Gelegenheitsbegriff. Er taucht noch ein Jahrhundert später in einer städti-

schen Rechnung (Solothurn 1487) auf, vgl. H. Morgenthaler, in: Anz. f. Schweizerische Altertumskunde NF 22, 1920, S. 137.

6 Skizzen: Mailand, Bibl. Ambrosiana C. 221; »compositio ... multiformis et comunis est«, Johannis de Dondis Paduani Civis, Astrarium (versio A), ed. E. Poulle, Padua-Paris 1988, S. 8.

7 A.a.O., S. 105: »Quod si vellocior motus fuerit, aut ponderi detrahas secundum bonam extimationem, considerata vellocitatis quantitate, aut alliquid ponderis appendas ad frenum, quoniam illud alliqualiter tardat motum. Si vero tardior fuerit vel alliquid addas ponderi vel freno detrahas...«; Daraus geht m. E. hervor, daß es zwei Möglichkeiten gab, den Ablauf durch Gewichtsveränderung zu regulieren, es sei denn, »frenum« sei auch Ausdruck für den ganzen Uhrwerkantrieb mit Einschluß der Gewichte, wie sie die Abbildung zeigt. Im Almanus-Ms., ed. J.H. Leopold, S. 46–49, zeigt eine Skizze der »corona« der zweiten Uhr Kerben für Gewichte auf dem Querbalken.

8 Text: North I, S. 472ff., Kommentar: North II, S. 330–34. Seit dem 15. Jh. ist lat. »stroba« für Armbrust belegt. Aufgrund der formalen und funktionalen Ähnlichkeit des »semicirculus« mit der Haltevorrichtung für die Sehne in der Armbrust, schließt A. Lantink-Ferguson, in: Nature 330, 1987, S. 615, auf eine gemeinsame technische Entwicklung, die zusätzlich durch das Auftreten von Armbrustmachern als frühe Uhrmacher wahrscheinlich sei. Es ergibt sich jedoch die Schwierigkeit, daß nur sehr wenige Armbrustmacher unter den frühen Uhrmachern zu finden sind.

9 North II, S. 332; D.J. Price, Clockwork before the Clock, in: Horological Journal 1956 Jan., S. 34, 35; ganz unbegründet ist, daß die Leonardo-Skizzen Kopien von Plänen seien, die ursprünglich für eine Uhr in einem königlichen Palast in Paris am Ende des 14. Jahrhunderts angefertigt worden wären, vgl. North II, S. 331f. Aufschluß über die Verbreitung könnte ein unediertes Ms. geben, auf das North II, S. 333 hinweist. Darin wird offenbar auch eine Hemmung mit einem doppelten Steigrad erwähnt. »Nota quod hoc retardativum possit verti cum uniformitante, quia uniformitans possit esse rota duplicata et habere circumferenciis se respicientes in medio dentes...« Es handelt sich um ein Ms. deutscher Herkunft aus dem Ende des 14. oder dem Anfang des 15. Jahrhunderts, heute Krakau, Bibl. Jagel. 551, f°44v°-49r°, »In composicione horalogii praemittenda sunt prius...«; E. Zinner, Verzeichnis der astronomischen Handschriften des deutschen Kulturgebiets, gibt als Datum 1388 und als Herkunftsort Erfurt, ohne daß die Gründe für diese Zuschreibungen deutlich wären; vgl. North III, Addenda, S. 276. Bei den bei L. Thorndike u. P. Kibre, A Catalogue of Medieval Scientific Writings in Latin, rev. ed. 1963, erwähnten beiden Mss. handelt es sich nur um ein einziges: Das Salzburger Ms. (St. Peter Inc. Nr. 800) ist in der Zwischenkriegszeit verkauft worden und liegt heute in Yale (Ms. 42).

10 A. Raes, Introductio in Liturgiam orientalem, Rom 1947, S. 26f., auf S. 179ff. Angaben zu frühen Drucken solcher »Horologia«; E. Mercenier/E. Paris, La Prière des Églises de Rite Byzantin, 2. Aufl., t. I, o.J.: Druck eines griechischen »Horologion«.

11 Für den englischen Sprachraum auf der Basis des Wortmaterials im Middle English Dictionary: A.G. Rigg, Clock, Dials and other Terms.

12 G. G. Meersseman / E. Adda, Manuale di Computo con Ritmo Mnemotecnico dell'Archidiacono Pacifico di Verona (Italia Sacra 6), Padua 1966, S. 145, 169; J. Wiesenbach (c. 3, Anm. 31), S. 121.

13 Vgl. die Hinweise über die Häufigkeit der Erwähnung Gerberts als Erfinder der Räderuhr bei: D. Enshoff, Um mittelalterliche Uhren, in: Studien u. Mitt. z. Gesch. d. Benediktinerordens und seiner Zweige 53, 1935, S. 401–7.

14 »In Magdeburg horalogium fecit, recte illud constituens secundum quandam stellam, nautarem ducem, quam consideravit per fistulam miro modo.«, Thietmar von Merseburg, Chronicon VI, 100, ed. R. Holtzmann (MGH Script. rer. Germ. n. s. IX), 1935, Ndr. 1980, S. 393; vgl. Borst, Astrolab, S. 55.

15 N. Bubnov (Hg.), Gerberti Opera Mathematica, Berlin 1899, Ndr. 1963, S. 25–28; H. P. Lattin, Astronomy: Our View and Theirs, in: Medievalia et Humanistica 9, 1955, S. 14ff.; vgl. Poulle, Équatoires, S. 499.

16 De gestis regum Anglorum, ed. W. Stubbs (Rer. Brit. M. A. script. 90,1), 1887, S. 196.

17 North, Monasticism, S. 397.

18 E. Jünger, Das Sanduhrbuch, S. 110, erwähnt diese Möglichkeit noch, entscheidet sich dann aber für Gerbert; J. Wiesenbach (c. 3, Anm. 31), mit Abb. S. 120.

19 Benedicti Regula, ed. R. Hanslik (CSEL 75), Wien 1977, S. 58, 124f.

20 De perfectione monachorum 13, c. 17, ed. P. Brezzi / B. Nardi, De divina omnipotentia e altri opusculi, Florenz 1943, S. 286ff.

21 »Totum officium divinum et dispositio domus quoad exercitia«, Caeremoniae Sublacenses c. 4, ed. J. F. Angerer (CCM XI-1), 1985, S. 21ff.

22 Regula Magistri (Anf. d. 6. Jh.) c. 31.7 u. ö., ed. A. de Vogüé (Sources Chrétiennes 106), 1964; vgl. J. Biarne, Temps (c. 3, Anm. 12), S. 117.

23 Sehr wenige Ausnahmen: Nach einer später wieder fallengelassenen Regelung der Zisterzienser sollten die Mönche im Sommer nach der Siesta mit Hilfe des »horologiums« geweckt werden, Liber usuum c. 83, sog. Standardtext (1183–88), ed. P. Guignard, Les monuments primitifs de la Règle Cistercienne, Dijon 1878; vgl. Liber Ordinis Sancti Victoris c. 21 (Anm. 61).

24 Horologium stellare monasticum (saec. XI), ed G. Constable, in: CCM VI, 1975, S. 4f.; als mit natürlichen astronomischen Gaben versehene »Uhr der Armen« bei: Petrus Viret, Exposition Chrétienne, Genf 1564, dial IX, S. 179.

25 Cassian, De institutis coenobiorum 2, 17, ed. J.-C. Guy, Paris 1965, S. 88; S. C. McCluskey, Gregory of Tours, Monastic Timekeeping and Early Christian Attitudes to Astronomy, in: Isis 81, 1990, S. 8ff.; Horologium stellare monasticum, S. 1–18.

26 »sibi velut horologium metiatur«, (Anm. 20) a.a.O.

27 Z. B. Regula Magistri (Anm. 22) c. 31,7 »horologium conspicere«, vgl. c. 56, 18–21; Smaragdkommentar (9. Jh.) »frequenter aspicit horologium«, ed. A. Spannagel / P. Engelbert (CCMVIII), 1974, S. 96f.; E. Zinner, Alte Sonnenuhren an europäischen Gebäuden, Wiesbaden 1964, mit einem ausführlichen Verzeichnis erhaltener Stücke; A. A. Mills, Seasonal-Hour Sundials, in: AH 19, 1990, S. 147–70.

28 Bernhard Ordo Cluniacensis I, c. 51 (11. Jh.), ed. M. Herrgott, Vetus Disciplina Monastica, Paris 1726; vgl. das Verbot, Kerzenuhren »candelarum et ollarum horologia« in den Zellen zu besitzen in St. Albans um 1300, Gesta Abbatum Monstarii Sancti Albani, ed. H. T. Riley (Rer. Brit. M. A. script. 28,4, 2), 1867, S. 100.

29 E. Wohlhaupter, Die Kerze im Recht, Weimar 1940, S. 134ff.

30 Assers Life of King Alfred, ed. W. H. Stevenson, London 1904, c. 103, 104, S. 89; William of Malmesbury, De gestis regum Anglorum, lib. II, ed. W. Stubbs (Rer. Brit. M. A. script, 90, 1), 1887, S. 133; vgl. G. Langenfelt, The Historic Origins of the Eight Hours Day, Stockholm 1954, S. 27, der hier den legendären Anfang des Ideals des achtstündigen Arbeitstages sieht; m. E. ein nicht überzeugender Versuch.

31 Kurzübersicht bei: Turner, Water-Clocks, S. 117ff.

32 Vie de Saint Louis, ed. Daunou u. Naudet, Recueil des Historiens des Gaulles et de la France, Bd. 20, Paris 1840, S. 75 u. 79.

33 Vgl. unten S. 203 f.

34 Cassiodor (c. 2, Anm. 3), S. 39–42.

35 Codex Carolinus XV, chron 16, Migne PL 98, col. 159.

36 Cassiodor, Institutionum liber I c. 30, 5, ed. R. A. B. Mynors, Oxford 1963, S. 77f.; vgl. noch die Formulierung in Fredegards Gedicht »Desuper cylipsidra«, ed. L. Traube (MGH Poetae latini aevi Carolini, t. 3), 1896, S. 323.

37 »Qui haec rationabiliter vult facere, horologium aquae illi necessarium est.«, Expositio Regulae ab Hildemaro tradita, ad c. 8, ed. H. Mittermüller, Regensburg 1880, S. 278.

38 Consuetudines Floriacenses Antiquiores c. 29 (zw. 1000 u. 1026), ed. K. Hallinger (CCM VII-3), 1984, S. 42.

39 Auslaufuhren bleiben jedoch in Gebrauch, wie das Verbot des Abts von St. Albans, »orologia ollarum« in den Zellen zu benutzen, zeigt (1302/8), (Anm. 28).

40 Ordo Cluniacensis (Anm. 28) I, c. 24, c. 52 »postquam horologium cecidit«; Consuetudines Fructuarienses-Sanblasianae (um 1100) »quando horologium cadit«, ed. L. G. Spätling/P. Dinter (CCM XII-2), 1987, S. 153; das Wort bleibt lange in Gebrauch; vgl. z. B. O. Fina (Hg.), Klara Steigers Tagebuch. Aufzeichnungen während des Dreißigjährigen Krieges im Kloster Mariastein bei Eichstätt, Regensburg 1981, S. 65; »morgen vor 4 als der weckher gefallen haben wir uns im Chor versamblet«; vgl. auch Goethe, Faust I, vv. 1705,6: »Die Uhr mag stehn, der Zeiger fallen, es sei die Zeit für mich vorbei!«

41 Eine Übersicht über die mittelalterliche Vitruvtradition gibt: C. H. Krinsky, Seventyeight Vitruvius manuscripts, in: Warburg Journal 30, 1967, S. 36–70; danach sind aus der Zeit bis zum Ende des 13. Jh. mindestens 27 Manuskripte des Vitruv erhalten. Vermutlich von Theoderich, seit 1099 Abt von St. Trond bei Lüttich, stammt eine poetische Paraphrase der Vitruvschen Beschreibung des Turms der Winde in Athen mit seinen Sonnenuhren (vgl. S. 32f.), Erw. eines »horoscopus«, hg. v. M. Manitius, in: Neues Archiv der Ges. f. deutsche Geschichtskunde 39, 1914, S. 157ff., hier S. 167. Im 12. Jahrhundert verfaßt Petrus Diaconus im Kloster Monte Cassino einen (verlorenen) Auszug aus Vitruv, vgl. M. Manitius, Geschichte der lateinischen Literatur des

Mittelalters, Bd. 3, München 1965, S. 550ff., 710ff. H. Kochs kleine Untersuchung, Das Nachleben des Vitruv, Baden-Baden 1951, geht darüber nicht hinaus, vgl. Anm. 90.

42 Consuetudines Fructuarienses-Sanblasianae (Anm. 40) c. 4 »Secretarius in nocte surgit, quando horologium cadit, sydera caeli si serenum est aspicit. Et si tempus surgendi est ... ad horologium pergit, aquam de parva caldaria in maiorem proicit, funem et plumbum sursum trahit, scillam post hec percutit.«

43 Nivardus, Ysengrimus, ed. J. Mann (Mittellat. Studien und Texte XII), Leiden 1987, S. 460.

44 Zisterzienser: c. 68 »sonitus orologii«, c. 74 »audito horologio«, c. 83 »ad sonitum orologii excitatus«, c. 96 »inspecta hora in horologio« c. 115 »horologium facere sonare«; Die älteste Fassung (1130–34) ed. B. Griesser, in: Analecta S. O. Cist 12, 1956, S. 153ff.; sog. Standardtext (Anm. 23); Prämonstratenser: »Sacrista debet horologium temperare et ipsum facere sonare ... ad se excitandum cottidie«, P. F. Lefèvre / W. M. Grauwen, Les statuts de Prémontré au milieu du XIIe siècle, Averbode 1978, S. 26f.; Regularkanoniker Arrouaise (ca. 1135), ed. L. Milis (CC Cont. Med. 20), 1970, S. 171.

45 Consuetudines domus Cisterciensis c. 28, ed. B. Griesser, in: Anal. S. O. Cist. 3, 1947, S. 138ff.

46 Gesta Abbatum a Thoma Walsingham, ed. H. T. Riley (Rer. Brit. M. A. script. 28, 4, 1), 1867, Appendix S. 520.

47 Joh. Belethus, Summa de ecclesiasticis officiis, ed. H. Douteil (CC Cont, Med. 41, 41 A), 1976, c. 86, S. 156; G. Durandus, Rationale divinorum officiorum, Nürnberg 1494, I, 4, 11.

48 Consuetudines Cluniacensium (Redactio Vallumbrosiana), ed. K. Hallinger (CCM VII-2), 1983, S. 136. Nach Durchsicht der übrigen nicht edierten Fassungen, die im A. S. in Florenz liegen, ist dieser Passus im 13. u. 14. Jahrhundert geändert.

49 Ordo Cluniacensis (Anm. 28) I, c. 51 »ut aliquando (horologium) fallatur ipse notare debet in cereo et cursu stellarum et etiam lune«; vgl. die Aufzählung der fehlenden Mittel zur pünktlichen Haltung der Nachtoffizien bei Nicole Bozon, Les contes moralisés (ca. 1320) 145, »nul oriloge ne fieu ne chaundel«, ed. L. Toulmin / P. Meyer, Paris 1889, S. 186.

50 Opera de vita regulari, ed. J. J. Berthier, t. II, Rom 1888, c. 1, S. 69.

51 Acta Sanctorum 7. Apr., t. 1, Antwerpen 1675, S. 701.

52 Pflichten der vier »matricularii«: »si horologium septimanarius horis debitis non tetenderit 6 d. persolvet;«, Sens, Bibl. Mun., Ms. 6, f°16v°; G. Julliot, L'Horloge de Sens, in: Bull. Soc. arch. de Sens 9, 1867, S. 388, bezeichnet sie als »une horloge à poids et à timbre«. Beides ist für eine Wasseruhr nicht auszuschließen, hier aber durch nichts begründet. A. Ungerer, Horloges, S. 158, macht daraus eine »horloge mécanique«, was noch unwahrscheinlicher ist. Brusa, Orologeria, S. 19, setzt aufgrund von Ungerers Hinweis den terminus ante quem non für die mechanischen Uhren vorsichtig auf ca. 1200. Das läßt sich nicht mit Sicherheit ausschließen, aber mit der Uhr in Sens, die sich nach den Quellen von vergleichbaren Uhren nicht unterscheidet, nicht begründen.

53 Statuta visitatorum pro monasterio Rothonensi, c. 3 »Horologium congruum habeant, quo temperato secundum statuta regule signo pulsato surgant fratres...«, ed. B. Griesser, in: Anal. S. O. Cist. 8, 1952, S. 345f.; Brief des Henry of Newark, York: »Campane, in campanile minus legitime locate, cardas non habent, nec est horologium ecclesie sub debito regimine custoditum«, The Register of William Wickwane, Lordarchbishop of York 1279–1285, ed. W. Brown (Surtees Soc. 114), Durham 1907, S. 287; auch später bleibt die Uhr ein Thema der Visitationen, vgl. die Anordnung (1365) des von Papst Urban V. beauftragten Visitators Johannes de Lergis, für die Nachtoffizien der Kleriker an der Kirche in Beaucaire (Languedoc) eine Uhr zu beschaffen, »unum horologium bonum et sufficiens per quod possint horas cognoscere tam de die tam de nocte«, A. M. Beaucaire, GG 45; vgl. A. Eysette, Histoire administrative de Beaucaire, t. 2, Beaucaire 1889, S. 216f.

54 Abaelard, ed. T. P. McLaughlin, in: Medieval Studies 18, 1956, S. 260, 262; andere Erwähnungen der Uhr unter den »ornamenta«: Lincoln Cathedral, Liber Niger (1236), ed. H. Bradshaw / C. Wordsworth, Statutes of Lincoln Cathedral, pt. 1, Cambridge 1892, S. 285, 386, pt. 2, 1897, S. 160; 1295 London, St. Paul's Cathedral, Inventar 1295, W. Dugdale, The History of St. Pauls Cathedral, 3. Aufl. 1818, S. 330, 331, zit. n. O. Lehmann-Brockhaus, Lateinische Schriftquellen zur Kunst in England, Wales und Schottland (901–1307), Bd. II, München 1956, Nr. 2933, 2934; Augsburg, Dom St. Maria, Liber Ordinationum (1305), »orologium bonum et bene instructum«, in: Mon. Boica 35, 1847, S. 147.

55 Vgl. die Empfehlung (1238) des Robert Grosseteste, Bischof von Lincoln, an den Abt von Ramsay, Huntingdonshire, die Uhr, falls möglich, vor der Weihe der Kirche zu entfernen, Epistolae, ed. H. R. Luard (Rer. Brit. M. A. script. 25), 1861, S. 190ff.

56 Zur älteren Diskussion um Herkunft und Datum vgl. Bergmann, Innovationen, S. 69ff., eine Inhaltsbeschreibung des Codex ibidem, S. 243–45.

57 J. Millás Vallicrosa, Assaig d'història de les idees fisiques i matemàtiques a la Catalunya Medieval (Estudis Universitaris Catalans), Barcelona 1931, S. 316–18; Übers. u. Rekonstruktionsvorschlag: Maddison, Scott, Kent, Medieval Waterclock; Rekonstruktion: Farré-Olivé, Medieval Catalan Clepsydra.

58 Ein unveröffentlichter Text aus der Vatikanischen Bibliothek in Rom (Vat. lat. 5367) könnte zusätzliche Aufschlüsse ergeben. E. Zinner, Frühzeit, S. 6, beschreibt ihn: »Eine aus Frankreich stammende Handschrift des 13. Jahrhunderts gibt die Anweisung zur Herstellung einer hölzernen (?) Wasseruhr mit Walzen und Stricken. Nach L. White jr., Medieval Technology, S. 120, handelt es sich um eine sehr einfache Konstruktion: »A cord, with a float at one end and a counterweight at the other, passed around an axle which rotated the dial and operated the alarm.« F. Maddison und B. Scott bereiten eine Edition vor, vgl. D. Hill, Arabic Water-Clocks, S. 126 n. 5.

59 Farré-Olivé, Catalan Clepsydra.

60 Chronica Jocelini de Bracelonda, ed. H. E. Butler, London 1949, S. 106f.

61 Liber ordinis Sancti Victoris Parisienis c. 21, 54, ed. L. Joqué / L. Milis (CC Cont. Med. 61), 1984, S. 94, 224; vgl. Bilfinger, Horen S. 148.

62 P. Sheridan, Les Inscriptions sur Ardoise de l'Abbaye de Villers (Extrait des Annales de la Société d'Archéologie de Bruxelles t. 10), Brüssel 1896; wegen der eingehenden Kommentierung und z. T. abweichender Lesarten ist auch heranzuziehen: A. d'Haenens, Le Clepsydre de Villers.

63 »si tardaveris temperare horologim donec sol existat in medietate prime fenestre pones horologium super [li]tteram B«, P. Sheridan, a.a.O., S. 16.

64 P. Sheridan, a.a.O., S. 20; zu beachten ist, daß nicht alle Probleme des Textes geklärt sind. Zum Beispiel geht aus der Stelle »Post festum sancti Martini hyemalis, Secunda stella equorum adherente super linim(ari) fenestre; Thome apostoli, prima rota suppressa, tectum...« (S. 17) nicht hervor, ob auch die Sternbeobachtung bei der Regulierung verwendet wurde oder ob die Uhr zusätzlich etwa ein Zifferblatt (»rota«) mit den Tierkreiszeichen hatte.

65 The Itinerary of Benjamin of Tudela, ed. M. N. Adler, London 1907, S. 30, 32.

66 Bernardi Abbatis Casinensis in regulam S. Benedicti expositio ad c. 8, ed. A. M. Caplet, Monte Cassino 1894, S. 172.

67 H. R. Hahnloser, Villard de Honnecourt, S. 30–32 u. S. 349; Hahnloser verweist noch auf das Uhrgehäuse in Beauvais (Abb. 82), das mit seiner schmalen Sockelkonstruktion m. E. keine Ähnlichkeit mit Villards Skizze hat; der breite Sockel scheint viel eher für die Aufnahme eines Wasserbehälters geeignet. Zu dem in Villards Skizzenbuch angeblich außerdem noch vorhandenen »frühesten Uhrwerk mit Rädern« vgl. unten S. 104.

68 A. J. Turner, Water-Clocks, S. 28 gibt als Datum 1223–26; L. White jr., Technology, S. 120f. um 1250.

69 Vgl. G. Hentschel, Kommentar zum Alten Testament. 2. Könige, Würzburg 1985, S. 99; Ahas 735–728 v. Chr., Hiskija 728–700 v. Chr.

70 C. B. Drover, A Medieval Monastic Water Clock, in: AH Dec. 1954, S. 54–58, 63ff. (Ndr. in AH 12, 1980, S. 165–70); L. White jr., Technology, S. 120f.; North, Monasticism, S. 383f.; A. W. Sleeswyk, The 13th Century »King Hezekiah«-Water-Clock, in: AH 11, 1979, S. 488–494; C. B. Drover, The 13th Century »King Hezekiah«-Water-Clock, in: AH 12, 1980, S. 160–64 (mit dem Hinweis auf eine etwa gleichzeitige Miniatur in der »Biblia de Saint Louis« der Kathedralbibliothek in Toledo (t. I, f° 151) (MAS Barcelona 79228), in der die Trommel in 24 Kammern geteilt ist, und in einer Kopie um 1300 in London BL Add. Ms. 18719, f°92); J. H. Combridge, Addenda (mit Korrekturen zu den Datierungen), in: AH 12, 1980, S. 300; ders.: Further Addenda, in: AH 1991, S. 290ff. Ich beschränke mich auf die Darlegung der wichtigsten Argumente. In keiner der genannten Arbeiten werden die möglichen Implikationen der Verwendung gleichlanger Tagesteilungen aus technischen Gründen erörtert.

71 Vgl. v. a. Wiedemann/Hauser, Uhren, aber auch E. Wiedemann, Aufsätze zur arabischen Wissenschaftsgeschichte, 2 Bde., Hildesheim-N. Y. 1970; D. R. Hill, Arabic Water-Clocks und die im Lit.-Verz. genannten Arbeiten dess. Verfassers; Eine Übersicht gibt: A. J. Turner, Water-Clocks, S. 17–24; dort auch der Hinweis auf eine »stündlich selbst schlagende Glocke«, die die Bewunderung der Pilger David, Teilavus und Patriarchus im Jerusalem des 5. oder 6. Jahrhunderts erweckte: »...cimbalum, magis famosum quam pul-

chrum; quia dulci sono videtur excellare omne oranum [organum?]. Perjuros damnat, informos curat, et quod magis videtur mirabile, singulis horis, nullo movente, sonabat.« Aus einem »Book of Llandaff« (12. Jh.), bei: Peter Roberts, The Chronicle of the Kings of Britain to which are added original dissertations..., London 1811, Appendix VI, S. 308a, zit. n. A.J. Turner, Water-Clocks, S. 18 n. 105; vgl. auch den Bericht des Ridwan über den Weg der Wasseruhr von den Persern zu den Griechen, Wiedemann/Hauser, Uhren, S. 180.

72 Außer den Arbeiten von Needham, Price und Hill, vgl. für eine Übersicht: L. White jr., Tibet, India, and Malaya as Sources of Western Medieval Technology, in: Amer. Hist. Rev. 65, 1959, S. 515–526.

73 Annales regni Francorum, ed. F. Kurze (MGH Script. rer. Germ 6) 1895, S. 123f.; ähnlich auch dann, wenn man berücksichtigt, daß H. Diels bei der hypothetischen Rekonstruktion der äußeren Gestalt der Uhr von Gaza die sog. Palastuhr des al-Jazari vor Augen hatte.

74 Hill, Arabic Waterclocks; ders. in: Journal of Arabic Science 1, 1977; D.R. Hill, The Book of Knowledge of Ingenious Mechanical Devices, Dordrecht 1974; dazu kommt eine griechisch-arabische Konstruktionsbeschreibung »On the Construction of Water-Clocks«, ed. D.R. Hill (Turner & Devereux Occasional Paper No. 4), London 1976.

75 Vgl. A.G. Drachmann, Ktesibios, Philon and Heron. A Study in Ancient Pneumatics, Kopenhagen 1948, S. 36–41. Drachmann benutzt die Bezeichnung Pseudo-Archimedes nicht, wohl aber D.R. Hill, Water-Clocks, S. 15ff.

76 »tentorium mirifica arte constructum, in quo ymagines solis et lune artificialiter mote cursum suum certis et debitis spaciis peragant et horas diei et noctis infallibiliter indicant«, Chronica Regia Coloniensis Continuatio IV, ed. G. Waitz (MGH Script. rer. Germ 18), 1880, S. 263; »celum astronomicum aureum gemmis stellatum, habens philosophicum intra se cursum planetarum.« Conradi de Fabaria Casus Galli, ed. G.H. Pertz (MGH SS 2), 1829, S. 178; vgl. E. Poulle 1980, S. 500; zur Wertschätzung der mechanischen Künste durch Friedrich II. vgl. Sternagel, Artes Mechanicae, S. 58ff.

77 Zit. z.B. bei Bilfinger, Horen S. 166; der Fehler ist bemerkt bei L. White jr., Technology, S. 121 n. 4; übersehen bei J. Needham, Science, Bd. 4, sect. 27, S. 532.

78 Vgl. R. Hammerstein, Macht und Klang, S. 83; vgl. M. Sherwood, Magic and Mechanics in Medieval Fiction, in: Studies in Philology 44, 1947, S. 567–92.

79 Vgl. Maurice I, S. 42; vgl. J. Matthews, Der Gral, Frankfurt 1981, S. 24.

80 Vgl. die poetische Beschreibung einer Skalenwasseruhr durch al-Kushagim, Wiedemann/Hauser, Uhren, S. 30.

81 Die beiden Berichte bei: F. Hirth, China and the Roman Orient. Researches into their Ancient und Medieval Relations, Shanghai 1885, Ndr. Chicago o.J., S. 53, 57, Erl. S. 213f.

82 Wiedemann/Hauser, Uhren, S. 176ff.; Water-Clocks, S. 69ff.

83 D.J. de Solla Price, Mechanical Waterclocks of the 14th Century in Fez, Morocco, Ithaca-Paris 1962.

84 F. Gabrieli (Hg.), Michele Amari, Le epigrafi arabiche di Sicilia, Palermo 1971, S. 29ff.

85 Zu den wenigen in diesem Zusammenhang erwähnten Kleinteilungen der Stunde vgl. die im Buch der Waage der Weisheit erwähnten Bogengrade (4 Minuten), Hill, Water-Clocks, S. 47ff.; nach Borst, Compotus S. 50, hat der Kreis um Lupitus von Barcelona um 980 den herrschenden Sprachgebrauch auf den Kopf gestellt, und die Temporalstunden »krumm« bzw. »künstlich«, die Äquinoktialstunden »gerade« bzw. »natürlich« genannt.

86 Vgl. etwa die dem Archimedes zugeschriebene Auslaufuhr, Wiedemann/Hauser, Uhren, S. 32ff.; dies., Uhr des Archimedes und zwei andere Vorrichtungen, in: Nova Acta Leopoldina, Abh. d. dt. Akad. d. Naturforscher 103, Halle 1918.

87 Für die gedrängte historische Skizze, die zahlreiche Detailprobleme, die Geräteentwicklung und die Gerätevielfalt (Equatorien, Quadranten etc.) übergeht, stütze ich mich auf Turner, Astrolabes, S. 1–57 und Borst, Astrolab; eine Einführung in die Konstruktion und den Gebrauch des Astrolabs gibt auch J. D. North, The Astrolabe, in: Scientific American 230, Jan. 1974, S. 96–106; vgl. Bergmann, Innovationen, S. 37–56. Das ergänzungsbedürftige Standardwerk zur Geschichte des Astrolabs ist: R. T. Gunther, The Astrolabes of the World, 2 Bde., Oxford 1932. D. J. de Solla Price gibt eine provisorische Liste erhaltener und datierbarer Stücke in: An International Checklist of Astrolabes, in: Archives Internationales d'Histoire des Sciences, 3. ser. 8, 1955, S. 243–63, 363–81. Die neuere Literatur gibt A. J. Turner, a.a.O., die ältere E. Zinner, Geschichte und Bibliographie der astronomischen Literatur in Deutschland zur Zeit der Renaissance, Leipzig 1941.

88 E. Wiedemann, Uhren, S. 5; Turner, a.a.O., S. 23.

89 Der Text des al-Bîruni bei: E. Wiedemann, Ein Instrument, das die Bewegung von Sonne und Mond darstellt nach al-Bîruni, in: Der Islam 4, 1913, S. 5–13; vgl. D. J. Price, Origin of Clockwork, S. 97ff.

90 Ed. J. Millàs Vallicrosa, Assaig (Anm. 57) S. 271ff.

91 De utilitatibus astrolabii, ed. N. Bubnov, Gerberti Opera Mathematica (Anm. 15), S. 114ff.; zur Diskussion um die Zuschreibung, Bergmann, Innovationen, S. 163.

92 »In horologicis et musicis instrumentis et mechanicis nulli par erat componendis.«, Annales Bertoldi, ed. G. Pertz (MGH SS V), 1844, S. 268; Über das »horologium viatorum«, vgl. Bergmann, Innovationen, S. 170.

93 In quattuor libros sententiarum IV, 15, 3, 4c, in: Opera Omnia Bd. 1, ed. R. Busa, 1980, S. 514; Borst, Astrolab S. 97.

94 Nach Borst, Astrolab, S. 92f.

95 Bergmann, aber auch North und Turner betonen trotz aller Bedenken die Funktion des Astrolabs als Zeitmesser. Sie übersehen nicht das Problem der relativ schwierigen Handhabung, die Seltenheit dokumentierter Fälle und die Frage der für astronomische Beobachtung nötigen Meßgenauigkeit, die auf großen ortsfesten Geräten denkbar wäre, aber mit den erhaltenen Exemplaren mit Durchmessern zwischen 10 und 40 cm nicht erreichbar ist. Vgl. die skeptischen Bemerkungen über die auf der Rückseite der Astrolabien eingravierten Stundenlinien bei J. D. North: Astrolabes and the Hour-Line Ritual,

in: Journal for the History of Arabic Science 5, 1981, S. 113–14. E. Poulle, einer der besten Kenner der mittelalterlichen astronomischen Literatur, hebt dagegen immer wieder die Rolle des Astrolabs und ähnlicher Instrumente für die astronomische Didaktik und für die astrologische Praxis hervor. Vgl. E. Poulle, Le Quadrant Nouveau Medieval, in: Journal des Savantes 1964, S. 148, 204.

96 C. H. Haskins, The Reception of Arabic Science in England, in: Engl. Hist. Rev. 30, 1915, S. 57f.; einige solcher Zeitangaben sind hinsichtlich des verwendeten Geräts nicht eindeutig, z. B. Annales Brunwilarenses »1147. anno, 7. Kal. Novembris, die dominica, accidit eclipsis solis a tercia hora, et perseveravit usque post sextam; qua defectione horam pene integram fixus et immobilis ut in horologio notatum est, stetit.« ed. G. H. Pertz (MGH SS XVI), 1859, S. 727.

97 Quadrans vetus; zur Genauigkeit: M. Archinard, The Diagram of the Unequal Hours, in: Annals of Science 47, 1990, S. 173–90.

98 Ed.: Poulle, Les Tables Alphonsines avec les canons de Jean de Saxe, Text, Übers. und Komm., Paris 1984.

99 Vgl. die 8. Tafel, a.a.O., S. 123. Nach den Erläuterungen des Johann von Sachsen (um 1320) braucht man diese Tafel, um, nachdem man die Tageszeit in gleichlangen Stunden mittels eines Astrolabs oder einer Sonnenuhr(?) »per horologium« ermittelt hat, die entsprechenden Konstellationen in den durchweg nach den minuta diei angelegten Tafeln zu finden, a.a.O., S. 44f.

100 Ed.: M. Rico y Sinobas, Libros del Saber de Astronomia del Rey D. Alfonso X. de Castilia«, 5 Bde., Madrid 1863–67; Quecksilberuhr Bd. IV, S. 67–76; vgl. Bilfinger, Horen S. 150–60; A. J. Cardeñas korrigiert den Titel in: The complete Libro del Saber de Astrologia and Cod. Vat. Lat. 8114, in: Manuscripta 15, 1981, S. 14–22; dt. Übers.: F. M. Feldhaus, Die Uhren des Königs Alfons X von Spanien, in: Deutsche Uhrmacherzeitung 54, 1930, S. 608–12; engl. Übers. und Beschreibung eines Rekonstruktionsversuchs in: A. A. Mills, The Mercury Clock of the Libros del Saber, in: Annals of Science 45, 1988, S. 329–44.

101 D. J. Price, Clockwork, S. 100–102; Needham et al. Heavenly Clockwork, S. 70ff.; vgl. Hahnloser, Villard, T. 9 u. S. 24f., 356ff.

102 Vgl. E. Narducci, Intorno una traduzione fatta nell'anno 1341 di una compilazione di Alfonso X. Re di Castiglia, Rom 1865.

103 Zur späteren Geschichte dieses Uhrentyps vgl. S. A. Bedini, The Compartmented Cylindrical Clepsydra, in: Technology and Culture 3, 1962, S. 115–41 u. Turner, Water-Clocks, S. 31–44.

104 »Et si quissieres que se muevan las campaniellas en cada ora, don hy XXIIII estacas, una a cada ora. Et desta guisa farás á dos oras, ó á tres, ó á quantas quissieres, compartiendi et cerco á quantas oras quissieres.« M. Ricos y Sinobas (Anm. 100), Bd. IV, S. 74.

105 Bilfinger, Horen, S. 156ff.

106 Diese kulturellen Kontakte sind oft beschrieben worden: vgl. S. A. Bedini, Oriental concepts of the measure of time, in: Fraser, Time II, S. 452–484; K. Maurice, Propagatio fidei per scientias. Uhrengeschenke an den chinesischen Hof, in: K. Maurice und O. Mayr (Hg.), Welt als Uhr, S. 30–38;

I. Schuster, Uhren und Automaten: Medien und Spiegel kultureller Kontakte mit Ostasien, in: Technikgeschichte 52, 1985, S. 1–24; J. Needham et al., Heavenly Clockwork, S. 133 ff.

107 T. Spengler hat dieses Bild bis zu Max Weber und Benjamin Nelson nachgezeichnet, in ders. (Hg.), Joseph Needham, Wissenschaftlicher Universalismus, Frankfurt 1979, S. 10–33.

108 Needham, Science and Civilization in China, Bd. 1, S. 243.

109 Vgl. J. Needham, The Missing Link in Horological History: A Chinese Contribution (1958), in: ders.: Clerks and Craftmen in China and the West, Cambridge 1970, S. 203–238; ders.: Science and Civilisation, Bd. 3, 1959, sect. 20 (Astronomy) und Bd. 4, 1965, sect. 27 (Mechanical Engineering, Clockwork). Eine ausführliche Darstellung mit Übersetzung und gründlichem Kommentar aller wichtigen Quellen: J. Needham, Wang Ling, D. J. Price, Heavenly Clockwork; als Einführung hilfreich auch die (hinsichtlich der Uhrenterminologie nicht perfekt) übersetzten Abschnitte bei: T. Spengler a.a.O., S. 176–259, 330–361.

110 Das ist die von D. J. Price in vielen Publikationen gebrauchte Formulierung.

111 Turner, Water-Clocks, S. 162.

112 Needham et al., Heavenly Clockwork, S. 199 ff.

113 Eine Darstellung der japanischen Uhrengeschichte und der Zeitrechnung in Japan gibt es m. W. in keiner europäischen Sprache. Ich stütze mich hier auf einige dürftige Bemerkungen in N. H. N. Mody, Japanese Clocks, Rutland (Vermont) und Tokyo (1932), Ndr. 1977, S. 23 ff. und auf eine Ausarbeitung nach verschiedenen japanischen Autoren, die Frau Yasuko Toyonaga für mich dankenswerterweise angefertigt hat.

114 J. Needham et al., Heavenly Clockwork, S. 51 ff.; vgl. aber die neue Interpretation der Laufgeschwindigkeit (100 Umdrehungen pro Tag), in: ders.: Science and Civilisation, Bd. 4, S. 461 f. Es liegt nahe, über »Parallelen« zu spekulieren: Das Einstellrad der Uhr nach dem Ms. Ripoll 225 hatte eine Hundertstelteilung des Tages. Die Uhr von Villers-la-Ville hatte vermutlich 4x24 Felder auf einem Zifferblatt. Wären die vier Alphabeten durch ein leeres Feld getrennt worden, wäre man wieder bei hundert Feldern. Nach einem chinesischen Vorschlag, aus dem 6. Jahrhundert, die Unvergleichbarkeit der beiden Systeme zu vermeiden, ist in der Liang-Dynastie die Zahl der »Viertel« zeitweise auf 96 reduziert worden, vgl. Heavenly Clockwork, S. 199 n. 1.

115 Vgl. die Übersichtstafel bei: J. Needham, Science and Civilization, Bd. 3, S. 316 und die bei J. Needham, Science and Civilization, Bd. 4, S. 659 und bei Turner, Water-Clocks S. 165, zitierten Arbeiten von J. H. Combridge.

116 Marco Polo, Il Milione. Die Wunder der Welt, ed. E. Guignard, Zürich 1984, c. 85, S. 135; vgl. H. Yule und H. Cordier, The Book of Ser Marco Polo, 3. Aufl., London 1903, vol. I, S. 378 u. vol. II, S. 214, wo Martin Martinis Atlas Sinensis und andere Berichte angeführt werden.

117 Needham, Hall of Heavenly Records.

118 Landes, Revolution, S. 17 ff.

119 Needham, Heavenly Clockwork, S. 197; Needham, Science and Civilization, Bd. 4, S. 541.

120 D. R. Hill, A Treatise on Machines, S. 39 ff.; vgl. z. B. auch: J. H. Combridge, Chinese Steelyard Clepsydras, in: AH 12, 1981, S. 530: »The Chinese Steelyard clepsydra per se was in fact a straightforward adaption of an Islamic device to Chinese horary requirements and traditional techniques.«

121 Vgl. c. 2, Anm. 31.

122 »motus horologiorum qui per aquam fiunt et pondera, quae quidem ad breve tempus et modicum fiunt et indigent renovatione frequente et aptatione instrumentorum suorum atque operatione forinseci«, De anima, c. 1, pars 7a, in: Guillelmus Alvernus, Opera Omnia, Paris 1647, Ndr. 1963, t. II Suppl., S. 72.

123 Needham, Heavenly Clockwork, S. 188 ff. und Needham, Science and Civilization, Bd. 4, sect. 27, S. 538 ff.

124 Epistola de Magnete, ed. G. Hellmann, Rara Magnetica, Berlin 1898, S. 7 f.; Der Vorschlag stammt evtl. schon aus der Zeit vor 1248, denn Roger Bacon beschreibt einen solchen Globus, jedoch ohne den »Antrieb«. Epistola fratri Rogeris Baconis de secretis operibus artis et naturae et de nullitate magiae, c. 6, ed. J. S. Brewer, Opera quedam hactenus inedita, vol. 1, London 1859 (Rer. Brit. M. A. script. 15), S. 537; vgl. Hahnloser, Villard, S. 346–49, Abb. 177, 178.

125 Commentarius in Sphaeram c. 11 »Nec est hoc possibile, quod aliquod horologium sequatur omnino iudicium astronomie secundum veritatem. Conantur tamen artefices horologiorum facere circulum unum qui omnino moveatur secundum moitum circuli equinoctialis, sed non possunt omnino complere opus eorum, quod, si possent facere, esset horologium verax et valde et valeret plus quam astrolabium quantum ad horas capiendas vel aliud instrumentum astronomie, si quis hoc sciret facere secundum modum antedictum. Modus autem faciendi tale horologium esset, quod homo faceret unum circulum equalis ponderis ex omni parte secundum quod melius possibile esset. Postea quod appendatur pondus plumbeum axi ipsius rote, quod quidem pondus taliter moveat rotam istam quod motus ille compleatur ab ortu solis usque ad ortum preter tantum tempus per quantum oritur unus gradus fere secundum estimationem propinquam veritati.«, ed. L. Thorndike, Invention; verb. Text u. Übers. in: ders., The Sphere of Sacrobosco and its Commentators, Chicago 1949, S. 180, 230.

126 Zum Verhältnis Sonnenzeit und Sternzeit informiert knapp: R.-H. Giese, Einführung in die Astronomie, Darmstadt 1981, S. 22 ff.

127 Ed. u. Übers.: J. D. North, Opus Quorundam Rotarum Mirabilium, in: Physis 8, fasc. 4, 1960, S. 337–72; zur Frage der Datierung, des Antriebs und zur Detailkritik vgl. Poulle, Equatoires, S. 500, 502, 641–57; North nimmt als Entstehungszeit um 1290 und als Entstehungsort Italien an und meint, das Gerät sei für einen hydraulischen Antrieb vorgesehen; Poulle datiert auf den Anfang des 14. Jahrhunderts und meint, der Antrieb sei manuell erfolgt; außerdem handelt es sich nach Poulle um die vermutlich erste echte mechanische Simulation der Planetenbahnen.

128 J. Labarte, Inventaire du Mobilier du Charles V., Roy de France (Coll. Doc. Inéd. sur l'Hist. de France), Paris 1879, n°2598; Galvano Fiamma, Cronica ordinis Praedicatorum, ed. B. M. Reichert, Rom, Stuttgart 1897, S. 107.

129 J. E. Viard, Les Journaux du Trésor de Philippe le Bel, Paris 1940, n°2517–5964, passim die Einträge über Pierre Pipelart und Gilebertus de Lupara (1299–1308).

130 »un pieche de fer as ologes« (1300), »pour ouvrages faites as ologes, une roe refaire et i retenail a arrester les plons« (1316), »souffles des orloges« (1322) für ein Musikspielwerk?; J.-M. Richard, Archives Départementales, Archives Civiles, Série A, t. 1 u. 2, Arras 1878–85; ders.: Une petite-nièce de Saint-Louis – Mahaut Comtesse d'Artois et de Bourgogne (1302–29), Paris 1887, S. 368; vgl. M. Sherwood, Magic and Mechanics (Anm. 78) S. 590 mit Hinweisen auf spätere Berichte über diesen Park.

131 »Et refait sonner ses orloges / Par ses sales et par ses loges / A röes trop sotivement / De pardurable movement.« vv. 21033 ff. ed. E. Langlois, Paris 1914.

132 »Indi, come orologio che ne chiami / ne l'ora che la sposa di Dio surge / a mattinar lo sposo perché l'ami / che l'una parte e l'altra tira e urge, / tin tin sonando con sî dolce nota...«, Paradiso X, 139–143; »E come cerchi in tempra d'oriuoli / si giran sî, che 'l primo a chi pon mente / quieto pare, e l'ultimo che voli«, Paradiso XXIV, 13–15, ed. U. Bosco/E. Reggio, Florenz 1979, S. 171, 398; vgl. Petrus de Ceffons Clarevallensis, Lectura super quattuor libros sententiarum, ca. 1350; Vergleich eines Kommentarwerks mit einer Uhr: »artificialia contemplabar attendens qualiter ex unius rotae circumductae gyro plurium sequitur per intermedia volubilium rotarum motus«, D. Trapp, Peter Ceffons of Clairvaux, in: Recherches de Théologie ancienne et médiévale 24, 1957, S. 130; der Kürze halber gehe ich hier nicht auf X,145,6 »la gloriosa rota« ein, wo Dante an eine automatisch bewegte Figurenprozession anspielen könnte. XXXIII, 144 »come rota ch'igualmente mossa« handelt wohl gar nicht von einer Mechanik, sondern vom Konzept einer idealen Kreisbewegung, vgl. G. Boffito, Dove e quando poté Dante vedere gli orologi meccanici che descrive...?, in: Giornale Dantesco 39, 1938, S. 45–61 und B. Nardi, Nel Mondo di Dante, Rom 1944, S. 337–50.

133 Vgl. J. P. Lacaita (Hg.), Benevenuti de Rambaldis de Imola Comentum super Dantis Aldighierij Comoediam, Bd. V., Florenz 1887, S. 47f., 335f.; zutreffend interpretiert von E. Morpugo, L'Orologeria italiana: i primi orologi meccanici (II), in: La Clessidra 7–8, 1946, Ndr. in: La Clessidra, n°3, S. 24–25.

134 Sie findet sich im Schulkommentar von M. Porena, Bologna 1946–47 als Erklärung eines »antico tipo« der mechanischen Uhr; dann auch in dem monumentalen Werk »Enciclopedia Dantesca«, U. Bosco (Hg.), Bd. IV, Rom 1973, s. v. »orologio«; ebenso in der Ausgabe von U. Bosco u. E. Reggio, Florenz 1979, S. 389 und in dem deutschen Kommentar von H. Gmelin, Stuttgart 1957, S. 423.

135 Landes, Revolution, S. 57, wo auch irrtümlich von »these great clocks« die Rede ist; White jr., Technology, S. 124 n. 3.

136 Ed. P. Künzle, Heinrich Seuses Horologium Sapientiae, Freiburg 1977, S. 364f.; vermutlich aus der 2. Hälfte des 15. Jahrhunderts stammt das von einem Dominikaner Berthold verfaßte Andechtig Zitgloegglin, Erstdruck Köln 1488; aus dem Prolog: »Diss büchlin hat vieruntzwentzig stuck,

ussgeteilt nach den xxiiij stunden des natürlichen tags, die der andechtig mensch zuo siner andacht bruchen und betrachten mag«, zit. n. P. Künzle a.a.O., S. 66. Zu Bertholds umstrittenen Lebensdaten vgl. Die deutsche Literatur des Mittelalters. Verfasserlexikon, 2. Aufl. 1978, Bd. I, S. 801 f.; anders: LdM I, 1980, Sp. 2031 f.

137 Diese Lesart hat K. Maurice I, S. 6 für sinnvoll gehalten. Inzwischen ist jedoch die neue Ausgabe von P. Künzle erschienen. Nach Künzles Untersuchungen haben von 233 untersuchten Hss. nur vier aus dem 15. Jahrhundert stammende die Lesart »rotis«, vgl. P. Künzle, a.a.O., S. 61. Das ändert nichts daran, daß Seuse auf ein Uhrwerk mit kunstvollem Glockenspiel, das er gesehen oder von dem er gehört haben muß, anspielt.

138 Annales Prioratus de Dunstaplia, ed. H. R. Luard (Rer. Brit. M. A. script. 36,3), London 1866, S. 296; Zusatz zur Chronik des Jean Mathei Caccia, ed. A. M. Viel/P. M. Girardin, S. 101.

139 Annales Colmarienses Maiores, ed. H. Pertz (MGH SS 17), 1861, S. 203; J. Ancelet-Hustache, Les Vitae Sororum d'Unterlinden, in: Arch. d'Hist. Doctrinale et Littéraire du Moyen Age 1930, S. 401; Liber memorandorum ecclesie de Bernewelle, ed. J. Wilis Clark, Cambridge 1907, S. 220, n. Lehmann-Brockhaus (Anm. 54) I, 1955, Nr. 187; Canterbury: J. D. Knowles, Religious Orders in England I, Cambridge 1962, S. 323; Mâcon: J. Laurent/G. Guigue, Obituaires de la province de Lyon, Paris 1933, Ndr 1952, S. 409; Augsburg: Mon. Boica 35, 1847, S. 147; Chorges: »pro quodam horologio empto de mandato domini nostri et dato monasterio b. Marie ord. Cartus. civit. Caturci«, K. H. Schäfer, Die Ausgaben der apostolischen Kammer unter Johann XXII., Paderborn 1911, S. 772.

140 Thomas de Luda, Thesaurar: »(ecclesiam horologio competenti ... promisit facere construi) quod ecclesiae alie Cathedrales et Couentaluales vbique fere terrarum regulariter optinere noscuntur«, H. Bradshaw/C. Wordsworth (ed.) (Anm. 54), pt. 1, S. 350, pt. 2, S. CXVI f.

141 1269/70 »Orologiarius«, S. F. Hockey, The Account Book of Beaulieu Abbey [Hampshire] (Camden Soc. 4th ser. 16), London 1975, S. 235, 240, 299; »orologiarius/orologus«, London 1286, Beeson, Church Clocks S. 14; »custodibus pro horologio/orologiarius« 1318/1333, J. Houdoy, Histoire artistique de la Cathédrale de Cambrai, Lille 1880, Ndr. 1972, S. 158.

142 Zinner, Räderuhren, S. 22 u. ders., Frühzeit, S. 6; Bassermann-Jordan, Uhren, S. 358; White jr., Technology, S. 120; Hill, Water-Clocks, S. 126; Turner, Water-Clocks, S. 28. Needham, Science and Civilisation, Bd. 4, sect. 27, S. 544; North, Monasticism, S. 382.

143 E. Volckmann, Köln als ältester Sitz deutscher Uhrmacherei, in: Die Rheinlande. Monatsschrift für deutsche Kunst und Dichtung, 28, 1918, S. 120, 121 und ders.: Alte Gewerbe und Gewerbegassen, Würzburg 1921, Ndr. 1976, S. 128–31.

144 H. Keussen, Topographie der Stadt Köln im Mittelalter, 2 Bde., Bonn 1910, Bd. 1, S. 442–4.

145 »vvrtafel« (1374), R. Knipping, Die Kölner Stadtrechnungen des Mittelalters, Bd. 2, Köln 1898, S. 167; »u(y)rklockenmecher« (1395–1418),

K. Militzer, Die vermögenden Kölner Bürger 1417/18, Köln 1981, S. 216, 222.

146 Vgl. H. Keussen, S. 127*, über die Merkmale von Schmiedegassen.

147 K. Maurice I, S. 43.

148 Leclercq, Zeiterfahrung, S. 11f.

149 M. Lexer, Mittelhochdeutsches Handwörterbuch, Bd. 2, Leipzig 1876, Sp. 2007ff.

150 E. Verwijs, J. Verdam, Mndl. Woordenboek, Bd. 5, 's-Gravenhage 1903, Sp. 1992.

151 Landes, Revolution, S. 70.

152 »horologium regis«, (Anm. 129).

153 Humbertus de Romanis, Opera (Anm. 50), c. 1, S. 69, c. X, S. 248.

154 Hieronymus de Moravia, De musica (v. 1304) »ars formandi campanulas sonos musicos exprimentes in horologiis ponendas«, ed. De Coussmemaker, Scriptorum de musica medii aevi n. s., Paris 1864, Ndr. 1931, S. 72; Engelbert, Abt von Admont (Steiermark), De musica tr. II, c. 4: »pondera cymbalorum horologii«, ed. M. Gerbert, Scriptores ecclesiastici de musica II, St. Blasien 1784, Ndr. 1963, S. 301.

155 Exeter: A. M. Erskine, The Accounts of the Fabric of Exeter Cathedral 1279–1353; pt. 1, Exeter 1981, S. 7f.; Howgrave-Graham, Clocks, S. 296; Hesdin (Anm. 130); London: F. Madden, in: Archeol. Journal 12, 1855, S. 173f.; Genua: vgl. S. 126; Blankenburg: K. Steinacker, Die Bau- und Kunstdenkmäler des Kreises Blankenburg, Wolfenbüttel 1922, S. 26; Caffa: L. T. Belgrano, Degli antichi orologi pubblici d'Italia, in: Arch. Stor. Italiano 7, 1868, S. 53f.

156 L. Morillot, Étude sur l'emploi des clochettes chez les anciens et depuis le triomphe du Christianisme, Dijon 1883, S. 139f.

157 Hierher gehört noch eine Miniatur des Psalters von Belvoir Castle (13. Jahrhundert) mit einer pneumatischen Orgel und einer Glockenleiste, vgl. E. Buhle, Die musikalischen Instrumente in den Miniaturen des frühen Mittelalters, Bd. 1, Leipzig 1903, S. 70 u. Abb. XIV; auch als Rutland-Psalter bezeichnet, vgl. Hammerstein, Tönende Automaten, S. 95.

158 Chronicon Windeshemense s. a. 1404, ed. K. Grube, Halle 1886, S. 165.

159 Vgl. d. lat.-dt. Glossar von 1547 (?): »Cimbalum / cimbel / est instrumentum habens multas campanellas sub proportione magnitudine commensuratas in uno ligno circulari suspensas sicut videtur in quibusdam horologiis monachorum«, n. W. Theobald, Technik und Kunsthandwerk im zehnten Jahrhundert, Berlin 1933, S. 441.; als »zimbelstern« blieb das Glockenrad ein beliebtes Orgelnebenregister bis zum Ende des 18. Jahrhunderts, vgl. Hammerstein, Tönende Automaten, S. 98ff., dort auch die scharfe Kritik in Arnold Schlicks *Spiegel der Orgelmacher* (1511): »Auch umblauffendt stern mit schnellen klinglen und anders gehört nit in die Kirche / aber wo unser hergot kirchweyhung hält / richt der teuffel sein schragen darneben uff.«

160 Auf das Relief ist in der Uhrenliteratur häufiger hingewiesen; zuletzt bei Needham als »representation of a clock« bezeichnet, Science and Civilisation, Bd. 4, 2, S. 544; ein vielleicht mechanisch angetriebenes Glockenrad zeigt noch eine Miniatur zum 80. Psalm in: Oxford Bodl. Libr. Ms. Douce

211, f°265 (Abb. 3 bei A. W. Sleeswyk, Anm. 70), König David schlägt mit zwei Hämmern auf eine Glocke, die von einer horizontalen Welle mit 15 Zapfen angetrieben wird.

161 Ed. A. Chérnel, Caen 1851, S. 31.

162 G. Chaucer empfiehlt das Astrolab »for the governance of a clokke«, in: »A Treatise on the Astrolabe« (1391), ed. W. W. Skeat, London 1872, Ndr. 1968, S. 3, 17.

163 Vgl. A. Simoni, Un nuovo documento per la storia dell'orologeria, in: La Clessidra 24, 1968, n° 4, S. 18–21, dort auch der Hinweis auf die architektonische Ähnlichkeit des Gehäuses mit Villards Uhrenhaus; zur Miniatur vgl. H. Michel, »L'Horloge de Sapience et l'histoire de l'horlogerie, in: Physis 2, 1960, S. 291–8; E. P. Spencer, L'Horloge de Sapience, Bruxelles, Bibliothèque Royale, Ms. IV, 111, in: Scriptorium 23, 1963, S. 277–99 u. pl. 21–30; P. R. Monks, The Brussels Horloge de Sapience, Leiden 1990, S. 53ff.

164 Abbildungen bei K. Maurice II, Abb. 34–46.

165 J. Drummond Robertson, Evolution, S. 15ff.; North, Monasticism, S. 393f.; North' Auffassung, daß die Wallingfordhemmung historisch früher, mechanisch besser aber teurer gewesen, und daß sie deshalb von der Waagbalkenhemmung verdrängt worden sei, ist m. E. nicht zu halten. Der Preis zweier kleiner Stiftenräder kann für das fast völlige Verschwinden dieses Hemmungstyps nicht ursächlich gewesen sein. Ob es sich um einen älteren Typ handelt, wissen wir einfach nicht, vgl. G. Brusa, S. 22f.

166 Vgl. Hahnloser, Villard, S. 134f., 370f., Tafel 44 u. Abb. 92.

167 Ch. Fremont, Un échappement d'horloge au treizième siècle, in: Comptes-rendus de l'Académie des Sciences 161, 1915, S. 69ff.; Usher, Mechanical Inventions, S. 193f.; A. Lloyd, in: Singer, History of Technology, Bd. 3, S. 648f.; Zinner, Frühzeit S. 7; B. Gille, in: Histoire Générale des Techniques, Bd. 1, Paris 1962, S. 593; ders.: Ingenieurs (Aufl. 1978), S. 26f.; auch J. Gimpel, Medieval Machine, S. 130f.

168 White jr., Medieval Technology, S. 173; K. Maurice I, S. 50; Needham et al., Heavenly Clockwork, S. 195; skeptisch auch S. Lilley, Men, Machines and History (1948), London 1965, S. 56.

169 M. Daumas, Le faux échappement de Villard de Honnecourt, in: Rev. d'Hist des Sciences 35, 1982, S. 43–53; P. Mesnage in: Histoire Générale des Techniques, ed. M. Daumas, Paris 1965, S. 292.

170 Das Stichwort »Uhr und Orgel als Sammelpunkt für Automaten« ist übernommen von R. Hammerstein, Macht und Klang, S. 106.

171 A. G. G. Thurlow, The Bells of Norwich Cathedral, in: Norfolk Archeology 29, 1946, S. 89ff.; »Magnum horologium processionibus & spectaculis insignitum & organa mirae magnitudinis in eadem construxit«, Chronica sive historia de rebus Glastoniensibus s. a. 1342/25, ed. Th. Hearne, Oxford 1726 n. R. P. Howgrave-Graham, Clocks, S. 288.

172 Paris, Arch. Assistance publique, Fonds St-Jaques-aux-Pelerins: H. Bordier/L. Brièle, Les archives hospitalières de Paris, t. 2, Paris 1877, S. 130ff.; L. Brièle, Inv. som. Archives Hospitalières, t. 3, 1886; dazu das handschriftl. Inventar von M. Bordier; London 1344 (Anm. 155); Mondinus: L. De Mas Latrie, Nouvelles Preuves de l'Histoire de Chypre, I, Paris 1837, S. 56f.;

C. Dehaisnes, Documents et extraits divers concernant l'histoire de l'art dans la Flandre etc., 2 Bde. Lille 1886, S. 365f., H. Houdoy (Anm. 141), S. 159, 173; Straßburg: ed. C. Hegel (Chr. dt. Städte 8 u. 9), Leipzig 1870/71, S. 133, 725, G. Oestmann, (Die zweite Uhr des Straßburger Münsters: Funktion und Bedeutung), Phil.-Diss. Hamburg 1991; J. Fuchs, Die Villinger Münsteruhr, in: SFAU 10, 1970/71, S. 59ff.

173 H. Diemar, Die Chroniken des Wiegand Gerstenberg von Frankenberg, Marburg 1909, S. 433.

174 »Attenta alta fama et auctoritate hujus ecclesie Carnotensis que hactenus pluribus et dulcis extitit jocalibus et notabilibus operibus decorata, capitulum voluit et ordinavit quod de novo zodiacus et quadrens dicte ecclesie refficiatur pulcriori forma...«, A. Lecocq, Notice historique et archéologique sur les Horloges de l'église N.-D. de Chartres, in: Mém. Soc. Archéol. de Eure-et-Loir 4, 1867, S. 329.

175 Vgl. »Monumentale Astronomische Uhren«, in: K. Maurice I, S. 38ff., dem ich auch den Begriff entnehme.

176 Galvano Fiamma, Opusculum de rebus gestis ab Azone Luchino et Johanne vicecomitibus, ed. C. Castiglioni (R. I. S. 12,4), Bologna 1938, S. 16.

177 A.a.O., S. 41.

178 Annales Mediolanenses Anonymi, Muratori 16, 1730, S. 710.

179 Vgl. S. 126; in ihrer Allgemeinheit ganz falsch, für England mindestens unvollständig informiert ist die chronikalische Notiz eines Mönchs aus Malmesbury, s.a. 1373 »Hoc anno horologia distinguentia 24 horas primo inventa sunt«, Anonyme Continuatio des Eulogium historiarum (1. H. d. 15. Jh.), ed. F. Scott Haydon (Rer. Brit. M.A. script. 9,3), London 1863, Ndr. 1967, S. 336.

180 Diese von G. Bilfinger, Horen, S. 157 u.ö. klar herausgearbeitete Unterscheidung wird nicht immer beachtet und führt, weil die Notiz in der Mailänder Chronik (1336) zugleich ein »locus classicus« für das Auftauchen der mechanischen Uhren überhaupt ist, häufig zu Mißverständnissen. So glaubt z.B. H.-U. Grimm, »Zeit« als »Beziehungssymbol«: Die soziale Genese des bürgerlichen Zeitbewußtseins im Mittelalter, in: Gesch. in Wiss. u. Unterricht 37, 1986, S. 199ff., S. 219f., Wendorff, Zeit und Kultur, S. 136, vorwerfen zu müssen, er läge mit seiner Annahme, das Aufkommen der Räderuhren sei vielleicht Zufall gewesen und vermutlich in den mittelalterlichen Klöstern anzusiedeln (wogegen m.E. nichts zu erinnern ist) »gänzlich neben der sozialwissenschaftlich arbeitenden Forschung«. Wendorffs Spekulation sei weder »exakt nachzuweisen noch theoretisch zu begründen«. Ersteres trifft zu, letzteres ist, läßt man das etwas anspruchsvolle »theoretisch« weg, falsch. Demgegenüber möchte Grimm an der von der »Fachwelt weithin unbestrittenen Kausalkette« festhalten, daß die Notwendigkeit zur Einteilung des bürgerlichen Alltags die Ursache für das Aufkommen der neuen Uhren gewesen ist. Grimm übersieht den Unterschied zwischen »mechanischer Uhr« und ihrer Sonderform der »Schlaguhr«. Die Rede von historisch verursachenden Notwendigkeiten führt m.E. in zwangsläufige Widersprüche des Typs »post hoc ergo propter hoc.« Als ein Fall von zahlreichen ähnlichen Mißverständnissen wäre das nicht weiter erwähnenswert. Ärgerlich sind Grimms

Ausführungen jedoch wegen ihrer vollmundigen Berufung auf die »Fachwelt«, die »sozialwissenschaftlich arbeitende historische Forschung« und die von ihr erarbeiteten »weithin unbestrittenen Kausalketten«. Hier wird schlicht gemogelt. Niemand hat je dergleichen Kausalketten oder auch nur ein vorgängiges bürgerliches Bedürfnis nach Zeiteinteilung nachzuweisen versucht.

181 R. E. F. Smith, Time, Space and its Use in Early Russia, in: Social Relations and Ideas, FS R. H. Hilton, Cambridge 1983, S. 281; vgl. E. V. Williams, The Bells of Russia, Princeton NJ 1985.

182 A. G. Keller, A Renaissance Humanist (c. 1, Anm. 11), S. 349.

183 Vgl. die oben S. 45 erwähnten Signalfolgen.

184 Zu den andersartigen Versuchen bei Richard von Wallingford vgl. North II, S. 344ff.

185 Joh. Noviomagus (Jan van Bronckhorst), Bedae ... opuscula, Köln 1537, f°33v°: Die Römer haben keine gleichlangen Stunden gebraucht »nisi ad clepsydram, nos autem iis [die gleichlangen Stunden] utimur nunc dato signo per rotarum ferrearum machinas, quae ad temporales horas accomodari non possunt.«

186 Vgl. N. H. N. Mody, Japanese Clocks (1932), Tokyo 1977, S. 27f. u. pl. 14–16.

187 Antonio Simoni hatte 1944 in einem Werkstattskizzenbuch der Uhrmacherfamilie Volpaia die Zeichnung einer Schloßscheibe mit einer besonderen Schlagfolge (3-2-1-2-3-4) entdeckt und dies auf ein Horengeläut bezogen (A. Simoni, L'evoluzione del suono nei primitivi orologi, in: La Clessidra 11,1,1955); E. L. Edwardes hat dies als »the key to medieval striking« populär gemacht und auch für die 1286 in London erwähnte Uhr (Anm. 141) angenommen, ders.: Chamber-Clocks, S. 39–46; J. H. Leopold hat sie dann als Hilfsschloßscheiben für die 300 täglichen Schläge nach der italienischen Uhr identifiziert, ders.: Almanus-Manuscript, S. 26, A. Simoni hat sich dann – an allerdings entlegener Stelle – korrigiert, in: La Clessidra 22,12, 1966; vgl. K. Maurice I, S. 76 und Fig. 20; G. Brusa, Orologeria S. 18, für die Tradierung des Mißverständnisses vgl. z. B. A. Cordiolani, in: C. Samaran (Hg.), L'Histoire et ses methodes, Paris 1967, S. 40: »au XVe siècle encore, les balanciers des horloges etaient modifiés soir et matin pour diviser la nuit puis le jour en partie inégales.«

188 Bilfinger, Horen, S. 175ff.

189 Das in der Uhrenliteratur häufig als frühestes Beispiel für die neue Stundenrechnung angeführte Beispiel enthält keine moderne Stundenangabe und handelt wohl auch nicht von einer Uhr: 1306 Salisbury (Sarum), nach einer vom Bischof erlassenen Vorkaufsregelung sollte niemand Fleisch, Fisch oder andere Lebensmittel kaufen, bevor die Glocke der Kathedrale »eins« geschlagen habe. Es handelt sich aber offenbar gar nicht um ein Uhrzeitsignal, sondern das aus vielen ähnlichen Regelungen bekannte Primläuten; die Paraphrase bei R. Benson u. H. Hatcher, Old and New Sarum or Salisbury, London 1843, S. 76; für eine ähnliche Regelung vgl. etwa London um 1300, Liber Albus, ed. T. H. Riley (Rer. Brit. M. A. script. 12,1) London 1859, S. 270: »Et qe nul regratour de blee, de pessoun, ne de poleterie, achate pur revendre viaund avant houre de pryme sone a Seint Poul.«

190 Die zu Beginn des 14. Jahrhunderts sicher nicht mehr bekannte byzantinische Kunstuhr in Gaza ist m. W. die einzige, die für ein Schlagen nach der Zählzahl überliefert ist.

191 Campanus, Computus maior, Druck 1518, c. 6, f°160v°, geschrieben 1261–64 im Auftrag des Papstes Urban IV, erörtert die Vorteile der gleichen Stunden, erwähnt aber nur Himmelsphänomene, zit. n. North II, S. 339.

192 Ausführl. bei Bilfinger, Horen, Teil II.

193 Bilfinger, Horen, S. 141ff.; auch : Y. Renouard, Hommes d'Affaires (c. 1, Anm. 25), S. 239.

194 In Orvieto wird 1351 ein Priester bezahlt für d. »scriptura carte horarum mensium pro arlogiis« und ein Pergament geliefert, auf d. »scripte fuerunt hore mensium et dierum pro arlogiis.« n. L. Riccetti (Hg), Il duomo di Orvieto, Rom 1988, S. 213.

195 J. W. Goethe, Tagebuch der italienischen Reise (1786), ed. C. Michel, Frankfurt 1976, S. 69ff.

196 Reduktion des Schlagwerks in Sisteron 1417, E. de Laplane, Histoire de Sisteron, t. 1, Digne 1843, S. 246ff.; in Chambery 1514, P. André, Notice historique sur l'église paroissale de St-Léger à Chambery, in: Soc. Savoisienne d'Hist. et de Arch., Mém. et Doc. 7, 1863, S. 104ff.; »more ultramontanum« in Piacenza 1534, A. Rapetti, L'orologeria in Piacenza, in: La Clessidra 7, 1951, S. 13ff.; in Savona 1539, A. Bruno, Storia di Savona, 1901, S. 62; Installation eines doppelten Schlagsystems in Trient vor dem Konzil um 1540, A. Gorfer, Trento, Città del Concilio, Trient 1963; auffällig die häufigen Änderungen in den geographischen Überschneidungsgebieten verschiedener Zählformen, die auch einen Wandel der politisch-wirtschaftlichen Orientierung anzeigen könnten; zur Kontroverse um die von europäisch-aufklärerischen Kräften im 18. Jahrhundert geforderte Einführung des »orologio oltramontano« in Italien vgl. Simoni, Orologi Italiani, S. 51ff.

197 C. T. Gemeiner, Regensburgische Chronik, Regensburg 1803–21, Ndr. 1971, II, S. 181.

198 Abbildungen solcher Läuttabellen und Stundenvergleichstafeln bei K. Maurice I, S. 32, 33.

199 L. Guicciardini, Descrittione di tutti i paesi bassi (1567), zit. n. d. niederl. Ausg., Amsterdam 1612, Ndr. 1968, S. 30.

200 Bilfinger, Horen, S. 253ff.; Fallet-Scheurer, Zeitmessung, S. 297ff.

201 Z. B. in den Annales Matseenses, ed. E. H. Pertz (MGH SS 9), 1851, S. 829, wo ein Erdbeben (1348), das nach anderen Quellen am Nachmittag stattgefunden hat, auf »hora diei naturalis quasi 14« datiert wird; Zinner, Räderuhren, S. 41, vermutet hier – ganz unwahrscheinlich – die Benützung einer Räderuhr.

202 A. Pinchart, in: Archives des Arts, Sciences et Lettres I, 1, Gent 1860, S. 175.

203 Noch ins Mittelalter datiert die Sanduhr z. B. Usher, Inventions, S. 188; in klösterlichem Gebrauch sieht sie Zerubavel, Hidden Rhythms (c. 3, Anm. 10), S. 38; obwohl in vielen Einzelfragen veraltet, bleibt lesenswert E. Jünger, Sanduhrbuch; für einen aktuellen Informationsstand vgl. Turner, Accomplishment, u. ders., Water-Clocks, S. 75ff.; außerdem: R. T. Balmer,

The Operation of Sand-Clocks and their Medieval Development, in: Technology and Culture 19, 1978, S. 615–32 (Kritik bei Turner, Accomplishment); C.K. Aked, Kurze Geschichte der Sanduhr, in: AU 1, 1980, S. 22–37.

204 Barberino: ed. F. Egidi, vol. 1,3, Rom 1913, S. 124f.; Sluis: N.H. Nicholas, A History of the Royal Navy, London 1847, S. 467; in einem Hamburger Testament des Jahres 1353 taucht ein »zegher«, eine Sanduhr?, auf, H.D. Loose, Hamburger Testamente 1351–1400, Hamburg 1970, S. 2; Karl V.: »Ung grant orloge de mer, de deux grans fiolles plains de sablon en un grant estuy de boys garny d'archal.«, J. Labarte (Anm. 128), n°2120.

205 Beeson, Perpignan, S. 51f.

206 M. Mauro y Gaudo (Hg.), Ordinaciones de la Ciudad Zaragoza II, Zaragoza 1908, S. 465.

207 Vgl. dazu die Arbeiten von Poulle und North.

208 »orologium portabile (bzw.) portatum«, K.H. Schäfer, Die Ausgaben der apostolischen Kammer unter Urban V., Paderborn 1937, S. 166, 204; »orloge portative«, L. Delisle Mandements et actes diverses de Charles V. (1364–1380), Paris 1874, Nr. 1561, S. 778f.

209 B. Prost, Liste des artistes mentionnés dans les États de la Maison du Roi et des Maisons des Princes, du XIIIe siècle à l'an 1500, in: Arch. Hist. Artist. et Litt. I, 1889/90, S. 436; 1481 bezahlt der frz. Kg. für eine Uhr »pour porter aveques luy par tous les lieux ou il yra«, M.L. Douet-d'Arcq, Comptes de l'Hôtel des Rois de France au XIVe et XVe siècle, Paris 1865, S. 388; J. Vielliard, Horloges et Horlogers Catalans à la fin du Moyen Age, in: Bull. Hispanique 63, 1961, S. 166.

210 Dieses Kapitel der Uhrengeschichte ist oft geschrieben worden. Ausführlichere Darstellungen bei: S. G. Atwood, Die gewundenen Antriebsfedern von Zeitmeßgeräten, in: AU 4, 1981, S. 83–97; K. Maurice, Räderuhr I, S. 81ff.; D.S. Landes, Revolution, S. 85ff.

211 The life of Brunelleschi by Antonio di Tuccio Manetti, ed. H. Saalmann, University Park – London 1970, S. 51.

212 Abbildung einer Schnecke mit einer später ungebräuchlichen, spiralförmig ausgezogenen Feder (ca. 1450–80) bei Maurice II, Abb. 79.

213 Die Leonardo-Skizze aus dem Codex Madrid bei Maurice, Räderuhr II, Abb. 80a-e; Skizzen zu Federgehäusen mit Schnecken aus demselben Codex bei Atwood, S. 85; übergangen ist hier eine andere Form des Drehmomentausgleichs, das sog. »Stackfreed«, das im 15. Jahrhundert nicht sicher nachzuweisen und sehr selten geblieben ist, vgl. Maurice I, S. 84f.

214 Zur »Burgunder-Uhr« vgl. Maurice I, S. 85–87 u. II, Abb. 77a-c; dazu gehört noch die vielleicht burgundische Tischuhr aus der Mitte des 15. Jahrhunderts (London, Victoria and Albert Museum), a.a.O. II, Abb. 82a,b.

215 V. Gay, Glossaire archéologique du Moyen-Age et de la Renaissance, t. II, Paris 1928, S. 33; vgl. Inventar des Fürsten von Viana 1461, M. de Bofarul y de Sartorio, Colección de Documentos ... de la Corona de Aragon, t. 26, Barcelona 1864, S. 131; Mantua 1482, Beschreibung einer Uhr mit Federzugantrieb, in: A. Bertolotti, Le arte minori alla corte di Mantua, in: Arch. Stor. Lomb. 15, 1888, S. 19f.; Medici-Inventar 1492, in: E. Müntz, Les collections

des Médicis au XVe siècle, Paris 1888, S. 26, 75f.; im Almanus-Ms. 1475/85, ed. J. H. Leopold, sind 8 von 30 Uhren mit Federzug und Schnecke ausgerüstet.

216 Vgl. z. B. die Darstellung einer kleinen gotischen Hausuhr auf dem um 1460 (?) entstandenen Portrait des burgundischen Edelmannes Jehan Lefevre de St. Remy, Antwerpen, Königliches Museum für Schöne Künste, Maurice I, 83.

217 S. Davari, Notizie storiche intorno al pubblico.orologio di Mantova, in: Atti e Mem., Accad. Virgiliana (Mantova) 1884, S. 211–27, Ndr. 1974, S. 18; Herstellung von »ij petitz orologes« für den Herzog von Flandern, der sie mit ins Feld nehmen will 1499, A. Pinchart, in: Mess. Soc. Hist. Belg., 1859, S. 301f.; zu beachten ist, daß die Bezeichnung »kleine Uhr« immer ein relativer Begriff war und ohne nähere Qualifikation noch nicht für eine kleine tragbare Uhr spricht.

218 Gaspare Visconti, Ritmi (1493), n. R. Renier in: Arch. Stor. Lomb. 13, 1886, S. 301f.; vgl. F. Malaguzzi Valeri, La corte di Lodovico il Moro, vol. 1, Mailand 1913, S. 424ff.

219 Z. B. NDB Bd. 8, 1969, S. 534; danach: Meyers Enzyklopädisches Lexikon Bd. 11, 1974, S. 701; Das bekannte Material ist ausgebreitet in: J. Abeler, In Sachen Peter Henlein, Wuppertal 1980.

220 Z. B. die von Enrico Morpurgo unter dem Titel »Richiamo alla Realtà« in der Zeitschrift »La Clessidra« 1951–1953 initiierte Diskussion.

221 Nach Abeler S. 8, 9.

222 E. v. Bassermann-Jordan u. H. v. Bertele vermuten ihn als Erfinder des Stackfreed (S. 182) und einer Reguliervorrichtung von Waagunruhen mittels Schweinsborsten (S. 192); Gründe gibt es dafür aber nicht.

223 Vgl. außer der speziellen Literatur zu einzelnen Gerätetypen, zu einzelnen Orten oder Uhrmachern die Übersichten bei Maurice, Räderuhr I, passim u. bes. S. 127ff. und Landes, Revolution, S. 85ff.

## 5. Vom Prestigeobjekt zum städtischen Zubehör

1 J. Renouvier/A. Ricard, Des maîtres de pierre et des autres artistes gothiques de Montpellier, Montpellier 1848, S. 96ff.; C. Wilkes, Quellen zur Rechts- und Wirtschaftsgeschichte des Archdiakonats und des Stifts Xanten, Band 1, Bonn 1937, S. 216, 255; A. Diehl (Hg), UB der Stadt Eßlingen (Württemb. Geschichtsquellen 4), 1899, S. 358.

2 Bilfinger, Horen, S. 166, 168; Sombart (c. 1, Anm. 21), Bd. 2, S. 126f.; Bloch, L'heure et l'horloge (c. 1, Anm. 24), S. 217; Renouard, Hommes d'Affaires, 2. Aufl., S. 239ff.; Bec, Marchands écrivains, S. 318.

3 Bilfinger, Horen, S. 160ff.; »Schlaguhren und damit die moderne Zeiteinteilung sind also von den Vertretern weltlicher Interessen den Kirchen und Klöstern aufgezwungen worden.« Sombart a. a. O., S. 127; z. B. E. Morpurgo: »Potente freno agli entusiasmi delle autorità civili era l'opposizione, spesse volte decisiva de clero decisamente contrario a una suddivisione razionale del tempo. ... nei liberi comuni bisognava vincere la resistenza delle auto-

rità religiose ... [Die Bischofsstädte, sofern die Bischöfe nicht zu den herrschenden Familien gehörten] chiudevano le porte agli orologi meccanici«, in: L'orologeria italiana: di città in città (1974), in: La Clessidra 30, 1974, nr. 5, S. 42; vgl. z. B. auch: W. Hohn, Die Zerstörung der Zeit. Wie aus einem göttlichen Gut eine Handelsware wurde, Frankfurt 1984, S. 72, »Bankrott der kirchlichen Herrschaft über die Zeit«, S. 72.

4 Le Goff, Temps de l'Église, passim; ders., Temps du Travail, S. 74.

5 Paris: Der Irrtum wohl zuerst bei J. Fremont, Orloge à poids, Paris 1915; übernommen bei Ungerer, Horloges, S. 125, bei Bassermann-Jordan, Uhren, S. 358, bei Leclerq, Zeiterfahrung, S. 358, bei J. Gimpel, Machine, S. 154 mit der unsinnigen Bemerkung »the first public clock ... which cost L 6«; vgl. c. 4, Anm. 129; Straßburg: z. B. bei Sombart a. a. O.; bei Hammerstein, Tönende Automaten, S. 102; Dondi: z. B. bei B. Gille, Les Ingénieurs de la Renaissance, S. 210 Paris 1978; eine Reihe solcher Irrtümer auch bei H. v. Bertele, The Earliest Turret Clock?, in: AH 10, 1977.

6 Brief aus Mailand an Francesco Nelli, Prior des Klosters SS. Apostoli, Florenz: (Störung duch die Geschwätzigkeit eines ungebetenen Besuchers; erst der Uhrschlag erlöst den Gastgeber am Ende des Tages): »... sic totus ille transiisset dies, nisi publicum horologium, quo ultimo invento per omnes fere iam Cisalpinae Galliae civitates metimur temporum, praelium diremisset; admonitus enim diem ire, surrexit.«, Epist. de rebus familiaribus et Variae, ed. F. Francassetti, Florenz 1863, Var. 44, S. 419; ebenfalls noch als Neuerung des eigenen Zeitalters bei: Francesco Maria Grapaldi, De partibus aedium, 1, 2, c. 4: »Nostra tempestate horologia & quidem publica rotulis denticulatis... ad horas distinguendas & campane aeris... fiunt etiam ex aere parvula sed privata«; zuerst Parma 1494, zit. n. Edwardes, Chamber Clocks, S. 24.

7 »horologium civitatis«, »horologium grossum«, »h. universitatis«, »h. communitatis«, »Stadtuhr« u. ä. ist eine eindeutige und weit verbreitete Bezeichnung. »Horologium magnum [od.] grossum« findet sich vor allem in Frankreich und Nordwesteuropa, einmal auch in Breslau (»horologium magnum civitatis«). Nur im französischsprachigen Raum hat sich »Grosse Horloge« als fester Begriff für die Stadtuhr eingebürgert. Dieser Ausdruck ist nicht zu verwechseln mit der »Großen Uhr«, dem »Ganzen Zeiger«, in deutschen Texten, die sich immer auf die Zählung der Tagesstunden von 1 bis 24 bezieht. »Horologium magnum« ist daneben ein relativer Begriff, der in der Frühzeit auch für große Uhren innerhalb von Kirchen gebraucht worden ist.

8 Sehr verbreitete Bezeichnung zur Unterscheidung der schlagenden Uhren von anderen und insbesondere von Weckuhren.

9 Dazu gehören ausdrückliche Erwähnungen der Uhr »horae horologii«, aber auch eindeutig moderne Stundenangaben in der städtischen Chronistik.

10 Öffentlicher Anbringungsort meint im Regelfall den Stadtturm, Rathausturm, Kirchturm oder Torturm. Die überlieferten Gewichtsangaben lassen sich schwer verallgemeinern. Sie schwanken mit den baulichen Gegebenheiten und den Mitteln, die die Stadt für ihre Uhr einsetzen konnte, sehr stark. Berücksichtigt man, daß meist nur das Rohgewicht des zu verwendenden Materials angegeben ist, läßt sich das Gewicht durchschnittlich schwerer Uhrwerke mit 100-500 kg angeben. Schwerer und entsprechend teurer als die

Uhrwerke waren die Uhrglocken. Kleine Glocken wogen 100-500 kg, Uhrglocken mit 1000-3000 kg waren aber nicht selten. Auch das Gewicht des Schlaghammers gibt oft einen Hinweis auf das Gewicht des Uhrwerk-Glokken-Ensembles. Die Reichweite des Zeitsignals hing natürlich von der Höhe und Art des Glockenturms und vom Gewicht und der Legierung der Glocke ab. Sie ist damals kaum quantitativ erfaßt, sondern meist mit dem allgemeinen Hinweis, daß die Uhr in der ganzen Stadt gehört werden solle, umschrieben worden.

11 Diese Texte hat entdeckt: L. Riccetti, Il cantiere edile negli anni della Peste Nera, in: ders. (Hg.): Il duomo di Orvieto, Rom 1988, S. 191.

12 Annales Veteres Mutinensium, Muratori 11, 1727, col. 78; Johannes de Bazano, Chronicon Mutinense, ed. T. Casini, R. I. S. 15/4, 1917, S. 124.

13 Chronica Parmensis, ed. L. Barbieri (Monumenta ad provincias Parmensis et Placentinam pertinentia III), Parma 1858, S. 222f., »Alia... campana Communis parva, quae erat desuper turrim Communis, sonabat horas diei et noctis«, S. 322.

14 »Johannes de Scilo orologus salariatus communis«, Monum. Ragusina 1, Zagreb 1879, S. 60.

15 G. Espinas, Documents relatifs à la draperie de Valenciennes, Paris-Lille 1931, S. 240f., 266, 306ff., StA Valenciennes, CC 701 f°10v°, 714, f°11.

16 Vgl. oben S. 106.

17 »horas sponte sua designans«, P. P. Vergerius, Vitae Carrariensium principum, Muratori 16, 1730, col. 171; »horologium XXIV horarum«, Cortusii Patavini Duo, Historia de novitatibus Paduae et Lombardiae, Muratori 12, 1728, col. 912, 926; A. Gloria, L'orologio di Jacopo Dondi nella Piazza dei Signori in Padova, in: Atti e Mem. della R. Accademia di Scienze, Lettere ed Arti in Padova, n. s. I, 1884/85, S. 233–93.

18 A. F. Frisi, Memorie Storiche di Monza e sua corte, Mailand 1794, vol. I, S. 120f. u. vol III, S. 112.

19 Hinsichtlich der verwendeten Technik ist die Stelle nicht eindeutig: »quod campanarii tali hora pulsent ad matutinum quod nostrorum civium reputare debent orelogium et etiam horas alias,« G. Mantese, Memorie storiche della chiesa vincentina, vol. 3/1, Vicenza 1958, S. 657; ein kommunales »orelogium horarum« erhält Vicenza erst 1378, Conforto da Costozza, Frammenti di storia vicentina, ed. C. Steiner, R. I. S. 13,1, 1915, S. 15f.

20 »orarium sive relogium«, Statuta Civitatis Terlesti, Addizione 1352, f°327, frdl. Auskunft der Biblioteca Civica Triest 15. Sept. 1990.

21 »pulcra et subtilis fabrica ad singulam horam diei noctisque pulsans«, G. u. J. Stella, Annales Genuenses, ed. G. Petti Balbi, R. I. S. 17,2, 1975, S. 153.

22 Niccolò Berardi erhält 300 Goldflorin und wird von städtischen Steuern befreit »pro constructione orologiorum aptandorum super turri palatii populi florentini pro pulsando horas diei.« A. S. Fir., Consigli della Repubblica, Provvisioni Reg. 40, f°175; G. Dati, Historia di Firenze, Florenz 1735, S. 108.

23 W. H. St. John Hope, Windsor Castle. An Architectural History, London 1913, S. 139ff., 166ff.

24 B. Guillemain, La cour pontificale d'Avignon, Paris 1966, S. 401; R. Michel, Les premières horloges du palais pontifical d'Avignon, in: Melanges d'Archéologie et d'Histoire 29, 1909, S. 213 ff.

25 Mon. Hist. Boemiae III, Prag 1774, S. 320; F. Mencik, Nekolik statutu a narizeni arcibiskupu prazskych, Prag 1882, S. 23; W. Tomek, Základy mistopisú Prazkého, Bd. 1, Prag 1866, S. 20, 224, 235.

26 »arlogium pro horis pulsandis«, Matheus de Griffonibus, Memoriale Historicum, ed. L. Frati/A. Sorbelli, R.I.S. 18,2, 1902, S. 61; Bartolomeus de la Pugliola, Historia Miscella Bononiensis (1104–1394), Muratori 18, 1731, col. 444.

27 Die Quellen in: Beeson, Perpignan 1356.

28 Rainieri Sardo, Cronaca di Pisa, ed. O. Banti, Rom 1963, S. 104, 119, 125 u. ö.

29 R. Predelli, I Libri commemoriali della Repubblica di Venezia, Regesti vol. II, Venedig 1878, S. 292.

30 C. T. Gemeiner (c. 4, Anm. 197), II, S. 107.

31 F. de Guilhermy, Inscriptions de la France, t. 3, Paris 1877, S. 24.

32 Cronaca Senese di Donato di Neri e del suo figlio Neri, ed. A. Lisini/F. Jacometti, R.I.S. 15,6, 1936, S. 591.

33 Dafür sprechen m. E. mehrere Gründe: a) ihre weite geographische Verbreitung schon in der ersten Hälfte des 14. Jahrhunderts; b) in einer ganzen Reihe von Fällen lassen sich Turmuhren als nachträgliche Installationen erkennen, die zusätzlich zu vorhandenen großen Kirchenuhren beschafft worden sind; c) schließlich das Zeugnis des Thomas de Luda (c. 4, Anm. 140).

34 Z. B. London 1344: »une dyal... a moustrer les houres de iour et de nuyt«; Howgrave-Graham, Clocks, S. 268.

35 Chroniken des Fritsche Closener und Jakob Twinger von Königshofen; ed. C. Hegel (Chr. dt. Städte 8 u. 9), Leipzig 1870/71, S. 725.

36 Zinner, Räderuhren, S. 108 f.

37 H. M. Colvin, History of the King's Works, The Middle Ages, London 1963, S. 262, 509, 802, 997; R. A. Brown, King Edward's Clocks, in: The Antiquaries Journal 39, 1959, S. 283–86; J. B. Post/A. J. Turner, An Account for repairs to the Westminster Palace Clock, in: Archeol. Journal 130, 1973, S. 217–20.

38 Paris, Vincennes: F. de Guilhermy, Inscriptions de la France, t. 3, Paris 1877, S. 24; Paris, Horloge du Palais: [Karl V.] »edificavit... et turrem quadratam que est inter palacium et Magnum Pontem... ac horologium desuper poni fecit, ed. P. Moranvillé (Soc. de l'hist. de France, t. 2), Paris 1893, S. 396; Zeugnis des Jean Golein vgl. S. 203; Arrêt du Parlement 1452 Jul. 21.; »quod defunctus [Karl V.] pro decoracione ville notre Parisius, in qua tunc nulla erant grossa horologia et ut nostra parlamenti curia et habitantes ipsius ville melius se regerent et regularent [etc.]«, n. A. Bossuat, Doc. inédits sur l'Horloge du Palais, in: Bull. Soc. hist. Paris et de l'Île-de-France 56, 1929, S. 101; Beauté-sur-Marne: L. Douet-d'Arcq (c. 4, Anm. 209), S. 177; Montargis: Ungerer, Horloges, S. 117 f.; Sens: G. Julliot, L'Horloge (c. 4, Anm. 52), S. 386 ff.; Noyon: A. de la Fons de Mélicocq. Une cité picarde au moyen age, Noyon 1841, S. 109 ff.; Avignon: R. Michel (Anm. 24), S. 221 f.; Melun: Prost/Rever-

chon, S. 46; Angers: P. Marchegay, Horloge publique à Angers en 1384, in: Notices et documents historiques, Angers 1857, S. 99ff.; Poitiers: R. Favreau, La ville de Poitiers à la fin du Moyen Age, Poitiers 1978, S. 216ff.; Lyon: M. C. Guigue, Cartulaire de la ville de Lyon, Lyon 1876, S. 475f.; Nîmes: A. Bessot de Lamothe, Arch. com. Inv. som., t. 1, Avignon 1877; Blois: J. Soyer/G. Trouillard, Cartulaire de la ville de Blois, 1907, S. 362.

39 Bourges, La Nonette, Mehun-sur-Yèvre: A. de Champeaux, Les Travaux d'art exécutés pour Jean de France, duc de Berry, Paris 1894, S. 194f.; E. de Toulgoët-Tréanne, Les comptes de l'Hôtel du duc de Berry 1370–1413, in: Mém. Soc. des Antiquaires du Centre 17, 1889/90, S. 64ff.; Poitiers: (Anm. 38); Riom: E. Clouard, Les gens d'autrefois. Riom aux XVe et XVIe siècles, Riom 1910, S. 780ff.; Niort: R. Crozet, Nouveaux textes et documents relatifs à l'histoire des Arts en Poitou, in: Bull. Soc. Antiqu. de l'Ouest 4. ser. t. 3/4, 1956/57, S. 583; St. Jean d'Angely: L. Duret, La tour de la grosse horloge de Saint-Jean-d'Angély, in: Recueil Comm. arts et monum. hist. Charente-Inférieure 12 (= 4e s., 2) 1893–94, S. 102–7; Villefranche en Rouergue 1404: Paris BN, Coll. Languedoc (Doat), f°213 ff., 97f., Vierzon: P. Des Chaumes, in: Mém. Soc. hist. litt. et scient. Cher 4e ser. 36, 1927. S. 6.

40 Rouvres: B. Prost, Inventaires mobiliers et extraits des comptes des Ducs de Bourgogne de la Maison de Valois (1363–1477), 2 Bde. Paris 1902–13, II, S. 59, 72, Nr. 366, 427, 428; Montbard: Prost a.a.O. II, S. 84, 99, Nr. 497, 588; Villaines, Germolles: M. E. Petit, Ducs de Bourgogne de la maison de Valois, t. 1, Paris 1909, Ndr. 1976, S. 41; Brüssel, Brügge, Gent: A. Pinchart, in: Mess. Sc. Hist. Belg. 1884, S. 181ff.; Arras: J. Finot, Inv. som. arch. dép. Nord, VII, Lille 1892, S. 356; Mâle: L. de Laborde, Les ducs de Bourgogne, 3 Bde., Paris 1849–52, 2,1, S. LI; La Montoire, Hesdin: C. Dehaisnes, Inv. som. arch. dép. Nord, t. 4, Lille 1881, S. 7, 10, de Laborde a.a.O. S. LV; Locquignol, Le Quesnoy: C. Dehaisnes, Documents et extraits divers concernant l'histoire de l'art dans la Flandre etc., 2 Bde. Lille 1886, S. 772; Dijon: J. Froissart, Chroniques, ed. Kervyn de Lettenhove, t. 10, 1867–77, Ndr. 1967, S. 188; Prost a.a.O., Nr. 812, 829, 1054; L. Gouvenain/Ph. Vallé, Inv. som. arch. com., t. 2, ser I, Paris 1882ff., S. 99; F. Humbert, Les Finances municipales de Dijon du milieu de XIVe siècle à 1477, Paris 1961, S. 189f.

41 J. Le Goff, Temps de l'Église S. 56, vgl. ders., Temps du Travail S. 76.

42 Mons: Dehaisnes (Anm. 40); A. Pinchart, Extraits des comptes relatifs au Hainaut, Mons 1884, S. 64; Lens, Aire-sur-la-Lys: A. Van Nieuwenhuysen, Les Finances du duc de Bourgogne Philippe le Hardi (1384–1404), Brüssel 1984, S. 420; Sluis, Tamise, Termonde: P. Bonenfant/J. Bartier, Ordonnances de Philippe le Hardi etc., t. II, Brüssel 1974, Nr. 419, 659, 660; C. Rossignol, Histoire de Beaune, Beaune 1854, S. 249ff., R. Pretet, Histoire de Châlon-sur-Saône, Roanne 1981, S. 58ff.; C. A. Parmentier, Archives de Nevers, t. 1, Paris 1842, S. 224; F. Boutillier, Inv. som. arch. com. Nevers, 1876; Abbé Lebeuf, Mémoires conc. l'histoire... d'Auxerre, Neuaufl. Paris 1848–55, II, 190, IV, 294; Nivelles: Ungerer, Horloges, S. 432.

43 T.-M. Vinyoles i Vidal, La vida quotidiana a Barcelona vers 1400, Barcelona 1985, S. 31ff.

44 Verona: Zagata, Cronaca, vol. 1, pt. 2, S. 221, zit. n.: Conforto da

Costozza, Frammenti ed. C. Steiner (R. I. S. 13,1), 1915, S. 16, Anm.; 1379, A. Caffaro, Pinerolensia, Pinerolo 1906, S. 119ff.; 1376, P. André, Notice historique sur l'église paroissale de St. Léger à Chambéry, in: Mém. Soc. Savoisienne d'Hist. 7, 1863, S. 104ff.; Turin: AM Turin, Libri Rationum, A. S. Turin, Comptes des Trésoriers généraux des Princes d'Acayes, Camerale, Inf. 40; F. Rondolino, Il castello di Torino, in: Soc. Piemont. di Archeol. e Belle Arti, Atti 13, 1932, S. 13–18; Prato: D. G. M. di Agresti, Aspetti di vita Pratese del Cinquecento, Florenz 1976, S. 35f.

45 Ordonnance du Roi Henri III.... sur les plaintes et doléances faites par les Deputes du Royaume, Art. 351: Verwendung von »deniers d'octroi et impositions« für »réparations« nach der Weisung städtischer Schöffen, »Entendans toutesfois estre compris en la depense desdictes reparations, celle qui concerne l'entretenement des horloges, ...«, in: Recueil de pièces originales..., t. 3, Premiers États de Blois en 1576, Paris 1789, S. 623, 624.

46 A. van Nieuwenhuysen (Anm. 42).

47 Balduini Ninovensis Chronicon, ad a. 1219, ed. O. Holder-Egger (MGH SS XXV), 1880, S. 541; zu den Vorgängen vgl. H. Dubrulle, Cambrai à la fin du Moyen Age, Lille 1903, S. 51f., 297.

48 Béthune: C. Dehaisnes/J. Finot, Arch. dép. Nord, Inv. som., I,2, 126 (B 1024); E. de la Quérière, Notice historique sur l'ancien Hôtel de ville, le Beffroi et la Grosse Horloge de Rouen, in: Bull. Soc. Emul. Seine-Inférieure, Rouen 1862, S. 310ff.; J. B. A. Bosvieux/G. Tholin, Inv. som. arch. som. d'Agen, 1884, BB 27.

49 Enea Silvio Piccolomini, Commentarii rerum memorabilium, Rom 1584, Ndr. Frankfurt/M. 1974, S. 425;ff.

50 Vgl. P. Mesnage, Construction horlogère (c. 4, Anm. 169), S. 290; C. Cipolla, Clocks, S. 42f.; Wendorff, Zeit und Kultur, S. 143; Chevalier, Les Bonnes Villes de France du XIV au XVI siècle, Paris 1982, S. 227f.

51 »Ut yporiensis civitas... que omnium fere est lumine decorata virtutum de virtute in virtutem intellectus et honoris lumine fulciatur...«; G. S. Pene-Vidari, Statuti del Comune di Ivrea II, Turin 1969, S. 400; Breslauer UB, ed. G. Korn, Breslau 1870, S. 221; I. Belli, Guida di Lucca, 1953, S. 172; F. Marri, La torre dell'Orologio in S. Gimignano, in: Misc. stor. della Valldelsa 33, 1955, S. 158ff.; A. Gloria, L'orologio di Jacopo Dondi (Anm. 17), S. 290; M. C. Billanovich, La Vicenda dell'Orologio di Piazza dei Signori a Padova: commitenti, esecutori, modalità di costruzione, in: Arch. Veneto 5. ser., vol. 133, 1989, 39ff.

52 Namur: Patart, Cloches S. 183f.; H. Q. Janssen, Het openbare uurwerk te Aardenburg, in: Bijdr. tot de Ousheidskunde en Geschiedenis inz. van Zeeuwsch-Flandern 1, 1856, S. 156ff.; Paris, Lyon: Anm. 38; A. Lecocq, Notice Historique et Archéologique sur les Horloges de l'Église Notre-Dame de Chartres, in: Soc. Archéol. d'Eure-et-Loire, Mém. 4, 1867, S. 303.

53 Montpellier (Anm. 1); E. Morpurgo, Nederlandse klokken- en horlogemakers vanaf 1300, Amsterdam 1970, S. 32, 99; L. J. Meilink-Hoedemaker, Luidklokken en Speelklokken in Delft (Proefschrift), Utrecht 1985, S. 181f.; Montélimar: L. Fillet, Les Horloges publiques dans la Sud-Est de la France, in: Bull. Archéol. du Comité des Travaux Historiques 1902, S. 105; P. Thome de

Maisonneuve, Le Jaquemart de Romans, in: Bull. Soc. Archéol. et Stat. Drôme 1929, S. 17ff.; O. Siliprandi, Notizie sugli orologi pubblici di Reggio, Reggio Emilia 1925.

54 L. Decombe, Notes et Documents concernant la Grosse Horloge de Rennes, in: Bull. et Mém. de la Soc. Archéol. du dépt. Ille-et-Villaine 14, 1880; S. 175ff.; J.-P. Leguay, La Ville de Rennes au XVe siècle à travers les comptes des Miseurs, 1968, S. 45–61.

55 Nach K. Fischer, Die Uhrmacher in der Slowakei, in: Bohemia – Jb. d. Collegium Carolinum 1969, S. 406; Coulommiers: Inv. Arch. dép. Seine-et-Marne, t. 4, 1880, S. 30.

56 Vgl. M. Warnke, Bau und Überbau. Soziologie der mittelalterlichen Architektur nach den Schriftquellen, Frankfurt 1976, S. 78–92.

57 Ph. Wolff, Pouvoir et investissements urbains, in: Revue Historique 258, 1977, S. 298. Nach R.-H. Bautier u. J. Sornay, Les Sources de l'Histoire Économique et Sociale du Moyen Age (Provence), vol. II, Paris 1971, S. 951, gehört die Uhr »véritable symbole de la ville des la seconde moitié du XIV siècle« zusammen mit Wegebauten, Brunnen, Markthallen und Mühlen zu den wichtigsten Ausgabeposten in den städtischen Haushalten Südfrankreichs u. Nordwestitaliens.

58 Reims (1380/1397): H. Jadart; L'Horloge et le carillon de la cathédrale de Reims, Reims 1909; vgl. Ungerer, Horloges, S. 135ff.; Rouen (1372): C. de Robillard de Beaurepaire, Notice sur les Horloges de la ville de Rouen, in: Dernier Recueil de Notes Historiques et archéologiques, Rouen 1892, S. 310f.; Autun 1377: A. De Charmasse, L'Horlogerie et une famille d'Horlogeurs, in: Mém. Soc. Eduenne n. s. t. 16, 1888, S. 174ff.; Lyon (1379): E. Vial / C. Côte, Les Horlogers Lyonnais de 1550 à 1650, Mâcon 1928, S. 1ff.; Troyes (1380): J.-F. Gadan, Le Bibliophile Troyen, Troyes 1850/51; Bourges (vgl. Anm. 39), Sens (vgl. c. 4, Anm. 52), Angers (vgl. Anm. 38), Mainz (1369): Mitt. d. Verf. f. Gesch. u. Altertumskunde in Frankfurt 5, 1874/79, S. 607f.; Minden (1384). K. Löffler, Die Bischofschroniken des Mittelalters (Mindener Geschichtsquellen 1), Münster 1917, S. 212; Xanten (vgl. Anm. 1).

59 Ruppert, Chroniken (c. 3, Anm. 36) S. 203.

60 Vgl. die ausdrückliche Bemerkung des Nürnberger Rats bei der Übernahme der Kosten für die »ureclocken« von St. Sebald 1489: die Uhr sei »nit der kirchen, sunder gemeiner stat notturftig«; A. Gümbel, Baurechnungen, in: Mitt. d. Ver. f. d. Gesch. d. Stadt Nürnberg 20, 1913, S. 17, Rendsburgische Stadt- und Polizeiordnung 1720 Sept. 17.: »Wie dann auch eben so wenig die Kirchen mit den gemein Uhren Reparation zu schaffen haben, sondern dieses Onus billig der Stadt-Cassa alleine zufallen muß, nachdem malen der nutzen davon nicht an die Kirche, sondern unstreitig auf die gesamte Bürgerschaft und Einwohner redundieret.« Corp. Const. Regio-Holsaticarum, hg. v. F. D. C. von Cronhelm, Altona 1749–57, Bd. III, 1753, S. 841f. Bemerkung eines Pfarrers: »Ein Uhrwerk stehet zwar mehrenteils, sonderlich in Dörffern, auf dem Kirchthurm, es gehört aber eigentlich nicht zur Kirche, ..., weil es mehr zum weltlichen als zum geistlichen Gebrauch dienet.« Acta Ecclesiastica ..., Leipzig 1727–52, Bd. XIV, S. 1218f. Verordnung des Neumärkischen Kirchenrevenuen-Direktoriums vom 3. Dez. 1772: »die Uhren aber mit dem

Gottesdienst und der Kirche in keiner nothwendigen Verbindung stehen, sondern einzig und allein zum Besten der Gemeine gereichen«; zit. n. G. Arndt, Die kirchliche Baulast in der Mark Brandenburg, in: Jb. f. brandenb. Kirchengesch. 15, 1907, S. 8f.

61 Paris, Archives Nationales KK 532 n°2ter; Texte in der Vignette n. R. Rodière, Le clocher de Sainte Saulve de Montreuil, in: Mém. de la Comm. dép. des mon. hist. de Pas de Calais 33, Arras 1910, S. 252:
»Nos maire et eschevins de Monsterrel sur le Mer
Avons fait cest orloge pour b(ien)n edeffier. –
Tantost me veissiez ceste tour chi abatre
Se Saint Sauve ne fust q(ui) n'en vau rien (r)abat(re). –
Lorloge est b(ien) sea(n)z ychi; Dieu le nos sauve,
Saint Justin, saint Waloi, saint Macleu et Saint Sauve.«

62 Paris (Anm. 38); Magdeburg: ed. C. Hegel (Chr. dt. St. 7), Leipzig 1869, S. 378; vgl. Venedig 1394: »pro honore et consolatione totius civitatis«, A. Tessier, in: Giornale degli eruditi et curiosi Padova 4, 1884, S. 45; Avignon 1461; P. Achard; Les Horloges publiques et les horlogers à Avignon, Avignon 1877, S. 72.

63 Paris 1419: Bossuat (Anm. 38), S. 98f.; Siena: G. Milanesi, Documenti per la storia dell'arte senese, t. 1, Siena 1854, S. 236f.; Oudenburg 1402: E. Feys/D. van de Casteele, Histoire de Oudenburg, Brügge 1873, t. 1, S. 546ff.; Lüneburg 1445: G. Melbeck, Lüneburger Uhren und Uhrmacher, in: Lüneburger Blätter 15/16, 1956, S. 243ff.

64 Aix-en-Provence 1486: Archives communales, BB 29, f°60, frdl. Mitt. d. Archivs.

65 Vgl. das durch Versetzung nach oben in den Blick gerückte (vermutlich imaginäre) Zifferblatt am Campanile in Venedig bei V. Carpaccio, »Incontro dei Fidanzati« und den Uhrturm in »Arrivo degli Ambasciatori Inglesi«; beide Bilder in Venedig, Gallerie dell'Accademia.

66 G. Campori, Gli orologieri degli Estensi, in: Atti e Mem. RR. Dep. di Storia Patria p.p. Emilia, n. s. 2, 1877, S. 244ff.; S. Davari (c. 4, Anm. 217), S. 9.

67 A. S. Milano, Reg. ducale nr. 214; vgl. Arch. Stor. Lomb. 48, 1921, S. 610f.

68 M. A. Arnoult, Boussoit-sur-Haine, S. 63f., 67; C.-L. Diericx, Mémoires sur la ville de Gand, t. 2, Gent 1815, S. 68.

69 L. Pastor (Hg.), Antonio de Beatis, Die Reise des Kardinals Luigi d'Aragona, Freiburg 1905, S. 72; L. Guicciardini, Descrittione di tutti i paesi bassi, Amsterdam 1612, Ndr. 1968, S. 30. L. Lautrey (Hg.), Michel de Montaigne, Journal de Voyage, Paris 1906, S. 78, 360; es ist nicht ganz sicher, ob Montaigne mit dem »mancamento d'oriuoli ch'e in questo loco (Lucca) et in la più parte d'Italia« nur öffentliche Uhren meint. Mit »orioli« bezeichnet er auch die (Sand-?)Uhren, die ihm in den Bädern von Lucca reichlich zur Verfügung standen, vgl. a.a.O. S. 334.

70 Vgl. noch die Darstellung eines unbekannten westschweizerischen Dorfes a.a.O. f°93r°, und C. Pfaff, Umwelt und Lebensform, in: A. A. Schmid (Hg.), Die Schweizer Bilderchronik des Diebold Schilling 1513, Kommentarbd. Luzern 1983, S. 620.

71 Vgl. die Berichte aus Torgau, Volkenroda und Homburg, in: D. van Adrichem, De horologia a. 1525 apud Fratres Minores Torgaviae existentibus, in: Arch. Francisc. Hist 25, 1932, S. 105–8; reiches Material bei K. Pallas (Hg.), Die Registraturen der Kirchenvisitationen im ehemals sächsischen Kurkreise (Geschichtsquellen der Provinz Sachsen 41), Halle 1906.

72 J. Perrin, Le Doyenné du Sundgau à la fin de la Guerre de trente ans (1647), in: Archives de l'Église d'Alsace 23 (= Bd. 29), 1976–79, S. 117–186, bes. S. 147ff.

73 K. Pallas, Die Registraturen der Kirchenvisitationen im ehemals sächsischen Kurkreise (Geschichtsquellen der Provinz Sachsen 41), Halle 1906, II, 4, 5, 421; aus dem Abschied einer Lüneburger Visitation (1568) für Bodenteich: »Kirche bawfellig vnnd das volck wegerich diesselben zu bessern. Wollen auch die gebottene zulage vom seger, die zu 24 dalern erstiegen, nicht erlegen.« In: B. Lange, Die Generalvisitation im Fürstentum Lüneburg, in: Zs. f. Nieders. Kirchengesch. 58, 1960, S. 53.

74 Codex Augusteus (c. 10, Anm. 62) I, Sp. 109; die niedersächsische Kirchenordnung bei E. Sehling, Die reformatorische Kirchenordnungen des XVI. Jahrhunderts, Tübingen 1902ff., Bd. V, Sp. 423.

75 Zit. nach Cancellieri, Campane, S. 89, der sich beruft auf: P. Sarnelli, Lettere ecclesiastice t. VII, Venedig 1706, p. 24.

76 Vgl. Anm. 38.

77 Vgl. die Mahnschreiben der aragonesischen Könige nach Perpignan 1379, 1387, 1399, Vielliard, Horloges (c. 4, Anm. 209), S. 163; Beeson, Perpignan, S. 51ff.; D. Girona Llangostera, Itinerari del rey Marti (1396–1402), in: Institut d'estudis Catalans, Anuari 4, 1911/12, S. 145; das Schreiben des Marchese von Mantua nach Goito 1523, Bertolotti (c. 4, Anm. 215), S. 289.

78 Lyon 1481: L. Caillet, Le consulat de Lyon et le clocher de St. Nizier, in: Bull. Hist. du Dioc. de Lyon 12, 1911, S. 316ff.; vgl. den ethisch-politischen Ton im Prolog des ersten Pariser Uhrmacherzunftstatuts (1544): »Maintenant que l'invention des orloges a esté trouvée pour vivre et se conduire en reigle et ordre de vertu«. Paris AN Y 65, f°110, Druck: A. Franklin, Vie privée, S. 179.

79 J.H.L. Bergius, Neues Polizey- und Cameralmagazin nach alphabetischer Ordnung, Bd. 6, Leipzig 1780, S. 258; vgl. G.H. Zincke, Cameralistik-Bibliothek, 1. Theil, Leipzig 1751, Ndr. 1973, S. 432f., Grundsätze der Polizeiwissenschaft, 3. Aufl., Göttingen 1782, Ndr. 1969, §76, S. 68; vgl. Marperger, Horologiographia S. 22f, 57f.

80 Ed. E. Eckertz, Chronik der Stadt Erkelenz, in: Annalen d. hist. Ver. f. d. Niederrhein 5, 1857, S. 45.

81 N. van Wervecke, Kulturgeschichte des Luxemburger Landes, II., Luxemburg 1924, S. 86; A. Rigaudière, Saint-Flour. Ville d'Auvergne au Bas Moyen Age, Paris 1982, S. 754 u. 276; J.-P. Leguay, Un Réseau urbain au Moyen âge, Paris 1981, S. 206f. u. ö.

82 Breslauer UB (Anm. 51), S. 211, 214f., 221; A. Kerschbaumer, Geschichte der Stadt Tulln, Krems 1874, S. 374f.

83 J. Kleyntjes, Oudste Stadsrekeningen van Culemborg, in: De Navorscher 64, 1915, S. 81ff.; J. Jäger, UB der Stadt Duderstadt, 1885, S. 453; Pegau: J. Hohlfeld, Stadtrechnungen als historische Quellen, Leipzig 1912,

S. 141 ff.; A. Meerkamp van Embden, Stadsrekeningen van Leiden 1390–1434, Bd. 1, Amsterdam 1913, S. 39; E. Dupont, Registre des recettes et dépenses de la ville de Boulogne, in: Mém. Soc. Acad. arr. B. 7, 1882, S. 186; J. H. W. Unger / W. Bezemer, Bronnen tot de Geschiedenis van Rotterdam, III De oudste stadsrekeningen, Rotterdam 1869, S. 70.

84 Zürich 1366; H. Zeller-Wermüller (Hg.), Die Stadtbücher des 14. u. 15. Jahrhunderts I, Leipzig 1899, S. 412; Schutzbrief für Delfter Uhrmacher 1368, »De horologiorum artificium exercendo«, in: Th. Rymer, Conventiones, Literae..., 3. Aufl. Farnborough 1967, t. III, pt. II, S. 145; E. Lemaire, Archives anciennes de la ville de St. Quentin, t. II, 1910, t. III (ms.), nr. 701, 744 ff. (n. frdl. Auskunft des Archivs); in Lille ist seit 1381 Pierre Demileville an der Stadtuhr beschäftigt, D. Clauzel, Finances et politique à Lille pendant la période bourgignonne, Dünkirchen 1982, S. 143.

85 Lucca (Anm. 51); Montpellier (Anm. 1); F. de Potter / J. Broeckhardt, Geschiedenis der Stad Aalst, 2. Teil, Gent 1874, S. 77 f.; Braunschweig 1385/86: StA Braunschweig, Copialbuch f° 54v, 65v; Luzern 1385: P. X. Weber, Das älteste Luzerner Bürgerbuch (1357–1479), Stans 1921, S. 176 f.; Santiago d. C: F. Landeira de Compostela, Theatro Chronométrico del Noroeste Español, Madrid 1957, S. 7; Moskau (c. 4, Anm. 181); Caffa 1374: M. Balard, La Romanie Génoise, t. 1, Genua – Rom 1978, S. 208 f.

86 Mondinus 1334: L. de Mas Latrie, Nouvelles preuves de l'Histoire de Chypre, t. 1, Paris 1837, S. 65 f.; Reise der Kompanie des Giovanni Loredan 1338: R. S. Lopez, Venezia e le grandi linee dell'espansione commerciale nel secolo XIII, in: La Civiltà Veneziana del secolo di Marco Polo, Venedig 1955, S. 53, 77; Ch. Potvin (Hg.), Œuvres de Ghillebert de Lannoy, Löwen, 1878, S. 67; Kurz, European Clocks, S. 20 f.; Kurz spielt den Vorgang von 1338 ohne guten Grund herunter, indem er das »relogium« als Sanduhr interpretiert, die kaum in einer Vermögensliquidation erwähnt werden würde.

87 Zu den Uhren als Bestandteil der Türkenverehrungen vgl. die gründliche Arbeit von G. Mraz, in: Welt als Uhr, S. 39–54.

88 »Neque enim horae sunt Turcis, quibus temporum, neque millaria, quibus locorum spatia distinguant. Talismanes habent hominum genus templorum ministerio dicatum; hic mensuris utuntur ex aqua. Quibus postquam adventari auroram cognoverunt, clamorem tollunt e celsa turri in eum usum constructa; (Einteilung des Tages in vier ungleichlange Abschnitte nach der Jahreszeit) »Noctis omne tempus incertum es.« ... »Non enim facile gentem aliam minus piguit aliorum bene inventa ad se transferre. Testes majores-minoresque bombardae, multaque alia, quae a nostris excogitata ipsi ad se avertunt. Ut libros tamen typis excuderent, horologia in publico haberent, nondum adduci potuerunt: quod scripturam, hoc est suas literas sacras, non amplius scripturam fore, si excuderetur; & si horologia publice haberentur, aliquid de aedituorum suorum & prisci ritus authoritate diminutum iri arbitrentur.« Ogier Ghiselin des Busbecq, Opera quae extant omnia, Basel 1740, Ndr. 1968, S. 28 f. Das Desinteresse der Moslems wird bekräftigt in der Einleitung des Taq ad-Din, in: Wiedemann / Hauser, S. 12.

89 Nach einem Ms. im Koutloumousi-Kloster, R. M. Dawkins, The Monks of Athos, London 1936, S. 311; R. Lubenau, Beschreibung der Reisen,

ed. R. Sahm, Königsberg 1914, S. 98 (Jagodina 1587); vgl. Kurz, European Clocks, S. 100; H. W. Duda, Balkantürkische Studien, in: Österr. Akad. d. Wiss. Phil.-Hist. Kl. Bd. 226, 1, Wien 1949, S. 18, 28, 60f.

90 Die Daten zur Geographie der Verbreitung der öffentlichen Uhren:
– bis 1360: Orvieto, Parma, Valenciennes, Mailand, Modena, Padua, Monza, Windsor (c), Avignon (c), Florenz, Genua, Bologna, Perpignan (c), Prag, Vincennes (c), Regensburg, Siena, Durham.
– bis 1370: Nürnberg, Frankfurt, München, Ferrara, Freiburg i. Br., Brüssel, Augsburg, Beaucaire, St. Quentin, Zürich, Fano, Queenborough (c), Breslau, Sheen (c), King's Langley (c), London, Ivrea, Troppau, Udine, Utrecht, Mainz, Schweidnitz, Brieg, Deventer, Gloucester, York, Paris
– bis 1380: Verona, Forli, Gent, Middelburg, Ely (a), Mons, Mechelen, Golzinne (c), Rouen, Köln, Kolmar, Straßburg, Tulln, Stralsund, Aachen, Exeter, Caffa, Feodosija, Culemborg, Bourges, Bridgwater, Perugia, Xanten, Avignon, Toledo, Chambéry, Douai, Dunes (a), Assisi, Vercelli, St-Jean-de-Maurienne, Stade, Görlitz, Wien, Montreuil-s.-M., Tournai, Termonde, Lier, Autun, Auxerre, Castres, Sens, Beaute-s.-M. (c), Vicenza, Ieper, Mehun (c), Nonette (c), Argentan, Valencia, Pinerolo, Rostock, Lüneburg, Klosterneuburg (a), Lyon, Noyon, Riez, Ripon, Pisa, Bamberg, Basel, Bern, Neuveville, Neufchâtel, Zwolle, Nieppe (c), Cambrai, Macon, Tours, Troyes, Reims, Tours, Montargis (c), Rouvres (c), Montbard (c), Cornillon (c), Montserrat (a).
– bis 1390: Blankenburg, Vorau (a), Löwen, Mâle (c), Lille, St. Mihiel, Senlis, Hamburg, Brügge, Nijmegen, Courtrai, Zutphen, Elbing, Fritzlar, Oudenburg, Dijon, Laon, Venedig, Friedberg, Minden, Lübeck, Amiens, Angers, Greifswald, Luzern, Tonnere, Burgos, Reggio, Emilia, Würzburg, Braunschweig, Neusohl, St. Omer, Hesdin (c), Evreux, Villaines (c), Palma de Mallorca, Salisbury, Muggia, Albenga, Krakau, Poitiers, Beauvais, Germolles (c), Barcelona, Oxford, Reinbek (a), Béthune, Lerida, Göttingen, St. Flour, Rottenmann, Chalons-s.-M., Schlettstadt, Wittingau (a), Ragusa (Dubrovnik), Gubbio, Preetz (a), Luxemburg, Hal, Leiden, Grenoble, Ottery (a), Sagan (a).
– bis 1400: Lucca, Chieri, Metz, Melun (c), Riom, Damme, Chartres, Wells, Olmütz, Hannover, Ochsenfurt, Beaumont, Namur, Rodez, Olite (c), Aire-sur-la-Lys, Doberan (a), Esslingen, Speyer, Lausanne, Enghien, Aalst, Beaune, Santiago-de-Compostela, Mantua, Sluis, Niort, Magdeburg, Sevilla, Città di Castello, Ulm, Duderstadt, Asniere-sur-Seine (c), L'-Isle-sur-Sorgue, Caen, Fougeres, Châteauneuf-sur-Loire, Aardenburg, Saaz (a), Koscian, Warrington (a), Marienburg, Leitomischl, Geraardsbergen, Le Quesnoy (c), Locquignol (c), Peronne, Montpellier, Ingolstadt, Kaster (c), Pegau, Überlingen, Yverdon, s'Hertogenbosch, Lens, Apt, Nîmes, Winchelsea, Auxonne, Piacenza, Brescia, Ancona, Rovato, Winterthur, Chinon, Compiègne, Abbeville, Moulins, Coutances, Jugny, St. Jean-d'Angely,
(a) Abtei/Kloster; (c) Residenz/Schloß. Alle Orte nachzuweisen, ist aus Raumgründen nicht möglich. Sie sind in einem Quelleninventar zur Geschichte der öffentlichen Uhren im spätmittelalterlichen Europa gesammelt, das zur Vervielfältigung vorbereitet wird. Für Auskünfte sind Interessenten eingeladen, sich an den Autor zu wenden.

91 J. Le Goff, Ordres mendiants et urbanisation de la France médiévale, in: Annales E. S. C. t. 25/2, 1970, S. 937.

92 P. Contamine, Contribution à l'Histoire d'un mythe: les 1700000 clochers du royaume de France (XV–XVI siécles), in: Économies et Sociétés au Moyen Age (Melanges E. Perroy), Paris 1973, S. 414–21; P. Meyer, Les dix-sept-cents mille clochers de la France, in: Romania 7, 1878, S. 104–6.

93 N. Machiavelli, Ritracto di Cose di Francia (1512/13), in: Opere II, Verona 1979, S. 338, wo die Ziffer mit 1000700 (incl. 7 Abteien) angegeben wird; die deutsche Ausgabe, ed. H. Floerke, Bd. 2, München 1925, S. 196 übernimmt die letztgenannte Ziffer mit dem Hinweis, daß die französische Ausgabe von Guiraudet, Paris 1798, auf 17000 korrigiert.

94 L. Génicot, Les grandes villes de l'occident en 1300, in: Économies et Sociétés (Anm. 92), S. 199–219.

95 H. Aubin/W. Zorn (Hg.), Handbuch der deutschen Wirtschafts- und Sozialgeschichte, Bd. 1, Stuttgart 1971, Kartenbeilage.

96 Seit 1366 ein »arlogio all commune« in Fano erwähnt, frdl. Ausk. d. Archivs; Troppau (Anm. 82); Brieg 1370: I. Grünhagen, UB Brieg (Cod. dipl. Sil. 9), Breslau 1870, Nr. 295; Scheidnitz (Anm. 51); Ivrea (Anm. 49); Tulln (Anm. 82); Görlitz 1377: R. Hecht, Görlitzer Ratsrechnungen (Cod. dipl. Lusatiae superioris), Teil II, Görlitz 1896, S. 42; Stade ca. 1377: J. Bohmbach, UB Stade, Hildesheim 1981, S. 101; Stadthagen 1388: R. Brosius, Stadthagener Stadtrechnungen 1378–1401, Bückeburg 1968, S. 44ff.; Culemborg: Anm. 83; Castres 1377: L. Barbaza, Annales de la ville de Castres, Castres 1886, S. 133; Donaustauf v. 1400: C. T. Gemeiner (c. 4, Anm. 197), III, S. 107.

97 Zur Demographie vgl. W. Prevenier, La démographie des villes du comte de Flandre aux XIIIe siècles, in: Revue du Nord 65, 1983, S. 255–75; A. Derville, Le nombre d'habitants de l'Artois et de la Flandre Wallonne (1300–1400), in: a.a.O. S. 277–99. Der Vergleich mit den seit 1464 zu Generalständeversammlungen geladenen Städten verstärkt den Eindruck noch.

98 Chevalier, Bonnes villes (Anm. 50), S. 37ff.; C. H. Taylor, Assemblies of French Towns in 1316, in: Speculum 14, 1939, S. 275–99.

99 J. Le Goff, Ordres (Anm. 91).

100 Die komparatistische Eignung des »critère mendiant« für die Urbanisierungsforschung ist neuerdings auch bestritten worden. A. Derville hat darauf hingewiesen, daß es zwar kaum zu bezweifeln sei, daß vier oder mehr Konvente eine gewisse Stadtgröße voraussetzten, daß aber umgekehrt zumindest in Nordwesteuropa nicht jede Großstadt auch eine entsprechende Zahl von Konventen beherbergt habe. Auch er weist auf das Auftauchen demographischer und ökonomisch bedeutungsloser Ortschaften mit Bettelordenskonventen hin.

101 N. Bulst, Vers les états modernes: le tiers état aux États généraux de Tours en 1484, in: R. Chartier/D. Richet (Hg.), Représentation et vouloir politiques, Paris 1982, S. 11ff.; ders., Die französischen Generalstände von 1484. Prosopographische Untersuchungen zu den Delegierten (Pariser Historische Studien), im Druck.

102 Favreau (Anm. 38).

103 Leguay (Anm. 81), S. 206f.

104 L. Fillet, Horloges publiques dans le Sud-Est de la France, in: Bull. Archéol. du Comité des travaux Historiques, 1902, S. 101–19; R. Bailly, Horloges et Beffrois Vauclusiens, in: Mém. de l'Académie de Vaucluse 5. ser 8, 1961/62, S. 65–129.

105 A. Bovelli (vgl. Anm. 27); Juan Alemany in Valencia (1378): L. Montañés Fontenla, Capitulos de la Relojeria en España, Madrid 1954, S. 61 f.; Antonio Core aus Bologna und Matheu Alemani in Lérida (1390, 1406), Roberto de Malina (Mecheln) in Valldigna (1435): L. Montañés, S. 68 f.

106 Palermo: H. Bresc, Un monde méditerranéen. Économie et société en Sicile 1300–1450, t. 2, Paris 1986, S. 721; Diaria Napoletana, in: Muratori 21, 1732, col. 1043 ff.; Ragusa 1389: D. Petrović, (Die erste öffentliche Uhr und die ersten Uhrmacher in Dubrovnik), Museum für die dekorativen Künste 13, Belgrad 1969, S. 59–66; Meine früher geäußerte Vermutung, daß es aus dieser Region überhaupt keine Daten gäbe, ist zu korrigieren, vgl. G. Dohrn-van Rossum, The Diffusion of the Public Clocks in the Cities of Late Medieval Europe 1300–1500, in: B. Lepetit/J. Hoock (Hg.), La ville e l'innovation, Paris 1987, S. 38.

107 »Veruntamen confitendum erit, ob imperitam antiquitatem et simplicitatem vetusti seculi, tardissime ad gentes Aquilonares eam dierum, horarumque distictionem, qua nunc alie nationes utuntur (immo et ad usum campanarum) pervenisse. Nunc autem in Aquilonari plaga fere tota adeo perfecta, facilia et iusta horologia, tam domestica, quam externa arte fabricata sunt, ut nil amplius, quam sagax directio eisdem competere videatur. ... Quod autem tardius modernorum usus pervenerit ad Septentrionales regiones, mirum non est, cum Roma omnium rerum curiosissima, longissimo aevo indiscretam lucem habuisse perhibeatur, donec Scipio Nasica... [folgt Bericht nach Plin. Hist. nat. VII, 215]«. Olau Magnus, Historia de gentibus septentrionalibus..., Rom 1555, Ndr. 1971, S. 52 f.

## 6. Die spätmittelalterlichen Uhrmacher

1 Maurice, Räderuhr I, S. 26.

2 A. Hauber, Planetenkinderbilder und Sternbilder, Straßburg 1916; da Textzeugnisse verhältnismäßig selten ediert sind, sei hier ein Beispiel eingerückt: Über die Kinder des Merkur: »Sin kind ist gar wol gesprech vnd maisterlichen red vnd ru(e)mat sich selber geren vnd fraget gern nach grossen kunsten vnd wurt gewunlich ain maister der redkunst vnd predigens der astronomi der geometri der mensur des ertrichs vnd der figur des gestirnes, der speren des hymels vnd der elementen beschayden kan. ain disputirer vnd ain maister naturlichen sachen vnd zaubry vnd ander ku(e)nsten mit den man kunftigew ding bevindet. vnd ain maister hu(e)bscher spru(e)ch vnd ain mayster dichtens vers machens vnd grosser rechnung, malens snitzens vnd ergrabens vnd entwerffens vnd hat wunderlich betrachtung vff die kunst vnd ainen vnmu(e)ssigen sin vnd begrift was er wil vnd behebt es lang vnd ist vnstat vnd beweglich vnd kumpt geren in fremdw lant«.
Astronomisch-astrologisches Lehrbüchlein, n. einem 1404 datierten Text in

der F. Öttingen-Wallersteinschen Bibliothek zu Maihingen, Hs. III (deutsch) 14°1, f°25, zit. n.: V. Stegemann, Aus einem mittelalterlichen deutschen astronomisch-astrologischen Lehrbüchlein, Reichenberg 1944, Ndr. 1973, S. 53; vgl. R. Dieckhoff, Antiqui-moderni. Zeitbewußtsein und Naturerfahrung im 14. Jahrhundert, in: A. Legner (Hg.), Die Parler und der schöne Stil (Ausst.-Kat.), Bd. 3, Köln 1978, S. 83.

3 Aus »De Sphaera«, Biblioteca Estense Modena, Ms. lat. 209, zit. n. »Arti, Mestieri, Tecniche« (Ausstellungskatalog), Modena 1983, S. 65.

4 Darstellung der theoretischen Literatur: Sternagel, Artes Mechanicae.

5 Vergleich Kosmos-Schöpfer mit Uhrwerk-Uhrmacher bei Nicolaus Oresme, Tractatus de commensurabilitate... (ca. 1360), ed. E. Grant, Nicole Oresme and the Kinematics of Circular Motion, Madison, Milw., 1971, S. 294; ders., Le livre du ciel et du monde (1377), ed. A. D. Menuit u. A. J. Denomy, Madison, Milw., 1968, I, 29 u. II, 2, S. 288; Heinrich von Langenstein, Lectura super Genesim (1385/93), Vergleich Schöpfergott-Uhrmacher, Lebewesen-Uhrwerk, ungedr., vgl. N. H. Steneck, Science and Creation in the Middle Ages: Henry of Langenstein (gest. 1397), Notre Dame Ind. u. London 1976, S. 92, 112 u. ö.

6 J. Abeler, Meister der Uhrmacherkunst, Wuppertal 1977; G. H. Baillie, Watchmakers and Clockmakers of the World, vol. I, London 1972; J. L. Basanta Campos, Relojeros de España. Diccionario Bio-Bibliografico (Museo de Pontevedra), Pontevedra 1972; B. Loomes, The early clockmakers of Great Britain, London 1982; E. Morpurgo, Dizionario degli orologiai italiani, 2. Aufl. Mailand 1972; E. Morpurgo, Nederlandse klokken- en horlogemakers vanaaf 1300, Amsterdam 1970; Tardy (H. Lengellè), Dictionnaire des Horlogers Français, 2 Bde., Paris 1972.

7 L. White jr., Die Ausbreitung der Technik 500–1500, in: C. Cipolla/K. Borchardt (Hg.), Europäische Wirtschaftsgeschichte, Bd. 1, Stuttgart 1978, S. 92, 102.

8 Zur Rolle der Uhrmacher als Maschinenbauer während der frühen Industrialisierung A. E. Musson und E. Robinson, Science and Technology in the Industrial Revolution, Manchester 1969.

9 Vgl. etwa Cipolla, Clocks, S. 47–49.

10 Goldschmiede als Uhrenbauer n. K. Maurice, Die französische Pendule des 18. Jahrhunderts. Ein Beitrag zu ihrer Ikonographie (Neue Münchner Beiträge zur Kunstgeschichte Bd. 9), Berlin 1967, S. 93; Uhrmacher als kleine Elite seit dem 15. Jh., D. Sella, in C. Cipolla (Hg.), Wirtschaftsgeschichte (Anm. 7), S. 238.

11 Uhrmacher und Glockengießer als reisende Handwerker, K. Maurice, Räderuhr I, S. 43, vgl. zu Facharbeiterwanderungen Sella a.a.O., S. 255.

12 Hermann Josef (c. 4, Anm. 51); Beaulieu, London St. Paul's (c. 4, Anm. 141); Robertus Anglicus (c. 4, Anm. 125).

13 Landes, Revolution, S. 56f., vgl. auch North, Monasticism, S. 384f.

14 Vgl. c. 4, Anm. 122.

15 H. Géraud (c., Anm. 25), S. 162; bei Tardy, Dictionnaire (Anm. 6) als frühester Name im französischen Sprachgebiet geführt.

16 F. Godefroy, Lexique de l'Ancien Français, Paris 1901, S. 18; Le livre de

taille de Paris l'an 1296/1297, ed. K. Michaelsson (Romanica Gothoburgensia 7, 9), Göteborg 1958, 1962.

17 Pipelart, Gilebert (c. 4, Anm. 129).

18 Sens: Julliot (c. 4, Anm. 52), S. 389; als englischer Uhrmacher in Paris wird er bei Tardy, Dictionnaire, bezeichnet; die Häufigkeit des Nachnamens »l'anglais« geht außer aus den erwähnten Editionen der Steuerrollen 1296 u. 1297 auch aus der Rolle für das Jahr 1313 hervor, ed. K. Michaelsson, Göteborg 1951, passim.

19 Noyon 1333/34: »cura de pulsatio orologiorum ... magister orlogiorum ... ad videndum si esset aliquid corrigendum dictis orologiis«, Arch. dép. Oise, G. 1380, vgl. Rev. des Soc. savantes 3, 1862, S. 587f.; Hesdin (c. 4, Anm. 119); J. Houdoy, Hist. artistique de la Cathédrale de Cambrai, Lille 1880, S. 158.

20 Avignon 1329: K. H. Schäfer, Die Ausgaben der apostolischen Kammer unter Johann XXII., Paderborn 1911, S. 772; B. Guillemain, La cour pontificale d'Avignon 1309/76, Paris 1966, S. 401; Mondinus aus Cremona (c. 4, Anm. 172), Johannes de Scilo (Anm. 14); R. Ebeling (Hg.), Das älteste Stralsunder Bürgerbuch (1319–1348), Stettin 1926, S. 71.

21 I. H. Jeayes (Hg.), Court Rolls of the Borough of Colchester, vol. I (1310–52), Colchester 1921, S. 35f.; W. Hudson (Hg.), The Three Earliest Subsidies for the Country of Sussex (Sussex Rec. Soc. 10), Lewes 1910, S. 229; vgl. G. Fransson, Middle English Surnames of Occupation 1100–1350, Lund 1935, S. 136.

22 Vgl. Middle English Dictionary, Bd. 7, Ann Arbor 1980, S. 296.

23 C. Wordsworth, Statutes of Lincoln Cathedral (c. 4, Anm. 140), pt. 2, S. CXVIf.; Norwich 1322–25 (c. 4, Anm. 171); St. Albans: Gesta Abbatum, ed. H. T. Riley (Rer. Brit. M. A. script. 28), 1867, S. 335, 383, 385.

24 Vgl. außer G. Fransson (Anm. 21) für die frühere Zeit auch: T. Erb, Die Berufsbezeichnung der Handwerker im Mittellatein, Diss. masch. Berlin (DDR) 1973; ders., Probleme der Terminologie der Handwerksberufe..., in: Ungarische Akad. d. Wiss. (Hg.), Internationales Handwerksgeschichtliches Symposion, (Veszprém 1978), 1979, S. 395.

25 Zur Konstruktion der astronomischen Uhren vgl. v. a. die Arbeiten von E. Poulle und J. D. North; L. White jr., Medical Astrologers and Late Medieval Technology, in: Viator 6, 1975, S. 295–308.

26 Die Quellen bei: J. D. North, Richard of Wallingford.

27 C. 5, Anm. 17.

28 Ob verliehen, zugeschrieben oder in der Familie angenommen, solche ehrenden Beinamen waren in dieser Zeit nicht selten, vgl. bei Venedig (c. 5, Anm. 29), Johannes ab horelegio, Mantua 1402, Davari (c. 4, Anm. 217), S. 7. Im deutschen Sprachgebiet kommen solche Beinamen auch vor; dabei ist aber die Grenze zur Berufsbezeichnung, die nicht vererbt wird, unscharf: Peter van der uyrclocken (Achen 1373), J. G. Laurent, Aachener Zustände im 14. Jahrhundert auf Grund von Stadtrechnungen, Aachen 1876, S. 237, 249; Magister Johannes de orologio (Klosterneuburg 1429/30), F. Röhrig, Das kunstgeschichtliche Material aus den Klosterneuburger Rechnungsbüchern des 14. u. 15. Jahrh., in: Jb. des Stifts Klosterneuburg N. F. 6, 1966, S. 157; vermutlich

als Stifter einer Uhr erhält der Ulmer Patrizier Otto Roth (gest. 1422) den Beinamen Horglogg, n. E. Zinner, Zur Ulmer Sternkunde und Uhrmacherei im Mittelalter, in: Ber. d. Naturforsch. Ges. Bamberg 39, 1947, S. 6f.

29 Zur Biographie und zur Geschichte des Astrariums: Bedini/Maddison, Mechanical Universe; der Text: E. Poulle (ed.), Opera omnia Jacobi et Johannis de Dondis. Fac-simile du manuscrit, edizione critica della versione A, trad. franc., Padua-Paris 1987ff.; ältere Ausgabe: A. Barzon/E. Morpurgo/A. Petrucci/G. Francescato, Giovanni Dondi dall'Orologio, Tractatus Astrarii (Bibl. Capitolare di Padova, Cod. D. 39), Rom-Vatikanstadt 1960; vgl. Poulle, Équatoires; Bibliographie: G. Bozzolato, Le opere edite e inedite, le fonti e la bibliografia su Jacopo e Giovanni Dondi dall'Orologio, in: Boll. del Centro Internazionale A. Beltrame di Storia dello Spazio e del Tempo 2, 1984, S. 75–102, rev. ed. in: Padua Sidus Preclarum. I Dondi dall'Orologio e la Padova dei Carraresi, Padua (Edizioni 1+1), 1989. Dondis Astrarium war ein uhrwerkgetriebenes Planetarium wie vermutlich auch Richard von Wallingfords Horologium Astronomicum. Im Gegensatz zu Uhren mit einfachen astronomischen Indikationen/Simulationen (Mondphase, Zodiakkreis) und Astrolabzifferblättern waren echte Planetarien sehr selten! Die Bezeichnung Astrarium trugen im Mittelalter nur Dondis Uhr und der Nachbau dieser Uhr durch Regiomontan am Ende des 15. Jahrhunderts; zu diesen Unterscheidungen vgl. Poulle, Équatoires. Wegen des wichtigen Publikationsorts ist es vielleicht nützlich, auf die beträchtliche Ansammlung von Mißverständnissen in einer Lexikonspalte hinzuweisen: »Astrarium«, in: Lexikon des Mittelalters, Bd. 1, 1980, Sp. 1134f. Eingangs wird als für die Konstruktion des 1344 (Dondis Berechnungen sind für 1365!, Verwechslung mit der verm. von Jacopo Dondi gebauten Turmuhr in Padua) verfertigten Astrariums grundlegende »geistige Idee« die (um 1377!) von N. Oresme formulierte Vorstellung des Universums als Uhrwerk hervorgehoben. Anschließend werden alle mehr oder minder gut überlieferten astronomischen Simulationen unter die Astrarien eingereiht. Bei Vitruv IX, 9, 1 soll eine Planetenuhr geschildert sein (gemeint ist das wasseruhrgetriebene Astrolab IX, 8, 8–15). Als Beispiel für herrscherliches Mäzenatentum wird das 1332 (statt 1232!) an Friedrich II. übersandte astronomische Werk genannt. Der Vorgang wird nach dem späten, und etwas mechanischer klingenden Bericht des Trithemius zitiert. Dann wird die Automatenuhr in Damaskus unter die Astrarien eingereiht, was der angeführte Autor E. Wiedemann nie behauptet hat. Auch das »orolei« im jüngeren Titurel findet als Schwundform Aufnahme. Anschließend wird die ökonomische Bedeutung der Uhr des Richard von Wallingford, Abt von St. Alban in Hastingshire (statt: St. Albans in Hertfordshire) wegen ihrer Gezeitenindikation hervorgehoben, worüber man sich bei einem so weit vom Meer entfernten Gerät streiten könnte. Für die Uhr am (statt: im) Straßburger Münster 1352 (besser: 1352–54) wird als Konstrukteur der legendäre, im Mittelalter nicht bekannte Jean Bournave, »der sein Handwerk bei den Arabern erlernt haben soll«, namhaft gemacht (vgl. dazu Maurice I, S. 36ff.). Schließlich werden einige öffentliche Uhren in die Reihe der Astrarien eingereiht.

30 E. Zinner, Leben und Wirken des Joh. Müller von Königsberg, genannt Regiomontanus, 2. Aufl. Osnabrück 1968, S. 180, 215ff.; E. Poulle, L'Hor-

loge planétaire de Regiomontanus, in: G. Hammann (Hg.), Regiomontanus-Studien, Wien 1980, S. 335–41.

31 L. Thorndike, A. History of Magic and Experimental Science vol. IV, New York 1934, S. 150ff.; F. D. Prager, Fontana on Fountains, in: Physis 13, 1971, S. 341–60; E. u. G. S. Battisti, Le macchine cifrate di Giovanni Fontana, Mailand 1984; Darstellung einer recht schlichten hölzernen Wasseruhr in einem Turiner Ms. von Roberto Valturios De re militari, ed. S. Ricossa, Le macchine di Valturio, Turin 1988, facs.-f°49v.

32 Cambrai, »Compotus orologiorum« 1348/49: »pro quodam nuntio misso Ambianis ad magistrum Johannem de Linieres«, Dehaisnes, Documents c. 4, Anm. 172), S. 365f. Amiens ist der Geburtsort Johannes de L., der zwischen 1320 und 1335 in Paris tätig war und vor 1355 gestorben ist. Damit ist die Identität freilich nicht gesichert; der Nachname ist in dieser Zeit in Amiens nicht selten.

33 E. Poulle, Un Constructeur; ders.: Un atelier parisien de construction d'instruments scientifiques au XVe siècle, in: P. Benoit/D. Cailleaux (Hg.), Hommes et Travail du Métal dans les villes médiévales, Paris 1988, S. 61–67.

34 A. Pinchart, Archives des Arts, des Sciences et des Lettres, in: Mess. Sc. Belg. 1884, S. 188f.; Poulle, Constructeur, S. 27; Poulle, Équatoires, S. 503.

35 Symon de Phares, Recueil des plus célèbres astrologues et quelques hommes doctes, ed. E. Wickerheimer, Paris 1929, S. 261 zit. n.: G. Le Cerf/ E. R. Labande, Instruments de Musique du XVe siècle. Les Traités d'Henri-Arnaut de Zwolle, Paris 1932, S. XIII.

36 A. L. Isaacs, The Jews of Majorca, London 1936; Wegweiser zur umfangreichen Spezialliteratur: D. Romano, Les Juifs de la Couronne d'Aragon, avant 1391, in: Revue des Études Juives 141, 1982, S. 169–82; A. Alvaro Santamaria Arandes, Mallorca en el Siglo XIV, in: Anuario de estudios medievales 7, 1970/71, S. 165–238.

37 Jüdische Uhrmacher und Instrumentenbauer am aragonesischen Hof: A. Rubió y Lluch, Documents per l'historia de la Cultura Catalana Mig-eval, 2 Bde., Barcelona 1908–21, I, Nr. 201, 202, 284, II, Nr. 79, 85, 88, 106, 118, 129, 141, 143, 144, 149, 175, 181, 197, 253, 258, 268, 290, 292.

38 M. Millás Vallicrosa, in: Serafad 6, 1946, S. 165.

39 Bartolomeo Manfredi (gest. 1478): Davari (c. 4, Anm. 217); E. Poulle, L'Équatoire de Guillaume Gilliszoon de Wissekerke, in: Physis 3, 1961, S. 223–51; Johannes Stöffler: Zinner, Räderuhren, S. 34, 57; C. Maccagni, The Florentine Clock and Instrumentmakers of the della Volpaia Family, in: Actes du Congrès Intern. d'Histoire des Sciences, t. 10a, Paris 1968, S. 65–73; Poulle, Équatoires, S. 653ff.

40 Vgl. Turner, Astrolabes, S. 37ff.

41 Vgl. die kritischen aber zutreffenden Bemerkungen von G. Bayerl, Technische Intelligenz im Zeitalter der Renaissance, in: Technikgeschichte 45, 1978, S. 336–53.

42 Galvano Fiamma, Opusculum (c. 4, Anm. 176), S. 41.

43 L. Osio, Documenti diplomatici tratti dagli archivi Milanesi, t. 1, Mailand 1864, S. 117.

44 Vgl. S. 116; H. Saalman (ed.), (c. 4, Anm. 211), S. 51ff., 103.

45 E. Cantù (ed.), Annali della Fabbrica del Duomo di Milano; Mailand 1877ff.: Francisco Pessono: I, 252, 256f.; A. Angelucci, Documenti inediti per la storia delle armi da fuoco italiane, Turin 1869, S. 107ff.; Giovanni di Zellini: Annali I, S. 262, 264; Filippo da Modena: Annali, Appendici I, S. 306.

46 G. B. Galliccioli, Delle memorie venete..., Venedig 1795, S. 358, n. D. Calabi / P. Morachiello, Rialto: le fabbriche e il ponte, Turin 1987, S. 95; F. Scaramella, Il primo orologio pubblico a Verona, in: La Clessidra 8 / 3, 1952, S. 22f.

47 Bedini / Maddison, Mechanical Universe, Doc. 13, S. 51f.; M. Savonarola, Commentariolus de laudibus Patavii, Muratori 24, 1731, col. 1164.

48 Bedini / Maddison, Mechanical Universe S. 25.

49 Antonio de Tritio: Dizionario biografico degli Italiani, Bd. 1, Rom 1960, s. v. »Antonio da Trezzo«, Ragusa (c. 5, Anm. 108).

50 Zweifellos stehen diese Experten weitgehend außerhalb der Sozialordnung der Feudalgesellschaft. Doch scheint mir G. Bayerls fragende Vermutung, daß sie auch zu ihrer Überwindung beigetragen haben (Anm. 41, S. 340f.) nicht einleuchtend. Sie könnten, etwa durch Ausgleich struktureller Modernisierungshindernisse, auch zu deren Stabilisierung beigetragen haben.

51 A. Bossuat (c. 5, Anm. 38), S. 101.

52 Das meint Rolf Sprandel in: Die Ausbreitung des deutschen Handwerks im mittelalterlichen Frankreich, in: Vierteljahresschr. f. Sozial- und Wirtsch.-Gesch. 151, 1964, S. 66–100, S. 93.

53 Avignon (c. 5, Anm. 38).

54 Zur Bedeutung des Bleis und zur Bedeutung des Berufs der Bleidecker für die mittelalterliche Bauwirtschaft vgl. P. Benoit, Le plomb dans le bâtiment en France à la fin du Moyen Age, in: P. Benoit / O, Chapelot (Hg.), Pierre et Métal dans le bâtiment au Moyen Age, Paris 1985, S. 339–355.

55 Delft: Rymer, Foedera (c. 5, Anm. 84); Ragusa (c. 5, Anm. 108); Valencia (Lerida: c. 5, Anm. 107).

56 Pierre Merlin (c. 4, Anm. 52, c. 5, Anm. 38); Girardin Petit: P. Pansier, Histoire de la Langue Provençale à Avignon, 5 Bde., Avignon 1924–32, Ndr. 1974, II, S. 109; Renouvier / Ricard (c. 5, Anm. 1), E. de Laplane, Histoire de Sisteron, t. 2, Digne 1843, S. 246ff.; »Henricus Halder horelogifex di Basilea«, H. Witte (Hg.), UB Straßburg, Bd. 7, Straßburg 1900, S. 459f.; als Bürger und Schlosser in Basel 1385–1410, Fallet-Scheurer, Zeitmessung S. 294ff.; Weber, Luzerner Bürgerbuch (c. 5, Anm. 85); Claus Gutsch: F. X. Kraus, Kunst und Altertum im Unter-Elsaß, Straßburg 1876, S. 385; Villingen (c. 4, Anm. 172).

57 Mons 1372 / 1379: A. Wins, L'Horloge à travers les âges, Paris 1924, S. 111, Dehaisnes, Documents (c. 4, Anm. 172), S. 556; Köln / Frankfurt 1372: Zinner, Räderuhren S. 108; Orléans 1452–54: P. Veyrer et al., Inv. som. arch. com. Orléans, 1907; G. Lavergne, Moulins inédit. L'enfance de Jaquemart, Meaux 1908.

58 Meister Marquardt: StA Braunschweig B I, Nr. 2 (Copialbuch), f°54v, 65v; Werner Hert: K. Zülch, Frankfurter Künstler 1223–1700, Frankfurt 1935; Lazarus Kreger: I. A. Jenzen, Die Monumentaluhr im Frankfurter Dom, in: ders. (Hg.), Uhrzeiten, S. 43ff., Andernach: LHSTA Koblenz, Bestand 612, n. frdl. Ausk. d. Archivs.

59 C. Milanesi, Documenti per la storia dell'arte senese, Siena 1854, S. 326f.; Memorie originali italiane risguardanti le Belle Arti, ser. IV a, Bologna 1843, S. 145ff.

60 Hinrik von dem Hagen: K. F. Leonhardt, Das älteste Bürgerbuch der Stadt Hannover, Leipzig 1933, S. 96; Leonard Wunderlich 1456: Bürgerbuch, ed. K. Kaczmarczyk, Wydawnictwa Archivum Aktów Dawnych Miasta Krakowa), Krakau 1904–15, V, S. 211, nr. 6340; Hans Graff: H. Dopsch (Hg.), Geschichte Salzburgs, Bd. 1/2, Salzburg 1983, S. 1417.

61 Giovanni de Fabriano 1375 in Orvieto: L. Fumi, Il Duomo di Orvieto e suoi ristauri, Rom 1891, S. 459; Onofrio de F. 1433 in Iesi: G. Annibaldi, Il Lucagnolo. Ovvero sull'oreficeria di Jesi, 1879, S. 14; Nicolo di Bonandrea de F. 1443 in La Spezia: Belgrano, Antichi orologi (c. 4, Anm. 155), S. 52f.; fr. Jacobus de F. 1460/80 in Rom: E. Müntz, Les Arts à la Cour des Papes I, Paris 1878, S. 305, Almanus-Ms. ed. Leopold, Nr. 19; Tebaldus Persiani aus F. 1523 in Todi: P. Alvi, Todi, città illustre nell'Umbria, cenni storici, Todi 1910, S. 305.

62 Bourges (c. 5, Anm. 39); Leguay (c. 5, Anm. 81), S. 120, 206f., 272; vgl. R. Sprandel, Ausbreitung (Anm. 52), S. 79.

63 Für Rom vgl. C. L. Maas, The German Community in Renaissance Rome 1378–1523, Rom 1981.

64 Florenz 1407ff.: A. S. Florenz, Arte del chiavaiuoli, ferraiuoli e calderai, nr. 3; Krakau 1410: J. Ptasnik, Cracovia Artificium 1300–1500, Krakau 1917, Nr. 177, 400; Basel: seit 1413 Hensli Halder im Manual der Schmiedezunft, Fallet-Scheurer, Zeitmessung, S. 291; Andernach: Mitgliederliste der Bruderschaft der Schmiedezunft (15. Jh.), ed. E. Schulte, in: Vierteljahresschr. für Wappen-, Familien- und Siegelkunde 40, 1912, S. 141, 143; Nürnberg: Maurice I, S. 299f.; E. Groiss, Das Augsburger Uhrmacher-Handwerk, in: Maurice, Welt als Uhr, S. 63ff.

65 G. Hertel (Hg.), UB der Stadt Magdeburg, Bd. 2, Halle 1894, S. 146; H. v. Voltelini, Urkunden und Regesten aus dem K. U. K. Hof- und Staatsarchiv, in: Wiener Jahrbücher 19, 1898, S. I, II.

66 (C. 5, Anm. 44).

67 Vgl. G. Dohrn-van Rossum, »Uhrmacher«, in: H. Reith (Hg.), Lexikon des alten Handwerks, 2. Aufl. München 1991, S. 246–52 mit weiteren Literaturhinweisen.

68 Vgl. P. Sosson, Quelques aspects sociaux de l'artisanat Bruxellois du métal, in: Les Cahiers Bruxellois 6, 1961, S. 98–111. Als ein Beispiel für die »valets du chambre« und ihre Tätigkeit für den Hof vgl. das Material zu Pierre Lombard, Pinchart (Anm. 34), S. 189ff.

69 W. Reininghaus (Hg.), Quellen zur Geschichte der Handwerksgesellen im spätmittelalterlichen Basel, Basel 1982, S. 45; Abbé Requin, Documents inédits sur les origines de la typographie, in: Bull. Hist. et Philol. du Comité des travaux historiques 1890, S. 32–50; A. Swierk, Was bedeutet »ars artificialiter scribendi«?, in: H. Widmann (Hg.), Der gegenwärtige Stand der Gutenberg-Forschung, Stuttgart 1972, S. 241–50; A. Bardon, Histoire de la ville de Alais, Nîmes 1896, S. 207f., 282.

70 In einer von den Bürgern Emdens unterzeichneten Urkunde (31. Juli

1593) bei den Mitgliedern der Schmiedezunft: »dewyl jan Uhrwerker nicht schryven kann so hefft syn marck [ein Zeichen] hyr onder schrivet«, Zs. f. Gesch. u. Altertumskunde Westfalens 10, 1872, S. 244, 258 mit Tafel.

## 7. Uhrzeitsignal und Stadtglocke

1 Beispiele: In Tournai ordnet der Rat der Stadt an, daß die Uhr im Beffroi auf die »bancloque« schlagen soll (1377), A. Hocquet, Croniques de Franche, d'Engleterre ..., in: Soc. bibliophiles belges 38, Mons 1938, S. 204f. In Enghien wird 1430 »ung orloige sour le grand clocque« bestellt, E. Mathieu, Histoire de la ville d'Enghien, in: Soc. des Sciences, des Arts et des Lettres du Hainaut 1, 1876, S. 294ff.

2 Vgl. Battard, Beffrois; Michel, Hôtels de Ville; Patard, Cloches, passim.

3 Zit. n. Michel, Hôtels de Ville, S. 22, vgl. Patard, Cloches, S. 81; vgl. die Stadtrechtsurkunde für St. Valery (Gft. Artois) 1376 durch Jean v. Artois: »Item nous avons donné et accordé Echevinage, Ban-cloque grande et petite, pilori, scel, et banlieue...«, F. Ragueau, Glossaire du Droit François... (Überarb.: E. de Laurière u. L. Favre), Ndr. Genf 1969, s. v. »Beffroy«, S. 80.

4 H. Keller, Die Entstehung der italienischen Kommunalpaläste als Problem der Sozialgeschichte, 1976, S. 206f.

5 Zu Herrschafts-, Gerichts- und Pfarrbezirk vgl. Dt. Rechtswb. IV, Sp. 951, 952 (s. v. »Glocke« B II-IV) mit vielen Belegen; Fabrikroman von Walter Bloem, Das jüngste Gericht, Leipzig o.J., S. 118.

6 Wie es scheint, wurden die Strafen immer härter: Keure v. Middelburg 1217: »Quicunque campanam sine communi consilio pulsaverit, emendabit comiti III lib., oppido libram«, W. S. Unger, Bronnen tot de Geschiedenis van Middelburg, 1. Teil, 's-Gravenhage 1923, S. 6; Statuen von Savona (1345) I, c. 178: Bei Mißbrauch der »campana Brandalis« Amputation der rechten Hand, es sei denn, es würde nachträglich festgestellt, daß es zum Wohle der Stadt geschehen sei, vgl. II, c. 86, L. Balletto (Hg.), Statuta antiquissima Saone, Bordighera 1971, Bd. 1, S. 212, vgl. Bd. 2, S. 98; in Commines 1361 Androhung der Todesstrafe beim Läuten der Glocke zu Rebellion, ORF t. IV, p. 209, zit. n. J. Le Goff, Temps du travail, S. 71; zu den Strafen vgl. auch E. Lippert, Glockenläuten S. 47ff.

7 Galvano Fiamma, Chronicon extravagans, ed. A. Ceruti, in: Misc. Stor. It. 7, 1869, S. 453.

8 Chr. dt. Städte 4 (Augsburg Bd. 1), ed. K. Hegel, Leipzig 1865, Ndr. 1965, S. 21.

9 Solche Exekutionen gegen Stadtturm und Glocken waren häufig. Außer den oben erwähnten Vorfällen in Cambrai, Lyon, Béthune, Agen wird Vergleichbares berichtet aus: Hesdin 1197 (vgl. Le Goff, Temps du travail, S. 73), Fosses 1302, Corbie 1310, Laon 1331, Tournai 1332, Peronne 1360, Roye 1373, Montpellier 1379, Gent 1539; aus Raumgründen verzichte ich auf Einzelnachweise.

10 Zahlreiche Beispiele in Visitationsberichten und in Schadensmeldungen aus dem Bauernkrieg, z. B. W. P. Fuchs, Akten zur Geschichte des Bauern-

kriegs in Mitteldeutschland, Bd. II, Jena 1942, Ndr. 1964, S. 30, 76, 512, 524, 526, 598, 708, 929; vgl. außerdem: D. Stockmann, Der Kampf um die Glocken im deutschen Bauernkrieg, in: Der arm man 1525. Volkskundliche Studien, hg. v. H. Strobach, Berlin-DDR 1975, S. 309–340.

11 Jean Bodin, Les six livres de la République, IV, 7, Paris 1583, Nrd. 1961, S. 657.

12 F. Febvre, Le problème de l'incroyance au 16e siècle, Paris 1968, S. 322.

13 Den glücklichen Ausdruck »Ort der Norm« entnehme ich C. Meckseper, Kleine Kunstgeschichte der deutschen Stadt im Mittelalter, Darmstadt 1982, S. 195ff.

14 Vgl. L. Röhrich, Lex. d. sprichwörtl. Redensarten, Freiburg 1973, s. v. »Glocke«.

15 H. Keller (Anm. 4); J. Paul, Italienische Kommunalpaläste des Mittelalters in Italien, Phil.-Diss. Freiburg 1963, Köln 1963; P. Racine, Les palais publics dans les communes italiennes (XIIe–XIIe siècles), in: Le paysage urbain au Moyen-Age, Lyon 1981, S. 133–53.

16 In Metz z. B. war der Turm der Kathedrale bis 1907 Eigentum der Stadt, R. Bour, Histoire de Metz, Metz 1983, S. 105; A. Erler, Das Straßburger Münster im Rechtsleben des Mittelalters, Frankfurt 1954, S. 34ff.

17 Der Ausdruck »akustische Umwelt« ist übernommen von D. Stockmann (Anm. 10); die Forschungsproblematik behandelt dieselbe Verf. in: Die Glocke im Profangebrauch des Spätmittelalters; in: Studia instrumentorum musicae popularis III (FS E. Emsheimer, hg. v. G. Hilleström), Stockholm 1974, s. 224–232.

18 T. Esser, Das Ave-Maria-Läuten, in: Hist. Jb. d. Görres-Ges. 23, 1907, S. 27.

19 Vgl. Bilfinger, Horen, S. 165 u. Stockmann, Profangebrauch, S. 225f.

20 Esser, Ave-Maria-Läuten (Anm. 18); zur Entwicklung in Italien vgl. A. Lattes, La campana serale nei secoli XIII e XIV secondo gli statuti delle città italiane, in: F. Novati, Indagini e Postille Dantesche, serie prima, Bologna 1899, S. 163–176 u. F. Novati, La »squilla di lontano« (Dante, Purg. VIII, 5) è quella dell'Ave Maria?, in: a.a.O., S. 139–150.

21 Vgl. P. Rossiaud, in: Histoire de la France urbaine t. 2, La ville médiévale, J. Le Goff (Hg.), Paris 1980, S. 562.

22 R. Davidsohn, Geschichte von Florenz, Bd. 1, 1896, Ndr. Osnabrück 1969, S. 731f.

23 Bonvesin de la Riva, De magnalibus urbis Mediolani, ed. A. Paredi, Bonvesin de la Riva, Grandezze di Milano, lat.-ital. Mailand 1967, S. 43; vgl. A. Murray, Reason and Society in the Middle Ages, Oxford 1978, S. 183.

24 Ed. F. Gianani, Opicino de Canistris L'»Anonimo Ticinese« (Cod. vaticano Palatino latino 1893), Pavia 1927, S. 110f.

25 In der unübersehbaren kampanologischen Literatur gibt es leider nur sehr wenige Versuche, stadtbürgerlichen Glockengebrauch zu dokumentieren; hilfreich ist H. Ottes Glockenkunde, 2. Aufl. Leipzig 1884; E. Lippert, Glocke, stellt die Materialien des deutschen Rechtswörterbuchs zusammen; Patart, Cloches, stellt die Quellen für den bürgerlichen Glockengebrauch in drei belgischen Städten zusammen.

26 Nach C. Patart, Cloches, S. 75–141.

27 Nach A. Marchesan, Treviso Medievale I, Treviso 1923, Ndr. 1971, S. 111–120.

28 Nach R. Cessi, Deliberazioni del Maggior Consiglio di Venezia II, III, Venedig 1931–34, Passim; G. Monticolo (Hg.), I capitolari delle Arte Veneziane ... dalle origini al MCCCXXX (Fonti per la Storia d'Italia, Bd. 27, 2), Rom 1905, S. 664–70 und: F. Sansovino, Venetia. Città nobilissima, Venedig 1663, Ndr. 1968, S. 294ff.

29 Vgl. z. B. den andauernden Konflikt zwischen den Deutschordensherren und den Augustinern in Münnerstadt um Geläut, Gottesdienst und Predigt in den Jahren 1280–1284, in: A. Zumkeller (Hg.), Urkunden und Regesten zur Geschichte der Augustinerklöster Würzburg und Münnerstadt (Regesta Herbipolensia V), 2. Teilbd., Würzburg 1967, Nr. 879, 880, 888. In Piacenza z. B. wurde 1297 verfügt, daß alle städtischen Kirchen und Klöster, einschließlich der Predigerklöster der »ecclesia matrix« den Vorrang beim Läuten der Horen lassen sollten; 1337 wird die Verfügung erneuert, offenbar, weil ein Karmeliterkloster dazu gekommen war; Statuta varia Civitatis Placentiae, ed. G. Bonora, Parma 1860, S. 532, 541; zu den Bischofsstädten vgl. z. B. R. C. Trexler, Synodal Law in Florence and Fiesole 1306–1518, Rom Vatikanstadt 1971, S. 31, 209, 237.

30 Paradiso (c. 4, Anm. 132), XV, vv. 97–99.

31 Eine öffentliche Uhr in Florenz um 1325 legt Y. Renouard in vorsichtigen Worten nahe, vgl. Les hommes d'affaires (c. 1, Anm. 25), S. 240 u. Affaires et Culture, in: ders. Études d'histoire médiévale, Paris 1968, S. 491. Das Detail ist für Renouards Argument von der Vorreiterrolle der merkantilen Metropolen bei der Einführung der neuen Stundenrechnung nicht gleichgültig. A. Sapori hat in einer Rezension von J. Le Goffs, Temps de l'Église daraus eine Tatsache gemacht und sie mit phantastischen Details ausgeschmückt: Die erste Uhr am Palazzo dei Signori habe seit 1325 die gleichlangen Stunden geschlagen und sie auf einem Zifferblatt mit 12 (!) Sektoren angezeigt. Auch V. Stamm, Ursprünge der Wirtschaftsgesellschaft, Frankfurt 1982, S. 109, glaubt sich mit dieser Phantomuhr zu kritischen Einwänden gegen G. Bilfinger berechtigt. Bilfinger hat dem Mißverständnis insofern Vorschub geleistet, als er (Horen, S. 181–83) eine Zeitangabe zu einem Erdbeben in der Chronik des Giovanni Villani (1325 Mai 21., »dopo il suono delle tre ore«) als Nachtstundenangabe, nicht jedoch als Hinweis auf eine Uhr, interpretiert hat. Bilfinger hat eine alte Ausgabe benutzt: Giovanni Villani, Florentini Historia Universalis, Muratori 13, 1728, col. 571. Eine neuere Ausgabe, Cronica di Giovanni Villani, ed. F. Gherardi Dragomanni, t. 2, Florenz 1845, Ndr. 1969, S. 324 hat nur noch »dopo il suono delle tre«, und das könnte die dritte Nachtstunde, aber auch einen dreimaligen Glockenschlag bedeuten.

32 Benvenuto da Imola, ed. J. P. Lacaita, t. 5, Florenz 1877, S. 144f.; Iacopo della Lana, Mailand 1865, S. 403; zur florentiner Werkglocke vgl. unten S. 400.

33 R. Davidsohn, Forschungen zur Geschichte von Florenz IV, Berlin 1908, S. 386.

34 L. Frati (Hg.), Statuti di Bologna dall'anno 1245 all'anno 1267, Bd. 3,

Bologna 1877, S. 230: 1260/62 »(custodes) sonent campanam (ad sogam) tantum quod possit iri per unum miliare.« 1267 »(debeant sonare) ad martellum dando ... xv. percussiones raras una post aliam et v. percussiones spissas.« Vgl. die Vorschriften über die Werkglocken in Amiens und York. S. 160f.

35 G. Bonora (Hg.), (Anm. 29), c. I, 35, S. 231; Statuten zwischen 1313 und 1322 aufgesetzt, 1391 bestätigt.

36 A. Giffard (ed.), Ordonnances de J. d'Ableiges pour les métiers d'Evreux (1385–87), Caen 1913, S. 14.

37 Vgl. die Lüneburger Kirchenordnung (1564), in: Sehling (c. 5, Anm. 74), Bd. VI, S. 541.

38 Sehling, Kirchenordnungen a.a.O., Bd. I, S. 177f., Bd. VI, I, S. 180.

39 Hermann, Ernestinische Lande, S. 106f.

40 J.B. Götz, Die erste Einführung des Kalvinismus in der Oberpfalz 1559–1576, Münster 1933, S. 119.

41 Stadtarchiv Nürnberg.

42 Vgl. Borst, Computus, S. 73; Wendorff, Zeit und Kultur, S. 145.

43 Zeichnung: R. Mielke für die Ausstellung »Stadt im Wandel«, Braunschweig 1985, Kat.-Nr. 939.

44 L. Devillers/E. Matthieu, Chartes du Chapitre de Sainte-Waudru de Mons, t. 4, Brüssel 1913, Nr. 1895 u. 1931.

45 J. Spöring (c. 4, Anm. 5), S. 29.

46 Marperger, Horolographia, S. 33.

47 Nach K. Pfaff, Geschichte der Reichsstadt Eßlingen, Eßlingen 1840, Ndr. 1979, S. 369.

48 P. Thome de Maisonneuve, Le Jaquemart de Romans (c. 5, Anm. 53), S. 169.

49 H. Plath, Räderwerke alter Turmuhren, Hannover (Hist. Museum) 1973, S. 10–12.

## 8. Zeitordnung

1 Cipolla, Clocks, S. 41; P. Usher, History, S. 208f., J. Gimpel, Medieval Machine, S. 168 mit der ungeschickten Formulierung »autoritäre Äquinoktialstunden«; Landes, Revolution, S. 75; J. Le Goff, Temps du Travail, S. 76; K. Pomian, Ordre du temps, Paris 1984, S. 262.

2 C. de Pisan, Livre des Fais et Bonnes Meurs ..., ed. S. Solente, Paris 1936/40, Bd. 1, S. 42f.

3 Franklin, Vie privée, S. 61f.

4 »Et ce a ordone le roy Charles premier a Paris les cloches qui a chascune heure sonnent par poins a maniere d'arloges (var: orloges). Si comme il apiert en son palais et au boys et a sint pol. Et a fait venir ouvriers d'estrange pays a grans fres pour ce faire afin que religieux et autres gens sachent les heures et aient propres manieres et devocion di iour et de nuit (var: pour Dieu servir). Comment que par devant on sonnast une fois a prime et deux (var: trois) fois a tierce si n'avoit une ?mie? si certaine cognaissance des heures comme on a et puet on dire d'icelui Charles le Vle (var: Ve) roy de france que sapiens domi-

nabitur astris. Car luise le soleil ou non l'on scet touz jours les heures sanz defaillir par ycelles cloches bien attrampes (var: atrempées) ...« zitiert ist BN ms. fr. 176, f°13v°, datiert 1372, in Klammern die Varianten in BN ms. fr. 931, f°17v° (Ms. des 14. Jh.).

5 Über die akustische Indikation der Stundenteile geben die Quellen merkwürdig selten Auskunft. Der Halbstundenschlag ist sicher im 15. Jahrhundert aufgekommen; die Nachrichten über Viertelschläge im 14. Jahrhundert sind meist etwas dubios; Stundenteile sind im 14. und 15. Jahrhundert überwiegend mit Sanduhren bestimmt worden.

6 Die mir bekannte glockengeschichtliche und glockenrechtliche Literatur kennt keinen vergleichbaren Fall.

7 G. Bilfinger, Horen, S. 224–26; die Bandangaben beziehen sich auf: J. M. B. C. Kervyn de Lettenhove (Hg.), Œuvres de Froissart, Brüssel 1867–1877, Ndr. Osnabrück 1967.

8 A. Diehl (Hg.), UB der Stadt Eßlingen, Bd. 2, Stuttgart 1899, Nr. 1740, S. 358, vgl. Nr. 1743, S. 360.

9 »hora nona de mane vel quasi secundum motum horologii ecclesiae Coloniesis.«, I. Joester, UB d. Abtei Steinfeld, Köln-Bonn 1976, Nr. 430, S. 358 ff.

10 Diese knappe Skizze v. a. nach der klaren und aktuellen Darstellung von P.-J. Schuler, Geschichte des südwestdeutschen Notariats von seinen Anfängen bis zur Reichsnotariatsordnung von 1512, Bühl/Baden 1976.

11 Die Rolle der geistlichen Gerichte bei der Verbreitung des Notariats hebt P.-J. Schuler gegen F. Wieacker hervor, der den steigenden Urkundenbedarf vor allem in den oberdeutschen Städten, die mit Oberitalien Handel trieben, betont; vgl. Schuler a.a.O., S. 29 u.ö.; F. Wieacker, Privatrechtsgeschichte der Neuzeit, Göttingen 1967, S. 102.

12 Ihr Wert für die Sozialgeschichte ist lange erkannt. Ausgewertet sind bisher nur wenige Bestände. Ediert sind – abgesehen von Einzelstücken wie die oben zitierten – vor allem italienische Notarsprotokolle der frühen Zeit. Einer systematischen Auswertung für unsere Fragestellungen steht leider vielfach auch die moderne Editions- und Regestenpraxis entgegen, die die hier allein interessierenden formalen Elemente ausläßt oder leserfreundlich modernisiert. Die nachfolgenden Beobachtungen stützen sich daher auf verstreute und zufällig edierte Reihen notarieller Datierungen.

13 M. Chiaudano, Contratti commerciali Genovesi del secolo XII., Turin 1925, S. 23 ff.; M. Moresco u. G. P. Bognetti, Per l'edizione dei notai liguri del sec. XII., Turin 1938, S. 50; M. Ferrando Bongionni u. G. Cattaneo Cardona, Contributo allo studi degli usi notarili medioevali: I Cartolari di Nicolo de Porta, in: Studi di Storia Medioevale e di Diplomatica 5, Mailand 1980, S. 163, 189; M. Balard, Gênes et l'Outre-Mer, t. 1, Les actes de Caffa du notaire Lamberto di Sambuceto 1289–90, s. 17, 30f. u. t. 2, Actes de Vilia du notaire Antonio di Ponzo 1360, S. 15f. (E.H.E.S. . Documents e Recherches XII, XIII) Paris-Den Haag 1973, 1980; R. Mosti (Hg.), I Protocolli di Johannes Pauli, un notaio del '300 (1348–79), Rom 1982; S. A. Epstein, Business Cycles and the Sense of Time in Medieval Genoa, in: Business Hist. Rev. 62, 1988, S. 238–60.

14 Z. B. »hora qua domini auditores sacri palatii causarum surrexerant de

audiendis relationibus publicis« u. ä., häufig kurz als »hora causarum«; diese Beispiele aus Avignon 1340, vgl. R. Salomon/J. Reetz, Rat und Domkapitel von Hamburg um die Mitte des 14. Jahrhunderts, t. 2, Hamburg 1975, S. 121 ff., in diesem Bd. noch viele ähnliche Zeitangaben.

15 »Ob res scribendas bene noscit festa calendas / Mensis habet nonas, ydus per tempus et horas / Mensis et hora dies locus annis ac homo princeps.« Orfinus Laudensis, Poema de Regimine et Sapientia Potestatis, ed. A. Ceruti, in: Misc. Stor. Ital. 7, 1869, S. 86.

16 Vgl. z. B.: C. R. Cheney, Notaries Public in England in the 13th and 14th centuries, Oxford 1972, S. 117, 137f.

17 F. v. Voltelini, Die Südtiroler Notariatsimbreviaturen des 13. Jahrhunderts, T. I, Innsbruck, S. XXXI.

18 G. Orlandelli (Hg.), Il Salatiele Ars Notarie, 2 Bde., Mailand 1961; Wilhelm Durantis, Speculum iudiciale illustratum et repurgatum a Giovanni Andrea et Baldo degli Ubaldi, Basel 1574, Ndr. 1975, S. 633.

19 Zit. nach Schuler (Anm. 10), S. 266.

20 Zu den Erfordernissen in: Notariatbuch / Wes einem Notarien oder Schreiber / aller seiner Practic / ... / zu wissen / zu betrachten ... sei, Frankfurt (Chr. Egenolf) 1534, f° 2v°; vgl. dagegen: Artis notariatus, hoc est de officio exercitioque tabellionum, Frankfurt (Chr. Egenolf) 1539, t. II, f°3v° (»An autem hora sit de substantia«).

21 Beispiel aus den Pariser Parlamentsakten des 15. Jahrhunderts bei F. Autrand, Les Dates, S. 164.

22 F. Tadra (Hg.), Soudni akta konsistore Prazke (1307–1408), Bd. I–VI, Prag 1893–1900; Bd. II, S. 228; Bd. V, zwischen S. 99 u. 407.

23 K. Fischer, Die Uhrmacher in Böhmen und Mähren zur Zeit der Gotik und der Renaissance, in: Bohemia – Jb. d. Collegium Carolinum 7, 1966, S. 33 ff.

24 R. Doehard u. Ch. Kessemans, Les Relations commerciales entre Gênes, la Belgique et l'Outremont d'après les archives notariales génoises 1400–1440, 1952; A. Roccatagliata, Notai Genovesi in Oltremare. Atti rogati a Pera e Mitilene, t. 1, Genua 1982, Nr. 37, eine Sanduhr?: »hora secunda intrantis noctis, quod est quartum horalogium noctis ineuntis«, moderne Stundenangaben auch in Nr. 38, 44, 93 u. ö.

25 F. Luschek, Notariatsurkunde und Notariat in Schlesien von den Anfängen (1482) bis zum Ende des 16. Jahrhunderts, Weimar 1940.

26 C. Cenci, Documentazione di vita assisiana 1300–1500, 3 Bde., Grottaferrata 1974–76, S. 1125.

27 J. Le Goff, Temps de l'Église, S. 55f., 64.

28 V. Branca (Hg.), Mercanti Scrittori. Ricordi nella Firenze tra Medioevo e Rinascimento, Mailand 1986, S. XVI.

29 Ulman Stromer, Püchel von meim geslechet und von abentewr, ed. K. Hegel (Chr. dt. Städte 1, Nürnberg 1), Leipzig 1862, Ndr. 1961, s. 67–70.

30 In: V. Branca (Anm. 28), S. 153, 159, 278 u. ö.; Brancas Bemerkung, daß Morelli an der letztgenannten Stelle als einer der ersten Autoren die »ora laica« verwende, allerdings noch in Verbindung mit der »ora canonica«, trifft nicht zu; dgl. Belege sind außerordentlich zahlreich.

31 C. Bec (Hg.), Il Libro degli affari proprii di casa de Lapo di Giovanni Niccolini de' Sirigatti, Paris 1969, S. 60–140.

32 Leon Battista Alberti, I Libri della Famiglia, in: Opere Volgari vol. I, ed. C. Grayson (Scrittori d'Italia n. 218), Bari 1960, S. 119; zit. n. d. dt. Ausg.: Über das Hauswesen, übers. v. W. Kraus, Zürich 1962, S. 152, 226ff.

33 Vgl. I. Origo, »Im Namen Gottes und des Geschäfts«. Lebensbild eines toskanischen Kaufmanns der Frührenaissance, 2. Aufl. München 1986, S. 106, 127 u. Abb. 8; das letzte Zitat fehlt in der dt. Ausg. u. ist nach der ital. Übersetzung der Arbeit von I. Origo, Mailand 1958, zit. n. G. Brusa, Orologeria, S. 30.

34 In: V. Branca (Anm. 28), S. 372, 346, 347.

35 Tagebuch des Lucas Rem aus den Jahren 1494–1541, hg. v. B. Greiff, Augsburg 1861, S. 64–70; mehrfach wird auch genau notiert, wieviele Stunden der Autor im Heilbad zugebracht hat.

36 F. C. Lane, Ritmo e rapidità di giro d'affari nel commercio veneziano del Quattrocento, in: Studi in onore di Gino Luzzato, vol. I, Mailand 1949, S. 254–73; U. Tucci, Alle origini dello spirito capitalistico a Venezia, in: Studi in onore di Amintore Fanfani, III, Mailand 1962, S. 547–57.

37 Von terminologischem Interesse ist z. B. der seit 1459 belegte Ausdruck »conto di tempi« für meist über ein Jahr laufende Warentermingeschäfte, vgl. F. Edler, Glossary of Medieval Terms of Business, Italian Series 1200–1600, Cambridge, Mass. 1934, Ndr. N. Y. 1970, S. 88 u. 377f.

38 G. Bilfinger, Horen, S. 160–62.

39 J. Martène, in: Migne PL 66, col. 411 ff.

40 Statua Capitulorum Generalium Ord. Cist., ed. J. Canivez, t. IV, Löwen 1936, S. 337.

41 Archives communales Beaucaire, GG 45, vgl. A. Eyssette, Histoire administrative de Beaucaire, t. 2, 1889, S. 216f.; M. Fournier, Les Status et privilèges des Universités Francaises, t. 2, Paris 1891, S. 305 ff.; Magistretti (Hg.), Beroldus sive Ecclesiae Ambrosianae ... Kalendarium et Ordines, Mailand 1888, S. 156; E. Zinner, Die alten Domuhren in Bamberg, in: 32. Ber. d. Naturforsch. Ges., Bamberg 1959, S. 13 ff.; Paraphrase der Kolmarer Statuten in: F. Goehlinger, Histoire du Chapitre ..., Colmar 1951, S. 72–84; z. B. »ad septem de orologio«, »circa octo de le cloke«, L. MacLachlan/J. B. L. Tolhurst, The Ordinal and Customary of the Abbey of St. Mary York, London 1936, S. 49, 158.

42 Vgl. z. B. Vicenza (c. 5, Anm. 19).

43 Vgl. S. 11.

44 »Biau filz, quelle heure est-il maintenant? / Vel sic: Qu'est ce qu'a sonnee de l'oriloge? – Vel sic: Quant bien a il sonne de l'oriloge? ... / Mon sr., si Dieu m'ait, je vous sai dire, mais je panse bien qu'il a sonnee dis, car il y a bien un heure passée dequis qu'il sonna neuf.« La Maniere de Langage qui enseigne a parler et a écrire le français (1396), ed. P. Meyer, in: Rev. Crit. d' Hist. et de Littérature 5, 1870, S. 395.

45 J. u. W. Grimm, Deutsches Wörterbuch, Bd. 15, Leipzig 1956, Sp. 568f.

46 Der dichten Kölner Statutenüberlieferung läßt sich leider nur eine rela-

tiv dürftige uhrengeschichtliche Dokumentation an die Seite stellen. Eine öffentliche Uhr dürfte es vor 1372 in Köln gegeben haben. Ausweislich der Frankfurter Stadtrechnungen besichtigt ein Uhrmacher in Köln ein »werg der orglocken«, Zinner, Räderuhren, S. 108f.; dort auch die bisher unbeachteten Hinweise auf öffentliche Uhren bei St. Martin, St. Lorenz, S. Maria im Capitol und St. Jakob. Dieser und die folgenden Hinweise sind zwei Editionen entnommen, die aus Raumgründen hier summarisch angeführt werden: W. Stein, Akten zur Geschichte der Verfassung und Verwaltung der Stadt Köln im 14. u. 15. Jahrhundert, 2 Bde., Bonn 1893; daraus: Tagelöhnerordnung (1374) II, 41; Schöffenschrein- und Schöffengerichtsordnung (1335/1395) I, 555f., 573; Salmenhandel (1385) II, 69f.; Polizeistundenregelungen (1398ff.) I, 206f., 233, 249, 257, 388ff., 681; II, 91f., 98–102, 147f., 282, 295. Alle anderen Angaben, insbesondere die Arbeitszeitregelungen in den Amtsbriefen (1397), finden sich bei: H. v. Loesch, Die Kölner Zunfturkunden nebst anderen Kölner Gewerbeurkunden bis zum Jahre 1500, 2 Bde., Bonn 1907.

47 Zur Verwendung von »ure« als »Stunde« vgl. Stein, a.a.O., I 610 und Loesch, a.a.O., I, 17, II, 215.

48 Stein a.a.O. I, S. 556; auch noch 1435 in einer Ordnung des Schöffengerichts: »dat sall syn, ee de sunne an den yseren payll komen sij.« Stein a.a.O. I, S. 766. Ähnliche Regelungen sind mir in städtischen Statuten des 14. u. 15. Jahrhunderts nicht begegnet.

49 In Nürnberg z.B. lassen sich die Handwerksmeister 1502 von der Pflicht zu regelmäßigem Erscheinen bei den Ratssitzungen dispensieren, weil sie die Sitzungen als Minderung ihrer Verdienstmöglichkeiten empfanden, n. A. Jegel, Alt-Nürnberger Handwerksrecht und seine Beziehung zu anderen, Neustadt 1965, S. 3.

50 Nach L. Gilliodts van Severen (Hg.), Coutumes des pays e comté de Flandre (Coutumes de la Prévoté de Bruges), Bd. 1, Brüssel 1887, S. 32.

51 ORF, t. I, S. 728.

52 G. S. Pene-Vidari (Hg.), Statuti (c. 5, Anm. 51), S. 15ff.

53 G. Bonora (Hg.), Statuta (c. 7, Anm. 35), S. 229, vgl. die Zeitbestimmung für die Wahl des Podestà, S. 217.

54 H. Zedler-Werdmüller (Hg.), Stadtbücher I, Leipzig 1901, Nr. 88 u. 139; der Herausgeber erwähnt das Läuten der Ratsglocke im 19. Jh. um 8 Uhr und legt die mittelalterliche Essenszeit wohl zutreffend auf 11 Uhr.

55 Fragment d' un Répertoire de Jurisprudence Parisienne au XVe Siècle, in: Mém. Soc. Hist. de Paris et de l' Ile-de-France 17, 1891, S. 63.

56 J. François/N. Tabouillot, Preuves de l' Histoire de Metz, t. VI, Metz 1781, S. 140.

57 ORF t. II, Paris 1723, S. 1ff.

58 Corpus Constitut. Prussico-Brandenb. (Anm. 92), II.I, Nr. 5, Sp. 32; 1621 Edict wegen Besuchung der Audienten, a.a.O., 20, Sp. 116; 1558 Gerichtsordnung, a.a.O., Nr. 24, Sp. 150.

59 Mém. Soc. hist. et litt. de Tournai 7, 1861, S. 23ff.

60 W. Schultheiß (Hg.), Satzungsbücher und Satzungen der Stadt Nürnberg aus dem 14. Jahrhundert, Nürnberg 1965, S. 331; vgl. die gleichartige Vorschrift für die Dreierkommission 1390, a.a.O., S. 302.

61 Weberchronik des Clemens Jäger s. a. 1519, ed. F. Roth (Chr. dt. Städte 34, Augsburg 9), Stuttgart 1929, S. 244f., Anm. 2.

62 F. Geier (Hg.), Oberrheinische Stadtrechte, 2. Abt., 2. H. (Überlingen), Heidelberg 1908, S. 386, vgl. S. 400ff.

63 J. Gény, Schlettstädter Stadtrechte, Heidelberg 1906, S. 839.

64 F. Hauß (Hg.), Zuchtordnung der Stadt Konstanz 1531, Lahr 1931, S. 132f.

65 O. Feger, Vom Richtebrief zum Roten Buch. Die ältere Konstanzer Ratsgesetzgebung (Konstanzer Geschichts- und Rechtsquellen VII), Konstanz 1955, Nr. 11, 12, 45, 60, 109, 119, 137, 208, 220, 224, 287, 348, 352, 380; vgl. auch: O. Feger (Hg.), Die Statutensammlung des Stadtschreibers Jörg Vögeli (Konstanzer Stadtrechtsquellen IV), Konstanz 1951, Nr. 7.

66 O. Feger, Richtebrief, a.a.O., Nr. 380, S. 116.

67 Stein (Anm. 46) I, S. 757.

68 K. Th. Eheberg, Verfassungs-, Verwaltungs- und Wirtschaftsgeschichte der Stadt Straßburg bis 1681, Straßburg 1899, Nr. 201, S. 437f.

69 UB. Braunschweig, Bd. 1, ed. L. Haenselmann u. H. Mack, Braunschweig 1872, Ndr. 1975, S. 154.

70 Stein (Anm. 46) I, S. 345, vgl. S. 418, 434, 437, 459, 523, 526, 539.

71 K. O. Müller, Nördlinger Stadtrechte, München 1933, S. 44, 72, 152 u. ö.; Zusatz zum Wolfacher Stadtbuch 1479, in: Fürstenbergisches UB. 7, ed. S. Riezler, Tübingen 1891, S. 12; A. Voigt (Hg.), Thorner Denkwürdigkeiten, in: Mitt. d. Copernicus-Ver. 13, 1904, S. 122, 124; Riga 1502: Liv-, Est- u. Kurländisches UB, ed. F. G. v. Bunge, 1853–1914, Ndr. Aalen 1967–81, Abt. 2, Bd. 2, Nr. 412, 19, 1534, a.a.O., Abt. 1, Bd. 2, Nr. 950, 55 u. 77; R. Rau u. J. Sydow, Die Tübinger Stadtrechte von 1388 u. 1493, Tübingen 1964, S. 8; Asperg 1510: F. C. J. Fischer, Versuch über die Geschichte der deutschen Erbfolge, Bd. 2, Leipzig 1778, S. 140; Kaufbeuren (16. Jh.?). R. Zech, Das Stadtrecht von Kaufbeuren, 1951, S. 49.

72 K. O. Müller, Die ältesten Stadtbücher von Leutkirch und Isny, Stuttgart 1914, S. 279.

73 Feger, Statutensammlung (Anm. 80) Nr. 265 § 7, vgl. Nr. 227 § 5, Nr. 359 § 12; P. Meisel, Die Verfassung und Verwaltung der Stadt Konstanz im 16. Jahrhundert (Konstanzer Geschichts- und Rechtsquellen VII), Konstanz 1957, S. 35–37.

74 F. Geier (Hg.), (Anm. 62), a.a.O., S. 35–37.

75 F. Gény (Hg.), (Anm. 63), a.a.O.

76 C. Koehne (Hg.), Oberrheinische Stadtrechte Bd. 7 (Bruchsal), Heidelberg 1906, S. 927.

77 G. Schrepfer, Dorfordnungen im Hochstift Bamberg, Erlangen 1941, S. 49; vgl. auch d. Tagebuch des Thomas Wirsing, Pfarrer von Sinnbronn, n. A. Gabler, Altfränkisches Dorf- und Pfarrhausleben, Nürnberg 1952, S. 58.

78 G. Schrepfer, a.a.O., S. 50; vgl. Gemeindeordnungen Unterhaid 1677 § 34, n. K. S. Kramer, Volksleben im Hochstift Bamberg, Würzburg 1967, S. 27.

79 The Abbey of the Holy Ghost, in: G. G. Perry, Religious Pieces in Prose and Verse (EETS o. s. 26), erw. Aufl. 1913, Ndr. N. Y. 1969, S. 60.

80 Ed. Veesenmeyer, Tübingen 1889, S. 82.

81 Lippert, Glockenläuten, S. 58–61.

82 Die »Statuti della Podesteria« in Ponteassieve (Toskana) 1523 enthalten eine anschauliche Begründung für die Ausbreitung solcher Regelungen: c. 43 »Et perchè ell'è cosa inhumana che uno mercato di quella qualità non habbia modo et ordine come gli altri mercati simili«, wird der Marktverkauf vor einem Glockensignal verboten; die Glocke soll im Sommer »ore 15«, im Winter »ore 18« (ital. Zählung) geläutet werden, n. P. Benigni u. F. Berti, Statuti del Ponte a Sieve, Ponteassieve 1982, S. 144f.

83 Vgl. z.B.: H. Schubert, Unterkauf und Unterkäufer in Frankfurt am Main im Mittelalter. Ein Beitrag zur Geschichte des Maklerrechts, Jur.-Diss. Frankfurt 1962.

84 H. Bruder, Die Lebensmittelpolitik der Stadt Basel im Mittelalter, Ackern i.B. 1909; H. Kimmig, Das Konstanzer Kaufhaus im Mittelalter (Konstanzer Geschichts- und Rechtsquellen VI), 1954; E. Nübling, Ulms Kaufhaus im Mittelalter, Ulm 1895.

85 O. Richter, Verfassungs- und Verwaltungsgeschichte der Stadt Dresden, Bd. 2, Dresden 1891, S. 366; vgl. auch die relativ komplizierten Bestimmungen in der Neuordnung des Marktes für die Erzeugnisse der »draperie« in Douai 1403, G. Espinas/J. Pirenne, Recueil des documents relatifs à l'histoire de l'industrie drapière en Flandre Bd. II, Brüssel 1961, S. 317ff.

86 B. Schmidt, Frankfurter Zunfturkunden bis zum Jahre 1612, Bd. 1, Frankfurt 1914, S. 391.

87 Ein Beispiel aus Regensburg 1391, in: C.Th. Gemeiner (c. 4, Anm. 197), Bd. I/II, S. 283f.

88 Z.B. durften in Konstanz die Fischer »die gangkfisch und stuben, die sy an markt pringent, nit lenger feil haben dann 3 stund«; n. O. Feger u. P. Rüster, Das Konstanzer Wirtschafts- und Gewerberecht zur Zeit der Reformation, Konstanz 1961, Nr. 14.

89 Vgl. Recess der Tagfahrt der Stände von Pomerellen in Stargard, Mai 1401, in: M. Toeppen, Akten der Ständetage, Bd. 2, Leipzig 1880, Ndr. 1974, S. 329: »Sal men in den steten keynen fanen uffstecken adir glocken luthen, ymand zcu hyndern an seyme kouff.«

90 Die Kölner Marktordnungen nach Bd. 3 u. 4 der in Einblattdrucken gesammelten Kölner Ratserlasse, StA Köln.

91 Chr. O. Mylius (Hg.), Corpus Const. Marchicarum, Berlin – Halle 1737–55, 2. Con., 1. Abt. 1, Theil, Nr. 5, Sp. 49.

92 Chr. O. Mylius (Hg.), Novum Corpus Const. Borussico-Brandenburgensium praecipue Marchicarum..., Berlin-Halle 1751–1806 V, 3, Nr. 25, Sp. 133; vgl. a.a.O. IX, Nr. 10, Sp. 1897/8, (Marktordnung für Braunschweig 1794).

93 Nur für Wien gibt es m.W. eine bis in die Moderne reichende einschlägige Arbeit: A. Gigl, Geschichte der Wiener Marktordnungen vom 16. Jahrhundert an bis zum Ende des 18. Jahrhunderts, Wien 1865.

94 J.C. Troll, Geschichte der Stadt Winterthur, Bd. 7, Winterthur 1848, S. 23ff.; K. Pallas, Geschichte der Stadt Herzberg, 1901, S. 133.

95 Eine Ausnahme ist: Josef Dolch, Lehrplan des Abendlandes. Zweieinhalb Jahrtausende seiner Geschichte, Ndr. d. 3. Aufl., Darmstadt 1982.

96 R.H. u. M.A. Rouse, Statim invenire. Schools, Preachers and New Attitudes to the Page, in: R.L. Benson u. G. Constable (eds.), Renaissance and Renewal in the Twelfth Century, Oxford 1982, S. 201–25; vgl. Schreiner Ms. S. 21f.

97 Textauswahl bei: W.H. Woodward, Vittorino da Feltre and other Humanist Educators (1897), Ndr. N.Y. 1947; Leon Battista Alberti, (Anm. 32).

98 Auf den hier deutlich werdenden Zusammenhang von »variety and scheduling« hat schon Ricardo Quinones hingewiesen, Discovery, ch. 5: Children, Education and Time, hier S. 192.

99 Petrus Paulus Vergerius, De ingenuis moribus, lat. in: Atti e memorie della R. Accademia di scienze, lettere ed arti in Padova, n.s. vol. 34, 1918, S. 132; engl. in: Woodward (Anm. 97), S. 112.

100 Den Hinweis auf diese Miniatur entnehme ich Turner, Accomplishment, S. 163; Abb. auch in: T. u. M. Metzger, Jüdisches Leben nach illuminierten hebräischen Handschriften, Würzburg 1983, T. 301; für die Hilfe bei der Identifizierung der (nicht auf das Bild bezüglichen) Textstelle danke ich Herrn Dr. Neubauer.

101 M. Güdemann, Geschichte des Erziehungswesens und der Cultur der Juden in Frankreich und Deutschland, Wien 1880; B. Straßburger, Geschichte der Erziehung und des Unterrichts bei den Israeliten, Breslau 1885, S. 58f.; A. Berliner, Aus dem Leben der deutschen Juden im Mittelalter, Berlin 1900, S. 8f.

102 Resp. J. Levy nr. 228, J. Weil n. 130, I. Bruna nr. 116, n. A. Berliner, a.a.O., S. 9, 34; die biographischen Hinweise n. J. Fürst, Bibliotheca Judaica, Leipzig 1849, 1851.

103 M. Güdemann, Quellenschriften zur Geschichte des Unterrichts und der Erziehung bei den deutschen Juden, Berlin 1891, S. 264, vgl. die Ausführungen Moses ben Ahrons »Wie ist die Lehrordnung?«, Lublin 1635, a.a.O., S. 93.

104 J. Dolch (Anm. 95) §§ 19–26; G. Mertz, Das Schulwesen der deutschen Reformation im 16. Jahrhundert, Heidelberg 1902; G. Strauss, Luther's House of Learning. Indoctrination of the Young in the German Reformation, Baltimore-London 1978.

105 Dazu v.a. J. Dolch, a.a.O., § 21.

106 Nach Joh. Müller, Vor- und frühreformatorische Schulordnungen und Schulverträge in deutscher und niederländischer Sprache, Zschopau 1885/86, S. 125, 126.

107 Joh. Müller, a.a.O., S. 145ff.

108 Luther (c. 1, Anm. 14), Bd. 15, S. 47; zur Dauer der Unterrichtszeit in den prot. Schulordnungen, vgl. G. Mertz (Anm. 104), S. 361ff.

109 Nach J. Dolch (Anm. 95), S. 200.

110 J. Dolch a.a.O., S. 307.

111 Nach G. Mertz (Anm. 104), S. 622.

112 J. Dolch (Anm. 95), S. 189.

113 Z. B. Herzogl. Württemb. Schulordnung 1729, c. 5: Für eine »gute Ordnung mit der Zeit und den Stunden« soll eine »vierfache Sanduhr« gehalten werden, in: R. Vormbaum, Evangelische Schulordnungen, Bd. 3, Gütersloh 1864, S. 331; Nordhausener Schulordnung 1583: Abordnung von Schüleraufpassern aus der 3. Klasse um den »Seiger« zu hören und den Stundenschlag in den Klassen auszurufen, in: G. Mertz (Anm. 104), S. 625 »Auf den Dörfern wo keine Schlaguhr vorhanden«, soll der Kirchschreiber ein Glockenzeichen zum Schulbeginn geben, Fürstlich-Oelßnische Kirchenordnung 1664, in: H. Jessen u. W. Schwarz, Schlesische Kirchen- und Schulordnungen von der Reformation bis ins 18. Jahrhundert, Görlitz 1938, S. 425ff.

114 Schulordnung für Militsch 1709, in: Jessen/Schwarz a.a.O., S. 497.

115 Z. B. in Bologna 1317–47, in: H. Denifle/F. Ehrle, Die Statuten der Juristenuniversität Bologna vom Jahre 1317–47, in: Archiv für Literatur- und Kirchengeschichte III, Berlin 1887, S. 313f.

116 Vgl. H. Rashdall, The Universities of Europe in the Middle Ages, vol. I, new ed., Oxford 1936, Ndr. 1969, S. 216f.

117 Vgl. die jahrelange Auseinandersetzung um die Berechtigung der »lectio matutina«, in: H. Denifle, Chart. Univ. Parisiensis, t. III, Paris 1894, Ndr. 1964, S. 425–39, 468–77, hier S. 425f.

118 Vgl. z. B. Montpellier 1339, in: M. Fournier (Anm. 41), t. 2, S. 50f. und Perpignan 1380/90, S. 655ff.

119 K. Rückbrod, Universität und Kollegium. Baugeschichte und Bautyp, Darmstadt 1977.

120 Vgl. z. B. die Pariser Statuten 1367, in: Du Boulay, Hist. Univ. Paris. IV, Paris 1668, Ndr. 1966, S. 412f. u. S. 428 (1370).

121 Howgrave-Graham, Clocks, S. 268.

122 M. Marianai, Vita universitaria pavese nel secolo XV, Pavia 1889, S. 105f.

123 Fournier (Anm. 41), S. 425, 532f.

124 J. H. Beckmann/R. Feger, Statuta Collegii Sapientiae, Lindau 1957, S. 85.

125 Martin Luther, Deudsche Messe und ordnung des Gottisdiensts (1526), (c. 1, Anm. 14), Bd. 19, S. 72.

126 KO Augsburg 1537, Auszug, in: Sehling (c. 5, Anm. 74), Bd. 12, S. 65.

127 J. Calvin, Institutio Christianae Religionis, dt. Ausg. ed. O. Weber, Neukirchen 1963, III, 20, 30, IV, 5, 18, IV, 10, 29; Gottesdienstordnungen 1541/1561: Corpus Reformatorum 38, 1872, Ndr. N. Y. 1964, S. 21, 99.

128 Vgl. z. B. F. X. Himmelstein, Synodicon Herbipolense, Würzburg 1855, (Kirchenordnung f. d. Hochstift Würzburg 1589, 1693); H. Hollerweger, Die Reform des Gottesdienstes zur Zeit des Josephinismus in Österreich, Regensburg 1970, S. 124ff., 231ff.

129 Luther, Tischreden (c. 1, Anm. 14), II, Nr. 2643, V, Nr. 5200, 6400; III, Nr. 3419; Von der Ordnung des Gottesdienstes und der Gemeinde zu Wittenberg (1523); Predigt zum 3. Adventssonntag (11. 12. 1530), in: a.a.O., Bd. 32, S. 247.

130 In: Sehling (c. 5, Anm. 74), IV, S. 74.

131 In: Sehling a.a.O. IV, S. 232.

132 In: Sehling a.a.O. XIII, S. 510; Rücksicht auf die Ratsherren schon in der KO Zwickau 1533, in: Sehling a.a.O. I, S. 723.

133 In: B. v. Mehr, Das Predigtwesen in der Kölnischen und Rheinischen Kapuzinerprovinz im 17. und 18. Jahrhundert, Rom 1945, S. 104.

134 Nach K. Pallas (c. 5, Anm. 71), Einleitung.

135 In: Corpus Const. March (Anm. 91), I, 1, Nr. 96, Sp. 513,14.

136 In: Corpus Const. March a.a.O. I, 1, Nr. 96, Sp. 527,28.

137 B. v. Mehr (Anm. 133), S. 105.

138 Vgl. z. B. W. Diehl, Zur Geschichte des Gottesdienstes und des gottesdienstlichen Lebens in Hessen, Gießen 1899, S. 126, 132, 177, 197.

139 Joh. Jacob Schudt, Jüdische Merkwürdigkeiten, Leipzig 1714, lib. 4, § 40.

140 Vgl. den Bericht über die wüsten Beschimpfungen eines 1543 aus Regensburg nach Nabburg geholten Predigers, der mit den Worten schließt. »In dieser Tonart predigte er drei Stunden lang von 10–1 Uhr. Und für diese Schimpferei berief er sich am nächsten Sonntag auf eine Eingebung des Hl. Geistes.« in: J. B. Götz, Die religiöse Bewegung in der Oberpfalz von 1520–1560, Freiburg 1914, S. 84.

141 Instruktion für die Lokalvisitationen 1577/86, in: Pallas (c. 5, Anm. 71), I, S. 144f.; vgl. Sehling (c. 5, 74), I, S. 393; behördliche Kontrolle der Predigtdauer, vgl. G. Heinrich, Amtsträgerschaft und Geistlichkeit, in: G. Franz (Hg.), Beamtentum und Pfarrerstand, Limburg 1972, S. 213.

142 Zweifel an der Zulässigkeit der Predigtbefristung schon bei Luther: Predigt zum 3. Adventssonntag 1530. »Ante 10 annos cogitabam, si mihi praedicandum: est umb 1 stund zu thun, Sed iam cogitandum: hoc officium quod hic fure, non est meum, sed in meo nomine, tum bin ich des teuffels.« in: Luther (c. 1, Anm. 14), Bd. 32, S. 247.

143 M. Schian, Orthodoxie und Pietismus im Kampf um die Predigt, Gießen 1912, S. 8.

144 In: P. von Ludewig, Gelehrte Anzeigen 102, Bd. 1–3, Halle 1743–49, S. 310–15 (Erläuterung zu den Predigtbefristungen in Brandenburg-Preußen 1714/1717); im 18. Jahrhundert werden die historischen Umstände der Predigtbefristung nicht immer verstanden. Mooser witzelt z. B. über den Hof-Prediger, der sein »Stunden-Glas nicht überschreiten darf« und hält das für ein Indiz für pedantische Reglementiererei, in: Deutsches Hof-Recht, Bd. 2, 1776, S. 370; zum Äußeren: H. Grötzsch, Kanzelsanduhren aus der Sammlung des staatlichen Mathematisch-Physikalischen Salon, in: SFAU 5, 1965, S. 16–20.

145 Vgl. dazu Schian (Anm. 143), S. 6ff.

146 »Quanta autem clepsydrae mensura fuerit, mihi non constat.« G. Budaeus, Annotationes in Pandectas, t. III, Basel 1557, S. 373.

147 Bernard Ferrarius, De ritu sacrarum Ecclesiae veteris Concionum, Utrecht 1692, lib. I, c. 34, S. 156–60.

148 R. Cruel, Geschichte der Predigt im Mittelalter, Detmold 1879, S. 635ff. (überlange Predigten im 14. Jahrhundert); vgl. auch den Bericht des Joh. v. Capistran in Magdeburg (1453) in der Magdeburger Schöppenchronik, ed. C. Hegel (Chron. dt. Städte 7, Magdeburg 1), Leipzig 1869, S. 391f.

149 Th.-M. Charland, Artes Praedicandi: Contribution à l'histoire de la rhétorique au moyen âge, Paris-Ottawa 1936, S. 223, 238f.

150 Joh. Ulrich Surgant, Manuale Curatorum, Basel 1506, lib. 1, cons. 23.

151 Decreta Synodalis Provincialis Camaracensis (1586), in: K. v. Hardouin, Conciliorum collectio regia maxima, Bd. 9, Paris 1714, Sp. 2156.

152 Z. B. KO Würzburg 1589, in: Himmelstein (Anm. 128).

153 C. Ripa, Iconologia: overo Descrittione di diverse Imagini cavate dall' antichità, 6 di propria inventione, Rom 1603, Ndr. 1970, S. 127, s. v. »Eloquenza«: »Il libro, e l' orologio [da polvere] ... è indicio che le parole sono l' istromento dell' eloquente: le quali però devono essere adoperate in ordine e misura del tempo, essendo dal tempo solo misurata l' oratione,« zit. n. L. Cheles, The Studiolo of Urbino. An Iconographic Investigation, Wiesbaden 1986, S. 60.

154 Francesco Petrarca, Prose, ed. G. Martellotti, Mailand 1955, S. 568; vgl. Quinones, Discovery, S. 106ff.; W. Liebenwein, Studiolo. Die Entstehung eines Raumtyps und seine Entwicklung bis um 1600, Berlin 1977.

155 Sonnenuhr: Ser Lapo Mazzei, Lettere di un notaro a un mercante del secolo XIV con altre lettere e documenti, ed. C. Guasti, 2 Bde., Florenz 1880, I, 169, CXXVI: »... e voi attendiamo a Firenze per mostrarvi la nuova casa ove sono tornato, e la mia biblioteca o studiolo, ove questo scrivo a una spera o razzo di sole che mi conforta.«

156 Prototypisch scheint das von Jan van Eyck begonnene und von Petrus Christus vollendete Bild »Hieronymus im Gehäus« (um 1440) geworden, das sich in Florenz im Medici-Palast befand; vgl. Liebenwein (Anm. 154), S. 134. Die Beispiele nach der Mitte des 15. Jahrhunderts dürften nach Hunderten zählen.

157 F. Petrarca (Anm. 154), S. 310f.

158 Vgl. dagegen: M. Schneider, Zeit und Sinnlichkeit. Zur Soziogenese der Vanitas-Motivik und des Illusionismus, in: Kritische Berichte H. 4/5, 1980, S. 8–34.

159 Ignatius von Loyola, Das geistliche Tagebuch (1544), hg. v. A. Haas u. P. Knauer, Freiburg 1961, S. 147, 157, 180, 184, 200; ders., »Exercitia Spiritualia«, Übers. v. F. Weinhandl, München 1978, passim, vgl. zur Rechenschaftslegung bes. S. 76ff.

160 Gute Darstellung für Hamburg, in: Nahrstedt, Freizeit, S. 87ff., 156f.; außerdem: Nürnberger Ordnung 1700, StA. Nürnberg, Mandate N 121; Frankfurter Torsperrordnungen 1724, 1788, 1832, Aufhebung des Sperrgeldes 1836, StA. Frankfurt, Ratsverlässe; Tor-Sperr-Ordnung Hannover 1765, in: Hann. Gesch. Bll. 10, 1907, S. 97–100; Hildesheimer Torsperrordnung 1792, StA. Hildesheim 257.

161 T. G. Glick (c. 2, Anm. 26); ders., Irrigation and Society in Medieval Valencia, Cambridge, Mass. 1970, S. 188–222.

162 Vgl. z. B. H. Boos, Geschichte der rheinischen Städtekultur unter bes. Berücks. der Stadt Worms, 3. Teil, Berlin 1899, S. 168.

163 Genannt sei nur die älteste Bettelordnung mit solchen Zeitregelungen: Nürnberg 1478, in: J. Bader, Nürnberger Polizeigesetzgebung aus dem 13. bis 15. Jahrhundert, Stuttgart 1861, S. 316ff.; knappe Einführung in das Problem

des berechtigten Bettels: T. Fischer, Armut, Bettler, Almosen. Die Anfänge städtischer Sozialfürsorge im ausgehenden Mittelalter, in: C. Meckseper, Stadt im Wandel, Bd. 4 (Ausstellungskatalog), Stuttgart 1985, S. 271–286.

164 Z. B. die Braut soll in der Kirche sein »wan de klocke negen sleyt« (1717), H. Sievers, Kieler Burspraken, Kiel 1953, S. 179ff.: vgl. Hamburgische Burspraken, T. 2, Hamburg 1960, S. 43ff.; ausführlicher: W. Starke, Zu den Motiven, Kontrollinhalten und Kriterien sozialer Klassifizierung in den Hochzeitsordnungen des Spätmittelalters und der frühen Neuzeit, Ms. Bielefeld 1983; den dort angeführten Quellen lassen sich anfugen: HO Dresden 1595, in: Richter II (Anm. 85), S. 137f.; Würzburg 1617, in: E. Specker, Die Reformtätigkeit der Würzburger Fürstbischöfe, in: Würzburger Diözesangeschichtsbll. 27, 1965, S. 29–125, S. 96ff., Eßlingen 1604, 1659, in: K. Pfaff (Anm. 8); Ravensbergische LandesPO, in: Jb. d. Ver. f. d. hist. Ver. d. Gft. Ravensberg 13, 1899.

165 KO Danzig 1590/95; in: Sehling (c. 5, Anm. 74), IV, S. 192ff.; Stendaler Hochzeitsordnung 1622, in: L. Goetze, Urkundl. Geschichte d. Stadt Stendal, Stendal 1873, S. 421ff.

166 E. Schmidt, Inquisitionsprozeß und Rezeption, Leipzig 1940, S. 60ff.; P. Fiorelli, La tortura giudiziaria nel diritto commune, Varese 1953/54; J. Gilissen, La preuve en Europe du XIVe au début du XIXe siècle – Rapport de Synthèse, in: Recueil de la Soc. Jean Bodin, XVII, 2, 1965, S. 788; J. H. Langbein, Torture and the Law of Proof. Europe and England in the Ancien Régime, Chicago 1977.

167 Paulo Grillando, De quaestionibus et torturae, Lyon 1536 u. in: Tractatus universi iuris, vol. XI,1, Venedig 1584, S. 295v°ff.

168 Magnum Bullarium Romanum, Rom 1745, Ndr. 1965, Bd. IV, 1, Nr. 59, S. 237; Pietro Follerio, Practica Criminalis, Venedig 1557; Hortensi Cavalcani, Tractatus de brachio regio, Marburg 1605, S. 232; Tranquillo Ambrosini, Processus informativus lib. IV, c. III, (Rom 1647), hier n. ed. Venedig 1722, S. 185; J. V. Kirchgeßner, Tribunal Nemesis, Juste Judicantis oder Richter-Stuhl der recht richtenden Gerechtigkeit, Nürnberg 1706, p. 4, c. 7; Chr. Wildfogel, Diss. jur. de arbitrio judicis circa torturam, Jena 1736 (betr.: sächs. Reskript 26. Juli 1705), S. 34ff.; Const. Crim. Theres., Wien 1769, Art. 38, § 12, 13.

169 F. Merzbacher, Die Hexenprozesse in Franken, 2. erw. Aufl. München 1970, S. 141ff.

170 E. Hubert, La Torture aux Pays-Bas Autrichiens pendant le XVIIIe siècle, Brüssel, 1897, S. 49; R. C. van Caenegem, La preuve dans l'ancien droit belge, des origines à la fin du XVIIIe siècle, in: Recueil de la Soc. Jean Bodin, XVII,2, 1965, S. 421.

171 H. Beaune/J. D'Arbaumont, Mémoires d'Olivier de la Marche, t. 3, Paris 1885, S. 130ff.; K. Stehlin (Hg.), Ein spanischer Bericht über ein Turnier in Schaffhausen im Jahr 1436, in: Basler Zs. f. Gesch. u. Altertumskunde 14, 1915, S. 153ff.; M. Kloeren, Sport und Rekord. Kultursoziologische Untersuchungen zum England des 16. bis 18. Jahrhunderts, Leipzig 1935; H. Eichberg, Leistung, Spannung, Geschwindigkeit. Sport und Tanz im gesellschaftlichen Wandel des 18./19. Jahrhunderts, Stuttgart 1978.

172 Frühes Beispiel in: The Household of Edward IV. The Black Book and the Ordinance of 1478, ed. A. R. Myers, Manchester 1959, bes. S. 211 ff., §§ 8, 40, 50; reiches Material, in: A. Kern (Hg.), Deutsche Hofordnungen des 16. u. 17. Jahrhunderts, 2 Bde, Berlin 1905–7; G. Liebe, Die Kanzleiordnung Kurfürst Albrechts von Magdeburg, des Hohenzollern (1538), in: Forschungen zur Brandenb. u. Preuß. Gesch. 10, 1898, S. 31–54; H.-J. v. d. Ohe, Die Zentral- und Hofverwaltung des Fürstentums Lüneburg (Celle) und ihre Beamten, Celle 1955, S. 24ff.; K. Plodeck, Hofstruktur und Hofzeremoniell in Brandenburg-Ansbach vom 16. bis zum 18. Jahrhundert, Ansbach 1972, S. 116ff.

173 Vgl. den komplizierten Kompromiß zwischen Stadt, Stadtkirche und Abtei Saint-Waudru um das Geläut zu den Gottesdiensten in Mons 1531, bei der die städtische Uhr den konfliktsicheren Zeitrahmen abgibt, in: L. Devillers u. E. Matthieu, Chartes du Chapitre de Saint-Waudru de Mons, t. 4, Brüssel 1913, Nr. 1895 u. 1931.

174 Vgl. z. B. die Altarstiftung für die Katharinenkirche in Braunschweig 1295: Die Messe sollte während der Matutin gehalten werden »tum pro servientibus, tum pro itinerantibus, tum pro victualia manuali opere querentibus vel labori necessario incumbentibus, ut audita missa redeant ad labores;« ähnlich in der Bestätigung einer Meßstiftung 1300: »ut negotiatores et mechanici, viatores et mendici hac missa maturius audita efficatius consequantur prosperitatem et salutem vitae presentis et eterne«, in: UB Braunschweig (Anm. 69), Bd. 2, S. 199, 242; die Beispiele lassen sich aus den Quellen zahlreicher europäischer Städte nahezu beliebig vermehren; vgl. auch Schreiner Ms. S. 35; eine geläufige Formel für den Zeitpunkt der Frühmesse ist »in aurora ante operariorum exitum«.

175 Vgl. z. B. den Konflikt in Niederwenigern 1654, in: F. Darpe, Die Anfänge der Reformation und der Streit um das Kirchenvermögen in den Gemeinden der Grafschaft Mark II, in: Zs. f. vaterländ. Gesch. und Altertumskunde 51, 1893, S. 12 u. S. 63ff.

176 Pallas (c. 5, Anm. 71), gibt zahlreiche Beispiele: 1528 Prettin (II, 3, 3), 1531 Bitterfeld (II, 2, 7), 1555 Zahna (II, I, 385), 1671 Seyda (II, I, 187), u. ö.; Klagen z. B. in: F. Kumm, Die Befreiung des Lehrers vom niederen Küsterdienste. Ein Beitrag zur Hebung des Gedeihens der Volksschule und der sozialen Stellung der Lehrer, Bielefeld 1890, S. 14: »Gerade diese Seite der Küsterfunktionen... macht dem Lehrer den meisten Ärger.« (Beschwerlichkeit im Winter auf den Turm zu steigen, aussichtslose Sisyphusarbeit des Regulierens; bei schlechtem Gang halten die Leute es für die Schuld des Küsters); »Nun ist die Uhr zehn Minuten zurückgeblieben. Wann soll der Lehrer sie richtig stellen? Während der Arbeitszeit, dann ist's dem gnädigen Herrn nicht recht, der 40 Arbeiter auf dem Felde hat und durch das Stellen 40 mal 10 Minuten gleich 6 2/3 Stunden Arbeitszeit verliert. Während der Freistunde, so wird diese den Arbeitern verkürzt.«

177 C. Gerber, Historie der Kirchenceremonien in Sachsen, Dresden und Leipzig 1772, S. 237f., danach richten sich auch die »Ambassadeurs und Gesandten fremder Potentaten« für ihre privaten Gottesdienste nach der Uhr.

178 Darauf hat schon 1959 Rothwell aufgrund von Beobachtungen an der

spätmittelalterlichen französischen Literatur hingewiesen, ders., Hours of the Day, S. 249; vgl. Autrand, Dates, S. 165f.

179 A.C. Crombie, Von Augustinus bis Galilei. Die Emanzipation der Naturwissenschaft, München 1977, S. 208f.; Mumford, Technics, S. 16; vgl. Thorndike, History III, S. 290, 344f.

180 Crombie a.a.O., S. 178.

181 Daniel C. Boorstin, Die Welt der Entdecker. Das Abenteuer des Menschen sich und die Welt zu erkennen (1983), dt. Basel 1985, S. 44.

182 Vgl. I. Peri, Omnia mensura et numero et pondere disposuisti: Die Auslegung von Weish. 11, 20 in der lateinischen Patristik, in: Mensura, Maß, Zahl, Zahlensymbolik im Mittelalter (Miscellanea Medievalia 16/1), Berlin-N.Y. 1983, S. 1–21.

183 A.C. Crombie, Quantification in Medieval Physics, in: H. Woolf, ed., Quantification. A History of the Measurement in the Natural and Social Sciences, Indianapolis-N.Y. 1961, S. 13–30.

184 Vgl. Maurice, Räderuhr I, S. 5–15; O. Mayr, Die Uhr als Symbol für Ordnung, Autorität und Determinismus, in: Maurice, Welt als Uhr; F.C. Haber, Zeit, Geschichte und Uhren, in: a.a.O., S. 10–20; O. Mayr, Uhrwerk und Waage. Autorität, Freiheit und technische Systeme in der frühen Neuzeit, München 1987; S. Macey, Clocks and the Cosmos. Time in Western Life and Thought, Hamden Con. 1980; zur Auffassung des Primum mobile als absolutem Uhrwerk vgl. noch: Pierre Duhem, Le Système du Monde: Histoire des doctrines cosmologiques de Platon à Copernic, Bd. 7, Paris 1956; vgl. c. 6, Anm. 5.

185 Vgl. z.B. A. Murray, Reason and Society in the Middle Ages, Oxford 1978, pt. II.

186 Crombie (Anm. 183), S. 25.

187 De omnibus mundi balneis, zit. n. L. Thorndike, A History of Magic and Experimental Science, Bd. 4, N.Y. 1934, S. 203.

188 D. Beaver, Bernhard Walther: Innovator in Astronomical Observation, in: Journ. for the History of Astronomy 1, 1970, S. 39ff.

189 D.W. Waters, The Art of Navigation in Elizabethan and Stuart Times, New Haven 1958, S. 58ff., 164, 538ff.

190 Michaele Savonarola, De febribus, de pulsibus, de urinis..., Venedig 1498, f°80r°ff., zit. n. W.F. Kümmel, Zum Tempo der italienischen Mensuralmusik des 15. Jahrhunderts, in: Acta Musicologica 42, 1970, S. 150–163, S. 153.

191 Nikolaus von Kues, Philosophisch-theologische Schriften, lat.-dt., ed. L. Gabriel, übers. v. D. und W. Dupre, Bd. III, Wien 1967, S. 616f.

192 A.a.O., S. 630ff.

193 E. u. G.S. Battisti, Le macchine cifrate di Giovanni Fontana, Mailand 1984.

194 Nachweise bei Kümmel (Anm. 190), S. 160.

195 Hieronymus Cardanus, Opus novum de proportionibus numerorum, motuum, ponderum, sonorum, aliarumque rerum mensurandarum..., Basel 1570, S. 50, vgl. S. 249, zit. n. W.F. Kümmel, Der Puls und das Problem der Zeitmessung in der Medizin, in: Medizinhistorisches Journal 9, 1974, S. 1–22,

hier S. 5; in diesem Aufsatz ist die ältere Literatur zur Geschichte der Pulsmessung nachgewiesen; anzufügen wäre: R. H. Shryock, The History of Quantification in Medical Science, in: Woolf, Quantification (Anm. 183), S. 85–107.

196 Nach Vivianis Bericht in: Le Opere di Galileo Galilei (Edizione Nazionale), Bd. 19, Ndr. Florenz 1968, S. 647–659.

197 Joh. Kepler, Astronomia Pars. Optica, in: Opera Omnia, hg. v. C. Frisch, Bd. 2, 1859, S. 334; ders., Epitome Astronomiae Copernicanae. a.a.O., Bd. 6, 1866, S. 248, zit. n. Kümmel, Puls, S. 6.

198 Elias, Zeit S. 92f.; ibidem S. 83f. auch über ein anderes Experiment, bei dem Wasser gewogen statt Zeit gemessen wurde.

199 Zu den uhrentechnischen Aspekten der »Wissenschaftlichen Revolution« vgl. S. A. Bedini, in: Maurice, Welt als Uhr, S. 21–29.

## 9. Arbeitszeit und Stundenlohn

1 Vgl. P. Dubuis, Les paysans médiévaux (c. 1, Anm. 19); T. C. Smith, Peasant Time and Factory Time in Japan, in: Past and Present 111, 1986, S. 165–97.

2 N. McKendrick, Josiah Wedgwood and Factory Discipline, in: Historical Journal 4, 1961, S. 30–55; S. Pollard, Factory Discipline in the Industrial Revolution, in: Ec. Hist. Rev. 2nd ser. 16, 1963/4, S. 254–71; K. Thomas, Work and Leisure in Preindustrial Society, in: Past and Present 29, 1964, S. 50–66; E. P. Thompson, Time; A. Lüdtke, Arbeitsbeginn, Arbeitspausen, Arbeitsende, Skizzen zu Bedürfnisbefriedigung und Industriearbeit im 19. und frühen 20. Jahrhundert, in: G. Huck (Hg.), Sozialgeschichte der Freizeit, Wuppertal 1980, S. 95–122; E. Hopkins, Working Hours and Conditions during the Industrial Revolution: A Re-Appraisal, in: Ec. Hist. Rev. 35, 1982, S. 52–66.

3 Le Goff, Temps de l'Église, S. 56.

4 Le Goff, Temps du Travail, passim.

5 So läßt sich m. E. eine einleitende Bemerkung in der Predigt »De temporis venditione« des Hl. Bernhard von Siena (1380–1444) verstehen: Unter Berufung auf Giraldus (De contractibus q. 15) unterscheidet er: »tempus dupliciter considerari potest. – Primo modo, ut est quaedam duratio quae consequitur primum motum, seu est mensura motus mutabilium rerum; et hoc modo tempus est quid commune omnium et nullo modo vendi potest... Quod commune non est particulariter singulorum. – Secundo modo, ut est quaedam duratio applicabilis alicui rei; quae duratio atque usus est alicui concessus ad eius opera exercenda; et hoc modo tempus est proprium alicuius, quemadmodum annus equi mihi accomodati dicitur esse meus. Et huius modi tempus licite vendi potest«, ed. A. Sépinsky, Opera Omnia, Tom. IV., Florenz 1956, S. 165f.; vgl. Schreiner Ms., S. 45.

6 Joh. Heinr. Zedler, Großes vollständiges Universallexicon aller Wissenschaften und Künste, Bd. 41, 1744, Sp. 1479, s. v. »Tagelöhner«.

7 B. Geremek, Le Salariat dans l'artisanat parisien aux XIIIe–XVe siècles, Paris 1969, S. 82–84; F. P. Caselli, La Costruzione del Palazzo dei Papi di Avi-

gnone (1316–1367), Mailand 1981, S. 171; S. Beissel, Die Bauführung des Mittelalters. Studie über die Kirche des Hl. Viktor zu Xanten, II, Geldwert und Arbeitslohn, 2. Aufl., Freiburg 1889, Ndr. 1966, S. 158; M. Baulant, Le salaire des ouvriers du bâtiment à Paris de 1400 à 1726, in: Annales 26, 1971, S. 470ff.; G. Pinto, Il personale, le balie e i salariati dell' ospedale di San Gallo di Firenze negli anni 1395–1406, in: Ricerche Storiche 4, 1974, S. 143.

8 Vgl. die begriffsgeschichtliche Skizze bei Nahrstedt, Freizeit, S. 38ff. Danach finden sich die ersten Belege für »Arbeitszeit« in der Bedeutung Jahresarbeitszeit seit 1548. Nahrstedt stützt sich dabei auf Grimms deutsches Wörterbuch. Bekanntlich sind im Grimm die nichtliterarischen Quellen der Zeit vor 1500 kaum ausgewertet. Deshalb sagt dieser Befund noch nicht viel. »Arbeitszeit« findet sich dann in der Bedeutung von Tagesarbeitszeit ab ca. 1800 im Alphabet der Großwörterbücher. Die Anzahl der Wortformen mit »Arbeit-« verdoppelt sich zwischen 1700 und 1807, vervierfacht sich zwischen 1807 und 1854 und verdreißigfacht sich in der Periode 1807–1961. Schon 1876 wird die Zahl der Wortformen als »unerschöpflich« bezeichnet.

9 E. Perroy, Wage Labour in France in the later Middle Ages, in: Ec. Hist. Rev. 2nd ser. 7, 1955, S. 232–39.

10 Vgl. W. Abel, Agrarkrisen und Agrarkonjunktur, 3. Aufl., Hamburg 1978, S. 61ff.; N. Bulst, Der schwarze Tod. Demographische, wirtschafts- und kulturgeschichtliche Aspekte der Pestkatastrophen 1347–52. Bilanz der neueren Forschung, in: Saeculum 30, 1979, S. 55; R. Greci, Forme di organizzazione di lavoro..., in: R. Elze u. G. Fasoli (Hg.), La città in Italia e in Germania nel Medioevo, Bologna 1981, S. 110; G. Pinto, L'organizzazione del lavoro nei cantieri edili (Italia Centro-Settentrionale), in: Artigiani e Salariati. Il mondo del lavoro nell'Italia dei secoli XII–XV, Pistoia 1987, S. 69–101, bes. S. 85ff.; in Châlons-sur-Marne werden 1369 Forderungen nach kürzeren Arbeitszeiten und Lohnerhöhungen unter ausdrücklicher Berufung auf die Pest abgelegt, in: ORF V, S. 193f.

11 Vgl. z. B.: »Statue of Labourers« 1349/1351, 23 Edward III, in: The Statutes of the Realm I, 1810, Ndr. 1963, S. 307–16; »Ordonnance concernant la Police du Royaume« des frz. Königs Jean I., in ORF I, S. 350ff. mit den Arbeitszeitvorschriften für die »Vignerons et autres Manovriers«, S. 367f.; Herzog Albrecht II. v. Österreich, Satzung des Lohns für den Weingartenbau der Stadt Wien, in: Geschichtsquellen der Stadt Wien, K. Weiss (Hg.), Bd. 1, Wien 1879, Nr. 47.

12 Vgl. Ordonnance des Prévôt von Paris über die Dauer der Tagesarbeitszeit 1395, in: R. de Lespinasse, Les métiers et corporations de la Ville de Paris, t. I, Paris 1886, S. 52.

13 G. Fagniez, Études sur l'Industrie et al Classe industrielle à Paris au XIIIe et XIVe siècle, Paris 1877, S. 336, vgl. S. 381; dabei wird eine uralte Formel für die Differenzierung der Dämmerung gebraucht, vgl. »ea hora, qua incipit homo hominem posse cognoscere, id est prope luce ante tamen quam lux fiat«, in: S. Silvae peregrinatio (4. Jh.), ed. P. Geyer, Itinera Hierosolmitana seaculae III–VIII (CSEL 39), Wien 1898, S. 75.

14 R. de Lespinasse, (Anm. 12) t. III, Paris 1897, S. 87; vgl. G. Fagniez,

Documents relatifs à l'histoire de l' industrie et du commerce en France, t. I–II, Paris 1898–1900, t. I, S. 56f.

15 O. Rüdiger, Die ältesten Hamburgischen Zunftrollen und Brüderschaftsstatuten, Hamburg 1874, Nr. 48.

16 R. de Lespinasse und F. Bonnardot (Hg.), Etienne Boileau, *Le Livre des Métiers*, XIIIe siècle, Paris 1897, Ndr. 1980, passim; noch 1371 tauchen in den Arbeitszeitregelungen der Pariser Tuchweber Zeitsignale dreier verschiedener Kirchen auf, vgl. Fagniez, Études (Anm. 13), S. 340f.

17 D. Oschinsky, Walter of Henley and Other Treatises on Estate Management and Accounting, Oxford 1971, S. 314ff.

18 Vgl. Schreiner Ms. S. 27 mit der ausführlichen Anm. 128; Geremek, Salariat, S. 79f.; Verona 1319: ausdrückliche Erlaubnis für Weber »de quolibet tempore laborare de nocte ad suam voluntatem«; L. Simoni, Gli antichi statuti delle arti veronesi, Venedig 1914, S. 69, 357.

19 Darstellung und Zitate nach E. Maugis, La Journée de Huit Heures et le Vignerons de Sens et d'Auxerre devant le Parlement en 1383–1393, in: Rev. Hist. 145, 1924, S. 202–218 (Abdruck der Ordonnance und der Parlamentsakten); die lokalen Parallelstücke bei: M. Delafosse, Les Vignerons d'Auxerrois (XIVe–XVIe siècles), in: Annales de Bourgogne 20, 1948, S. 7–41; Delafosse verwertet vor allem eine entwurfsartige Aufzeichnung der Bürger in Auxerre, die später von Juristen für deren Vertretung vor dem Parlament in Paris überarbeitet worden ist (AD Yonne E 523); vgl. außerdem C. Demay, La Sonnerie pour les Vignerons et les Laboureurs à Auxerre, in: Soc. Sci. Hist. et Nat., Bull. 3e ser. 11, 1887, S. 129–147.

20 »(de) faire et esmouvoir une maniere de jaquerie et maillecterie«, Delafosse a.a.O., S. 28; zur Wortwahl vgl. Autrand, Dates, S. 175ff.

21 »ad evocacionem none que vulgariter cliquetus nuncupatur«; vgl. Du Cange II, S. 374, s. f. »cliquetum«.

22 Vgl. die schwer überprüfbare Geschichte von einem arbeitszeitverkürzenden Gnadenakt des Jean de Berry, in: E. Pasquier, De ce mot »Tintamarre«, in: ders., Recherches de la France, VII, 52, in: Œuvres completes vol. I, 1723, Ndr. 1972, Sp. 853f.

23 Orfinus Laudensis (c. 8, Anm. 15), S. 57, 60:
»Semper, ut est moris, resonet campana laboris /
Artibus impletis paveat campa quietis. /
/ . . . /
In solitis horis resonet campana laboris, /
Tinniat expletis gestis campana quietis.«

24 Ferrara: Statuta Ferrarie, ed. W. Montorsi, Ferrara 1955, S. 194; Novara: F. A. Bianchini, Le cose rimarchevoli della città di Novara, Novara 1828, Ndr. Bologna 1974. S. 157; Padua: R. Cessi, Le Corporazioni dei Mercanti di Panni e della Lana in Padova, Venedig 1908, S. 43f.; Verona: L. Simoni (Anm. 18), S. LXXII; Parma: Chronica Parmensis (c. 5, Anm. 13), S. 202f.; Treviso: A. Marchesan, Treviso Medievale I, Treviso 1923, Ndr. 1971, S. 111f.

25 Douai: G. Espinas/J. Pirenne (c. 8, Anm. 85) t. II, 2, S. 68ff., u. ö.

26 Therouanne: Th. Duchet u. A. Giry, Cartulaires de l'Église de Thé-

rouanne, St. Omer 1881, Nr. 214, 264; 241, 266, 267; vgl. Espinas/Pirenne a.a.O., t. I/3, S. 394f.

27 Brügge: Espinasse/Pirenne a.a.O., S. 561; Provins: F. Bourquelot, Histoire de Provins, t. 1, Paris 1839, S. 61, 239ff., 428f.

28 »clocke des oevriers/weerclocke«, H. Michelant ed., Le Livre des Mestiers. Dialogues français-flamands, composés au XIV siècle, Paris 1875; »belle of werkemen«, W. Caxton, Dialogues in French and English, ed. H. Bradley, London 1900, S. 30.

29 A. S. Florenz, Arte della Lana, Statuti 6 (1362–1427), IV, 4, Arbeitszeitordnung 1361.

30 In den Gestattungstexten für Montreuil-sur-Mer 1372, ORF V, S. 529 und für Beauvais vgl. Anm. 49.

31 Vgl. z. B. die Werkglockenbestimmungen für Comines 1359/1361, in: ORF IV S. 208f.; vgl. Espinas/Pirenne (Anm. 25), t. I., S. 620f.

32 »Elc wevere es sculdich werc te latene binnen der clocke daer hie onder behort«; Espinas/Pirenne, a.a.O., S. 397ff.

33 (1295) a.a.O., S. 561; in Courtrai müssen sich die anderen Zünfte nach der »weversclocke« richten, (1340) a.a.O., S. 653.

34 »Dat si nemmermeer ander weercklocke hebben en zullen dan de clocke daer mede ghemeenlike mede gaat te weercke«, a.a.O., S. 592, 597.

35 Text: Espinas/Pirenne (Anm. 31), S. 56.

36 J. Le Goff hat sich m. E. von dem bei Espinas/Pirenne dicht ausgebreiteten Material täuschen lassen, vgl. Temps du travail, S. 70. Der dort angeführte Fagniez, Études (Anm. 13), S. 84, hat auch nur geschrieben, daß in den Städten, in denen dominierende Gewerbe fehlten, z. B. in Paris, keine Werkglocken zu finden seien.

37 F. G. v. Bunge, Die Stadt Riga im 13. und 14. Jahrhundert, Leipzig 1878, S. 129; Heckerglocke in Würzburg v. 1333: H. Hoffmann, Würzburger Polizeisätze, Gebote und Ordnungen des Mittelalters, Würzburg 1955, S. 57, 77 u. ö.; Sisteron 1366: Die »fossores et alii opera ruraliter facientes quibus hodie salaria magna dantur tarde ad opera incedentes et hora de vespere nimis brevi redeuntes minime faciunt quod deberent« sollen hinfort nicht mehr »ignorancia« vortäuschen und deshalb kann der Rat für die Arbeit »certas horas« anordnen; E. de Laplane, Histoire de Sisteron, t. I., Digne 1843, Doc. XXIII, S. 518f.

38 London: L. F. Salzman, Building in England down to 1540, 2nd ed. Oxford 1967, S. 62; Windsor: W. H. St. John, Windsor Castle, London 1913; Moor End: Salzman a.a.O.; York: J. J. Raine (ed.), The Fabric Rolls of York Minster (Surtees Soc. 35), Durham 1859, S. 181; vgl. D. Knoop/G. P. Jones, Overtime in the Age of Henry VIII, in: Economic History, Suppl. to the Economic Journal 1938, S. 13ff.; Florenz: S. Guasti, S. Maria del Fiore, Florenz 1887, S. 162; Mailand: Annali (c. 6, Anm. 45), Appendici I, S. 132, 145 und Annali I, S. 112; Pavia, Certosa: L. Beltrami, Storia documentata della Certosa di Pavia, vol. 1, Mailand 1896, S. 129, 183.

39 A. Thierry, Recueil des Monuments inédits de l'Histoire du Tiers État, 1er ser., t. 1., Paris 1850, S. 456ff.

40 Die von Thierry verloren geglaubte Ordnung bei: E. Maugis, Recher-

ches sur les Transformations du Régime politique et social de la ville de Amiens, Paris 1906, S. 346.

41 G. Chaucer, A Treatise on the Astrolabe (1391), ed. W. W. Skeat, Oxford 1872, Ndr. 1968, S. 8; zu den Maßangaben vgl. Oschinsky (Anm. 17), S. 354f. mit weiterer Literatur.

42 J.J. Raine (Anm. 38), S. 171–173.

43 H. Caffiaux, Le Beffroi et la Cloche des Ouvriers en 1358, in: Mém. Soc. Hist. Valenciennes 3, 1873, S. 17.

44 In: ORF IV, S. 588f.

45 L. Riccetti, Duomo (c. 6, Anm. 45).

46 Annali I (Anm. 38), S. 79, Annali Appendici I, S. 318.

47 Hamburg: vgl. Anm. 15; Frankfurt: B. Schmidt, Frankfurter Zunfturkunden bis zum Jahre 1612, Bd. 1 Frankfurt 1914, S. 29, 355f.; Paris: Lespinasse (Anm. 12), t. III, 1897, S. 107; Köln: vgl. S. 217.

48 Genua 1. H. d. 15. Jh.: L. Balletto, I Lavoratori nei Cantieri Navali (Liguria, sec. XII–XV), in: Artigiani e Salariati (Anm. 10), S. 147.

49 Text: Paris AN X1A 36, f°179–183v°; unwesentlich gekürzt bei Fagniez, Documents (Anm. 14), S. 135–44.

50 A.a.O. f° 182v°, 183, Fagniez a.a.O., S. 141ff.

51 Paris: Lespinasse, Métiers (Anm. 12), S. 108; Orléans: Fagniez a.a.O., t. 2, S. 187f.; T. Boutiot, Histoire de la ville de Troyes, t. 2, Paris 1872, S. 339f.; C. T. Gemeiner (c. 4, Anm. 197), III, S. 108.

52 C. Mollwo, Das Rote Buch der Stadt Ulm, Stuttgart 1905, S. 204f.; C. de Robillard de Beaurepaire (c. 5 Anm. 58), S. 310f.

53 Die Ordnung der Arbeitszeit der Gesellen auf den Eisendrahtmühlen in Nürnberg sieht Sanduhren vor, weil die Mühlen von Schlaguhren oft zu weit entfernt und deren Signal wegen des Lärms bei der Arbeit nicht hörbar sei, R. Stahlschmidt, Die Geschichte des eisenverarbeitenden Gewerbes in Nürnberg, Nürnberg 1970, S. 188f.

54 J. Beneyto Perez, Regulacion del trabajo en la Valencia del 500, in: Anuario de Historia del Derecho Español 7, 1930, S. 268ff. u. S. 297.

55 The Complete Works of St. Thomas More, ed. E. S. Surtz S. J. und J. H. Hexter, vol. 4, New Haven 1965, S. 126; nur vier Stunden eines abwechslungsreich und heiter verbrachten Tages soll in Campanellas »Sonnenstaat« gearbeitet werden, »Ast in Civitate Solis dum cunctis distribuuntur ministeria, et artes, et labores, et opera: vix quatuor in die horas singulis laborare contingit: reliquum tempus consumatur in addiscendo iucunde, disputando, legendo, narrando, scribendo, deambulando, exercendo ingenium et corpus, et cum gaudio«; F. Thomae Campanellae Appendix Politicae Civitas Solis, Frankfurt 1623, S. 435.

56 Zit. nach A. Zycha, Das böhmische Bergrecht des Mittelalters auf der Grundlage des Bergrechts von Iglau, 2 Bde., Berlin 1900, hier Bd. 2, S. 12–15.

57 A.a.O., S. 187–89.

58 (GLA Karlsruhe, A. Münstertaler Bergwerke, Abschrift des 15. Jh.), zit. n. Gothein, in: Zs. f. d. Gesch. d. Oberrheins, N. F. 2, 1887, S. 447.

59 Vgl. dazu: R. Müller, Das Bergrecht Preussens und des weiteren

Deutschlands, Stuttgart 1917, S. 376ff.; R. Dietrich, Untersuchungen zum Frühkapitalismus im mitteldeutschen Erzbergbau und Metallhandel, in: Jb. f. d. Gesch. Mittel- und Ostdeutschlands 9/10, 1961, S. 172ff., 191; A. Koch, Arbeitsrechtliche Bestimmungen am steirischen Erzberg im 16. Jahrhundert, Graz 1942, S. 54f.; »frie zeit« 1469, H. Ermisch (Hg.), Freiberger UB II, Leipzig 1883–91, S. 197; J. Köhler, Die Keime des Kapitalismus im sächsischen Silberbergbau (1168–1500), (Freiberger Forschungshefte Kultur und Technik D 13) Berlin 1955, S. 66, 102f.

60 Zwölf Bücher vom Berg- und Hüttenwesen, hg. v. H. Schiffner, München 1977, S. 78; vgl. Koch, S. 54, 181; Köhler, S. 105; C. Neuburg, Goslars Bergbau bis 1552, Hannover 1892, S. 230.

61 In Schneeberg 1478: O. Hoppe, Der Silberbergbau zu Schneeberg bis zum Jahre 1500, Heidelberg 1918, S. 121f.; in Schreckenberg 1499: H. Helbig (Hg.), Quellen zur älteren Wirtschaftsgeschichte Mitteldeutschlands IV, Weimar 1953, S. 117; in Tarnowitz erklärt sich 1532 allerdings die »Herrschaft« bereit, eine Uhr für das Amtshaus zu bezahlen, K. Wutke (Hg.), Schlesisches Berg- und Hüttenwesen. Urkunden und Akten (1529–1740) (Cod. dipl. Siles. XXI), Breslau 1901, Nr. 469 (14).

62 Altenberg 1544/45: H. Löscher (Hg.), Das erzgebirgische Bergrecht des 15. und 16. Jahrhunderts, T. I, Berlin 1957, S. 67.

63 Ed. C. R. Dodwell, Oxford 1961, lib. I, c. 28; lib. II, c. 4, 7, 8; III, c. 36, 54; abweichende Kapitelzählung in der unvollst. Ausg. von W. Theobald, Berlin 1933.

64 S. J. v. Romocki, Geschichte der Explosivstoffe, Berlin 1895, S. 127ff.; W. Hassenstein, Das Feuerwerkbuch von 1420, München 1941, S. 65; Zündschnüre: Romocki, S. 186f.

65 Romocki, a.a.O., S. 278, 290ff.

66 The Three Books of the Potters Art, ed. B. Rackham, London 1934, S. 41; Biringuccios Pirotechnia, ed. O. Johannsen, Braunschweig 1925; vgl. den Bericht des preußischen Fabrikenkommissars F. A. A. Eversmann über eine niederländische Leinwandbleiche, in der die Arbeiterinnen in langen Reihen unter dem Kommando der Manufakturherrin, die mit einer Sanduhr auf dem Katheder saß, arbeiten, in: Technologische Bemerkungen auf einer Reise durch Holland, Freiberg-Annaberg 1792.

67 Michael de Massa, Predigermönch in Paris, bemerkt in seinem Matthäuskommentar um 1330, daß es besser sei, die Arbeiter im Stücklohn, »ad mensuram operis«, statt im Zeitlohn, »ad mensuram temporis«, zu bezahlen. Weil Zeitlöhner am Ende des Tages so bezahlt würden, als hätten sie fleißig gearbeitet, sei Betrug schwer zu verhindern. Wien NB ms. lat. 1512, f°180 vb, zit. n. W. J. Courtenay, Schools and Scholars in 14th-Century England, Princeton, N.J. 1987, S. 4.

68 R. A. Goldthwaite, The Building of the Strozzi Palace: The Construction Industry in Renaissance Florence, in: Studies in Medieval and Renaissance History X, 1973, S. 99–194, hier: S. 173: Arbeitstag, »opera«, mit Teilung in Viertel, Sechstel und Zwölftel.

69 B. Dini, I Lavoratori dell'Arte della Lana nel XIVe XVe secolo, in: Artigiani e Salariati (Anm. 10), S. 27–68, hier S. 45ff.

70 Casalini (c. 3, Anm. 4), S. 3; vgl. L. Riccetti, Duomo (c. 5, Anm. 11), S. 214.

71 B. Dini faßt sie als moderne Stunden auf und stimmt daher resümierend Le Goff zu: »I lavoratori erano completamente determinati dal nuovo modo di concepire il tempo.« Dabei beruft sich Dini außerdem auf die legendäre öffentliche Uhr in Florenz im Jahre 1325 (vgl. c. 7, Anm. 31).

72 Vgl. L. Riccetti (c. 5, Anm. 11).

73 D. Balestracci, »Li lavoranti non cognosciuti«. Il salariato in una città medievale (Siena 1340–44), in: Boll. Sen. Stor. 82/83, 1975/76, S. 67–157, hier S. 119.

74 Vgl. S. Battaglia, Grande Dizionario della Lingua Italiana, vol. IV, Turin 1971, S. 977, s. v. »Dotta«.

75 Vgl. Ph. Braunstein, Les débuts d'un chantier. Le Dôme de Milan sort de terre 1387, in: P. Benoît / O. Chapelot (Hg.), Pierre et Métal dans le bâtiment au Moyen Age, Paris 1985, S. 81–102; ders.: Les salaires sur les chantiers monumentaux du Milanais à la fin du XIVe siècle, in: X. Barral y Altet (Hg.), Artistes, Artisans et production artistique au moyen âge, vol. 1, Paris 1986, S. 123 ff.

76 Annali I (Anm. 38), S. 79, Annali Appendici I, S. 318, II, S. 29.

77 »... quia quando magistri recedunt a suis laboreriis, recedunt medii ipsorum, et vacant ab operibus suis per tres horas, et facto computo quod ipsi habent salarium den. 8 pro qualibet hora, dicitur quod fabrica portat damnum dicta occasione saltem gross. 12½ singulo die.« Annali I, S. 78, 309; die gedruckten Quellenauszüge sind selbst ein großer Steinbruch; Hinweise verdanke ich Ph. Braunstein.

78 Stundenweise Abrechnung von Transportleistungen an der Baustelle der Certosa di Pavia (1396), Beltrami (Anm. 38), S. 160.

79 Vgl. oben Anm. 61, f°183v°, Fagniez, Documents (Anm. 14), S. 143; im Text wird eine weitere Möglichkeit des Stück(?)- oder Zeit(?)-Lohns erwähnt, deren Bedeutung mir nicht klar ist: »ad taelnam«, nach »tallia« = Schnitt, geschnittenes Stück?; Orléans: Fagniez a.a.O., S. 187f.

80 L. Fumi, Statuti e Regesti dell'Opera di S. Maria d'Orvieto, Rom 1891, (Statuten 1421, § 36), S. 37.

81 Lutz Steinlingers Baumeisterbuch vom Jahre 1452, in: Mitt. d. Ver. f. d. Gesch. d. Stadt Nürnberg 2, 1880, S. 60ff.

82 M. Lexer / F. von Weech, Endres Tuchers Baumeisterbuch der Stadt Nürnberg (1464–1475), Stuttgart 1862, Ndr. 1968, S. 60–69, »stundgelt« S. 68, vgl. S. 272–77.

83 Ed. A. Gümbel, in: Repertorium für Kunstwissenschaft 32–34, 1909–11.

84 Ed. A. Gümbel (c. 5, Anm. 60), S. 10–94, S. 35, 41, 57 u. ö.

85 F. Lennel, Histoire de Calais II, Calais 1911, S. 80ff.

86 Knoop / Jones, Overtime (Anm. 38); A. Deville, Comptes des dépenses de la construction du château de Gaillon (1504), Paris 1850, S. 133; B. Bucher, Die alten Zunft- und Verkehrsordnungen der Stadt Krakau, Wien 1889, S. 91.

87 Baulant (Anm. 7), S. 465 n. 2.

88 Klagen der Untertanen: »Und damit wir in der Zeit der Sonnen irreten, hat uns der Herr von Rackel die Sonnenuhr von der Kirchen wegreißen und in

Stücken zuhauen lassen. Und ließ der Herr unterweilen im Winter umb 9 Uhr anstatt 12 Uhr die Mittagsglocke lauten, damit wir eher zu Hoffe fahren müßten, daß aniezo aber aus dem halben Wintertag auch ein ganzer Tag geworden, so daß wir Cossetten es weder mit den Handdiensten, noch weniger aber wir Bauren mit dem Gespahn es ausstehen können und dadurch ganz ruiniert werden.« R. Lehmann, Quellen zur Lage der Privatbauern in der Niederlausitz im Zeitalter des Absolutismus, Berlin 1957, S. 71.

89 Th. Vernaleken, Alpensagen, Wien 1858, S. 319.

90 Nach W. Bosse, Die Verhältnisse der Kammer als Domanialbehörde im Lande Stargard (1755–1806), Rostock 1930, S. 111 f., vgl. S. 38.

91 Engels, Lage, in: MEW 2, S. 398 ff.; Marx Rede über den Freihandel, in: MEW 4, S. 448; Marx, Kapital, IV, Abschn. 13, in: MEW 23, S. 391 ff.; E. P. Thompson, The Making of the English Working Class, London 1968, S. 321, 337 f.

92 R. E. Prutz, Leipzig 1851, Bd. 1, S. 120.

93 Thompson, Time S. 85 f.; L. Allegato, Socialismo e communismo in Puglia. Ricordi di un militante 1904–24, Rom 1971, S. 46, (Hinweis V. Hunecke). Factory Act 1844, c. 26: Arbeitszeit muß durch eine öffentliche oder öffentlich zugängliche Uhr geregelt werden, ebenso Factories Act 1861; Zürcherische Justizdirektion 1858: die Arbeitszeit in der Baumwollspinnerei in Engstringen muß nach der gewöhnlichen Uhr und darf nicht nach der willkürlich gestellten Fabrikuhr geregelt werden, in: Mitt. aus d. Akten der Zürcherischen Fabrikkommission, Bd. 1, Zürich 1858, S. 286–8; Aargauisches Fabrikpolizeigesetz 1862: Arbeitszeit muß nach der öffentlichen Uhr geregelt werden. Am Ende des 19. Jahrhunderts machen die Fabrikordnungen durchweg die Fabrikuhren verbindlich.

94 In: MEW 23, S. 448 f.

95 B. Hargreaves, Recollections of Broad Oak, Bowker 1882, S. 42, zit. n. G. Pearson, Goten und Vandalen – Verbrechen in historischer Perspektive, in: Kriminologisches Journal 9, 1977, S. 289.

96 D. T. Rogers, The Work Ethic in Industrial America 1850–1920, Chicago London 1974, S. 153 ff.; anschauliche Beispiele bei: B. F. Tolles jr., Textile Mill Architecture in East Central New England: An Analysis of Pre-Civil War Design, 1971, S. 223–253.

97 M. W. Flinn (Hg.), The Law Book of Crowley Ironworks (Surtees Soc. 167), Durham-London 1957, bes. »Order Number 103«.

98 Kontrolluhren: H. Kahlert, Kontrolluhren des 19. Jahrhunderts, in: AU 7, 1984, S. 53ff.; A. Burchall, The Noctuary or Watchman's Clock, in: AH 15, 1985, S. 231 ff.; McKendrick (Anm. 2); R. M. Currie, Work Study, 2. Aufl. London 1963, S. 3–4; vgl. S. M. Macey, Work Study before Taylor: An Examination of Certain Preconditions for Time and Motion Studies that began in the Seventeenth Century, in: Work Study and Management Services 18, 1974, S. 530 ff.

99 R. A. Ferchault de Réaumur, L'art de l'Épinglier ..., dt.: Der Nadler, oder die Verfertigung der Nadeln nebst Zusätzen von Herren du Hamel de Monceau und einigen aus Herrn Perronet ... gezogenen Anmerkungen (übersetzt von J. H. G. von Justi), in: Schauplatz der Künste und Handwerke ... Berlin – Stettin – Leipzig 1762, S. 191 ff., hier S. 201, 212 ff., 227, 235.

100 Bernard Forest de Belidor, Architectura Hydraulica, oder Die Kunst, die Gewässer des Meeres und der Flüsse zum Vorteil der Verteidigung ... anzuwenden (1739), 2. Teil, Augsburg 1766, S. 21 ff.; der Hinweis nach H. Hämmerli, Der Zeitakkord Bern 1949, S. 42.

101 StA Köln, Französische Verwaltung Nr. 1336, 12.

102 R. Ehrenberg, Krupp-Studien III, in: Archiv für exakte Wirtschaftsforschung Bd. 3, Jena, 1911, S. 88f.

103 M. A. Bienefeld, Working Hours in British Industry. An Economic History, London 1972; G. Cross, A Quest for Time. The Reduction of Work in Britain and France, 1840–1940, Berkeley 1989; H. Pohl (Hg.), Wirtschaftswachstum, Technologie und Arbeitszeit im internationalen Vergleich (Zs. f. Unternehmensgesch., Beih. 24), Wiesbaden 1983.

## 10. Koordination und Beschleunigung

1 Vgl. H. Kownatzki, Geschichte des Begriffs und Begriff der Post, in: APT 51, 1923, S. 377–423.

2 Ausführliche Diskussion bei V. Aschoff, Geschichte der Nachrichtentechnik, Bd. 1, 2. verb. Aufl., Berlin 1989, Kap IV u. VI.

3 O. Codogno, Nuovo itinerario de poste per tutto il mondo, Mailand 1608, S. 73f., n. J. Rübsam, Zur Geschichte des internationalen Postwesens im 16. und 17. Jahrhundert, in: Hist. Jb. d. Görres-Ges. 13, 1892, S. 72.

4 Marco Polo, Il Milione – Die Wunder der Welt, c. 99, übers. v. E. Guignard, Zürich 1983, S. 158ff.

5 B. Spuler, Die Mongolen im Iran. Verwaltung und Kultur der Ilchanzeit (1220–1350), 3. Aufl., Berlin 1968, S. 422–26; P. Olbricht, Das Postwesen in China unter der Mongolenherrschaft im 13. und 14. Jahrhundert (Göttinger Asiatische Forschungen, Bd. 1), Wiesbaden 1954.

6 H. Yule u. H. Cordier, Cathay and the way thither being a collection of Medieval Notices of China, new ed., (Hakluyt Soc. vol 33) London 1913, Ndr. 1967, S. 232.

7 A.a.O. (vol. 37), 1914, Ndr. 1967, S. 92.

8 Ed. M. Letts (Hakluyt Soc. 2nd. ser. vol. 102), vol II, 1953, Ndr. 1967, S. 366f.

9 B. Spuler (Anm. 5), S. 425.

10 Vgl. »Cursus publicus« in RE IV, col. 1846ff. und »Postwesen« in RE XXII, col. 988ff.; A. M. Ramsay, The speed of the Roman Imperial Post, in: Journal of Roman Studies 15, 1925, S. 60–74.

11 J. Sauvaget, La poste aux chevaux dans l'empire des Mamelouks, Paris 1941; M. Sabbagh/C. Löper, Die Brieftaube schneller als der Blitz, Straßburg 1897; vgl. die Reiseberichte des Münchners Johann Schiltberger (c. 1420), hg. v. K. F. Neumann, München 1859;, Ndr. 1976, S. 109f.

12 Vgl. »Botenwesen«, in: LdM II, col. 484ff.; E. Vaille, Histoire Générale des Postes Françaises, 2 Bde., Paris 1947–55, Bd. 1, S. 149ff.; ausführlich für den deutschen Sprachraum: E. Kießkalt, Die Entstehung der deutschen Post bis zum Jahre 1932, Erlangen 1938; O. Lauffer, Der laufende Bote im Nach-

richtenwesen der früheren Jahrhunderte, in: Beiträge zur deutschen Volkskunde 1, 1954, S. 19–60; zur späteren Entwicklung vgl.: S. Oettermann, Läufer und Vorläufer. Zu einer Kulturgeschichte des Laufsports, Frankfurt 1984.

13 C. Löper, Das Botenwesen und die Anfänge der Posteinrichtungen im Elsaß, insbesondere in der freien Reichsstadt Straßburg, in: APT 4, 1876, S. 197–204, 231–41. Die Bezahlung von Boten nach Meilen wird für den Konstanzer geistlichen Gerichtshof schon für das Jahr 1345 berichtet. Sie findet sich auch in einer Konstanzer Botenordnung von 1459 und in der Wolfacher Büttelordnung von 1470, vgl. Fuchs, Zum Nachrichten- und Verkehrswesen im Mittelalter am Oberrhein und am Bodensee, in: APT 14, 1886, S. 417–29; vgl. außerdem die Läuferbotenordnung der Stadt Colmar aus dem Anfang des 16. Jahrhunderts, in: Urkunden über Botendienst und Postwesen im Elsaß, in: APT a.a.O., S. 673 f.

14 (»temporibus debitis et statutis et per dietas continuas et directas«), A. Schaube, Der Kurierdienst zwischen Italien und den Messen der Champagne, in: APT 24, 1896, S. 542–50, 571–81, S. 579.

15 F. Melis, Intensità e regolarità nella diffusione dell' informazione economica generale nel Mediterraneo e in Occidente alla fine del Medioevo, in: Mélanges F. Braudel, Paris 1973, S. 389–424b.

16 F. Ludwig, Reise- und Marschgeschwindigkeiten im 12. und 13. Jahrhundert, Berlin 1897; P. Thomas, Délai de transmission de lettres françaises à destination de Lille pendant la fin du XIVe siècle, in: Revue du Nord 4, 1913, S. 89–122; M. N. Boyer, A Day's Journey in medieval France, in: Speculum 26, 1951, S. 597–608; E. Riedel, Zur Geschichte der Reisegeschwindigkeiten, in: Archiv für Postgeschichte in Bayern 8, 1952/54, S. 117–121; J. W. Nesbitt, The Rate of March of Crusading Armies in Europe, in: Traditio 13, 1963, S. 168–81; R.-H. Bautier, Recherches sur les routes de l'Europe médiévale, in: Bull. phil. hist. 1960, I, S. 102 f., 115 f.; Y. Renouard, Routes, étapes et vitesses de marche de France à Rome au XIII au XIV siècles d'arpes les itinéraires d'Eudes Rigaud (1254) et de Barthélemy Bonis (1350), in: Studi in Onore di Amintore Fanfani III, Mailand 1962, S. 405–428; J. M. Cauchies, Messageries et messages en Hainaut en XVe siècle, in: Le Moyen Age 82, 1972, S. 397 ff.; R. Elze, Über die Leistungsfähigkeit von Gesandtschaften und Boten im 11. Jahrhundert. – Aus der Vorgeschichte von Canossa 1075–1077, in: Francia, Beih. 9, 1980, S. 3–10; R. Schäffer, Zur Geschwindigkeit des »staatlichen« Nachrichtenverkehrs im Spätmittelalter, in: Zs. d. hist. Ver. f. d. Steiermark 76, 1985, S. 101–19; H. Hundsbichler, Selbstzeugnisse spätmittelalterlicher Reisetätigkeit und historische Migrationsforschung, in: G. Jaritz u. A. Müller (Hg.), Migration in der Feudalgesellschaft, Frankfurt 1988, S. 351–369, bes. S. 352, 359 f.

17 E. Melillo, Le Poste nel Mezzogiorno d'Italia, Neapel 1879, S. 64.

18 Text der Quittung ed. H. Bösch, in: Mitt. aus d. Germ. Nationalmus. 1, 1884/86, S. 255 f.

19 W. v. Stromer, Die Nürnberger Handelsgesellschaft Gruber-Podmer-Stromer im 15. Jahrhundert (Nürnberger Forschungen Bd. 7), Nürnberg 1963, S. 24 f., nach: K. O. Müller, Welthandelsbräuche (1480–1540), (Deutsche Handelsakten des Mittelalters und der frühen Neuzeit V), Stuttgart 1934,

S. 188; auch die Augsburger Botenordnung von 1555 sieht knapp sechs Tage für die Strecke Venedig-Nürnberg vor, in: APT 18, 1887, S. 198–200. P. Sardella, Nouvelles et Spéculations à Venise au début du XVIe siècle, Paris 1949, S. 57 rekonstruiert dagegen nach venezianischen Quellen acht Tage als schnelle und einundzwanzig Tage als durchschnittliche Laufzeit für Nachrichten auf dieser Strecke.

20 In: G.F. Pagnini, Della decima ..., della moneta e della mercatura de' Fiorentini perfino al secolo XVI, vol. 4, Lissabon-Lucca 1766, S. 103. Vgl. Y. Renouard, Information et Transmission des Nouvelles, in: C. Samaran (Hg.), L'Histoire et ses Méthodes, Paris 1961, S. 112f.

21 Vgl. P. Sardella, Nouvelles (Anm. 19); für die ältere Zeit vgl.: A.L. Udovitch, Time, the Sea and Society: Duration of Commercial Voyages on the Southern Shores of the Mediterranean during the High Middle Ages, in: Navigazione mediterranea nell' alto medioevo (Centro italiano di studi sull'alto medioevo XXV), Spoleto 1978, S. 503–546.

22 R. Schäffer, Nachrichtenverkehr (Anm. 16) S. 104.

23 Eine der seltenen Studien: I.K. Steele, Time, Communications and Society: The English Atlantic, 1702, in: Journal of American Studies 8, 1974, S. 1–21; verstreute Hinweise auch bei R. Schäffer (Anm. 16).

24 Annali della Fabbrica (c. 6, Anm. 45) I, S. 32f.

25 F. Melis (Anm. 15) S. 395 u. Anm. 23; zu geschwindigkeitsabhängigen Kuriertarifen in Spanien; vgl. auch F. Ohmann, Die Anfänge der deutschen Post und die Taxis, Leipzig 1909, S. 30.

26 Ausnahmen von dieser Regel auch schon in der Antike, z.B. Ciceros Rede für Sextus Roscius aus Ameria (80 v. Chr.): Der Überbringer der Nachricht legt die Strecke Rom-Ameria in einem Reisewagen in 10 Nachtstunden zurück, »decem horis nocturnis ... pervolavit« Cicero, Pro Sexto Roscio Amerino 19, ed. lat.-engl. J.H. Frese (Cicero, vol. VI), London (1930), 1984, S. 138.

27 Den Hinweis auf die Abweichung bei J. Rübsam, Aus der Urzeit der modernen Post 1425–1562, in: Hist. Jb. d. Görres-Ges. 21, 1900, S. 33ff., hier S. 39; der Text nach: Gian Battista Ramusio, Navigazioni et Viaggi, v. 1.2, Venedig 1583, f°30r°, Ndr. Amsterdam 1968; zur Textüberlieferung vgl. L.F. Benedetto, Marco Polo, Il Milione. Prima edizione integrale, Florenz 1928, hier S. 96 und die Einl. zur englischen Ausgabe: A.C. Moule u. P. Pelliot, Marco Polo. The Description of the World, vol. I, London 1938.

28 B. Spuler, a.a.O. (Anm. 5) S. 425.

29 P. Ratchnevsky, Un code des Yuan, Paris 1937, S. 281ff.; O. Olbricht (Anm. 5) S. 63f., 79, 87.

30 Daß schon im 8. Jahrhundert die Ankunftszeiten der Klosterboten mit Stundenangaben notiert worden sind, ist ein Mißverständnis, das sich bei S. u.K. Maurice, Stundenangaben, S. 156, eingeschlichen hat. An der angegebenen Belegstelle, E. Kießkalt (Anm. 12), S. 32, ist nur allgemein vom Festhalten der Ankunftszeit die Rede. Nach A. Ebner, Die klösterlichen Gebetsverbrüderungen bis zum Ausgang des karolingischen Zeitalters, Regensburg 1890, S. 81, wurde auf den Totenroteln der Tag notiert, um Versäumnisse seitens der Boten zu verhindern. Eine Admonter Totenrotel des späten 15. Jahr-

hunderts (1484/85) enthält ganz vereinzelt Stundenangaben, gibt diese aber nach kanonischen Stunden oder klösterlichen Offizien an, J. Wichner (ed.), in: Studien und Mitt. aus dem Benedictiner- und dem Cistercienserorden 5, 1884, S. 64.

31 Erste Hinweise auf das Nachrichtenwesen des Deutschen Ordens hatte J. Voigt in Raumers Hist. Taschenb., Bd. 1, Leipzig 1830, S. 219, gegeben und ein leider undatiertes Stück veröffentlicht, das auch Bilfinger, Horen, S. 209, abdruckt. Seiner Darstellung hat – wie sich herausgestellt hat, zu Unrecht – P. Babendererde widersprochen, in: ders. Nachrichtendienst und Reiseverkehr des Deutschen Ordens um 1400, in: Altpreußische Monatsschrift 50, 1913, S. 189–244, bes. S. 243f. Zwei weitere Stücke aus dem Thorner Ratsarchiv (5. 1. 1439 und 24. 1. 1439) sind abgedruckt in: (Anon.), Über die Entwicklung des Postwesens in Preußen zur Zeit des Deutschen Ordens und der Polnischen Oberhoheit, in: APT 10, 1882, S. 492. Hinweis auf die große Zahl solcher Vermerke im Ordensbriefarchiv spätestens seit 1409 bei: P. G. Thielen, Die Rolle der Uhr im geistlichen und administrativen Alltagsleben der Deutschordenskonvente in Preußen, in: E. Bahr (Hg.), Studien zur Geschichte des Preußenlandes (FS. E. Keyser), Marburg 1963, S. 392–396; vgl. ders., Die Verwaltung des Ordensstandes in Preußen vornehmlich im 15. Jahrhundert, Köln 1965, S. 117–19. Eine Beschreibung und die kartographische Auswertung der »Eilbriefe« des Ordensbriefarchivs dann bei: J. Jahnke u. H. Zimmermann, Die Postwege des Deutschen Ordens, in: Historisch-geographischer Atlas des Preußenlandes, hg. v. H. u. G. Mortensen/R. Wenskus, Lfg. 1, Wiesbaden 1968. Leider fehlt darin ein Hinweis auf das Alter solcher Vermerke.

32 J. Jahnke/H. Zimmermann, Erläuterungen a.a.O., S. 1.

33 P. G. Thielen, Uhr (Anm. 31), S. 393.

34 Vgl. das Schreiben des Komturs Michael Küchmeister an den Ordenshochmeister v. 29. Apr. 1418, in: H. Koeppen (Hg.), Die Berichte der Generalprokuratoren des Deutschen Ordens an der Kurie, Bd. 2 (Veröff. d. niedersächsischen Archivverwaltung H. 13), Göttingen 1960 Nr. 253, S. 480f. Das Schreiben ist in Frankfurt/Oder aufgegeben, trägt aber erst ab Schlochau Präsentata-Vermerke.

35 Vgl. die Ansichten von: Balga, Brandenburg, Braunsberg, Christburg, Fischhausen, Frauenburg, Heiligenbeil, Insterburg, Kreuzburg, Königsberg, Ragnit, Rastenburg, Soldau, Tapiau, Tilsit und Welau in: »Von Danzig bis Riga«. Ausstellungskatalog des Germanischen Nationalmuseums Nürnberg 1982.

36 Zinner, Räderuhren S. 32f.; vgl. P. G. Thielen, Uhr (Anm. 31), S. 394.

37 Vgl. M. Lindemann, Nachrichtenübermittlung durch Kaufmannsbriefe. Briefzeitungen in der Korrespondenz Hildebrand Veckinghusens (1398–1428), München 1978, S. 14ff.

38 »Datum cavalario Brixie ... hora decima octava.« L. Osio, Documenti diplomatici tratti dagli archivi Milanesi, Mailand 1864, t. 1, S. 162f., t. 2, 1869, S. 343; A. Sassi, Cenni di Storia Postale del secolo XIV al XVIIII (Estratti del Giornale »Il Francobollo«), Mailand 1897, S. 8f., 1387 »per cavallarios postarum ... et notentur hore«, 1389 »portentur velociter die noctuque«; C. Fedele/M. Gallenga, Per un servizio di Nostro Signore. Strade, corriere e poste dei Papi dal Medioevo al 1870, Modena 1988, S. 25ff.

39 Bei A. Sassi a.a.O.

40 C. Fedele/F. Gallenga a.a.O., S. 25, 201.

41 Für die Geschichte der Taxis-Post vgl. M. Dallmeier, Quellen zur Geschichte des europäischen Postwesens 1501–1806, Teil I, Quellen – Literatur – Einleitung, Teil II, Urkundenregesten (Thurn- und Taxis-Studien 9/I, II) Kallmünz 1977, (zit.: Dallmeier I u. Dallmeier II), hier S. 49ff.; W. Behringer, Thurn und Taxis. Die Geschichte der Post und ihrer Unternehmen, München 1990.

42 Dallmeier II, Nr. 41 u. 188.

43 Behringer (Anm. 41), S. 13f.

44 Vgl. etwa die nationalistische Polemik von E. Kießkalt, Die Post – ein Werk Kaiser Friedrichs III., nicht der Taxis. Die Aufdeckung einer Kultur- und Geschichtslüge, Bamberg 1926; E. Kießkalts große Arbeit 1938 (Anm. 12) ist im Ton mäßiger, verfolgt aber in der Sache die gleiche deutsch-preußische Tendenz.

45 Nach Behringer (Anm. 41), S. 26f.

46 Der Text bei: F. A. Isambert, Recueil général des Anciens Lois Françaises, livr. 5eme, Paris 1825, S. 487–492; G. Zeller, Un faux du XVIIe siècle: l'édit de Louis XI sur la poste, in: Rev. Hist. 180, 1937, S. 286–92; auch L. Kalmus, Weltgeschichte der Post, Wien 1937, S. 316ff., hat eine Fälschung vermutet, diese allerdings auf die Zeit 1508/09 datiert; vgl. E. Vaille, Histoire (Anm. 12) Bd. 2, S. 24–37; zum Kontext: I. Mieck, Die Entstehung des modernen Frankreich 1450–1619, Stuttgart 1982, S. 60f.

47 Der älteste erhaltene Stundenpaß von 1494 im Katalog einer verkehrsgeschichtlichen Ausstellung in Mailand (April 1901), vgl. J. Rübsam in: APT 29, 1901, S. 482. Weitere Stücke bei: O. Redlich, Vier Post-Stundenpässe aus den Jahren 1496–1500, in: MIÖG 12, 1891, S. 494–504; J. Rübsam, Das kaiserliche Postamt zu Mailand in der ersten Hälfte des XVI. Jahrhunderts unter Simon von Taxis, in: APT 29, 1901, S. 443–453; F. Ohmann (Anm. 25), S. 130–47.

48 J. Rübsam, Postamt a.a.O., S. 452; Abb. eines mit einem Galgen verzierten Stundenpasses bei Behringer, S. 29.

49 F. Ohmann (Anm. 25), S. 319f.

50 F. Ohmann a.a.O., S. 133ff.

51 A.a.O., S. 326–29.

52 Dallmeier I, Nr. 2.

53 A.a.O., Nr. 3.

54 In einem niederländisch-französischen Postabkommen vom 15. 12. 1660 wird die Brieflaufzeit zwischen Brüssel und Paris auf 40–42 (im Winter 48–50) Stunden festgesetzt; a.a.O., Nr. 325. Zu den tatsächlichen Laufzeiten kaiserlicher Briefe und den kriegsbedingten Verzögerungen vgl. W. Bauer, Die Taxis'sche Post und Beförderung der Briefe Karls V. in den Jahren 1523 bis 1525, in: MIÖG 27, 1906, S. 436–59.

55 Z. B. in der »Pragmatik« der Posten im Königreich Neapel v. 18. Sept. 1559, in: A. de Sariis, Codice delle Leggi del regno di Napoli, lib. V., tit. XX, Neapel 1794, n. Melillo (Anm. 17), S. 96f.

56 Dallmeier I, S. 61ff.

57 Dallmeier II, Nr. 124.

58 J. Rübsam, Zur Geschichte des internationalen Postwesens im 16. und 17. Jahrhundert, in: Hist. Jb. d. Görres-Ges. 13, 1892, S. 15–79, hier S. 34f.; APT 16, 1888, S. 212.

59 Dallmeier II, Nr. 126–128, Rübsam, a.a.O., S. 43f. u. 75–77.

60 Vgl. die Reichspostordnungen 1596 u. 1698, Dallmeier II, Nr. 106, 479, 480 und zahlreiche Einzelverordnungen.

61 Dallmeier II, Nr. 157; vgl. Behringer, S. 107f.

62 Relais- und Vorspann-Reglement 1703, Chr. O. Mylius (Hg.), Corpus Const. Magdeburgicarum novissimarum, Magdeburg–Halle 1714–17. V, Nr. 110, S. 328; Postordnung für den Kurs Berlin-Cleve 1710, Corpus Const. Magdeb. V, § 13, S. 104; Preußische Postordnung 1712, Corpus Const. March (c. 8, Anm. 91), IV, I, III, Nr. 97, Sp. 1014, 1017; Postordnung für Polen und Sachsen 1713, J. C. Lüning (Hg.), Codex Augusteus oder neuvermehrtes Corpus Juris Saxonici, Leipzig 1724 mit 3 Forts. bis Dresden 1824, II Sp. 1066f.; Ermahnung 1720: II, Sp. 1111f.; Oberpostamtsverordnung (Sachsen) 1744, Codex Augusteus a.a.O. 1. Forts., I. Abt., IV. Buch, 6. Kap., Sp. 1767/68, 1777/78.

63 Corpus Const. March (c. 8, Anm. 91), IV, I, III, Nr. 68, Sp. 916f.; Cod. Aug. a.a.O. II, II, IV, c. 6, Sp. 1066f., 1070f.; H. Stephan, Geschichte der preußischen Post, Berlin 1859, Ndr. Glashütten 1976, S. 309.

64 Cod. Aug. a.a.O., II, Spl. 1017, 1056.

65 Corpus Const. March. (c. 8, Anm. 91) IV, I, III, Nr. 167, Sp. 1103; vgl. Postordnung für Hessen-Kassel 1719, in: H. Haass, Das hessische Postwesen bis zu Beginn des 18. Jahrhunderts, in: Zs. d. Ver. für hessische Geschichte und Landeskunde 44, 1910, S. 65.

66 A.a.O., Nr. 68 Sp. 914f., Nr. 124, Sp. 1047f.

67 P. S. Bagwell, The Transport Revolution from 1770, London 1974; G. Arbellot, La grande mutation des routes de France au milieu du XVIIIe siècle, in: Annales E. S. C., 28, 1973, S. 765–91; B. Lepetit, Chemins de terre et voies d'eau – Réseaux de transports et organisation de l'espace en France 1740–1840, Paris (E.H.E.S.S.) 1984; W. Zorn, Verdichtung und Beschleunigung des Verkehrs als Beitrag zur Entwicklung der »modernen Welt«, in: R. Koselleck (Hg.), Studien zum Beginn der modernen Welt, Stuttgart 1977, S. 115–134.

68 G. Arbellot, Arthur Young et la circulation en France, in: Rev. d'hist. moderne et contemporaine 28, 1981, S. 328–34.

69 A. H. Cole, The Tempo of Mercantile Life in Colonial America, in: Business Hist. Rev. 33, 1959, S. 277–99.

70 F. Braudel, Sozialgeschichte des 15. bis 18. Jahrhunderts (Der Alltag), München 1985, S. 464, 465.

71 H. Stephan (Anm. 63), S. 791–93; W. Zorn (Anm. 67), S. 121; P. Bagwell (Anm. 67), S. 48.

72 L. Börne, Sämtliche Schriften (hg. v. I. u. P. Rippmann), Düsseldorf 1964, S. 639–667.

73 P. Bagwell (Anm. 67), S. 47, 53; Klaus Beyrer, Das Reisesystem der Postkutsche. Verkehr im 18. und 19. Jahrhundert, in: »Zug der Zeit – Zeit der

Züge.« Deutsche Eisenbahnen 1835–1985, 2 Bde., Berlin 1985, Bd. 1, S. 39–59.

74 Nach K. Sautter, Die preußischen Schnellposten, in: APT 47, 1919, S. 451.

75 Vgl. Landes, Revolution, c. II.

76 Enslin, Bürgerliche Zeit.

77 K. A. v. Kamptz (Hg.), Annalen der preußischen inneren Staatsverwaltung 9, 1825, Nr. 91, S. 415; 17, 1, 1833, Nr. 88, S. 144 u. 17, 4, 1833, Nr. 80, S. 996.

78 Angeblich zeigten die Uhren der Postkutscher schon Greenwich Mean Time, E. Zerubavel, Standardization of Time, S. 6; vgl. Howse, Greenwich Time, S. 83.

79 Nicholas Wood, A practical Treatise on Rail-Roads, 2. Aufl., London 1832, S. XII, zit. n. W. Schivelbusch, Geschichte der Eisenbahnreise – Zur Industrialisierung von Raum und Zeit im 19. Jahrhundert, München 1977, S. 14.

80 M. Riedel, Vom Biedermeier zum Maschinenzeitalter, in: Archiv für Kulturgeschichte 43, 1961, S. 100–123, S. 112; Nürnberg-Fürth: n. J. Jehle, in: »Zug der Zeit« (Anm. 73) I, S. 69.

81 Außer M. Riedel, D. Sternberger, Panorama oder Ansichten vom 19. Jahrhundert, 3. Aufl., Hamburg 1955, S. 50; vgl. außerdem die in »Zug der Zeit – Zeit der Züge« (Anm. 73) veröffentlichten Aufsätze von F. Sonnenberger, S. 24–37, M. Jehle, S. 68–93, D. Vorsteher, S. 404–431, J. Tschoeke, S. 432–38.

82 L. Börne (Anm. 72), S. 645.

83 Quarterly Review, Bd. 63, 1839, zit. n. W. Schivelbusch (Anm. 79), S. 36.

84 Streckert, Stundenzonenzeit; vgl. Zerubavel, Standardization u. Howse, Greenwich Time.

85 In Adolf Glaßbrenners Schwank »Der Heiratsantrag«, in: Buntes Berlin, Berlin 1843, Ndr. 1981, S. 29.

86 G. Schmoller, Über den Einfluß der heutigen Verkehrsmittel, in: Preußische Jahrbücher 31, 1873, S. 424.

87 (16. März 1891), Helmuth Grf. v. Moltke, Gesammelte Schriften und Denkwürdigkeiten Bd. 7, Berlin 1892, S. 38–43; Streckert, Stundenzonenzeit, S. 509–511.

88 Die Zukunft der öffentlichen Zeit-Angaben und Wetter-Anzeigen, in: Reichsanzeiger, 2. Beilage, Nr. 273, 12. Nov. 1890; U. Merle, Tempo! Tempo! – Die Industrialisierung der Zeit im 19. Jahrhundert, in: Jenzen, Uhrzeiten, S. 166–217.

# Literaturverzeichnis

Autrand, Françoise: Les Dates, la Mémoire et les Juges, in: B. Guenée (Hg.), Le Métier d'Historien au Moyen Age, Paris 1977, S. 157–182.
Bassermann-Jordan, Ernst von: Alte Uhren und ihre Meister, Leipzig 1926, Ndr. 1979.
Battard, M.: Beffrois, Halles, Hôtels de Ville dans le Nord de la France et la Belgique, Arras 1948.
Bedini, Silvio A. / Maddison, Francis R.: Mechanical Universe. The Astrarium of Giovanni de Dondi (Transactions of the American Philosophical Society, n. s., vol. 56, pt. 5), Philadelphia 1966.
Beeson, C. F. C.: English Church Clocks 1280–1850, History and Classification, London-Chichester 1971 (zitierte Aufl.), verb. Aufl. Ashford 1977.
–, Perpignan 1356 – The Making of a Tower Clock and Bell for the King's Castle, London 1982.
Bergmann, Werner: Innovationen im Quadrivium des 10. und 11. Jahrhunderts. Studien zur Einführung von Astrolab und Abakus im Lateinischen Mittelalter (Sudhoffs Archiv, Beiheft 26), Stuttgart 1985.
Bilfinger, Gustav: Die mittelalterlichen Horen und die modernen Stunden. Ein Beitrag zur Kulturgeschichte, Stuttgart 1892, Ndr. 1969.
Borst, Arno: Astrolab und Klosterreform an der Jahrtausendwende (Sitzungsber. d. Heidelberger Akad. d. Wiss. Phil.-hist. Kl. 1989/1), Heidelberg 1989.
–, Computus. Zeit und Zahl in der Geschichte Europas, 1990.
Brusa, Giuseppe: L'Arte dell'Orologeria in Europa – Sette secoli di orologi meccanici, Busto Arsizio 1978.
–, Early Mechanical Horology in Italy, in: AH 18/5, 1990, S. 485–514.
Cancellieri, Francesco: Le due nove Campane di Campidoglio ..., Rom 1806.
Chapuis, Alfred: De Horologiis in Arte, Lausanne 1954.
Cipolla, Carlo M.: Clocks and Culture 1300–1700, London 1967.
Copenhaver, Brian P.: The Historiography of Discovery in the Renaissance. The Sources and composition of Polydore Vergil's De Inventoribus Rerum I–III, in: Journal of the Warburg and Courtauld Institutes 41, 1978, S. 192–214.
Edwardes, Ernest L.: Weight-driven Chamber Clocks of the Middle Ages and the Renaissance, Altrincham 1976.
Elias, Norbert: Über die Zeit. Arbeiten zur Wissenssoziologie II, Frankfurt 1984.
Enslin, H.: Die Entwicklung der bürgerlichen Zeit seit 1800, in: AU 11, 1988/1, S. 60–75.

Fallet-Scheurer, Marius: Die Zeitmessung im alten Basel, in: Basler Zs. f. Gesch. u. Altertumskunde 15, 1916, S. 237–366.
Farré-Olivé, Eduard: A Medieval Catalan Clepsydra and Carillon, in: AH 18, 1989, S. 371–80.
Franklin, Albert: La vie privée d'autrefois. Arts et métiers, modes, mœurs, usages des Parisiens du XIIe au XVIIIe siècle (4), La mesure du temps, Paris 1888.
Fraser, J. T. / Haber, F. C. / Müller, G.H. (Hg.): The Study of Time II, Berlin-Heidelberg-New York 1975.
Gimpel, Jean: The Medieval Machine. The Industrial Revolution of the Middle Ages, London 1977.
Grotefend, H.: Zeitrechnung des deutschen Mittelalters und der Neuzeit, 3 Bde., Hannover 1891–98, Ndr. 1970.
Gurjewitsch (Gurevič), Aaron J.: Das Weltbild des mittelalterlichen Menschen (russ. 1972), Dresden 1978.
d'Haenens, A.: Le clepsydre de Villers (1276). Comment on mesurait et vivait le temps dans une abbaye cistercienne au XIIIe siècle, in: Klösterliche Sachkultur des Spätmittelalters, Wien 1980, S. 321–42.
Hahnloser, Hans R.: Villard de Honnecourt. Kritische Gesamtausgabe des Bauhüttenbuchs ms. fr. 19093 der Pariser Nationalbibliothek, 2. erw. Aufl. Graz 1972.
Hammerstein, R.: Macht und Klang. Tönende Automaten als Realität und Fiktion in der alten und mittelalterlichen Welt, Bern 1986.
Hill, Donald R.: Arabic Water-Clocks (Sources & Studies in the History of Arabic-Islamic Science, History of Technology Ser. 4), Aleppo 1981.
–, The Book of Knowledge of Ingenious Mechanical Devices by Ibn al-Razzaz al-Jazari, Dordrecht – Boston 1974.
–, On the Construction of Water-Clocks (Turner & Devereux, Occasional Papers nr. 4), 1976.
Howgrave-Graham, R. P.: Some Clocks and Jacks, with Notes on the History of Horology, in: Archeologia: or Miscellaneous Tracts relating to Antiquity 77, 1928, S. 257–312.
Howse, Derek: Greenwich Time and the discovery of the longitude, Oxford 1980.
Jenzen Igor A. (Hg.): Uhrzeiten. Die Geschichte der Uhr und ihres Gebrauches, Frankfurt 1989.
Jünger, Ernst: Das Sanduhrbuch, Frankfurt/M. 1957.
Kurz, O.: European Clocks and Watches in the Near East (Studies of the Warburg Inst vol. 34), London-Leiden 1975.
Landes, David S.: Revolution in Time. Clocks and the Making of the Modern World, London – Cambridge, Mass 1983.
Leclercq, J.: Zeiterfahrung und Zeitbegriff im Spätmittelalter, in: A. Zimmermann (Hg.), Antiqui und Moderni. Traditionsbewußtsein und Fortschrittsbewußtsein im späten Mittelalter (Miscellanea Medievalia 9), Berlin 1974, S. 1–20.
Le Goff, Jacques: Au Moyen Age. Temps de l'Église et temps du marchand (1960) in ders: Pour un autre Moyen âge, Paris 1970, S. 46–65, dt. in: C. Honegger (Hg.), Schrift und Materie der Geschichte, 1977, S. 393–414.

–, Le temps du travail dans la »crise« du XIVe siècle: du temps médiéval au temps moderne (1963), in ders: a.a.O., S. 66–79; dt. in: ders.: Für ein anderes Mittelalter. Zeit, Arbeit und Kultur im Europa des 15. Jahrhunderts, Frankfurt 1984, S. 29–42.

Lehner, Franz: Die mittelalterliche Tagesteilung in den österreichischen Ländern (Quellenstudien aus d. hist. Seminar der Univ. Innsbruck Heft 3), Innsbruck 1911.

Leopold, J. H.: The Almanus Manuscript (Staats- und Stadtbibliothek Augsburg cod. in 2° no. 209), London 1971.

Lippert, Elisabeth: Glockenläuten als Rechtsbrauch (Das Rechtswahrzeichen 3), Freiburg 1939.

Lloyd, H. Allan: Mechanical Timekeepers, in: C. Singer et al.: History of Technology III, Oxford 1957, S. 648–675.

Luhmann, Niklas: Die Knappheit der Zeit und die Vordringlichkeit des Befristeten, in: Die Verwaltung 1, 1968, S. 3–30.

–, Weltzeit und Systemgeschichte, in: P. C. Ludz, Soziologie und Sozialgeschichte, Opladen 1972, S. 81–115.

–, Zweckbegriff und Systemrationalität. Über die Funktion von Zwecken in sozialen Systemen, Frankfurt 1973.

Maddison, F. / Scott, B. / Kent, A.: An Early Medieval Water-Clock, in: AH 3, 1962, S. 348–53.

Marperger, Paul Jacob: Horologiographia oder Beschreibung der Eintheilung und Abmeßung der Zeit, Dresden-Leipzig 1723, Ndr. 1975.

Maurice, Klaus: Die deutsche Räderuhr. Zur Kunst und Technik des mechanischen Zeitmessers im deutschen Sprachraum, 2 Bde., München 1976; zit. Maurice, I, II.

Maurice, Klaus / Mayr, Otto: Die Welt als Uhr. Deutsche Uhren und Automaten 1550–1650, München 1980.

Maurice, S. u. K.: Stundenangaben im Gemeinwesen des 16. u. 17. Jahrhunderts, in: Maurice / Mayr: Welt als Uhr, 1980, S. 146–158.

Mumford, Lewis: Technics and Civilization, New York 1934.

Nahrstedt, Wolfgang: Die Entstehung der Freizeit – Dargestellt am Beispiel Hamburgs. Ein Beitrag zur Strukturgeschichte und zur strukturgeschichtlichen Grundlegung der Freizeitpädagogik, Göttingen 1972.

Needham, Joseph: Science and Civilization in China, bisher 6 in 15 Bde., Cambridge 1954ff.

–, Heavenly Clockwork. The Great Astronomical Clocks of Medieval China, 2nd. ed. with suppl. by J. H. Comdridge, Cambridge 1986.

–, The Hall of Heavenly Records: Korean astronomical instruments and clocks, 1380–1780, Cambridge 1986.

North, John D.: Richard of Wallingford. An edition of his writings with introductions, English translation and commentary, 3 Bde., Oxford 1976; zit. North I, II, III.

–, Monasticism and the First Mechanical Clock, in: The Study of Time II, S. 381–98.

Patart, Christian: Les cloches civiles de Namur, Fosses et Tournai au Bas Moyen âge (Credit Communal de Belgique, Collection Histoire, Pro Civi-

tate, ser. in-8, n. 44), Brüssel 1976.
Poulle, Emmanuel: Un Constructeur d'instruments astronomiques au XVe siècle. Jean Fusoris (Bibliothèque de l'École des Hautes Études, IV section, fasc. 318), Paris 1963.
–, Équatoires et Horlogerie planétaire du XIIIe au XVIe siècle, 2 Bde., Genf-Paris 1980.
Price, Derek J. de Solla: Clockwork before the Clock, in: Horological Journal 1955, S. 810–14, 1956, S. 31–35.
–, Gears from the Greeks. The Antikythera Mechanism – a Calendar Computer from ca. 80 B. C. (Trans. Amer. Philos. Soc. vol 64, no. 7, 1974), S. 1–70, New York 1975.
Quinones, Ricardo J.: The Renaissance Discovery of Time, Cambridge Mass. 1972.
Rigg, A. G.: Clocks Dials and other Terms, in: D. E. Gray / E. G. Stanley (eds.), Middle English Studies (FS N. Davis), Oxford 1983, S. 255–74.
Robertson, J. Drumond: The Evolution of Clockwork, London 1931, Ndr. 1972.
Rothwell, W.: The Hours of the Day in Medieval French, in: French Studies 13, 1959, S. 24–51.
Schreiner, Klaus: »Diversitas Temporum«. Zeiterfahrung und Epochengliederung im späten Mittelalter, Ms. Bielefeld (zit.: Schreiner Ms.); Kurzfassung in: R. Herzog / R. Koselleck (Hg.), Epochenschwelle und Epochenbewußtsein (Poetik und Hermeneutik XII), München 1987, S. 381–428.
Simoni, A.: Orologi Italiani dal Cinquecento all'Ottocento, 2. Aufl., Mailand 1980.
Sternagel, Peter: Die Artes Mechanicae im Mittelalter. Begriffs- und Bedeutungsgeschichte bis zum Ende des 13. Jahrhunderts, Kallmünz 1966.
Streckert, W.: Die Stundenzonenzeit, in: Jbb. f. Nat.-Ök. und Statistik 59, 1892, S. 481–517.
Le Temps Chrétien de la fin du l'antiquité au moyen âge, IIIe–XIIe siècles, Paris (C.N.R.S.) 1984.
Thompson, E. P.: Time, Work-Discipline and Industrial Capitalism, in: Past and Present 38, 1967, S. 56–97, dt. gek. in: R. Braun (Hg.), Gesellschaft in der industriellen Revolution, Köln 1973, S. 81–112.
Thorndike, Lynn: Invention of the mechanical clock about A. D. 1271, in: Speculum 16, 1941, S. 242–43.
Turner, Anthony J.: »The Accomplishment of Many Years«: Three Notes towards a History of the Sand-glass, in: Annals of Science 39, 1982, S. 161–72.
–, The Time Museum, Catalogue of the Collection, vol. 1, Time Measuring Instruments, pt. 3, Water Clocks, Sand-Glasses, Fire Clocks, Rockford Ill. 1984.
–, The Time Museum, Catalogue of the Collection, vol. 1, Time Measuring Instruments, pt. 1, Astrolabes and Astrolabe related instruments, Rockford Ill. 1985.
Ungerer, A.: Les Horloges Astronomiques et Monumentales les plus remarquables de l'Antiquité jusqu'à nos jours, Straßburg 1931.

Usher, Abbot P.: A History of Mechanical Inventions, rev. ed. New Haven 1954.

Wendorff, Rudolf: Zeit und Kultur – Geschichte des Zeitbewußtseins in Europa, Opladen 1980.

White Jr., Lynn: Medieval Technology and Social Change, Oxford 1962, dt.: Die mittelalterliche Technik und der Wandel der Gesellschaft, München 1968.

–, The Iconography of Temperantia and the Virtuousness of Technology, in: T. K. Rabb u. J. Seigels (eds.), Action and Conviction in Early Modern Europe, Princeton 1969, S. 197–219.

Wiedemann, Eilhard / Hauser, Fritz: Über die Uhren im Bereich der islamischen Kultur (Nova Acta Leopoldina, Bd. 100, Nr. 5), Halle 1915.

Zerubavel, Eviatar: The Benedictine Ethic and the Modern Spirit of Scheduling: On Scheduling Social Life, in: Sociological Inquiry 50, 1980, S. 157–69.

–, The Standardization of Time: A sociohistorical perspectice, in: Amer. Journ. of Sociology 88/1, 1982, S. 1–23.

Zinner, Ernst: Die ältesten Räderuhren und die modernen Sonnenuhren. Forschungen über den Ursprung der modernen Wissenschaft (28. Bericht der Naturforschenden Ges. in Bamberg), Bamberg 1939.

–, Aus der Frühzeit der Räderuhr, Von der Gewichtsuhr zur Federzuguhr, München 1954.

# Abbildungsverzeichnis

20., 21. Initialen in zwei Brevieren Philipps des Guten von Burgund; Brüssel, Bibliothèque royale Albert Ier, Ms. 9511, f° 307; Ms. 9026, f°163v.
22. Relief an der Fassade des Doms in Orvieto (um 1320); Foto: G. Dohrn-van Rossum, Bielefeld.
23. *De arte musica*; Paris, Bibliothèque Nationale, Ms. lat. 8500, f°39v°.
24. Aus einer französischen Übersetzung von Heinrich Seuses *Horologium Sapientiae*; Brüssel, Bibliothèque royale Albert Ier, Ms. IV, 111, f°13v°.
25. Türmeruhr; Zeichnung: G. Oestmann, Bremen, n. C. Sandoz, Les Horloges et les Maîtres Horlogers à Besançon, 1905.
26. Engelsfigur im Bauhüttenbuch des Villard de Honnecourt; Paris, Bibliothèque Nationale, Ms. fr. 19093, f°22v°, n. H. R. Hahnloser, Villard de Honnecourt, 1972.
27. Der Mönch Lazar und die Uhr im Kreml; St. Petersburg, Bibliothek der Akademie der Wissenschaften, Ostermanovskij-Manuskript (16. Jh.), n. Edward V. Williams, The Bells of Russia, Princeton N.J. 1985.
28. Stundenschlagwerk; Zeichnung: G. Oestmann, Bremen.
29. Wiedereinführung der alten Basler Uhr, 1779; kolorierte Radierung von L. de Rütte; Staatsarchiv Basel, Bildersammlung Falk A 500.
30. Hannibal in Capua, aus *Histoires romaines de Jean Mansel*; Paris, Bibliothèque de l'Arsenal, Ms. 5087, f°221v°.
31. Aus einer Handschrift von Heinrich Seuses *Orloge de Sapience*; Paris, Bibliothèque Nationale, Ms. fr. 926, f°113.
32. Aus J. Froissart, *Chroniques*; Paris, Bibliothèque Nationale, Ms. fr. 2645, f°14v°.
33. Rathausplatz in Luzern, Diebold-Schilling-Chronik, 1513; ZB Luzern (Eigentum Korporation Luzern).
34. Initiale »A« einer Urkunde aus Montreuil-sur-Mer 1377; Paris, Archives Nationales, KK 532 n°2ter.
35. Histoire de St. Mitre, Kathedrale St. Sauveur, Aix-en-Provence; Foto: Ministère de la Culture, Inventaire général des monuments et des richesses artistiques de la France.
36. Aus J. Froissart, *Chroniques*; London, British Library, Ms. Harley 4379, f°3.
37. Aus J. Froissart, *Chroniques*; Paris, Bibliothèque Nationale, Ms. fr. 2644, f°1.
38. Kölnisch um 1450/60: Die Legende der hl. Ursula: Ankunft und Martyrium, Köln, Wallraf-Richartz-Museum, Foto: Rheinisches Bildarchiv.
39., 40. Ansicht von Erfurt und eine Phantasiestadt in Hartmann Schedels *Weltchronik* (1497); München, Bayerische Staatsbibliothek.
41. *Breviarium Grimani*; Venedig, Biblioteca Marciana, Ms. lat. XI 67, f°10v°.
42. Brunnstadt im Elsaß, Diebold-Schilling-Chronik, 1513; ZB Luzern (Eigentum Korporation Luzern).
43. Planetenkinderbild; Modena, Biblioteca Estense, Ms. lat. 209, f° 11.
44. Uhrmacher aus dem *Mittelalterlichen Hausbuch*; Schloß Wolfegg, Bibliothek der Fürsten von Waldburg-Wolfegg-Waldsee.
45. Richard von Wallingford; London, British Library, Ms. Cotton Claud. E IV, f°201.

# Register